力学丛书·典藏版 11

随 机 振 动

朱位秋 著

科 学 出 版 社

1 9 9 2

（京）新登字 092 号

内 容 简 介

本书系统而深人地论述了随机振动理论的主要方法与基本成果．内容涉及随机振动的基本概念，主要随机振源的统计模型，线性与非线性系统随机响应预测，随机稳定性与参激随机振动，以及随机振动系统的可靠性．

本书可供从事航空、机械、土木及海洋工程等方面的科学技术人员以及有关专业的高年级大学生、研究生、教师阅读．

图书在版编目 (CIP) 数据

随机振动 / 朱位秋著. —北京：科学出版社，1992.12 (2016.1 重印)
(力学丛书)
ISBN 978-7-03-002563-0
I. ①随… II. ①朱… III. ①随机振动 IV. ① O324
中国版本图书馆 CIP 数据核字 (2016) 第 018789 号

力学丛书
随 机 振 动
朱位秋 著
责任编辑 李成香
科学出版社 出版
北京东黄城根北街 16 号
邮政编码：100707
北京京华虎彩印刷有限公司印刷
新华书店北京发行所发行 各地新华书店经售
*
1992 年第一版 开本：850×1168 1/32
2016 年印刷 印张：18 1/8 插页：2
字数：474 000

定价：148.00元

序

朱位秋教授治学随机振动有年，时有独特贡献在国际学术杂志及国际学术会议上发表．1989 年 10 月至 1990 年 12 月之间受聘来我校佛罗里达大西洋大学（Florida Atlantic University）访问，切磋机会尤多．兹以所著《随机振动》一书相示，并嘱作序．喜见此书内容广泛，由浅入深，且第五章及以后包罗近年最新理论之精华，现今欧美日各国尚无类似专著可以比拟．此书之应世，于促进中国学术界随机振动之研究，增益甚多，将来人材辈出，可拭目以待也。是为序．

Y. K. Lin 于美国佛罗里达大西洋大学应用随机研究中心

前 言

随机振动是一门用概率与统计方法研究承受随机载荷的机械与结构系统的稳定性、响应及可靠性的技术学科．该学科的根本目的在于为改善机械与结构系统在随机环境中工作的可靠性提供坚实的理论基础．经过三十多年各国学者的共同努力，随机振动理论内容已相当丰富，并正在迅速发展，已成为现代应用力学的一个重要分支．随机振动理论在工程中已经并愈来愈广泛地获得应用，它是许多领域现代工程技术人员必备的知识，也是高等学校中许多工程专业的研究生与高年级大学生的必修课或选修课．

从 1964 年研读 S.H. Crandall 与 W.O. Mark 著《力学系统中的随机振动》(Random Vibration in Mechanical Systems) 一书开始，我就对随机振动发生了浓厚的兴趣．但一直到 1981 年以后，才有机会对它作较深入而系统的研究．1981 年 9 月至1983 年 5 月在美国麻省理工学院 (MIT) 访问期间，我有幸与随机振动学科的奠基人 S.H. Crandall 教授一起为美国"应用力学杂志" (Journal of Applied Mechanics) 创刊 50 周年撰写了特邀论文，对随机振动的近期进展作了全面而系统的评述． 1983 年回国后，鉴于国内在随机振动方面的学术研究与著作情况，深感很有必要向我国读者系统而深入地介绍现代随机振动理论，于是萌发了在上述特邀论文基础上写一本关于随机振动的书的想法．这个想法于 1986 年得到了科学出版社的支持．此后，花了三年中相当大一部分时间，终于 1989年 8 月写成了初稿．1989年10月至 1990年12月，我在美国佛罗里达大西洋大学 (Florida Atlantic University) 由随机振动国际权威 Y. K. Lin 教授主持的应用随机学研究中心访问期间，根据那时得到的最新研究成果与发表的文献及审稿意见，对初稿作了修改.

本书系统而深入地论述了现代随机振动理论的基本概念、基本方法及基本结果，其中包括了作者本人与其合作者在近十年中得到的部分研究成果. 书中还列出了约 500 篇参考文献. 本书的目的是帮助读者全面而深入地了解现代随机振动理论，并为他们的进一步研究提供必要的基础与线索. 本书的部分内容曾于 1984 至 1988 年间在浙江大学力学系的研究生随机振动课中讲授过. 本书可供有关工程技术人员阅读，特别适合于与随机振动理论有关的研究人员，也可作为有关专业的教学参考书. 本书的表述力求讲清物理概念，尽可能避免繁琐的数学论证. 阅读本书只需有关振动理论，微分方程及概率论的基础知识.

在本书即将出版之际，我首先要感谢我的几位尊敬的老师. 一位是西北工业大学季文美教授，他作为我的研究生导师，在 60 年代初引导我进入非线性振动领域，为后来研究非线性随机振动打下了良好的基础. 另两位是 S.H. Crandall 教授与 Y.K. Lin 教授，我在他们那里访问期间，不仅与他们进行了卓有成效的合作研究，还从他们那里学到许多宝贵的知识，使我对现代随机振动理论有较全面而深入的了解，为写作本书奠定了基础. 其次，我要感谢方同教授，他仔细地审阅了本书的全部手稿，对手稿作了令人鼓舞的评价，并提出了宝贵的修改意见. 我要感谢先前的研究生佘金寿与吴伟强，他们曾协助我整理部分手稿，吴伟强还为本书绘制了全部插图. 我要感谢我的妻子朱巧芝，她花了将近一年的业余时间誊写本书的全部手稿，最后，我要感谢科学出版社在本书出版过程中对我的全力支持与帮助.

我衷心地欢迎读者对本书提出宝贵的意见.

作者 1991 年 8 月于美国布法罗

目　录

绪　论

在自然界与工程中，存在一大类诱发机械或结构系统振动的振源，诸如大气湍流，地面强风中湍流，湍流边界层，喷气噪声，路面不平度及地震地面运动等．它们的一个共同点是随机性，即不能用确定性的时间与(或)空间坐标的函数描述它们，而只能用概率或统计的方法去描述它们．这类振源通称为随机振源，由这类随机振源激起的机械或结构系统的振动称为随机振动．随机激励可以是外加的，此时随机振动是一种强迫振动．随机激励也可以通过使系统参数发生随机变化而起作用，称为随机参变激励，相应的振动称为参激随机振动．作为一门技术学科，随机振动是关于机械或结构系统对随机激励的稳定性、响应及可靠性的一整套理论的总称．随机振动可看成是机械振动或结构动力学与概率论及其分支相结合之产物，它是现代应用力学的一个分支．随机振动乃应工程实践的需要而产生，又为工程实践服务．随机振动可为多种目的服务，但其主要目的是为改善必须承受随机载荷的机械或结构的可靠性提供一个坚实的基础．

历史上，最早研究动态系统对随机激励的响应的是爱因斯坦．他在 1905 年的一篇论文[1]中，对布朗在 1827 年作过系统研究的悬浮在水中的微小花粉粒子的杂乱运动，即布朗运动，首次作了理论解释，这是将自然现象随机模型化的开端．在本世纪的前 40 多年中，相继发展了统计力学、通讯噪声及流体湍流理论．"随机振动"一词，最早曾由瑞利爵士在 1919 年的一篇论文[2]的标题中用来描述一个等价于平面上随机步行的声学问题．现在所说的随机振动，则始于本世纪 50 年代的中期．当时由于喷气与火箭技术的发展，在航空与宇航工程中提出了下列三个问题：大气湍流引起的飞机的抖振，喷气噪声引起的飞行器表面结构的声疲劳，以及火箭推进的运载工具中有效负载的可靠性．这些问题的一个共同点是激励的随机性．为了解决这些问题，将统计力学、通讯噪声及湍流理论中当时已有的方法移植到机械振动中来，初步形成了随机振动这门学科． 在这当中，Rice 的工作[3]起到过很重要的作用．

1958 年在美国麻省理工学院举办的随机振动暑期讨论班与由 Crandall 主编的该讨论班文集[4]的出版可认为是随机振动作为一门学科的诞生的标志．从那时以来，随机振动的理论、测量与实验技术及应用都有了很大的发展．开始，大多数随机振动理论研究都基于确定性时不变线性动态系统模型． 1962 年美国声学学会举办的一次讨论会[5]有效地促进了非线性随机振动理论的研究．此后，许多研究者的注意力转向了非线性随机振动问题，发展了多种预测非线性系统随机响应的方法，部分地揭示了随机振动中的非线性现象．在此同时，随机系统的稳定性与参激随机振动理论也有较大地发展．还发展了结构对宽带随机激励的响应的渐近分析方法，揭示了结构均方响应的空间分布的一些渐近规律．在估计作随机振动的线性与非线性动态系统的可靠性方面也提出了多种近似方法．在随机振动测试技术方面，1970 年前基本上都采用模拟式仪器，由于 1965 年 Cooley 与 Tukey[6]发明的快速傅立叶变换算法与计算机技术的发展，70 年代以来愈来愈普遍地采用数字式测试设备．在此基础上，系统的识别与诊断以及随机振动试验技术也有了很大的发展． 随着随机振动理论与技术的发展，随机振动理论的应用也愈来愈广泛．开始阶段主要应用于运载工具（飞行器、汽车、船舰等），后来扩展到名义上不动的结构（高层建筑、离岸结构等）．今天，随机振动已发展成为一门内容十分丰富的学科．但应承认，离它的最终目标还有一段艰难的路程．

在随机振动发展过程中，国际上已出版了许多有关随机振动的教科书、专著及文集，也发表了许多综合性或专题评述．属入门性质的随机振动书有[7—16]．[17—19]对随机振动理论作了较为深入而系统的论述．[20,21,60]则专门论述了非线性随机振动与参激随机振动．对随机振动各专题的进一步讨论包含在 Crandall 主编的文集[4,22]、国际理论与应用力学联合会（IUTAM）的四次讨论会文集[23—26]、美国机械工程师协会关于随机振动讨论会文集[27]、随机振动奠基人 Crandall 65 寿辰纪念文集[28]及随机振动理论权威 Lin 65 寿辰纪念文集[29]等之中．随机振动前十年的发展总结在 Crandall 的评述[30，31]之中．[32] 给出了 1966 年以后随机振动发展的评述．美国《应用力学杂志》创刊 50 周年的特邀论文[33]较全面地评述了随机振动的发展，特别是 70 年代与 80 年代初期的发展．此外，还有关于随机结构动力学的解析方法的评述[34]．已作评述的专题包括：非线性随机振动[35—42]，等效线性化法[43]，随机平均法[44—46]，参激随机振动[47—48]，一维与二维结构随机振动[49]，结构的宽带随机振动[50,61] 及随机振动系统的可靠性[51]．此外，[52]在非线性随机振动与参激随机振动的发展中起了重要的作用．[53—56]较详细地描述了随机数据处理技术及其工程应用．论述与随机振动理论密切相关的随机微分方程与随机稳定性的主要著作有[57—59]．

国内自 70 年代中期才有较多的人对随机振动感兴趣．也已出版了几本介绍随机振动的书[62—66]．近十多年来，随机振动理论已获得较多的应用，但对随机振动理论的发展则相对较少．

本书力图概括随机振动理论的主要方法与基本成果，读者读完本书后将对随机振动理论有较系统、全面而深入的了解，并为进一步的研究提供线索．本书第一章为随机过程与随机场引论，目的在于介绍随机振动理论的一些基本概念．第二章描述主要随机振源的特性与统计模型．第三章与第四章分别给出了线性离散系统与线性连续系统随机响应的预测方法．第五章与第六章论述非线性系统随机响应的预测方法．第七章描述判断随机稳定性与预测参激随机响应的方法，最后一章则论述估计随机振动系统可靠性的方法．在论述各种方法时常辅以典型系统实例，以揭示随机振动的性质．

参 考 文 献

[1] Einstein, A., Investigation on the Theory of Brownian Movement, in English Translation of Einstein Papers, Dover Publications, 1956.

[2] Lord Rayleigh, On the problem of random vibrations and of random flights in one, two, or three dimensions, *Philos. Mag.*, VI(1919), Ser. 37, 321—347.

[3] Rice, S. O., Mathematical analysis of random noise, *Bell Sys. Tech. J.*, 23 (1944), 282—332; 24(1945), 46—156. Also in Selected Papers on Noise and Stochastic Processes, Wax, N. ed., Dover, 1954.

[4] Crandall, S. H., ed., Random Vibration, The MIT Press, 1958.

[5] Symposium on the Response of Nonlinear Systems to Random Excitation, *J. Acoust. Soc. Am.*, 35(1963), 1683—1721.

[6] Cooley, J. W., and Tukey, J. W., An algorithm for the machine calculation of complex Fourier series, *Math. Comp.*, 19(1965), 297—301.

[7] Crandall, S. H., and Mark, W. D., Random Vibration in Mechanical Systems, Academic Press, 1963.

[8] Robson, J. D., An Introduction to Random Vibration, Edinburgh University Press, 1963. (中译本：J. D. 罗伯逊，随机振动引论，湖南科学技术出版社，1980.)

[9] Bolotin, V. V., Statistical Methods in Structural Mechanics, Holden-Day, 1969.

[10] 星谷勝，確率論手法による振動解析，鹿岛出版社，1974.（中译本：星谷胜，随机振动分析，地震出版社，1977.）

[11] Newland, D. E., An Introduction to Random Vibration and Spectral Analysis, Longmans, 1st edit, 1975; 2nd edit. 1984.（第一版中译本：D. E. 纽兰，随机振动与谱分析概论，机械工业出版社，1980.）

[12] Светгицкий, В. А., Слулайные Колебания Механигеских Систем, Мащиностроение, 1976.

[13] Elishakoff, I., Probabilistic Methods in the Theory of Structures, John Wiley & Sons, 1983.

[14] Piszczek, K., and Niziol, J., Random Vibration of Mechanical Systems, PWN-Polish Scientific Publishers and Ellis Horwood Ltd., 1986.

[15] Yang, C. Y., Random Vibration of Structures, John Wiley & Sons, 1986

[16] Schuëller, G. I., and Shinozuka, M., eds., Stochastic Methods in Structural Dynamics, Martinus Nijhoff Publishers, 1987.

[17] Lin, Y. K., Probabilistic Theory of Structural Dynamics, Mcgraw-Hill, 1967. (Reprint by Robert E. Krieger Publishing Co., 1976)

[18] Болотин, В. В., Случайные Колебания Уплугих Систем, Наука 1979. (English translation. Bolotin, V. V., Random Vibration of Elastic Systems, Martinus Nijhoff, 1984.)

[19] Nigam, N. C., Introduction to Random Vibrations, The MIT Press, 1983. (中译本：И.С. 尼格姆，随机振动概论，上海交通大学出版社，1985.)

[20] Dimentberg, M. F., Statistical Dynamics of Nonlinear and Time-Varying Systems, Research Studies Press Ltd, 1988,

[21] Ibrahim, R. A., Parametric Random Vibration, Research Studies Press Ltd, 1985.

[22] Crandall, S. H., ed., Random Vibration, The MIT Press, 1963.

[23] Clarkson, B. L., ed., Stochastic Problems in Dynamics, Pitman, 1977.

[24] Hennig, K., ed., Random Vibrations and Reliability, Akademie-Verlag, 1983.

[25] Eggwertz, S., and Lind, N. C., eds., Probabilistic Methods in Mechanics of Solids and Structures, Springer-Verlag, 1985.

[26] Ziegler, F., and Schuëller, G. I., eds., Nonlinear Stochastic Dynamic Engineering Systems, Springer-Verlag, 1988.

[27] Huang, T. C. and Spanos, P. D., eds., Random Vibrations, AMD, Vol. 65, ASME, 1984.

[28] Elishakoff, I., and Lyon, R. H., eds., Random Vibration-Status and Recent Developments, Elsevier, 1986.

[29] Ariaratnam, S. T., Schuëller, G. I., and Elishakoff, I., eds., Stochastic Structural Dynamics, Progress in Theory and Applications, Elsevier Applied Science, 1988

[30] Crandall, S. H., Random vibration, *Appl. Mech. Rev.*, 12(1959), 739—742.

[31] Crandall, S. H., Random vibration, in Applied Mechanics Surveys, Abramson, H. N., Leibowitz, H., Crowley, J. M., and Juhasz, S., eds., Sparton Books, 1966.

[32] Varmarcke, E. H., Some recent developments in random vibration, *Appl. Mech. Rev.*, 32(1979), 1197—1202.

[33] Crandall, S. H., and Zhu, W. Q., Random vibration: a survey of recent developments, *J. Appl. Mech.*, 50(1983), 50th Anniversary Issue, 953—962

[34] Lin, Y. K., et al, Methods of stochastic structural dynamics, *Structural Safety*, 3(1986), 167—194.

[35] Caughey, T. K., Nonlinear theory of random vibration, in Advances in Applied Mechanics, Vol. 11, Academic Press, 1971.

[36] Crandall, S. H., Nonlinear problems in random vibration, in Internationale Konferenz über Nichtlinear Schwingungen, Band II, 1. Abh. Akad, Wissensch. DDR, 1977.

[37] Roberts, J. B., Response of nonlinear mechanical systems to random excitation, Part 1: Markov method, *The Shock and Vibration Digest*, 13(1981), 4, 17—28.

[38] Roberts, J. B., Response of nonlinear mechanical systems to random excitation, Part 2: Equivalent linearization and other methods, *The Shock and Vibration Digest*, 13(1981), 5, 15—29.

[39] Roberts, J. B., Techniques for nonlinear random vibration problems, *The Shock and Vibration Digest*, 16(1984), 9, 3—14.

[40] Roberts, J. B., and Dunne, J. F., Nonlinear random vibration in mechanical systems, *The Shock and Vibration Digest*, 20(1988), 6, 16—25.

[41] To, C. W. S., Random vibration of nonlinear systems, *The Shock and Vibration Digest*, 19(1987), 3, 3—8.

[42] Lin, Y. K., and Cai, G. Q., Vibration of nonlinear systems under additive and

multiplicative random excitatations, *Appl. Mech. Rev.*, 42(1989), 11, S135—S141.

[43] Spanos, P. D., Stochastic linearization in structural dynamics, *Appl. Mech. Rev.*, 34(1981), 1—8.

[44] Roberts, J. B., and Spanos, P. D., Stochastic averaging: an approximate method of solving random vibration problems, *Int. J. Non-Linear Mechs.*, 21(1986), 111—134.

[45] Zhu, W. Q., Stochastic averaging methods in random vibration, *Appl. Mech. Rev.*, 41(1988), 5, 189—199.

[46] 朱位秋，随机平均法及其应用，力学进展，17(1987)，342-352.

[47] Ibrahim, R. A., and Roberts, J. W., Parametric vibration, part 5: stochastic problems, *The Shock and Vibration Digest*, 10(1978), 5, 17—38.

[48] Ibrahim, R. A., Structural dynamics with parametric uncertainties, *Appl. Mech. Rev.*, 40(1987), 309—329.

[49] Crandall, S. H., Random vibration of one- and two-dimensional structures, in Developments in Statistics, Krishnaiah, P. R. ed., Vol. 2, Academic Press, 1979.

[50] Zhu, W. Q., Wide band random vibration of structures, in Ref. 28.

[51] Roberts, J. B., First-passage probabilities for randomly excited systems: diffusion methods, *Praba. Eng. Mech.*, 1(1986), 66—81.

[52] Stratonovitch, R. L., Topics in the Theory of Random Noise, Gordon and Breach, Vol. 1, 1963; Vol. 2, 1967.

[53] Bendat, J. S., and Piersol, A. G., Random Data: Analysis and Measurement Procedures, Wiley-Interscience, 1971.（中译本：J. S. 贝达特，A. G.，皮尔索，随机数据分析方法，国防工业出版社，1976.）

[54] Bendat, J. S., and Piersol, A. G., Engineering Applications of Correlation and Spectral Analysis, Wiley, 1980.

[55] Koopmans, L. H., The Spectral Analysis of Time Series, Academic Press, 1974.

[56] Priestley, M. B., Spectral Analysis and Time Series, Academic Press, 1981.

[57] Jaswinski, A. H., Stochastic Processes and Filtering Theory, Academic Press, 1970.

[58] Arnold, L., Stochastic Differential Equations: Theory and Application, Wiley, 1974.

[59] Khasminskii, R. Z., Stochastic Stability of Differential Equations, Sijthoff & Norrdhoff, Alphen aan den Rijn, 1980.

[60] Roberts, J. B., and Spanos, P. O., Random Vibration and Statistical Linearization, John Wiley & Sons, 1990.

[61] 朱位秋，结构宽带随机振动，力学进展，9(4)，1989.

[62] 甘幼琛，谢世浩编著，随机振动的基本理论与应用，湖南科学技术出版社，1982.

[63] 庄表中，王行新编著，随机振动概论，地震出版社，1982.

[64] 庄表中，陈乃立，高瞻编著，非线性随机振动理论及应用，浙江大学出版社，1986.

[65] 季文美，方同，陈松淇著，机械振动，科学出版社，1985.

[66] 郑兆昌，丁奎元编，机械振动，中册，机械工业出版社，1986.

第一章　随机过程与随机场概论

随机振动理论中，激励与响应是以随机过程或随机场为其数学模型的．本章介绍随机过程与随机场的一些基本知识，目的在于引出随机振动中的一些基本概念，给出描述随机激励与响应的各种统计量及其性质．为便于阅读，此处将不过分追求数学上的严格性，很多结论也不给出数学证明，只着重说明它们的含义与应用．读者如要深究，可查所列参考文献．此外，本章只给出与线性随机振动分析有关的内容，一些与非线性随机振动及随机振动系统可靠性有关的随机过程与随机场的知识将在有关章节中给出．

1.1　随机过程与随机场

1.1.1　定义

旨在发现某种真理或效应的一种行动或操作称为实验．一个实验，如果可以在相同条件下重复进行，且每次实验的可能结果不止一个，但能事先确定实验所有可能结果，而每次实验之前不能确定哪一个结果会出现，那么，这个实验就称为随机实验．在随机实验中，对一次实验可能出现也可能不出现的事件称为随机事件，简称事件．随机实验的每个可能出现的结果是基本的随机事件，简称基本事件．任一事件都是基本事件的某种组合．数学上，一个随机实验的所有基本事件组成的集合称为样本空间，记为 Ω．一个基本事件就是这样本空间中的一个元素，以 ω 表示．任一事件都是样本空间中的某一个子集．

现在，我们按照某种规则，对每一个 ω 指定一个数 $X(\omega)$，它是 ω 的确定性函数，其“自变量”不是数，而是集合 Ω 中的元素，这个函数定义域是样本空间 Ω，这个函数就称为随机变量，常记以

x，省去它所依赖的 ω. 引入随机变量的目的，是为了用数量描述一个随机实验的结果. 一个基本事件就用随机变量取某个确定的值表示，记以 $X=x$. 而任一事件就用随机变量取某一范围的值表示，记以 $x_1\leqslant X\leqslant x_2$，该事件发生的可能性则用概率 $P[x_1\leqslant X\leqslant x_2]$ 描述. 引入随机变量的一大优点，是可以考虑它的运算或函数，例如 X^2, $\sin X$，等等.

如果对每个 ω，按某种规则指定一个时间 t 的函数 $X(t,\omega)$，那么考虑所有不同的 ω，就有一族函数，这族函数就称为随机过程. 因此，一个随机过程可看成是两个变量 t 与 ω 的函数. 对 ω 的定义域为样本空间 Ω，对 t 的定义域为某个实数集 T. 对每个特定的基本事件 ω_i，$X(t,\omega_i)$ 是时间 t 的确定性函数，称为样本函数或现实，记以 $X_i(t)$. 对每个特定的时刻 t_i，$X(t_i, \omega)$ 是一个随机变量. $X(t_i,\omega_i)$ 则是一个数. 如同随机变量情形，对 ω 的依赖常省去，因而，随机过程常以 $\{X(t),t\in T\}$ 表示，当 T 为整个时间轴时，可简记为 $X(t)$，而以 $x(t)$ 表示它的样本函数或现实.

为帮助理解，让我们看一个例子. 设想让一位司机驾驶一辆装货不变的卡车在一段规定的路面上以预定的速度规律从 A 处开到 B 处，测量远离发动机的主梁上某点的正应力. 虽然所有实验者能控制的因素都保持不变，但由于实验者所不能控制的因素（主要是路面不平度）的随机性，使得每次测得的应力时间历程都是彼此不同的，因而这是一个随机实验. 实验可进行无穷多次，得到无穷多个不同的应力时间历程，所有可能得到的应力时间历程的全体就构成一个随机过程，而其中任一个时间历程就是一个样本函数. 如果将所有应力时间历程如图 1.1-1 那样排列起来，那么在固定时刻 $t=t_1$ 上，随机过程就化为一个随机变量.

由上可知，随机过程可定义为同一随机实验中所有可能得到的样本函数的集合. 这样定义随机过程，在物理上是很自然的，但在数学处理上较为困难. 因为要用不同样本函数的实现概率来规定，数学中称为样本处理，这需要考虑泛函空间中的概率测度，将用到测度论与泛函分析的高深知识.

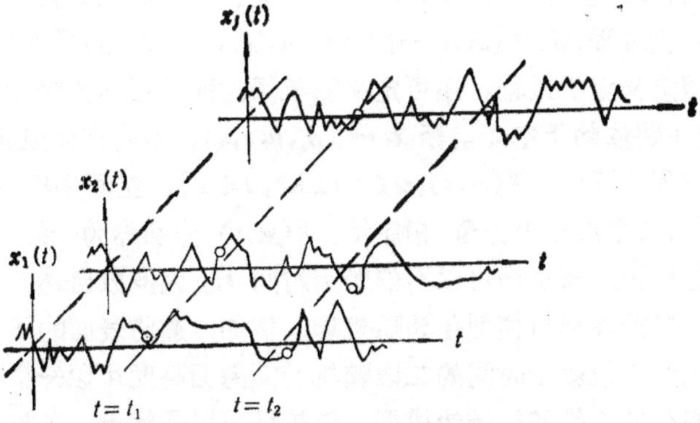

图 1.1-1 随机过程是样本函数的集合

为避开上述困难，常把随机过程定义为随机变量的参数族，其中参数属某个有序实数集 T，例如整个时间轴．这样定义的随机过程虽不如上一种那么自然，但描述起来较为简单．因为我们可以把概率论中对多维随机变量的概率或统计描述引伸到随机过程中来．本书中将采用这个定义．

与 T 上任一固定时刻 t_1 相应的随机变量 $X(t_1)$ 的取值称为随机过程 $\{X(t), t\in T\}$ 在该时刻的状态．若 $X(t_1)$ 是离散的，即只能取有限个或可数无穷多个值，则称随机过程 $\{X(t), t\in T\}$ 的状态是离散的．反之，若 $X(t_1)$ 可取某实数区间内的任意值，则称 $\{X(t), t\in T\}$ 为连续状态随机过程．类似地，参数集 T 也可以是离散或连续的．于是，按照参数与状态的连续性，随机过程可分成四种：离散参数离散状态随机过程，离散参数连续状态随机过程，连续参数离散状态随机过程，以及连续参数连续状态随机过程．在随机振动理论中，所涉及的主要是连续参数连续状态随机过程，参数集 T 常是整个时间轴，随机过程可在整个实轴上取值．

上面所讲的是标量实随机过程，它可用来描述一个单自由度系统的激励或响应．对多自由度振动系统，往往有 m 个激励与 n 个响应量．如果它们都是标量实随机过程，为方便计，可将 m 个激励组成一个 m 维矢量随机过程，而把 n 个响应组成一个 n 维矢量随机过程．因此，多自由度振动系统的随机激励或响应将模型化为矢量随机过程，记以$\{\boldsymbol{X}(t)=[X_1(t),X_2(t),\cdots,X_n(t)]^T;t\in T\}$.

仿照定义随机过程，还可定义随机场．除了可能依赖于t与ω外，它主要依赖于空间坐标$\boldsymbol{u}=[u_1,u_2,u_3]$，因此亦称空间-时间随机过程，记以$\{X(\boldsymbol{u},t);\boldsymbol{u}\in U\subset R^n,t\in T\}$．空间坐标$\boldsymbol{u}$可以有一个、二个或三个分量，相应地，$X(\boldsymbol{u},t)$分别称为一维、二维或三维随机场．随机场可以不依赖于时间t．大多数自然界与工程中的随机振源都可模型化为随机场．例如，道路表面的不平度可模型化为不依赖于时间的二维随机场．海面高度可以一个随时间随机变化的二维随机场为模型．随机场可以是标量、矢量或张量．大气湍流速度场可模型化为依赖时间、有三个分量的三维矢量随机场．作空间随机振动的弹性体的位移是矢量随机场，应力与应变则是张量随机场．虽然引入随机场的概念不是完全必要的，但却是方便的．一个连续体或体系的随机激励与响应可各用一个随机场描述．此外，随机过程与随机场还有一个差别．作为随机过程的参数的时间t有明显的有序性，而作为随机场的参数$\boldsymbol{u}$的有序性则不那么明显．这个差别将导致它们相关结构的差别．

客观存在的随机过程与随机场一般不能用解析表达式表示．但基于上述定义，可用以若干随机变量为参数的时间与(或)空间坐标的函数构造人为的随机过程或随机场．例如，令$A_1,A_2,\cdots,A_n$为一组随机变量，一个随机过程可表为

$$X(t)=g(t;A_1,A_2,\cdots,A_n)$$

式中g的形式是给定的，随机变量$A_1,A_2,\cdots,A_n$的概率特性也是规定的．g中含有的随机变量数称为$X(t)$的随机度数．给定一组随机变量之值，就得到$X(t)$的一个样本函数．这种人为的随机过程或随机场可用作研究随机过程与随机场的性质的例子，也可作为实际过程或场的一个近似描述．例如，随机振动或随机噪声有时可用如下随机余弦之和表示

$$X(t)=\sum_{j=1}^{n}A_j\cos(\Omega_j t+\Phi_j)$$

式中 A_j, Ω_j 及 Φ_j 为分别表示第 j 个分量的幅值、频率及相位的随机变量。该随机过程具有 $3n$ 个随机度。它的每个样本函数都是 n 个确定性的余弦之和。

1.1.2 完全描述

随机过程或随机场可用下列六种办法之一作完全描述[1]：有限维概率分布函数族；有限维概率密度函数族；有限维特征函数族；有限维对数特征函数族；矩函数无穷系列；累积量函数无穷系列。本小节叙述这些函数的定义与性质，证明这六种完全描述的等价性，并指出每一种完全描述都可用来定义一个随机过程或随机场。

一、有限维概率分布与密度函数族

一个标量实随机过程 $\{X(t), t\in T\}$ 在一个时刻 $t\in T$ 上化为一个随机变量，它的概率分布函数

$$F(x,t)=P[X(t)\leqslant x] \tag{1.1-1}$$

称为该随机过程的一维概率分布函数。一般它同时为 x 与 t 的函数。

对任意两个时刻 $t_1, t_2\in T$，由随机过程 $\{X(t), t\in T\}$ 派生出来的两个随机变量 $X(t_1)$ 与 $X(t_2)$ 的联合概率分布函数

$$F(x_1,t_1;x_2,t_2)=P[X(t_1)\leqslant x_1\cap X(t_2)\leqslant x_2] \tag{1.1-2}$$

称为该随机过程的二维概率分布函数。

一般地，对任意有限个时刻 $t_1, t_2, \cdots, t_n\in T$，由随机过程 $\{X(t), t\in T\}$ 派生出来的 n 个随机变量的联合概率分布函数

$$F(x_1,t_1;x_2,t_2;\cdots x_n,t_n)=P[X(t_1)\leqslant x_1\cap X(t_2)\leqslant x_2\cap\cdots\cap X(t_n)\leqslant x_n] \tag{1.1-3}$$

称为该随机过程的 n 维概率分布函数。

随机过程的一维、二维、… n 维概率分布函数之全体称为该过程之有限维概率分布函数族。按照随机过程理论[2]，一个随机过程

1）此外还可用有限维熵函数族作完全描述。本书将不论及。读者可参考文献[1]。

可用有限维概率分布函数族作完全描述．所谓完全描述，就是能回答有关该过程的所有概率与统计问题．

上述完全描述同时适用于离散状态与连续状态的随机过程．对连续状态过程，概率分布函数是连续的；对离散状态过程，概率分布函数将具有有限的间断．如果允许引入狄拉克 δ 函数，那末上述两类过程又都可等价地用概率分布函数的偏导数，即下列有限维概率密度函数族，作完全描述：

$$p(x,t)=\frac{\partial F(x,t)}{\partial x}$$

$$p(x_1,t_1;x_2,t_2)=\frac{\partial^2 F(x_1,t_1;x_2,t_2)}{\partial x_1\partial x_2} \tag{1.1-4}$$

……

$$p(x_1,t_1;x_2,t_2;\cdots;x_n,t_n)=\frac{\partial F(x_1,t_1;x_2,t_2;\cdots;x_n,t_n)}{\partial x_1\partial x_2\cdots\partial x_n}$$

一个随机过程的有限维概率分布与密度函数具有下列性质：

1. 非负性，即

$$0\leqslant F(x_1,t_1;x_2,t_2;\cdots;x_n,t_n)\leqslant 1 \tag{1.1-5}$$

$$0\leqslant p(x_1,t_1;x_2,t_2;\cdots;x_n,t_n) \tag{1.1-6}$$

且满足下列归一化条件

$$F(\infty,t_1;\infty,t_2;\cdots;\infty,t_n)=1 \tag{1.1-7}$$

$$\int_{-\infty}^{\infty}\cdots\int_{-\infty}^{\infty}p(x_1,t_1;x_2,t_2;\cdots;x_n,t_n)dx_1dx_2\cdots dx_n=1 \tag{1.1-8}$$

2. 对称性，即对$(1,2,\cdots n)$的任一排列 $(j_1,j_2,\cdots,i_n)$，有

$$F(x_{j_1},t_{j_1};x_{j_2},t_{j_2};\cdots;x_{j_n},t_{j_n})=F(x_1,t_1;x_2,t_2;\cdots;x_n,t_n) \tag{1.1-9}$$

$$p(x_{j_1},t_{j_1};x_{j_2},t_{j_2};\cdots;x_{j_n},t_{j_n})=p(x_1,t_1;x_2,t_2;\cdots;x_n,t_n) \tag{1.1-10}$$

3. 相容性，即对任意 $m<n$，有

$$F(x_1,t_1;\cdots;x_m,t_m;\infty,t_{m+1};\cdots;\infty,t_n)=F(x_1,t_1;\cdots;x_m,t_m) \tag{1.1-11}$$

$$\int_{-\infty}^{\infty}\cdots\int_{-\infty}^{\infty}p(x_1,t_1;\cdots;x_m,t_m;x_{m+1},t_{m+1};\cdots;x_n,t_n)dx_{m+1}\cdots dx_n$$
$$=p(x_1,t_1;\cdots;x_m,t_m) \qquad (1.1\text{-}12)$$

据此，一个随机过程的低维概率分布或密度函数可分别由高维概率分布或密度函数导出.

在随机过程理论中，有一个 Колмогоров 逆定理[2]. 该定理说，若有满足上述对称性与相容性的有限维概率分布函数族 $\{F(x_1,t_1;x_2,t_2;\cdots;x_n,t_n),n\geqslant 1,t_1,t_2,\cdots,t_n\in T\}$，则必存在一个随机过程$\{X(t),t\in T\}$，使得上述概率分布函数族恰好是该过程的有限维概率分布函数族. 据此，可用有限维概率分布或密度函数族定义一个随机过程. 1.6 节中将用此法定义高斯随机过程.

二、有限维特征函数与对数特征函数族

特征函数是概率密度函数的傅立叶变换，或概率分布函数的傅立叶-斯蒂吉斯 (Stieltjes) 积分，鉴于概率密度函数性质 (1.1-6)与(1.1-8)，它是绝对可积的，从而特征函数总是存在且连续的. 对标量随机过程 $\{X(t),t\in T\}$，一维、二维及 n 维特征函数分别为

$$\varphi(\theta,t)=E[\exp\{i\theta X(t)\}]=\int_{-\infty}^{\infty}p(x,t)e^{i\theta x}dx$$
$$\varphi(\theta_1,t_1;\theta_2,t_2)=E[\exp\{i\theta_1X(t_1)+i\theta_2X(t_2)\}]$$
$$=\int_{-\infty}^{\infty}\int_{-\infty}^{\infty}p(x_1,t_1;x_2,t_2)e^{i(\theta_1x_1+\theta_2x_2)}dx_1dx_2 \qquad (1.1\text{-}13)$$
$$\cdots\cdots$$
$$\varphi(\theta_1,t_1;\theta_2,t_2;\cdots;\theta_n,t_n)=E\left[\exp\left\{i\sum_{k=1}^{n}\theta_kX(t_k)\right\}\right]$$
$$=\int_{-\infty}^{\infty}\cdots\int_{-\infty}^{\infty}p(x_1,t_1;x_2,t_2;\cdots;x_n,t_n)e^{i\sum_{k=1}^{n}\theta_kx_k}dx_1dx_2\cdots dx_n$$

式中 $E[\,]$ 为数学期望算子或统计平均算子；θ_k 是任意实值. 特征函数一般是连续的复值函数. 相反地，概率密度函数可用特征函数的逆傅立叶变换表示：

$$p(x,t)=\frac{1}{2\pi}\int_{-\infty}^{\infty}\varphi(\theta,t)e^{-i\theta x}d\theta$$

$$p(x_1,t_1;x_2,t_2)=\frac{1}{4\pi^2}\int_{-\infty}^{\infty}\int_{-\infty}^{\infty}\varphi(\theta_1,t_1;\theta_2,t_2)e^{-i(\theta_1x_1+\theta_2x_2)}d\theta_1d\theta_2$$

......

$$p(x_1,t_1;x_2,t_2;\cdots;x_n,t_n)$$
$$=\frac{1}{(2\pi)^n}\int_{-\infty}^{\infty}\cdots\int_{-\infty}^{\infty}\varphi(\theta_1,t_1;\theta_2,t_2;\cdots;\theta_n,t_n)$$
$$\times e^{-i\left(\sum_{k=1}^{n}\theta_kx_k\right)}d\theta_1d\theta_2\cdots d\theta_n \tag{1.1-14}$$

类似地，概率分布函数也可用特征函数的逆傅立叶-斯蒂吉斯积分表示。可见，特征函数与概率密度或分布函数是一一对应的。因此，一个随机过程也可等价地用有限维特征函数族作完全描述。

特征函数具有下列性质：

1. 非负定性，即

$$\sum_{k=1}^{N}\sum_{l=1}^{N}\varphi\{(\theta_1^{(k)}-\theta_1^{(l)}),t_1;\cdots;$$
$$(\theta_n^{(k)}-\theta_n^{(l)}),t_n\}c_kc_l^*\geqslant 0 \tag{1.1-15}$$

式中 c_k 为复常数；* 号表示复共轭，下同。(1.1-15)可简单证明如下：

$$E\left[\left\{\sum_{k=1}^{N}c_k\exp\left(i\sum_{r=1}^{n}\theta_r^{(k)}X(t_r)\right)\right\}\right.$$
$$\left.\times\left\{\sum_{l=1}^{N}c_l^*\exp\left(-i\sum_{s=1}^{n}\theta_s^{(l)}X(t_s)\right)\right\}\right]$$
$$=E\left[\left|\sum_{k=1}^{N}c_k\exp\left(i\sum_{r=1}^{n}\theta_r^{(k)}X(t_r)\right)\right|^2\right]\geqslant 0$$

此外

$$\varphi(0,t_1;0,t_2;\cdots;0,t_n)=1 \tag{1.1-16}$$

2. 对称性，即对 $(1,2,\cdots,n)$ 的任一排列 $(j_1,j_2,\cdots,j_n)$，有

$$\varphi(\theta_{j_1},t_{j_1};\cdots;\theta_{j_n},t_{j_n})=\varphi(\theta_1,t_1;\cdots;\theta_n,t_n) \quad (1.1\text{-}17)$$

3. 相容性，即对任一 $m<n$，有

$$\varphi(\theta_1,t_1;\cdots;\theta_m,t_m;0,t_{m+1};\cdots;0,t_n)=\varphi(\theta_1,t_1;\cdots;\theta_m,t_m) \quad (1.1\text{-}18)$$

据此，由高维特征函数可推出低维特征函数。

对连续参数随机过程，参数 $t_1,t_2,\cdots,t_n$ 可无限密集，在极限情形，特征函数过渡到特征泛函

$$\Phi[\theta(t)]=E\left[\exp\left(i\int_T\theta(t)X(t)dt\right)\right] \quad (1.1\text{-}19)$$

相反，任一有限维特征函数可由特征泛函令

$$\theta(t)=\sum_{j=1}^{n}\theta_j\delta(t-t_j) \quad (1.1\text{-}20)$$

得到。

在某些情形下，应用对数特征函数比特征函数更为方便。一个随机过程的 n 维对数特征函数为

$$\psi(\theta_1,t_1;\cdots;\theta_n,t_n)=\ln\varphi(\theta_1,t_1;\cdots;\theta_n,t_n) \quad (1.1\text{-}21)$$

显然，一个随机过程可等价地用有限维对数特征函数族作完全描述。

三、矩函数与累积量函数的无穷系列

矩函数通常用概率密度函数来定义。由标量随机过程 $\{X(t),t\in T\}$ 的一维概率密度函数可定义任一时刻 $t\in T$ 上的一维 j 阶矩：

$$m_j(t)=E[X^j(t)]=\int_{-\infty}^{\infty}x^jp(x,t)dx,\ j=1,2,\cdots \quad (1.1\text{-}22)$$

显然，对应于一维概率密度函数，存在一个矩函数的无穷系列。

用二维概率密度函数可定义二维 $j=j_1+j_2$ 阶联合矩函数：

$$\begin{aligned}m_{j_1j_2}(t_1,t_2)&=E[X^{j_1}(t_1)X^{j_2}(t_2)]\\&=\int_{-\infty}^{\infty}\int_{-\infty}^{\infty}x_1^{j_1}x_2^{j_2}p(x_1,t_1;x_2,t_2)dx_1dx_2,j_1,j_2=1,2,\cdots\end{aligned} \quad (1.1\text{-}23)$$

它们也构成一个无穷系列.

一般地，用 n 维概率密度函数可定义 n 维 $j=j_1+j_2+\cdots+j_n$ 阶联合矩函数：

$$m_{j_1j_2\cdots j_n}(t_1,t_2,\cdots,t_n)=E[X^{j_1}(t_1)X^{j_2}(t_2)\cdots X^{j_n}(t_n)]$$
$$=\int_{-\infty}^{\infty}\cdots\int_{-\infty}^{\infty}x_1^{j_1}x_2^{j_2}\cdots x_n^{j_n}p(x_1,t_1;x_2,t_2;\cdots;x_n,t_n)$$
$$\times dx_1dx_2\cdots dx_n,\quad j_1,j_2,\cdots,j_n=1,2,\cdots \tag{1.1-24}$$

显然，对应于一个有限维概率密度函数，存在有限个矩函数的无穷系列，它们也可用来等价地描述一个随机过程.

矩函数也可从特征函数导出。将(1.1-13)中指数函数展开成马克劳林(Maclaurin) 级数，再根据矩函数定义(1.1-22)—(1.1—24)知，一、二、… n 维特征函数可分别表成

$$\varphi(\theta,t)=\sum_{j=0}^{\infty}\frac{(i\theta)^j}{j!}m_j(t)$$

$$\varphi(\theta_1,t_1;\theta_2,t_2)=\sum_{j_1,j_2=0}^{\infty}\frac{(i\theta_1)^{j_1}(i\theta_2)^{j_2}}{j_1!j_2!}m_{j_1j_2}(t_1,t_2) \tag{1.1-25}$$

……

$$\varphi(\theta_1,t_1;\theta_2,t_2;\cdots;\theta_n,t_n)$$
$$=\sum_{j_1,j_2,\cdots,j_n=0}^{\infty}\frac{(i\theta_1)^{j_1}(i\theta_2)^{j_2}\cdots(i\theta_n)^{j_n}}{j_1!j_2!\cdots j_n!}$$
$$\times m_{j_1j_2\cdots j_n}(t_1,t_2,\cdots,t_n)$$

于是，一、二、… n 维 j 阶矩函数可由对应特征函数导出

$$m_j(t)=\frac{1}{i^j}\left\{\frac{\partial^j\varphi(\theta,t)}{\partial\theta^j}\right\}_{\theta=0}$$

$$m_{j_1j_2}(t_1,t_2)=\frac{1}{i^j}\left\{\frac{\partial^j\varphi(\theta_1,t_1;\theta_2,t_2)}{\partial\theta_1^{j_1}\partial\theta_2^{j_2}}\right\}_{\theta_1=\theta_2=0},\quad j=j_1+j_2$$

……

$$m_{j_1j_2\cdots j_n}(t_1,t_2,\cdots,t_n) \tag{1.1-26}$$
$$=\frac{1}{i^j}\left\{\frac{\partial^j\varphi(\theta_1,t_1;\theta_2,t_2;\cdots;\theta_n,t_n)}{\partial\theta_1^{j_1}\partial\theta_2^{j_2}\cdots\partial\theta_n^{j_n}}\right\}_{\theta_1=\theta_2=\cdots=\theta_n=0}$$
$$j=j_1+j_2+\cdots+j_n$$

因此，特征函数又称为矩函数的母函数或生成函数。

类似地，对数特征函数可展成如下麦克劳林级数

$$\psi(\theta, t) = \sum_{j=1}^{\infty} \frac{(i\theta)^j}{j!} \kappa_j(t)$$

$$\psi(\theta_1, t_1; \theta_2, t_2) = \sum_{j_1, j_2=1}^{\infty} \frac{(i\theta_1)^{j_1}(i\theta_2)^{j_2}}{j_1! j_2!} \kappa_{j_1, j_2}(t_1, t_2)$$

$$j = j_1 + j_2 \tag{1.1-27}$$

……

$$\psi(\theta_1, t_1; \theta_2, t_2; \cdots; \theta_n, t_n) = \sum_{j_1, j_2, \cdots, j_n=1}^{\infty} \times \frac{(i\theta_1)^{j_1}(i\theta_2)^{j_2}\cdots(i\theta_n)^{j_n}}{j_1! j_2! \cdots j_n!} \kappa_{j_1 j_2 \cdots j_n}(t_1, t_2, \cdots, t_n)$$

$$j = j_1 + j_2 + \cdots + j_n$$

式中 $\kappa_j(t)$，$\kappa_{j_1 j_2}(t_1, t_2)$，$\kappa_{j_1 j_2 \cdots j_n}(t_1, t_2, \cdots, t_n)$ 分别称为一、二、n 维 j 阶累积量函数，或半不变量函数。(后一名称源于下列事实：对高斯随机过程，只有一、二阶累积量函数可能不为零，见 1.6 节。)它们可从相应对数特征函数导出：

$$\kappa_j(t) = \frac{1}{i^j}\left\{\frac{\partial^j \psi(\theta, t)}{\partial \theta^j}\right\}_{\theta=0}$$

$$\kappa_{j_1 j_2}(t_1, t_2) = \frac{1}{i^j}\left\{\frac{\partial^j \psi(\theta_1 t_1; \theta_2, t_2)}{\partial \theta_1^{j_1} \partial \theta_2^{j_2}}\right\}_{\theta_1=\theta_2=0} \tag{1.1-28}$$

………

$$\kappa_{j_1 j_2 \cdots j_n}(t_1, t_2, \cdots, t_n) = \frac{1}{i^j}\left\{\frac{\partial^j \psi(\theta_1, t_1; \theta_2, t_2; \cdots; \theta_n, t_n)}{\partial \theta_1^{j_1} \partial \theta_2^{j_2} \cdots \partial \theta_n^{j_n}}\right\}_{\theta_1=\theta_2=\cdots\theta_n=0}$$

根据对数特征函数与特征函数之间的关系，可导出累积量函数与矩函数之间的关系。例如，前三阶累积量函数的矩函数表达式为

$$\begin{aligned}
&\kappa_1(t)=m_1(t)\\
&\kappa_{11}(t_1,t_2)=m_{11}(t_1,t_2)-m_1(t_1)m_1(t_2)\\
&\kappa_{111}(t_1,t_2,t_3)=m_{111}(t_1,t_2,t_3)-m_{11}(t_1,t_2)m_1(t_3)\\
&\qquad -m_{11}(t_2,t_3)m_1(t_1)-m_{11}(t_3,t_1)m_1(t_2)\\
&\qquad +m_1(t_1)m_1(t_2)m_1(t_3)
\end{aligned}\tag{1.1-29}$$

一般地，n 阶累积量函数可用 n 阶与低于 n 阶的矩函数表示，反之，n 阶矩函数也可用 n 阶与低于 n 阶的累积量函数表示[4]。

显然，累积量函数的无穷系列也可完全描述一个随机过程，许多情形下，累积量函数比矩函数更易于处理。

四、矢量随机过程与随机场情形

不难将上述六种函数推广于矢量随机过程情形，只要在概率分布或密度函数中将标量 $x_j(j=1,2,\cdots,n)$ 换成相应的矢量 $\boldsymbol{x}_j$，将在特征函数或对数特征函数中的标量 $\theta_j(j=1,2,\cdots,n)$ 换成相应的矢量 $\boldsymbol{\theta}_j$，在矩函数或累积量函数中，除考虑同一分量过程在不同时刻间的矩或累积量，还考虑各分量随机过程之间在不同时刻上的联合矩或累积量. 也可推广于标量与矢量随机场，在标量随机场情形，只要将各种函数中的标量 $t_j(j=1,2,\cdots,n)$ 换成矢量 $(\boldsymbol{u}_j,t_j)$ 即可，对矢量随机场，则需同时将 x_j 或 θ_j 及 t_j 换成矢量 $\boldsymbol{x}_j$ 或 $\boldsymbol{\theta}_j$ 与 $(\boldsymbol{u}_j,t_j)$。此外，上述关于可用有限维概率分布函数族等完全描述一个标量随机过程的结论也可相应地推广于矢量随机过程，标量与矢量随机场.

1.1.3 分类

随机过程与随机场可有许多分类方法，其中最重要的两种分类方法，一是按过程或场沿有序参数集的统计规则性分类，另一是按过程或场的"记忆"能力分类. 这两种分类不是互相排斥的，许多重要的物理过程可同时具有两类中的某些性质.

一、按统计规则性分类

一个标量随机过程 $\{X(t),t\in T\}$，按照它沿时间参数集 T 的统计规则性可分成两类：平稳随机过程与非平稳随机过程.

非平稳随机过程，是其 n 维概率分布函数（概率密度函数，特征函数或对数特征函数）明显地依赖于各个时间参数 $t_1, t_2, \cdots, t_n$ 之值的过程。换言之，非平稳随 过程的概率与统计特性依赖于时间 t 的绝对原点。

若在时间参数 t 的原点的任一平移下，一个随机过程的所有有限维概率分布函数族保持不变，即对每一个 n 与任意的 τ 值，有

$$
\begin{aligned}
&F(x_1,t_1;x_2,t_2;\cdots;x_n,t_n)\\
&\quad = F(x_1,t_1+\tau;x_2,t_2+\tau;\cdots;x_n,t_n+\tau)\\
&t_j+\tau\in T,\quad j=1,2,\cdots,n
\end{aligned}
\tag{1.1-30}
$$

则称该过程为平稳或严格平稳随机过程。(1.1-30)中令 $\tau=-t_1$，可知平稳随机过程的所有有限维概率分布函数族，对时间参数的依赖只通过“时差”呈现出来。换言之，平稳随机过程的概率与统计特性与时间原点的选取无关。特别地，一维概率分布函数等与时间 t 无关，二维概率分布函数只与时差 τ 有关。

如果对任一 h 值，随机过程 $X(t)$ 的增量 $Y(t)=X(t+h)-X(t)$ 形成一个平稳随机过程，则称 $X(t)$ 为具有平稳增量的随机过程。

上述定义也适用于矢量随机过程，只要在(1.1-30)中以 $\boldsymbol{x}_j$ 代替 x_j。换言之，矢量随机过程的平稳性，不仅要求它的各个分量过程各自平稳，而且要求各个分量过程之间的联合平稳。

类似地还可定义标量或矢量随机场对时间参数 t 的平稳性与对空间坐标 $\boldsymbol{u}$ 的均匀性。一个矢量随机场 $\{\boldsymbol{X}(\boldsymbol{u},t);\boldsymbol{u}\in U\subset R^n, t\in T\}$，若在某个空间坐标分量 u_j 的任一平移下，它的有限维概率分布函数保持不变，则称该随机场为沿空间坐标 u_j 是均匀的。一个随机场可以沿某一直线均匀，沿某一平面均匀，或在整个空间中均匀。随机场可以同时是平稳与均匀的，也可以只有平稳性或均匀性。

对随机场可定义各向同性。一个矢量随机场 $\{\boldsymbol{X}(\boldsymbol{u},t);\ \boldsymbol{u}\in U,\ t\in T\}$，若其有限维概率分布函数族在点组 $\boldsymbol{u}_1,\boldsymbol{u}_2,\cdots,\boldsymbol{u}_n$ 绕通过原点的轴的所有可能的旋转变换以及关于通过原点的任一平

面的镜反射下保持不变，就称该随机场为各向同性的．一般，所谓各向同性随机场是指各向同性均匀随机场，即其概率与统计特性在点组 $u_1, u_2, \cdots, u_n$ 的所有平移，旋转及镜反射下保持不变．

从理论上讲，平稳随机过程或随机场应是无始无终的，即它的每个样本函数应从 $t=-\infty$ 延伸至 $t=\infty$．相应时间参数集 T 应为整个时间轴．同理，若随机场沿空间坐标 u_j 是均匀的，则它的样本函数应从 $u_j=-\infty$ 延伸至 $u_j=\infty$，u_j 的集合为整个坐标轴．然而，实际过程与场多是有始有终，空间上也是有限的．因此，平稳随机过程，平稳与(或)均匀随机场都只是一种理想化的概念．而且，大多数作为物理现象的模型的随机过程与随机场都是非平稳的，或非均匀的，只是不少过程与场的概率或统计特性随时间与(或)空间坐标变化很小，从而可近似地认为是平稳与(或)均匀的．

二、按记忆能力分类

随机过程与随机场可按它们的记忆能力，即它们的目前状态对过去状态的依赖程度来分类．

按这种分类，最简单的随机过程与随机场是完全无记忆的过程与场．一个随机过程 $\{X(t), t \in T\}$，若它在一个给定时刻上的随机变量与所有其他时刻上的随机变量独立，就称它为无记忆过程，或纯随机过程．一个纯随机过程的 n 维概率分布函数可表示为 n 个一维概率分布函数之积

$$F(x_1, t_1; x_2, t_2; \cdots; x_n, t_n) = \prod_{j=1}^{n} F(x_j, t_j) \quad (1.1\text{-}31)$$

而 n 维对数特征函数则为 n 个一维对数特征函数之和．换言之，纯随机过程的一维概率分布函数(概率密度函数、特征函数与对数特征函数)包含了该过程的全部概率与统计信息．

一个连续参数的纯随机过程在物理上是不可实现的，因为它意味着，在两个无论如何接近的时刻之间都绝对地独立．纯随机过程只是记忆能力极弱的实际过程的一个理想化模型．纯随机过程的重要例子是白噪声与散粒噪声(见1.4.3)．

比纯随机过程的记忆能力稍强的是马尔柯夫(Markov)过程.这种随机过程的概率与统计信息完全包含在二维概率分布函数之中.马尔柯夫过程将在第五章中介绍.

1.2 随机过程与随机场的相关描述

从上节知,随机过程与随机场的完全描述是十分复杂的.实践中,这种完全描述既不可能,也无必要.这是因为,一方面,在目前的技术水平下,我们只能测量极少数低维的概率分布(或密度)函数,或少数低维低阶矩(或累积量)函数;另一方面,实际过程与场往往是统计上比较简单的,如高斯随机过程与马尔柯夫过程等.此外,只有少数低维概率分布(或密度)函数与低维低阶矩(累积量)函数具有明显的物理意义.因此,实践中往往只用一维与二维概率分布(或密度)函数,或基于这两个分布的一、二阶矩(累积量)函数对随机过程或场作很不完全的描述.

1.2.1 标量二阶过程的相关函数

矩函数有原点矩与中心矩之分,由一个标量随机过程 $\{X(t), t\in T\}$ 的一维概率密度函数得到的一、二阶原点矩

$$\mu_X(t)=E[X(t)]=\int_{-\infty}^{\infty}xp(x,t)dx \tag{1.2-1}$$

与

$$S_X^2(t)=E[X^2(t)]=\int_{-\infty}^{\infty}x^2p(x,t)dx \tag{1.2-2}$$

分别称为该随机过程的平均函数与均方函数.由此一维概率密度函数得到的二阶中心矩

$$\begin{aligned}\sigma_X^2(t)&=\mathrm{Var}[X(t)]=E[\{X(t)-\mu_X(t)\}^2]\\&=\int_{-\infty}^{\infty}[x-m_1(t)]^2p(x,t)dx\end{aligned} \tag{1.2-3}$$

称为该过程的方差函数.平均函数描述随机过程的平均发展趋势.

均方函数描述随机过程偏离原点的平均分散度随时间的变化，也表示过程的平均功率随时间的变化。而方差函数则描述随机过程偏离平均趋势的平均分散度随时间的变化。展开（1.2-3）最后一式，可得

$$\sigma_X^2(t)=S_X^2(t)-\mu_X^2(t) \tag{1.2-4}$$

$S_X(t)$ 称为均方根函数，$\sigma_X(t)$ 称为标准差函数，$\sigma_X(t)/\mu_X(t)$ 称为变差函数。

由二维概率密度函数得到的原点矩

$$\begin{aligned}R_{XX}(t_1,t_2)&=E[X(t_1)X(t_2)]\\&=\iint_{-\infty}^{\infty}x_1x_2p(x_1,t_1;x_2,t_2)dx_1dx_2\end{aligned} \tag{1.2-5}$$

与中心矩

$$\begin{aligned}C_{XX}(t_1,t_2)&=\mathrm{Cov}[X(t_1),X(t_2)]\\&=E[\{X(t_1)-\mu_X(t_1)\}\{X(t_2)-\mu_X(t_2)\}]\\&=\iint_{-\infty}^{\infty}[x_1-\mu_X(t_1)][x_2-\mu_X(t_2)]p(x_1,t_1;x_2,t_2)dx_1dx_2\end{aligned} \tag{1.2-6}$$

分别称为随机过程 $X(t)$ 的(自)相关函数与协方差函数，它们分别表示该过程在两个时刻上取值和该值与平均值之差的相互依赖程度。展开(1.2-6)最后一式，易证

$$C_{XX}(t_1,t_2)=R_{XX}(t_1,t_2)-\mu_X(t_1)\mu_X(t_2) \tag{1.2-7}$$

当随机过程平均函数为零时，相关函数等同于协方差函数。当 $t_1=t_2$ 时，相关函数与协方差函数分别化为均方函数与方差函数。

一个标量随机过程，若其平均函数与方差函数为有限，则称它为二阶随机过程。一个随机过程为二阶随机过程的充分必要条件是其相关函数为有限。下面假定所讨论的都是二阶随机过程。

由(1.2-4)与(1.2-7)可知，在随机过程的不完全描述中，只有平均函数与相关函数(或协方差函数)是独立的，其余函数均可从

这两个函数导出．对许多实际过程，平均函数往往为零，或通过坐标的平移使之为零，即中心化．在这些情形下，对随机过程的不完全描述就只需相关函数(或协方差函数)了．

相关函数具有下列性质：

1. 对称性，即

$$R_{XX}(t_1,t_2)=R_{XX}(t_2,t_1) \tag{1.2-8}$$

2. 有界性，即

$$R_{XX}(t_1,t_2)\leqslant S_X(t_1)S_X(t_2) \tag{1.2-9}$$

注意到

$$E\left[\left\{\frac{X(t_1)}{S_X(t_1)}+\frac{X(t_2)}{S_X(t_2)}\right\}^2\right]=2+\frac{2R_{XX}(t_1,t_2)}{S_X(t_1)S_X(t_2)}\geqslant 0$$

$$E\left[\left\{\frac{X(t_1)}{S_X(t_1)}-\frac{X(t_2)}{S_X(t_2)}\right\}^2\right]=2-\frac{2R_{XX}(t_1,t_2)}{S_X(t_1)S_X(t_2)}\geqslant 0$$

(1.2-9) 即可得证．

3. 非负定性，即对任意 n 与确定性函数 $g(t)$，有

$$\sum_{j=1}^{n}\sum_{k=1}^{n}R_{XX}(t_j,t_k)g(t_j)g(t_k)\geqslant 0 \tag{1.2-10}$$

其证明类似于(1.1-15)．

协方差函数具有与相关函数类似的性质，只是(1.2-9)右边应代之以 $\sigma_X(t_1)\sigma_X(t_2)$．此外，容易证明，一个随机过程加上一个确定性函数之后，其协方差函数不变．因此，在考虑随机过程的协方差函数时，可以假设随机过程的平均函数为零而不失一般性．

由协方差函数归一化得到的函数

$$\rho_{XX}(t_1,t_2)=\frac{C_{XX}(t_1,t_2)}{\sigma_X(t_1)\sigma_X(t_2)} \tag{1.2-11}$$

称为相关系数函数，或归一化协方差函数．易证

$$-1\leqslant\rho_{XX}(t_1,t_2)\leqslant 1 \tag{1.2-12}$$

1.2.2 广义平稳标量随机过程的相关函数

一个二阶随机过程 $X(t)$，若

$$E[X(t)]=\mu_x=\text{常数} \tag{1.2-13}$$
$$E[X(t)X(t+\tau)]=R_X(\tau) \tag{1.2-14}$$

则称它为广义平稳随机过程．广义平稳亦称二阶平稳、弱平稳或协方差平稳．严格平稳的二阶随机过程是广义平稳的，其逆一般不成立．一个重要的例外是高斯随机过程，对它来说，两者是等价的（见 1.6）．通常所说的平稳随机过程，都指广义平稳随机过程。

例如，人为的随机过程

$$X(t)=\sum_{j=1}^{n}(A_j\cos\omega_j t+B_j\sin\omega_j t)$$

式中 ω_j 为实常数；A_j 与 B_j 为独立的实随机变量，均值为零，$E[A_j^2]=E[B_j^2]=\sigma_j^2\tau$，该过程的均值为零，相关函数为

$$R_X(\tau)=\sum_{j=1}^{n}\sigma_j^2\cos\omega_j\tau$$

因此它是广义平稳的。

广义平稳随机过程的平均函数、均方函数及方差函数为常数，分别称为均值、均方值及方差．均方根函数与标准差函数也为常数，分别称为均方根值与标准差．均方根值常以 rms 表示．变差系数函数也化为变差系数了．

广义平稳随机过程的相关函数具有下列性质：

1. 为偶函数，即

$$R_X(-\tau)=R_X(\tau) \tag{1.2-15}$$

2. 在 $\tau=0$ 上取极大值，即

$$R_X'(0)=0,\ R_X''(0)<0,\ R_X(0)=S_X^2 \tag{1.2-16}$$

3. 非负定性（见（1.2-10））；

4. 在随机过程不含有周期性分量时，

$$R_X(\tau\to\infty)\to\mu_X^2 \tag{1.2-17}$$

当随机过程含有周期性分量时，(1.2-17)一般不成立，例如，$X(t)=A+B\sin(\omega t+\Phi)$，其中 ω 为实常数，A, B, Φ 为独立随机变

量，A 与 B 具有任意概率分布，φ 在$[0,2\pi)$上均匀分布。易证它是广义平稳的。$\mu_X = \mu_A$，$R_X(\tau) = \mu_A^2 + \sigma_A^2 + (\mu_B^2 + \sigma_B^2)\cos \omega\tau/2$．在 $\tau \to \infty$ 时，$R_X(\tau) \nrightarrow \mu_A^2$。

根据性质 1-4，可作出典型相关函数曲线，如图 1.2-1 所示。

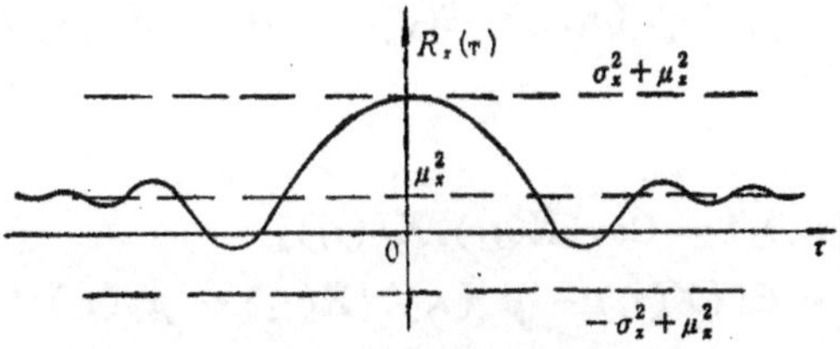

图 1.2-1　广义平稳随机过程的典型相关函数

此外，从相关函数在 $\tau = 0$ 上的连续性可推论它在所有 τ 值上的均匀连续性，证明如下：

$$R_X(\tau + \varepsilon) - R_X(\tau) = E[\{X(t - \varepsilon) - X(t)\}X(t + \tau)]$$

利用施瓦兹（Schwarz）不等式

$$E[|XY|] \leqslant \{E[X^2]E[Y^2]\}^{1/2}$$

有

$$|R_X(\tau + \varepsilon) - R_X(\tau)|^2 \leqslant 2R_X(0)\{R_X(0) - R_X(\varepsilon)\}$$

由于 $R_X(\tau)$ 在 $\tau = 0$ 上的连续性，$\varepsilon \to 0$ 时，$\{R_X(0) - R_X(\varepsilon)\} \to 0$。于是，随 $\varepsilon \to 0$，对 τ 均匀地有 $|R(\tau + \varepsilon) - R(\tau)| \to 0$．这个性质在理解随机过程的均方连续性的充要条件时很重要（见下节）。

显然，广义平稳随机过程的协方差函数与归一化协方差函数也只依赖于时滞 τ．协方差函数 $C_X(\tau)$ 也具有与相关函数 $R_X(\tau)$ 类似的性质。

最后说明一下，在有些文献中，将这里说的协方差函数称为相关函数。

1.2.3　矢量随机过程的相关矩阵

一个矢量二阶随机过程 $\mathbf{X}(t)=\{[X_1(t), X_2(t), \cdots, X_n(t)]^T;$

$t\in T\}$ 的相关矩阵与协方差矩阵分别定义为

$$\mathbf{R}_{XX}(t_1,t_2)=E[\mathbf{X}(t_1)\mathbf{X}^T(t_2)]$$
$$=\begin{bmatrix} R_{X_1X_1}(t_1,t_2) & R_{X_1X_2}(t_1,t_2)\cdots R_{X_1X_n}(t_1,t_2) \\ R_{X_2X_1}(t_1,t_2) & R_{X_2X_2}(t_1,t_2)\cdots R_{X_2X_n}(t_1,t_2) \\ \cdots\cdots & \cdots\cdots \\ R_{X_nX_1}(t_1,t_2) & R_{X_nX_2}(t_1,t_2)\cdots R_{X_nX_n}(t_1,t_2) \end{bmatrix} \tag{1.2-18}$$

与

$$\boldsymbol{C}_{XX}(t_1,t_2)=\mathrm{Cov}[\mathbf{X}(t_1),\mathbf{X}^T(t_2)]$$
$$=E[\{\mathbf{X}(t_1)-\boldsymbol{\mu}_X(t_1)\}\{\mathbf{X}(t_2)-\boldsymbol{\mu}_X(t_2)\}^T]$$
$$=\begin{bmatrix} C_{X_1X_1}(t_1,t_2) & C_{X_1X_2}(t_1,t_2)\cdots C_{X_1X_n}(t_1,t_2) \\ C_{X_2X_1}(t_1,t_2) & C_{X_2X_2}(t_1,t_2)\cdots C_{X_2X_n}(t_1,t_2) \\ \cdots\cdots & \cdots\cdots \\ C_{X_nX_1}(t_1,t_2) & C_{X_nX_2}(t_1,t_2)\cdots C_{X_nX_n}(t_1,t_2) \end{bmatrix} \tag{1.2-19}$$

式中 $\boldsymbol{\mu}_X(t)$ 为 $\mathbf{X}(t)$ 之平均矢量；$R_{X_jX_j}(t_1,\ t_2)$ 与 $C_{X_jX_j}(t_1,t_2)$ 分别为第 j 个分量之自相关函数与自协方差函数；$R_{X_jX_k}(t_1,t_2)$ 与 $C_{X_jX_k}(t_1,t_2)(j\neq k)$ 分别为第 j 个分量与第 k 个分量的互相关函数与互协方差函数。自相关函数与自协方差函数已在上两小节详细叙述。现考虑互相关函数与互协方差函数。

易证，互相关函数与互协方差函数之间关系为

$$C_{X_jX_k}(t_1,t_2)=R_{X_jX_k}(t_1,t_2)-\mu_{X_j}(t_1)\mu_{X_k}(t_2) \tag{1.2-20}$$

只要其中一个分量过程的平均函数为零，两者吻合。也不难证明，互相关函数具有下列性质：

1. 对称性

$$R_{X_jX_k}(t_1,t_2)=R_{X_kX_j}(t_2,t_1) \tag{1.2-21}$$

2. 有界性

$$|R_{X_jX_k}(t_1,t_2)|\leqslant S_{X_j}(t_1)S_{X_k}(t_2) \tag{1.2-22}$$

3. $R_{X_jX_k}(t_1,t_2)$ 是非负定的。

由(1.2-8)与(1.2-21)知，相关矩阵具有下列性质

$$R_{XX}(t_1,t_2)=R_{XX}{}^T(t_2,t_1) \tag{1.2-23}$$

对矢量随机过程，还可定义一个归一化协方差矩阵 $\rho_{XX}(t_1,t_2)$，其中对角线元素为归一化自协方差，非对角线元素为归一化互协方差函数

$$\rho_{X_jX_k}(t_1,t_2)=\frac{C_{X_jX_k}(t_1,t_2)}{\sigma_{X_j}(t_1)\sigma_{X_k}(t_2)} \tag{1.2-24}$$

亦称互相关系数函数，其值满足下列不等式

$$-1\leqslant\rho_{X_jX_k}(t_1,t_2)\leqslant 1 \tag{1.2-25}$$

若 $R_{X_jX_k}(t,t)=0$，则称 $X_j(t)$ 与 $X_k(t)$ 是正交的。若 $C_{X_jX_k}(t,t)=0$，则称 $X_j(t)$ 与 $X_k(t)$ 是不相关的。

一个矢量随机过程，若其平均矢量为常数矢量，相关矩阵只依赖于时差 τ，则称它为广义平稳的。这不仅要求它的各个分量自身为广义平稳，而且要求任意两个不同分量之间为联合广义平稳。

由(1.2-23)可证，广义平稳的矢量随机过程的相关矩阵具有下列性质：

$$R_X(\tau)=R_X{}^T(-\tau) \tag{1.2-26}$$

而(1.2-22)化为

$$-\sigma_{X_j}\sigma_{X_k}+\mu_{X_j}\mu_{X_k}\leqslant R_{X_jX_k}(\tau)\leqslant\sigma_{X_j}\sigma_{X_k}+\mu_{X_j}\mu_{X_k} \tag{1.2-27}$$

此外，当 $X_j(t)$ 与 $X_k(t)$ 不同时含有相同周期的周期性分量时，将有

$$R_{X_jX_k}(\tau\to\infty)\to\mu_{X_j}\mu_{X_k} \tag{1.2-28}$$

根据平稳随机过程的互相关函数的上述性质，可画出典型互相关函数的曲线，如图 1.2-2 所示。注意，$R_{X_jX_k}(\tau)$ 一般不是偶函数，也不在 $\tau=0$ 上达最大值。这说明两个过程之间有“相位”差。$\tau_0>0$ 表明 $X_k(t)$ 的“相位”落后于 $X_j(t)$。

为说明(1.2-28)可能不成立，考虑两个平稳随机过程

$X_1(t)=a\sin(\omega\tau+\Phi)$ 与 $X_2(t)=b\sin(\omega t+\Phi-\theta)$

式中 a,b,θ 及 ω 为实常数，Φ 为在 $(0,2\pi)$ 上均匀分布的随机变量。易证它们各自为广义平稳，而且

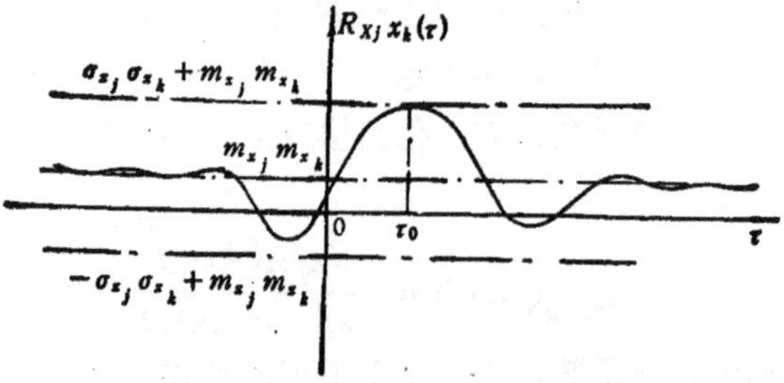

图 1.2-2 二个联合广义平稳的随机过程的典型互相关函数

$$R_{X_1X_2}(\tau)=\frac{ab}{2}\cos(\omega\tau-\theta)$$

$$R_{X_2X_1}(\tau)=\frac{ab}{2}\cos(\omega\tau+\theta)$$

因此它们也是联合广义平稳的。然而(1.2-28)不成立。

协方差矩阵与归一化协方差矩阵也具有类似于(1.2-23)或(1.2-26)的性质。互协方差函数与归一化互协方差函数也具有类似于互相关函数的性质。所不同的是，对互协方差函数，(1.2-22)右边应代之以 $\sigma_{X_j}(t_1)\sigma_{X_k}(t_2)$，(1.2-27)两边应去掉 $\mu_{X_j}\mu_{X_k}$，(1.2-28)右边应代之以 0。

1.2.4 随机场的空间-时间相关函数(张量)

标量随机场 $\{X(\boldsymbol{u},t);\boldsymbol{u}\in U\subset R^n,\ t\in T\}$ 的空间-时间相关函数与空间-时间协方差函数分别定义为场在 $\boldsymbol{u}$ 与 $\boldsymbol{u}'$ 上的两个随机过程 $X(\boldsymbol{u},t)$ 与 $X(\boldsymbol{u}',t)$的互相关函数与互协方差函数，即

$$R_{XX}(\boldsymbol{u},\boldsymbol{u}';t_1,t_2)=E[X(\boldsymbol{u},t_1)X(\boldsymbol{u}',t_2)] \quad (1.2\text{-}29)$$

与

$$C_{XX}(\boldsymbol{u},\boldsymbol{u}';t_1,t_2)=E[\{X(\boldsymbol{u},t_1)-\mu_X(\boldsymbol{u},t_1)\}\{X(\boldsymbol{u}',t_2)-\mu_X(\boldsymbol{u}',t_2)\}] \quad (1.2\text{-}30)$$

式中 $\mu_X(\boldsymbol{u},t)$ 为该场之平均函数。它们之间满足下列关系

$$C_{XX}(\boldsymbol{u},\boldsymbol{u}';t_1,t_2)=R_{XX}(\boldsymbol{u},\boldsymbol{u}';t_1,t_2)-\mu_X(\boldsymbol{u},t_1)\mu_X(\boldsymbol{u}',t_2) \quad (1.2\text{-}31)$$

注意

$$C_{XX}(\boldsymbol{u},\boldsymbol{u};t,t)=\sigma_X^2(\boldsymbol{u},t) \tag{1.2-32}$$

为随机场的方差函数．也可定义归一化空间-时间协方差函数

$$\rho_{XX}(\boldsymbol{u},\boldsymbol{u}';t_1,t_2)=\frac{C_{XX}(\boldsymbol{u},\boldsymbol{u}';t_1,t_2)}{\sigma_X(\boldsymbol{u},t_1)\sigma_X(\boldsymbol{u}',t_2)} \tag{1.2-33}$$

若 $\mu_X(\boldsymbol{u},t)$ 不依赖于时间 t，$R_{XX}(\boldsymbol{u},\boldsymbol{u}';t_1,t_2)=R_{XX}(\boldsymbol{u},\boldsymbol{u}';\tau)$，$\tau=t_2-t_1$，则称随机场 $X(\boldsymbol{u},t)$ 为广义平稳的．若 $\mu_X(\boldsymbol{u},t)$ 为常数，$R_{XX}(\boldsymbol{u},\boldsymbol{u}';t_1,t_2)=R_{XX}(\boldsymbol{r},\tau)$，$\boldsymbol{r}=\boldsymbol{u}'-\boldsymbol{u}$，则随机场 $X(\boldsymbol{u},t)$ 为广义平稳且均匀的．此外，若 $R_{XX}(\boldsymbol{r},\tau)=R_{XX}(r,\tau)$，$r=|\boldsymbol{r}|$，则随机场 $X(\boldsymbol{u},t)$ 为广义平稳、均匀、各向同性的．以上三种情形下，空间-时间协方差与归一化空间-时间协方差也有类似的表达式．

空间-时间相关函数，空间-时间协方差函数及归一化空间-时间协方差函数分别具有互相关函数、互协方差函数及归一化互协方差函数类似的性质．

矢量随机场 $\{\mathbf{X}(\boldsymbol{u},t);\ \boldsymbol{u}\in U\subset R^n, t\in T\}$ 的相关函数是一个定义在 $U\times T$ 上的二阶两点张量

$$\boldsymbol{R}_{XX}(\boldsymbol{u},\boldsymbol{u}';t_1,t_2)=E[\mathbf{X}(\boldsymbol{u},t_1)\otimes\mathbf{X}(\boldsymbol{u}',t_2)] \tag{1.2-34}$$

称为相关张量，式中⊗表示张量乘．类似地可定义协方差张量与归一化协方差张量．

类似于矢量随机过程与标量随机场情形，可定义矢量随机场的广义平稳性、均匀性及各向同性，并讨论相应的相关张量等．常用于近似描述一个矢量随机场的是平均矢量，方差矢量及归一化协方差张量．

1.2.5 广义平稳随机过程的相关时间(矩阵)与强度(矩阵)

平稳随机过程的相关时间定义有若干种，它们具有相同的量级，这里采用目前常用的一种．

对一个平稳的矢量随机过程 $\mathbf{X}(t)$，可定义二个相关时间矩阵，它们的任一元素分别为

$$
{}_c\tau_{jk}^{+} = \frac{\int_0^{\infty} \tau |C_{jk}(\tau)| d\tau}{\int_0^{\infty} |C_{jk}(\tau)| d\tau} \tag{1.2-35}
$$

与

$$
{}_c\tau_{jk}^{-} = -\frac{\int_{-\infty}^{0} \tau |C_{jk}(\tau)| d\tau}{\int_{-\infty}^{0} |C_{jk}(\tau)| d\tau} \tag{1.2-36}
$$

式中 $C_{jk}(\tau) = C_{X_jX_k}(\tau)$ 为 $\mathbf{X}(t)$ 的协方差矩阵的任一元素，它们分别给出 $|C_{jk}(\tau)|$ 在正负 τ 域的面积中心到原点的距离（见图 1.2-3），称为互相关时间。${}_c\tau_{jk}^{+}$ 是将来的 $X_k(t)$（严格地说，是 $X_k - \mu_k$，下同）相对于现在的 $X_j(t)$ 的记忆能力的度量，而 ${}_c\tau_{jk}^{-}$ 是现在的 $X_j(t)$ 相对于过去的 $X_k(t)$ 的记忆能力的度量。在时差大于相关时间的两个不同时刻上可近似认为两个过程是不相关的。

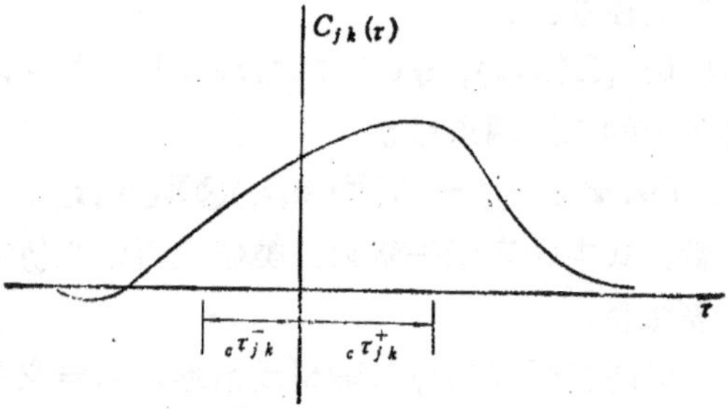

图 1.2-3　相关时间

鉴于协方差矩阵类似于(1.2-26)的性质，有

$$
{}_c\tau_{jk}^{-} = {}_c\tau_{kj}^{+} \tag{1.2-37}
$$

当 $j = k$ 时，

$$
{}_c\tau_{jj}^{-} = {}_c\tau_{jj}^{+} = {}_c\tau_{jj} \tag{1.2-38}
$$

意即对同一分量过程，过去与将来的相关时间相等。${}_c\tau_{jj}$ 称为自相关时间。对平稳标量随机过程，相关时间常记以 τ_c。鉴于性质(1.2-37)与(1.2-38)，对一个 n 维平稳矢量随机过程，实有 n^2 个相

关时间，即只需一个相关时间矩阵.

对平稳矢量随机过程 $\mathbf{X}(t)$，还可定义一个强度矩阵 $D=[D_{jk}]$,其任一元素为

$$D_{jk}=\int_{-\infty}^{\infty}C_{jk}(\tau)d\tau \tag{1.2-39}$$

相关时间与强度在马尔柯夫过程理论中起很大作用（见第五章).

对平稳标量与矢量随机场可类似定义相关时间(张量)与强度(张量). 对均匀随机场,还可定义相关尺度(长度、面积或体积).

1.3 随机过程与随机场的均方微积分

随机振动理论中，激励与响应之间的关系常以随机微分方程表示. 随机过程与随机场的微积分有三种,第一种为样本微积分,它基于随机过程与随机场为样本函数之集合的定义. 在处理现实问题时,这种微积分最为合理,然而数学上的困难使得这种微积分目前还只局限于数学家的圈子之中. 第二种是伊藤(Itô)微积分,是专门为处理马尔柯夫型的随机过程与随机场而发展起来的. 目前随机微分方程与随机稳定性理论中大多采用此种微积分，本书将在第五章中作简要介绍. 第三种是 p 阶矩微积分，或 L^p-微积分,均方微积分是其中一种特殊情形. 应用中，均方微积分最为普遍,这是因为,第一,这种微积分是用二阶矩来定义,而二阶矩是我们所最关心的; 第二,存在一整套简单、有力又成熟的方法; 第三，这种微积分的推导与应用步骤基本上与普通确定性函数的微积分一样,易为科技工作者所掌握;第四，对应用很重要的一类过程与场——高斯随机过程与场，从均方微积分的性质可推出样本微积分的性质. 因此,本书中,除特别指明之外,皆用均方微积分.

1.3.1 随机变量序列的收敛性

如同普通微积分,为定义随机过程的连续性、微分及积分，需

先研究随机变量序列的收敛性或极限。一个随机变量，若其一阶、二阶矩为有限，则称它为二阶随机变量、本小节给出二阶随机变量序列的四种收敛模式的定义及其间的关系，并讨论均方收敛的性质。

几乎肯定收敛 随机变量序列 $X_n, n=1,2,\cdots$，称为随 $n\to\infty$ 几乎肯定收敛于随机变量 X，如果

$$P[\lim_{n\to\infty} X_n = X] = 1 \tag{1.3-1}$$

记以

$$X_n \xrightarrow{a,s} X,\ \text{或}\ ac-\lim_{n\to\infty} X_n = X,\ \text{或}\ \lim X_n = X \quad wp.1.$$

其意为，除了概率为零的样本外，X_n 的每个样本序列收敛于 X 的对应样本，这种收敛也称几乎处处收敛，或以概率 1 收敛．在概率论中把它归属于强收敛．相应地，X 称为 X_n 的几乎肯定(或以概率 1)的极限．

均方收敛 随机变量序列 X_n 称为随 $n\to\infty$ 在均方意义上收敛于随机变量 X，如果

$$\lim_{n\to\infty} E[|X_n - X|^2] = 0 \tag{1.3-2}$$

记以

$$X_n \xrightarrow{m,s} X,\ \text{或}\ ms-\lim_{n\to\infty} X_n = X,\ \text{或}\ \underset{n\to\infty}{\text{l.i.m.}} X_n = X$$

相应地，X 称为 X_n 的均方极限。

依概率收敛 随机变量序列 X_n 称为随 $n\to\infty$ 依概率收敛于随机变量 X，如果对每一个 $\varepsilon>0$，

$$\lim_{n\to\infty} P[|X_n - X| > \varepsilon] = 0 \tag{1.3-3}$$

记以

$$X_n \xrightarrow{i.p.} X,\ \text{或}\ st-\lim_{n\to\infty} X_n = X,\ \text{或}\ \text{l.i.p.} X_n = X$$

这种收敛也称随机收敛，它归属于弱收敛。相应地，X 称为 X_n 的随机极限。

分布意义上收敛 随机变量序列 X_n 称为随 $n\to\infty$ 在分布意

义上收敛于随机变量 X，如果

$$\lim_{n\to\infty} F_{X_n}(x) = F_X(x) \tag{1.3-4}$$

在 $F_X(x)$ 的每个连续点上成立。相应地，X 称为 X_n 在分布意义上的极限。

可以证明[4]，这四种模式的收敛性之间存在如下关系：

$$\left.\begin{array}{r}\text{几乎肯定收敛}\\ \text{均方收敛}\end{array}\right\} \Longrightarrow \text{随机收敛} \Longrightarrow \text{分布意义上收敛}$$

其中 $\Longrightarrow$ 表示"意味着"或"可推出"。几乎肯定收敛与均方收敛之间只有部分相互包涵关系，以上关系在图 1.3-1 中表示得更为清晰。

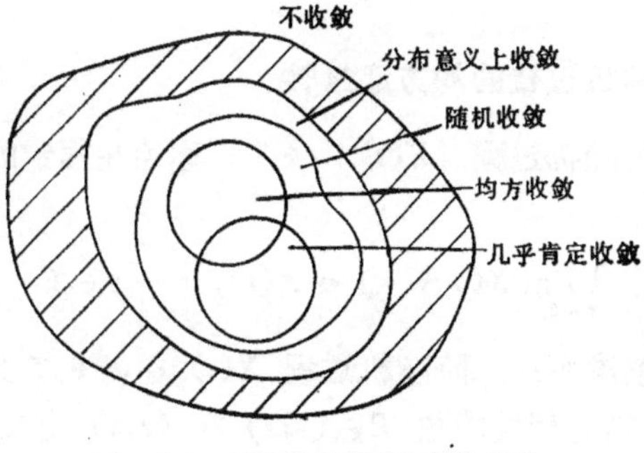

图 1.3-1　四种收敛模式之间的关系

均方收敛(极限)的性质：

1. 均方极限运算与期望运算可交换，即

若

$$\underset{n\to\infty}{\text{l.i.m.}} X_n = X, \quad \text{则} \quad \lim_{n\to\infty} E[X_n] = E[X]$$

2. l.i.m. 是线性算子，即

若

$$\underset{n\to\infty}{\text{l.i.m.}} X_n = X \quad \text{与} \quad \underset{n\to\infty}{\text{l.i.m.}} Y_n = Y$$

则对任意常数 a 与 b，有

$$\underset{n\to\infty}{\text{l.i.m.}} (aX_n + bY_n) = aX + bY$$

3. 均方极限是唯一的，即

若

$$\underset{n\to\infty}{\text{l.i.m.}}X_n = X \quad 同时 \quad \underset{n\to\infty}{\text{l.i.m.}}X_n = Y$$

则

$$X = Y$$

这里 $X = Y$ 表示在均方意义上相等或等价。

均方收敛准则：随机变量序列 X_n 随 $n\to\infty$ 在均方意义上收敛于随机变量 X 的充要条件是，当 m, n 以任何一种方式趋于无穷时，有

$$E[|X_n - X_m|^2]\to 0 \tag{1.3-5}$$

1.3.2 随机过程的均方连续性

一个二阶随机过程 $\{X(t), t\in T\}$ 称为在固定的 $t\in T$ 上均方连续，若

$$\underset{\tau\to 0}{\text{l.i.m.}}X(t+\tau) = X(t),\ t+\tau\in T \tag{1.3-6}$$

均方连续准则：二阶随机过程 $X(t)$ 在 $t\in T$ 上均方连续的充要条件是，它的相关函数 $R_{XX}(t,s)$ 在 (t,t) 上二元连续。当 $X(t)$ 为平稳时，则为 $R_X(\tau)$ 在 $\tau=0$ 上连续。

若 $X(t)$ 在每个 $t\in T$ 上均方连续，则称它在 T 上均方连续。$X(t)$ 在 T 上均方连续的充分必要条件是，对每个 $t\in T$，$R_{XX}(t,s)$ 在 (t,t) 上二元连续。$X(t)$ 平稳时，充分必要条件变成 $R_X(\tau)$ 在 $\tau=0$ 上连续。

如同一个随机变量序列的均方收敛并不一定意味着几乎肯定收敛，随机过程的均方连续性也并不一定意味着它的样本函数的连续性。

1.3.3 随机过程的均方导数

一个二阶随机过程 $\{X(t), t\in T\}$ 称为在 $t\in T$ 处均方可微，

如果下列极限存在

$$\underset{h\to 0}{\text{l.i.m.}}\frac{X(t+h)-X(t)}{h} \tag{1.3-7}$$

上述极限记为 $dX(t)/dt$ 或 $\dot{X}(t)$，称为 $X(t)$ 在 t 处的均方导数。若 $X(t)$ 在 T 上每一点都均方可微，则称它在 T 上均方可微。若 $\dot{X}(t)$ 均方可微，则称 $X(t)$ 为二次均方可微。其导数记为 $d^2X(t)/dt^2$ 或 $\ddot{X}(t)$。可类似定义高阶均方导数。

二阶随机过程 $X(t)$ 在 $t\in T$ 处均方可微的充要条件是其相关函数 $R_{XX}(t,S)$ 在 (t,t) 上广义二次可微，即下列广义二阶导数存在：

$$\lim_{\substack{h\to 0\\ h'\to 0}}\left[\begin{array}{l}R_{XX}(t+h,t+h')-R_{XX}(t+h,S)\\ -R_{XX}(t,s+h')+R_{XX}(t,S)/hh'\end{array}\right. \tag{1.3-8}$$

只要 $R_{XX}(t,s)$ 在 (t,t) 上关于 t 与 s 的一阶偏导数存在，二阶偏导数存在且连续，$R_{XX}(t, s)$ 在 (t, t) 上就是广义二次可微的。$X(t)$ 在 T 上均方可微的充分必要条件是 $R_{XX}(t, s)$ 在一切 $\{(t, t), t\in T\}$ 上广义二次可微。广义平稳随机过程 $X(t)$ 的均方可微的充分必要条件则是其相关函数 $R_X(\tau)$ 在 $\tau=0$ 上的一阶、二阶导数存在。

例如，$X(t)=a\cos(\omega t+\Phi)$，式中 a 与 ω 为实常数，Φ 为在 $[0,2\pi]$ 上均匀分布的随机变量。其相关函数 $R_X(\tau)=\frac{1}{2}a^2\cos\omega\tau$ 在 $\tau=0$ 处的任何阶导数存在，因此，$X(t)$ 具有任何有限阶均方导数。又如，相关函数为 $R_X(\tau)=\sigma^2e^{-\alpha|\tau|}$，$\sigma$ 与 α 为实数且 $\alpha>0$ 的平稳随机过程是均方连续但非均方可微。

均方导数具有下列性质：

1. 均方可微意味着均方连续，反之则不然；
2. 均方导数若存在则必是唯一的；
3. 均方微分算子 d/dt 是一线性算子；
4. 若随机过程 $X(t)$ 均方可微，$f(t)$ 为普通可微函数，则 $f(t)\times X(t)$ 也均方可微，且

$$\frac{d}{dt}[f(t)X(t)] = \frac{df(t)}{dt}X(t) + f(t)\frac{dX(t)}{dt} \qquad (1.3\text{-}9)$$

5. 期望运算与均方微分运算可交换次序。从而，若随机过程 $X(t)$ 任意次均方可微，则

$$\frac{\partial^{n+m}}{\partial t^n \partial s^m} R_{XX}(t,s) = R_{X^{(n)}X^{(m)}}(t,s) \qquad (1.3\text{-}10)$$

式中 $X^{(n)} = d^nX(t)/dt^n$。当 $X(t)$ 为平稳随机过程时，则有

$$(-1)^n \frac{\partial^{n+m}}{\partial \tau^{n+m}} R_{XX}(\tau) = R_{X^{(n)}X^{(m)}}(\tau) \qquad (1.3\text{-}11)$$

从而，$X(t)$ 的均方导数过程的相关函数可从 $X(t)$ 的相关函数导出。特别是，由于 $R_{XX}(\tau)$ 是 τ 的偶函数，

$$R_{X\dot{X}}(0) = \frac{\partial}{\partial \tau} R_{XX}(\tau)|_{\tau=0} = 0$$

可知平稳随机过程与其导数过程在同一时刻上是正交的。

由性质 5 还可得出如下结论，任一平稳随机过程的导数过程之均值必为零。

1.3.4 随机过程的均方积分

随机过程的均方积分有两种：均方黎曼积分与均方黎曼-斯蒂吉斯积分。

一、均方黎曼积分

设 $\{X(t), t \in T\}$ 是一个二阶随机过程，$\{f(t,v), t \in T\}$ 是 t 的普通函数，且对每个参数 $v \in V$ 为黎曼可积，考虑 $[a,b] \subset T$ 的一组分点：

$$a = t_0 < t_1 < t_2 < \cdots < t_n = b$$

$$\Delta_n = \max_{1 \leqslant k \leqslant n} (t_k - t_{k-1})$$

并作下列随机变量

$$Y_n(v) = \sum_{k=1}^{n} f(t_k', v) X(t_k')(t_k - t_{k-1})$$

式中 t_k' 是 $[t_{k-1}, t_k)$ 内的任一点。若对每个 $v \in V$，极限

$$\underset{\substack{n\to\infty \\ \Delta_n\to 0}}{\mathrm{l.i.m.}}\, Y_n(v) = Y(v)$$

存在，则称 $Y(v)$ 为 $f(t,v)X(t)$ 在 $[a,b]$ 上的均方黎曼积分，并记以

$$Y(v) = \int_a^b f(t,v)X(t)dt \qquad (1.3\text{-}12)$$

$f(t,v)X(t)$ 在 $[a,b]$ 上均方黎曼可积的充分必要条件是下列普通二重黎曼积分存在：

$$\int_a^b\int_a^b f(t,v)f(s,v)R_{XX}(t,s)dtds \qquad (1.3\text{-}13)$$

若(1.3-12)中下限为$-\infty$,或上限为∞，或下限为$-\infty$同时上限为∞，则称 $Y(v)$ 为广义均方黎曼积分．其存在的充要条件仍为(1.3-13)存在，只是相应的下限改为$-\infty$，或上限改为∞，或上下限同时改为$-\infty$与∞．

均方黎曼积分具有下列性质：

1. 若 $X(t)$ 在 $[a,b]$ 上均方连续，则 $X(t)$ 在 $[a,b]$ 上均方可积；

2. 均方积分若存在则必唯一；

3. 均方积分是一种线性可加运算，并可与期望运算交换次序；

4. 若随机过程 $X(t)$ 在 T 上均方可积，普通函数 $f(t,s)$ 在 $T\times T$ 上连续，且具有有限的一阶偏导数 $\frac{\partial f}{\partial t}$，则

$$Y(t) = \int_a^t f(t,s)X(s)ds$$

的均方导数在 T 上存在，且

$$\dot{Y}(t) = \int_a^t \frac{\partial f(t,s)}{\partial t} X(s)ds + f(t,t)X(t) \qquad (1.3\text{-}14)$$

5. 若随机过程 $X(t)$ 在 T 上均方可微，普通函数在 $T\times T$ 上连续，它的偏导数 $\partial f/\partial s$ 存在，则

$$\int_a^t f(t,s)\dot{X}(s)ds = f(t,s)X(s)\Big|_a^t$$

$$- \int_a^t \frac{\partial f(t,s)}{\partial s} X(s) ds \qquad (1.3-15)$$

再令 $f(t,S)=1$,(1.3-15)化为

$$\int_a^t \dot{X}(u) du = X(t) - X(a) \qquad (1.3-16)$$

(1.3-15)为均方积分的分部积分公式,(1.3-16)是均方微积分的基本定理.

二、**均方黎曼-斯蒂吉斯积分**

设 $\{X(t), t \in T\}$为二阶随机过程, $f(t)$ 为在 T上的普通有有限间断的函数。考虑 $[a,b] \subset T$ 的一组分点:

$$a = t_0 < t_1 < t_2 < \cdots < t_n = b$$

$$\Delta_n = \max_{1 \leqslant k \leqslant n} (t_k - t_{k-1})$$

并作下列随机变量

$$V_n = \sum_{k=1}^{n} X(t'_k)[f(t_k) - f(t_{k-1})]$$

其中 $t'_k \in [t_{k-1}, t_k)$。若

$$\underset{\substack{n \to \infty \\ \Delta_n \to 0}}{\text{l.i.m.}}\ V_n = V_1$$

存在,则称此极限 V_1 为 $X(t)$ 关于 $f(t)$ 在 $[a, b]$ 上的均方黎曼-斯蒂吉斯积分,并记以

$$V_1 = \int_a^b X(t) df(t) \qquad (1.3-17)$$

类似地,可定义 $f(t)$ 关于 $X(t)$ 在 $[a,b]$ 上的均方黎曼-斯蒂吉斯积分

$$V_2 = \int_a^b f(t) dX(t) \qquad (1.3-18)$$

当函数 $f(t)$ 可微时,(1.3-17)化为均方黎曼积分(1.3-12).同样,当随机过程 $X(t)$ 为均方可微时,(1.3-18)化为均方黎曼积分(1.3-12)。但若 $f(t)$ 或 $X(t)$ 为不可微,例如 $f(t)$ 有有限间断,则(1.3-17)或(1.3-18)就不能化为均方黎曼积分。 正是在这种情

形下均方黎曼-斯蒂吉斯积分才是重要的.

均方黎曼-斯蒂吉斯积分 V_1 与 V_2 存在的充分必要条件分别为

$$\int_a^b\int_a^b R_{XX}(t,s)df(t)df(s) \qquad (1.3\text{-}19)$$

与

$$\int_a^b\int_a^b f(t)f(s)ddR_{XX}(t,s) \qquad (1.3\text{-}20)$$

存在。

当(1.3-17)或(1.3-18)中积分下限为$-\infty$，或积分上限为∞，或下限与上限分别为$-\infty$与∞时，V_1 或 V_2 称为广义均方黎曼-斯蒂吉斯积分，它们存在的充分必要条件分别为当上、下限相应换成∞或$-\infty$时积分(1.3-19)或(1.3-20)存在.

均方黎曼-斯蒂吉斯积分具有普通斯蒂吉斯积分的性质，如唯一性，线性，可加性等. 若 V_1 与 V_2 同时存在，则

$$\int_a^b X(t)df(t)=[X(t)f(t)]\Big|_a^b-\int_a^b f(t)dX(t) \qquad (1.3\text{-}21)$$

这是均方黎曼-斯蒂吉斯积分的分部积分公式。

期望运算与均方黎曼-斯蒂吉斯积分运算次序可交换. 例如，V_1 与 V_2 的均值与方差分别为

$$E[V_1]=\int_a^b E[X(t)]df(t) \qquad (1.3\text{-}22)$$

$$E[V_2]=\int_a^b f(t)dE[X(t)] \qquad (1.3\text{-}23)$$

$$E[V_1^2]=\int_a^b\int_a^b R_{XX}(t,s)df(t)df(s) \qquad (1.3\text{-}24)$$

$$E[V_2^2]=\int_a^b\int_a^b f(t)f(s)ddR_{XX}(t,s) \qquad (1.3\text{-}25)$$

1.3.5 矢量随机过程与随机场的均方连续性、均方导数及均方积分

若组成矢量随机过程的各分量过程都均方连续，则该矢量随

机过程也均方连续．这一论断也适用于均方可微与均方可积．同时，矢量随机过程的均方导数与均方积分也具有标量随机过程的均方导数与均方积分相应的性质．

一个随机场 $X(u,t)$ 是空间坐标与时间的随机多元函数，在空间一个固定点上，它就是一个随机过程．因此，关于随机过程的均方连续性、均方导数及均方积分的论述可引伸到随机场对时间 t 的均方连续性，均方偏导数及均方积分上来．而随机场关于任一空间坐标分量的均方连续性、均方偏导数及均方积分可仿照对时间 t 那样讨论．不难推断，随机场的均方偏导数与均方积分也具有类似于普通多元函数的偏导数与积分的性质．

1.4 随机过程与随机场的谱描述

在确定性的线性振动理论中，常对复杂的激励或响应作频谱分析，这是因为系统的线性允许应用叠加原理，系统对任意激励的各谐波分量的响应之和，就等于系统对激励的总响应，而且系统对任一谐波分量的响应可通过简单的乘法运算得到，这样可大大地简化线性系统对复杂激励的响应求值问题．

在线性随机振动理论中，谱分析仍然十分重要．只是这里用的是功率谱密度(简称谱密度)，而不是确定性情形的频谱．本节将较详细地讨论随机过程与随机场的谱密度以及由此派生出来的统计量．

1.4.1 平稳标量随机过程的谱密度

谱频分析的数学基础是傅立叶分析．一个周期性函数可表示成一个傅立叶级数；一个在$(-\infty,\infty)$上绝对可积的非周期函数可表示为傅立叶积分． 然而平稳随机过程的样本函数无始无终，既非周期亦非衰减，一般不是绝对可积的，因此不能直接对平稳随机过程作傅立叶分析．

可以有三种办法克服上述困难，从而导致三种谱密度的定义，它们从不同角度揭示了谱密度的含义与性质，并有不同的用处，本小节给出这三种谱密度的定义，并证明其等价性。

一、用相关函数的傅立叶变换定义谱密度

如前所述，相关函数在对随机过程的近似描述中是最重要的统计量。在平稳随机过程不包含周期性分量与均值为零时，它的相关函数在 $\tau\to\pm\infty$ 时是衰减的，从而有可能表示为傅立叶积分。在过程包含周期性分量或均值不为零时，它的相关函数将具有相同周期的周期性分量或常数，这些周期性分量或常数可表示成傅立叶级数。因此，有可能对一个平稳随机过程的相关函数作傅立叶分析，这种猜想已得到严格的数学证明。

事实上，一个均方连续的平稳随机过程 $X(t)$ 的相关函数 $R_X(\tau)$ 是 τ 的实的，非负定的连续函数，根据 Bochner 定理[5]，它可表示成如下傅立叶-斯蒂吉斯积分

$$R_X(\tau)=\int_{-\infty}^{\infty}e^{i\omega\tau}d\psi_X(\omega) \tag{1.4-1}$$

式中 $\psi_X(\omega)$ 是 ω 的实的，非减的有界函数． 若 $R_X(\tau)$ 绝对可积，例如不包含周期性分量或常数时，$\psi_X(\omega)$ 将绝对连续，于是存在导数 $S_X(\omega)=d\psi_X(\omega)/d\omega$，(1.4-1) 可改写成傅立叶积分形式

$$R_X(\tau)=\int_{-\infty}^{\infty}S_X(\omega)e^{i\omega\tau}d\omega \tag{1.4-2}$$

式中 $S_X(\omega)$ 是 ω 的实的非负的函数，它可按下式由 $R_X(\tau)$ 求得

$$S_X(\omega)=\frac{1}{2\pi}\int_{-\infty}^{\infty}R_X(\tau)e^{-i\omega\tau}d\tau \tag{1.4-3}$$

$\psi_X(\omega)$ 称为平稳随机过程 $X(t)$ 的谱(函数)，而 $S_X(\omega)$ 称为 $X(t)$ 的谱密度(函数)。相关函数与谱密度互为傅立叶变换，这一特殊的变换对(1.4-2)与(1.4-3)称为维纳（Wiener)-辛钦（Khintchine）关系式，是他们二人首先导出了这一关系[6,7]．注意，一个平稳随机过程的相关函数与谱密度所包含的关于该过程的信息是等价的．所不同的是，相关函数所表示的是该过程在时域内关于

幅值的统计信息，而谱密度所表示的是该过程在频域内关于幅值的统计信息。

由于 $R_X(\tau)$ 是 τ 的偶函数，(1.4-2)与(1.4-3)可改写成余弦傅立叶积分形式

$$R_X(\tau) = 2\int_0^{\infty} S_X(\omega)\cos\omega\tau d\omega \tag{1.4-4}$$

$$S_X(\omega) = \frac{1}{\pi}\int_0^{\infty} R_X(\tau)\cos\omega\tau d\tau \tag{1.4-5}$$

(1.4-2)与(1.4-4)中令 $\tau=0$,得

$$E[X^2(t)] = R_X(0) = \int_{-\infty}^{\infty} S_X(\omega)d\omega = 2\int_0^{\infty} S_X(\omega)d\omega \tag{1.4-6}$$

由此可知，$S_X(\omega)$ 是 $X(t)$ 的均方值的谱分解，因此可称为均方谱密度。在电工学中,若 $X(t)$ 表示电流或电压,则其平均功率与 $E[X^2(t)]$ 成正比。因此,$S_X(\omega)$ 又常称为功率谱密度,而 $\psi_X(\omega)$ 称为功率谱。

当平稳随机过程 $X(t)$ 包含有周期性分量或非零均值时，谱 $\psi_X(\omega)$ 将在相应的频率上出现有限的间断,在这些频率上 $\psi_X(\omega)$ 不可微。但若允许引入狄拉克 δ 函数，$S_X(\omega)$ 仍存在。例如，平稳随机过程 $X(t)=a\cos(\omega_0 t+\Phi)$ 的相关函数为 $R_X(\tau)=\frac{1}{2}\times a^2\cos\omega_0\tau$,而谱密度为 $S_X(\omega)=\frac{1}{4}a^2[\delta(\omega+\omega_0)+\delta(\omega-\omega_0)]$。又如,若 $X(t)$ 的均值 $\mu_X\neq 0$,则 $S_X(0)=\mu_X^2\delta(\omega)$。

对(1.4-2)与(1.4-3)两边形式求导，得

$$\frac{d^n R_X(\tau)}{d\tau^n} = i^n\int_{-\infty}^{\infty} \omega^n S_X(\omega)e^{i\omega\tau}d\omega \tag{1.4-7}$$

$$\frac{d^n S_X(\omega)}{d\omega^n} = \frac{(-i)^n}{2\pi}\int_{-\infty}^{\infty} \tau^n R_X(\tau)e^{-i\omega\tau}d\tau \tag{1.4-8}$$

由此可知，$\tau^n R_X(\tau)$ 的绝对可积性,即 $R_X(\tau\to\infty)$ 的无穷小阶次决定了 $S_X(\omega)$ 的可微次数 n。同样，$S_X(\omega\to\infty)$ 的无穷小阶次决定了 $R_X(\tau)$ 的可微次数。令(1.4-7)中 $\tau=0$ 可知，平稳

随机过程 $X(t)$ 的均方连续、均方可导的充分必要条件也可用谱密度与 ω 的适当幂之乘积的积分表示．例如，均方连续的充分必要条件为 $\int_{-\infty}^{\infty} S_X(\omega)d\omega < \infty$； 一次均方可微的充分必要条件为 $\int_{-\infty}^{\infty} \omega^2 S_X(\omega)d\omega < \infty$；等等．

令(1.4-7)中 $n=2$，再令(1.3-11)中 $n=m=1$ 可得

$$R_{\dot{X}\dot{X}}(\tau) = -\frac{d^2}{d\tau^2} R_{XX}(\tau) = \int_{-\infty}^{\infty} \omega^2 S_X(\omega) e^{i\omega\tau} d\omega$$

从而

$$S_{\dot{X}}(\omega) = \omega^2 S_X(\omega) \tag{1.4-9}$$

同理

$$S_{\ddot{X}}(\omega) = \omega^4 S_X(\omega) \tag{1.4-10}$$

更一般地

$$S_{X^{(n)}}(\omega) = \omega^{2n} S_X(\omega) \tag{1.4-11}$$

因此，一个平稳随机过程 $X(t)$的任意阶均方导数过程 $X^{(n)}(t)$，如果它存在，它的谱密度可由 $X(t)$ 的谱密度按(1.4-11)导出．

谱密度 $S_X(\omega)$ 定义于$-\infty<\omega<\infty$，称为双边谱密度．此外有单边谱密度 $G_X(\omega)=2S_X(\omega)$，定义于 $\omega \geqslant 0$． 工程应用中则常以 $f=\omega/2\pi$ 表示频率，并应用单边谱密度（或实验谱密度）$G_X(f)=4\pi S_X(\omega)$，$f\geqslant 0$．此时维纳-辛钦关系式变成

$$R_X(\tau) = \int_0^{\infty} G_X(f)\cos 2\pi f\tau df \tag{1.4-12}$$

$$G_X(f) = 4\int_0^{\infty} R_X(\tau)\cos 2\pi f\tau d\tau \tag{1.4-13}$$

二、用随机过程的有限时间傅立叶变换定义谱密度

虽然一个平稳随机过程 $X(t)$ 在无限长时间区间上不能进行傅立叶变换，但在有限区间 $[-T, T]$ 上的傅立叶变换总是存在的

$$X(\omega, T) = \frac{1}{2\pi}\int_{-T}^{T} X(t)e^{-i\omega t}dt \tag{1.4-14}$$

式中 $X(\omega,T)$ 一般是一个复随机过程，其均方值

$$E[|X(\omega,T)|^2]=E[X(\omega,T)X^*(\omega,T)]$$

$$=\frac{1}{4\pi^2}\int_{-T}^{T}\int_{-T}^{T}R_X(t_2-t_1)e^{-i\omega(t_2-t_1)}dt_1dt_2 \quad (1.4\text{-}15)$$

引入变换

$$t_1=t_1$$
$$\tau=t_2-t_1 \quad (1.4\text{-}16)$$

相应地积分域从方形变成菱形，见图 1.4-1. (1.4-15) 变成

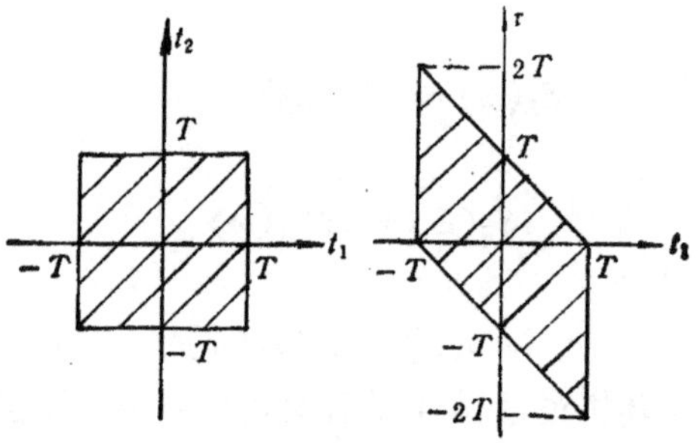

图 1.4-1

$$E[|X(\omega,T)|^2]=\frac{1}{4\pi^2}\int_{-2T}^{2T}(2T-|\tau|)R_X(\tau)e^{-i\omega\tau}d\tau$$

(1.4-17)

(1.4-17) 右边的积分在 $T\to\infty$ 时一般不存在，这可用由 (1.4-14) 的逆变换推导的下列帕塞瓦 (Parseval) 公式说明：

$$\int_{-T}^{T}E[X^2(t)]dt=2\pi\int_{-\infty}^{\infty}E[|X(\omega,,T)|^2]d\omega \quad (1.4\text{-}18)$$

(1.4-18)的左边为平稳随机过程在 $[-T,T]$ 上的总能量，因此，$2\pi E[|X(\omega,T)|^2]$为能量谱密度. 由于平稳随机过程在无穷时间区间上的总能量为无穷大，$E[|X(\omega,T)|^2)$ 在 $T\to\infty$ 时不存在. 然而，二阶平稳随机过程的均方值即功率总是有限的，因此功率谱密度在 $T\to\infty$ 时是存在的. (1.4-17) 两边乘以 π/T，然后取极

限，

$$\lim_{T\to\infty}\frac{\pi}{T}E[|X(\omega,T)|^2]$$

$$=\lim_{T\to\infty}\frac{1}{2\pi}\int_{-2T}^{2T}\left(1-\frac{|\tau|}{2T}\right)R_X(\tau)e^{-i\omega\tau}d\tau \qquad (1.4\text{-}19)$$

可以证明[4]

$$\lim_{T\to\infty}\frac{1}{2\pi}\int_{-2T}^{2T}\frac{|\tau|}{2T}R_X(\tau)e^{-i\omega\tau}d\tau=0$$

从而

$$\lim_{T\to\infty}\frac{\pi}{T}E[|X(\omega,T)|^2]=\frac{1}{2\pi}\int_{-\infty}^{\infty}R_X(\tau)e^{-i\omega\tau}d\tau \qquad (1.4\text{-}20)$$

对比(1.4-3)与(1.4-20)可知，(1.4-20)的左边确实是谱密度，且与用相关函数的傅立叶变换定义的谱密度等价。于是

$$S_X(\omega)=\lim_{T\to\infty}\frac{\pi}{T}E[|X(\omega,T)|^2] \qquad (1.4\text{-}21)$$

注意，(1.4-21)中的极限与期望运算不可交换。(1.4-21)所表示的谱密度定义是目前广泛采用的用快速傅立叶变换（FFT）估计谱密度的依据。

三、平稳随机过程的谱分解

维纳发展了一种广义谐和分析理论[6]，按照这个理论，任一确定性的振荡型时间函数 $x(t)$ 可表示成下列傅立叶-斯蒂吉斯积分：

$$x(t)=\int_{-\infty}^{\infty}e^{i\omega t}dz(\omega) \qquad (1.4\text{-}22)$$

式中 $z(\omega)$ 是由 $x(t)$ 的形式唯一确定的复函数。 $x(t)$ 为周期性函数时，(1.4-22)左边化为傅立叶级数；$x(t)$ 为非周期函数但随 $t\to\infty$ 足够快地衰减时，$z(\omega)$ 对所有 ω 可微，(1.119)右边化为傅立叶积分； $x(t)$ 既非周期也非衰减时， $z(\omega)$ 不可微，且 $|dz(\omega)|=0(\sqrt{d\omega})$，这说明 $|dz(\omega)|$ 比 $d\omega$ 大得多，这是由于非衰减的信号比衰减的信号所含的能量大得多。然而 $|dz(\omega)|^2$

$/d\omega = h(\omega)$ 是有限的。 $h(\omega)$ 就是信号 $x(t)$ 的功率谱密度。

以上分析可推广于随机过程。一个均方连续的零均值平稳随机过程 $X(t)$ 可表示成如下均方傅立叶-斯蒂吉斯积分[8]

$$X(t) = \int_{-\infty}^{\infty} e^{i\omega t} dZ_X(\omega) \tag{1.4-23}$$

式中 $\{Z_X(\omega),\ -\infty < \omega < \infty\}$ 是一个由 $X(t)$ 唯一确定的左连续的复值随机过程，它具有正交增量，即对 $\omega_1 < \omega_2 < \omega_3 < \omega_4$,有

$$E[\{Z_X(\omega_2) - Z_X(\omega_1)\}\{Z_X^*(\omega_4) - Z_X^*(\omega_3)\}] = 0 \tag{1.4-24}$$

或

$$E[dZ_X(\omega)dZ_X^*(\omega')] = d\Psi_X(\omega)\delta(\omega - \omega') \tag{1.4-25}$$

由 (1.4-23) 与 (1.4-25)，$X(t)$ 的相关函数可表为 (1.4-1)。 当 $\Psi_X(\omega)$ 可微时,(1.4-1)化为(1.4-2),而(1.4-25)变成

$$E[dZ_X(\omega)dZ_X^*(\omega')] = S_X(\omega)d\omega\delta(\omega - \omega') \tag{1.4-26}$$

显然,$S_X(\omega)$ 就是平稳随机过程 $X(t)$ 的谱密度.因此,可用(1.4-23)与(1.4-26)定义谱密度,它与(1.4-3)所定义的谱密度等价。

与前面说明一样,若 $X(t)$ 具有非零均值,只要从 $X(t)$ 中减去均值,即可按(1.4-23)进行谱分解。若$X(t)$含有周期性分量，则 $\Psi_X(\omega)$ 将在相应频率上不可微， 从而 $S_X(\omega)$ 含有相应的 δ 函数。

最近,Lin 与 Yong[9]从卡胡奈 (Karhunen)-拉委(Loéve) 正交展式观点对随机过程的谱分解重新进行了考察。

1.4.2 谱参数与带宽度量

一个平稳随机过程 $X(t)$ 的第 k 阶谱矩定义为

$$\lambda_k = \int_0^{\infty} \omega^k G_X(\omega)d\omega = \int_{-\infty}^{\infty} |\omega|^k S_X(\omega)d\omega$$
$$k = 0,1,2,\cdots \tag{1.4-27}$$

式中 $G_X(\omega)$ 与 $S_X(\omega)$ 分别为 $X(t)$ 的单边与双边谱密度。 由(1.4-7)知,偶数阶谱矩 λ_k 还可按下式计算:

$$\lambda_k = (-1)^{k/2} \frac{d^k}{d\tau^k} R_X(\tau)|_{\tau=0}, \quad k = 0,2,4,\cdots \qquad (1.4\text{-}28)$$

显然，$\lambda_0 = \sigma_X^2$，$\lambda_2 = \sigma_{\dot{X}}^2$，$\lambda_4 = \sigma_{\ddot{X}}^2$。

对每一个谱矩，存在一个特征频率

$$\Omega_k = \left(\frac{\lambda_k}{\lambda_0}\right)^{1/k}, \quad k = 1,2,\cdots \qquad (1.4\text{-}29)$$

这些特征频率形成有序的数列 $\Omega_k \leqslant \Omega_{k+1}(k = 1,2,\cdots)$。$\Omega_1$ 为平均频率，Ω_2 可认为是均方根频率，$\Omega_s = \sqrt{\Omega_2^2 - \Omega_1^2}$ 为标准差频率。

无量纲谱参数

$$q = \frac{\Omega_s}{\Omega_2} = \left(1 - \frac{\lambda_1^2}{\lambda_0\lambda_2}\right)^{1/2} \qquad (1.4\text{-}30)$$

在 0 与 1 之间变化，因为根据施瓦兹不等式，必有 $0 \leqslant \lambda_1^2/\lambda_0\lambda_2 \leqslant 1$。$q$ 是谱密度 $G_X(\omega)$ 或 $S_X(\omega)$ 的分散度，即随机过程 $X(t)$ 的带宽的度量。$q \to 0$ 时，$X(t)$ 为窄带过程。q 为有限值时，$X(t)$ 为宽带过程。

在高阶谱矩中，λ_4 最为重要。可定义一个类似于 q 的无量纲谱参数

$$\varepsilon = \left(1 - \frac{\lambda_2^2}{\lambda_0\lambda_4}\right)^{1/2} \qquad (1.4\text{-}31)$$

它也在 0 与 1 之间变化，也是随机过程的带宽的一个度量，但不如 q 直接。

1.4.3 平稳随机过程按谱密度的分类

在随机过程理论中，平稳随机过程常根据其谱密度的特性来分类，并由此引出一些特殊名称，其中最流行的是白噪声，它是均值为零、谱密度为非零常数 S_0 的平稳随机过程。由(1.4-2)可知，它的相关函数为 $2\pi S_0\delta(\tau)$。按 1.2.5 节中定义，它的相关时间 $\tau_c = 0$，而强度 $D = 2\pi S_0$。它的方差或均方值为无穷大。可见，白噪声在任意两个相邻时刻之间都毫不相关，即它的样本函数随

时间变化十分剧烈，几乎处处不可微，同时它具有无穷大“功率”。因此，实际上它不可能存在，它只是相关时间极短的实际过程的一种理想化模型。由于白噪声在数学处理上具有简单方便之优点，它在随机振动理论与实践中占有重要的地位。应说明的是，上述白噪声定义中并不涉及它的概率分布。按照它的概率分布，白噪声还可以进一步分成高斯白噪声与非高斯白噪声。但通常所说的白噪声乃指高斯白噪声，关于它的数学性质将在第五章中论述。

上述白噪声也称理想白噪声，这是相对于限带白噪声而言的。一个零均值平稳随机过程，若其谱密度只在有限频带上为非零常数，就称为限带白噪声。其中一种情形是

$$S(\omega)=\begin{cases}S_0, & |\omega|\leqslant\omega_c\\0, & |\omega|>\omega_c\end{cases}\tag{1.4-32}$$

式中 ω_c 称为截止频率。相应的相关函数为

$$R(\tau)=2S_0\frac{\sin\omega_c\tau}{\tau}\tag{1.4-33}$$

另一种情形为

$$S(\omega)=\begin{cases}S_0, & \omega_1\leqslant|\omega|\leqslant\omega_2\\0, & \text{其余}\ \omega\ \text{值}\end{cases}\tag{1.4-34}$$

式中 $(\omega_2-\omega_1)$ 至少与 $(\omega_1+\omega_2)/2$ 同量级。相应的相关函数为

$$R(\tau)=2S_0\frac{\sin\omega_2\tau-\sin\omega_1\tau}{\tau}\tag{1.4-35}$$

限带白噪声具有有限的均方值，因而是可实现的。理想白噪声可看作是限带白噪声在 $\omega_c\to\infty$ 时的极限。

凡不是白噪声的平稳随机过程皆可称为有色噪声。其中一类被称为具有有理谱密度的噪声，其谱密度可表为

$$S(\omega)=S_0\frac{\omega^{2n}+a_{2n-2}\omega^{2n-2}+\cdots+a_0}{\omega^{2m}+b_{2m-2}\omega^{2m-2}+\cdots+b_0}\tag{1.4-36}$$

式中 $S_0>0$，a_j 与 b_j 为实常数，功率（均方值）的有限性要求

$m > n$. 第三章中将说明，这种噪声可看成是一个线性动态系统对白噪声的平稳响应过程。实际有色噪声往往可用这种噪声来近似。

有色噪声可为宽带过程，也可为窄带过程，取决于参数 m, n, a_j 与 b_j 之值。

1.4.4 平稳矢量随机过程的谱密度矩阵

可以用 1.4.1 中三种定义平稳标量随机过程谱密度的办法中的任何一种来定义平稳矢量随机过程的谱密度矩阵。

一个均方连续的平稳矢量随机过程 $\boldsymbol{X}(t)=[X_1(t), X_2(t), \cdots, X_n(t)]^T$ 可表示成如下矢量傅立叶-斯蒂吉斯积分

$$\boldsymbol{X}(t)=\int_{-\infty}^{\infty} e^{i\omega t} d\boldsymbol{Z}_{X}(\omega) \qquad (1.4\text{-}37)$$

式中 $\{\boldsymbol{Z}_X(\omega), -\infty<\omega<\infty\}$ 是由 $\boldsymbol{X}(t)$ 唯一确定的、左连续的复值矢量随机过程，它具有正交增量，即

$$E[d\boldsymbol{Z}_X^*(\omega) d\boldsymbol{Z}_X^T(\omega')]=d\boldsymbol{\Psi}_X(\omega)\delta(\omega-\omega') \qquad (1.4\text{-}38)$$

当 $\boldsymbol{\Psi}_X(\omega)$ 可微，或允许在 $\boldsymbol{S}_X(\omega)$ 中包含 δ 函数时，将有

$$d\boldsymbol{\Psi}_X(\omega)=\boldsymbol{S}_X(\omega)d\omega \qquad (1.4\text{-}39)$$

其中

$$\boldsymbol{S}_X(\omega)=\begin{bmatrix} S_{X_1X_1}(\omega) & S_{X_1X_2}(\omega)\cdots S_{X_1X_n}(\omega) \\ S_{X_2X_1}(\omega) & S_{X_2X_2}(\omega)\cdots S_{X_2X_n}(\omega) \\ \cdots\cdots & \cdots\cdots\cdots\cdots \\ S_{X_nX_1}(\omega) & S_{X_nX_2}(\omega)\cdots S_{X_nX_n}(\omega) \end{bmatrix} \qquad (1.4\text{-}40)$$

就是平稳矢量随机过程 $\boldsymbol{X}(t)$ 的谱密度矩阵。该矩阵的主对角线元素 $S_{X_jX_j}(\omega)$ 为第 j 个分量过程的(自)谱密度，非主对角线上元素 $S_{X_jX_k}(\omega)(j\neq k)$为第 j 个与第 k 个分量过程之间的互谱密度。

不难证明，谱密度矩阵也可用有限傅立叶变换来定义

$$\boldsymbol{S}_X(\omega)=\lim_{T\to\infty}\frac{\pi}{T}E[\boldsymbol{X}^*(\omega,T)\boldsymbol{X}^T(\omega_n,T)] \qquad (1.4\text{-}41)$$

它与相关矩阵 $\boldsymbol{R}_X(\tau)$ 之间满足维纳-辛钦关系式

$$\boldsymbol{R}_{\boldsymbol{X}}(\tau)=\int_{-\infty}^{\infty}\boldsymbol{S}_{\boldsymbol{X}}(\omega)e^{i\omega\tau}d\omega \tag{1.4-42}$$

$$\boldsymbol{S}_{\boldsymbol{X}}(\omega)=\frac{1}{2\pi}\int_{-\infty}^{\infty}\boldsymbol{R}_{\boldsymbol{X}}(\tau)e^{-i\omega\tau}d\tau \tag{1.4-43}$$

由于 $\boldsymbol{R}_{\boldsymbol{X}}(\tau)$具有性质(1.2-26)，可证 $\boldsymbol{S}_{\boldsymbol{X}}(\omega)$是复埃尔米特（Hermite）矩阵，即

$$\boldsymbol{S}_{\mathbf{X}}^{T}(\omega)=\boldsymbol{S}_{\mathbf{X}}^{*}(\omega) \tag{1.4-44}$$

自谱密度为实值函数，互谱密度则为复值函数，即

$$S_{X_jX_k}(\omega)=S_{X_jX_k}^{(R)}(\omega)-iS_{X_jX_k}^{(I)}(\omega),\quad j\neq k \tag{1.4-45}$$

其中 $S_{X_jX_k}^{(R)}(\omega)$ 称为共谱，$S_{X_jX_k}^{(I)}(\omega)$ 称为重谱. 它们分别是偶函数与奇函数

$$S_{X_jX_k}^{(R)}(\omega)=S_{X_jX_k}^{(R)}(-\omega)=S_{X_kX_j}^{(R)}(\omega) \tag{1.4-46}$$

$$S_{X_jX_k}^{(I)}(\omega)=-S_{X_jX_k}^{(I)}(-\omega)=-S_{X_kX_j}^{(I)}(\omega) \tag{1.4-47}$$

若任意两个平稳随机过程 $X_1(t)$ 与 $X_2(t)$ 的自谱密度都不为零，且不含 δ 函数，则可定义一个相干函数

$$\gamma_{X_1X_2}^2(\omega)=\frac{|S_{X_1X_2}(\omega)|^2}{S_{X_1}(\omega)S_{X_2}(\omega)} \tag{1.4-48}$$

它是过程 $X_1(t)$ 与 $X_2(t)$ 之间的相关性在频域内的表示. 可证它满足下列不等式

$$0\leqslant\gamma_{X_1X_2}^2(\omega)\leqslant 1 \tag{1.4-49}$$

1.4.5 平稳与(或)均匀随机场的谱密度

一、空间-频率互谱密度

设零均值随机场$\{X(\boldsymbol{u},t),\boldsymbol{u}\in U\subset R^n,-\infty<t<\infty\}$对 t 是平稳的，且均方连续的，则它可表示为如下傅立叶-斯蒂吉斯积分

$$X(\boldsymbol{u},t)=\int_{-\infty}^{\infty}e^{i\omega t}dZ_X(\boldsymbol{u},\omega), \tag{1.4-50}$$

式中$\{Z_X(\boldsymbol{u},\omega),\boldsymbol{u}\in U\subset R^n,-\infty<\omega<\infty\}$是由 $X(\boldsymbol{u},t)$唯一确定的、对 ω 为左连续的复随机场，它对 ω 具有正交增量，即

$$E[dZ_X^*(\boldsymbol{u},\omega)dZ_X(\boldsymbol{u}',\omega')]=S_X(\boldsymbol{u},\boldsymbol{u}';\omega)d\omega\delta(\omega-\omega') \tag{1.4-51}$$

式中 $S_X(u,u';\omega)$ 称为空间-频率谱密度，它是随机场 $X(\boldsymbol{u},t)$ 在

$\boldsymbol{u}$ 与 $\boldsymbol{u}'$ 上的两个平稳随机过程之间的互谱密度. 它与空间-时间相关函数 $R_X(\boldsymbol{u},\boldsymbol{u}';\tau)$ 之间满足维纳-辛钦关系式

$$R_X(\boldsymbol{u},\boldsymbol{u}';\tau)=\int_{-\infty}^{\infty}S_X(\boldsymbol{u},\boldsymbol{u}';\omega)e^{i\omega\tau}d\omega \tag{1.4-52}$$

$$S_X(\boldsymbol{u},\boldsymbol{u}';\omega)=\frac{1}{2\pi}\int_{-\infty}^{\infty}R_X(\boldsymbol{u},\boldsymbol{u}';\tau)e^{-i\omega\tau}d\tau \tag{1.4-53}$$

当 $\boldsymbol{u}=\boldsymbol{u}'$ 时,$S_X(\boldsymbol{u},\boldsymbol{u};\omega)=S_X(\boldsymbol{u};\omega)$ 为场中一点的自谱密度.

空间-频率谱密度一般是复值函数,其性质与两个平稳随机过程之间的互谱密度类似. 可定义平稳随机场空间两点之间的相干函数

$$\gamma^2(\boldsymbol{u},\boldsymbol{u}';\omega)=\frac{|S_X(\boldsymbol{u},\boldsymbol{u}';\omega)|^2}{S_X(\boldsymbol{u},\omega)S_X(\boldsymbol{u}',\omega)} \tag{1.4-54}$$

若随机场不仅是平稳的,而且是均匀的,则谱密度 $S_X(\boldsymbol{u},\omega)=S_X(\boldsymbol{u}',\omega)=S_X(\omega)$. 同时, $R_X(\boldsymbol{u},\boldsymbol{u}';\tau)=R_X(\boldsymbol{r};\tau)$, $S_X(\boldsymbol{u},\boldsymbol{u}';\omega)=S_X(\boldsymbol{r};\omega)$, $\gamma^2(\boldsymbol{u},\boldsymbol{u}';\omega)=\gamma^2(\boldsymbol{r};\omega)$,其中 $\boldsymbol{r}=\boldsymbol{u}'-\boldsymbol{u}$. 若进一步假定场是各向同性的,则上述三个函数对 $\boldsymbol{r}$ 的依赖只通过 $|\boldsymbol{r}|=r$ 表现出来. 平稳均匀随机场可用一点上的谱密度与相干函数或其方根描述.

对平稳矢量随机场,空间-频率谱密度将是一个二阶张量. 除了同一分量场在两个不同点之间的谱密度之外, 还有两个不同分量场在一个点上或两个不同点上互谱密度,也可定义相干张量等.

二、波数-频率谱密度

设零均值随机场 $\{X(\boldsymbol{u},t),\boldsymbol{u}\in R^n,-\infty<t<\infty\}$ 对时间 t 是平稳的,对空间坐标 $\boldsymbol{u}$ 是均匀的,且均方连续的,则它可表示成如下傅立叶-斯蒂吉斯积分

$$X(\boldsymbol{u},t)=\int_{k^n}\int_{-\infty}^{\infty}e^{i(\boldsymbol{k}\boldsymbol{u}+\omega t)}dZ_X(\boldsymbol{k},\omega) \tag{1.4-55}$$

式中 $\boldsymbol{k}$ 为波数矢量,其维数与 $\boldsymbol{u}$ 的相同; $Z_X(\boldsymbol{k},\omega)$ 是由 $X(\boldsymbol{u},t)$ 唯一确定的多维复随机过程,对 $\boldsymbol{k}$ 与 ω 为左连续,并具有正交增量, 即

$$E[dZ_X(\boldsymbol{k}',\omega')dZ_X^*(\boldsymbol{k},\omega)]$$
$$= S_X(\boldsymbol{k},\omega)d\boldsymbol{k}d\omega\delta(\boldsymbol{k}-\boldsymbol{k}')\delta(\omega-\omega') \quad (1.4\text{-}56)$$

其中 $S_X(\boldsymbol{k},\omega)$ 称为随机场 $X(\boldsymbol{u}, t)$ 的波数-频率谱密度。它与空间-时间相关函数之间满足维纳-辛钦关系式

$$R_X(\boldsymbol{r},\tau) = \int_{k^n}\int_{-\infty}^{\infty} S_X(\boldsymbol{k},\omega)e^{i(\boldsymbol{kr}+\omega\tau)}d\omega d\boldsymbol{k} \quad (1.4\text{-}57)$$

$$S_X(\boldsymbol{k},\omega) = \frac{1}{(2\pi)^{n+1}}\int_{R^n}\int_{-\infty}^{\infty} R_X(\boldsymbol{r},\tau)e^{-i(\boldsymbol{kr}+\omega\tau)}d\tau d\boldsymbol{r} \quad (1.4\text{-}58)$$

对平稳均匀矢量随机场可类似定义波数-频率谱密度张量。

关于随机场的相关函数(张量)与谱密度(张量)的进一步讨论可参阅[10,11]。

1.4.6 非平稳随机过程的谱描述

非平稳随机过程不能具有平稳随机过程那样的谱密度，这是因为，谱分析实质上是用一系列正弦与（或）余弦之和表示一个随时间变化的量，而正弦与余弦本身是稳态的时间函数。许多研究者曾为非平稳随机过程引进多种谱密度，Page[12]首先引入依赖于时间的功率谱定义，Lampard[13] 将它与依赖于时间的相关函数联系起来。Silvermann[14] 引入局部平稳随机过程的定义，并推广维纳-辛钦关系式于这种过程。Bendat[15,16] 首先用了广义谱密度与能量谱密度。Priestley[17,18]引入了渐进谱的概念，主要被用于受均匀调制的过程。Shinozuka[19]为非平稳过程的 Priestley 表示法建立了输入-输出关系。Mark[20-23] 引入了物理谱与瞬时谱。关于非平稳随机过程的各种谱表示的一般讨论可见于 Loynes[24]，Eberly 与 Wódkiewicz[25]。上述种种谱密度中，以渐进谱应用最广。

下面介绍非平稳随机过程的三种谱描述方法。

一、广义谱密度

对非平稳随机过程 $X(t)$ 的相关函数 $R_{XX}(t_1, t_2)$ 作双重傅立叶变换即得广义谱密度

$$S_{XX}(\omega_1, \omega_2) = \frac{1}{4\pi^2}\iint\limits_{-\infty}^{\infty} R_{XX}(t_1, t_2)e^{-i(\omega_2 t_2 - \omega_1 t_1)}dt_1 dt_2 \quad (1.4\text{-}59)$$

其逆变换为

$$R_{XX}(t_1, t_2) = \iint\limits_{-\infty}^{\infty} S_{XX}(\omega_1, \omega_2)e^{i(\omega_2 t_2 - \omega_1 t_1)}d\omega_1 d\omega_2 \quad (1.4\text{-}60)$$

广义谱密度 $S_{XX}(\omega_1, \omega_2)$ 存在的充分条件是 $R_{XX}(t_1, t_2)$ 双重绝对可积。类似地，可定义非平稳矢量随机过程的广义谱密度矩阵。虽然对线性系统可以建立广义谱密度的激励-响应关系，但对这种广义谱密度很难作物理解释，又不能从少量数据中得到它，因此，广义谱密度至今未获得实际应用。

当过程平稳时，$R_{XX}(t_1, t_2) = R_{XX}(t_2 - t_1)$，令 $t_2 - t_1 = \tau$，于是

$$S_{XX}(\omega_1, \omega_2) = \frac{1}{2\pi}\int_{-\infty}^{\infty} R_X(\tau)e^{-i\omega_1\tau}d\tau \cdot \frac{1}{2\pi}\int_{-\infty}^{\infty} e^{-it_2(\omega_2 - \omega_1)}dt_2$$
$$= S_X(\omega_1)\delta(\omega_2 - \omega_1)$$

广义谱密度就变成普通的谱密度了。

二、渐进谱密度

若对某个 $\nu(\omega)$，一个时间 t 的函数 $\phi(\omega, t)$ 可表成

$$\phi(\omega, t) = A(\omega, t)e^{i\nu(\omega)t} \quad (1.4\text{-}61)$$

式中

$$A(\omega, t) = \int_{-\infty}^{\infty} e^{it\nu}dK_\omega(\nu) \quad (1.4\text{-}62)$$

$|dK_\omega(\nu)|$ 在 $\nu = 0$ 处有绝对最大值，则称 $\phi(\omega, t)$ 为振荡函数. $A(\omega, t)$ 可看成是 $\phi(\omega, t)$ 的包络线。

若存在一族振荡函数 $\{\phi(\omega, t)\}$，零均值随机过程 $X(t)$ 可表成

$$X(t) = \int_{-\infty}^{\infty} \phi(\omega, t)dZ_X(\omega) \quad (1.4\text{-}63)$$

其中 $Z_X(\omega)$ 是正交随机过程

$$E[|dZ_X(\omega)|^2] = d\Psi_X(\omega) \quad (1.4\text{-}64)$$

则称 $X(t)$ 为振荡过程。若 $\nu(\omega)$ 是 ω 的单值函数，只要适当重

新定义 $A(\omega,t)$ 与 $\Psi_X(\omega)$，(1.4-63)可代之以

$$X(t)=\int_{-\infty}^{\infty} e^{i\omega t}A(\omega,t)dZ_X(\omega) \qquad (1.4\text{-}65)$$

并且可证[38]，$X(t)$的协方差函数可表为

$$R_X(s,\ t)=\int_{-\infty}^{\infty} A(\omega,s)A^*(\omega,t)e^{-i\omega(t-s)}d\Psi_X(\omega) \quad (1.4\text{-}66)$$

当 $s=t$ 时，(1.4-66)变成 $X(t)$ 的方差

$$\operatorname{Var}[X(t)]=\int_{-\infty}^{\infty} |A(\omega,t)|^2 d\Psi_X(\omega) \qquad (1.4\text{-}67)$$

记

$$d\Psi_X(\omega,t)=|A(\omega,t)|^2 d\Psi_X(\omega) \qquad (1.4\text{-}68)$$

$\Psi_X(\omega,t)$称为 $X(t)$ 关于族 $\{\phi(\omega,\ t)\}$在时间 t 上的渐进(功率)谱。当 $d\Psi_X(\omega)$对 ω 可微时，即 $d\Psi_X(\omega)=S_X(\omega)d\omega$ 时，

$$S_X(\omega,t)=|A(\omega,t)|^2 S_X(\omega) \qquad (1.4\text{-}69)$$

称为 $X(t)$ 的渐进(功率)谱密度。它具有类似于平稳随机过程谱密度的物理解释，所不同的是，平稳过程的谱密度描述整个过程(即所有时间)的功率-频率分布，而渐进谱密度依赖于时间，它描述每一时刻上的局部过程的功率-频率分布。渐进谱是迄今为非平稳随机过程所提出的谱中唯一能保持这一物理解释的谱。当 $X(t)$ 为平稳随机过程时，渐进谱密度化为普通谱密度。

渐进谱的估计方法可参阅[38]。当由过程的一个样本估计渐进谱密度时，在一个域(如频域)上的良好分辨率只能以牺牲另一个域(如时域)上的分辨率而达到。这就是所谓的不确定性原理。

对任一特定的过程 $X(t)$，一般可存在许多不同的振荡函数族。从而可有许多不同的渐进谱(密度)。然而 t 时刻上方差

$$\operatorname{Var}[X(t)]=\int_{-\infty}^{\infty} d\Psi_X(\omega,t)=\int_{-\infty}^{\infty} S_X(\omega,t)d\omega \quad (1.4\text{-}70)$$

或 t 时刻上的总功率则是不变的。

实践中渐进谱密度主要用来描述非平稳性随时间缓慢变化的振荡过程。此时，对每个 ω，$A(\omega,t)$ 是 t 的慢变函数，即 $A(\omega,t)$ 对 t 的傅立叶变换高度集中在零频率区域。这种过程称为半

平稳过程[38]．其中更特殊的一类非平稳过程可表为

$$X(t)=A(t)X^{(0)}(t) \tag{1.4-71}$$

式中 $X^{(0)}(t)$ 是一个具有零均值的平稳随机过程，$A(t)$ 是时间 t 的确定性函数，它的傅立叶变换在原点上有绝对最大值，这种过程称为匀调过程，散粒噪声可视为其中一例．这种噪声的谱密度在所有频率上为常数，但此常数随时间变化． 以 $S_0(t)$ 表示谱密度，其相关函数为$2\pi S_0(t)\delta(t-t')$，强度为 $D(t)=2\pi S_0(t)$．散粒噪声按其概率分布也有高斯与非高斯之分．

非平稳标量随机过程的渐进谱（密度）的概念首先由 Priestley[17,18]提出，后被推广于非平稳矢量随机过程[39-41]，其谱分解表达式仍同(1.4-65)，只是在(1.4-65)中 $X(t)$ 与 $dZ_X(\omega)$ 变成矢量，$A(\omega,t)$ 变成矩阵．详见 3.3 节．注意，为使(1.4-65)中 $X(t)$ 为实的，$A(\omega,t)d\mathbf{Z}_X(\omega)$ 的实部应为 ω 的偶函数，而其虚部应为 ω 的奇函数．

三、拟平稳过程的谱描述

一个随机过程，如果它的样本函数可分成许多长为 T 的段，一方面，T 与过程的相关时间相比足够长，可认为各段之间基本上不相关，另一方面，T 又足够短，使得每一段过程可近似看成平稳的，那么就称它为拟平稳过程．拟平稳过程可看成由一段段平稳过程连接而成的过程，其中每段平稳过程可用谱密度描述．各段平稳过程的谱密度之间在幅值与频率含量上的变化往往是随机的，这种随机变化可用慢变参数的联合概率密度表示．于是，拟平稳随机过程就用一个含若干慢变参数的谱密度与一个慢变参数的联合概率密度描述．

上述定义与描述方法可推广于拟平稳与（或）拟均匀随机场，举例见第二章．

1.5 随机过程与随机场的各态历经性

为使随机过程与随机场理论能在工程中得到应用，必须能够

通过测量估计实际过程或场的统计量. 上面定义的统计量都是集合平均. 当集合为无穷可数或不可数时，实践中所能得到的有限个样本函数一般不足以提供对上述统计量的可靠的估计. 然而，如果随机过程是平稳的，那么它的概率结构对时间原点的平移是不变的. 此时,可取一个足够长的纪录,将它分成若干部分，把每一部分看成一个样本函数,然后对这些样本函数作平均,这个平均就等于对原来长纪录的时间平均. 例如，时间均值与相关函数分别为

$$\langle x(t)\rangle = \frac{1}{T}\int_0^T x(t)\,dt$$

与

$$\langle x(t)x(t+\tau)\rangle = \frac{1}{T-\tau}\int_0^{T-\tau} x(t)x(t+\tau)\,dt$$

式中〈〉表示时间平均，T 为纪录长度. 一般说来，不同的纪录将给出不同的均值与相关函数. 为使从一个足够长的纪录得到的均值与相关函数成为对整个过程的均值与相关函数的良好估计，随机过程应具有这样的性质：过程的集合平均等于其中一个样本函数的时间平均，即具有各态历经性.

为严格定义各态历经性,应考虑所有可能的样本函数，同时，对一个固定的时间 T,应考虑所有可能的时间平移. 因此，用于求时间平均的样本函数 $x(t)$ 应代之以过程 $X(t)$，而时间平均算子中的积分应理解为均方积分. 对一个固定的 T,平均结果是一个随机变量,随 T 的不断增大,就构成一个随机变量序列,于是,各态历经性可定义如下:

均值各态历经　一个平稳随机过程 $X(t)$,若

$$\langle X(t)\rangle = \underset{T\to\infty}{\mathrm{l.i.m}}\cdot\frac{1}{T}\int_0^T X(t)\,dt = E[X(t)] \qquad (1.5\text{-}1)$$

则称 $X(t)$ 为均值各态历经的.

相关函数各态历经　一个平稳随机过程，若

$$\langle X(t)\,X(t+\tau)\rangle$$

$$=\underset{T\to\infty}{\text{l.i.m}}\frac{1}{T-\tau}\int_0^{T-\tau}X(t)X(t+\tau)dt=E[X(t)X(t+\tau)]$$

(1.5-2)

则称 $X(t)$ 为相关函数各态历经的，$\tau=0$ 时，就为均方各态历经的。

一个平稳随机过程，若它同时为均值各态历经与相关函数各态历经，就称它为广义(或弱)各态历经。类似地，可定义严格(或强)各态历经性。

由(1.5-1)与(1.5-2)可知，各态历经性实质上是一种随机变量序列的均方收敛性。因此，可从随机变量序列的均方收敛准则推出各态历经性的充分必要条件。例如，均值各态历经的充分必要条件为

$$\lim_{T\to\infty}E\left[\frac{1}{T^2}\int_0^T\int_0^T X(t_1)X(t_2)dt_1dt_2\right]-\mu_x^2=0$$

交换期望运算与积分的次序，并作变换(1.4-16)，上式变成

$$\lim_{T\to\infty}\frac{1}{T}\int_0^T C_X(\tau)\left(1-\frac{\tau}{T}\right)d\tau=0$$

类似于(1.4-19)，可证

$$\lim_{T\to\infty}\int_0^T\frac{\tau}{T}C_X(\tau)d\tau=0$$

因此，均值各态历经的充分必要条件为

$$\lim_{T\to\infty}\frac{1}{T}\int_0^T C_X(\tau)d\tau=0 \qquad (1.5\text{-}3)$$

由于一般平稳随机过程的协方差函数 $C_x(\tau\to\infty)\to 0$，(1.5-3)是能满足的。即使随机过程中含有周期性分量，(1.5-3)也能满足。

类似地，可证平稳随机过程为相关函数各态历经的充分必要条件为

$$\lim_{T\to\infty}\frac{1}{T}\int_0^{2T}[\xi(\tau,\tau_1)-R_X^2(\tau)]\left(1-\frac{\tau_1}{2T}\right)d\tau_1=0 \quad (1.5\text{-}4)$$

式中

$$\xi(\tau,\tau_1)=E[X(t+\tau+\tau_1)X(t+\tau_1)X(t+\tau)X(t)] \quad (1.5\text{-}5)$$

一个随机过程要成为各态历经的，首先它必须是平稳的，因为$\langle X(t)\rangle$与 t 无关，而 $E[X(t)]$ 一般是 t 的函数，除非过程是平稳的．但平稳过程不一定为各态历经，它还必须满足条件(1.5-3)与(1.5-4)．换言之，各态历经过程是平稳过程的一个子类．

按照定义容易验证，$X(t)=a\cos(\omega t+\Phi)$ 是广义各态历经的．$X(t)=A\cos\omega t+B\sin\omega t$，其中随机变量$A$与$B$满足 $E[A]=E[B]=E[AB]=0$，$E[A^2]=E[B^2]=\sigma^2$，是均值各态历经，但一般不是相关函数意义上各态历经．$X(t)=A+B\sin\times(\omega t+\Phi)$，其中 A,B,Φ 为独立随机变量，一般不是均值各态历经的，条件(1.5-3)一般不满足，除非A为常数．

广义各态历经是根据实测得到的一个或少数几个样本函数估计该平稳随机过程的均值、相关函数及谱密度等统计量的理论依据．然而，实践中，尤其在数据处理之前，要验证各态历经条件是否满足是十分困难的，甚至是不可能的，因为条件(1.5-3)与(1.5-4)中用到若干集合平均，要得到他们需要大量的样本函数，因此，实践中只能先根据过程的物理性质假定其各态历经性，待有了足够的数据后再去验证假设的正确性．

一个平稳矢量随机过程，不仅各分量过程本身为广义各态历经，而且各分量过程两两之间也是互相关函数各态历经时，它就是广义各态历经的．

类似地还可讨论平稳随机场对时间的各态历经性与均匀随机场对空间坐标的各态历经性．

1.6 高斯随机过程与随机场

高斯(或正态)随机过程与随机场是理论与应用中都十分重要

的一类特殊的过程与场。1.1 节中六种完全描述随机过程与随机场的办法中的任一种都可等价地用来定义高斯随机过程或随机场。

最普通的是用有限维概率密度函数族来定义。一个随机过程 $\{X(t), t\in T\}$ 称为是高斯的，如果它的 n 维概率密度函数具有如下形式：

$$p(x_1,t_1;\ x_2,t_2;\cdots;x_n,t_n)$$
$$=\frac{1}{(2\pi)^{n/2}|\boldsymbol{C}_{XX}(t_j,t_k)|^{1/2}}$$
$$\times\exp\left[-\frac{1}{2}(\boldsymbol{x}-\boldsymbol{\mu})^T\boldsymbol{C}_{XX}^{-1}(t_j,t_k)(\boldsymbol{x}-\boldsymbol{\mu})\right] \qquad (1.6\text{-}1)$$

式中

$$\boldsymbol{x}=[x_1,x_2,\cdots,x_n]^T,\ \boldsymbol{\mu}=[\mu_X(t_1),\mu_X(t_2),\cdots,\mu_X(t_n)]^T$$

$$C_{XX}(t_j,t_k)=\begin{bmatrix}C_{XX}(t_1,t_1) & C_{XX}(t_1,t_2)\cdots C_{XX}(t_1,t_n)\\ C_{XX}(t_2,t_1) & C_{XX}(t_2,t_2)\cdots C_{XX}(t_2,t_n)\\ \cdots\cdots & \cdots\cdots\cdots\cdots\\ C_{XX}(t_n,t_1) & C_{XX}(t_n,t_2)\cdots C_{XX}(t_n,t_n)\end{bmatrix} \qquad (1.6\text{-}2)$$

$\mu_X(t_i)$为均值，$\boldsymbol{C}_{XX}(t_j,t_k)$为协方差矩阵，$|\boldsymbol{C}_{XX}(t_j,t_k)|$为 $\boldsymbol{C}_{XX}(t_j,t_k)$ 之行列式，假定 $|\boldsymbol{C}_{XX}(t_j,t_k)|\neq 0$。

高斯随机过程的更一般定义可用有限维特征函数族给出。一个随机过程称为高斯的，如果它的 n 维特征函数具有如下形式：

$$\varphi(\theta_1,t_1;\ \theta_2,\ t_2;\cdots;\theta_n,t_n)$$
$$=\exp\left[\ i\boldsymbol{\mu}^T\boldsymbol{\theta}-\frac{1}{2}\boldsymbol{\theta}^T\boldsymbol{C}_{XX}(t_j,t_k)\boldsymbol{\theta}\right] \qquad (1.6\text{-}3)$$

式中

$$\boldsymbol{\theta}=[\theta_1,\theta_2,\cdots,\theta_n]^T$$

这一定义在 $|\boldsymbol{C}_{XX}(t_j,t_k)|=0$ 时也适用。

高斯随机过程也可用有限维对数特征函数族来定义，高斯过程的 n 维对数特征函数为

$$\psi(\theta_1,t_1;\ \theta_2,t_2;\cdots;\theta_n,\ t_n)$$

$$=i\boldsymbol{\mu}^T\theta-\frac{1}{2}\theta^T\boldsymbol{C}_{XX}(t_j,t_k)\boldsymbol{\theta} \tag{1.6-4}$$

按(1.1-28)，高斯随机过程的累积量函数为

$$\kappa_1(t_j)=\mu_X(t_j) \tag{1.6-5}$$

$$\kappa_{11}(t_j,\ t_k)=C_{XX}(t_j,t_k),\quad j,k=1,2,\cdots$$

所有其余累积量函数为零．因此，高斯随机过程还可定义为所有高于二阶的累积量函数全为零的随机过程．

由(1.6-3)按(1.1-26)可证，高斯随机过程的所有奇阶中心矩函数全为零，而所有偶阶中心矩函数可表为协方差函数乘积之和

$$E[\{X(t_1)-\mu_X(t_1)\}\{X(t_2)-\mu_X(t_2)\}\cdots\{X(t_{2n})-\mu_x(t_{2n})\}]$$
$$=\Sigma C_{XX}(t_{k_1},t_{k_2})C_{XX}(t_{k_3},t_{k_4})\cdots C_{XX}(t_{k_{2n-1}},t_{k_{2n}}) \tag{1.6-6}$$

式中求和是对 $2n$ 个元素以不同方式分成 n 对的所有可能进行，共有 $(2n)!(2^n n!)$ 项．矩函数的上述特征也可作为高斯随机过程的定义．

可用类似的方法定义高斯矢量随机过程与高斯随机场．

高斯随机过程与随机场之所以显得重要，一个原因在于它们的简单数学性质．首先，高斯随机过程与随机场的统计特性完全由平均函数与协方差函数完全确定．因而，对高斯随机过程与随机场，广义平稳(均匀)意味着严格平稳(均匀)，广义各态历经就意味着严格各态历经，均方连续、可微、可积也分别意味着以概率为1的连续、可微、可积．其次，在线性运算下，随机过程与随机场的高斯性保持不变[26]．

高斯随机过程与随机场之所以重要，另一个原因在于许多实际过程或场都可以用高斯随机过程或随机场来近似．这个断言，一方面有许多实测结果证实，另一方面又有中心极限定理为理论依据．有一组中心极限定理，其中最普遍的形式是林德贝格 (Lindberg)-费勒 (Feller) 定理[27]．按照该定理，n 个独立的二阶随机变量之和 $Y=\sum_{k=1}^{n}X_k$ 在 $n\to\infty$ 时趋向于高斯分布，只要其中任一随机变量 X_k 对 Y 的方差的贡献在 $n\to\infty$ 时都趋于零，

即$\left(\sigma_k^2 \Big/ \sum_{k=1}^{n} \sigma_k^2\right) \to 0$. 定理中对 X_k 的独立要求可以放松，只要弱相关即可. 此外，虽然定理要求 $n \to \infty$，实际只要十几个甚至几个就行. 自然界与工程中遇到的随机现象往往都是许多独立的微小随机因素影响的综合结果，因此，往往呈高斯分布. 当考虑随机现象随时间或空间的进化时，类似地可推断随机过程与随机场将呈高斯分布.

1.7 非高斯随机过程与随机场

虽然在许多情形下可由中心极限定理推断，自然界与工程中作为随机振源的实际过程与场往往是高斯的. 但实测表明，情况并非都是如此. 此外，虽然作为随机振源的过程与场是高斯的，但由于从振源到作用在系统上的激励的变换的非线性，或由于系统的非线性，系统的响应将是非高斯随机过程或场. 这种非高斯性在概率密度函数的尾部尤显得突出，而正是这部分的概率密度函数决定了系统响应取极大值的概率，从而决定了系统的可靠性. 因此，有必要专门研究非高斯随机过程与场的描述方法.

1.7.1 非高斯随机过程的维纳-埃尔米特展式

维纳-埃尔米特随机多项式是统计正交的随机函数完备集. 它首先由 Cameron 与 Martin[28]及维纳[29]引入. 前几个维纳-埃尔米特随机多项式为

$$
\begin{aligned}
&H^{(0)} = 1 \\
&H^{(1)}(t) = N(t) \\
&H^{(2)}(t_1, t_2) = N(t_1)N(t_2) - \delta(t_1 - t_2) \qquad (1.7\text{-}1) \\
&H^{(3)}(t_1, t_2, t_3) = N(t_1)N(t_2)N(t_3) - N(t_1)\delta(t_2 - t_3) \\
&\qquad - N(t_2)\delta(t_3 - t_1) - N(t_3)\delta(t_1 - t_2)
\end{aligned}
$$

式中 $N(t)$ 为高斯白噪声，均值为零，相关函数为 $\delta(t_1 - t_2)$. 除了 $H^{(0)}$ 外，所有维纳-埃尔米特多项式均值为零，即

$$E[H^{(j)}(t_1,t_2,\cdots,t_j)]=0,\quad j=1,2,\cdots \tag{1.7-2}$$

维纳-埃尔米特随机多项式是统计正交的，即

$$E[H^{(j)}(t_1,t_2,\cdots,t_j)H^{(k)}(t_1,t_2,\cdots,t_k)]=0,\ j\neq k \tag{1.7-3}$$

而且满足如下循环关系：

$$\begin{aligned}
&H^{(1)}(t_1)H^{(1)}(t_2)=H^{(2)}(t_1,t_2)+\delta(t_1-t_2)\\
&H^{(1)}(t_1)H^{(2)}(t_2,t_3)=H^{(3)}(t_1,t_2,t_3)+\delta(t_1-t_2)H^{(1)}(t_3)\\
&\qquad+\delta(t_2-t_3)H^{(1)}(t_1)+\delta(t_1-t_3)H^{(1)}(t_2)\\
&H^{(1)}(t_1)H^{(3)}(t_2,t_3,t_4)=H^{(4)}(t_1,t_2,t_3,t_4)+\delta(t_1-t_2)H^{(2)}(t_3,t_4)\\
&\qquad+\delta(t_1-t_3)H^{(2)}(t_2,t_4)+\delta(t_1-t_4)H^{(2)}(t_2,t_3)\\
&H^{(2)}(t_1,t_2)H^{(2)}(t_3,t_4)=H^{(4)}(t_1,t_2,t_3,t_4)+\delta(t_1-t_3)H^{(2)}(t_2,t_4)\\
&\qquad+\delta(t_1-t_4)H^{(2)}(t_2,t_3)+\delta(t_2-t_3)H^{(2)}(t_1,t_4)\\
&\qquad+\delta(t_2-t_4)H^{(2)}(t_1,t_3)+\delta(t_1-t_3)\delta(t_2-t_4)\\
&\qquad+\delta(t_1-t_4)\delta(t_2-t_3)\\
&\cdots\cdots
\end{aligned} \tag{1.7-4}$$

此外，维纳-埃尔米特随机多项式还具有如下统计性质：

$$\begin{aligned}
&E[H^{(0)}H^{(0)}]=1\\
&E[H^{(1)}(t_1)H^{(1)}(t_2)]=\delta(t_1-t_2)\\
&E[H^{(2)}(t_1,t_2)H^{(2)}(t_3,t_4)]=\delta(t_1-t_3)\delta(t_2-t_4)\\
&\qquad+\delta(t_1-t_4)\delta(t_2-t_3)\\
&E[H^{(2)}(t_1,t_2)H^{(2)}(t_3,t_4)H^{(1)}(t_5)H^{(1)}(t_6)]\\
&\qquad=\delta(t_1-t_3)\delta(t_5-t_2)\delta(t_6-t_4)\\
&\qquad\quad+\delta(t_1-t_3)\delta(t_5-t_4)\delta(t_6-t_2)\\
&\qquad\quad+\delta(t_1-t_4)\delta(t_5-t_2)\delta(t_6-t_3)\\
&\qquad\quad+\delta(t_1-t_4)\delta(t_6-t_2)\delta(t_5-t_3)\\
&\qquad\quad+\delta(t_2-t_3)\delta(t_1-t_5)\delta(t_4-t_6)\\
&\qquad\quad+\delta(t_2-t_3)\delta(t_1-t_6)\delta(t_5-t_4)\\
&\qquad\quad+\delta(t_2-t_4)\delta(t_5-t_1)\delta(t_6-t_3)+\delta(t_2-t_4)\\
&\qquad\quad+\delta(t_2-t_1)\delta(t_6-t_1)\delta(t_5-t_3)\\
&\qquad\quad+\delta(t_5-t_6)\delta(t_1-t_3)\delta(t_2-t_1)\\
&\qquad\quad+\delta(t_5-t_6)\delta(t_1-t_4)\delta(t_2-t_3)
\end{aligned} \tag{1.7-5}$$

……

维纳[29]已证明，维纳-埃尔米特随机多项式构成一个完备基，任意随机过程都可按此多项式展开，且其展式以概率1收敛于原来的随机过程，任意随机过程 $X(t)$ 的维纳-埃尔米特展式形如

$$\begin{aligned}X(t) = X^{(0)}H^{(0)} &+ \int_{-\infty}^{\infty} X^{(1)}(t,t_1)H^{(1)}(t_1)dt_1 \\ &+ \int_{-\infty}^{\infty}\int_{-\infty}^{\infty} X^{(2)}(t,t_1,t_2)H^{(2)}(t_1,t_2)dt_1dt_2 \\ &+ \int_{-\infty}^{\infty}\int_{-\infty}^{\infty}\int_{-\infty}^{\infty} X^{(3)}(t,t_1,t_2,t_3)H^{(3)}(t_1,t_2,t_3)dt_1dt_2dt_3 \\ &+ \cdots \end{aligned} \tag{1.7-6}$$

式中 $X^{(j)}(t,t_1,t_2,\cdots,t_j)$ 是确定性的核函数，是 $X(t)$ 在第 j 个维纳-埃尔米特基底多项式上的投影，即

$$X^{(j)}(t,t_1,t_2,\cdots,t_j) = E[X(t)H^{(j)}(t_1,t_2,\cdots t_j)] \tag{1.7-7}$$

$X^{(0)}(t)$ 为 $X(t)$ 之平均函数，(1.7-6)右边前两项为 $X(t)$ 的高斯部分，其余为非高斯部分。

展式(1.7-6)同时适用于平稳与非平稳随机过程，确定了展式(1.7-6)，即有了核函数 $X^{(j)}$，就可求得相应过程的统计量。例如，$X(t)$ 的方差函数为

$$\begin{aligned}\sigma_X^2(t) = &\int_{-\infty}^{\infty}[X^{(1)}(t,t_1)]^2dt_1 \\ &+ 2\int_{-\infty}^{\infty}\int_{-\infty}^{\infty}[X^{(2)}(t,t_1,t_2)]^2dt_1dt_2 \\ &+ 6\int_{-\infty}^{\infty}\int_{-\infty}^{\infty}\int_{-\infty}^{\infty}[X^{(3)}(t,t_1,t_2,t_3)]^2dt_1dt_2dt_3 + \cdots\cdots \end{aligned} \tag{1.7-8}$$

1.7.2 非高斯概率密度的渐近展式

四十多年前，Cramér[30]提出了非高斯概率密度的两种渐近展式：Gram-Charlier 展式与 Edgeworth 展式。60 与 70 年代中，许多研究者[31-37]发展了以拟矩函数与累积量函数为系数的类似展式。

非高斯随机过程 $X(t)$ 的一维概率密度的渐近展式为

$$p^*(z)=\sum_{n=0}^{\infty}\frac{c_n}{n!}\frac{d^n p(z)}{dz} \tag{1.7-9}$$

式中 $Z=[X(t)-\mu_X(t)]/\sigma_X(t)$；$p(z)$为高斯概率密度；$c_n$ 为待定系数。对非平稳随机过程，c_n 为 t 之函数；对平稳过程，c_n 为常数。引入埃尔米特多项式

$$H_n(z)=(-1)^n\exp\left(-\frac{z^2}{2}\right)\frac{d^n}{dz^n}\exp\left(-\frac{z^2}{2}\right) \tag{1.7-10}$$

(1.7-9)可改写成

$$p^*(z)=\frac{1}{\sqrt{2\pi}\,\sigma_X}\exp\left(-\frac{z^2}{2}\right)\left[1+\sum_{n=1}^{\infty}\frac{c_n}{n!}H_n(z)\right] \tag{1.7-11}$$

利用埃尔米特多项式关于高斯加权函数的正交性

$$\frac{1}{2\pi}\int_{-\infty}^{\infty}H_m(z)H_n(z)\exp(-z^2/2)dz=\delta_{mn}n! \tag{1.7-12}$$

微分关系

$$\frac{d}{dz}H_n(z)=nH_{n-1}(z) \tag{1.7-13}$$

及循环关系

$$H_{n+1}(z)=zH_n(z)-nH_{n-1}(z) \tag{1.7-14}$$

展式(1.7-9)与(1.7-11)中的系数 c_n 可用中心矩

$$\nu_n(t)=E[\{X(t)-\mu_X(t)\}^n]$$

表出

$$c_n=\int_{-\infty}^{\infty}H_n(z)p^*(z)dz=E[H_n(z)] \tag{1.7-15}$$

前几个 c_n 为

$$c_0=1,\ c_1=c_2=0,\ c_3=\frac{\nu_3}{\sigma_X^3},\quad c_4=\frac{\nu_4}{\sigma_X^4}-3$$

$$c_5=\frac{\nu_5}{\sigma_X^5}-10\frac{\nu_3}{\sigma_X^3},\quad c_6=\frac{\nu_6}{\sigma_X^6}-15\frac{\nu_4}{\sigma_X^4}+30 \tag{1.7-16}$$

Kuznetsov 等[31]按下式引入了拟矩函数 $b_n(t)$

$$1+\sum_{n=3}^{\infty}\frac{(i\theta)^n}{n!}b_n=\exp\left[\sum_{n=3}^{\infty}\frac{(i\theta)^n}{n!}\kappa_n\right] \quad (1.7\text{-}17)$$

上式右边是随机过程 $X(t)$ 的特征函数展式去掉前两项后的余式，κ_n 为 n 阶累积量函数. $X(t)$ 的特征函数也可用拟矩函数表示

$$\varphi_X(\theta,t)=\exp\left[i\mu_X\theta-\frac{1}{2}\sigma_X^2\theta^2\right]\left[1+\sum_{n=3}^{\infty}\frac{(i\theta)^n}{n!}b_n\right] \quad (1.7\text{-}18)$$

对(1.7-18)两边作傅立叶变换，并考虑到埃尔米特多项式的定义与性质，可得以拟矩函数为系数的一维高斯概率密度的渐近展式

$$p^*(z)=\frac{1}{\sqrt{2\pi}\,\sigma_X}\exp\left(-\frac{z^2}{2}\right)\times\left[1+\sum_{n=3}^{\infty}\frac{1}{n!}\frac{b_n}{\sigma_X^n}H_n(z)\right] \quad (1.7\text{-}19)$$

比较(1.7-11)与(1.7-19)知，

$$b_n=\sigma_X^n c_n=\sigma_X^n E[H_n(Z)] \quad (1.7\text{-}20)$$

(1.7-17)确定了拟矩函数与累积量函数之间的关系. 前几个关系式为

$$\begin{aligned}&b_3=\kappa_3,\ b_4=\kappa_4,\ b_5=\kappa_5\\&b_6=\kappa_6+10\{\kappa_3\kappa_3\}_s,\quad b_7=\kappa_7+35\{\kappa_3\kappa_4\}_s\end{aligned} \quad (1.7\text{-}21)$$

其中 $\{\}_s$ 表示对称运算. 基于上述关系，非高斯概率密度也可用以累积量函数为系数的渐近展式表示. 经重新排列后，该展式为

$$p^*(z)=p(z)\left[1+\frac{1}{3!}\frac{\kappa_3}{\sigma_X^3}H_3(z)+\frac{1}{4!}\frac{\kappa_4}{\sigma_X^4}H_4(z)+\frac{10}{6!}\frac{\kappa_3^2}{\sigma_X^6}H_6(z)+\cdots\right] \quad (1.7\text{-}22)$$

(1.7-9)，(1.7-11) 及 (1.7-19)称为克拉姆 (Gram)-查里尔 (Charlier) 渐近展式，(1.7-22)称为埃德沃斯 (Edgeworth) 渐近展式. 克拉姆-查里尔展式不一定收敛，而埃德沃斯展式的前四项就可给出非高斯概率密度足够精确的表达式[37].

上述结果可推广于多维非高斯概率密度，例如，以拟矩函数为系数的渐近展式为[34,36]

$$p^*(\boldsymbol{y})=p(\boldsymbol{y})\sum_{k=0}^{\infty}\sum_{k_1+\cdots+k_n=k}\frac{b_{k_1,\cdots,k_n}}{k_1!\cdots k_n!}H_{k_1,\cdots,k_n}(\boldsymbol{y})$$

(1.7-23)

式中 $\boldsymbol{y}=[\boldsymbol{x}(t)-\boldsymbol{\mu}(t)]$；$p(\boldsymbol{y})=\{1/[(2\pi)^{n/2}|\boldsymbol{A}|^{1/2}]\}\exp[-\frac{1}{2}\cdot\boldsymbol{y}^T\boldsymbol{A}^{-1}\boldsymbol{y}]$ 为高斯概率密度；$b_{k_1},\cdots,k_n$ 为联合拟矩函数；而

$$H_{k_1,\cdots,k_n}(\boldsymbol{y})=(-1)^k\exp\left[\frac{1}{2}\sum_{j,l=1}^{n}a_{jl}y_jy_l\right]\times\frac{\partial^k}{\partial y_1^{k_1}\cdots\partial y_n^{k_n}}\exp\left[-\frac{1}{2}\sum_{j,l=1}^{n}a_{jl}y_jy_l\right] \quad (1.7-24)$$

为 n 维埃尔米特多项式，其中 a_{jl} 为矩阵 $\boldsymbol{A}$ 之元素。(1.7-23)中 n 维埃尔米特多项式常用 n 个一维埃尔米特多项式的乘积表示。

(1.7-23)可表示一个中心化的非高斯标量随机过程 $Y(t)=X(t)-\mu_X(t)$ 的 n 维概率密度，此时矩阵$\boldsymbol{A}$即为(1.6-2)中的 $C_{XX}(t_j,t_k)$；$b_{k_1,\cdots,k_n}=b_{k_1,\cdots,k_n}(t_1,\cdots,t_n)$。(1.7-23) 也可表示一个中心化的 n 维非高斯矢量随机过程 $\boldsymbol{Y}(t)=\boldsymbol{X}(t)-\boldsymbol{\mu}_X(t)$ 在一个时刻上的概率密度，此时

$$\boldsymbol{A}=\boldsymbol{C}_{XX}(t,t),b_{k_1,\cdots,k_n}=b_{k_1,\cdots,k_n}(t)$$

为建立联合拟矩函数与多维埃尔米特多项式之间的关系，引入下列伴随埃尔米特多项式

$$G_{k_1,\cdots,k_n}(\boldsymbol{y})=(-1)^k\exp\left[\frac{1}{2}\sum_{j,l=1}^{n}b_{jl}v_jv_l\right]\times\frac{\partial^k}{\partial v_1^{k_1}\cdots\partial v_n^{k_n}}\exp\left[-\frac{1}{2}\sum_{j,l=1}^{n}b_{jl}v_jv_l\right] \quad (1.7-25)$$

式中 $v_j=\sum_{l=1}^{n}a_{jl}y_l$，$b_{jl}$ 由 $\sum_{j,l=1}^{n}a_{jl}y_jy_l$ 与 $\sum_{j,l=1}^{n}b_{jl}v_jv_l$ 互为伴随的

条件确定．$H_{k_1,\cdots,k_n}(\boldsymbol{y})$与$G_{k_1,\cdots,k_n}(\boldsymbol{y})$关于高斯加权函数

$$\exp\left[-\frac{1}{2}\boldsymbol{y}^T\boldsymbol{A}\boldsymbol{y}\right]$$

正交：

$$\int_{-\infty}^{\infty}\exp\left[-\frac{1}{2}\boldsymbol{y}^T\boldsymbol{A}\boldsymbol{y}\right]H_{k_1,\cdots,k_n}(\boldsymbol{y})G_{l_1,\cdots,l_n}(\boldsymbol{y})d\boldsymbol{y}$$

$$=\frac{(2\pi)^{n/2}}{|A|^{1/2}}\prod_{j=1}^{n}\delta_{k_j,l_j}l_j! \qquad (1.7\text{-}26)$$

式中 δ_{k_j,l_j} 为克罗奈克尔（Kronecker）δ 函数。

(1.7-24)两边同乘以 $G_{l_1,\cdots,l_n}(\boldsymbol{y})\exp\left[-\frac{1}{2}\boldsymbol{y}^T\boldsymbol{A}\boldsymbol{y}\right]$，利用正交性关系(1.7-26)，得拟矩函数

$$b_{k_1,\cdots,k_n}=E[G_{k_1,\cdots,k_n}(\boldsymbol{y})] \qquad (1.7\text{-}27)$$

Bover[33]导出了六阶三维拟矩。

利用联合拟矩函数与联合累积量函数之间的关系

$$1+\sum_{k=3}^{\infty}i^k\sum_{k_1+\cdots+k_n=k}\frac{\theta_1^{k_1}\cdots\theta_n^{k_n}}{k_1!\cdots k_n!}b_{k_1,\cdots,k_n}$$

$$=\exp\left[\sum_{k=3}^{\infty}i^k\sum_{k_1+\cdots+k_n=k}\frac{\theta_1^{k_1}\cdots\theta_n^{k_n}}{k_1!\cdots k_n!}\kappa_{k_1,\cdots,k_n}\right] \qquad (1.7\text{-}28)$$

式中 $\kappa_{k_1,\cdots,k_n}$ 为 $\kappa_{k_1,\cdots,k_n}(t_1,\cdots,t_n)$ 或 $\kappa_{k_1,\cdots,k_n}(t)$．以 $\kappa_{k_1,\cdots,k_n}$ 代替(1.7-23)中的 $b_{k_1,\cdots,k_n}$，经重新排列，得 n 维非高斯概率密度的另一渐近展式

$$p^*(\boldsymbol{y})=p(\boldsymbol{y})-\frac{1}{3!}\sum_{k,l,m}\kappa_{k,l,m}\frac{\partial^3}{\partial y_k\partial y_l\partial y_m}p(\boldsymbol{y})$$

$$+\sum_{k,l,m,q}\kappa_{k,l,m,q}\frac{\partial^4}{\partial y_k\partial y_l\partial y_m\partial y_q}p(\boldsymbol{y})+\cdots \qquad (1.7\text{-}29)$$

(1.7-23)为克拉姆-查里尔渐近展式，(1.7-29)为埃德沃斯渐近展式。利用(1.7-24)，(1.7-29)可表为类似于(1.7-22)的形式．例如，二维非高斯概率密度的埃德沃斯展式为[37]

$$p^*(y_1,y_2)=p(y_1,y_2)\left\{\sum_{k=0}^{\infty}\frac{\rho^k}{k!}H_k\left(\frac{y_1}{\sigma_1}\right)H_k\left(\frac{y_2}{\sigma_2}\right)\right.$$

$$+\sum_{j+l=3}\frac{1}{j!l!}\frac{\kappa_{jl}}{\sigma_1^j\sigma_2^l}\sum_{k=0}^{\infty}\frac{\rho^k}{k!}H_{k+j}\left(\frac{y_1}{\sigma_1}\right)H_{k+l}\left(\frac{y_2}{\sigma_2}\right)$$

$$+\sum_{j+l=4}\frac{1}{j!l!}\frac{\kappa_{jl}}{\sigma_1^j\sigma_2^l}\sum_{k=0}^{\infty}\frac{\rho^k}{k!}H_{k+j}\left(\frac{y_1}{\sigma_1}\right)H_{k+l}\left(\frac{y_2}{\sigma_2}\right)$$

$$+\frac{1}{2}\sum_{\substack{j+l=3\\r+s=4}}\frac{1}{j!l!r!s!}\frac{\kappa_{jl}}{\sigma_1^j\sigma_2^l}\frac{\kappa_{rs}}{\sigma_1^r\sigma_2^s}$$

$$\left.\times\sum_{k=0}^{\infty}\frac{\rho^k}{k!}H_{k+j+r}\left(\frac{y_1}{\sigma_1}\right)H_{k+l+s}\left(\frac{y_2}{\sigma_2}\right)\right\} \tag{1.7-30}$$

式中

$$p(y_1,y_2)=\frac{1}{2\pi\sigma_1\sigma_2}\exp\left\{-\frac{1}{2}\left[\left(\frac{y_1}{\sigma_1}\right)^2+\left(\frac{y_2}{\sigma_2}\right)^2\right]\right\} \tag{1.7-31}$$

为二维高斯概率密度；$\rho=\kappa_{11}/\sigma_1\sigma_2$ 为相关系数.

1.7.3 非高斯随机过程的高阶统计量

由非高斯标量随机过程的一维概率密度的埃德沃斯展式(1.7-22)知，描述随机过程非高斯性的主要高阶统计量是三阶与四阶累积量函数 κ_3 与 κ_4。对平稳随机过程，它们为常数。随机过程的非高斯性的最简单描述就是这两个量的无量纲化：

$$\gamma_1=\frac{\kappa_3}{\sigma^3}=\frac{\nu_3}{\sigma^3},\qquad \gamma_2=\frac{\kappa_4}{\sigma^4}=\frac{\nu_4}{\sigma^4}-3 \tag{1.7-32}$$

γ_1 称为不对称(歪斜)系数；γ_2 称为过量系数。对高斯随机过程，$\gamma_1=\gamma_2=0$.对对称分布，$\gamma_1=0$. $\gamma_2>0$ 表明，与高斯分布相比，在概率分布的尾部具有更多的概率质量。代替 γ_2，有时还用峰态 $\kappa=\gamma_2+3$ 近似描述非高斯性.

类似地，描述多维非高斯概率密度的主要高阶统计量也是三阶与四阶统计量，例如(1.7-30)。对一个标量随机过程，它们是

$\kappa_3(t_1,t_2,t_3)$ 与 $\kappa_4(t_1,t_2,t_3,t_4)$. 如果该过程在四阶累积量意义上是平稳的，那么 $\kappa_3(t_1,t_2,t_3)=\gamma(\tau_1,\tau_2)$，$\kappa_4(t_1,t_2,t_3,t_4)=\gamma(\tau_1,\tau_2,\tau_3)$,其中 $\tau_j=t_j-t_1$，$j=2,3,4$. 对 $\gamma(\tau_1,\tau_2)$与 $\gamma(\tau_1,\tau_2,\tau_3)$ 分别作二重与三重傅立叶变换：

$$D(\omega_1,\omega_2)=\frac{1}{4\pi^2}\int_{-\infty}^{\infty}\int_{-\infty}^{\infty}\gamma(\tau_1,\tau_2)e^{-i(\omega_1\tau_1+\omega_2\tau_2)}d\tau_1 d\tau_2 \quad (1.7\text{-}33)$$

$$D(\omega_1,\omega_2,\omega_3)=\frac{1}{8\pi^3}\int_{-\infty}^{\infty}\int_{-\infty}^{\infty}\int_{-\infty}^{\infty}\gamma(\tau_1,\tau_2,\tau_3)e^{-i(\omega_1\tau_1+\omega_2\tau_2+\omega_3\tau_3)}d\tau_1 d\tau_2 d\tau_3 \quad (1.7\text{-}34)$$

上两式分别称为二维与三维(自)谱密度函数，$\gamma(\tau_1,\tau_2)$ 与 $\gamma(\tau_1,\tau_2,\tau_3)$ 是实函数,而 $D(\omega_1,\omega_2)$ 与 $D(\omega_1,\omega_2,\omega_3)$ 则不一定,由于 $\kappa_3(t_1,t_2,t_3)$ 与 $\kappa_4(t_1,t_2,t_3,t_4)$ 是对称的,即对自变量的任意重新排列其值不变. 从 $\{\omega_1,\omega_2,(-\omega_1-\omega_2)\}$ 中任取 2 个元素的排列，$D(\omega_1,\omega_2)$ 值相同. 从 $\{\omega_1,\omega_2,\omega_3,(-\omega_1-\omega_2-\omega_3)\}$中任取 3 个元素的排列，$D(\omega_1,\omega_2,\omega_3)$ 值相同. 如同一维谱密度的积分给出均方值,高维谱密度的积分给出

$$\int_{-\infty}^{\infty}\int_{-\infty}^{\infty}D(\omega_1,\omega_2)d\omega_1 d\omega_2=\gamma(0,0)=\gamma_1\sigma^3 \quad (1.7\text{-}35)$$

$$\int_{-\infty}^{\infty}\int_{-\infty}^{\infty}\int_{-\infty}^{\infty}D(\omega_1,\omega_2,\omega_3)d\omega_1 d\omega_2 d\omega_3=\gamma(0,0,0)=\gamma_2\sigma^4 \quad (1.7\text{-}36)$$

参 考 文 献

[1] Sveshnikov, A. A., Problems in Probability Theory, Mathematical Statistics and Theory of Random Functions, Dover Publications, 1978.

[2] 复旦大学,概率论,第三册,随机过程,人民教育出版社,1981.

[3] 王梓坤,随机过程论,科学出版社,1965.

[4] 见绪论文献[17].

[5] Bochner, S., Monotone funcktionen stieltjessche integrale und harmonische analyse, *Math. Ann.*, 108(1933), 376—385.

[6] Wiener, N., Generalized harmonic analysis, *Acta Math.*, 55(1930), 117—258.

[7] Khintchine, A., Korrelations theorie der stationaren stochastschen prozesse, *Math. Ann.*, 109(1934), 604—615.

[8] Yaglom, A. M., An Introduction to the Theory of Random Functions, Prentice-

Hall, 1962.

[9] Lin, Y. K., and Yong, Y., Some observations on spectral analysis. 见绪论文献[28].

[10] Vanmarcke, E., Random Fields: Analysis and Synthesis, The MIT Press, 1983.

[11] Monir A. S., and Yaglom, A. M., Statistical Fluid Mechanics: Mechanics of Turbulence, The MIT Press, Vol. 1, 1971; Vol. 2, 1975.

[12] Page, C. H., Instantaneous power spectra, *J. Appl. Phys.*, **23**(1952), 103—106.

[13] Lampard, D. G., Generalization of the Wiener-Khintchine theorem to nonstationary processes, *J. Appl. Phys.*, **25**(1954), 802—803.

[14] Silverman, R. A., Locally stationary random processes, IRE Trans. Information Theory, IT-3(1957), 182—187.

[15] 见绪论文献[53].

[16] 见绪论文献[54].

[17] Priestley, M. B., Evolutionary spectra and non-stationary processes, *J. Roy. Stat. Soc.*, B **27**(1965), 204—228; 234—235.

[18] Priestley, M. B., Power spectral analysis of non-stationary random processes, *J. Sound Vib.*, **6**(1967), 86—97.

[19] Shinozuka, M., Random processes with evolutionary power, *J. Eng. Mech. Div.*, ASCE, 96(1970), 543—545.

[20] Mark, W. D., Spectral analysis of the convolution and filtering of non-stationary stochastic processes, *J. Sound Vib.*, **11**(1970), 19—63.

[21] Mark, W. D., Characterization of stochastic transients and transmission media: the method of power-moments spectra, *J. Sound Vib.*, **22**(1972), 249—295.

[22] Mark, W. D., Power spectral representation of non-stationary random processes defined over semi-infinite intervals, *J. Acoust. Soc. Am.*, **59**(1976), 1184—1194.

[23] Mark, W. D., Power spectrum representation for nonstationary random vibration, 见绪论文献[28].

[24] Loynes, R. M., On the concept of the spectrum for nonstationary processes, *J. Roy. Stat. Soc.*, B 30(1968), 1—30.

[25] Eberly, J. H., and Wodkiewicz, K., The time-dependent physical spectrum of light, *J. Opt. Soc. Am.*, **67**(1977), 1252—1261.

[26] Soong, T. T., Random Differential Equations in Science and Engineering, Academic Press, 1973.

[27] 王梓坤，概率论基础及其应用，科学出版社，1979.

[28] Cameron, R. H., and Martin, W. T., The orthogonal development of non-linear functionals in series of Fourier-Hermite functionals, *J. Ann. Math.*, 48(1947), 385—392.

[29] Wiener, N., Non-linear Problem in Random Theory, John Wiley, 1958.

[30] Cramer, H., Mathematical Methods of Statistics, Princeton University Press, 1946.

[31] Kuznetsov, P. I., Stratonovitch, R. L., and Tikhonov, V. I., Quasimoment functions in the theory of random processes, *Theory Probab. Appl.*, **5**(1960), 80—87.

[32] 见绪论文献[52].
[33] Bover, D. C. C., Moment equations for non-linear stochastic systems, *J. Math. Anal. Appl.* **65**(1978), 306—320.
[34] Дащевский, М. Л. Приближенный апализ тогности нестацианарных Нелинейных систем методым семиинвариантов, *Автоматика и Телемеханика*, **28**(1967), 11. 62—81.
[35] Дащевский, М. Л., Липцер, Р. Ш., Применение Условных Семиинвариантов в задагах негинейный Фильтраций Марковских процессов, *Автоматика и телемеханика*, **28**(1967),63—74.
[36] Nakamizo, T., On the state estimation for non-linear dynamic systems, *Int. J. Contr.*, **11**(1970), 683—695.
[37] Assaf, Sh. A., and Zirkle, L. D., Approximate analysis of nonlinear stochastic systems, *Int. J. Contr.*, **23**(1976), 477—492.
[38] 见绪论文献[56].
[39] Priestley, M. B., and Tong, H., On the analysis of bivariate non-stationary processes, *J. Royal Statistical Society*, Series B, **35**(1973), 153—166.
[40] Hammond, J K., Evolutionary spectra in random vibrations, ibid, 157—179.
[41] Walker, A. M., Discussion on the papers by priestley and Tong and by Hammond, ibid, 180—182.

第二章 随机振源

2.1 随机振源与随机激励

如前所述，随机振动乃指机械(结构)系统对外加随机激励的动态响应．在结构动力学中，激励被称为载荷．所谓载荷，不仅指外力，还包括外加的运动作用，即给予动态系统或其部分上以一定的位移或加速度，也包括热作用，辐射等．给动态系统施加随机激励(载荷)的周围介质称为随机振源．主要的随机振源包括路面或轨道的不平度，大气湍流，地面强风中湍流、海浪、喷气噪声，湍流边界层及强地震引起的地面运动．本章描述这些随机振源的一般性质与统计模型，并指出如何由随机振源的统计模型确定随机激励(载荷)的统计模型．

上述主要随机振源都可模型化为随机场．建立随机振源的统计模型的依据，一方面是有关振源的理论，如湍流理论，另一方面，更重要的是对随机振源的直接或间接的实测．鉴于对随机场作广泛实测的困难，在构造随机振源统计模型时，常常要作一些简化假设．

关于振源随机场在空间变化上的常见的一个假设是忽略随机场在一个或几个方向上的随机变化，实际上假定在这个或这些方向上场中各点的随机变化是完全相关的，这也等于在这个或这些方向上将场“缩为”随机变量．这只有当动态系统在这个或这些方向上的尺寸比随机场在这个或这些方向上的相关尺寸小得多时才是合理的．例如，目前都把地震引起的地面运动看成随机过程，这在地面建筑结构的地基尺寸比地面运动场的相关尺度小得多时才是合理的．对大型建筑，如大跨度桥梁、输油管等可能是不合适的．又如，大气湍流沿飞机展向的随机变化常忽略不计，这也只有当飞机的翼展长比大气湍流的尺度小得多时才是合理的。

关于振源随机场在空间变化上的另一种常见假设是均匀性与(或)各向同性。实际振源场往往只是局部均匀与（或）各向同性的。显然，也只有当振动系统的尺寸或运动距离比较小时才是合理的。又如，汽车在短时间内跑过的路面，或飞机在短时间内飞越的大气湍流可看成是均匀与(或)各向同性的，但它们在长时期内特别在整个寿命期内所遭遇的振源随机场显然不是均匀与(或)各向同性的。在这种情形下，将振源随机场看成拟均匀与(或)拟各向同性更为恰当些。

振源随机场在时间变化上的一个常见假设是平稳性。实际振源随机场往往是不平稳的，或只在短时间内才可认为是平稳的，而在研究动态系统的可靠性时，要考虑动态系统在整个寿命期内经受的随机激励，显然在这样长的时间内振源随机场不能认为是平稳的。在许多情况下，拟平稳随机场的假设更为合适。

在随机振源作用于动态系统时，可区分出两种情形。在第一种情形中，随机振源的"功率"比激起动态系统振动所需的功率大得多，以致激励的大小很少依赖于动态系统的性态。在此情形下，可认为随机振源具有无限大功率，激励(载荷)是统计地给定的。在第二种情形中随机振源的"功率"是有限的。在计算激励(载荷)的大小时，需考虑动态系统与随机振源的相互作用，或把动态系统放在周围介质发生的整个过程中去研究。在随机振动中，大多数随机振源属第一种情形，后一情形的例子是，喷气噪声与湍流边界层引起的结构振动常需分别考虑声与结构或湍流边界层与结构的相互作用。

当随机振源通过孤立的点对动态系统施加激励时，随机激励可模型化为标量或矢量随机过程。例如，假定汽车轮子与地面是点接触，地面不平度对汽车结构的激励是一个矢量随机过程。当随机振源在动态系统的某一长度或面积上施加激励时，随机激励可模型化为随机场。

许多情形下，动态系统以一定的速度在振源随机场中运动着、如果振源随机场是时不变的，那么可有两种处理办法。一是将动态系统运动方程中的时间自变量变换成振源随机场中的空间坐标，然后在空间域或对应的波数域内进行响应分析。另一办法是将以空间坐标或波数为自变量的随机振源统计模型变换成以时间或频率为自变量的随机激励的统计模型，响应分析则在时域或频域内进行。在随机振动理论中，较普遍采用的是后一种办法。若振源随机场为时变的，则常常采用前一种办法。

现考虑动态系统在振源随机场中运动时从振源统计模型到激励统计模型的转换。首先考虑振源随机场为时不变之情形。设与振源随机场连结的是不动坐标系 S，而与动态系统相连结的是动坐标系 U，它以速度 $\boldsymbol{v}$ 相对于坐标系 S 平动。表征振源随机场 $Y(\boldsymbol{s})$ 的是相关函数 $R_Y(\boldsymbol{s}_1,\boldsymbol{s}_2)$，而表征激励随机场 $X(\boldsymbol{u},t)$ 的是相关函数 $R_X(\boldsymbol{u},\boldsymbol{u}';t_1,t_2)$，根据

$$X(\boldsymbol{u},t)=Y(\boldsymbol{u}+\boldsymbol{v}t) \tag{2.1-1}$$

有

$$R_X(\boldsymbol{u},\boldsymbol{u}';t_1,t_2)=R_Y(\boldsymbol{u}+\boldsymbol{v}t_1,\boldsymbol{u}'+\boldsymbol{v}t_2) \tag{2.1-2}$$

现设 $Y(\boldsymbol{s})$ 是均匀随机场，相关函数为 $R_Y(\boldsymbol{\eta})$，其中 $\boldsymbol{\eta}=\boldsymbol{s}_2-\boldsymbol{s}_1$。再假定速度 $\boldsymbol{v}$ 为常矢量，则场 $X(\boldsymbol{u},t)$ 对空间坐标 $\boldsymbol{u}$ 是均匀的，对时间 t 是平稳的．代替(2.1-2)将有

$$R_X(\boldsymbol{\xi},\tau)=R_Y(\boldsymbol{\xi}+\boldsymbol{v}\tau) \tag{2.1-3}$$

式中 $\boldsymbol{\xi}=\boldsymbol{u}'-\boldsymbol{u}$，$\tau=t_2-t$，若进一步假定振源随机场 $Y(\boldsymbol{s})$ 是各向同性的，则(2.1-3)右边只依赖于 $|\boldsymbol{\xi}+\boldsymbol{v}\tau|$。若以 $S_Y(\boldsymbol{k})$ 记振源随机场的波数谱密度，即

$$S_Y(\boldsymbol{k})=\frac{1}{(2\pi)^n}\int_{R^n}R_Y(\boldsymbol{\eta})e^{-i\boldsymbol{k}\boldsymbol{\eta}}d\boldsymbol{\eta} \tag{2.1-4}$$

其中 n 为场的维数．则随机激励场 $X(\boldsymbol{u},t)$ 的波数-频率谱密度为

$$S_X(\boldsymbol{k},\omega)=S_Y(\boldsymbol{k})\delta(\omega-\boldsymbol{k}\boldsymbol{v}) \tag{2.1-5}$$

(2.1-5)可证如下．先将 $S_X(\boldsymbol{k},\omega)$ 变换成 $R_X(\boldsymbol{\xi},\tau)$

$$R_X(\boldsymbol{\xi},\tau)=\int_{-\infty}^{\infty}\int_{R^n}S_X(\boldsymbol{k},\omega)e^{i(\boldsymbol{k\xi}+\omega\tau)}d\boldsymbol{k}d\omega \tag{2.1-6}$$

然后将(2.1-5)代入(2.1-6),给出

$$\begin{aligned}R_X(\boldsymbol{\xi},\tau)&=\int_{R^n}\left[S_Y(\boldsymbol{k})e^{i\boldsymbol{k\xi}}\int_{-\infty}^{\infty}\delta(\omega-\boldsymbol{kv})e^{i\omega\tau}d\omega\right]d\boldsymbol{k}\\&=R_Y(\boldsymbol{\xi}+\boldsymbol{v}\tau)\end{aligned} \tag{2.1-7}$$

此与(2.1-3)相同

再考虑随机激励场 $X(\boldsymbol{u},t)$ 的空间-频率谱密度

$$S_X(\boldsymbol{\xi},\omega)=\frac{1}{2\pi}\int_{-\infty}^{\infty}R_Y(\boldsymbol{\xi}+\boldsymbol{v}\tau)e^{-i\omega\tau}d\tau \tag{2.1-8}$$

设速度矢量指向坐标 S_1 的方向,于是 $\xi_1+v\tau=\eta_1$, $\xi_2=\eta_2,\cdots$,其中 $v=|\boldsymbol{v}|$. 将(2.1-8)中的 τ 变换成 η_1,(2.1-8) 变成

$$S_X(\boldsymbol{\xi},\omega)=\Phi(\omega,\xi_2,\cdots)\exp(i\omega\xi_1/v) \tag{2.1-9}$$

式中

$$\Phi(\omega,\xi_2,\cdots)=\frac{1}{2\pi v}\int_{-\infty}^{\infty}R_Y(\boldsymbol{\eta})\exp(-i\omega\eta_1/v)d\eta_1 \tag{2.1-10}$$

Φ 是实的,而 $S_X(\boldsymbol{\xi},\omega)$ 是复的. 若振源随机场 $Y(S)$ 是一维的,则

$$S_X(\xi,\omega)=\Phi(\omega)\exp(i\omega\xi/v) \tag{2.1-11}$$

式中

$$\Phi(\omega)=\frac{1}{v}S_Y\left(\frac{\omega}{v}\right) \tag{2.1-12}$$

当振源随机场随时间随机变化时,若场对时间 t 是平稳与各态历经的,则可证明[1],激励随机场的相关函数在所有频率上随距离的增大而衰减,(2.1-9)将变成

$$S_X(\boldsymbol{\xi},\omega)=\Phi(\omega)f(\omega\xi_1/v,\omega\xi_2/v,\cdots) \tag{2.1-13}$$

2.2 路面不平度

道路(公路、跑道、田野、轨道等)表面的不平度给在它上面行驶的车辆的轮子施加位移扰动,这种随机激励产生的振动可引起

乘员的不适，也可引起结构的疲劳破坏，甚至可使汽车失控或使火车出轨，等等．在目前的技术水平下，通常对道路表面沿纵向作一维测量．大量测量表明，路面不平度 $H(s)$ 是具有零均值的一维局部均匀各态历经的高斯随机场，可用波数谱密度描述．迄今已提出多种不同的路面谱密度．例如，[1]中给出的公路路面波数谱密度为

$$S_H(k) = \frac{4\sigma^2}{\pi} \frac{\alpha k_0^2}{(k^2 - k_0^2)^2 + 4\alpha^2 k^2} \tag{2.2-1}$$

相应的相关函数为

$$R_H(\xi) = \sigma^2 e^{-\alpha|\xi|}\left(\cos\sqrt{k_0^2 - \alpha^2}\,\xi + \frac{\alpha}{\sqrt{k_0^2 - \alpha^2}} \sin\sqrt{k_0^2 - \alpha^2}\,|\xi| \right) \tag{2.2-2}$$

其中参数 σ, α, k_0 取决于道路的类型及其状态．[1]中给出的数据为 $\alpha = 0.01$—0.1（1/米），$k_0 = 0.027$—0.172（1/米）．[2]中给出的公路路面谱密度为

$$S_H(k) = \begin{cases} c\sigma^2 k_a^{-w}, & 0 \leqslant k \leqslant k_a \\ c\sigma^2 k^{-w}, & k_a \leqslant k \leqslant k_b \\ 0, & k_b < k \end{cases} \tag{2.2-3}$$

式中

$$w = 2.5, \quad \sigma^2 = (2\pi)^w d, \quad c = \frac{1 - w}{w k_a^{1-w} - k_b^{1-w}} \tag{2.2-4}$$

而 d, k_a 及 k_b 为常数，其值取决于道路的类型及其状态．

当车辆在一维路面上以常速 v 行驶时，作用在前轮与后轮上的随机激励 $X_1(t)$ 与 $X_2(t)$ 为零均值各态历经平稳随机过程．按(2.1-3)，自相关函数为

$$R_{X_1}(\tau) = R_{X_2}(\tau) = R_H(v\tau) \tag{2.2-5}$$

而互相关函数为

$$R_{X_1X_2}(\tau) = R_{X_2X_1}(-\tau) = R_H(v\tau + l) \tag{2.2-6}$$

式中 l 为前后轮轴之间的距离．按(2.1-11)，相应的自谱密度与互谱密度分别为

$$S_{X_1}(\omega)=S_{X_2}(\omega)=\frac{1}{v}S_H\left(\frac{\omega}{v}\right) \qquad (2.2\text{-}7)$$

与

$$S_{X_1X_2}(\omega)=S^*_{X_2X_1}(\omega)=\frac{1}{v}S_H\left(\frac{\omega}{v}\right)\exp\left(i\frac{\omega l}{v}\right) \qquad (2.2\text{-}8)$$

一般,自谱密度在 10—100 赫范围有较显著值。

经验表明，基于一维路面模型的汽车垂向响应预测是相当成功的。然而，在这种模型中没有计及两侧轮子所经受的激励的差别,从而忽略了产生汽车滚转运动的主要原因。为计及这一点,需将地面的不平度看成二维的随机曲面。假定描述路面不平度的二维随机场 $H(s_1,\ s_2)$ 是均匀与各向同性的，则汽车所经受的多个位移扰动的自谱密度与互谱密度仍可从一维路面的波数谱密度导出[3,4]。

设一辆四轮汽车以常速 v 沿 S_1 方向行驶(见图 2.2-1)。四个轮子与路面的接触点为 A,B,C,D，各个轮子所受激励的自谱密度仍为(2.2-7)。同一侧的前后轮所受激励之间的互谱密度仍

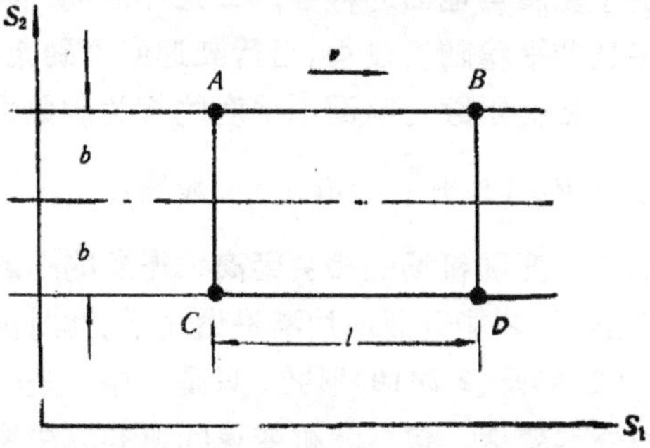

图 2.2-1

为(2.2-8)。而不同侧的前后轮所受激励的互相关函数为

$$R_{X_AX_D}(\tau)=R_{X_CX_B}(\tau)=R_H\{[(l+v\tau)^2+4b^2]^{1/2}\} \qquad (2.2\text{-}9)$$

而互谱密度，按(2.1-9)为

$$S_{X_AX_D}(\omega)=S_{X_CX_B}(\omega)$$

$$= \frac{1}{v} S_H\left(\frac{\omega}{v}\right) C\left(\omega, \frac{2b}{v}\right) \exp\left(i \frac{\omega l}{v}\right) \qquad (2.2\text{-}10)$$

式中 $C\left(\omega, \frac{2b}{v}\right)$ 为横向相干函数，它可从一维路面波数谱密度导出

$$C\left(\omega, \frac{2b}{v}\right) = 1 - \frac{(2b/v)}{S_H\left(\frac{\omega}{v}\right)} \int_0^\infty S_H\left(\frac{\sqrt{\omega^2 + \gamma^2}}{v}\right) J_1\left(\frac{2b}{v} \gamma\right) d\gamma \qquad (2.2\text{-}11)$$

式中 $J_1()$ 为第一类一阶贝塞尔函数。若把四个轮子上所受的激励看成一个矢量随机过程，则可由(2.2-7)，(2.2-8)及(2.2-10)构成此矢量激励过程的谱密度矩阵.

在应用上述模型于实际问题时，尚需考虑如下一些因素。一是轮子与路面非点接触，这在重型车辆或软地面情形尤为突出. 非点接触的结果将使激励谱密度的高频值减小，低频值增加。此时，一种可能的办法是取有限接触面上不平度的加权平均[5]，加权函数的形式取决于轮胎与地面的特性。二是非常速行驶。此时输入车轮的激励将是非平稳随机过程，当行驶速度 v 确定性变化时，激励为高斯过程。相关函数与路面不平度的相关函数之间的关系为 $R(u,u';t_1,t_2) = R_H\left(\xi + \int_{t_1}^{t_2} v dt\right)$。一般情形下难以用渐进谱描述。只有在比不平度随机场的相关距离大得多的距离上，速度有明显变化的情形下，才能近似地用渐进谱表示. 此时激励谱密度仍具有(2.2-7)(2.2-8)及(2.2-10)形式，只是其中 v 是时间 t 的慢变函数。另一种处理变速，包括随机变速问题的办法是将运动方程变换成以空间距离作自变量，此时方程将具有变系数。三是路面不平度只是局部均匀的，车轮速度也只能在不长的时间内才能看成为常数。在车辆结构的整个寿命期内所经受的激励总是非平稳的。因此，在估计结构疲劳可靠性时宜将长期激励模型化为拟平稳过程，其短时性态仍用谱密度(2.2-7)(2.2-8)及(2.2-10)描述，

其中一些表征路面不平度的参数与速度 v 可看成时间 t 的慢变函数，拟平稳过程的长期性态用这些参数的概率密度函数来描述.

关于铁路轨道的不平度的统计模型可参阅[6].

2.3 大气湍流

大气湍流是指大气微团的无规则运动，它由风剪或积云与雷雨中的对流产生. 大气湍流的能量来源于太阳的辐射，地球的转动又加剧了这种湍流. 这里所指大气湍流乃指高空湍流，即地球附面层(离地高约 300 米)以上的大气湍流.

大气湍流对飞机的设计与使用具有深刻的影响. 从飞机结构强度观点来看,飞机结构可能在严重的湍流中由于超载而破坏.中等大小的湍流则是飞机结构疲劳损伤的主要来源.对大型运输机,大气湍流产生的载荷,即突风载荷很可能是主要的设计载荷.

实际存在于大气中的湍流速度包括纵向、垂向与侧向三个分量,每个分量都是空间位置与时间的随机函数. 因此,大气湍流是具有三个分量的三维矢量随机场，通常在飞机上产生显著载荷的则是垂向与侧向分量.

对大多数飞机来说，飞机飞过自身长度的时间约为若干分之一秒. 测量结果表明，在这样的时间内，大气湍流速度的型式没有显著的变化. 因此，可假定大气湍流速度的型式在空间是“暂时冻结的”,即大气湍流速度场被看成与时间无关. 此假设由泰勒(Taylor) 首先提出,称泰勒假设.

当飞机在一定高度上飞行时,由于飞机本身高度很小,可认为整个升力面处在同一高度上. 再者,对大多数飞机,大气湍流的相关尺度(或相干尺度)比飞机的展长大得多，从而大气湍流沿飞机展向的随机变化可忽略不计. 这样，大气湍流的垂向与侧向分量都只是一维随机场，而且是互不相关的. 测量表面，它们都是具有零均值的局部均匀的高斯随机场. 其谱密度为冯・卡门 (Von Karmán) 谱

$$S_j(k) = \frac{\sigma_j^2 L}{\pi} \frac{1 + \frac{8}{3}(1.339Lk)^2}{[1 + (1.339Lk)^2]^{11/6}} \tag{2.3-1}$$

$j = 2,3$，分别表示侧向与垂向，L 为大气湍流尺度，它是高度的函数. 在飞机强度规范中，500 米以上高空常取 $L = 762$ 米，σ_j^2 为大气湍流速度的方差，当飞机以常速 v 飞行时，作用在飞机上的湍流速度随机场的谱密度与大气湍流空间谱密度的关系式为 (2.1-11). 然后应用适当的气动理论计算作用在升力面上的压力，在计算中还要考虑气动弹性效应.

对大气湍流侧向分量，上述一维模型对所有飞机都适用. 但当飞机的展长很大时，需考虑大气湍流垂直分量沿展向的随机变化，即需将大气湍流的垂向分量模型化为二维随机场. 假定这个随机场是均匀与各向同性的，则作用在升力面上任意两点 M 与 M' 的垂向湍流速度分量的互谱密度，按(2.1-9)为

$$S(M, M'; \omega) = \frac{1}{v} S_3\left(\frac{\omega}{v}\right) c\left(\omega, \frac{\eta}{v}\right) \exp\left(i\omega \frac{\xi}{v}\right) \tag{2.3-2}$$

式中 ξ 与 η 分别为 M 与 M' 之间的纵向与展向距离，而

$$c\left(\omega, \frac{\eta}{v}\right) = 1 - \frac{\left(\frac{\eta}{v}\right)}{S_3\left(\frac{\omega}{v}\right)} \times \int_0^{\infty} S_3\left(\frac{\sqrt{\omega^2 + \gamma^2}}{v}\right) J_1\left(\frac{\eta}{v}\gamma\right) d\gamma \tag{2.3-3}$$

为展向相干函数，对冯·卡门谱(2.3-1)，

$$c\left(\omega, \frac{\eta}{v}\right) = \frac{2}{\Gamma\left(\frac{5}{6}\right)} \left(\frac{\omega\eta}{2v}\right)^{5/6} K_{5/6}\left(\frac{\omega\eta}{v}\right) \tag{2.3-4}$$

式中 $\Gamma()$ 为伽马函数，$K()$ 为虚变量贝塞尔函数. 由 (2.3-3) 知，$\eta = 0$ 时，$c\left(\omega, \frac{\eta}{v}\right) = 1$. 对一维湍流模型，(2.3-2)中取 c

$\left(\omega, \frac{\eta}{v}\right)=1$ 即可.

Coupry[7]指出，垂向大气湍流速度分量沿展向随机变化不计(即一维大气湍流模型)的适用范围是

$$\frac{l}{b}=\frac{1.43}{bk}\gg 1 \tag{2.3-5}$$

式中 b 为飞机展长，而 l 为展向相干长度

$$l=\int_0^\infty c\left(k,\frac{\eta}{v}\right)d\eta \tag{2.3-6}$$

$c\left(k,\frac{\eta}{v}\right)$ 即为(2.3-3)中 $c\left(\omega,\frac{\eta}{v}\right)$，只是以 $k=\omega v$ 代 ω.

(2.3-1)与(2.3-2)中唯一不确定的参数是 σ_i，它表示大气湍流的强度. 在飞机结构整个寿命期内所经受的大气湍流强度是一个随机的慢变量，可用 σ_i 的概率密度函数来表示. 由实测得到的 $p(\sigma_i)$ 为

$$p(\sigma_i)=\sum_{r=1}^{2}\frac{p_r}{b_r}\sqrt{\frac{2}{\pi}}\exp\left(-\frac{\sigma_i^2}{2b_r^2}\right) \tag{2.3-7}$$

式中 $p_r, b_r(r=1,2)$ 称为大气湍流场参数，是高度的函数. 其值在飞机强度规范中有规定[8]. (2.3-2)为作用在飞机上的大气湍流速度垂向分量的短时模型，(2.3-7)则为长期模型. 两者一起给出了对它们的完全描述.

2.4 风中湍流

风中湍流是指地球附面层内风中的湍流分量，也称低空湍流. 在地球附面层内，大气受到地球表面的摩擦阻滞而产生湍流分量. 风中湍流可有三个相互垂直的分量，对地面建筑物来说，产生显著作用的是沿风向的水平分量，总的水平风速可模型化为一个二维随机场

$$V(u_1,u_3;t)=\bar{V}(u_1,u_3)+v(u_1,u_3;t) \tag{2.4-1}$$

式中 u_1 与 u_3 为与水平风向垂直的平面上的水平与垂直坐标；$\bar{V}(u_1, u_3)$ 为平均风速；$v(u_1, u_3; t)$ 为湍流分量，在局部地区平均风速只随高度而变。以前认为平均风速随高度按幂律变化。现在，气象学家们认为，低层大气强风平均速度随高度用对数律表示更佳[9]，即

$$\bar{V}(u_3) = \frac{1}{k} V_* \ln \frac{u_3}{u_{30}} \tag{2.4-2}$$

式中 $k \approx 0.4$；V_* 为剪切风速；u_3 为离地高度；u_{30} 为粗糙度长度。$u_3 = 10$ 米处的平均风速 $\bar{V}_{10}$，称为标准平均风速。

测量表明，沿风向的水平湍流分量为零均值拟平稳高斯随机场。其标准差与平均风速之比约在 5—25% 之间。用于结构设计的谱密度，以前常用 Davenport[10]提出的谱，而目前建议的谱密度为[9]

$$S_v(u_3, \omega) = \frac{2\pi V_*^2}{\omega} n^{-2/3} \tag{2.4-3}$$

式中 $n = \frac{\omega}{2\pi} \cdot \frac{u_3}{\bar{V}(u_3)}$。谱密度 (2.4-3) 在 $f_z \omega u_3 / 2\pi v_* \geqslant 0.2$ 上有显著值。在与风向垂直的平面上任意两点之间的湍流速度互谱密度的实部为

$$S_v^R(u_1, u_3; u_1', u_3'; \omega) = S_v^{1/2}(u_3, \omega) S_v^{1/2}(u_3', \omega) e^{-\hat{n}} \tag{2.4-4}$$

式中

$$\hat{n} = \frac{\omega [C_{u1}^2 (u_1 - u_1')^2 + C_{u3}^2 (u_3 - u_3')^2]^{1/2}}{\pi [\bar{V}(u_3) + \bar{V}(u_3')]} \tag{2.4-5}$$

其中 $C_{u_1} \approx 16$，$C_{u_3} \approx 10$。计算中互谱密度的虚部 S^I 常可忽略不计。

从(2.4-3)与(2.4-4)可知，湍流速度分量的谱结构依赖于地形粗糙度、标准平均风速及高度，对于固定的地点与高度，湍流速度分量只是标准平均风速的函数。显然，在结构的整个寿命期内，标准平均风速将是一个随机的慢变量，可用它的概率密度 $p(\bar{V}_{10})$ 来描述。因此，(2.4-3)，(2.4-4)及 $p(\bar{V}_{10})$ 将给出固定地点上风中

湍流分量的完整统计描述.

作用在地面建筑结构上的风压

$$p(u_3) = \frac{1}{2}\rho C_d V^2(u_3,t)$$

$$\approx \frac{1}{2}\rho C_d \bar{V}^2(u_3) + \rho C_d \bar{V}(u_3)v(u_3,t) \quad (2.4\text{-}6)$$

式中 ρ 为空气密度; C_d 为阻力系数;第一项表示平均压力;第二项为脉动压力. 由于 v 与 $\bar{V}$ 之比为小量,式中略去了二阶小量. 显然,在此一次近似中,脉动压力是零均值的二维拟平稳高斯随机场,它的空间-频率互谱密度的实部由(2.4-4)导出.

2.5 海　　浪

海浪乃由风产生. 风吹过海面时,能量从风传到海面,海面高度一般来说是一个二维随机场,为$\zeta(u_1,u_2;t)$. 但通常海洋工程结构尺寸范围内,可假定每点海浪一样,且完全相关. 从而海面高度可用一个随机过程近似描述. 在一定的位置与不太长的时间内,测量表明,海面高度随时间的变化可认为是零均值平稳高斯随机过程,迄今已提出多个描述海浪的谱密度模型,它们分别适用于不同海域大小与海面情况. 对开阔洋面上充分发展了的风生浪(长峰波),常用频率谱描述. 这种模型认为,海面高度的不规则性只发生在占优势的风向上,在垂直于优势风向的方向上海面高度是一样的. 目前广泛采用的频率谱乃由 Pierson 与 Moskowitz[11] 提出,其一般形式为

$$G_\zeta(\omega) = \frac{A}{\omega^5} e^{-B/\omega^4}, \quad \omega > 0 \quad (2.5\text{-}1)$$

式中A与B为常数,A可表为 αg^2, g 为重力加速度, α 为另一个常数,常取为 8.1×10^{-3}. B可表为 $\beta\omega_p^4$, ω_p 为谱峰频率,常数 β 常取为1.25、常数A与B也可用重要波高 $H_{1/3}$ 与重要波周期 $T_{1/3}$ 表示,此时(2.5-1)可表为

$$G_\zeta(\omega) = 0.257H_{1/3}^2T_{1/3}(T_{1/3}\omega/2\pi)^{-5}\exp[-1.03(T_{1/3}\omega/2\pi)^{-4}]$$
$$\omega > 0 \qquad (2.5\text{-}2)$$

不同的标准，对常数 A 与 B 的规定不同. 图 2.5-1 上表示了国际水池会议规定的标准波谱密度[13]. 由图可见,对不同的重要波高,谱峰频率与波谱频率范围均不同,但总的来说,海浪能量主要分布在 0.05 赫与 0.5 赫之间. 顺便指出,(2.5-1)与(2.5-2)所表示的

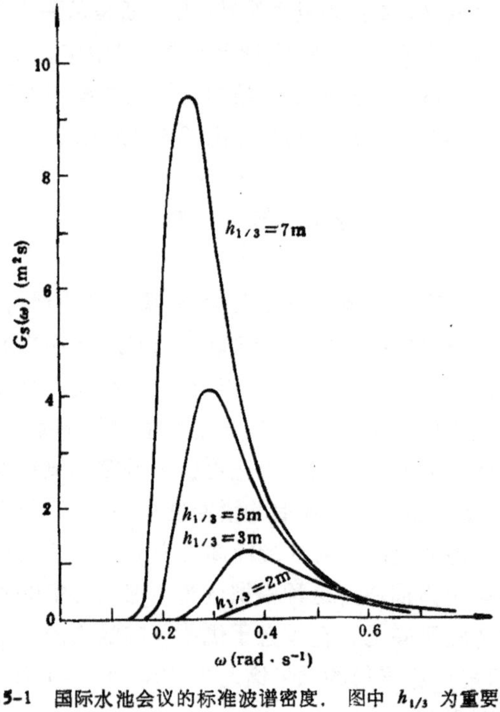

图 2.5-1 国际水池会议的标准波谱密度. 图中 $h_{1/3}$ 为重要波高

P-M 谱所描述的随机过程是不可微的. 要使它可微,必须在某个频率上将 P-M 谱截断,通常截止频率 $\omega_c > 3\omega_p$.

在暴风区,上述频率谱模型不适用,因为此时海面高度不仅在平均风向上随机地变化,在垂直于平均风向的方向上也有不规则的变化. 这种波称为短峰波. 为描述这种短峰海面需用方向谱密度模型. 这个模型认为,海面是由无穷多个来自平均风向两侧各

为μ角的扇形区域内的不同方向的波的随机叠加. 方向谱密度可表为

$$G_\zeta(\omega,\theta)=G_\zeta(\omega)f(\omega;\theta) \tag{2.5-3}$$

式中 $G_\zeta(\omega)$ 为波谱密度(2.5-1)或(2.5-2), $F(\omega;\theta)$ 为方向分布函数,它在扇形区域内对 θ 的积分等于 1.鉴于作可靠的波场测量的困难,迄今关于海波能量的方向分布的知识很有限,因此，未能建立标准的方向波谱. 国际水池会议与国际船舶结构会议推荐的方向分布函数为[13]

$$F(\omega;\theta)=A(n)\cos n\theta \tag{2.5-4}$$

式中 $|\theta|<\pi/2$,上述两个会议建议的常数值分别为 $n=2, A(n)=2/\pi$, 与 $n=4, A(n)=8/3\pi$.

上述波谱密度与方向波谱密度都是公开洋面上的波谱，对有限海域的海面风生浪，波谱频带与谱峰频率变化范围均较窄. 根据德国 Sylt 岛以西的北海海面上间距为160公里的13个位置上的大量测量，Hasselmann 等[14]提出了适用于有限水域海面的 JONSWAP 波谱密度

$$G_\zeta(\omega)=\frac{\alpha g^2}{\omega^5}\,e^{-1.25(\omega_p/\omega)^4}\gamma^{\exp[-(\omega-\omega_p)^2/2\sigma^2\omega_p^2]} \tag{2.5-5}$$

式中包含5个参数: γ 为谱峰形状参数，取值为 1—7，均值为3.3; $\omega\leqslant\omega_p$ 时, $\sigma=\sigma_a=0.07$, $\omega>\omega_p$ 时 $\sigma=\sigma_b=0.09$; α 与 ω_p 取决于对岸距离 D 与风速 V

$$\alpha=0.076\bar{D}^{-0.22}$$

$$\omega_p=7\pi\frac{g}{V}\bar{D}^{-0.33}$$

其中 $\bar{D}=gD/V$.

JONSWAP 波谱密度也可用重要波高 $H_{1/3}$ 与 $T_p=2\pi/\omega_p$ 表出

$$G_\zeta(\omega)=\alpha H_{1/3}^2T_P^{-4}(\omega/2\pi)^{-5}\exp[-1.25(T_P\omega/2\pi)^{-4}]\gamma^{\exp[-(T_p\omega/2\pi-1)^2/2\sigma^2]} \tag{2.5-6}$$

式中σ与γ同上，而

$$\alpha \approx \frac{0.0624}{0.230 + 0.0336\gamma - 0.185(1.9 + \gamma)^{-1}}$$

当$\gamma = 1$时，有限水域波谱化为公开洋面波谱。

一个海洋工程结构在其整个寿命期内会遭遇到无穷多种不同的海浪，它们的幅值与频率含量各不相同，可模型化为拟平稳的高斯随机过程。它的短期模型即为上述波谱密度，而长期模型为上述波谱中慢变参数的联合概率密度。例如，一种可能是，波谱用$H_{1/3}$与$T_P = 2\pi/\omega_P$表示，而$\omega_P = 1.257H_{1/3}^{-1/2}$。因此最后可以$H_{1/3}$表出。在一特定的位置，$H_{1/3}$的统计分布通常由每隔3小时测量一次确定。Battjes[15]已证明，这样得到的$H_{1/3}$数据服从Weibull分布

$$p(h) = \frac{C}{D}\left(\frac{h - E}{D}\right)^{C-1} \exp\left[-\left(\frac{h - E}{D}\right)^{C}\right], \quad h \geqslant E \tag{2.5-7}$$

式中C，D及E为经验常数。由北海南部测得的值为$E = 0.08$（米），$D = 0.89$（米），$C = 1.28$。

另一种可能的做法是，拟订由若干波谱组成的波谱族，并规定每种波谱的加权因子。Ochi[16]通过对波周期的统计分析，发展了对一给定的海面由含两个参数（$H_{1/3}$与T_p）的9个波谱组成的波谱族。Ochi与Hubble[17]发展了由含6个参数的11个波谱组成的波谱族。对有限水域的海浪，Ochi[18]发展了由3个波谱组成的JONSWAP波谱族，并对规定的风速与重要波高，确定了每个波谱的加权因子。

有了海面高度的波谱密度，就可用线性或非线性波理论确定相应流体的运动，即水质点的速度与加速度的谱密度。合成的水质点速度可能是确定性分量与脉动分量之和，前者由海流产生，后者由海浪引起。而水质点相对于海洋工程结构的速度与加速度还要考虑结构本身的运动速度与加速度。最后应用水力学定律确定作用在海洋工程结构上的载荷。工程中常用莫里森（Morison）公

式. 例如,对圆柱形结构元件,水动载荷

$$P=\frac{C_d}{2}\rho DV^*|V^*|+\frac{C_m}{4}\rho\pi d^2a^* \qquad (2.5\text{-}8)$$

式中 ρ 为海水密度; d 为元件直径; C_d 为阻力系数(0.6—1.0); C_m 为惯性力系数(1.5—2.10); V^* 为水质点与元件的相对速度; a^* 为水质点与元件的相对加速度. (2.5-8)中第一项为阻力,第二项为惯性力. 为计算水质点的加速度,必须要求表示海面高度的随机过程为可微,即 $P\text{-}M$ 谱密度必须截断.

海面高度是高斯随机过程. 按线性波理论,水质点的绝对速度也是高斯随机过程. 但由于阻力与水质点速度的非线性关系,作用在结构上的载荷一般将不是高斯随机过程.

2.6 湍流边界层

流体流过固体表面时,由于摩擦在介面上存在一个边界层.当流速较低时,它是层流边界层; 当流速超过一定值后,它就变成湍流边界层. 这种湍流边界层内随机压力脉动可以是结构随机振动的重要来源. 对超音速飞行器,湍流边界层内的随机压力脉动很大,其标准差可达 $0.02\rho_0V_0^2/2$. V_0 与 ρ_0 为自由流速度与密度,足以引起飞行器表面结构的疲劳,并在飞行器内部产生高水平的噪声与振动. 对水下船舰,通常边界层内压力脉动不大,不致构成显著的结构载荷,但由此产生的噪声对航行中操作检测设备的船舰都可能带来麻烦,沿着热交换器管道轴向流动的管外湍流所产生的管道振动,可能造成疲劳或侵蚀,也可降低传热性能.

虽然有许多文献论述风洞里的模型试验数据及其解析近似,但几乎没有发表任何实物的测量数据. 平板上的湍流边界层内的压力脉动可模型化为一个随时间随机变化的二维随机场. 一般不能假定这个压力场是暂时冻结的,并且只在较小的区域内场才是均匀的. 压力场与板的对流速度 v_{conv} 约为自由流速 v_0 的 0.6—0.8 倍. 高频分量比低频分量对流速度大些. 在湍流边界层特征厚度近似为常数，均方压力的梯度足够小时，湍流边界层中的压力脉动可近似看成是平稳的。

当湍流边界层的脉动压力视为平稳均匀随机场时，作用在结构表面上的压力 $q(u_1,u_2;t)$ 的空间-频率谱密度具有(2.1-13)之形式。Corcos[19]提出，(2.1-13)中的 f 函数是可分离的，即

$$S_q(\xi,\eta;\omega)=S_q(\omega)A(S_\xi)B(S_\eta)\exp(-iS_\xi) \quad (2.6-1)$$

式中 ξ 与 η 分别为场中两点纵向与侧向距离；$S_\xi=\omega\xi/N_{\rm conv}$ 与 $S_\eta=\omega\eta/v_{\rm conv}$ 分别为纵向与侧向 Strouhal 数；$A(S_\xi)$ 与 $B(S_\eta)$ 分别为纵向与侧向的相干函数，可用指数函数近似。(2.6-1)被普遍采用。

Wilby[20]推荐 $S_q(\xi,\eta,\omega)$ 的下列近似表达式

$$S_q(\xi,\eta;\omega)=d_q^2S_q(\omega)f_q(\xi,\eta,\omega)\cos\left(\frac{\omega\xi}{v_{\rm conv}}\right) \quad (2.6-2)$$

式中

$$\begin{aligned} &f_q(\xi,0,\omega)=\exp(-a_\xi|\xi|)\\ &f_q(0,\eta,\omega)=\exp(-b_\eta|\eta|)\\ &a_\xi=0.1\omega/v_{\rm conv},\quad b_\eta=0.715\omega/v_{\rm conv}\end{aligned} \quad (2.6-3)$$

与流动方向成 30° 与 60° 的方向上对 $f_q(\xi,\eta,\omega)$ 的测量表明，在高频范围内，下列乘积形表达式与实验数据不矛盾：

$$f_q(\xi,\eta,\omega)=f_q(\xi,0,\omega)f_q(0,\eta,\omega) \quad (2.6-4)$$

上述两种近似有一共同的缺点，即这些谱所描述的是非可微随机场，这是由于过份粗略与简化。Willmarth 与 Roos[21]给出了表示可微随机场的纵向与侧向相干函数的解析近似。对(2.6-1)，表达式为

$$\begin{aligned} A(S_\xi)&=\exp(-0.1445|S_\xi|)+0.1445|S_\xi|\exp(-2.5|S_\xi|)\\ B(S_\eta)&=\exp(-0.092|S_\eta|)+0.70\exp(-0.789|S_\eta|)\\ &\quad+0.145\exp(-2.916|S_\eta|)+0.99|S_\eta|\exp(-4.0|S_\eta|)\end{aligned} \quad (2.6-5)$$

与 Corcos 近似相差不大。

Corcos 公式的另一个缺点是，在低频范围内，即

$$\frac{\omega\delta_*}{v_{\text{conv}}} < 0.2$$

其中 δ_* 为边界层的位移厚度,(2.6-3)中的 a_ξ 与b_η 与压力脉动的定性性质不符：$\omega \to 0$ 时,相干尺度趋向于无穷. Crocker[22]提出,在低频范围,代替(2.6-3)可用下列经验函数

$$a_\xi = \frac{0.1\omega}{v_{\text{conv}}} + \frac{0.265}{\delta_0}, \quad b_\eta = \frac{0.715\omega}{v_{\text{conv}}} + \frac{2.0}{\delta_0} \tag{2.6-6}$$

式中 δ_0 为边界层的厚度.

2.7 喷 气 噪 声

大型燃气涡轮喷气或火箭发动机喷气与周围空气的混合产生高水平的随机噪声. 声辐射的功率约为发动机总功率的百分之一. 现代喷气式运输机周围的声级可达160分贝或更高. 由于这个声辐射而在飞行器表面产生的随机压力脉动可引起局部结构的疲劳破坏(即所谓声疲劳问题[23]), 也在飞行器表面产生分布的随机激励,激起飞行器结构振动,还可作为声学噪声传入飞行器的内部. 由喷气噪声辐射而作用在飞行器上的随机压力场的一个重要特点是, 随机压力脉动传过飞行器表面的相对速度是音速与飞行器速度的矢量差. 喷气噪声的另一个特点是频带特别宽. 许多随机振源的谱密度只在一个十倍频程的频带内有显著值, 而大型火箭喷气噪声谱密度则在三个十倍频程的频带内都有显著的值, 即几乎占据全部声频范围. 喷气噪声的近场结构十分复杂. 随机压力场本质上是非均匀的, 一般必须针对具体的组态进行实测才能得到随机压力场的谱密度. 由安装在飞行器表面上的传感器测得的是由喷气辐射的噪声与从飞行器表面反射的波的总压力. 在近似分析中,可以把测得的声压看作随机地给定的外载荷,不必再考虑声与结构振动的相互作用.

2.8 地震引起的地面运动

对许多地面建筑物、坝、桥梁及高架公路等，一个主要的设计载荷是由可能发生的地震产生的. 发生强地震时，从震源发生的波传至地球表面，使地面产生三个相互垂直的分量（两个水平分量，一个垂直分量）的地面运动. 地震引起的地面运动的一个重要特性是它的非平稳性，地震的强运动阶段很少超过半分钟. 一个被广泛引用的地震记录是 1940 年 5 月 18 日发生在美国加州 El Centro 的强地震引起的地面在南北方向水平运动加速度[24].

在建筑规范中，通常用单自由度的响应谱[24]描述地面运动. 响应谱反应了地面运动的频率含量与持续时间，它简化了可模型化为单自由度的结构的设计，但对复杂结构的设计引入了不明确性. Vanmarcke[25]与 Der Kiureghian[26]提出了根据响应谱描述的激励预测多自由度系统响应统计量的合理步骤.

在探讨性研究中，地面运动分量(主要是一个水平分量)的强震阶段常被模型化为等效的零均值平稳高斯随机过程. 一个被广泛采用的地面运动加速度谱密度是卡耐(Kanai)-塔基米(Tajimi)[27,28]谱

$$G(\omega)=\frac{1+4\zeta_g^2\left(\dfrac{\omega}{\omega_g}\right)^2}{\left[1-\left(\dfrac{\omega}{\omega_g}\right)^2\right]^2+4\zeta_g^2\left(\dfrac{\omega}{\omega_g}\right)^2}G_0 \qquad (2.8\text{-}1)$$

式中 ω_g 为地面运动的卓越频率；ζ_g 为当量地面阻尼，它们取决于从震源至地面的地层的性质，对坚硬地层，$\omega_g=4\pi$，$\zeta_g=0.6$. G_0 是地面运动强度的度量，其与最大地面运动加速度 a_m 之间的关系为

$$a_m=(PE)\sigma=(PE)\left[\frac{\pi G_0\omega_g}{4\zeta_g}(1+4\zeta_g^2)\right]^{1/2} \qquad (2.8\text{-}2)$$

式中 σ 为地面运动加速度的标准差；（PE）为峰值因子，其均值由 Vanmarcke 与 Lai[29]提议为 2.65. 地面运动加速度的主要频

率含量在 0.1—10 赫之内.

卡耐-塔基米模型相当于用一个线性弹簧与一个线性阻尼器平行地支撑在作宽带加速运动的地面上的质量的加速度. 该模型的最吸引人的优点是，能以简单的方式模拟地面共振. 当地震通过分层介质传播时产生地面共振，对地面共振的卓越频率已有丰富的测量数据，而该模型中具有可调参数，使模型中的卓越频率与地面共振的卓越频率一致. 该模型的另一个优点是便于作结构的随机振动分析. 该模型的一个缺点是它具有非零的零频率分量,与实测不一致. 该模型的最不现实方面是把地震地面运动看成平稳随机过程. 这可通过引入依赖于时间的包络线得到部分的弥补,这种受调制的平稳随机过程具有下列形式的渐进谱密度

$$S(\omega,t)=\sum_{k} C_k f_k(t) S_k(\omega) \qquad (2.8\text{-}3)$$

式中 C_k 为正常数; $f_k(t)$ 为确定性时间函数; $S_k(\omega)$ 为形如(2.8-1)的卡耐-塔基米谱，它们具有不同的可调参数. 在最简单的模型中,取 $k=1$.

由于包络线只改变地面运动的强度，并不改变频率含量，用确定性包络线调制的平稳过程的模型仍不能令人满意. Lin 与 Yong[30]应用随机脉冲列的概念，研究了若干非平稳地震模型，这些模型具有渐进谱,可同时反映强度与频率含量的变化,其中以渐进的卡耐-塔基米模型较为简单又较接近实际.

迄今为止,总是假定整个建筑物的基础作同样的地面运动,对具有很大基础的结构(如坝),大跨度多支撑结构(如桥梁与地面管道),长的地下结构等,这种假定是不适合的,一般会导致对结构响应的偏保守的估计. 对这些结构,宜将地面运动模型化为随机场. 用空间-频率互谱密度描述. Harichandran 与 Vanmarcke[31]在分析了若干地震地面运动的记录之后，提出了暂时的经验相干函数模型.

上述种种模型只描述发生一次地震时地面运动的性态，因而它们只是一种短时模型. 要估计地面建筑物的结构可靠性，还需

知结构在整个寿命期内，在建筑物所在地预期发生的地震位置、强度及次数，等等，也就是需要建立描述地震地面运动的长期性态的模型。由于许多因素影响对这些参数的估计，因而这是一个很困难的任务。不久前，Shinozuka 与 Deodatis[32]给出了地震地面运动随机过程模型及其模拟的评述。Anagnos 与 Kiremidjian[12]则评述了迄今已有的地震出现模型。

参 考 文 献

[1] 见绪论文献[18].

[2] Dodds, C. J., and Robson, J. D., The description of road surface roughness, *J. Sound Vib.*, **31**(1973), 175—183.

[3] Kamesh, K. M., and Robson, J. D., The application of isotropy in road surface modelling, *J. Sound Vib.*, **57**(1978), 80—100.

[4] Heath, A. N., Application of the isotropic road roughness assumption, *J. Sound Vib.*, **115**(1987), 131—144.

[5] Newland, D. E., General linear theory of vehicle response to random road roughness, 见绪论文献[28].

[6] Corbin J. C., Statistical characterization of track geometry, PB 81—17920.

[7] Coupry, G., Mean number of loads and acceleration in roll of an airplane flying in turbulence, 见绪论文献[23].

[8] 朱位秋，计算飞机突风载荷的功率谱法，《国外航空》，1978.

[9] Simiu, E., and Scanlan, R. H., Wind Effects on Structures, An Introduction to Wind Engineering, John Wiley & Sons, 1986.

[10] Davenport, A. G., and Norak, M., Vibration of structures induced by wind, in Shock and Vibration Handbook, vol. 3, Harris, C. M., and Crede, C. E., eds., McGraw-Hill, 1976.

[11] Pierson, W. J., and Moskowitz, L., A proposed spectral form for fully develo ped wind seas based on the similarity theory of S. A. Kitaigorodskii, *J. Geophys. Res.*, 69(1964), 5181—5190.

[12] Anagnos, T. and Kiremidjian, A. S., A review of earthquake occurence models for seismic hazard analysis, *Prob. Eng. Mech.*, **3**(1988), 3—11.

[13] Price, W. G., and Bishop, R. E. D., Probabilistic Theory of Ship Dynamics, Chapman and Hall, 1974.

[14] Hasselmann, K., et al., Measurements of wind-wave growth and swell decay during the joint North Sea wave project, Ergänzungsheft zur Deutschen Hydrographisschen Zeitschrift, Reihe A 8(1973), Nr 12.

[15] Battjes, J. A., Long-term wave height distribution at seven stations around the British isles, Nat. Inst. Oceanogr. Godalming, UK, Rep. A44, 1970.

[16] Ochi, M. K., Wave statistics for the design of ships and ocean engineering, Paper presented at the Annual Meeting Society of Naval Architects and Marine Engineering, 1978.

[17] Ochi, M. K., and Hubble, E. N., On six-parameter wave spectra, Proc 15th Conf. on Coastal Eng., Vol. 1, 1976.

[18] Ochi, M. K., A series of JONSWAP wave spectra for offshore structure design, Proc. 2nd Int. Conf. on Behaviour of Off-Shore Struct., Vol. 1, 1979.

[19] Coros, E. M., Resolution of pressure in turbulence, *J. Acoust. Soc. Am.*, **35** (1963), 192—199.

[20] Wilby, J. F., Turbulent boundary layer pressure fluctuation and their effect on adjacent structures, Jahrb. 1964 Wiss. Ges. Luft Raumfahrt.

[21] Willmarth, W. W., and Roos, F. W., Resolution and structure of the wall pressure field benearth a turbulent boundary layer, *J. Fluid Mech.*, 22(1965), 81—94.

[22] Crocker, M. J., The response of a supersonic transport fuselage to boundary layer and to reverberant noise, *J. Sound Vib.*, 9(1969), 6—20.

[23] Richards, E. J., and Mead, J. D., Noise and Acoustic Fatigue in Aeronautics, Wiley, 1968.

[24] Housner, G W., Vibration of structures induced by seismic waves, part 1, in Shock and Vibration Handbook, Vol. 3, Harris, C. M., and Crede, C. E., eds., McGraw-Hill, 1976.

[25] Vanmarcke, E. H., Structural Response to Earthquake, in Seismic Risk and Engineering Decisions, Lomnitz, C., and Rosenblueth, E., eds., Elsevier, 1976.

[26] Der Kiureghian, A., A response spectrum method for random vibration analysis of MDF systems, Earthquake Eng. Struct. Dyn., 9(1981), 419—435.

[27] Kanai, K., Seismic-empirical formula for the seismic characteristics of the ground, *Bull. Earthquake Res. Inst. Japan,* **35**(1957), 309—325.

[28] Tajimi, H., A statistical method of determining the maximum response of a building structure during an earthquake, Proc. 2nd World Conf. on Earthquake Eng., Japan, 1960.

[29] Vanmarcke, E. H., and Lai, S., Strong-motion duration and r.m.s. amplitude of earthquake records, *Bull. Seism. Soc. Am.*, August, 1980.

[30] Lin, Y. K., and Yong, Y., Evolutionary Kanai-Tajimi earthquake models, *J. Eng. Mech. Div., ASCE,* **113**(1987), 1119—1136.

[31] Harichandran, R. S., and Venmarcke, E. H., Stochastic variation of earthquake ground motion in space and time, *J. Eng. Mech. Div.*, ASCE, 112(1986), 154—174.

[32] Shinozuka, M., and Deodatis, G., Stochastic process models for earthquake ground motion, *Prob. Eng. Mech.*, **3**(1988), 114—123.

第三章　离散线性系统随机振动

3.1　离散线性系统的表示法

实际的机械(结构)系统几乎都是连续的、非线性的,离散线性系统是实际系统经过离散化与线性化两个步骤后得到的一种理想化模型．对许多实际系统，当激励比较小时，离散线性系统的模型在定性与定量方面都已能很好地反映原系统，而且容易得到离散线性系统的随机响应统计量．因此，这种离散线性系统模型被广泛采用着．

描述离散线性系统的运动方程为线性常微分方程．一个 n 自由度的离散线性系统常用 n 个二阶方程的方程组描述．这是根据动力学的基本原理或定律导出的运动方程的最初形式． 对机械(结构)系统,最一般的运动方程形为

$$\boldsymbol{M}\ddot{\boldsymbol{Y}}(t)+(\boldsymbol{C}+\boldsymbol{G})\dot{\boldsymbol{Y}}(t)+(\boldsymbol{K}+\boldsymbol{N})\boldsymbol{Y}(t)=\boldsymbol{X}(t) \quad (3.1\text{-}1)$$

$$\boldsymbol{Y}(t_0)=\boldsymbol{Y}_0, \dot{\boldsymbol{Y}}(t_0)=\dot{\boldsymbol{Y}}_0$$

式中 $\boldsymbol{X}(t)$ 与 $\boldsymbol{Y}(t)$ 是 n 维矢量过程,分别表示激励与响应;$\boldsymbol{M}$ 为质量矩阵; $\boldsymbol{C}$ 为阻尼矩阵; $\boldsymbol{G}$ 为陀螺矩阵; $\boldsymbol{K}$ 为刚度矩阵; $\boldsymbol{N}$ 为非保守矩阵. $\boldsymbol{M}$ 和 $\boldsymbol{K}$ 为对称矩阵,$\boldsymbol{G}$ 与 $\boldsymbol{N}$ 为反对称矩阵．在很多情形下，$\boldsymbol{G}=\boldsymbol{N}=0$，(3.1-1) 化为

$$\begin{aligned}&\boldsymbol{M}\ddot{\boldsymbol{Y}}(t)+\boldsymbol{C}\dot{\boldsymbol{Y}}(t)+\boldsymbol{K}\boldsymbol{Y}(t)=\boldsymbol{X}(t)\\&\boldsymbol{Y}(t_0)=\boldsymbol{Y}_0, \dot{\boldsymbol{Y}}(t_0)=\dot{\boldsymbol{Y}}_0\end{aligned} \quad (3.1\text{-}2)$$

作用在系统上的激励矢量维数可与响应维数不相等，并可能与其一阶导数过程有关,此时可表为

$$\boldsymbol{X}(t)=\boldsymbol{B}_1\dot{\boldsymbol{X}}_1(t)+\boldsymbol{B}_2\boldsymbol{X}_1(t) \quad (3.1\text{-}3)$$

式中 $\boldsymbol{B}_1$ 与 $\boldsymbol{B}_2$ 为 $n\times m$ 矩阵; $\boldsymbol{X}_1(t)$ 与 $\dot{\boldsymbol{X}}_1(t)$ 为 m 维矢量,表示实际的激励．

离散线性系统的运动方程也常表示成一阶方程组形式，即

$$\dot{\boldsymbol{Z}}(t)=\boldsymbol{A}\boldsymbol{Z}(t)+\boldsymbol{F}(t),\ \boldsymbol{Z}(t_0)=\boldsymbol{Z}_0 \tag{3.1-4}$$

(3.1-4) 常称为状态方程。因为，如果引入状态矢量

$$\boldsymbol{Z}(t)=\begin{Bmatrix}\boldsymbol{Y}(t)\\ \dot{\boldsymbol{Y}}(t)\end{Bmatrix} \tag{3.1-5}$$

(3.1-1) 可化成 (3.1-4) 的形式，其中

$$\boldsymbol{A}=\left[\begin{array}{c|c}\boldsymbol{0} & \boldsymbol{I}\\ \hline -\boldsymbol{M}^{-1}(\boldsymbol{K}+\boldsymbol{N}) & -\boldsymbol{M}^{-1}(\boldsymbol{C}+\boldsymbol{G})\end{array}\right]$$

$$\boldsymbol{F}(t)=\left\{\begin{array}{c}0\\ \hline \boldsymbol{M}^{-1}\boldsymbol{X}(t)\end{array}\right\} \tag{3.1-6}$$

若 $\boldsymbol{Z}(t)$ 的维数为 n，$\boldsymbol{F}(t)$ 维数为 $m\neq n$，则可引入 $n\times m$ 矩阵 $\boldsymbol{B}$，从而 (3.1-4) 改写成

$$\dot{\boldsymbol{Z}}(t)=\boldsymbol{A}\boldsymbol{Z}(t)+\boldsymbol{B}\boldsymbol{F}(t),\ \boldsymbol{Z}(t_0)=\boldsymbol{Z}_0 \tag{3.1-7}$$

有时离散线性系统的运动方程是一个高阶常微分方程

$$\begin{gathered}b_mY^{(m)}+b_{m-1}Y^{(m-1)}+\cdots+b_0=a_nX^{(n)}\\ +a_{n-1}X^{(n-1)}+\cdots+a_0\\ Y(t_0)=Y_0,\ \dot{Y}(t_0)=\dot{Y}_0,\cdots,\ Y^{(m-1)}(t_0)=Y_0^{(m-1)}\end{gathered} \tag{3.1-8}$$

有时为方便计，上述各方程还写成算子形式。(3.1-1)，(3.1-2) 及 (3.1-4) 可写成

$$\begin{gathered}\mathscr{L}\boldsymbol{Y}(t)=\boldsymbol{X}(t)\\ \boldsymbol{Y}(t_0)=\boldsymbol{Y}_0,\cdots,\boldsymbol{Y}^{(l-1)}(t_0)=\boldsymbol{Y}_0^{(l-1)}\end{gathered} \tag{3.1-9}$$

其中 $\mathscr{L}$ 为线性均方微分算子；l 为其最高阶导数的阶数。而 (3.1-8) 可写成

$$\mathscr{Q}_mY(t)=\mathscr{P}_nX(t) \tag{3.1-10}$$

$$Y(t_0)=Y_0,\ DY(t_0)=\dot{Y}_0,\cdots,\ D^{(m-1)}Y(t_0)=Y_0^{(m-1)}$$

式中 $D=d/dt$，$\mathscr{Q}_m=\sum_{j=1}^{m}b_jD^j$，$\mathscr{P}=\sum_{k=1}^{n}a_kD^k$。算子方程

的一个优点是，它的形式解可用算子简单地表示。例如，(3.1-9) 与 (3.1-10) 的解分别为

$$\boldsymbol{Y}(t)=\mathscr{L}^{-1}\boldsymbol{X}(t) \tag{3.1-11}$$

与

$$Y(t)=\mathscr{Q}_m^{-1}\mathscr{P}_n X(t) \tag{3.1-12}$$

式中 $\mathscr{L}^{-1}$ 与 $\mathscr{Q}^{-1}$ 表示线性均方积分算子。

上述方程中的系数矩阵的元素可以是常数、随机变量、随时间确定性或随机地变化的量等多种情形。本书中，将系数随时间周期性变化或随机地快变情况放在第七章中讨论。本章大部分假定系数为常数，或随时间非周期确定性地变化。

离散线性系统的动态特性还可用系统对某种典型的激励的响应来描述。脉冲响应矩阵与频率响应矩阵是最常用的两种。此外，时不变线性系统还可用模态(固有频率与振型)来描述，所有这些描述的理论依据是叠加原理。脉冲响应矩阵，频率响应矩阵及模态可由给定的运动方程得到，也可用实验方法直接测量得到。因此，这些描述方法具有独立的意义。容易证明，各种描述方法是等价的。

在随机振动中，对应于离散线性系统的每一种表示法，都有一种或几种预测随机响应的方法，各种方法各有其优缺点。预测方法的选择取决于系统的动态特性是用什么方式给出的，也取决于所要求的响应量及其精度。

3.2 应用脉冲响应矩阵的相关分析

一个离散线性系统，其上作用 m 个激励，有 n 个响应量，可用如下一个 $n\times m$ 脉冲响应矩阵描述

$$\boldsymbol{h}(t,\tau)=\begin{bmatrix} h_{11}(t,\tau) & h_{12}(t,\tau) & \cdots & h_{1m}(t,\tau) \\ h_{21}(t,\tau) & h_{22}(t,\tau) & \cdots & h_{2m}(t,\tau) \\ \cdots & \cdots & \cdots & \cdots \\ h_{n1}(t,\tau) & h_{n2}(t,\tau) & \cdots & h_{nm}(t,\tau) \end{bmatrix} \tag{3.2-1}$$

式中 $h_{jk}(t, \tau)$ 表示在 τ 时刻在第 k 个激励处作用单位脉冲而在 t 时刻的第 j 个响应，即 $\boldsymbol{h}(t,\tau)$ 是下列方程之特解

$$L\boldsymbol{h}(t,\tau)=\boldsymbol{BI}\delta(t-\tau) \tag{3.2-2}$$

式中 L 为与均方微分算子 $\mathscr{L}$ 对应的确定性微分算子；$\boldsymbol{B}$ 为 $n\times m$ 矩阵；$\boldsymbol{I}$ 为 m 维单位矩阵；$\delta(t-\tau)$ 为狄拉克 δ 函数. 基于因果关系，当 $t<\tau$ 时，$\boldsymbol{h}(t,\tau)=0$. 当系统为时不变时，

$$\boldsymbol{h}(t,\tau)=\boldsymbol{h}(t-\tau)$$

有了脉冲响应矩阵，离散线性系统对任意激励 $\boldsymbol{X}(t)$ 的响应可用卷积积分得到，即

$$\boldsymbol{Y}(t)=\int_{t_0}^{t}\boldsymbol{h}(t,\tau)\boldsymbol{X}(\tau)d\tau=\int_{t_0}^{\infty}\boldsymbol{h}(t,\tau)\boldsymbol{X}(\tau)d\tau \tag{3.2-3}$$

对时不变线性系统，瞬态响应可表示为

$$\boldsymbol{Y}(t)=\int_{t_0}^{t}\boldsymbol{h}(t-\tau)\boldsymbol{X}(\tau)d\tau=\int_{0}^{t-t_0}\boldsymbol{h}(\theta)\boldsymbol{X}(t-\theta)d\theta$$

$$=\int_{-\infty}^{t-t_0}\boldsymbol{h}(\theta)\boldsymbol{X}(t-\theta)d\theta \tag{3.2-4}$$

若 $\boldsymbol{X}(t)$ 是平稳的，则当 $t_0=-\infty$ 时，渐近稳定的时不变线性系统的响应也是平稳的，于是

$$\boldsymbol{Y}(t)=\int_{-\infty}^{\infty}\boldsymbol{h}(t-\tau)\boldsymbol{X}(\tau)d\tau=\int_{0}^{\infty}\boldsymbol{h}(\theta)\boldsymbol{X}(t-\theta)d\theta$$

$$=\int_{-\infty}^{\infty}\boldsymbol{h}(\theta)\boldsymbol{X}(t-\theta)d\theta \tag{3.2-5}$$

基于激励与响应关系式 (3.2-3)—(3.2-5)，并注意期望运算与均方积分次序的可交换性，不难得出各种响应统计量.

一般离散线性系统对任意随机激励的响应统计量为

平均矢量

$$E[\boldsymbol{Y}(t)]=\int_{t_0}^{t}\boldsymbol{h}(t,\tau)E[\boldsymbol{X}(\tau)]d\tau=\int_{t_0}^{\infty}\boldsymbol{h}(t,\tau)E[\boldsymbol{X}(\tau)]d\tau \tag{3.2-6}$$

相关矩阵

$$\boldsymbol{R}_{YY}(t_1,t_2)=\int_{t_0}^{t_2}\int_{t_0}^{t_1}\boldsymbol{h}(t_1,\tau_1)\boldsymbol{R}_{XX}(\tau_1,\tau_2)\boldsymbol{h}^T(t_2,\tau_2)d\tau_1 d\tau_2$$

$$= \int_{t_0}^{\infty}\int_{t_0}^{\infty} \boldsymbol{h}(t_1,\tau_1)\boldsymbol{R}_{XX}(\tau_1,\tau_2)\boldsymbol{h}^T(t_2,\tau_2)d\tau_1 d\tau_2 \quad (3.2\text{-}7)$$

激励与响应互相关矩阵

$$\boldsymbol{R}_{XY}(t_1,t_2) = \int_{t_0}^{t_2} \boldsymbol{R}_{XX}(t_1,\tau_2)\boldsymbol{h}^T(t_2,\tau_2)d\tau_2$$

$$= \int_{t_0}^{\infty} \boldsymbol{R}_{XX}(t_1,\tau_2)\boldsymbol{h}^T(t_2,\tau_2)d\tau_2 \quad (3.2\text{-}8)$$

方差矩阵

$$\mathrm{Var}[\boldsymbol{Y}(t)] = \boldsymbol{R}_{YY}(t,t) - E[\boldsymbol{Y}(t)]E[\boldsymbol{Y}^T(t)] \quad (3.2\text{-}9)$$

时不变离散线性系统对平稳激励的瞬态响应统计量为

平均函数

$$E[\boldsymbol{Y}(t)] = \int_0^{t-t_0} \boldsymbol{h}(\theta)d\theta \quad E[\boldsymbol{X}] = \int_{-\infty}^{t-t_0} \boldsymbol{h}(\theta)d\theta \cdot E[\boldsymbol{X}] \quad (3.2\text{-}10)$$

相关矩阵

$$\boldsymbol{R}_{YY}(t_1,t_2) = \int_0^{t_2-t_0}\int_0^{t_1-t_0} \boldsymbol{h}(\theta_1)\boldsymbol{R}_{XX}(t_2 - t_1 + \theta_1 - \theta_2)\boldsymbol{h}^T(\theta_2)d\theta_1 d\theta_2$$

$$= \int_{-\infty}^{t_2-t_0}\int_{-\infty}^{t_1-t_0} \boldsymbol{h}(\theta_1)\boldsymbol{R}_{XX}(t_2 - t_1 + \theta_1 - \theta_2)\boldsymbol{h}^T(\theta_2)d\theta_1 d\theta_2 \quad (3.2\text{-}11)$$

激励与响应互相关矩阵

$$\boldsymbol{R}_{XY}(t_1,t_2) = \int_0^{t_2-t_0} \boldsymbol{R}_{XX}(t_2 - t_1 - \theta_2)\boldsymbol{h}^T(\theta_2)d\theta_2$$

$$= \int_{-\infty}^{t_2-t_0} \boldsymbol{R}_{XX}(t_2 - t_1 - \theta_2)\boldsymbol{h}^T(\theta_2)d\theta_2 \quad (3.2\text{-}12)$$

方差矩阵

$$\mathrm{Var}[\boldsymbol{Y}(t)] = \boldsymbol{R}_{YY}(t,t) - E[\boldsymbol{Y}]E[\boldsymbol{Y}^T] \quad (3.2\text{-}13)$$

渐近稳定的时不变离散线性系统对平稳激励的平稳响应统计量为

均值矢量

$$E[\boldsymbol{Y}] = \int_0^{\infty} \boldsymbol{h}(\theta)d\theta \cdot E[\boldsymbol{X}] = \int_{-\infty}^{\infty} \boldsymbol{h}(\theta)d\theta \cdot E[\boldsymbol{X}] \quad (3.2\text{-}14)$$

相关矩阵

$$\boldsymbol{R}_{\boldsymbol{Y}}(\tau)=\int_{0}^{\infty}\int_{0}^{\infty}\boldsymbol{h}(\theta_1)\boldsymbol{R}_{\boldsymbol{X}}(\tau+\theta_1-\theta_2)\boldsymbol{h}^{T}(\theta_2)d\theta_1 d\theta_2$$

$$=\int_{-\infty}^{\infty}\int_{-\infty}^{\infty}\boldsymbol{h}(\theta_1)\boldsymbol{R}_{\boldsymbol{X}}(\tau+\theta_1-\theta_2)\boldsymbol{h}^{T}(\theta_2)d\theta_1 d\theta_2 \quad (3.2\text{-}15)$$

激励与响应互相关矩阵

$$\boldsymbol{R}_{\boldsymbol{XY}}(\tau)=\int_{0}^{\infty}\boldsymbol{R}_{\boldsymbol{X}}(\tau-\theta_2)\boldsymbol{h}^{T}(\theta_2)d\theta_2$$

$$=\int_{-\infty}^{\infty}\boldsymbol{R}_{\boldsymbol{X}}(\tau-\theta_2)\boldsymbol{h}^{T}(\theta_2)d\theta_2 \quad (3.2\text{-}16)$$

方差矩阵

$$\mathrm{Var}[\boldsymbol{Y}]=\boldsymbol{R}_{\boldsymbol{Y}}(0)-E[\boldsymbol{Y}]\cdot E[\boldsymbol{Y}^{T}] \quad (3.2\text{-}17)$$

如果激励是高斯矢量随机过程，那么响应也将是高斯矢量随机过程，以上给出的响应统计量完全描述了响应过程。如果激励是非高斯随机过程，响应一般亦是非高斯过程，上述统计量只给出关于响应过程的近似描述。可以用脉冲响应矩阵建立激励与响应的高阶统计量之间关系，例见 3.4.6 节。

上述推导中，只给出了由激励引起的系统的响应量。这相当于运动微分方程的特解。没有计及系统初始状态的效应，即运动微分方程的通解。现以状态方程 (3.1-4) 为例考虑系统初始状态的影响。假定激励与系统初始状态独立。可在 (3.1-4) 中令 $\boldsymbol{F}=0$，得解

$$\boldsymbol{Z}(t)=e^{\boldsymbol{A}(t-t_0)}\boldsymbol{Z}_0 \quad (3.2\text{-}18)$$

可知，若 $\boldsymbol{Z}_0$ 是随机矢量，则由此引起的响应将是随机矢量过程，该过程是否衰减取决于矩阵 $\boldsymbol{A}$，亦即取决于系统的稳定性。对时不变的稳定的线性系统，$\boldsymbol{A}$ 为常数矩阵，且其特征值具有负实部，$\boldsymbol{Z}(t)$ 将是一个指数型衰减的随机过程。不难求得

$$E[\boldsymbol{Z}(t)]=e^{\boldsymbol{A}(t-t_0)}E[\boldsymbol{Z}_0] \quad (3.2\text{-}19)$$

$$E[\boldsymbol{Z}(t_1)\boldsymbol{Z}_2^{T}(t_2)]=e^{\boldsymbol{A}(t_1-t_0)}E[\boldsymbol{Z}_0\boldsymbol{Z}_0^{T}]e^{\boldsymbol{A}^{T}(t_2-t_0)} \quad (3.2\text{-}20)$$

$$E[\boldsymbol{Z}^2(t)]=e^{\boldsymbol{A}(t-t_0)}E[\boldsymbol{Z}_0^2]e^{\boldsymbol{A}^{T}(t-t_0)} \quad (3.2\text{-}21)$$

由此可见，由初值引起的响应均方矩阵元素一般比平均函数更快

地衰减，3.3 节中将用数字说明，对稳定的时不变线性系统，由初始状态引起的响应量的衰减与瞬态响应量的增长一样是相当快的，在平稳响应预测中常可忽略不计.

3.3 应用频率响应矩阵的谱分析

一个离散线性系统的动态特性也可用一个频率响应矩阵描述. 设系统上作用 m 个激励，有 n 个响应，频率响应矩阵形为

$$H(\omega,t)=\begin{bmatrix} H_{11}(\omega,t) & H_{12}(\omega,t) & \cdots & H_{1m}(\omega,t) \\ H_{21}(\omega,t) & H_{22}(\omega,t) & \cdots & H_{2m}(\omega,t) \\ \cdots & \cdots & \cdots & \cdots \\ H_{n1}(\omega,t) & H_{n2}(\omega,t) & \cdots & H_{nm}(\omega,t) \end{bmatrix} \tag{3.3-1}$$

式中 $H_{jk}(\omega, t)$ 是由第 k 个激励从 t_0 开始作用 $e^{i\omega t}$，而在 t 时刻上第 j 个响应与 $e^{i\omega t}$ 之比，$H(\omega,t)$ 是下列矩阵微分方程之特解

$$L\{H(\omega,t)e^{i\omega t}\}=BIe^{i\omega t} \tag{3.3-2}$$

上式与 (3.2-2) 对应，所以，$H(\omega,t)$ 可用脉冲响应矩阵表出

$$H(\omega,t)=\int_{t_0}^{t} h(t,\tau)e^{-i\omega(t-\tau)}d\tau \tag{3.3-3}$$

对时不变离散线性系统，(3.3-3) 化为

$$H(\omega,t)=\int_{t_0}^{t} h(t-\tau)\cdot e^{-i\omega(t-\tau)}d\tau=\int_{0}^{t-t_0} h(\theta)e^{-i\omega\theta}d\theta$$

$$=\int_{-\infty}^{t-t_0} h(\theta)e^{-i\omega\theta}d\theta \tag{3.3-4}$$

当 $t_0=-\infty$，$h(\theta)$ 绝对可积(系统渐近稳定)，则 $H(\omega, t)\to H(\omega)$

$$H(\omega)=\int_{0}^{\infty} h(\theta)e^{-i\omega\theta}d\theta=\int_{-\infty}^{\infty} h(\theta)e^{-i\omega\theta}d\theta \tag{3.3-5}$$

(3.3-3) 与 (3.3-4) 中的 $H(\omega,t)$ 分别为时变与时不变离散线性系统的瞬态频率响应矩阵，(3.3-5) 中的 $H(\omega)$ 为渐近稳定的时不变离散线性系统的稳态频率响应矩阵. 脉冲响应矩阵是它的逆傅立叶变换，即

$$h(\theta)=\frac{1}{2\pi}\int_{-\infty}^{\infty}\boldsymbol{H}(\omega)e^{i\omega\theta}d\omega \tag{3.3-6}$$

稳态频率响应矩阵容易从运动微分方程得到，只要在算子方程中对时间的一阶导数用 $i\omega$ 代替即可得.

应用频率响应矩阵，可建立激励统计量与响应统计量之间的关系.

考虑时不变线性系统对具有渐进谱密度的非平稳随机激励的响应. 设激励

$$\boldsymbol{X}(t)=\int_{-\infty}^{\infty}e^{i\omega t}\boldsymbol{A}_{\boldsymbol{X}}(\omega,t)d\boldsymbol{Z}_{\boldsymbol{X}}(\omega) \tag{3.3-7}$$

式中 $\boldsymbol{A}_{\boldsymbol{X}}(\omega,t)$ 为 $m\times m$ 矩阵，其元素随时间缓慢变化；$\boldsymbol{Z}_{\boldsymbol{X}}$ 为具有正交增量的 m 维复值矢量随机过程；矢量 $\boldsymbol{A}_{\boldsymbol{X}}(\omega,t)d\boldsymbol{Z}_{\boldsymbol{X}}(\omega)$ 各元素实部为 ω 的偶函数，虚部为 ω 的奇函数，

$$E[\boldsymbol{A}_{\boldsymbol{X}}(0,t)d\boldsymbol{Z}_{\boldsymbol{X}}(0)]=E[\boldsymbol{X}(t)]$$

$$\begin{aligned}E[\boldsymbol{A}_{\boldsymbol{X}}(\omega,t)d\boldsymbol{Z}_{\boldsymbol{X}}(\omega)d\boldsymbol{Z}_{\boldsymbol{X}}^{*T}(\omega)\boldsymbol{A}_{\boldsymbol{X}}^{*T}(\omega,t)]\\=\boldsymbol{A}_{\boldsymbol{X}}(\omega,t)\boldsymbol{S}_{\boldsymbol{X}}(\omega)\boldsymbol{A}_{\boldsymbol{X}}^{*T}(\omega,t)d\omega\end{aligned} \tag{3.3-8}$$

式中

$$\boldsymbol{S}_{\boldsymbol{X}}(\omega,t)=\boldsymbol{A}_{\boldsymbol{X}}(\omega,t)\boldsymbol{S}_{\boldsymbol{X}}(\omega)\boldsymbol{A}_{\boldsymbol{X}}^{*T}(\omega,t) \tag{3.3-9}$$

是渐进谱密度矩阵，它是埃尔米特的. $\boldsymbol{X}(t)$ 的相关函数矩阵为

$$\boldsymbol{R}_{\boldsymbol{X}}(s,t)=\int_{-\infty}^{\infty}\boldsymbol{A}_{\boldsymbol{X}}(\omega,s)\boldsymbol{S}_{\boldsymbol{X}}(\omega)\boldsymbol{A}_{\boldsymbol{X}}^{*T}(\omega,t)e^{-i\omega(t-s)}d\omega \tag{3.3-10}$$

加上激励很长时间后，时不变线性系统的响应为

$$\begin{aligned}\boldsymbol{Y}(t)&=\int_{-\infty}^{\infty}\boldsymbol{h}(\theta)\boldsymbol{X}(t-\theta)d\theta=\int_{-\infty}^{\infty}\boldsymbol{h}(\theta)\\&\quad\times\left[\int_{-\infty}^{\infty}e^{i\omega(t-\theta)}\boldsymbol{A}_{\boldsymbol{X}}(\omega,t-\theta)d\boldsymbol{Z}_{\boldsymbol{X}}(\omega)\right]d\theta\\&=\int_{-\infty}^{\infty}e^{i\omega t}\boldsymbol{M}(\omega,t)d\boldsymbol{Z}_{\boldsymbol{X}}(\omega)\end{aligned} \tag{3.3-11}$$

式中

$$\boldsymbol{M}(\omega,t)=\int_{-\infty}^{\infty}\boldsymbol{h}(\theta)\boldsymbol{A}_{\boldsymbol{X}}(\omega,t-\theta)e^{-i\omega\theta}d\theta \tag{3.3-12}$$

由于 (3.3-11) 具有类似于 (3.3-7) 的形式，且按 (3.3-12)，$\boldsymbol{M}(\omega,t)$ 与 $\boldsymbol{A}_X(\omega,t)$ 一样随时间慢变，因此响应 $\boldsymbol{Y}(t)$ 也是具有渐进谱密度的矢量随机过程。且 (3.3-12) 表明，响应的渐进幅值矩阵 $\boldsymbol{M}(\omega,t)$ 可由激励的渐进幅值矩阵 $\boldsymbol{A}_X(\omega,t)$ 与 $\boldsymbol{h}(t)e^{-i\omega t}$ 的卷积积分得到。在特殊情形下，若在矩阵 $\boldsymbol{h}(t)$ 的各元素具有较大值的时间区间内，激励的幅值无重大变化，(3.3-12) 化为

$$\boldsymbol{M}(\omega,t) \approx \boldsymbol{H}(\omega)\boldsymbol{A}_X(\omega,t) \tag{3.3-13}$$

这是拟平稳近似。

(3.3-12) 对 t 作傅立叶变换，得

$$\boldsymbol{M}(\omega,\nu) = \boldsymbol{H}(\omega+\nu)\boldsymbol{A}_X(\omega,\nu) \tag{3.3-14}$$

据此，有了系统的稳态频率响应矩阵 $\boldsymbol{H}(\omega)$，对 (3.3-14) 作逆傅立叶变换可得 $\boldsymbol{M}(\omega,t)$，进而由 (3.3-11) 可得诸响应统计量：

平均矢量

$$E[\boldsymbol{Y}(t)] = \boldsymbol{M}(0,t)E[d\boldsymbol{Z}_X(0)] \tag{3.3-15}$$

响应谱密度矩阵

$$\boldsymbol{S}_Y(\omega,t) = \boldsymbol{M}(\omega,t)\boldsymbol{S}_X(\omega)\boldsymbol{M}^{*T}(\omega,t) \tag{3.3-16}$$

激励与响应互谱密度矩阵

$$\boldsymbol{S}_{XY}(\omega,t) = \boldsymbol{A}_X(\omega,t)\boldsymbol{S}_X(\omega)\boldsymbol{M}^{*T}(\omega,t) \tag{3.3-17}$$

响应相关矩阵

$$\boldsymbol{R}_{YY}(t_1,t_2) = \int_{-\infty}^{\infty} \boldsymbol{M}(\omega,t_1)\boldsymbol{S}_X(\omega)\boldsymbol{M}^{*T}(\omega,t_2)e^{-i\omega(t_2-t_1)}d\omega \tag{3.3-18}$$

激励与响应互相关矩阵

$$\boldsymbol{R}_{XY}(t_1,t_2) = \int_{-\infty}^{\infty} \boldsymbol{A}_X(\omega,t_1)\boldsymbol{S}_X(\omega)\boldsymbol{M}^{*T}(\omega,t_2)e^{-i\omega(t_2-t_1)}d\omega \tag{3.3-19}$$

方差矩阵

$$\mathrm{Var}[\boldsymbol{Y}(t)] = \int_{-\infty}^{\infty} \boldsymbol{S}_Y(\omega,t)d\omega - E[\boldsymbol{Y}(t)]E[\boldsymbol{Y}^T(t)] \tag{3.3-20}$$

对于时不变离散线性系统对平稳激励的瞬态响应，$\boldsymbol{M}(\omega,t)$ 变成 (3.3-4) 中的 $\boldsymbol{H}(\omega,t)$，相应统计量 (3.3-15)—(3.3-19) 变

成

$$E[\boldsymbol{Y}(t)] = \boldsymbol{H}(0,t)E[\boldsymbol{X}(t)] \tag{3.3-21}$$

$$\boldsymbol{S}_{\boldsymbol{Y}}(\omega,t) = \boldsymbol{H}(\omega,t)\boldsymbol{S}_{\boldsymbol{X}}(\omega)\boldsymbol{H}^{*T}(\omega,t) \tag{3.3-22}$$

$$\boldsymbol{S}_{\boldsymbol{XY}}(\omega,t) = \boldsymbol{S}_{\boldsymbol{X}}(\omega)\boldsymbol{H}^{*T}(\omega,t) \tag{3.3-23}$$

$$\boldsymbol{R}_{\boldsymbol{YY}}(t_1,t_2) = \int_{-\infty}^{\infty} \boldsymbol{H}(\omega,t_1)\boldsymbol{S}_{\boldsymbol{X}}(\omega)\boldsymbol{H}^{*T}(\omega,t_2)e^{-i\omega(t_2-t_1)}d\omega \tag{3.3-24}$$

$$\boldsymbol{R}_{\boldsymbol{XY}}(t_1,t_2) = \int_{-\infty}^{\infty} \boldsymbol{S}_{\boldsymbol{X}}(\omega)\boldsymbol{H}^{*T}(\omega,t_2)e^{-i\omega(t_2-t_1)}d\omega \tag{3.3-25}$$

(3.3-20) 仍适用

对渐近不稳定的时不变离散线性系统对平稳激励的平稳响应，$\boldsymbol{M}(\omega,t)$ 变成 (3.3-5) 的 $\boldsymbol{H}(\omega)$，相应统计量 (3.3-21)—(3.3-25)及(3.3-20)化为

$$\mathrm{E}[\boldsymbol{Y}] = \boldsymbol{H}(0)E[\boldsymbol{X}] \tag{3.3-26}$$

$$\boldsymbol{S}_{\boldsymbol{Y}}(\omega) = \boldsymbol{H}(\omega)\boldsymbol{S}_{\boldsymbol{X}}(\omega)\boldsymbol{H}^{*T}(\omega) \tag{3.3-27}$$

$$\boldsymbol{S}_{\boldsymbol{XY}}(\omega) = \boldsymbol{S}_{\boldsymbol{X}}(\omega)\boldsymbol{H}^{*T}(\omega) \tag{3.3-28}$$

$$\boldsymbol{R}_{\boldsymbol{Y}}(\tau) = \int_{-\infty}^{\infty} \boldsymbol{H}(\omega)\boldsymbol{S}_{\boldsymbol{X}}(\omega)\boldsymbol{H}^{*}(\omega)e^{-i\omega\tau}d\omega \tag{3.3-29}$$

$$\boldsymbol{R}_{\boldsymbol{XY}}(\tau) = \int_{-\infty}^{\infty} \boldsymbol{S}_{\boldsymbol{X}}(\omega)\boldsymbol{H}^{*T}(\omega)e^{-i\omega\tau}d\omega \tag{3.3-30}$$

$$\mathrm{Var}[\boldsymbol{Y}] = \int_{-\infty}^{\infty} \boldsymbol{S}_{\boldsymbol{Y}}(\omega)d\omega - E[\boldsymbol{Y}]E[\boldsymbol{Y}^T] \tag{3.3-31}$$

设系统为时不变的，激励的作用时间很长，激励与响应的广义谱密度矩阵都存在，则可建立激励与响应的广义谱密度矩阵之间的关系. 在 (3.2-7) 两边乘 $(1/4\pi^2)e^{-i(\omega_2 t_2-\omega_1 t_1)}$，并对 t_1 和 t_2 积分，由于 $t_0=-\infty$，$\boldsymbol{h}(t,\tau)=\boldsymbol{h}(t-\tau)$，得

$$\boldsymbol{S}_{\boldsymbol{YY}}(\omega_1,\omega_2) = (1/4\pi^2)\int_{-\infty}^{\infty}\int_{-\infty}^{\infty}\int_{-\infty}^{\infty}\int_{-\infty}^{\infty} \boldsymbol{h}(t_1-\tau_1)\boldsymbol{R}_{\boldsymbol{XX}}(\tau_1,\tau_2) \times \boldsymbol{h}^T(t_2-\tau_2)e^{-i(\omega_2 t_2-\omega_1 t_1)}d\tau_1 d\tau_2 dt_1 dt_2$$

令 $t_1-\tau_1=\theta_1$，$t_2-\tau_2=\theta_2$，$dt_1=d\theta_1$，$dt_2=d\theta_2$，则

$$\boldsymbol{S}_{\boldsymbol{YY}}(\omega_1,\omega_2) = (1/4\pi^2)\int_{-\infty}^{\infty}\int_{-\infty}^{\infty}\int_{-\infty}^{\infty}\int_{-\infty}^{\infty} \boldsymbol{h}(\theta_1)e^{i\omega_1\theta_1}\boldsymbol{R}_{\boldsymbol{XX}}(\tau_1,\tau_2)$$

$$\times e^{-i(\omega_2\tau_2-\omega_1\tau_1)}h^T(\theta_2)e^{-i\omega_2\theta_2}d\tau_1 d\tau_2 d\theta_1 d\theta_2$$
$$= H^*(\omega_1)S_{XX}(\omega_1,\omega_2)H^T(\omega_2) \tag{3.3-40}$$

3.4 单自由度系统的随机振动

3.4.1 脉冲响应函数

考虑时不变单自由度线性振动系统。其运动方程为

$$m\ddot{Y}(t)+c\dot{Y}(t)+kY(t)=X(t),\quad Y(0)=\dot{Y}(0)=0 \tag{3.4-1}$$

(3.4-1) 可改写成无量纲形式，系统的脉冲响应函数为下述方程之解：

$$\ddot{h}(t)+2\zeta\omega_0\dot{h}(t)+\omega_0^2 h(t)=\frac{1}{m}\delta(t) \tag{3.4-2}$$

$$h(0)=\dot{h}(0)=0$$

$\omega_0=\sqrt{\dfrac{k}{m}}$ 为系统固有频率；$\zeta=c/2m\omega_0$ 为临界阻尼比。

注意，(3.4-2) 中的 $\delta(t)$ 是非对称的，可看成是从 $t=0$ 开始，持续时间为 Δt，幅值为 $\dfrac{1}{\Delta t}$ 的矩形力脉冲在 $\Delta t\to 0$ 时的极限，对 (3.4-2) 两边在 $[0,\Delta t]$ 上积分

$$\int_0^{\Delta t}(\ddot{h}+2\zeta\omega_0\dot{h}+\omega_0^2 h)dt=[\dot{h}(\Delta t)-\dot{h}(0)]+2\zeta\omega_0[h(\Delta t)$$
$$-h(0)]+\omega_0^2\int_0^{\Delta t}hdt=\frac{1}{m}\int_0^{\Delta t}\frac{1}{\Delta t}dt \tag{3.4-3}$$

在系统上施加一个力脉冲，使系统在很短时间内产生很大加速度，经过一个很短时间 Δt 后，系统积累了一个有限值的速度，但由于初速度为零，时间又极短，系统累积的位移极微小。因此，在 $\Delta t\to 0$ 时，$[h(\Delta t)-h(0)]\to 0$，$\int_0^{\Delta t}hdt\to 0$。并注意

$$\lim_{\Delta t\to 0}\int_0^{\Delta t}\frac{dt}{\Delta t}=1$$

(3.4-3) 给出

$$\lim_{\Delta t\to 0}[\dot{h}(\Delta t)-\dot{h}(0)]=\dot{h}(0+)=\frac{1}{m} \tag{3.4-4}$$

其意为，单位力脉冲的作用等价于在 $t=0+$ 瞬间的其值为 $\frac{1}{m}$ 的一个速度增量。于是 (3.4-2) 之解与下面方程之解等价：

$$\begin{gathered}\ddot{h}(t)+2\zeta\omega_0\dot{h}(t)+\omega_0^2h(t)=0\\ h(0)=0,\ \dot{h}(0)=\frac{1}{m}\end{gathered} \tag{3.4-5}$$

(3.4-5) 在 $\zeta<1$ 情形下之解为

$$h(t)=\frac{1}{mp}\exp(-\zeta\omega_0t)\sin pt\cdot u(t),\ \zeta<1 \tag{3.4-6}$$

式中 $p=\omega_0\sqrt{1-\zeta^2}$ 为阻尼固有频率；$u(t)$ 为单位阶跃函数。当 $\zeta>1$ 时，

$$h(t)=\begin{cases}\dfrac{t}{m}\exp(-\omega_0t),\ \zeta=1\\ \dfrac{1}{m\omega_0(\zeta^2-1)^{1/2}}\exp(-\zeta\omega_0t)\sin h[(\zeta^2-1)^{1/2}\omega_0t],\ \zeta>1\end{cases} \tag{3.4-7}$$

3.4.2 频率响应函数

时不变单自由度振动系统的稳态频率响应函数容易从求解下面的代数方程得到

$$[(i\omega)^2+2\zeta\omega_0(i\omega)+\omega_0^2]H(\omega)e^{i\omega t}=e^{i\omega t}/m \tag{3.4-8}$$

其解为

$$H(\omega)=\frac{1}{m}\frac{1}{(\omega_0^2-\omega^2)+2i\zeta\omega_0\omega} \tag{3.4-9}$$

$H(\omega)$ 为复值函数，其幅值与相位分别为

$$|H(\omega)|=\frac{1}{m}\frac{1}{\sqrt{(\omega_0^2-\omega^2)^2+(2\zeta\omega_0\omega)^2}} \tag{3.4-10}$$

与

$$\psi = \tan^{-1}\left\{\frac{2\zeta\omega/\omega_0}{1-(\omega/\omega_0)^2}\right\} \tag{3.4-11}$$

时不变单自由度振动系统的瞬态频率响应函数是下列方程之解

$$\left[\frac{d^2}{dt^2} + 2\zeta\omega_0\frac{d}{dt} + \omega_0^2\right][H(\omega,t)e^{i\omega t}] = e^{i\omega t}/m \tag{3.4-12}$$

$$H(\omega,0) = \frac{d}{dt}H(\omega,t)|_{t=0} = 0$$

但可更方便由 (3.4-6) 按 (3.3-4) 得到

$$\begin{aligned} H(\omega,t) &= \int_0^t h(\theta)e^{-i\omega\theta}d\theta \\ &= \int_0^t \frac{1}{mp}e^{-(\zeta\omega_0+i\omega)\theta}\sin p\theta d\theta\cdot u(t) \\ &= H(\omega)\left\{1 - e^{-(\zeta\omega_0+i\omega)t}\left[\cos pt + \frac{\zeta\omega_0 + i\omega}{p}\sin pt\right]\right\}u(t) \end{aligned} \tag{3.4-13}$$

3.4.3 对理想白噪声的响应

首先考虑系统 (3.4-1) 对谱密度为 S_0 的理想白噪声的平稳响应。由 (3.3-27)，(3.2-15) 及 (3.2-17) 可求得下列平稳位移响应统计量

$$S_Y(\omega) = |H(\omega)|^2 S_X(\omega) = \frac{S_0}{m^2[(\omega_0^2-\omega^2)^2 + 4\zeta^2\omega_0^2\omega^2]} \tag{3.4-14}$$

$$R_Y(\tau) = \frac{\pi S_0}{2m^2\zeta\omega_0^3}e^{-\zeta\omega_0|\tau|}\left(\cos p\tau + \frac{\zeta\omega_0}{p}\sin p|\tau|\right) \tag{3.4-15}$$

$$\sigma_Y^2 = \frac{\pi S_0}{2m^2\zeta\omega_0^3} = \frac{\pi S_0}{ck} \tag{3.4-16}$$

注意，质量 m 不影响平稳位移响应的方差，典型的相关函数与谱密度曲线如图 3.4-1 所示。

响应过程的带宽常用噪声带宽度量，将谱密度曲线下的面积

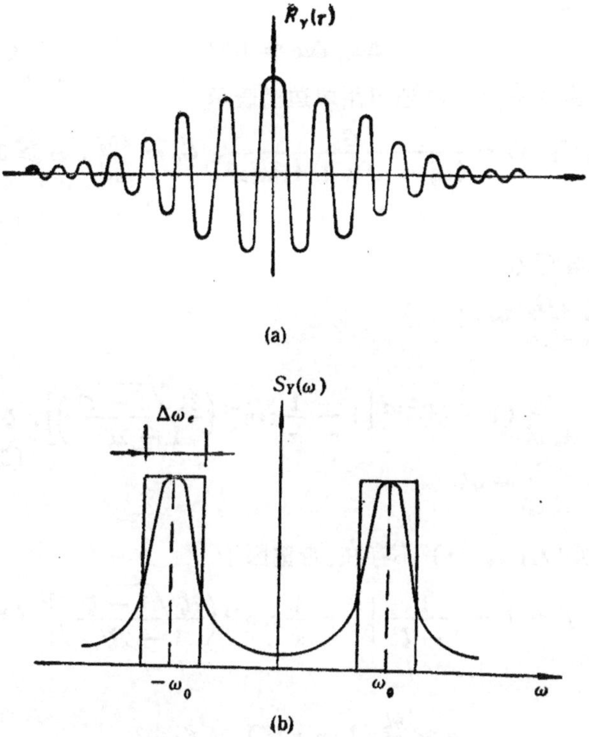

图 3.4-1 时不变单自由度线性系统对理想白噪声的平稳位移响应

(a) 相关函数；(b) 谱密度

集中在 $-\omega_0$ 与 ω_0 附近的两个矩形内，这两个矩形的宽度即为噪声带宽，即噪声带宽定义为

$$\Delta\omega_e = \frac{\int_0^\infty |H(\omega)|^2 d\omega}{|H(\omega_0)|^2} \tag{3.4-17}$$

这也等价于以带宽为 $\Delta\omega_e$ 的理想带通滤波器代替单自由度系统.

将 (3.4-9) 代入 (3.4-17) 得

$$\Delta\omega_e = \pi\zeta\omega_0 \tag{3.4-18}$$

可知，阻尼愈大，响应过程带宽愈宽，已知系统的半功率带宽为

$$\Delta\omega = 2\zeta\omega_0 \tag{3.4-19}$$

两者之比

$$\Delta\omega_e/\Delta\omega \approx 1.57 \tag{3.4-20}$$

谱密度 (3.4-14) 还可用单边谱表示

$$G_Y(\omega) = \frac{G_0}{(\omega_0^2 - \omega^2)^2 + 4\zeta^2\omega_0^2\omega^2},\ G_0 = \frac{2S_0}{m^2},\ \omega \geqslant 0 \tag{3.4-21}$$

前三个谱矩为

$$\lambda_0 = \frac{\pi G_0}{4\zeta\omega_0^3} = \sigma_Y^2$$

$$\lambda_1 = \frac{\pi G_0}{4\zeta\omega_0^2}(1-\zeta^2)^{-1/2}\left[1 - \frac{1}{\pi}\tan^{-1}\left(\frac{2\zeta\sqrt{1-\zeta^2}}{1-2\zeta^2}\right)\right],\ \zeta < 1 \tag{3.4-22}$$

$$\lambda_2 = \frac{\pi G_0}{4\zeta\omega_0} = \sigma_{\dot{Y}}^2$$

高阶谱矩($\lambda_3, \lambda_4, \cdots$) 不存在.带宽因子

$$q^2 = 1 - \frac{1}{1-\zeta^2}\left[1 - \frac{1}{\pi}\tan^{-1}\left(\frac{2\zeta\sqrt{1-\zeta^2}}{1-2\zeta^2}\right)\right]^2 \tag{3.4-23}$$

或

$$q \approx \frac{4\zeta}{\pi}(1 - 1.1\zeta),\ \zeta \leqslant 0.2$$

$$q \approx \frac{4\zeta}{\pi},\ \zeta\text{很小时} \tag{3.4-24}$$

由 (3.4-15) 知，$Y(t)$是均方连续的平稳过程，$R_Y(\tau)$ 在 $\tau = 0$ 处有连续的一、二阶导数. 因此，$Y(t)$ 是一次均方可微的，$\dot{Y}(t)$ 的响应统计量

$$R_{\dot{Y}}(\tau) = -\ddot{R}_Y(\tau) \tag{3.4-25}$$

$$S_{\dot{Y}}(\omega) = \frac{\omega^2 S_0}{m^2[(\omega_0^2 - \omega^2)^2 + 4\zeta^2\omega_0^2\omega^2]} \tag{3.4-26}$$

$$\sigma_{\dot{Y}}^2 = \frac{\pi S_0}{2m^2\zeta\omega_0} = \frac{\pi S_0}{mc} \tag{3.4-27}$$

注意，刚度 k 不影响时不变单自由度系统对理想白噪声激励的平

稳速度响应的方差。而且，

$$\sigma_{\dot{Y}}^2 = \omega_0^2\sigma_Y^2 \tag{3.4-28}$$

$R_Y(\tau)$ 在 $\tau = 0$ 处的三阶导数是间断的。因此，$Y(t)$ 的二阶均方导数不存在，事实上，平稳加速度响应的方差为无穷大。

现考虑瞬态响应的方差，设系统在 $t = 0$ 时突加白噪声激励，按 (3.2-13) 可得瞬态位移响应方差[1]

$$\sigma_Y^2(t) = \sigma_Y^2\left[1 - \frac{e^{-2\zeta\omega_0 t}}{p^2}\left(p^2 + \omega_0 p\zeta\sin 2pt + 2\omega_0^2\zeta^2\sin^2 pt\right)\right] \tag{3.4-29}$$

类似地可得

$$\sigma_{\dot{Y}}^2(t) = \sigma_{\dot{Y}}^2\left[1 - \frac{e^{-2\zeta\omega_0 t}}{p^2}\left(p^2 - \omega_0 p\zeta\sin 2pt + 2\omega_0^2\zeta^2\sin^2 pt\right)\right] \tag{3.4-30}$$

$$\rho\sigma_Y(t)\sigma_{\dot{Y}}(t) = \left(\frac{\pi S_0}{2p^2}\right)\exp(-2\zeta\omega_0 t)\sin^2 pt \tag{3.4-31}$$

显然，$t\to\infty$ 时，瞬态位移与速度方差及协方差趋于相应稳态值，瞬态过程的持续时间取决于阻尼系数 ζ。对许多实际系统，$0<\zeta\ll 1$，(3.4-29) 可近似地取为

$$\sigma_Y^2(t) \approx \frac{\pi S_0}{2m^2\zeta\omega_0^3}\left(1 - e^{-2\zeta\omega_0 t}\right) \tag{3.4-32}$$

可知，位移方差近似地按指数规律增长，对 $\zeta = 0, 0.025, 0.05, 0.10$ 位移方差增长示于图 3.4-2。由 (3.4-32) 可估计，经 $n = 1/4\zeta$ 周之后，瞬态位移方差约增长到稳态位移方差的 95%，$\zeta = 0.04$ 时，约需 6 周，$\zeta = 0.005$ 则需 50 周。对多数实际系统，则介于其间。显然，对速度方差也可作类似的估计。

顺便指出，瞬态方差 (3.4-29) 不超过稳态方差，但这不是普遍现象。例如，单自由度振动系统对具有零均值与相关函数

$$R_X(\tau) = R_0 e^{-\alpha|\tau|}\cos p\tau$$

的平稳过程的瞬态响应方差可能发生"超调"现象[2]。

再考虑非零初始条件的影响。设系统 (3.4-1) 的初始条件为

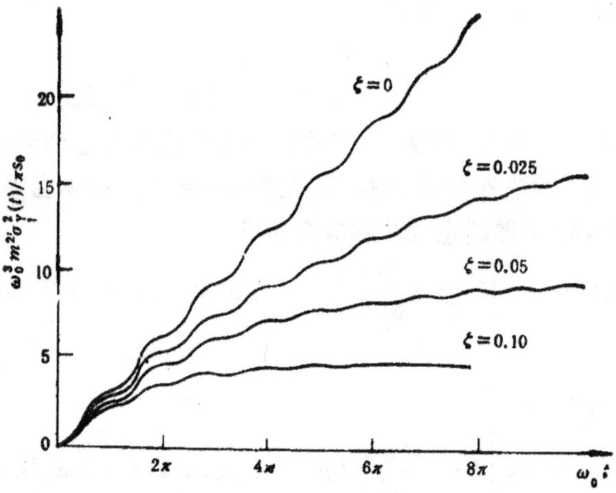

图 3.4-2 单自由度系统对白噪声激励的瞬态位移响应方差[1]

$$Y(0)=Y_0,\ \dot{Y}(0)=\dot{Y}_0 \tag{3.4-33}$$

Y_0 与 $\dot{Y}_0$ 为随机变量，且与激励不相关。可令 (3.4-1) 中

$$X(t)=0$$

其解为

$$Y(t)=e^{-\zeta\omega_0 t}\left[\frac{\dot{Y}_0+\zeta\omega_0 Y_0}{p}\sin pt+Y_0\cos pt\right] \tag{3.4-34}$$

由此可得其平均函数与均方函数分别为

$$E[Y(t)]=e^{-\zeta\omega_0 t}\left\{\frac{E[\dot{Y}_0]+\zeta\omega_0 E[Y_0]}{p}\times\sin pt+E[Y_0]\cos pt\right\} \tag{3.4-35}$$

与

$$E[Y^2(t)]=g^2(t)E[Y_0^2]+m^2h^2(t)E[\dot{Y}_0^2]+mg(t)h(t)E[Y_0\dot{Y}_0] \tag{3.4-36}$$

式中 $h(t)$ 由 (3.4-6) 确定，而

$$g(t)=e^{-\zeta\omega_0 t}\left(\cos pt+\frac{\zeta\omega_0}{p}\sin pt\right) \tag{3.4-37}$$

可见，由初始条件引起的响应，其均值近似地按 $e^{-\zeta\omega_0 t}$ 规律减小，

而均方值按 $e^{-2\zeta\omega_0 t}$ 规律减小。类似于系统对激励的瞬态响应，对实际系统，这种衰减过程的时间是不长的。

因此，时不变线性系统对平稳激励的响应，只要系统有一定量的阻尼，在加上激励不长时间之后即可认为响应已达到平稳，且可不计初始条件的影响。

3.4.4 对限带白噪声的响应

现假定激励为限带白噪声，均值为零，谱密度为(1.4-34)。平稳位移响应谱密度与相关函数分别为

$$S_Y(\omega)=\begin{cases}\dfrac{S_0}{m^2[(\omega_0^2-\omega^2)^2+4\zeta^2\omega_0^2\omega^2]}, & \omega_1\leqslant|\omega|\leqslant\omega_2\\ 0, & \text{其他}\ \omega\ \text{值}\end{cases} \tag{3.4-38}$$

与

$$R_Y(\tau)=\frac{S_0}{m^2}\left(\int_{-\omega_2}^{-\omega_1}+\int_{\omega_1}^{\omega_2}\right)\frac{e^{i\omega\tau}d\omega}{(\omega_0^2-\omega^2)^2+4\zeta^2\omega_0^2\omega^2} \tag{3.4-39}$$

(3.4-39)中令 $\tau=0$，完成积分可得稳态位移方差

$$\sigma_Y^2=\frac{\pi S_0}{2m^2\zeta\omega_0^3}\left[I\left(\frac{\omega_2}{\omega_0},\zeta\right)-I\left(\frac{\omega_1}{\omega_0},\zeta\right)\right] \tag{3.4-40}$$

式中积分因子

$$I\left(\frac{\omega}{\omega_0},\zeta\right)=\frac{1}{\pi}\tan^{-1}\frac{2\zeta(\omega/\omega_0)}{1-\left(\dfrac{\omega}{\omega_0}\right)^2}+\frac{\zeta}{2\pi\sqrt{1-\zeta^2}}$$

$$\times\ln\frac{1+\left(\dfrac{\omega}{\omega_0}\right)^2+2\sqrt{1-\zeta^2}\left(\dfrac{\omega}{\omega_0}\right)}{1+\left(\dfrac{\omega}{\omega_0}\right)^2-2\sqrt{1-\zeta^2}\left(\dfrac{\omega}{\omega_0}\right)} \tag{3.4-41}$$

对 $\zeta=0.01$ 与 $\zeta=0.1$，I 作为 $\dfrac{\omega}{\omega_0}$ 的函数画于图 3.4-3 中。比较(3.4-40)与(3.4-16)可知，单自由度系统对理想白噪声激励与

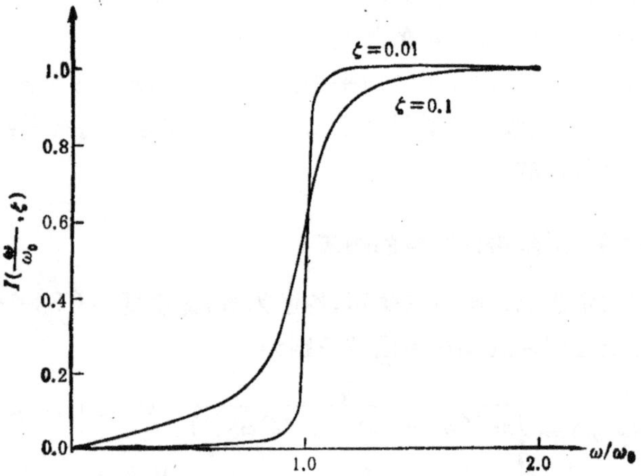

图 3.4-3

限带白噪声激励的位移响应方差之差别在于因子

$$\left[I\left(\frac{\omega_2}{\omega_0},\ \zeta\right)-I\left(\frac{\omega_1}{\omega_0},\ \zeta\right)\right]$$

对理想白噪声，此因子为 1；对限带白噪声，此因子小于 1，然而，只要 ω_0 被包含在区间 $[\omega_1,\omega_2]$ 之中，而且 $|\omega_2-\omega_1|\gg\Delta\omega_e$，那么上述因子将接近于 1，从而，从位移方差的角度来说，限带白噪声可近似当作理想白噪声处理。 对实践中常见的小阻尼系统，系统带宽很窄，激励带宽不必很宽就可近似看作理想白噪声。

类似地，时不变单自由度系统对限带白噪声的平稳速度响应的方差为

$$\sigma_{\dot{Y}}^2=\frac{\pi S_0}{2m^2\zeta\omega_0}\left[I_1\left(\frac{\omega_2}{\omega_0},\ \zeta\right)-I_1\left(\frac{\omega_1}{\omega_0},\ \zeta\right)\right] \qquad (3.4\text{-}42)$$

式中积分因子

$$I_1\left(\frac{\omega}{\omega_0},\ \zeta\right)=\frac{1}{\pi}\tan^{-1}\frac{2\zeta\left(\dfrac{\omega}{\omega_0}\right)}{1-\left(\dfrac{\omega}{\omega_0}\right)^2}+\frac{\zeta}{2\pi\sqrt{1-\zeta^2}}$$

$$\times \ln \frac{1+\left(\frac{\omega}{\omega_0}\right)^2-2\sqrt{1-\zeta^2}\left(\frac{\omega}{\omega_0}\right)}{1+\left(\frac{\omega}{\omega_0}\right)^2+2\sqrt{1-\zeta^2}\left(\frac{\omega}{\omega_0}\right)} \qquad (3.4\text{-}43)$$

对 $\zeta=0.01$ 及 $\zeta=0.1$，I_1 示于图 3.4-4 中。可见，只要 ω_0 在区间 $[\omega_1,\omega_2]$ 之中，且 $|\omega_2-\omega_1|\gg\Delta\omega_e$，那么，从系统的均方速度响应角度来看，也可把限带白噪声近似看成理想白噪声.至于 $|\omega_2-\omega_1|/\Delta\omega_e$ 的比为何值时可当作理想的白噪声处理取决于问题的精度要求。

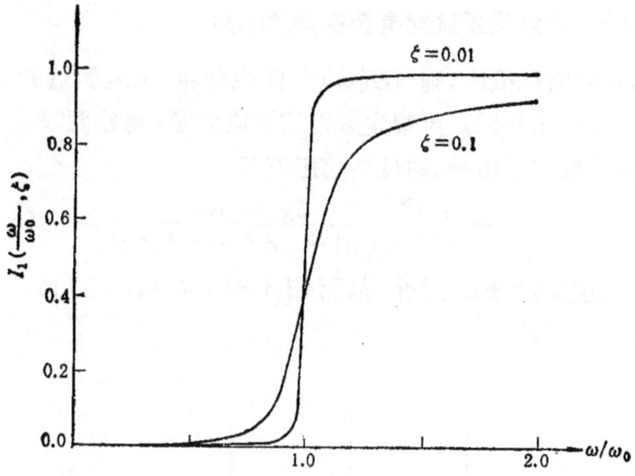

图 3.4-4

时不变单自由度振动系统对限带白噪声的加速度响应为有限值，

$$\sigma_{\ddot{Y}}^2=\frac{\pi S_0}{2m^2\zeta}\left[\omega_2, I_2\left(\frac{\omega_2}{\omega_0},\ \zeta\right)-\omega_1 I_2\left(\frac{\omega_1}{\omega_0},\ \zeta\right)\right] \qquad (3.4\text{-}44)$$

式中积分因子

$$I_2\left(\frac{\omega}{\omega_0},\ \zeta\right)=1+\frac{1-4\zeta^2}{8(1-\zeta^2)}\left(\frac{\omega_0}{\omega}\right)$$

$$\times \ln \frac{1+\left(\frac{\omega}{\omega_0}\right)^2-2\sqrt{1-\zeta^2}\left(\frac{\omega}{\omega_0}\right)}{1+\left(\frac{\omega}{\omega_0}\right)^2+\sqrt{1-\zeta^2}\left(\frac{\omega}{\omega_0}\right)}$$

$$+\frac{1-4\zeta^2}{4\zeta}\left(\frac{\omega_0}{\omega}\right)\tan^{-1}\frac{2\zeta\left(\frac{\omega}{\omega_0}\right)}{1-\left(\frac{\omega}{\omega_0}\right)^2} \qquad (3.4\text{-}45)$$

由于系统对理想白噪声的平稳加速度响应的方差无穷大，从系统加速度响应角度来看，不能把限带白噪声当作理想白噪声处理。

3.4.5 小阻尼系统对有色噪声的响应

若系统阻尼很小，则 $|H(\omega)|^2$ 曲线是在 $\pm\omega_0$ 附近的两个陡峭的峰(见图 3.4-5)。再假定激励的均值为零，谱密度 $S_X(\omega)$ 在 $\pm\omega_0$ 附近变化很缓慢，对位移响应方差

$$\sigma_Y^2=\frac{1}{m^2}\int_{-\infty}^{\infty}\frac{S_X(\omega)d\omega}{(\omega_0^2-\omega^2)^2+4\zeta^2\omega_0^2\omega^2} \qquad (3.4\text{-}46)$$

的主要贡献来自 $\pm\omega_0$ 附近，从而(3.4-46)中 $S_X(\omega)$ 可以 $S_X(\omega_0)$ 近似代之。于是

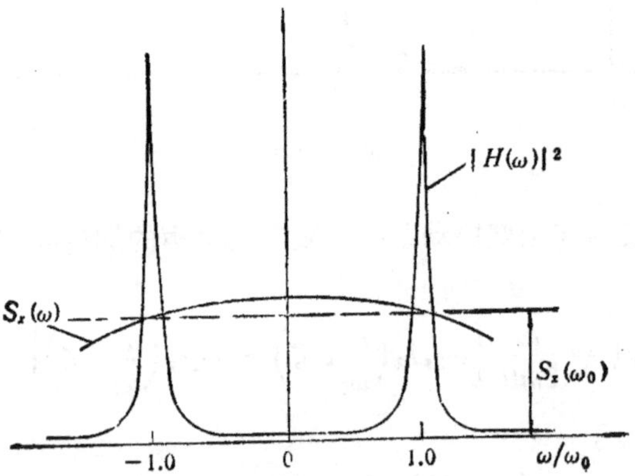

图 3.4-5

$$\sigma_Y^2 \approx \frac{S_X(\omega_0)}{m^2}\int_{-\infty}^{\infty}\frac{d\omega}{(\omega_0^2-\omega^2)^2+4\zeta^2\omega_0^2\omega^2} = \frac{S_X(\omega_0)\pi}{2m^2\zeta\omega_0^3} \tag{3.4-47}$$

因此，对小阻尼的单自由度线性系统的平稳位移响应方差来说，在固有频率附近带宽比系统带宽大得多的频带上具有扁平谱密度的有色噪声的激励也可近似当作理想白噪声处理，其等效谱密度 $S_0=S_X(\omega_0)$。例如，当 $S_X(\omega)=S_0(a^2\omega^2+b^2)$，其中 a 与 b 为任意常数，上述近似适用。

3.4.6 对非高斯随机激励的响应

线性系统对非高斯激励的响应一般也是非高斯随机过程。可以同时将激励与响应表示成维纳-埃尔米特展式，代入方程的两边，建立激励与响应的核函数之间的确定性微分方程。例如，对时不变单自由度线性系统，有

$$\ddot{Y}^{(j)}+2\zeta\omega_0\dot{Y}^{(j)}+\omega_0^2Y^{(j)}=X^{(j)} \tag{3.4-48}$$

式中 $Y^{(j)}=Y^{(j)}(t,t_1,t_2,\cdots,t_j)$，$X^{(j)}=X^{(j)}(t,t_1,t_2,\cdots,t_Z)$。由给定 $X^{(j)}$ 求解 $Y^{(j)}$，$Y(t)$ 的统计量就由 $Y^{(j)}$ 的适当积分给出。

更为简单的方法是建立激励与响应的累积量函数之间的关系[3,6]。由 1.7 节知道，有了足够的累积量函数，就可得到响应过程的一维甚至多维概率密度的渐近展式。根据激励与响应的关系 (3.2-5) 可建立平稳激励与响应的 m 阶累积量函数之间的关系式

$$\kappa_Y(\boldsymbol{t})=\int_0^{\infty}\cdots\int_0^{\infty}\kappa_X(\boldsymbol{s})h(t_1-s_1)\cdots h(t_m-s_m)d\boldsymbol{s} \tag{3.4-49}$$

式中 $\kappa_Y(\boldsymbol{t})=\kappa[Y(t_1),\ \cdots,\ Y(t_m)]$，$\kappa_X(\boldsymbol{s})=\kappa[X(s_1),\ \cdots,\ X(s_m)]$。对 (3.4—49) 两边作 $m-1$ 重傅立叶变换，即得 m 维谱密度的激励响应关系

$$D_Y(\boldsymbol{\omega})=D_X(\boldsymbol{\omega})H(\omega_1)H(\omega_2)\cdots H(\omega_{m-1})H\left(-\sum_{j=1}^{m-1}\omega_j\right) \tag{3.4-50}$$

式中 $H(\omega_j)$ 为系统的稳态频率响应函数。 $m=2$ 时，上式化为(3.3-27)。

当 $X(t)$ 为 δ 相关过程时，(3.4-49) 变成

$$\kappa_Y(\boldsymbol{t})=\int_0^{\infty} I_m(s_1)h(t_1-s_1)\cdots h(t_n-s_1)ds_1 \quad (3.4\text{-}51)$$

式中 $I_m(t)$ 为 $X(t)$ 的强度。当 $X(t)$ 为平稳时，

$$\kappa_Y(\boldsymbol{t})=I_m\int_0^{\infty} h(u)h(u+\tau_1)\cdots h(u+\tau_{m-1})du \quad (3.4\text{-}52)$$

在同一时刻上，

$$\kappa_Y(\boldsymbol{t})=\int_0^{\infty} I_m(t-u)[h(u)]^m du \quad (3.4\text{-}53)$$

对非高斯白噪声的平稳响应，

$$\kappa_Y(\boldsymbol{t})=\frac{I_m}{(2\pi)^{m-1}}\underbrace{\int_{-\infty}^{\infty}\cdots\int_{-\infty}^{\infty}}_{m-1\text{重}} H(\omega_1)\cdots H(\omega_{m-1})H\times\left(-\sum_{j=1}^{m-1}\omega_j\right)d\boldsymbol{\omega} \quad (3.4\text{-}54)$$

设 $X(t)$ 的二维谱密度为 S_0，四维谱密度为 D_0，则响应的过量系数

$$\gamma_2=\frac{3\pi\zeta}{(1+3\zeta^2)}\frac{D_0\omega_0}{S_0^2} \quad (3.4\text{-}55)$$

当 $\zeta\to 0$ 时，$\gamma_2\to 0$。这表明，小阻尼单自由度线性系统对非高斯白噪声激励响应接近于高斯分布，Lutes[3] 还给出了响应的任意阶无量纲化累积量函数的估计。对偶数 m，它正比于 $\zeta^{-1+m/2}$；对奇数 m，它正比于 $\zeta^{m/2}$。可见，阶数愈高，将愈快趋近于零。这进一步表明，小阻尼的单自由度线性系统具有高斯化的效应。

用随机平均法(见第五章)可证明小阻尼线性系统对非高斯宽带随机激励的响应为近似高斯过程。Rosenblat[4]证明了在一定条件下，平稳随机过程的加权积分 $Y(t)=\int_{t_0}^{t} h(t,\tau)X(\tau)d\tau$ 为渐近高斯的。Рытов[5] 还得到下列结果：$\gamma_1^Y\approx\sqrt{\frac{\tau_c}{\tau_{rel}}}\gamma_1^X$，$\gamma_2^Y\approx\frac{\tau_c}{\tau_{rel}}\gamma_2^X$。

式中 γ_1^X 与 γ_2^X 为激励不对称与过量系数，γ_1^Y 与 γ_2^Y 为响应的不对称与过量系数. τ_c 是激励的相关时间，τ_{rel} 是系统的松弛时间. 显然，当 $\tau_{rel} \gg \tau_c$ 时，响应接近高斯过程.

应注意，并非任意线性系统对任意非高斯激励的响应都有高斯化的趋向. 例如，单自由度线性系统对过滤白噪声的激励的响应，只有当系统的固有频率与滤波器的频率之比小于 1，同时系统阻尼较小时，响应才可能接近于高斯[6]. 在某些频率比上，线性系统可能使响应比激励更偏离高斯分布. 更突出的是，高斯随机参激可使线性系统响应成为本质非高斯(见第七章).

3.4.7 平稳窄带高斯随机过程的包络线

由上可知，小阻尼的时不变单自由度线性系统对具有零均值的平稳宽带随机激励的响应近似地是平稳窄带高斯随机过程. 其均值为零，方差为 $\sigma_Y^2 \approx \dfrac{\pi S_0}{2m^2\zeta\omega_0^3}$，相关函数为

$$R_Y(\tau) \approx \frac{\pi S_0}{2m^2\zeta\omega_0^3} e^{-\zeta\omega_0|\tau|}[\cos\omega_0\tau + \zeta\sin\omega_0|\tau|]$$

谱密度只在 $\pm\omega_0$ 邻域一个窄频带 $\Delta\omega \ll \omega_0$ 上有显著值. 其样本函数类似于受调制的正弦波，表征该过程的幅值与相位有显著变化的时间常数为 $T_1 = \dfrac{1}{\Delta\omega} \gg 2\pi/\omega_0$. 对这样一个过程，自然会想到定义一个包络线过程.

为此，将 $Y(t)$ 表示成如下形式:

$$Y(t) = I_C(t)\cos\omega_0 t - I_S(t)\sin\omega_0 t \tag{3.4-56}$$

式中 $I_C(t)$ 与 $I_S(t)$ 是零均值的相互平稳的平稳随机过程. 若它们只在时间 $T_1 \gg 2\pi/\omega_0$ 内才有显著的变化，那么 $Y(t)$ 将是窄带随机过程. 根据 (3.4-56) 可建立如下相关函数之间的关系式:

$$\begin{aligned} R_{YY}(t, t+\tau) = \frac{1}{2}[&R_{I_C}(\tau)\cos\omega_0\tau - R_{I_CI_S}(\tau)\sin\omega_0\tau \\ &+ R_{I_SI_C}(\tau)\sin\omega_0\tau + R_{I_S}(\tau)\cos\omega_0\tau] \end{aligned}$$

$$+\frac{1}{2}[R_{I_C}(\tau)\cos\omega_0(2t+\tau)-R_{I_CI_S}(\tau)\sin\omega_0(2t+\tau)$$
$$-R_{I_SI_C}(\tau)\sin\omega_0(2t+\tau)-R_{I_S}(\tau)\cos\omega_0(2t+\tau)]$$
(3.4-57)

可见,按 (3.4-56) 构成的过程 $Y(t)$ 一般是非平稳的. 为使 $Y(t)$ 成为平稳随机过程,必须满足下列条件:

$$\begin{aligned} R_{I_C}(\tau) &= R_{I_S}(\tau) \\ R_{I_CI_S}(\tau) &= -R_{I_SI_C}(\tau) \end{aligned} \tag{3.4-58}$$

亦即 $I_C(t)$ 与 $I_S(t)$ 必须是正交的. 假定这些条件满足,引入记号

$$\begin{aligned} R_{I_C}(\tau) &= R_{I_S}(\tau) = r(\tau) \\ R_{I_CI_S}(\tau) &= s(\tau) \end{aligned} \tag{3.4-59}$$

其中 $s(-\tau)=-s(\tau)$. 由 (3.4-57) 得

$$R_Y(\tau)=r(\tau)\cos\omega_0\tau-s(\tau)\sin\omega_0\tau \tag{3.4-60}$$

可见 $R_Y(0)=r(0)$, 即 $\sigma_Y^2=\sigma_{I_C}^2=\sigma_{I_S}^2$.

若将 $I_C(t)$ 与 $I_S(t)$ 组成复随机过程 $Z(t)$

$$Z(t)=I_C(t)+iI_S(t) \tag{3.4-61}$$

则

$$Y(t)=\mathrm{Re}\{Z(t)e^{i\omega_0t}\} \tag{3.4-62}$$

令

$$\overline{Y}(t)=\mathrm{Im}\{Z(t)e^{i\omega_0t}\}=I_C\sin\omega_0t+I_S(t)\cos\omega_0t \tag{3.4-63}$$

把 (3.4-56) 与 (3.4-63) 看成从 $I_C(t)$ 与 $I_S(t)$ 到 $Y(t)$ 与 $\overline{Y}(t)$ 的一对变换,其逆变换将是

$$\begin{aligned} I_C(t) &= Y(t)\cos\omega_0t+\overline{Y}(t)\sin\omega_0t \\ I_S(t) &= -Y(t)\sin\omega_0t+\overline{Y}(t)\cos\omega_0t \end{aligned} \tag{3.4-64}$$

除了 (3.4-60) 外, 还可由 (3.4-56) 与 (3.4-63) 导出如下相关函数关系式

$$\begin{aligned} R_{\overline{Y}}(\tau) &= r(\tau)\cos\omega_0\tau-s(\tau)\sin\omega_0\tau \\ R_{Y\overline{Y}}(\tau) &= r(\tau)\sin\omega_0\tau+s(\tau)\cos\omega_0\tau \end{aligned} \tag{3.4-65}$$

由 (3.4-59), (3.4-60) 及 (3.4-65) 得

$$R_Y(\tau) = R_{\hat{Y}}(\tau)$$
$$R_{Y\hat{Y}}(\tau) = -R_{Y\hat{Y}}(-\tau) \qquad (3.4\text{-}66)$$

这是 $Y(t)$ 与 $\hat{Y}(t)$ 为平稳随机过程的条件下，按 (3.4-64) 定义的慢变过程 $I_C(t)$ 与 $I_S(t)$ 为平稳随机过程的必要条件。可见 $Y(t)$ 与 $\hat{Y}(t)$ 必须具有相同的相关函数，而且必须是相互平稳与正交的。因为 $Y(t)$ 是高斯过程，很自然选取 $\hat{Y}(t)$ 也是高斯随机过程。于是 $I_C(t)$ 与 $I_S(t)$ 也是高斯随机过程。这样 $R_Y(\tau)$ 完全确定了这些过程。

(3.4-56) 还可写成

$$Y(t) = A(t)\cos\Phi(t), \quad \Phi(t) = \omega_0 t + \Theta(t) \qquad (3.4\text{-}67)$$

式中

$$A(t) = \sqrt{I_C^2(t) + I_S^2(t)}, \quad \Theta(t) = \tan^{-1}[I_S(t)/I_C(t)] \qquad (3.4\text{-}68)$$

$A(t)$ 称为 $Y(t)$ 的包络线过程，$\Theta(t)$ 为 $Y(t)$ 的相位过程。(3.4-68) 之逆为

$$I_C(t) = A(t)\cos\Theta(t), \quad I_S(t) = A(t)\sin\Theta(t) \qquad (3.4\text{-}69)$$

由于 (3.4-68) 的非线性，$A(t)$ 与 $\theta(t)$ 不是高斯随机过程。它们的概率分布可由 $I_C(t)$ 与 $I_S(t)$ 的概率分布籍变换关系 (3.4-68) 或 (3.4-69) 得到。例如，同一时刻上 $A(t)$ 与 $\theta(t)$ 的联合概率密度可按下式求得：

$$p(a,\theta) = p(i_C, i_S)|J| \qquad (3.4\text{-}70)$$

式中

$$J = \det\left[\frac{\partial(I_C, I_S)}{\partial(A,\Theta)}\right]\Bigg|_{\substack{A=a\\ \Theta=\theta}} \qquad (3.4\text{-}71)$$

将 (3.4-69) 代入得 $J = a$。由于 $I_C(t)$ 与 $I_S(t)$ 为联合高斯分布，且 $\sigma_{I_C}^2 = \sigma_{I_S}^2 = \sigma_Y^2$，

$$p(i_C, i_S) = \frac{1}{2\pi\sigma_Y^2}\exp\left[-\frac{i_C^2 + i_S^2}{2\sigma_Y^2}\right] \qquad (3.4\text{-}72)$$

将 (3.4-71) 与 (3.4-72) 代入 (3.4-70) 得

$$p(a,\theta)=\begin{cases}\dfrac{a}{2\pi\sigma_Y^2}\exp\left(-\dfrac{a^2}{2\sigma_Y^2}\right), & a\geqslant 0,\ 0\leqslant\theta\leqslant 2\pi\\ 0, & \text{其他 } a \text{ 与 } \theta \text{ 值}\end{cases}$$

(3.4-73)

进一步可得边缘概率密度

$$p(a)=\frac{a}{\sigma_Y^2}\exp\left(-\frac{a^2}{2\sigma_Y^2}\right),\ a\geqslant 0 \tag{3.4-74}$$

$$p(\theta)=1/2\pi\quad 0\leqslant\theta<2\pi \tag{3.4-75}$$

可见，平稳高斯窄带过程的幅值包络线过程的一维概率分布为瑞利（Rayleigh）分布。相位过程的一维概率分布为均匀分布。在同一时刻上，包络线过程与相位过程是独立的。

为得到包络线的二维概率分布，需要 $I_C(t)$，$I_S(t)$，$I_C(t+\tau)$ 及 $I_S(t+\tau)$ 的联合概率密度 $p(i_{C_1},i_{S_1},i_{C_2},i_{S_2})$，它是高斯的，形如(1.6-1)，均值矢量为零，$C_{XX}(t_j,t_k)$ 应代之以

$$A=\begin{bmatrix} r(0) & 0 & r(\tau) & s(\tau)\\ 0 & r(0) & -s(\tau) & r(\tau)\\ r(\tau) & -s(\tau) & r(0) & 0\\ -s(\tau) & r(\tau) & 0 & r(0)\end{bmatrix} \tag{3.4-76}$$

包络线与相位的二维联合概率密度按下式求取

$$p(a_1,a_2,\theta_1,\theta_2)=p(i_{C_1},i_{S_1},i_{C_2},i_{S_2})|J| \tag{3.4-77}$$

其中

$$J=\det\left[\frac{\partial(I_C(t),I_S(t),I_C(t+\tau),I_S(t+\tau))}{\partial(A(t),A(t+\tau),\Theta(t),\Theta(t+\tau))}\right] \tag{3.4-78}$$

经运算最后得

$$p(a_1,a_2;\theta_1,\theta_2)=\begin{cases}\dfrac{a_1a_2}{4\pi^2\sigma_Y^4Q^2}\exp\left\{-\dfrac{1}{2\sigma_Y^2Q^2}\left[a_1^2+a_2^2\right.\right.\\ \qquad\left.\left.-2\sqrt{1-Q^2}\,a_1a_2\cos(\theta_2-\theta_1-\gamma)\right]\right\}\\ \qquad a_1,a_2\geqslant 0,\ 0\leqslant\theta_1,\ \theta_2<2\pi\\ 0,\ \text{其他 } a_1,a_2,\theta_1,\theta_2 \text{ 值}\end{cases}$$

(3.4-79)

式中

$$Q^2 = 1 - [r^2(\tau) + s^2(\tau)]/\sigma_Y^4, \quad \gamma = \tan^{-1}(s(\tau)/r(\tau))$$

(3.4-80)

(3.4-79) 对 θ_1 与 θ_2 积分得包络线的二维概率密度

$$p(a_1,a_2) = \begin{cases} \dfrac{a_1 a_2}{\sigma_Y^4 Q^2} I_0\left[\dfrac{a_1 a_2(1-Q^2)^{1/2}}{\sigma_Y^2 Q^2}\right] \exp\left(-\dfrac{a_1^2+a_2^2}{2\sigma_Y^2 Q^2}\right), a_1, a_2 \geqslant 0 \\ 0，其他\ a_1，a_2\ 值 \end{cases}$$

(3.4-81)

式中 I_0 是零阶第一类修正贝塞尔函数。(3.4-79) 对 a_1 与 a_2 积分得相位的二维概率密度

$$p(\theta_1,\theta_2) = \begin{cases} \dfrac{Q^2}{4\pi^2}\left\{\dfrac{1}{1-\beta^2} + \beta\,\dfrac{\pi/2 + \sin^{-1}\beta}{(1-\beta^2)^{3/2}}\right\}, \ 0 \leqslant \theta_1, \theta_2 < 2\pi \\ 0，其他\ \theta_1, \theta_2\ 值 \end{cases}$$

(3.4-82)

式中

$$\beta = \sqrt{1-Q^2}\cos(\theta_2 - \theta_1 - \gamma) \qquad (3.4\text{-}83)$$

注意

$$p(a_1, a_2, \theta_1, \theta_2) \neq p(a_1, a_2)p(\theta_1, \theta_2)$$

故在两个不同时刻上的包络线过程与相位过程是不独立的。

按 $p(a_1, a_2) = p(a_2|a_1)p(a_1)$，还可从 (3.4-81) 得包络线的条件概率密度

$$p(a_2|a_1) = \frac{a_2}{\sigma_Y^2 Q^2} I_0\left[\frac{a_1 a_2(1-Q^2)^{1/2}}{\sigma_Y^2 Q^2}\right] \exp\left\{-\frac{a_2^2 + a_1^2(1-Q^2)}{2\sigma_Y^2 Q^2}\right\}$$

(3.4-84)

Pierce[9] 用类似的方法求得了 3 个及 N 个不同时刻上包络线的联合概率密度以及条件概率密度，从而首次证明了作为小阻尼的时不变单自由度线性系统对白噪声激励的响应的平稳高斯窄带过程的包络线是一维马尔可夫过程。

3.4.8 对受调制的白噪声的响应

作为时不变单自由度线性系统对非平稳随机激励的响应的一个例子，考虑对受调制的白噪声，即散粒噪声的响应[10]。受调制的白噪声可用下列渐进谱密度描述

$$S_X(\omega,t) = V^2(t)S_0 \tag{3.4-85}$$

式中 $V^2(t)$ 为确定性函数. 相应的相关函数为

$$R_X(t_1,t_2) = 2\pi S_0 V^2(t_1)\delta(t_2 - t_1) \tag{3.4-86}$$

设激励在 $t=0$ 时施加于时不变单自由度系统 (3.4-1)。令 $Y_1 = Y$，$Y_2 = \dot{Y}$，$h_1(t) = h(t)$，$h_2(t) = \dot{h}(t)$，t 时刻的响应方差与互方差按 (3.2-7) 为

$$\begin{aligned} E[Y_i(t)Y_j(t)] &= 2\pi S_0 \int_0^t h_i(\theta)h_j(\theta)V^2(t-\theta)d\theta \\ &= 2\pi S_0 \Big\{ g_{ij}(0)V^2(t) - g_{ij}(t)V^2(0) \\ &\quad - \int_0^t g_{ij}(\tau)2V(t-\tau)\dot{V}(t-\tau)d\tau \Big\} \\ &\qquad i,j = 1,2 \end{aligned} \tag{3.4-87}$$

式中

$$\begin{aligned} g_{11}(t) &= (1/4m^2\zeta\omega_0 p^2)e^{-2\zeta\omega_0 t}[1 - \zeta^2\cos 2pt + \zeta(p/\omega_0)\sin 2pt] \\ g_{22}(t) &= (\omega_0/4m^2\zeta p^2)e^{-2\zeta\omega_0 t}[1 - \zeta^2\cos 2pt - \zeta(p/\omega_0)\sin 2pt] \\ g_{12}(t) &= (1/2m^2p^2)e^{-2\zeta\omega_0 t}\sin^2 pt \end{aligned} \tag{3.4-88}$$

(3.4-87) 右边第一项表示拟平稳近似；第二项表示 $t=0$ 时激励突然加上去的效应；第三项表示激励的统计特性变化率引起的修正。对突加平稳激励只有头两项。第二与第三项只有在阻尼很小时才是重要的．此时拟平稳近似不合适。

对 $V^2(t)$ 作傅里叶分解

$$V^2(t) = \int_{-\infty}^{\infty} V^2(\omega)e^{i\omega t}d\omega \tag{3.4-89}$$

代入 (3.4-87)，令 $t\to\infty$，可得

$$E[Y_i(t)Y_j(t)] = 2\pi S_0 \int_{-\infty}^{\infty} H_{ij}(\omega)V_2(\omega)e^{i\omega t}d\omega \tag{3.4-90}$$

式中

$$H_{ij}(\omega)=\int_0^{\infty}h_i(t)h_j(t)e^{-i\omega t}dt,i,j=1,2 \qquad (3.4\text{-}91)$$

$h_1(t)$ 即为(3.4-6)中 $h(t)$，$h_2(t)=dh_1(t)/dt$，代入 (3.4-91)，得

$$\begin{aligned}H_{11}(\omega)=&(1/4m^2\zeta\omega_0^3)(8\zeta/R)\{2\zeta(4-3r^2)\\&+ir[r^2-4(1+2\zeta^2)]\}\\H_{22}(\omega)=&(1/4m^2\zeta\omega_0)(4\zeta/R)\{4\zeta[4+r^2(4\zeta^2-3)\\&+r^4]-ir[8+r^2(4\zeta^2-6)+r^4]\}\\H_{12}(\omega)=&(1/8m^2\zeta\omega_0^2)(8\zeta r/R)\\&\times\{-r[r^2-4(1+2\zeta^2)]+2iS(4-3r^2)\}\end{aligned} \qquad (3.4\text{-}92)$$

其中

$$r=\omega/\omega_0,\ R=(4\zeta^2+r^2)[(4+r^2)^2-16r^2(1-\zeta^2)] \qquad (3.4\text{-}93)$$

当 $r\to 0$ 时，$H_{11}(\omega)\to H_{11}(0)=1/4m^2\zeta\omega_0^3$，$H_{22}(\omega)\to H_{22}(0)=1/4m^2\zeta\omega_0$，$H_{12}(\omega)\to H_{12}(0)=0$，(3.4-90) 化为拟静态解。

3.5 实模态叠加法

模态叠加法，也称模态分析法，正交模态法或主坐标法，是预测多自由度时不变线性系统随机响应的有效方法。该方法的基本思想是将系统的响应统计量表示成各模态响应统计量的加权和。多自由度时不变线性系统的模态可以是实的或复的。对以方程(3.1-2) 描述的振动系统，假定阻尼矩阵可用实模态对角化，或假定非模态阻尼很小可忽略不计，就可应用实模态叠加法。对非经典阻尼，或系统中含有陀螺元件时，例如 (3.1-1)，则需采用复模态叠加法。本节叙述实模态叠加法，下节叙述复模态叠加法。

考虑 n 个自由度时不变线性振动系统的随机振动，其运动方程为 (3.1-2)。对应的特征值问题的方程为

$$\boldsymbol{Ku}-\omega^2\boldsymbol{Mu}=\boldsymbol{0} \qquad (3.5\text{-}1)$$

式中 ω^2 为特征值，$\boldsymbol{u}$ 为特征矢量。假定已解出特征值问题，求得

全部特征值 $\omega_1^2, \omega_2^2, \cdots, \omega_n^2$ 与对应的归一化特征矩阵(模态矩阵)

$$\boldsymbol{U}=[\boldsymbol{u}^{(1)}\boldsymbol{u}^{(2)}\cdots\boldsymbol{u}^{(n)}] \tag{3.5-2}$$

$\boldsymbol{M}$ 与 $\boldsymbol{K}$ 的正定性保证了 ω_j^2 为实值,而 $\boldsymbol{M}$ 与 $\boldsymbol{K}$ 的对称性使 $\boldsymbol{U}$ 具有下列正交性:

$$\boldsymbol{U}^T\boldsymbol{M}\boldsymbol{U}=\boldsymbol{I} \tag{3.5-3}$$

$$\boldsymbol{U}^T\boldsymbol{K}\boldsymbol{U}=\boldsymbol{\Omega}^2 \tag{3.5-4}$$

式中 $\boldsymbol{\Omega}^2=\mathrm{diag}\{\omega_j^2\}$, $j=1, 2, \cdots, n$; $\boldsymbol{I}$ 为单位矩阵.

假定阻尼矩阵可表示为质量矩阵与刚度矩阵的线性组合

$$\boldsymbol{C}=\alpha\boldsymbol{M}+\beta\boldsymbol{K} \tag{3.5-5}$$

式中 α 与 β 为两个常数,那么 $\boldsymbol{C}$ 也可用振型矩阵 $\boldsymbol{U}$ 对角化

$$\boldsymbol{U}^T\boldsymbol{C}\boldsymbol{U}=\alpha\boldsymbol{I}+\beta\boldsymbol{\Omega}^2=2\boldsymbol{\zeta}\boldsymbol{\Omega} \tag{3.5-6}$$

式中 $\boldsymbol{\zeta}=\mathrm{diag}\{\zeta_j\}$, $\zeta_j=(\alpha+\beta\omega_j^2)/2\omega_j$, $j=1, 2, \cdots, n$. 最近方同与王真妮[11]证明,若 $\boldsymbol{C}$ 满足下列三个条件之一,则 $\boldsymbol{C}$ 可用 $\boldsymbol{U}$ 对角化:

$$\boldsymbol{M}\boldsymbol{K}^{-1}\boldsymbol{C}=\boldsymbol{C}\boldsymbol{K}^{-1}\boldsymbol{M} \tag{3.5-7}$$

$$\boldsymbol{M}\boldsymbol{C}^{-1}\boldsymbol{K}=\boldsymbol{K}\boldsymbol{C}^{-1}\boldsymbol{M} \tag{3.5-8}$$

$$\boldsymbol{C}\boldsymbol{M}^{-1}\boldsymbol{K}=\boldsymbol{K}\boldsymbol{M}^{-1}\boldsymbol{C} \tag{3.5-9}$$

其中条件 (3.5-9) 与(3.5-7)首先分别由 Caughey 与 O'Kelly[29], Nicholson[30]得到. 由于阻尼机理十分复杂,目前尚不十分清楚,上述可对角化条件只有纯理论意义. 实践中,如果阻尼很小,常假定 $\boldsymbol{C}$ 是可用 $\boldsymbol{U}$ 对角化的,

(3.1-2) 中作变换

$$\boldsymbol{Y}=\boldsymbol{U}\boldsymbol{Q} \tag{3.5-10}$$

并以 $\boldsymbol{U}^T$ 左乘 (3.1-2) 两边,利用正交关系 (3.5-3), (3.5-4) 及 (3.5-6), 得

$$\ddot{\boldsymbol{Q}}+2\boldsymbol{\zeta}\boldsymbol{\Omega}\dot{\boldsymbol{Q}}+\boldsymbol{\Omega}^2\boldsymbol{Q}=\boldsymbol{F} \tag{3.5-11}$$

式中 $\boldsymbol{Q}$ 称为模态响应矢量;

$$\boldsymbol{F}=\boldsymbol{U}^T\boldsymbol{X} \tag{3.5-12}$$

称为模态激励矢量. (3.5-11) 的脉冲响应矩阵为

$$\boldsymbol{h}(t)=\mathrm{diag}\{h_j(t)\} \tag{3.5-13}$$

其中

$$h_j(t)=\frac{1}{p_j}e^{-\zeta_j\omega_j t}\sin p_j t\cdot u(t),\quad p_j=\omega_j\sqrt{1-\zeta_j^2}$$

$$j=1,2,\cdots n \tag{3.5-14}$$

瞬态频率响应矩阵

$$\boldsymbol{H}(\omega,t)=\mathrm{diag}\{H_j(\omega,t)\} \tag{3.5-15}$$

其中

$$H_j(\omega,t)=\int_0^t h(\theta)e^{-i\omega\theta}d\theta,\ j=1,2,\cdots,n \tag{3.5-16}$$

稳态频率响应矩阵为

$$\boldsymbol{H}(\omega)=\mathrm{diag}\{H_j(\omega)\} \tag{3.5-17}$$

其中

$$H_j(\omega)=\frac{1}{\omega_j^2-\omega^2+2i\zeta_j\omega_j\omega},\ j=1,2,\cdots,n \tag{3.5-18}$$

借助于 (3.5-10) 与 (3.5-12)，可由 $\boldsymbol{Q}$ 对 $\boldsymbol{F}$ 的脉冲响应矩阵 (3.5-13) 求得 $\boldsymbol{Y}$ 对 $\boldsymbol{X}$ 的脉冲响应矩阵。类似地，可求得 $\boldsymbol{Y}$ 对 $\boldsymbol{X}$ 的瞬态频率响应矩阵与稳态频率响应矩阵。然后，可按 3.2 节或 3.3 节中的公式预测系统对非平稳或平稳激励的非平稳或平稳响应统计量。

用模态叠加法预测响应统计量的另一途径如下。由于 (3.5-11) 为非耦合方程，可像单自由度系统一样建立模态激励与模态响应之间的关系，然后，借助于变换 (3.5-10) 与 (3.5-12)，建立原激励与原响应之间的关系。现以对平稳激励的平稳响应为例说明之。

假定随机激励 $\boldsymbol{X}(t)$ 是平稳矢量过程，其相关矩阵为 $\boldsymbol{R_X}(\tau)$，谱密度矩阵为 $\boldsymbol{S_X}(\omega)$。基于变换 (3.5-12)，模态激励 F 的相关矩阵与谱密度矩阵为

$$\boldsymbol{R_F}(\tau)=\boldsymbol{U}^T\boldsymbol{R_X}(\tau)\boldsymbol{U} \tag{3.5-19}$$

$$\boldsymbol{S_F}(\omega)=\boldsymbol{U}^T\boldsymbol{S_X}(\omega)\boldsymbol{U} \tag{3.5-20}$$

根据 (3.2-15) 与 (3.3-27)，不难建立模态激励与模态响应之间相关矩阵与谱密度矩阵的关系式：

$$\boldsymbol{R}_Q(\tau)=\int_0^\infty\int_0^\infty \boldsymbol{h}(\theta_1)\boldsymbol{R}_F(\tau+\theta_1-\theta_2)\boldsymbol{h}(\theta_2)d\theta_1 d\theta_2 \quad (3.5\text{-}21)$$

$$\boldsymbol{S}_Q(\omega)=\boldsymbol{H}(\omega)\boldsymbol{S}_F(\omega)\boldsymbol{H}^*(\omega) \quad (3.5\text{-}22)$$

基于变换(3.5-10)，系统响应与模态响应之间的相关函数与谱密度矩阵关系为

$$\boldsymbol{R}_Y(\tau)=\boldsymbol{U}\boldsymbol{R}_Q(\tau)\boldsymbol{U}^T \quad (3.5\text{-}23)$$

$$\boldsymbol{S}_Y(\omega)=\boldsymbol{U}\boldsymbol{S}_Q(\omega)\boldsymbol{U}^T \quad (3.5\text{-}24)$$

综合(3.5-19)至(3.5-24)，得系统响应与系统激励之间的相关矩阵与谱密度矩阵关系式:

$$\boldsymbol{R}_Y(\tau)=\boldsymbol{U}\int_0^\infty\int_0^\infty \boldsymbol{h}(\theta_1)\boldsymbol{U}^T\boldsymbol{R}_X(\tau+\theta_1-\theta_2)\boldsymbol{U}\boldsymbol{h}(\theta_2)d\theta_1 d\theta_2\boldsymbol{U}^T \quad (3.5\text{-}25)$$

$$\boldsymbol{S}_Y(\omega)=\boldsymbol{U}\boldsymbol{H}(\omega)\boldsymbol{U}^T\boldsymbol{S}_X(\omega)\boldsymbol{U}\boldsymbol{H}^*(\omega)\boldsymbol{U}^T \quad (3.5\text{-}26)$$

方差矩阵按(3.2-17)或(3.3-31)得到

$$\mathrm{Var}[\boldsymbol{Y}]=\boldsymbol{U}\int_0^\infty\int_0^\infty \boldsymbol{h}(\theta_1)\boldsymbol{U}^T\boldsymbol{R}_X(\theta_1-\theta_2)\boldsymbol{U}\boldsymbol{h}(\theta_2)d\theta_1 d\theta_2\boldsymbol{U}^T - E[\boldsymbol{Y}]E[\boldsymbol{Y}^T] \quad (3.5\text{-}27)$$

或

$$\mathrm{Var}[\boldsymbol{Y}]=\boldsymbol{U}\int_{-\infty}^\infty \boldsymbol{H}(\omega)\boldsymbol{U}^T\boldsymbol{S}_X(\omega)\boldsymbol{U}\boldsymbol{H}^*(\omega)d\omega\boldsymbol{U}^T - E[\boldsymbol{Y}]E[\boldsymbol{Y}^T] \quad (3.5\text{-}28)$$

其中均值矢量

$$E[\boldsymbol{Y}]=\boldsymbol{U}\int_0^\infty \boldsymbol{h}(t)dt\boldsymbol{U}^T E[\boldsymbol{X}] \quad (3.5\text{-}29)$$

或

$$E[\boldsymbol{Y}]=\boldsymbol{U}\boldsymbol{H}(0)\boldsymbol{U}^T E[\boldsymbol{X}] \quad (3.5\text{-}30)$$

如果激励是高斯矢量随机过程，那么响应也是高斯矢量随机过程，有了响应的均值矢量与协方差矩阵就可按(1.6-1)写出其概率密度函数.

若激励矢量 $\boldsymbol{X}(t)$ 为白噪声，均值为零，强度矩阵为 $\boldsymbol{D}$，则响应均值矢量为零，而(3.5-25)至(3.5-28)可化简为

$$\boldsymbol{R}_Y(\tau)=\boldsymbol{U}\int_0^\infty \boldsymbol{h}(\theta_1)\boldsymbol{U}^T\boldsymbol{D}\boldsymbol{U}\boldsymbol{h}(\tau+\theta_1)d\theta_1\boldsymbol{U}^T \quad (3.5\text{-}31)$$

$$S_Y(\omega) = \frac{1}{2\pi} UH(\omega)U^T DUH^*(\omega)U^T \tag{3.5-32}$$

$$\mathrm{Var}[Y] = U\int_0^\infty h(\theta_1)U^T DUh(\theta_1)d\theta_1 U^T \tag{3.5-33}$$

$$\mathrm{Var}\,[Y] = \frac{1}{2\pi} U\int_{-\infty}^{\infty} H(\omega)U^T DUH^*(\omega)d\omega U^T \tag{3.5-34}$$

记模态矩阵 U 的第 j 行元素为

$$\{u_j\}^T = [u_j^{(1)}u_j^{(2)}\cdots u_j^{(n)}] \tag{3.5-35}$$

则

$$E[Y_jY_k^*] = R_{Y_jY_k}(0) = \{u_j\}^T\int_{-\infty}^{\infty} H(\omega)S_F(\omega)H^*(\omega)d\omega\{u_k\}$$

$$= \sum_{\alpha=1}^{n}\sum_{\beta=1}^{n} u_j^{(\alpha)}u_k^{(\beta)}I_{\alpha\beta}$$

$$= \sum_{\alpha=1}^{n} u_j^{(\alpha)}u_k^{(\alpha)}I_{\alpha\alpha} + \sum_{\substack{\alpha=1\\ \alpha\neq\beta}}^{n}\sum_{\beta=1}^{n} u_j^{(\alpha)}u_k^{(\beta)}I_{\alpha\beta} \tag{3.5-36}$$

式中

$$I_{\alpha\beta} = \int_{-\infty}^{\infty} S_{F_\alpha F_\beta}(\omega)H_\alpha(\omega)H_\beta^*(\omega)d\omega \tag{3.5-37}$$

为模态响应互相关在 $\tau=0$ 处之值. $S_{F_\alpha F_\beta}(\omega)$ 为模态激励谱密度矩阵 $S_F(\omega)$ 的元素，它一般为复值函数，故 $I_{\alpha\beta}$ 一般亦为复值. 因为 $S_F(\omega)$ 为埃尔米特矩阵，所以

$$I_{\alpha\beta} = I_{\beta\alpha}^* \tag{3.5-38}$$

显然 $I_{\alpha\alpha}$ 是实的.

当 $j=k$ 时，得系统位移的均方响应

$$E[|Y_j|^2] = \sum_{\alpha=1}^{n}(u_j^{(\alpha)})^2 I_{\alpha\alpha} + \sum_{\substack{\alpha=1\\ \alpha\neq\beta}}^{n}\sum_{\beta=1}^{n} u_j^{(\alpha)}u_j^{(\beta)}I_{\alpha\beta} \tag{3.5-39}$$

由于 $I_{\alpha\beta}$ 的埃尔米特性质(3.5-38)，对固定的 α 和 β，

$$u_j^{(\alpha)}u_j^{(\beta)}I_{\alpha\beta} + u_j^{(\beta)}u_j^{(\alpha)}I_{\beta\alpha} = 2u_j^{(\alpha)}u_j^{(\beta)}\mathrm{Re}[I_{\alpha\beta}] \tag{3.5-40}$$

于是

$$E[|Y_i|^2]=\sum_{\alpha=1}^{n}(u_i^{(\alpha)})^2 I_{\alpha\alpha}+2\sum_{\substack{\alpha=1\\ \alpha<\beta}}^{n}\sum_{\beta=1}^{n}u_i^{(\alpha)}u_i^{(\beta)}\mathrm{Re}[I_{\alpha\beta}]$$

(3.5-41)

这说明系统的均方位移总是实的．上式右边第一项为模态自相关贡献之和，第二项为模态互相关贡献之和．

Bolotin[12] 通过对 $\mathrm{Re}[I_{\alpha\beta}]$ 量级的估计证明了，在固有频率间隔和模态响应带宽都与固有频率相比为小，即

$$\Delta\omega_{\alpha\beta}=|\omega_\alpha-\omega_\beta|\ll\omega_{\alpha\beta},\quad(\zeta\omega)_{\alpha\beta}=\max\{\zeta_\alpha\omega_\alpha,\zeta_\beta\omega_\beta\}\ll\omega_{\alpha\beta}$$

(3.5-42)

式中 $\omega_{\alpha\beta}$ 为区间 $[\omega_\alpha,\omega_\beta]$ 内某个频率，例如

$$\omega_{\alpha\beta}=\frac{1}{2}(\omega_\alpha+\omega_\beta)$$

并且模态激励互谱密度 $S_{F_\alpha F_\beta}(\omega)$ 为 ω 的慢变函数，从而它在量级为 $\Delta\omega_{\alpha\beta}$ 与 $(\zeta\omega)_{\alpha\beta}$ 的频率区间上的增量可忽略不计的情形下，对于满足条件

$$|\omega_\alpha-\omega_\beta|^2\gg(\zeta\omega)^2_{\alpha\beta} \tag{3.5-43}$$

的两个模态之间的互相关对均方位移响应的贡献（与模态自相关贡献相比）可忽略不计．此时 $|H(\omega_\alpha)|$ 与 $|H(\omega_\beta)|$ 的曲线下的面积重叠部分很少．

如果在上述情形下，条件 (3.5-43) 不满足，则模态互相关对均方位移响应的贡献不可忽略．特别是，当系统具有 r 重固有频率时，对应于一个固有频率有 r 个正交振型，这 r 个模态之间的互相关是不可忽略的．当条件 (3.5-42) 不满足或 $S_{F_\alpha F_\beta}(\omega)$ 非为 ω 的慢变函数时，应对 $\mathrm{Re}[I_{\alpha\beta}]$ 的量级作出估计，才能决定模态互相关项是否可忽略不计．

Elishakoff 等用一个二自由度的例子[2]详细分析了模态互相关对均方位移响应的重要性．对作用有随机激励的质量的均方位移响应，忽略互相关项可导致直至50％的误差，而对无随机激励作用的质量的均方位移响应，忽略互相关项产生的误差可为 $[0,\infty]$

内的任意值。后来，他又用另一个二自由度系统的例子[13]与一个N自由度系统的例子说明互相关项的重要性。

当激励为理想的白噪声时，(3.5-37) 中 $S_{F_\alpha F_\beta}(\omega)$ 将与ω无关，此时将用到如下积分

$$\int_{-\infty}^{\infty}|H_\alpha(\omega)|^2 d\omega=\int_{-\infty}^{\infty}\frac{d\omega}{(\omega_\alpha^2-\omega^2)^2+4\zeta_\alpha\omega_\alpha^2\omega^2}$$

$$=\frac{\pi}{2\zeta_\alpha\omega_\alpha^3} \tag{3.5-44}$$

$$2\int_{-\infty}^{\infty}\mathrm{Re}[H_\alpha(\omega)H_\beta^*(\omega)]d\omega$$

$$=2\int_{-\infty}^{\infty}\mathrm{Re}\left[\frac{1}{(\omega_\alpha^2-\omega^2+2i\zeta_\alpha\omega_\alpha\omega)(\omega_\beta^2-\omega^2-2i\zeta_\beta\omega_\beta\omega)}\right]d\omega$$

$$=\frac{8\pi(\zeta_\alpha\omega_\alpha+\zeta_\beta\omega_\beta)}{(\omega_\alpha^2-\omega_\beta^2)^2+4[\zeta_\alpha\zeta_\beta\omega_\alpha\omega_\beta(\omega_\alpha^2+\omega_\beta^2)+(\zeta_\alpha^2+\zeta_\beta^2)\omega_\alpha^2\omega_\beta^2]} \tag{3.5-45}$$

上两式可由詹姆斯（James）公式导得[14]。由(3.5-44)与(3.5-45)可看出，在条件(3.5-42)与(3.5-43)满足时，(3.5-45)之值将比(3.5-44)小得多，从因(3.5-41)中相应的互相关项可忽略不计。

现假定激励为限带白噪声，此时可能发生两种情况。一是固有频率在激励谱带内，将称为共振频率；一是固有频率在激励谱带外，将称为非共振频率。对共振频率 ω_α 与 ω_β，类似于单自由度系统，只要它们与截止频率的距离比相应模态响应带宽大得多，$|H_\alpha(\omega)|^2$ 与 $2\mathrm{Re}\{H_\alpha(\omega)H_\beta^*(\omega)\}$ 在有限频带上的积分可分别用(3.5-44)与(3.5-45)近似代替。类似地，对非共振频率 ω_α 与 ω_β，在它们与截止频率的距离比相应的模态响应带宽大得多时，积分 $I_{\alpha\alpha}$ 与 $2\mathrm{Re}[I_{\alpha\beta}]$ 将近似等于零，从而相应的模态响应对均方位移响应的贡献可忽略不计。远离截止频率的一个共振频率与一个非共振频率之间的模态互相关对均方位移响应的贡献也可忽略不计。对于在截止频率邻域的共振频率与非共振频率，应作具体分析。例如，当某一固有频率正好与截止频率相同时，$|H_\alpha(\omega)|^2$

的积分应为(3.5-44)的一半.

对谱密度随 ω 慢变的有色噪声激励,(3.5-37)中的积分

$$I_{\alpha\alpha} \approx S_{F_\alpha F_\alpha}(\omega_\alpha)\int_{-\infty}^{\infty}|H_\alpha(\omega)|^2 d\omega = S_{F_\alpha F_\alpha}(\omega_\alpha)\frac{\pi}{2\zeta_\alpha\omega_\alpha^3} \tag{3.5-46}$$

对模态响应互相关 $I_{\alpha\beta}$ 可作相应的近似.

对于平稳激励的瞬态响应,上述各式仍适用,只要在(3.5-25),(3.5-27),(3.5-29),(3.5-31)及(3.5-33)中的无限积分上限代之以有限的积分上限,$R_Y(\tau)$ 代之以 $R_Y(t_1, t_2)$,在(3.5-26),(3.5-28),(3.5-30),(3.5-32)及(3.5-34)中 $H(\omega)$ 代之以 $H(\omega,t)$,$S_Y(\omega)$ 代之以 $S_Y(\omega,t)$.对于用渐进谱密度表示的非平稳激励,也可用实模态叠加法求非平稳响应[15,27,28].

3.6 复模态叠加法

考虑 n 个自由度时不变线性系统的随机振动,其运动方程为

$$M\ddot{Y} + P\dot{Y} + QY = X(t) \tag{3.6-1}$$

最一般情况下,只假定 M, P, Q 为 $n \times n$(实或复)常数矩阵.相应自由振动的特征方程为

$$\det(\lambda^2 M + \lambda P + Q) = 0 \tag{3.6-2}$$

一般有 $2n$ 个特征值 $\lambda_1, \lambda_2, \cdots, \lambda_{2n}$. 假定没有重根,也没有零根,可按一定次序排列成对角阵

$$\Lambda = \mathrm{diag}\{\lambda_j\},\ j = 1, 2, \cdots, 2n \tag{3.6-3}$$

对应于这 $2n$ 个特征值,有 $2n$ 个右特征列阵 $\varphi^{(k)}$,它们满足如下方程

$$(\lambda_k^2 M + \lambda_k P + Q)\varphi^{(k)} = 0,\ k = 1, 2, \cdots, 2n \tag{3.6-4}$$

还有 $2n$ 个左特征行阵 $\phi_{(j)}$,它们满足方程

$$\phi_{(j)}(\lambda_j^2 M + \lambda_j P + Q) = 0,\ j = 1, 2, \cdots, 2n \tag{3.6-5}$$

$2n$ 个右特征列阵可排列成如下 $n \times 2n$ 右特征矩阵

$$\Phi = [\varphi^{(1)}\varphi^{(2)}\cdots\varphi^{(2n)}] \tag{3.6-6}$$

$2n$个左特征行阵可排列成如下 $2n\times n$ 左特征矩阵

$$\boldsymbol{\Psi}=\begin{bmatrix}\boldsymbol{\psi}_{(1)}\\ \boldsymbol{\psi}_{(2)}\\ \vdots\\ \boldsymbol{\psi}_{(2n)}\end{bmatrix} \tag{3.6-7}$$

方程(3.6-4)与(3.6-5)可分别改写成如下矩阵方程形式

$$\boldsymbol{M\Phi\Lambda}^2+\boldsymbol{P\Phi\Lambda}+\boldsymbol{Q\Phi}=\mathbf{0} \tag{3.6-8}$$

与

$$\boldsymbol{\Lambda}^2\boldsymbol{\Psi M}+\boldsymbol{\Lambda\Psi P}+\boldsymbol{\Psi Q}=\mathbf{0} \tag{3.6-9}$$

当 $\boldsymbol{M}$, $\boldsymbol{P}$ 及 $\boldsymbol{Q}$ 为实矩阵时,特征值成共轭对出现,$\boldsymbol{\Lambda}$ 矩阵可表为

$$\boldsymbol{\Lambda}=\left[\begin{array}{c|c}\boldsymbol{\lambda}&\mathbf{0}\\ \hline \mathbf{0}&\boldsymbol{\lambda}^*\end{array}\right] \tag{3.6-10}$$

式中 $\boldsymbol{\lambda}=\mathrm{diag}\{\lambda_l\}$, $l=1,2,\cdots,n$. 相应的右、左特征矩阵也分别可表为

$$\boldsymbol{\Phi}=[\boldsymbol{\varphi}\vdots\boldsymbol{\varphi}^*] \quad 与 \quad \boldsymbol{\Psi}=\begin{bmatrix}\boldsymbol{\psi}\\ \cdots\\ \boldsymbol{\psi}^*\end{bmatrix} \tag{3.6-11}$$

若系统是渐近稳定的,例如有阻尼的陀螺与非陀螺系统,特征值实部为负,即

$$\begin{aligned}&\mathrm{Re}\boldsymbol{\lambda}=\boldsymbol{\delta}=\mathrm{diag}\{\delta_l\}<0\\ &\mathrm{Im}\boldsymbol{\lambda}=\boldsymbol{\omega}=\mathrm{diag}\{\omega_l\}>0,\ l=1,2,\cdots,n\end{aligned} \tag{3.6-12}$$

若 $\boldsymbol{M}$, $\boldsymbol{P}$ 及 $\boldsymbol{Q}$ 是对称的,则有

$$\boldsymbol{\Psi}=\boldsymbol{\Phi}^T \tag{3.6-13}$$

对实对称矩阵 $\boldsymbol{M}$, $\boldsymbol{P}$ 及 $\boldsymbol{Q}$, 则有

$$\boldsymbol{\psi}=\boldsymbol{\varphi}^T,\ \boldsymbol{\psi}^*=\boldsymbol{\varphi}^{*T} \tag{3.6-14}$$

可以证明[16],右特征列阵与左特征行阵满足如下正交关系

$$\boldsymbol{\psi}_{(j)}[(\lambda_j+\lambda_k)\boldsymbol{M}+\boldsymbol{P}]\boldsymbol{\varphi}^{(k)}=\mathbf{0} \tag{3.6-15}$$

$$\boldsymbol{\psi}_{(j)}[\lambda_j\lambda_k\boldsymbol{M}-\boldsymbol{Q}]\boldsymbol{\varphi}^{(k)}=\mathbf{0} \tag{3.6-16}$$

$$j,k=1,2,\cdots,2n,\ j\neq k$$

当 $\boldsymbol{M}$, $\boldsymbol{P}$ 及 $\boldsymbol{Q}$ 实对称时,(3.6-15)与(3.6-16)变成

$$(\boldsymbol{\varphi}^{(j)})^T[(\lambda_j+\lambda_k)\boldsymbol{M}+\boldsymbol{P}]\boldsymbol{\varphi}^{(k)}=\boldsymbol{0} \tag{3.6-17}$$

$$(\boldsymbol{\varphi}^{(j)})^T[\lambda_j\lambda_k\boldsymbol{M}-\boldsymbol{Q}]\boldsymbol{\varphi}^{(k)}=\boldsymbol{0} \tag{3.6-18}$$

$$j,\ k=1,\ 2,\ \cdots,\ 2n,\ j\neq k$$

右特征列阵与左特征行阵皆不是唯一的，都可差一个常数．可适当选择常数使之满足方程

$$\boldsymbol{\psi}_{(j)}[2\lambda_j\boldsymbol{M}+\mathbf{P}]\boldsymbol{\varphi}^{(j)}=\boldsymbol{I},\ j=1,\ 2,\ \cdots,\ 2n \tag{3.6-19}$$

这称为右特征列阵与左特征行阵乘积归一化．显然，上述两个常数中还有一个可任选． 这样归一化后，正交性关系式(3.6-15)，(3.6-16)及(3.6-19)可表成如下矩阵形式

$$\boldsymbol{\Lambda\Psi M\Phi}+\boldsymbol{\Psi M\Phi\Lambda}+\boldsymbol{\Psi P\Phi}=\boldsymbol{I} \tag{3.6-20}$$

$$\boldsymbol{\Lambda\Psi M\Phi\Lambda}-\boldsymbol{\Psi Q\Phi}=\boldsymbol{\Lambda} \tag{3.6-21}$$

当 $\boldsymbol{M}$，$\boldsymbol{P}$ 及 $\boldsymbol{Q}$ 为实数方阵时，可将(3.6-10)与(3.6-11)代入(3.6-20)与(3.6-21)；当 $\boldsymbol{M}$，$\boldsymbol{P}$ 及 $\boldsymbol{Q}$ 对称时，可将(3.6-13)或(3.6-14)代入(3.6-20)与(3.6-21)；当 $\boldsymbol{M}$，$\boldsymbol{P}$ 及 $\boldsymbol{Q}$ 为实对称方阵时，归一化的正交关系式变为

$$\boldsymbol{\lambda\varphi}^T\boldsymbol{M\varphi}+\boldsymbol{\varphi}^T\boldsymbol{M\varphi\lambda}+\boldsymbol{\varphi}^T\boldsymbol{P\varphi}=\boldsymbol{I} \tag{3.6-22}$$

$$\boldsymbol{\lambda\varphi}^T\boldsymbol{M\varphi\lambda}-\boldsymbol{\varphi}^T\boldsymbol{Q\varphi}=\boldsymbol{\lambda} \tag{3.6-23}$$

注意，此时归一化特征矩阵是完全确定的．

虽然右特征矩阵与左特征矩阵具有正交性，但不能用来对(3.6-1)直接进行解耦，因为 $\boldsymbol{\Phi}$ 是 $n\times 2n$ 矩阵，而 $\boldsymbol{Y}$ 只有 n 个分量．这个困难可用下述办法解决．

引入状态矢量

$$\boldsymbol{Z}=\begin{Bmatrix}\boldsymbol{Y}\\ \hdashline \dot{\boldsymbol{Y}}\end{Bmatrix} \tag{3.6-24}$$

把运动方程(3.6-1)改写成状态方程

$$\boldsymbol{A}\dot{\boldsymbol{Z}}+\boldsymbol{BZ}=\boldsymbol{F}(t) \tag{3.6-25}$$

式中

$$\boldsymbol{A}=\begin{bmatrix}\boldsymbol{P} & \boldsymbol{M}\\ \boldsymbol{M} & \boldsymbol{0}\end{bmatrix},\ \boldsymbol{B}=\begin{bmatrix}\boldsymbol{Q} & \boldsymbol{0}\\ \boldsymbol{0} & -\boldsymbol{M}\end{bmatrix},\ \boldsymbol{F}=\begin{bmatrix}\boldsymbol{X}\\ \hdashline \boldsymbol{0}\end{bmatrix} \tag{3.6-26}$$

与状态方程(3.6-25)相应的右特征矩阵与左特征矩阵分别为

$$U=\left[\frac{\boldsymbol{\Phi}}{\boldsymbol{\Phi\Lambda}}\right] \text{ 与 } \boldsymbol{V}=[\boldsymbol{\Psi} \vdots \boldsymbol{\Lambda\Psi}] \tag{3.6-27}$$

作变换

$$\boldsymbol{Z}=\boldsymbol{UW} \tag{3.6-28}$$

将 (3.6-28) 代入 (3.6-25)，并左乘 $\boldsymbol{V}$，利用归一化正交关系式 (3.6-20) 与 (3.6-21)，(3.6-1) 变成如下解耦形式方程:

$$\dot{\boldsymbol{W}}-\boldsymbol{\Lambda W}=\boldsymbol{G}(t) \tag{3.6-29}$$

式中 $\boldsymbol{G}=\boldsymbol{\Psi X}(t)$，(3.6-29) 的分量形式为

$$\dot{W}_r-\lambda_r W_r=G_r(t),\ r=1,2,\cdots,2n \tag{3.6-30}$$

式中 $G_r=\boldsymbol{\psi}(r)\boldsymbol{X}(t)$. 由 (3.6-29)，$\boldsymbol{W}$ 对 $\boldsymbol{G}(t)$ 的脉冲响应矩阵与稳态频率响应矩阵分别为

$$\boldsymbol{h}_{WG}(t)=e^{\Lambda t},\ t>0 \tag{3.6-31}$$

与

$$\boldsymbol{H}_{WG}(\omega)=(i\omega\boldsymbol{I}-\boldsymbol{\Lambda})^{-1} \tag{3.6-32}$$

根据变换 (3.6-24) 与 (3.6-28)，$\boldsymbol{Y}$ 对 $\boldsymbol{X}$ 的脉冲响应矩阵与稳态频率响应矩阵分别为

$$\boldsymbol{h}(t)=\boldsymbol{\Phi}e^{\Lambda t}\boldsymbol{\Psi},\ t>0 \tag{3.6-33}$$

与

$$\boldsymbol{H}(\omega)=\boldsymbol{\Phi}(i\omega\boldsymbol{I}-\boldsymbol{\Lambda})^{-1}\boldsymbol{\Psi} \tag{3.6-34}$$

当 $\boldsymbol{M}$，$\boldsymbol{P}$ 及 $\boldsymbol{Q}$ 为实数方阵时，(3.6-33) 与 (3.6-34) 分别变成

$$\boldsymbol{h}(t)=\boldsymbol{\varphi}e^{\lambda t}\boldsymbol{\psi}+\boldsymbol{\varphi}^*e^{\lambda^* t}\boldsymbol{\psi}^*,\ t>0 \tag{3.9-35}$$

与

$$\boldsymbol{H}(\omega)=\boldsymbol{\varphi}(i\omega\boldsymbol{I}-\boldsymbol{\lambda})^{-1}\boldsymbol{\psi}+\boldsymbol{\varphi}^*(i\omega\boldsymbol{I}-\boldsymbol{\lambda}^*)^{-1}\boldsymbol{\psi}^* \tag{3.6-36}$$

当 $\boldsymbol{M}$，$\boldsymbol{P}$ 及 $\boldsymbol{Q}$ 为实对称矩阵时，(3.6-33) 与 (3.6-34) 变成

$$\boldsymbol{h}(t)=\boldsymbol{\varphi}e^{\lambda t}\boldsymbol{\varphi}^T+\boldsymbol{\varphi}^*e^{\lambda^* t}\boldsymbol{\varphi}^{*T},\ t>0 \tag{3.6-37}$$

与

$$\boldsymbol{H}(\omega)=\boldsymbol{\varphi}(i\omega\boldsymbol{I}-\boldsymbol{\lambda})^{-1}\boldsymbol{\varphi}^T+\boldsymbol{\varphi}^*(i\omega\boldsymbol{I}-\boldsymbol{\lambda}^*)^{-1}\boldsymbol{\varphi}^{*T} \tag{3.6-38}$$

注意，$\boldsymbol{h}(t)$ 与 $\boldsymbol{H}(\omega)$ 仍满足关系 (3.3-6) 有了脉冲响应矩阵与稳态频率响应矩阵，就可利用 3.2 与 3.3 节中的有关公式预测响应统计量了，注意，由 (3.6-29) 亦可求出瞬态频率响应矩阵.

复模态叠加法与实模态叠加法一样，可用于预测对平稳随机激励的平稳和瞬态响应，也可用于预测对以渐进谱表示的非平稳激励的非平稳响应。

Fang（方同）与 Wang（王真妮）用复模态叠加法得到了非古典阻尼的非陀螺振动系统对白噪声[17]、指数噪声与指数余弦噪声[18]的平稳模态响应相关矩阵的解析式，对限带白噪声的平稳均方响应的准确解[19]以及对受调制的白噪声与过滤白噪声的非平稳响应的方差矩阵解析式[20]。

3.7 矩函数微分方程法

矩函数微分方程法，简称矩方程法，是预测线性与非线性系统的随机响应统计量的一种常用方法。该方法的基本思想，是将描述线性或非线性系统的随机振动的随机微分方程、边界条件及初始条件先转换成响应与激励的矩函数所满足的确定性微分方程、边界条件及初始条件，然后在相应边界与初始条件下求解确定性矩方程给出所需响应统计量。这种方法首先为 Wang 与 Uhlenbeck[21] 所应用。他们在 FPK 方程的基础上，推导出并求解离散线性系统对白噪声响应的方差矩阵所满足的代数李亚普诺夫(Ляпунов) 方程。本书分别在 3.7，4.4 及 6.3 叙述离散线性系统、连续线性系统及非线性系统矩方程法。

3.7.1. 离散线性系统矩函数微分方程法

设描述离散线性系统的随机振动的微分方程与初始条件为(3.1-9)。对它两边求期望，并利用期望与均方微分运算的可交换性，得响应的平均矢量所满足的确定性微分方程与初始条件：

$$LE[\boldsymbol{Y}(t)] = E[\boldsymbol{X}(t)] \tag{3.7-1}$$

$$E[\boldsymbol{Y}(t_0)] = E[\boldsymbol{Y}_0], \cdots, E[\boldsymbol{Y}^{(l-1)}(t_0)] = E[\boldsymbol{Y}_0^{(l-1)}]$$

以 $\underset{t_k}{\mathscr{L}}$ 表示将响应过程 $\boldsymbol{Y}(t_k)$ 变换成 $\boldsymbol{X}(t_k)$ 的均方微分算子，$\underset{t_k}{L}$ 为对应确定性算子。写出以两个不同 t_k 为自变量的方

程(3.1-9)，对应边相乘然后求期望，可得相关矩阵所满足的确定性微分方程与初始条件

$$\underset{t_1\ t_2}{L L} \boldsymbol{R}_{YY}(t_1, t_2) = \boldsymbol{R}_{XX}(t_1, t_2) \tag{3.7-2}$$

$$\boldsymbol{R}_{YY}(t_0, t_0) = E[\boldsymbol{Y}_0 \boldsymbol{Y}_0^T], \cdots, \boldsymbol{R}_{YY^{(p-1)}}(t_0, t_0) = E[\boldsymbol{Y}_0^{(l-1)} (\boldsymbol{Y}_0^{(l-1)})^T]$$

类似地还可推出高阶矩方程所满足的微分方程与相应的初始条件.

对时变线性系统，(3.7-1) 为变系数线性常微分方程，而 (3.7-2) 为变系数线性偏微分方程. 对时不变线性系统，(3.7-1) 为常系数线性微分方程，(3.7-2) 为常系数线性偏微分方程. 对于时不变线性系统平稳激励的平稳响应，(3.7-1) 将是代数方程，不需初始条件. 而 (3.7-2) 将是如下形式的常微分方程

$$\underset{-\tau}{L}\ \underset{\tau}{L} \boldsymbol{R}_Y(\tau) = \boldsymbol{R}_X(\tau) \tag{3.7-3}$$

初始条件将由 $\boldsymbol{R}_Y(\tau)$ 的有界性与平稳矢量过程的相关矩阵的性质取代.

对 (3.7-3) 的两边作傅立叶变换，即得谱密度矩阵所满足的代数方程

$$L(-i\omega) L(i\omega) \boldsymbol{S}_Y(\omega) = \boldsymbol{S}_X(\omega) \tag{3.7-4}$$

附加的限制条件是谱密度矩阵的有界性与复埃尔米特性质.

作为一个简单的例子，考虑一个自由度时不变线性系统对任意随机激励的响应.

$$\left(\frac{d^2}{dt^2} + 2\zeta\omega_0 \frac{d}{dt} + \omega_0^2\right) Y(t) = \frac{1}{m} X(t)$$
$$Y(0) = Y_0, \quad \dot{Y}(0) = \dot{Y}_0 \tag{a}$$

平均函数所满足的微分方程与初始条件为

$$\left(\frac{d^2}{dt^2} + 2\zeta\omega_0 \frac{d}{dt} + \omega_0^2\right) E[Y] = \frac{1}{m} E[X]$$
$$E[Y]|_{t=0} = E[Y_0], \quad \frac{d}{dt} E[Y]|_{t=0} = E[\dot{Y}_0] \tag{b}$$

相关函数所满足的偏微分方程与初始条件为

$$\left(\frac{\partial^2}{\partial t_1^2}+2\zeta\omega_0\frac{\partial}{\partial t_1}+\omega_0^2\right)\left(\frac{\partial^2}{\partial t_2^2}+2\zeta\omega_0\frac{\partial}{\partial t_2}+\omega_0^2\right)R_Y(t_1,t_2)$$

$$=\frac{1}{m^2}R_X(t_1,t_2) \tag{c}$$

$$R_Y(t_0,t_0)=E[Y_0^2],\ \frac{\partial}{\partial t_1}R_Y(t_1,t_2)|_{t_1=t_2=0}=E[\dot{Y}_0Y_0],$$

$$\frac{\partial}{\partial t_2}R_Y(t_1,t_2)|_{t_1=t_2=0}=E[Y_0\dot{Y}_0],$$

$$\frac{\partial^2}{\partial t_1\partial t_2}R_Y(t_1,t_2)|_{t_1=t_2=t0}=E[\dot{Y}_0^2]$$

对平稳激励的平稳响应，均值为

$$E[Y]=\frac{1}{k}E[X] \tag{d}$$

相关函数则满足下列常微分方程

$$\left(\frac{d^2}{d\tau^2}-2\zeta\omega_0\frac{d}{d\tau}+\omega_0^2\right)\left(\frac{d^2}{d\tau^2}+2\zeta\omega_0\frac{d}{d\tau}+\omega_0^2\right)R_Y(\tau)$$

$$=\frac{1}{m^2}R_X(\tau) \tag{e}$$

附加条件是 $R_Y(\tau)$ 及其导数在 $\tau=\pm\infty$ 处的有界性与 $R_Y(\tau)$ 为 τ 的偶函数。

当 $X(t)$ 为理想白噪声，$R_X(\tau)=2\pi S_0\delta(\tau)$时，方程（e）之解等同于下列齐次方程与初始条件之解：

$$\left(\frac{d^2}{d\tau^2}-2\zeta\omega_0\frac{d}{d\tau}+\omega_0^2\right)\left(\frac{d^2}{d\tau^2}+2\zeta\omega_0+\omega_0^2\right)R_Y(\tau)=0 \tag{f}$$

$$\left.\frac{dR_Y(\tau)}{d\tau}\right|_{\tau=0}=0,\ \left.\frac{d^3R_Y(\tau)}{d\tau^3}\right|_{\tau=0}=\frac{\pi S_0}{m^2}$$

所得之解与(3.4—15)相同。注意，(f)中的最后一个条件是由于 $\left.\frac{d^4R_Y(\tau)}{d\tau^4}\right|_{\tau=0}\approx\frac{1}{m^2}2\pi S_0\delta(\tau)$。

对（e）两边作傅立叶变换，得谱密度函数所满足的代数方程

$$[(i\omega)^2 - 2\zeta\omega_0(i\omega) + \omega_0^2][(i\omega)^2 + 2\zeta\omega_0(i\omega) + \omega_0^2]S_Y(\omega)$$
$$= \frac{1}{m^2}S_X(\omega) \qquad \text{(g)}$$

对白噪声激励，其解同(3.4-14)。

3.7.2 对白噪声激励的平稳响应

当激励为白噪声时，时不变线性系统的平稳响应的相关矩阵所满足的微分方程的阶数可降低一半。

$t+\tau$ 时刻运动方程(3.1-1)变成

$$\boldsymbol{M}\ddot{\boldsymbol{Y}}(t+\tau) + (\boldsymbol{C}+\boldsymbol{G})\dot{\boldsymbol{Y}}(t+\tau) + (\boldsymbol{K}+\boldsymbol{N})\boldsymbol{Y}(t+\tau) = \boldsymbol{X}(t+\tau) \qquad (3.7\text{-}5)$$

两边右乘 $\boldsymbol{Y}^T(t)$，再求期望，得

$$\boldsymbol{M}E[\ddot{\boldsymbol{Y}}(t+\tau)\boldsymbol{Y}^T(t)] + (\boldsymbol{C}+\boldsymbol{G})E[\dot{\boldsymbol{Y}}(t+\tau)\boldsymbol{Y}^T(t)] + (\boldsymbol{K}+\boldsymbol{N})E[\boldsymbol{Y}(t+\tau)\boldsymbol{Y}^T(t)] = E[\boldsymbol{X}(t+\tau)\boldsymbol{Y}^T(t)] \qquad (3.7\text{-}6)$$

由于 $\boldsymbol{X}(t)$ 为白噪声，对 $\tau>0$，$X(t+\tau)$ 与 $Y(t)$ 不相关，(3.7-6)化为

$$\boldsymbol{M}\frac{d^2}{d\tau^2}\boldsymbol{R}_Y(\tau) + (\boldsymbol{C}+\boldsymbol{G})\frac{d}{d\tau}\boldsymbol{R}_Y(\tau) + (\boldsymbol{K}+\boldsymbol{N})\boldsymbol{R}_Y(\tau) = \boldsymbol{0},\ \tau<0 \qquad (3.7\text{-}7)$$

(3.7-7)是一个齐次矩阵微分方程，共有 n^2 个未知量，其解包含 $2n^2$ 个待定常数，此由 $R_Y(0)$ 与 $\left.\frac{d}{d\tau}\boldsymbol{R}_Y(\tau)\right|_{\tau=0}$ 来确定。有了 $\boldsymbol{R}_Y(\tau)$，$\tau<0$，即可据相关矩阵性质(1.2-26)得 $\tau>0$ 的 $R_Y(\tau)$。

为求 $\boldsymbol{R}_Y(0)$ 与 $\frac{d}{d\tau}\boldsymbol{R}_Y(0)|_{\tau=0}$，在(3.7-6)中令 $\tau=0$，得

$$\boldsymbol{M}E[\ddot{\boldsymbol{Y}}\boldsymbol{Y}^T] + (\boldsymbol{C}+\boldsymbol{G})E[\dot{\boldsymbol{Y}}\boldsymbol{Y}^T] + (\boldsymbol{K}+\boldsymbol{N})E[\boldsymbol{Y}\boldsymbol{Y}^T] = E[\boldsymbol{X}\boldsymbol{Y}^T] \qquad (3.7\text{-}8)$$

类似地，以 $\dot{\boldsymbol{Y}}^T(t)$ 右乘 t 时刻方程(3.1-1)，再求期望，得

$$\boldsymbol{M}E[\ddot{\boldsymbol{Y}}\dot{\boldsymbol{Y}}^T] + (\boldsymbol{C}+\boldsymbol{G})E[\dot{\boldsymbol{Y}}\dot{\boldsymbol{Y}}^T] + (\boldsymbol{K}+\boldsymbol{N})E[\boldsymbol{Y}\dot{\boldsymbol{Y}}^T] = E[\boldsymbol{X}\dot{\boldsymbol{Y}}^T] \tag{3.7-9}$$

(3.7-9) 右乘 $\boldsymbol{M}^T$，然后加上所得方程之转置，得

$$\begin{aligned}\boldsymbol{M}\{E[\ddot{\boldsymbol{Y}}\dot{\boldsymbol{Y}}^T] + E[\dot{\boldsymbol{Y}}\ddot{\boldsymbol{Y}}^T]\}\boldsymbol{M}^T + (\boldsymbol{C}+\boldsymbol{G})E[\dot{\boldsymbol{Y}}\dot{\boldsymbol{Y}}^T]\boldsymbol{M}^T \\ +\boldsymbol{M}E[\dot{\boldsymbol{Y}}\dot{\boldsymbol{Y}}^T](\boldsymbol{C}+\boldsymbol{G})^T + (\boldsymbol{K}+\boldsymbol{N})E[\boldsymbol{Y}\dot{\boldsymbol{Y}}^T]\boldsymbol{M}^T \\ +\boldsymbol{M}E[\dot{\boldsymbol{Y}}\boldsymbol{Y}^T](\boldsymbol{K}+\boldsymbol{N})^T = E[\boldsymbol{X}\dot{\boldsymbol{Y}}^T]\boldsymbol{M}^T + \boldsymbol{M}E[\dot{\boldsymbol{Y}}\boldsymbol{X}^T]\end{aligned} \tag{3.7-10}$$

对平稳可微随机过程，可证

$$\begin{aligned}E[\boldsymbol{Y}\dot{\boldsymbol{Y}}^T] + E[\dot{\boldsymbol{Y}}\boldsymbol{Y}^T] = \boldsymbol{0} \\ E[\boldsymbol{Y}\ddot{\boldsymbol{Y}}^T] = E[\ddot{\boldsymbol{Y}}\boldsymbol{Y}^T] = -E[\dot{\boldsymbol{Y}}\dot{\boldsymbol{Y}}^T]\end{aligned} \tag{3.7-11}$$

因此，$E[\boldsymbol{Y}\dot{\boldsymbol{Y}}^T]$ 是反对称的，而 $E[\boldsymbol{Y}\ddot{\boldsymbol{Y}}^T]$ 是对称的. 利用 (3.7-11)，(3.7-8) 与 (3.7-10) 变成

$$-\boldsymbol{M}E[\dot{\boldsymbol{Y}}\dot{\boldsymbol{Y}}^T] + (\boldsymbol{C}+\boldsymbol{G})E[\dot{\boldsymbol{Y}}\boldsymbol{Y}^T] + (\boldsymbol{K}+\boldsymbol{N})E[\boldsymbol{Y}\boldsymbol{Y}^T] = E[\boldsymbol{X}\boldsymbol{Y}^T] \tag{3.7-12}$$

$$\begin{aligned}\boldsymbol{M}E[\dot{\boldsymbol{Y}}\dot{\boldsymbol{Y}}^T](\boldsymbol{C}+\boldsymbol{G})^T + (\boldsymbol{C}+\boldsymbol{G})E[\dot{\boldsymbol{Y}}\dot{\boldsymbol{Y}}^T]\boldsymbol{M}^T \\ +\boldsymbol{M}E[\dot{\boldsymbol{Y}}\boldsymbol{Y}^T](\boldsymbol{K}+\boldsymbol{N})^T + (\boldsymbol{K}+\boldsymbol{N})E[\boldsymbol{Y}\dot{\boldsymbol{Y}}^T]\boldsymbol{M}^T \\ = E[\boldsymbol{X}\dot{\boldsymbol{Y}}^T]\boldsymbol{M}^T + \boldsymbol{M}E[\dot{\boldsymbol{Y}}\boldsymbol{X}^T]\end{aligned}$$

(3.7-12) 可写成如下形式：

$$\boldsymbol{A}\boldsymbol{P} + \boldsymbol{P}\boldsymbol{A}^T = -\boldsymbol{B} \tag{3.7-13}$$

式中

$$\begin{aligned}\boldsymbol{P} &= \left[\begin{array}{c|c} E[\boldsymbol{Y}\boldsymbol{Y}^T] & E[\boldsymbol{Y}\dot{\boldsymbol{Y}}^T] \\ \hline E[\dot{\boldsymbol{Y}}\boldsymbol{Y}^T] & E[\dot{\boldsymbol{Y}}\dot{\boldsymbol{Y}}^T]\end{array}\right], \\ \boldsymbol{A} &= \left[\begin{array}{c|c} 0 & 1 \\ \hline -\boldsymbol{M}^{-1}(\boldsymbol{K}+\boldsymbol{N}) & -\boldsymbol{M}^{-1}(\boldsymbol{C}+\boldsymbol{G})\end{array}\right] \\ \boldsymbol{B} &= \left[\begin{array}{c|c} 0 & E[\boldsymbol{Y}\boldsymbol{X}^T]\boldsymbol{M}^{-T} \\ \hline \boldsymbol{M}^{-1}E[\boldsymbol{X}\boldsymbol{Y}^T] & \boldsymbol{M}^{-1}E[\boldsymbol{X}\dot{\boldsymbol{Y}}^T] + E[\dot{\boldsymbol{Y}}\boldsymbol{X}^T]\boldsymbol{M}^{-T}\end{array}\right]\end{aligned} \tag{3.7-14}$$

矩阵方程 (3.7-13) 首先出现在线性动态系统的稳定性理论中，称为代数李亚普诺夫方程. 对给定实 $2n \times 2n$ 矩阵 $\boldsymbol{A}$ 与 $\boldsymbol{B}$，(3.7-13) 存在唯一实解的条件为矩阵 $\boldsymbol{A}$ 与 $(-\boldsymbol{A}^T)$ 没有共同特

征值，即

$$\lambda_j+\lambda_k\neq 0,\ j,k=1,2,\cdots,2n \qquad (3.7\text{-}15)$$

其中 λ_j 是矩阵 $\boldsymbol{A}$ 的特征值. 条件 (3.7-15) 等价于

$$\det\boldsymbol{H}\neq 0 \qquad (3.7\text{-}16)$$

式中 $\boldsymbol{H}$ 是赫尔维茨 (Hurwitz) 矩阵.

因此，若矩阵$\boldsymbol{A}$的所有特征值具有负实部，(3.7-13) 之解是唯一的. (3.7-13) 的几种解析与数值解法见[22].

为求解方差矩阵 $\boldsymbol{P}$，需知 $\boldsymbol{B}$，即需确定响应与激励的互方差矩阵 $E[\boldsymbol{YX}^T]$ 与 $E[\dot{\boldsymbol{Y}}\boldsymbol{X}^T]$. 由 (3.2-16) 可知

$$\begin{aligned} E[\boldsymbol{YX}^T]&=\int_0^\infty \boldsymbol{h}(\tau)\boldsymbol{R}_X(\tau)d\tau \\ E[\dot{\boldsymbol{Y}}\boldsymbol{X}^T]&=\int_0^\infty \dot{\boldsymbol{h}}(\tau)\boldsymbol{R}_X(\tau)d\tau \end{aligned} \qquad (3.7\text{-}17)$$

可知，只要脉冲响应矩阵 $\boldsymbol{h}(t)$ 已知，即可由(3.7-17)确定$E[\boldsymbol{YX}^T]$与 $E[\dot{\boldsymbol{Y}}\boldsymbol{X}^T]$.

注意，(3.7-17) 适用于任意平稳激励. 对白噪声激励，

$$E[\boldsymbol{X}]=0,\ \boldsymbol{R}_X(\tau)=\boldsymbol{D}\delta(\tau),$$

此处 $\delta(\tau)$ 是对称的 δ 函数. 类似于单自由度系统情形，易证

$$\boldsymbol{h}(0)=0,\ \lim_{t\to 0^+}\dot{\boldsymbol{h}}(t)=\boldsymbol{M}^{-1} \qquad (3.7\text{-}18)$$

然后由 (3.7-17) 不难得到

$$E[\boldsymbol{YX}^T]=0,\ E[\dot{\boldsymbol{Y}}\boldsymbol{X}^T]=\frac{1}{2}\boldsymbol{M}^{-1}\boldsymbol{D} \qquad (3.7\text{-}19)$$

将 (3.7-19) 代入 (3.7-14)，求解 (3.7-13) 得 $\boldsymbol{R}_Y(0)=E[\boldsymbol{YY}^T]$ 与 $\frac{d}{d\tau}\boldsymbol{R}_Y(\tau)|_{\tau=0}=E[\boldsymbol{Y}\dot{\boldsymbol{Y}}^T]$，以此作为 (3.7-7) 的初始条件. 然后求解 (3.7-7) 得响应的相关矩阵 $\boldsymbol{R}_Y(\tau)$.

现以单自由度系统 (a) 为例，说明上述方法. 此时 (3.7-7) 变成

$$\frac{d^2}{d\tau^2}R_Y(\tau)+2\zeta\omega_0\frac{d}{d\tau}R_Y(\tau)+\omega_0^2R_Y(\tau)=0,\ \tau<0 \qquad (\mathrm{h})$$

其通解为

$$R_Y(\tau)=e^{-\zeta\omega_0\tau}(C_1\cos p\tau+C_2\sin p\tau),\ \tau<0 \tag{i}$$

其中 C_1 与 C_2 为待定常数. 对平稳响应

$$\frac{d}{d\tau}R(\tau)|_{\tau=0}=E[Y\dot{Y}]=0 \tag{j}$$

由 (3.7-13) 解得

$$R_Y(0)=\sigma_Y^2=\frac{\pi S_0}{2m^2\zeta\omega_0^3} \tag{k}$$

由条件 (j) 与 (k) 可确定 (i) 中的两个常数. 考虑到 $R_Y(\tau)$ 的对称性,最后得结果 (3.4-15).

3.7.3 谱矩与随机振动积分的计算

Spanos[23,24] 将矩方程方法推广应用于计算谱矩与线性随机振动中常见的一种积分.

考虑m阶时不变渐近稳定的线性系统对平稳随机激励的平稳响应,其运动方程为

$$(b_mD^m+b_{m-1}D^{m-1}+\cdots+b_0)Y(t)=X(t) \tag{3.7-20}$$

将 $t+\tau$ 时刻方程 (3.7-20) 两边对 t 微分 l 次,前乘 $X(t)$, 再求期望得

$$(b_mD^{l+m}+b_{m-1}D^{l+m-1}+\cdots+b_0D^l)R_{XY}(\tau)=D^lR_X(\tau)$$
$$l=0,1,\cdots \tag{3.7-21}$$

(3.7-20) 两边右乘 $D^nY(t+\tau)$, 然后求期望得

$$(\hat{b}_mD^{n+m}+\hat{b}_{m-1}D^{n+m-1}+\cdots+\hat{b}_0D^n)R_Y(\tau)=D^nR_{XY}(\tau)$$
$$n=0,1,\cdots \tag{3.7-22}$$

式中

$$\hat{b}_k=(-1)^kb_k,\ k=0,1,\cdots m \tag{3.7-23}$$

假定相关函数可微足够次数,从而 (3.7-21) 与 (3.7-22) 有效.

由 (3.2-16) 可得

$$R_{XY}(\tau)=\int_0^\infty h(\theta)R_X(\tau-\theta)d\theta \tag{3.7-24}$$

(3.7-24) 对 τ 微分 k 次,分部积分,然后令 $\tau=0$, 并注意到

$$D^k h(0)=0,\quad D^k R_X(\infty)=0$$

$k=0,\cdots,n-2$，得

$$D^k R_{XY}(0)=r_k=\int_0^{\infty}R_X(\theta)D^k h(\theta)d\theta,\ k=0,1,\cdots,m-1$$

$$(3.7\text{-}25)$$

利用关系式(1.4-7)，(3.7-20)平稳响应的 $2k$ 阶谱矩为

$$\lambda_{2k}=\int_{-\infty}^{\infty}\frac{\omega^{2k}S_X(\omega)}{|Q(i\omega)|^2}d\omega=(-1)^k D^{2k}R_Y(0)\quad(3.7\text{-}26)$$

式中 $Q(i\omega)=b_m(i\omega)^m+b(i\omega)^{m-1}+\cdots+b_0$。(3.7-22)中令 $n=m-1,m-2,\cdots$，并利用(3.7-25)与(3.7-26)，注意奇阶谱矩为零，得

$$\left.\begin{aligned}&b_{m-1}\lambda_{2m-2}-b_{m-3}\lambda_{2m-4}+b_{m-5}\lambda_{2m-6}-\cdots=r_{m-1}\\&-b_m\lambda_{2m-2}+b_{m-2}\lambda_{2m-4}-b_{m-4}\lambda_{2m-6}+\cdots=r_{m-2}\\&\cdots\cdots\\&\cdots\qquad\qquad -b_2\lambda_2+b_0\lambda_0=r_0\end{aligned}\right\}\quad(3.7\text{-}27)$$

应用克拉梅（Cramer）法则解得

$$\lambda_{2k}=\frac{\det\boldsymbol{\Gamma}_k}{\det\boldsymbol{\Gamma}}\quad(3.7\text{-}28)$$

式中 $\det\boldsymbol{\Gamma}$ 为(3.7-27)的系数矩阵 $\boldsymbol{\Gamma}=[\boldsymbol{\gamma}_{m-1}\boldsymbol{\gamma}_{m-2},\cdots\boldsymbol{\gamma}_0]$ 之行列式，而 $\det\boldsymbol{\Gamma}_k$ 则是 $\det\boldsymbol{\Gamma}$ 中第 $(m-k)$ 列代之以

$$\boldsymbol{r}=[r_{m-1},r_{m-2},\cdots r_0]^T$$

之后的行列式。

有了 λ_{2k}, $k=0,1,\cdots,m-1$，还可用(3.7-22)循环求得 $k>m-1$ 的更高阶谱矩。

$$\begin{aligned}&b_m(-1)^{\frac{m+k}{2}}\lambda_{m+k}+b_{m-1}(-1)^{\frac{m+k-1}{2}}\lambda_{m+k-1}+\cdots\\&\qquad+b_0(-1)^{k/2}\lambda_k=D^kR_{XY}(0)\end{aligned}\quad(3.7\text{-}29)$$

而对 $k>m-1$，$r_k=D^kR_{XY}(0)$ 则可按(3.7-21)循环求解。

$$\begin{aligned}&b_m r_{l+m}=b_m D^{l+m}R_{XY}(0)=D^lR_X(0)-b_{m-1}r_{l+m-1}\cdots-b_0r_l\\&\qquad l=k+1-m=1,2,\cdots\end{aligned}\quad(3.7\text{-}30)$$

显然，只有当 $S_X(\omega)$ 随 ω 足够快地衰减时，$\lambda_{2k'}$ $k>m-1$ 才存

随机振动中常需求下列积分之值

$$I_m=\int_{-\infty}^{\infty}\frac{|P(i\omega)|^2}{|Q(i\omega)|^2}S_X(\omega)d\omega \tag{3.7-31}$$

式中、

$$|P(i\omega)|^2=a_{m-1}\omega^{2m-2}+a_{m-2}\omega^{2m-4}+\cdots+a_0 \tag{3.7-32}$$

显然

$$I_m=a_{m-1}\lambda_{2m-2}+a_{m-2}\lambda_{2m-4}+\cdots+a_0\lambda_0 \tag{3.7-33}$$

结合 (3.7-28) 与 (3.7-33)，得

$$I_m=\frac{\det\tilde{\boldsymbol{\Gamma}}}{\det\boldsymbol{\Gamma}}-1 \tag{3.7-34}$$

式中矩阵

$$\tilde{\boldsymbol{\Gamma}}=[\boldsymbol{\gamma}_{m-1}+a_{m-1}\boldsymbol{r}\ \ \boldsymbol{\gamma}_{m-2}+a_{m-2}\boldsymbol{r}\cdots\boldsymbol{\gamma}_0+a_0\boldsymbol{r}_0] \tag{3.7-35}$$

为求 (3.7-20) 的脉冲响应函数，假定

$$\begin{aligned}Q(S)&=b_mS^m+b_{m-1}S^{m-1}+\cdots+b_0\\&=\alpha(S+S_1)^{m_1}(S+S_2)^{m_2}\cdots(S+S_n)^{m_n}\\&\times\sum_{j=1}^{n}m_j=m\end{aligned} \tag{3.7-36}$$

α 为常数，$S_1, S_2, \cdots, S_n$ 具有正实部，则脉冲响应函数为[25]

$$h(t)=\sum_{k=1}^{n}\sum_{j=1}^{m_k}H_{kj}t^{m_k-j}e^{-S_kt} \tag{3.7-37}$$

式中

$$H_{kj}=\frac{1}{(j-1)!(m_k-j)!}\frac{d^{j-1}}{dS^{j-1}}\left[\frac{(S+S_k)^{m_k}}{Q(S)}\right]_{S=-S_k} \tag{3.7-38}$$

当 $Q(S)$ 只有单重根时，$m_1=m_2=\cdots=m_m=1$。则

$$h(t)=\sum_{k=1}^{m}h_ke^{-S_kt} \tag{3.7-39}$$

式中

$$h_k=\left[1\Big/\frac{dQ(S)}{dS}\right]_{S=-S_k} \tag{3.7-40}$$

利用上述脉冲响应函数公式可简化 r 的计算。例如，对白噪声激励，$R_X(\tau)=2\pi S_0\delta(\tau)$

$$r_k = D^k R_{XY}(0) = 0,\ k = 0, \cdots, m-2 \quad (3.7\text{-}41)$$

而

$$r_{m-1} = D^{m-1} R_{XY}(0) = \frac{\pi S_0}{b_m} \quad (3.7\text{-}42)$$

将 (3.7-41) 与 (3.7-42) 代入 (3.7-34) 即得 James 等[14]之结果. Spanos[24] 还给出了限带白噪声激励，具有"高斯谱"及振荡谱的激励的例子.

3.8 方 差 分 析

在某些实际应用中，只对方差矩阵感兴趣，在非线性随机振动的等效线性化法中，将需计算等效线性系统的方差矩阵. 在这些情形下，宜直接计算方差矩阵. 近来，这种方差分析获得越来越多的应用，尤其是对非平稳激励的响应预测中. 上节已推导代数李亚普诺夫方程 (3.7-13)，此处从最一般情形出发推导方差矩阵所满足的方程.

考虑均方意义上的随机微分方程

$$\dot{\boldsymbol{Z}}(t)=\boldsymbol{A}(t)\boldsymbol{Z}(t)+\boldsymbol{F}(t),\ \boldsymbol{F}(t)=\boldsymbol{B}(t)\boldsymbol{G}(t),\ \boldsymbol{Z}(t_0)=\boldsymbol{Z}_0 \quad (3.8\text{-}1)$$

式中 $\boldsymbol{Z}(t)$ 为 n 维矢量随机过程；$\boldsymbol{A}(t)$ 是 $n\times n$ 实矩阵，其元素为 t 之连续函数；$\boldsymbol{F}(t)$ 为均方连续的 n 维矢量随机过程，$\boldsymbol{B}(t)$ 是 $n\times m$ 实矩阵，其元素为 t 之连续函数；$\boldsymbol{G}(t)$ 则是均方连续的 m 维矢量随机过程. (3.8-1) 存在唯一的均方解

$$\boldsymbol{Z}(t)=\boldsymbol{\Phi}(t,t_0)\boldsymbol{Z}_0+\int_{t_0}^{t}\boldsymbol{\Phi}(t,s)\boldsymbol{F}(s)ds \quad (3.8\text{-}2)$$

式中 $\boldsymbol{\Phi}(t,t_0)$ 为与 $\boldsymbol{A}(t)$ 相应的 $n\times n$ 基解矩阵. 它是一个确定性的矩阵，具有如下性质：

1. $\boldsymbol{\Phi}(t_0,t_0)=\boldsymbol{I}$；

2. $\boldsymbol{\Phi}(t_2,t_0)=\boldsymbol{\Phi}(t_2,t_1)\boldsymbol{\Phi}(t_1,t_0)$，因此，$\boldsymbol{\Phi}(t,t_0)$ 亦称状态转

移矩阵；

3. $\boldsymbol{\Phi}(t,t_0)$ 满足齐次方程

$$\dot{\boldsymbol{\Phi}}(t,t_0)=\boldsymbol{A}(t)\boldsymbol{\Phi}(t,t_0) \tag{3.8-3}$$

对时不变线性系统，$\boldsymbol{A}$ 为常数矩阵，(3.8-3) 之解为

$$\boldsymbol{\Phi}(t,t_0)=\boldsymbol{\Phi}(t-t_0)=e^{\boldsymbol{A}(t-t_0)} \tag{3.8-4}$$

式中

$$e^{\boldsymbol{A}t}=\sum_{j=0}^{\infty}\frac{(\boldsymbol{A}t)^j}{j!} \tag{3.8-5}$$

称为矩阵指数函数。

假定初始条件与外激励无关，由 (3.8-2) 易得响应的平均矢量与相关矩阵

$$E[\boldsymbol{Z}(t)]=\boldsymbol{\Phi}(t,t_0)E[\boldsymbol{Z}_0]+\int_{t_0}^{t}\Phi(t,s)E[\boldsymbol{F}(s)]ds \tag{3.8-6}$$

$$\begin{aligned}\boldsymbol{R}_{ZZ}(t_1,t_2)&=E[\boldsymbol{Z}(t_1)\boldsymbol{Z}^T(t_2)]\\&=\boldsymbol{\Phi}(t_1,t_0)E[\boldsymbol{Z}_0\boldsymbol{Z}_0^T]\boldsymbol{\Phi}^T(t_2,t_0)\\&\quad+\int_{t_0}^{t_2}\int_{t_0}^{t_1}\boldsymbol{\Phi}(t_1,s_1)\boldsymbol{R}_{\boldsymbol{F}}(s_1,s_2)\boldsymbol{\Phi}^T(t_2,s_2)ds_1ds_2\end{aligned} \tag{3.8-7}$$

若系统为时不变的，$\boldsymbol{F}(t)$ 为白噪声，强度矩阵为 $\boldsymbol{D}$，

$$E[\boldsymbol{Z}(t)]=e^{\boldsymbol{A}(t-t_0)}E[\boldsymbol{Z}_0] \tag{3.8-8}$$

$$\begin{aligned}\boldsymbol{R}_{ZZ}(t_1,t_2)&=e^{\boldsymbol{A}(t_1-t_0)}E[\boldsymbol{Z}_0\boldsymbol{Z}_0^T]e^{\boldsymbol{A}^T(t_2-t_0)}\\&\quad+\int_{t_0}^{\min(t_1,t_2)}e^{\boldsymbol{A}(t_1-\tau)}\boldsymbol{D}e^{\boldsymbol{A}^T(t_2-\tau)}d\tau\end{aligned} \tag{3.8-9}$$

令 $t_1=t_2=t$，可由 (3.8-7) 或 (3.8-9) 得方差矩阵． 若系统是渐近稳定的，矩阵 $\boldsymbol{A}$ 的特征值都具有负实部，在 $t\to\infty$，$E[\boldsymbol{Z}(t)]\to 0$，$\boldsymbol{P}(t)=E[\boldsymbol{Z}(t)\boldsymbol{Z}^T(t)]\to$常数矩阵．

现在看方差矩阵所满足的微分方程．为简单起见，假定初始条件为零，激励的平均矢量亦为零，从而 $E[\boldsymbol{Z}(t)]=0$． 利用 (3.8-1) 与 (3.8-2)，方差矩阵 $\boldsymbol{P}(t)=E[\boldsymbol{Z}(t)\boldsymbol{Z}^T(t)]$ 满足的微分方程为

$$\dot{\boldsymbol{P}}(t)=E[\dot{\boldsymbol{Z}}(t)\boldsymbol{Z}^T(t)]+E[\boldsymbol{Z}(t)\dot{\boldsymbol{Z}}^T(t)]$$

$$= A(t)P(t) + P(t)A^T(t) + \Phi(t) + \Phi^T(t) \quad (3.8\text{-}10)$$

式中

$$\Phi(t) = E[F(t)Z^T(t)] = E\left[F(t)\left\{\int_{t_0}^{t} \Phi(t,s)F(s)ds\right\}^T\right]$$

$$= \int_{t_0}^{t} R_F(t,s)\Phi^T(t,s)ds \quad (3.8\text{-}11)$$

可见，只要知道基解矩阵 $\Phi(t,t_0)$ 与激励的相关矩阵，即可通过解方程 (3.8-10) 得方差矩阵. 这里激励与响应都可以是非平稳的.

假定实际激励为 m 维矢量随机过程 $G(t)$，则方程 (3.8-10) 中的 $\Phi(t)$ 化为

$$\Phi(t) = \int_{t_0}^{t} B(t)R_G(t,s)B^T(s)\Phi^T(t,s)ds \quad (3.8\text{-}12)$$

当激励 $F(t)$ 为白噪声，$R_F(\tau) = D\delta(\tau)$，系统是时不变的，则

$$\Phi(t) = \Phi^T(t) = \frac{1}{2}D \quad (3.8\text{-}13)$$

方程 (3.8-10) 化为

$$\dot{P}(t) = AP(t) + P(t)A^T + D \quad (3.8\text{-}14)$$

当 $G(t)$ 是强度矩阵为 D' 的白噪声时，(3.8-14) 化为

$$\dot{P}(t) = AP(t) + P(t)A^T + BD'B \quad (3.8\text{-}15)$$

(3.8-14) 或 (3.8-15) 有时称为微分李亚普诺夫方程.

假定系统是渐近稳定的，对平稳激励存在平稳响应，则

$$\dot{P}(t) = 0$$

(3.8-14) 与 (3.8-15) 分别化为下列代数李亚普诺夫方程

$$AP + PA^T = -D \quad (3.8\text{-}16)$$

与

$$AP + PA^T = -BD'B. \quad (3.8\text{-}17)$$

因此，在白噪声激励情形，不必求基解矩阵，可直接求解微分或代数李亚普诺夫方程得方差矩阵.

对 n 个自由度陀螺系统 (3.1-1)，引入状态矢量 (3.1-5)，就可化为 (3.8-1)，其中 A 与 F 由 (3.1-6) 确定，此时 (3.8-10) 适

用，其中

$$\boldsymbol{P}=\left[\begin{array}{c|c}\boldsymbol{P}_1 & \boldsymbol{P}_2\\ \hline \boldsymbol{P}_3 & \boldsymbol{P}_4\end{array}\right]=\left[\begin{array}{c|c}E[\boldsymbol{Y}\boldsymbol{Y}^T] & E[\boldsymbol{Y}\dot{\boldsymbol{Y}}^T]\\ \hline E[\dot{\boldsymbol{Y}}\boldsymbol{Y}^T] & E[\dot{\boldsymbol{Y}}\dot{\boldsymbol{Y}}^T]\end{array}\right] \tag{3.8-18}$$

$$\boldsymbol{\Phi}(t)=E[\boldsymbol{F}\boldsymbol{Z}^T]=\left[\begin{array}{c|c}\boldsymbol{0} & \boldsymbol{0}\\ \hline \boldsymbol{M}^{-1}E[\boldsymbol{X}\boldsymbol{Y}^T] & \boldsymbol{M}^{-1}E[\boldsymbol{X}\dot{\boldsymbol{Y}}^T]\end{array}\right]$$

在平稳响应情形，$\dot{\boldsymbol{P}}(t)=\boldsymbol{0}$，(3.8-10) 与 (3.7-13) 一致.

激励 $\boldsymbol{X}(t)$ 为白噪声，其强度矩阵为 $\boldsymbol{D}''$ 时，由 (3.8-11) 最后一式得

$$\boldsymbol{\Phi}(t)+\boldsymbol{\Phi}^T(t)=\left[\begin{array}{c|c}\boldsymbol{0} & \boldsymbol{0}\\ \hline \boldsymbol{0} & \boldsymbol{M}^{-1}\boldsymbol{D}'\boldsymbol{M}^{-1}\end{array}\right] \tag{3.8-19}$$

记 $\boldsymbol{D}=\boldsymbol{M}^{-1}\boldsymbol{D}'\boldsymbol{M}^{-1}$，微分方程 (3.8-10) 可展开为

$$\begin{aligned}
&\dot{\boldsymbol{P}}_1=\boldsymbol{P}_2+\boldsymbol{P}_3\\
&\dot{\boldsymbol{P}}_2=\boldsymbol{P}_4-\boldsymbol{P}_1(\boldsymbol{K}-\boldsymbol{N})\boldsymbol{M}^{-1}-\boldsymbol{P}_2(\boldsymbol{C}-\boldsymbol{G})\boldsymbol{M}^{-1}\\
&\dot{\boldsymbol{P}}_3=\boldsymbol{P}_4-\boldsymbol{M}^{-1}(\boldsymbol{K}+\boldsymbol{N})\boldsymbol{P}_1-\boldsymbol{M}^{-1}(\boldsymbol{C}+\boldsymbol{G})\boldsymbol{P}_3\\
&\dot{\boldsymbol{P}}_4=-\boldsymbol{M}^{-1}(\boldsymbol{K}+\boldsymbol{N})\boldsymbol{P}_2-\boldsymbol{M}^{-1}(\boldsymbol{C}+\boldsymbol{G})\boldsymbol{P}_4\\
&\qquad-\boldsymbol{P}_3(\boldsymbol{K}-\boldsymbol{N})\boldsymbol{M}^{-1}-\boldsymbol{P}_4(\boldsymbol{C}-\boldsymbol{G})\boldsymbol{M}^{-1}+\boldsymbol{D}
\end{aligned} \tag{3.8-20}$$

上述方程中已考虑到 $\boldsymbol{M}, \boldsymbol{C}, \boldsymbol{K}$ 的对称性与 $\boldsymbol{G}, \boldsymbol{N}$ 的反对称性. 注意，由上列第二与第三式知 $\dot{\boldsymbol{P}}_2=\dot{\boldsymbol{P}}_3^T$.

对平稳响应，方差方程变成代数方程

$$\begin{aligned}
&\boldsymbol{P}_2+\boldsymbol{P}_2^T=\boldsymbol{0}\\
&(\boldsymbol{K}+\boldsymbol{N})\boldsymbol{P}_1+(\boldsymbol{C}+\boldsymbol{G})\boldsymbol{P}_2^T-\boldsymbol{M}\boldsymbol{P}_4=0\\
&(\boldsymbol{K}+\boldsymbol{N})\boldsymbol{P}_2\boldsymbol{M}+(\boldsymbol{C}+\boldsymbol{G})\boldsymbol{P}_4\boldsymbol{M}+\boldsymbol{M}\boldsymbol{P}_2^T(\boldsymbol{K}-\boldsymbol{N})\\
&\qquad+\boldsymbol{M}\boldsymbol{P}_4(\boldsymbol{C}-\boldsymbol{G})=\boldsymbol{D}
\end{aligned} \tag{3.8-21}$$

由第一式知，$\boldsymbol{P}_2$ 是反对称矩阵. $\boldsymbol{P}_1$ 与 $\boldsymbol{P}_4$ 是对称矩阵. 若原系统为 n 个自由度，则 $\boldsymbol{P}_2$ 只有 $n(n-1)/2$ 元素，$\boldsymbol{P}_1$ 与 $\boldsymbol{P}_4$ 有 $n(n+1)$ 个元素，上述代数方程中共有 $n(3n+1)/2$ 个未知数.

当激励 $\boldsymbol{X}(t)$ 为具有有理谱密度的有色噪声时，可把 $\boldsymbol{X}(t)$ 看成某个线性滤波器对白噪声的响应. 在包括系统与滤波系统的扩大了的系统中，激励将是白噪声，从而可应用微分或代数李亚普

诺夫方程求方差矩阵.

例如,设激励 $X_j(t)$ ($j=1, 2, \cdots, n$)具有指数型相关函数

$$R_{X_j}(\tau)=\sigma_j^2 e^{-\alpha_j|\tau|},\quad j=1, 2, \cdots, n \tag{3.8-22}$$

或如下形式谱密度

$$S_{X_j}(\omega)=\frac{\sigma_j^2}{\pi}\frac{\alpha_j}{\alpha_j^2+\omega^2},\quad j=1, 2, \cdots, n \tag{3.8-23}$$

滤波系统方程为

$$\dot{\boldsymbol{X}}=-\boldsymbol{\alpha X}+\sqrt{2\boldsymbol{\alpha}}\boldsymbol{N}(t) \tag{3.8-24}$$

式中

$$\begin{aligned}
&\boldsymbol{\alpha}=\mathrm{diag}[\alpha_j],\quad j=1, 2, \cdots, n\\
&\sqrt{\boldsymbol{\alpha}}=\mathrm{diag}\,[\sqrt{\alpha_j}\,],\quad j=1, 2, \cdots, n\\
&E[\boldsymbol{N}(t)\boldsymbol{N}^T(t+\tau)]=\boldsymbol{\sigma}^2\delta(\tau)=\mathrm{diag}[\sigma_j^2]\delta(\tau)\\
&\qquad\qquad j=1, 2, \cdots, n
\end{aligned} \tag{3.8-25}$$

扩大了的系统为

$$\dot{\boldsymbol{Z}}=\bar{\boldsymbol{A}}\boldsymbol{Z}+\bar{\boldsymbol{F}} \tag{3.8-26}$$

式中

$$\bar{\boldsymbol{A}}=\left[\begin{array}{c:c:c}
\boldsymbol{0} & \boldsymbol{1} & \boldsymbol{0}\\ \hdashline
-\boldsymbol{M}^{-1}(\boldsymbol{K}+\boldsymbol{N}) & -\boldsymbol{M}^{-1}(\boldsymbol{C}+\boldsymbol{G}) & \boldsymbol{M}^{-1}\\ \hdashline
\boldsymbol{0} & \boldsymbol{0} & -\boldsymbol{\alpha}
\end{array}\right]$$

$$\bar{\boldsymbol{F}}=\left[\begin{array}{c}
\boldsymbol{0}\\ \hdashline
\boldsymbol{0}\\ \hdashline
\sqrt{2\boldsymbol{\alpha}}\boldsymbol{N}(t)
\end{array}\right] \tag{3.8-27}$$

微分李亚普诺夫方程为

$$\dot{\bar{\boldsymbol{P}}}=\boldsymbol{A}'\bar{\boldsymbol{P}}+\bar{\boldsymbol{P}}_1\boldsymbol{A}^T+\bar{\boldsymbol{D}} \tag{3.8-28}$$

其中

$$\bar{\boldsymbol{P}}=E\left[\begin{array}{c:c:c}
\boldsymbol{YY}^T & \boldsymbol{Y\dot{Y}}^T & \boldsymbol{YX}^T\\ \hdashline
\boldsymbol{\dot{Y}Y}^T & \boldsymbol{\dot{Y}\dot{Y}}^T & \boldsymbol{\dot{Y}X}^T\\ \hdashline
\boldsymbol{XY}^T & \boldsymbol{X\dot{Y}}^T & \boldsymbol{XX}^T
\end{array}\right],\ \bar{\boldsymbol{D}}=\left[\begin{array}{c:c:c}
\boldsymbol{0} & \boldsymbol{0} & \boldsymbol{0}\\ \hdashline
\boldsymbol{0} & \boldsymbol{0} & \boldsymbol{0}\\ \hdashline
\boldsymbol{0} & \boldsymbol{0} & 2\boldsymbol{\alpha\sigma}^2
\end{array}\right] \tag{3.8-29}$$

参 考 文 献

[1] Caughey, T. K., and Stumpf, H. J., Transient response of a dynamic systen under random excitation, *J. Appl. Mech.*, 28(1961), 563—566.

[2] 见绪论文献[13].

[3] Lutes, L. D., Cumulants of stochastic response for linear systems, *J. Eng. Mech Div.*, ASCE, 112(1986), 1062—1075.

[4] Rosenblat, M., Some comments on narrow band pass filters, *Quart. Appl. Math.*, 18(1961), 387—393.

[5] Рытов, С. М., Введение в Статистическую Радиофизику, Наука, 1978.

[6] Lutes, L. D., and Hu, S. -L. J., Non-normal stochastic response of linear systems, *J. Eng. Mech. Div.*, ASCE, 112(1986), 127—141.

[7] Sobczyk, K., On the normal approximation in stochastic dynamics, 见绪论文献[24].

[8] Melzer, H. -J., and Schuëller, G. I., On the reliability of flexible structures under non-normal loading processes, 见绪论文献[24].

[9] Pierce, J. N., A Markoff envelope process, IRE *Trans. Information Theory*, IT-4(1958), 163—166.

[10] Langley, R. S., On quasi-stationary approximations to non-stationary random vibration, *J. Sound Vib.* 113(1987), 365—375.

[11] 方同、王真妮，可对角化系统的随机响应分析及阻尼矩阵的试验测定，西北工业大学学报，1984年，第4期.

[12] 见绪论文献[18].

[13] Elishakoff, I., A model elucidating significance of cross-correlation in random vibration analysis, 见绪论文献[28].

[14] James, H. M., Nichols, N. B., and Philips, R. S., eds., Theory of Servomechanisms, Dover, 1965.

[15] Hammond, J. K., On the response of single and multi-degre-of-reedom sysms to nonstationary random excitation, *J. Sound Vib.*, 7(1968), 393—416.

[16] Fawzy, L., and Bishop, R. E., On the dynamics of linear nonconservative systems, *Proc. R. Soc. London*, A. 352(1976), 25—40.

[17] Fang, T., and Wang, Z. N., Complex modal analysis of random vibrations, AIAA J. 24(186), 342—344.

[18] Fang, T., and Wang, Z. N., Modal analysis of stationary response to second order filtered white noise excitation, AIAA J., 24(1986), 1048—1051.

[19] Fang, T., and Wang, Z. N., Mean sequare response to band-limited white neise excitation, *AIAA* J., 24(1986), 860—862.

[20] Fang, T., and Zhang, T. S., Nonstationary response due to evolutionary random excitations, 17th ICTAM, Grenoble, France, 1988. 还可见振动工程学报，2(1989)，3，36—41.

[21] Wang, M. C., and Uhlenbeck, G. E., On the theory of Brownian motion II, *Rev. Mod. Phys.*, 17(1945), 323—345; Reprinted in Selected Paper on Noise

and Stochastic Processes, Wax, N., ed., Dover, 1954.
[22] Müller, P. C., and Schiehlen, W. O., Linear Vibration, Martinus Nijhoff Publishers, 1985.
[23] Spanos, P. D., Spectral moments calculation of linear system output, *J. Appl. Mech.,* **50**(1983), 901—903.
[24] Spanos, P. D., An approach to calculating random vibration integrals, *J. Appl. Mech.,* **54**(1987), 409—413.
[25] Korn, A. G., and Korn, T. M., Mathematical Handbook for Scientists and Engineering, McGraw-Hill, 1969.
[26] Shihab, S., and Preumont, A., Non-stationary random vibrations of linear multi-degree-of-freedom systems, *J. Sound Vib.,* **132**(1989), 457—471.
[27] To, C. W. S., Non-stationary random responses of a multi-degree-of-freedom system by the theory of evolutionary spectra, *J. Sound Vib.,* **83**(1982), 273—291.
[28] To, C. W. S., Time-dependent variance and covariance of response of structures to non-stationary random excitations, *J. Sound Vib.,* **93**(1984), 135—156.
[29] Caughey, T. K., and O'Kelly, M. E. J., Classical normal modes in damped linear dynamic systems, *J. Appl. Mech.,* **32**(1965), 583—588.
[30] Nicholson, O. W., A note on vibration of damped linear system, Mech. Res Commu. 5(1978), 79—83.

第四章 连续线性系统的随机振动

4.1 连续线性系统随机边初值问题

离散线性系统与连续线性系统是表示同一物理系统的两种数学模型，其间的唯一差别在于离散线性系统具有有限个自由度，而连续线性系统具有无限个自由度，当自由度数目趋于无穷时，离散系统就过渡到连续系统；连续系统离散化可化为离散系统。因此，可以预期，这两种系统将具有相似的动态性质，这两种系统的随机振动可用类似的方法进行处理。

考虑连续线性系统在随机激励下的强迫振动。此时，激励与响应一般都是随机场。连续线性系统可用线性偏微分方程连同适当的边界条件与初始条件描述，最一般情况下运动方程可用下列算子方程表示：

$$\underset{u,t}{\mathscr{L}} \boldsymbol{Y}(\boldsymbol{u},t) = \boldsymbol{X}(\boldsymbol{u},t) \tag{4.1-1}$$

式中 $\boldsymbol{X}(\boldsymbol{u},t)$ 为激励矢量随机场；$\boldsymbol{Y}(\boldsymbol{u},t)$ 为响应矢量随机场；$\underset{u,t}{\mathscr{L}}$ 为均方意义上空间与时间变量的线性微分算子，在动力学问题中常写成如下形式：

$$\underset{u,t}{\mathscr{L}} = \boldsymbol{M}\frac{\partial^2}{\partial t^2} + \boldsymbol{C}\frac{\partial}{\partial t} + \underset{u}{\mathscr{L}}_1 \tag{4.1-2}$$

其中 $\boldsymbol{M}$ 为惯性矩阵，$\boldsymbol{C}$ 为阻尼矩阵，它们的元素一般为空间变量 $\boldsymbol{u}$ 的函数，$\underset{u}{\mathscr{L}}_1$ 为均方意义上自伴随线性偏微分算子，即

$$\underset{u}{\mathscr{L}}_1 = \underset{u}{\mathscr{L}}_1^*$$

其中 $\underset{u}{\mathscr{L}}_1^*$ 为 $\underset{u}{\mathscr{L}}_1$ 的共轭算子。

设 $\underset{u,t}{\mathscr{L}}$ 中对空间变量的导数的最高阶为 $2p$，则齐次边界条

件将具有如下形式：

$$\mathop{\mathscr{B}_j}_{u} Y(u_b,t) = 0,\ j = 1, 2, \cdots, p \tag{4.1-3}$$

其中 $\mathscr{B}_j$ 是线性均方偏微分算子，其空间导数的最高可能阶数为 $2p-1$；u_b 为边界的坐标。具有非齐次边界条件，包括随机边界条件的边值问题，可通过适当的变换变成具有齐次边界条件的边值问题[1,2]，对机械(结构)系统，边界条件可分成几何边界条件与自然边界条件，前者规定对运动学量(如位移、转角等)的限制，后者规定对动力学量(如力、矩等)的限制。

为完全确定响应，一般还要规定初始条件

$$Y(u,0) = Y_0(u),\ \dot{Y}(u,0) = \dot{Y}_0(u) \tag{4.1-4}$$

(4.1-1)，(4.1-3) 及 (4.1-4) 就构成随机边初值问题的完整的数学表示。

工程中常见的是一、二维线性结构，只有一个法向位移分量，其运动方程可写为

$$\mathop{\mathscr{L}}_{u,t} Y(u,t) = \left[m(u)\frac{\partial^2}{\partial t^2} + c(u)\frac{\partial}{\partial t} + \mathop{\mathscr{L}_1}_{u}\right] Y(u,t)$$

$$= X(u,t) \tag{4.1-5}$$

式中 $Y(u,t)$ 为法向位移；$X(u,t)$ 为单位长度或面积上的载荷；u 为一维或二维矢量；m 为单位长度或面积的质量；c 为单位长度或面积的阻尼系数；$\mathop{\mathscr{L}_1}_{u}$ 为结构算子，其具体形式取决于结构的形状与运动形式。例如，对紧张弦的横向振动，杆的纵向振动或扭转振动，

$$\mathop{\mathscr{L}_1}_{u} = -\frac{\partial}{\partial u}\left[A(u)\frac{\partial}{\partial u}\right] \tag{4.1-6}$$

式中 $A(u)$ 为弦的张力，或杆的轴向或扭转刚度。对伯努利 (Bernoulli)-欧拉 (Euler) 梁的横向振动，

$$\mathop{\mathscr{L}_1}_{u} = \frac{\partial^2}{\partial u^2}\left[EI\frac{\partial^2}{\partial u^2}\right] \tag{4.1-7}$$

式中 EI 为梁弯曲刚度，对克希荷夫 (Kirchhoff) 板的横向振

动，

$$\mathscr{L}_{u}{}_1 = D\left(\frac{\partial^2}{\partial u_1^2} + \frac{\partial^2}{\partial u_2^2}\right)^2 \tag{4.1-8}$$

式中 $D = Eh^3/12(1-\mu^2)$ 为板的弯曲刚度， 对唐纳尔 (Donnell)-符拉索夫 (Власоь) 浅壳，

$$\mathscr{L}_{u}{}_1 = D\left(\frac{\partial^2}{\partial u_1^2} + \frac{\partial^2}{\partial u_2^2}\right)^2 + Eh\left(\frac{\partial^2}{\partial u_1^2} + \frac{\partial^2}{\partial u_2^2}\right)^{-2}$$

$$\times\left(\frac{1}{R_2}\frac{\partial^2}{\partial u_1^2} + \frac{1}{R_1}\frac{\partial^2}{\partial u_2^2}\right)^2 \tag{4.1-9}$$

式中 D 为壳的弯曲刚度，R_1 与 R_2 为主曲率半径。

本章主要叙述以 (4.1-5) 为运动方程的一、二维线性结构的随机振动，相应的边界条件形如 (4.1-3)，只是将矢量随机场改为标量随机场。相应初始条件为 (4.1-4)，但为简化叙述，假定初始条件为零。上一章为离散线性系统发展起来的相关分析，谱分析，矩方程法及模态叠加法将在本章中推广于连续线性系统。 此外，还将简要叙述二个专题：结构的宽带随机振动与随机有限元法。

4.2 应用脉冲响应函数的相关分析

连续线性系统的动态特性，可用脉冲响应函数(即动态格林函数)描述。脉冲响应函数 $h(\boldsymbol{u}, \boldsymbol{\xi}; t, s)$ 表示在 s 时刻在点 $\boldsymbol{\xi}$ 上作用单位脉冲载荷，而在点 $\boldsymbol{u}$ 上在 $t \geqslant s$ 时刻的位移响应，对变量 $\boldsymbol{u}$ 与 $\boldsymbol{\xi}$，它具有普通格林函数的意义；对 t 与 s，它具有与离散线性系统的脉冲响应函数同样的意义．对以 (4.1-5) 为运动方程的一、二维连续线性系统，它是下列一组方程之解：

$$\underset{u,t}{L}\, h(\boldsymbol{u},\boldsymbol{\xi};t,s) = \delta(\boldsymbol{u}-\boldsymbol{\xi})\delta(t-s) \quad \boldsymbol{u}, \boldsymbol{\xi} \in V, t > s \tag{4.2-1}$$

$$\underset{u}{B_j} h(\boldsymbol{u}_b, \boldsymbol{\xi}; t, s) = 0 \tag{4.2-2}$$

$$h(\boldsymbol{u},\boldsymbol{\xi};s,s) = \frac{\partial}{\partial t} h(\boldsymbol{u},\boldsymbol{\xi};t,s)|_{t=s} = 0 \tag{4.2-3}$$

式中L和 B_i 分别为与 $\mathscr{L}$ 和 $\mathscr{B}_i$ 相应的确定性算子。有了脉冲响应函数，根据叠加原理，(4.1-5) 的解可表为

$$Y(u,t)=\int_{t_0}^{t}\int_{V}h(u,\xi;t,s)X(\xi,s)d\xi ds \tag{4.2-4}$$

这里假定 $t=t_0$ 时，系统处于静止状态，式中V为系统所占据的空间。对时不变连续线性系统，脉冲响应函数对时间 t, s 的依赖只通过时差 $t-s$ 起作用，可记为 $h(u,\xi;\tau)$，其中 $\tau=t-s$，初始时刻可认为 $t_0=0$。从而时不变连续线性系统对平稳随机激励的瞬态响应为

$$\begin{aligned}Y(u,t)&=\int_{0}^{t}\int_{V}h(u,\xi;t-s)X(\xi,s)d\xi ds\\&=\int_{0}^{t}\int_{V}h(u,\xi;\theta)X(\xi,t-\theta)d\xi d\theta\end{aligned} \tag{4.2-5}$$

假定系统是渐近稳定的，初始运动经充分长时间后已经衰减掉，时不变连续线性系统对平稳激励的平稳响应将为

$$\begin{aligned}Y(u,t)&=\int_{-\infty}^{t}\int_{V}h(u,\xi;t-s)X(\xi,s)d\xi ds\\&=\int_{0}^{\infty}\int_{V}h(u,\xi;\theta)X(\xi,t-\theta)d\xi d\theta\end{aligned} \tag{4.2-6}$$

对 (4.2-4)，(4.2-5) 或 (4.2-6) 两边求期望，可得激励与响应平均函数之间的关系式。一般连续线性系统对一般随机激励的响应的平均函数为

$$E[Y(u,t)]=\int_{t_0}^{t}\int_{V}h(u,\xi;t,s)E[X(\xi,s)]d\xi ds \tag{4.2-7}$$

时不变连续线性系统对平稳激励的瞬态响应的平均函数为

$$E[Y(u,t)]=\int_{0}^{t}\int_{V}h(u,\xi;\theta)E[X(\xi)]d\xi d\theta \tag{4.2-8}$$

渐近稳定的时不变连续线性系统对平稳激励的平稳响应的平均函数为

$$E[Y(u)]=\int_{0}^{\infty}\int_{V}h(u,\xi,\theta)E[X(\xi)]d\xi d\theta \tag{4.2-9}$$

(4.2-4) 在两个不同时刻 t_1 与 t_2 上的方程对应边相乘，然后

求期望，即得一般连续线性系统对一般随机激励的响应的空间-时间相关函数

$$R_Y(\boldsymbol{u},\boldsymbol{u}';t_1,t_2)=\int_{t_0}^{t_2}\int_{t_0}^{t_1}\int_V\int_V h(\boldsymbol{u},\boldsymbol{\xi};t_1,s_1)h(\boldsymbol{u}',\boldsymbol{\xi}';t_2,s_2)$$

$$\times R_X(\boldsymbol{\xi},\boldsymbol{\xi}';s_2,s_1)d\boldsymbol{\xi}d\boldsymbol{\xi}'ds_1ds_2 \qquad (4.2\text{-}10)$$

类似地，时不变连续线性系统对平稳激励的瞬态响应的空间-时间相关函数为

$$\times R_Y(\boldsymbol{u},\boldsymbol{u}';t_1,t_2)=\int_0^{t_2}\int_0^{t_1}\int_V\int_V h(\boldsymbol{u},\boldsymbol{\xi},\theta_1)h(\boldsymbol{u}',\boldsymbol{\xi}';\theta_2)$$

$$R_X(\boldsymbol{\xi},\boldsymbol{\xi}';t_2-t_1-\theta_2+\theta_1)d\boldsymbol{\xi}d\boldsymbol{\xi}'d\theta_1d\theta_2 \qquad (4.2\text{-}11)$$

渐近稳定的时不变连续线性系统对平稳激励的平稳响应的空间-时间相关函数为

$$R_Y(\boldsymbol{u},\boldsymbol{u}';\tau)=\int_0^{\infty}\int_0^{\infty}\int_V\int_V h(\boldsymbol{u},\boldsymbol{\xi};\theta)h(\boldsymbol{u}',\boldsymbol{\xi}';\theta_2)$$

$$\times R_X(\boldsymbol{\xi},\boldsymbol{\xi}';\tau+\theta_1-\theta_2)d\boldsymbol{\xi}d\boldsymbol{\xi}'d\theta_1d\theta_2 \qquad (4.2\text{-}12)$$

同理可得激励与响应之间的空间-时间互相关函数，例如，对渐近稳定的时不变连续线性系统对平稳激励的平稳响应，

$$R_{XY}(\boldsymbol{u},\boldsymbol{u}';\tau)=\int_0^{\infty}\int_V h(\boldsymbol{u}',\boldsymbol{\xi};\theta)R_X(\boldsymbol{u},\boldsymbol{\xi}';\tau-\theta)d\boldsymbol{\xi}'d\theta$$

$$(4.2\text{-}13)$$

(4.2-10) 或 (4.2-11) 中令 $\boldsymbol{u}=\boldsymbol{u}'$ 与 $t_1=t_2$，或 (4.2-12) 中令 $\boldsymbol{u}=\boldsymbol{u}'$ 与 $\tau=0$，即得相应情形响应的均方函数。例如，对后一情形，

$$E[Y^2(\boldsymbol{u})]=\int_0^{\infty}\int_0^{\infty}\int_V\int_V h(\boldsymbol{u},\boldsymbol{\xi};\theta_1)h(\boldsymbol{u},\boldsymbol{\xi}';\theta_2)$$

$$\times R_X(\boldsymbol{\xi},\boldsymbol{\xi}';\theta_1-\theta_2)d\boldsymbol{\xi}d\boldsymbol{\xi}'d\theta_1d\theta_2 \qquad (4.2\text{-}14)$$

作为例子，考虑长为 l 的均匀简支梁，它的脉冲响应函数 $h(u,\xi;\tau)$ 满足如下线性偏微分方程：

$$EI\frac{\partial^4 h}{\partial u^4}+c\frac{\partial h}{\partial\tau}+\rho A\frac{\partial^2 h}{\partial\tau^2}=\delta(u-\xi)\delta(\tau) \qquad (a)$$

与边界条件

$$h = \frac{\partial^2 h}{\partial u^2} = 0, \quad u = 0, l \tag{b}$$

及初始条件

$$h = \frac{\partial h}{\partial \tau} = 0, \quad \tau = 0 \tag{c}$$

应用分离变量法或模态叠加法可求得

$$h(u,\xi;\tau) = \frac{2}{M}\sum_{j=1}^{\infty}\frac{1}{p_j}e^{-\beta\tau/2}\sin p_j\tau \sin\frac{j\pi u}{l}\sin\frac{j\pi\xi}{l}, \quad \tau > 0 \tag{d}$$

式中

$$p_j = [\omega_j^2 - (\beta/2)^2]^{1/2}, \quad \omega_j^2 = \frac{j^4\pi^4}{l^4}\left(\frac{EI}{m}\right), \quad \beta = c/m \tag{e}$$

ω_j 与 p_j 分别为第 j 个模态无阻尼与阻尼固有频率；β 为模态带宽；M 为梁的总质量。

设激励为零均值，空间与时间上都是 δ 相关的随机场，即

$$E[X(\xi,t)] = 0$$

$$R_X(\xi,\xi';\tau) = \frac{2\pi S_0}{l}\delta(\xi - \xi')\delta(\tau) \tag{f}$$

则均匀简支梁对激励 (f) 的平稳响应均值为零，相关函数则由 (d) 与 (f) 代入 (4.2-12)，完成积分得到

$$R_Y(u,u';\tau) = \frac{2\pi S_0}{M^2\beta}e^{-\beta|\tau|/2}\sum_{j=1}^{\infty}\frac{1}{\omega_j^2}\Big(\cos p_j\tau + \frac{\beta}{2p_j}\sin p_j|\tau|\Big)\sin\frac{j\pi u}{l}\sin\frac{j\pi u'}{l} \tag{g}$$

对激励与响应为矢量随机场之更一般连续线性系统，可定义二阶脉冲响应张量，然后作类似的相关分析。

4.3 应用频率响应函数的谱分析

连续线性系统的动态特征还可用频率响应函数描述。频率响

应函数 $H(\boldsymbol{u},\boldsymbol{\xi};\omega,t)$ 是从 t_0 开始在 $\boldsymbol{\xi}$ 处作用 $e^{i\omega t}$ 激励，而在 t 时刻在 $\boldsymbol{u}$ 处的响应与 $e^{i\omega t}$ 之比。对变量 $\boldsymbol{u}$ 与 $\boldsymbol{\xi}$，它具有普通格林函数的意义；而对 ω,t，则具有与离散线性系统的频率响应函数同样的意义。对以 (4.1-5) 为运动方程，(4.1-2) 为边界条件的一、二维线性结构系统，它是下列一组方程之解：

$$\underset{\boldsymbol{u},t}{L}[H(\boldsymbol{u},\boldsymbol{\xi};\omega,t)e^{i\omega t}]=\delta(\boldsymbol{u}-\boldsymbol{\xi})e^{i\omega t},\ t>t_0 \quad (4.3\text{-}1)$$

$$\underset{\boldsymbol{u}}{B_j}[H(\boldsymbol{u}_b,\boldsymbol{\xi};\omega,t)e^{i\omega t}]=0,\ j=1,2,\cdots,p \quad (4.3\text{-}2)$$

$$H(\boldsymbol{u},\boldsymbol{\xi};\omega,t_0)=\frac{\partial}{\partial t}[H(\boldsymbol{u},\boldsymbol{\xi};\omega,t)]|_{t=t_0}=0 \quad (4.3\text{-}3)$$

(4.3-1)—(4.3-3) 之解还可用脉冲响应函数对时间的叠加积分表示，比较两种解的形式可知，

$$H(\boldsymbol{u},\boldsymbol{\xi};\omega,t)=\int_{t_0}^{t}h(\boldsymbol{u},\boldsymbol{\xi};t,s)e^{-i\omega(t-s)}ds \quad (4.3\text{-}4)$$

对时不变连续线性系统，

$$H(\boldsymbol{u},\xi;\omega,t)=\int_0^{t-t_0}h(\boldsymbol{u},\boldsymbol{\xi};\tau)e^{-i\omega\tau}d\tau$$

$$=\int_{-\infty}^{t-t_0}h(\boldsymbol{u},\boldsymbol{\xi};\tau)e^{-i\omega\tau}d\tau \quad (4.3\text{-}5)$$

它是时不变连续线性系统的瞬态频率响应函数。当 $t_0\to-\infty$，系统为渐近稳定时，(4.3-5) 变成

$$H(\boldsymbol{u},\xi;\omega)=\int_0^{\infty}h(\boldsymbol{u},\boldsymbol{\xi};\tau)e^{-i\omega\tau}d\tau$$

$$=\int_{-\infty}^{\infty}h(\boldsymbol{u},\boldsymbol{\xi};\tau)e^{-i\omega\tau}d\tau \quad (4.3\text{-}6)$$

$H(\boldsymbol{u},\boldsymbol{\xi};\omega)$ 为渐近稳定时不变连续线性系统的稳态频率响应函数。由 (4.3-6) 知，它是脉冲响应函数的傅立叶变换，其反变换为

$$h(\boldsymbol{u},\boldsymbol{\xi};\tau)=\frac{1}{2\pi}\int_{-\infty}^{\infty}H(\boldsymbol{u},\boldsymbol{\xi};\omega)e^{i\omega\tau}d\omega \quad (4.3\text{-}7)$$

应用频率响应函数，可建立连续线性系统的激励与响应的统计量之间的关系，其中以谱密度关系为最基本，因此，应用频率响应函数的分析可称为谱分析。设激励为用渐进谱密度表示的非平

稳随机场

$$X(\boldsymbol{\xi},t)=\int_{-\infty}^{\infty}e^{i\omega t}A_X(\boldsymbol{\xi};\omega,t)dZ_X(\boldsymbol{\xi},\omega) \qquad (4.3\text{-}8)$$

式中 $A_X(\boldsymbol{\xi};\omega,t)$ 是对时间 t 为慢变的确定性场；$Z_X(\boldsymbol{\xi},\omega)$ 为复随机场。激励随机场的平均函数为

$$E[X(\boldsymbol{\xi},t)]=A_X(\boldsymbol{\xi};0,t)E[dZ_X(\boldsymbol{\xi},0)] \qquad (4.3\text{-}9)$$

$Z_X(\boldsymbol{\xi},\omega)$ 对 ω 具有正交增量，即

$$E[dZ_X(\boldsymbol{\xi},\omega)dZ_X^*(\boldsymbol{\xi}',\omega')]=S_X(\boldsymbol{\xi},\boldsymbol{\xi}';\omega)d\omega\delta(\omega-\omega') \qquad (4.3\text{-}10)$$

激励随机场的空间-频率渐进谱密度为

$$S_X(\boldsymbol{\xi},\boldsymbol{\xi}';\omega,t)=A_X(\boldsymbol{\xi};\omega,t)S_X(\boldsymbol{\xi},\boldsymbol{\xi}';\omega)A_X^*(\boldsymbol{\xi}';\omega,t) \qquad (4.3\text{-}11)$$

激励随机场的空间-时间相关函数为

$$R_X(\boldsymbol{\xi},\boldsymbol{\xi}';s,t)=\int_{-\infty}^{\infty}A_X(\boldsymbol{\xi};\omega,s)S_X(\xi,\boldsymbol{\xi}';\omega)\times A_X^*(\boldsymbol{\xi}';\omega,t)e^{-i\omega(t-s)}d\omega \qquad (4.3\text{-}12)$$

令 $\boldsymbol{\xi}=\boldsymbol{\xi}'$，$s=t$，由 (4.3-12) 可得激励随机场的均方函数。

加上激励很长时间后，时不变线性连续系统对上述激励的响应，按 (4.2-6) 为

$$\begin{aligned}Y(\boldsymbol{u},t)&=\int_{-\infty}^{\infty}\int_V h(\boldsymbol{u},\boldsymbol{\xi};\theta)X(\xi,t-\theta)d\boldsymbol{\xi}d\theta\\&=\int_{-\infty}^{\infty}\int_V h(\boldsymbol{u},\boldsymbol{\xi};\theta)\left[\int_{-\infty}^{\infty}e^{i\omega(t-\theta)}A_X(\boldsymbol{\xi};\omega,t-\theta)dZ_X(\boldsymbol{\xi},\omega)\right]d\boldsymbol{\xi}d\theta\\&=\int_V\int_{-\infty}^{\infty}e^{i\omega t}M(\boldsymbol{u},\xi;\omega,t)dZ_X(\boldsymbol{\xi},\omega)d\boldsymbol{\xi}\end{aligned} \qquad (4.3\text{-}13)$$

式中

$$M(\boldsymbol{u},\boldsymbol{\xi};\omega,t)=\int_{-\infty}^{\infty}h(\boldsymbol{u},\boldsymbol{\xi};\theta)A_X(\boldsymbol{\xi};\omega,t-\theta)e^{-i\omega\theta}d\theta \qquad (4.3\text{-}14)$$

由 (4.3-14) 知，$M(\boldsymbol{u},\boldsymbol{\xi};\omega,t)$ 与 $A_X(\boldsymbol{\xi};\omega,t)$ 一样为时间的慢变函数，再由 (4.3-13) 知，$Y(\boldsymbol{u},t)$ 对 ω，t 具有与 $X(\boldsymbol{\xi},t)$ 类似

的性质。因此，响应也将是具有渐进谱密度的非平稳随机场。

由 (4.3-13) 可得响应场的空间-时间相关函数

$$R_Y(\boldsymbol{u},\boldsymbol{u}';s,t)$$
$$=\int_{-\infty}^{\infty}\int_V\int_V M(\boldsymbol{u},\boldsymbol{\xi};\omega,s)S_X(\boldsymbol{\xi},\boldsymbol{\xi}';\omega)M^*(\boldsymbol{u}',\boldsymbol{\xi}';\omega,t)$$
$$\times e^{-i\omega(t-s)}d\boldsymbol{\xi}d\boldsymbol{\xi}'d\omega \tag{4.3-15}$$

令 $\boldsymbol{u}=\boldsymbol{u}'$，$s=t$ 即得响应场的均方函数。 由 (4.3-13) 得响应场的均值

$$E[Y(\boldsymbol{u},t)]=\int_V M(\boldsymbol{u},\boldsymbol{\xi};0,t)E[dZ_X(\boldsymbol{\xi},0)]d\boldsymbol{\xi} \tag{4.3-16}$$

由 (4.3-15) 知响应场的空间-频率渐进谱密度为

$$S_Y(\boldsymbol{u},\boldsymbol{u}';\omega,t)=\int_V\int_V M(\boldsymbol{u},\boldsymbol{\xi};\omega,t)S_X(\boldsymbol{\xi},\boldsymbol{\xi}';\omega)$$
$$\times M^*(\boldsymbol{u}',\boldsymbol{\xi}';\omega,t)d\boldsymbol{\xi}d\boldsymbol{\xi}' \tag{4.3-17}$$

对 (4.3-14) 两边对 t 作傅立叶变换得

$$M(\boldsymbol{u},\boldsymbol{\xi};\omega,\nu)=H(\boldsymbol{u},\boldsymbol{\xi};\omega+\nu)A_X(\boldsymbol{\xi};\omega,\nu) \tag{4.3-18}$$

于是，已知时不变线性连续系统的稳态频率响应函数 $H(\boldsymbol{u},\boldsymbol{\xi};\omega)$，可按 (4.3-18) 得 $M(\boldsymbol{u},\boldsymbol{\xi};\omega,\nu)$，然后作逆傅立叶变换得 $M(\boldsymbol{u},\boldsymbol{\xi};\omega,t)$，代入 (4.3-16)，(4.3-17) 及 (4.3-15)，分别得到响应场的均值、渐进谱密度及空间-时间相关函数。

对于时不变连续线性系统对平稳激励的瞬态响应，类似于 (4.3-13) 的推导，令 $A_X(\boldsymbol{\xi};\omega,s)=1$，并利用 (4.3-5) 得

$$Y(\boldsymbol{u},t)=\int_V\int_{-\infty}^{\infty}e^{i\omega t}H(\boldsymbol{u},\boldsymbol{\xi};\omega,t)dZ_X(\boldsymbol{\xi},\omega)d\boldsymbol{\xi} \tag{4.3-19}$$

从而响应的平均函数与空间-频率渐进谱密度分别为

$$E[Y(\boldsymbol{u},t)]=\int_V H(\boldsymbol{u},\boldsymbol{\xi};0,t)E[X(\boldsymbol{\xi})]d\boldsymbol{\xi} \tag{4.3-20}$$

与

$$S_Y(\boldsymbol{u},\boldsymbol{u}';\omega,t)=\int_V\int_V H(\boldsymbol{u},\boldsymbol{\xi};\omega,t)S_X(\boldsymbol{\xi},\boldsymbol{\xi}';\omega)$$
$$\times H^*(\boldsymbol{u}',\boldsymbol{\xi}';\omega,t)d\boldsymbol{\xi}d\boldsymbol{\xi}' \tag{4.3-21}$$

对于时不变连续线性系统对平稳激励的平稳响应，(4.3-19)

化为

$$Y(\boldsymbol{u},t)=\int_V\int_{-\infty}^{\infty}e^{i\omega t}H(\boldsymbol{u},\boldsymbol{\xi};\omega)dZ_X(\boldsymbol{\xi},\omega)d\boldsymbol{\xi} \quad (4.3\text{-}22)$$

从而响应的平均函数与空间-频率谱密度分别为

$$E[Y(\boldsymbol{u})]=\int_V H(\boldsymbol{u},\boldsymbol{\xi};0)E[X(\boldsymbol{\xi})]d\boldsymbol{\xi} \quad (4.3\text{-}23)$$

与

$$S_Y(\boldsymbol{u},\boldsymbol{u}';\omega)=\int_V\int_V H(\boldsymbol{u},\boldsymbol{\xi};\omega)S_X(\boldsymbol{\xi},\boldsymbol{\xi}';\omega)H^*(\boldsymbol{u}',\boldsymbol{\xi}';\omega)d\boldsymbol{\xi}d\boldsymbol{\xi}' \quad (4.3\text{-}24)$$

类似地，可推导各种情形激励与响应的空间-频率互谱密度，例如，对平稳激励的平稳响应，

$$S_{XY}(\boldsymbol{u},\boldsymbol{u}';\omega)=\int_V H(\boldsymbol{u}',\boldsymbol{\xi}';\omega)S_X(\boldsymbol{u},\boldsymbol{\xi}';\omega)d\boldsymbol{\xi}' \quad (4.3\text{-}25)$$

谱密度 (4.3-17), (4.3-21) 或 (4.3—24) 中 $\boldsymbol{u}=\boldsymbol{u}'$，然后对 ω 从 $-\infty$ 到 ∞ 积分，即得均方位移响应。 例如对平稳激励的平稳位移响应，均方函数为

$$E[Y^2(\boldsymbol{u})]=\int_{-\infty}^{\infty}S_Y(\boldsymbol{u},\boldsymbol{u};\omega)d\omega \quad (4.3\text{-}26)$$

对两端简支均匀梁，瞬态频率响应函数满足偏微分方程

$$\left(EI\frac{\partial^4}{\partial u^4}+c\frac{\partial}{\partial t}+\rho A\frac{\partial^2}{\partial t^2}\right)[H(u,\xi;\omega,t)e^{i\omega t}]=\delta(u-\xi)e^{i\omega t} \quad \text{(a)}$$

而稳态频率响应函数满足常微分方程

$$\left(EI\frac{d^4}{du^4}+i\omega c-\omega^2\rho A\right)H(u,\xi;\omega)=\delta(u-\xi) \quad \text{(b)}$$

两种情况下的边界条件为

$$H(u,\xi;\omega,t)=\frac{\partial^2}{\partial u^2}H=0,\quad u=0,\ l \quad \text{(c)}$$

瞬态频率响应函数的初始条件为

$$H(u,\xi;\omega,0)=\frac{\partial}{\partial t}H=0 \quad \text{(d)}$$

用分离变量法或模态叠加法可解得稳态频率响应函数为

$$H(u,\xi;\omega)=\frac{2}{M}\sum_{j=1}^{\infty}\frac{1}{\omega_j^2-\omega^2+i\beta\omega}\sin\frac{j\pi u}{l}\sin\frac{j\pi\xi}{l}\tag{e}$$

假定激励随机场为零均值、空间不相关的白噪声场，其谱密度为

$$S_X(\xi,\xi';\omega)=\frac{S_0}{l}\delta(\xi-\xi')\tag{f}$$

将(e) 与 (f) 代入 (4.3-24) 得稳态响应谱密度

$$S_Y(u,u';\omega)=\frac{2S_0}{M^2}\sum_{j=1}^{\infty}\frac{\sin(j\pi u/l)\sin(j\pi u'/l)}{[(\omega_j^2-\omega^2)^2+\beta^2\omega^2]}\tag{g}$$

(g) 中令 $u=u'$，并对 ω 从 $-\infty$ 到 ∞ 积分，则给出响应的均方函数

$$E[Y^2(u)]=\frac{2\pi S_0}{M^2\beta}\sum_{j=1}^{\infty}\frac{1}{\omega_j^2}\sin^2\frac{j\pi u}{l}=\frac{\pi S_0 l^3}{3\beta ME}\left(\frac{u}{l}-\frac{u^2}{l^2}\right)^2\tag{h}$$

对于激励与响应为矢量随机场的更一般连续线性系统，可定义频率响应张量，然后作类似的谱分析.

4.4 矩函数微分方程法

设连续线性系统的随机振动问题以方程 (4.1-5) 连同边界条件 (4.1-3) 及初始条件 (4.1-4) 描述. 对上述各式两边求期望，得响应的平均函数应满足的偏微分方程

$$\underset{u,t}{L}E[Y(u,t)]=E[X(u,t)]\tag{4.4-1}$$

与相应的边界条件

$$\underset{u}{B_j}E[Y(u_b,t)]=0,\ j=1,2,\cdots,p\tag{4.4-2}$$

及初始条件

$$E[Y(\boldsymbol{u},0)]=E[Y_0(\boldsymbol{u})],\ E\left[\frac{\partial}{\partial t}Y(\boldsymbol{u},0)\right]=E[\dot{Y}(\boldsymbol{u})]$$

$$(4.4\text{-}3)$$

两个不同时刻 t_1 与 t_2 上的方程 (4.1-5) 对应边相乘，并求期望，得响应的相关函数应满足的偏微分方程

$$\underset{\boldsymbol{u},t_1}{L}\ \underset{\boldsymbol{u}',t_2}{L}\ R_Y(\boldsymbol{u},\boldsymbol{u}';t_1,t_2)=R_X(\boldsymbol{u},\boldsymbol{u}';t_1,t_2) \qquad (4.4\text{-}4)$$

用类似方法可由 (4.1-3) 得相关函数的边界条件

$$\underset{\boldsymbol{u}}{B_j}R_Y(\boldsymbol{u}_b,\boldsymbol{u}';t_1,t_2)=\underset{\boldsymbol{u}'}{B_j}R_Y(\boldsymbol{u},\boldsymbol{u}_b;t_1,t_2)=0$$

$$j=1,2,\cdots,p \qquad (4.4\text{-}5)$$

由 (4.1-4) 得初始条件

$$R_Y(\boldsymbol{u},\boldsymbol{u}';t_0,t_0)=E[Y_0(\boldsymbol{u})Y_0(\boldsymbol{u}')]$$

$$\frac{\partial}{\partial t_1}R_Y(\boldsymbol{u},\boldsymbol{u}';t_0,t_0)=E[\dot{Y}_0(\boldsymbol{u})Y_0(\boldsymbol{u}')]$$

$$(4.4\text{-}6)$$

$$\frac{\partial}{\partial t_2}R_Y(\boldsymbol{u},\boldsymbol{u}';t_0,t_0)=E[Y_0(\boldsymbol{u})\dot{Y}_0(\boldsymbol{u}')]$$

$$\frac{\partial^2}{\partial t_1\partial t_2}R_Y(\boldsymbol{u},\boldsymbol{u}';t_0,t_0)=E[\dot{Y}_0(\boldsymbol{u})\dot{Y}_0(\boldsymbol{u}')]$$

于是，求解确定性的边初值问题 (4.4-1)—(4.4-3) 得响应的平均函数；求解确定性边初值问题 (4.4-4)—(4.4-6) 得响应的相关函数。

对于渐近稳定的时不变连续线性系统对平稳激励的平稳响应，平均函数与 t 无关，(4.4-1) 与 (4.4-2) 分别化为

$$\underset{\boldsymbol{u}}{L}E[Y(\boldsymbol{u})]=E[X(\boldsymbol{u})] \qquad (4.4\text{-}7)$$

与

$$\underset{\boldsymbol{u}}{B_j}E[Y(\boldsymbol{u}_b)]=0,j=1,2,\cdots,p \qquad (4.4\text{-}8)$$

而初始条件应代之以有界性条件 $|E[Y(\boldsymbol{u})]|<\infty$. 相关函数的方程 (4.4-4) 化为

$$\underset{\boldsymbol{u},-\tau}{L}\ \underset{\boldsymbol{u}',\tau}{L}\ R_Y(\boldsymbol{u},\boldsymbol{u}';\tau)=R_X(\boldsymbol{u},\boldsymbol{u}';\tau) \qquad (4.4\text{-}9)$$

相应的边界条件为

$$\underset{u}{B_j} R_Y(\boldsymbol{u}_b,\boldsymbol{u}';\tau) = \underset{u'}{B_j} R_Y(\boldsymbol{u},\boldsymbol{u}_b;\tau) = 0,\ j = 1, 2, \cdots, p \tag{4.4-10}$$

初始条件代之以 $\tau \to \pm\infty$ 时的有界性条件以及关于 $\tau = 0$ 的对称性条件。

对 (4.4-9) 与 (4.4-10) 作傅立叶变换，即得响应空间-频率谱密度所满足的微分方程

$$\underset{u}{L}(-i\omega)\underset{u'}{L}(i\omega)S_Y(\boldsymbol{u},\boldsymbol{u}';\omega) = S_X(\boldsymbol{u},\boldsymbol{u}';\omega) \tag{4.4-11}$$

与边界条件

$$\underset{u}{B_j} S_Y(\boldsymbol{u}_b,\boldsymbol{u}';\omega) = \underset{u}{B_j} S_Y(\boldsymbol{u},\boldsymbol{u}_b;\omega) = 0,\ j = 1, 2, \cdots, p \tag{4.4-12}$$

(4.4-11) 中 $\underset{u}{L}(i\omega)$ 为 $\underset{u,t}{L}$ 以 $i\omega$ 代替对 t 的一次偏导数所得之算子。注意，这里 ω 只起参数作用，(4.4-11) 只是空间坐标的偏微分方程。此外，还应满足有界性条件，并具有空间-频率谱密度所应有的性质。

类似地，还可得到激励与响应之间的空间-时间互相关函数所满足的微分方程与相应的边界条件及初始条件。例如，在平稳激励与平稳响应情形，方程为

$$\underset{u',\tau}{L} R_{XY}(\boldsymbol{u},\boldsymbol{u}';\tau) = R_X(\boldsymbol{u},\boldsymbol{u}';\tau) \tag{4.4-13}$$

边界条件为

$$\underset{u'\tau}{B_j} R_{XY}(\boldsymbol{u},\boldsymbol{u}_b;\tau) = 0,\ j = 1, 2, \cdots, p \tag{4.4-14}$$

此外，还需满足有界性条件并具有空间-时间互相关函数所应有的性质。(4.4-13) 与 (4.4-14) 两边对 τ 作傅立叶变换，可得平稳激励与平稳响应之间的空间-频率互谱密度所满足的微分方程与边界条件。

仍以两端简支均匀梁为例，设 $t_0 = 0$，具有零初始条件，那么，平均函数所满足的方程为

$$\left(EI\frac{\partial^4}{\partial u^4} + c\frac{\partial}{\partial t} + \rho A\frac{\partial^2}{\partial t^2}\right)E[Y(u,t)] = E[X(u,t)] \tag{a}$$

边界条件为

$$E[Y(u,t)] = \frac{\partial^2}{\partial u^2} E[Y(u,t)] = 0,\ u = 0, l \tag{b}$$

初始条件为

$$E[Y(u,0)] = \frac{\partial}{\partial t} E[Y(u,0)] = 0 \tag{c}$$

相关函数满足的方程为

$$\left(EI\frac{\partial^2}{\partial u^2} + c\frac{\partial}{\partial t_1} + \rho A\frac{\partial^2}{\partial t_1^2}\right)\left(EI\frac{\partial^4}{\partial u'^4} + c\frac{\partial}{\partial t_2} + \rho A\frac{\partial^2}{\partial t_1^2}\right) \times R_Y(u,u';t_1,t_2) = R_X(u,u';t_1,t_2) \tag{d}$$

边界条件为

$$\begin{aligned} R_Y(u,u';t_1,t_2) &= \frac{\partial^2}{\partial u^2} R_Y = 0,\ u = 0, l \\ R_Y(u,u';t_1,t_2) &= \frac{\partial^2}{\partial u'^2} R_Y = 0,\ u' = 0, l \end{aligned} \tag{e}$$

初始条件为

$$\begin{aligned} R_Y(u,u';0,t_2) &= \frac{\partial}{\partial t_1}(u,u';0,t_2) = 0 \\ R_Y(u,u';t_1,0) &= \frac{\partial}{\partial t_2}(u,u';t_1,0) = 0 \end{aligned} \tag{f}$$

对平稳激励的平稳响应，平均函数方程化为

$$EI\frac{d^4}{du^4} E[Y(u)] = E[X(u)] \tag{g}$$

边界条件仍为 (b)，相关函数满足方程

$$\left(EI\frac{\partial^4}{\partial u^4} - c\frac{\partial}{\partial \tau} + \rho A\frac{\partial^2}{\partial \tau^2}\right)\left(EI\frac{\partial^4}{\partial u'^4} + c\frac{\partial}{\partial \tau} + \rho A\frac{\partial^2}{\partial \tau^2}\right) \times R_Y(u,u';\tau) = R_X(u,u';\tau) \tag{h}$$

边界条件同 (e)，只是 R_Y 中以 $\tau = t_2 - t_1$ 代替 t_1, t_2。初始条件则代之以

$$\frac{\partial R_Y}{\partial \tau} = \frac{\partial^3 R_Y}{\partial \tau^3} = 0,\ u = u',\ \tau = 0 \tag{i}$$

$$R_Y(u,u';\tau)=R_Y(u',u;-\tau) \tag{j}$$

及 $\tau=\infty$ 处的有界性条件。

例如，设激励为具有零均值、空间与时间上都是 δ 相关的随机场（4.2 节中（f）式）。在边界条件（e）及条件（i），(j）下用分离变量法求解（h）可得 4.2 节中解（g）。

空间-频率谱密度函数满足方程

$$\left[EI\frac{\partial^4}{\partial u^4}-ci\omega+\rho A(i\omega)^2\right]\left[EI\frac{\partial^4}{\partial u'^4}+ci\omega+\rho A(i\omega)^2\right]$$

$$\times S_Y(u,u',\omega)=S_X(u,u';\omega) \tag{k}$$

（e）中以 $\tau=t_2-t_1$ 代 t_1，t_2，然后对 τ 作傅立叶变换，得相应的边界条件

$$\begin{aligned}
&S_Y(u,u';\omega)=\frac{\partial^2}{\partial u^2}S_Y(u,u';\omega)=0,\ u=0,\ l\\
&S_Y(u,u';\omega)=\frac{\partial^2}{\partial u'^2}S_Y(u,u',\omega)=0,\ u'=0,\ l
\end{aligned} \tag{l}$$

假定激励为空间不相关的白噪声场，谱密度由 4.3 节中（f）给出，在条件（l）下求解方程（k），可得 4.3 节中（g）。

上述求解相关函数方程的一个缺点，是要求解比原方程阶数高一倍的偏微分方程。采用二步方法，即先求激励与响应的互相关函数，然后求响应的相关函数可避免这个缺点。以平稳激励与平稳响应情形为例，第一步是在边界条件（4.4-14）下求解方程（4.4-13），第二步求解方程

$$\underset{u,-\tau}{L}R_Y(u,u';\tau)=R_{XY}(u,u';\tau) \tag{4.4-15}$$

它由（4.1-5）右乘 $Y(u',t+\tau)$ 再求期望得到。边界条件仍为（4.4-10），此外还要满足有界性与对称性条件。

4.5 模态叠加法

4.5.1 特征值问题

设时不变连续线性系统的随机振动以偏微分方程（4.1-5）与

边界条件 (4.1-3) 描述。相应的实特征值问题的微分方程为

$$\underset{u}{L_1}\phi(\boldsymbol{u})=m(\boldsymbol{u})\omega^2\phi(\boldsymbol{u}) \qquad (4.5\text{-}1)$$

式中 L_1 为与 $\mathscr{L}_1$ 相应的确定性微分算子. 边界条件为

$$\underset{u}{B_j}\phi(\boldsymbol{u})=0,\ j=1,2,\cdots,p \qquad (4.5\text{-}2)$$

(4.5-1) 中 ω^2 将有无穷多个解 ω_j^2，称为特征值，ω_j 称为固有频率,相应的 $\phi_j(\boldsymbol{u})$ 称为特征函数,或第 j 阶振型.

同时满足几何边界条件与自然边界条件的函数称为比较函数,由于假定 $\underset{u}{L_1}$ 为自共轭算子，对任意两个比较函数 $f(\boldsymbol{u})$ 与 $g(\boldsymbol{u})$，将有

$$\int_V f(\boldsymbol{u})\underset{u}{L_1}[g(\boldsymbol{u})]d\boldsymbol{u}=\int_V g(\boldsymbol{u})\underset{u}{L_1}[f(\boldsymbol{u})]d\boldsymbol{u} \qquad (4.5\text{-}3)$$

显然,同时有

$$\int_V f(\boldsymbol{u})m(\boldsymbol{u})g(\boldsymbol{u})d\boldsymbol{u}=\int_V g(\boldsymbol{u})m(\boldsymbol{u})f(\boldsymbol{u})d\boldsymbol{u} \qquad (4.5\text{-}4)$$

因此,上述特征值问题是自伴随的。对给定一个特征值问题,判断是否满足自伴随条件 (4.5-3) 与 (4.5-4),可以用分部积分法并考虑给定的边界条件确定。

特征值问题的自伴随性,使特征函数具有如下正交性:

$$\begin{aligned}&\int_V \phi_j(\boldsymbol{u})m(\boldsymbol{u})\phi_k(\boldsymbol{u})d\boldsymbol{u}=\delta_{jk}m_j\\&\int_V \phi_j(\boldsymbol{u})\underset{u}{L_1}[\phi_k(\boldsymbol{u})]d\boldsymbol{u}=\delta_{jk}m_j\omega_j^2\end{aligned} \qquad (4.5\text{-}5)$$

式中 δ_{jk} 为克罗奈克尔 δ 函数. m_j 为第 j 个模态的广义质量，由 (4.5-5) 得

$$\omega_j^2=\frac{\int_V \phi_j(\boldsymbol{u})\underset{u}{L_1}[\phi_j(\boldsymbol{u})]d\boldsymbol{u}}{\int_V m(\boldsymbol{u})\phi_j^2(\boldsymbol{u})d\boldsymbol{u}} \qquad (4.5\text{-}6)$$

这是联系固有频率与振型的瑞利方程.

假定阻尼可分到各模态上去,例如,设 $c=\beta m$，β 为常数,则有

$$\int_V \phi_j(u)c(u)\phi_k(u)du = \delta_{jk}\beta m_j \tag{4.5-7}$$

β 称为模态带宽，它与模态损失因子 η_j（损失因子定义为振动一周中阻尼消耗的能量与振动系统的能量之比）及模态临界阻尼比 ζ_j 之间的关系为

$$\beta = \eta_j\omega_j = 2\zeta_j\omega_j \tag{4.5-8}$$

β 为常数的假定意味着所有模态具有相同的模态带宽，而模态损失因子与模态临界阻尼比则与模态的固有频率成反比。

注意，按上述方法确定的振型只是比值，可差一个常数。为完全确定振型，可进行归一化。 归一化后的广义质量不同作者有不同取法。此处，取 $m_j = M$，M 为系统的总质量。

以两端简支的均匀梁为例，特征值问题的微分方程为

$$EI\frac{d^4}{du^4}\phi(u) = m\omega^2\phi(u) \tag{a}$$

边界条件为

$$\phi(u) = \frac{d^2}{du^2}\phi(u) = 0,\ u = 0, l \tag{b}$$

固有频率、归一化振型及模态带宽为

$$\omega_j = \left(\frac{j\pi}{l}\right)^2\left(\frac{EI}{m}\right)^{1/2},\ j = 1, 2, \cdots \tag{c}$$

$$\phi_j(u) = \sqrt{2}\ \sin\frac{j\pi u}{l},\ j = 1, 2, \cdots \tag{d}$$

$$\beta = \frac{cl}{M}$$

4.5.2 应用模态叠加法预测响应统计量

如 3.5 与 3.6 节所述，应用模态叠加法预测响应统计量可通过两种途径：一是应用模态叠加法求系统的脉冲响应函数或频率响应函数，然后用相关分析或谱分析方法求响应统计量。另一是利用

振型矩阵将系统的运动方程分解成各模态的运动方程，求解各模态的运动方程得模态响应统计量，最后按模态叠加得原系统的响应统计量．这两种途径导致相同的结果，但它们从不同的方面揭示了随机响应的性质．

先考虑第一种途径，设 ω_j 与 $\phi_j(\boldsymbol{u})$ 分别为系统的固有频率与振型，$\phi_j(\boldsymbol{u})(j=1,2,\cdots)$ 构成一个完备基，系统的任何响应量可按此完备基展开．因此，可令

$$h(\boldsymbol{u},\xi,\tau)=\sum_{j=1}^{\infty} g_j(\xi;\tau)\phi_j(\boldsymbol{u}) \tag{4.5-9}$$

式中 $g_j(\boldsymbol{\xi};\tau)$ 为待求之函数． 将 (4.5—9) 代入 (4.2—1)，令其中 $t-s=\tau$，两边同前乘 $\phi_k(\boldsymbol{u})$，然后对 $\boldsymbol{u}$ 在整个系统所占据的空间 $\boldsymbol{v}$ 上积分．考虑到正交性 (4.5-5) 与 (4.5-7)，得 $g_j(\boldsymbol{\xi};\tau)$ 应满足的一系列非耦合的微分方程

$$M\left(\frac{\partial^2 g_j}{\partial \tau^2}+\beta\frac{\partial g_j}{\partial \tau}+\omega_j^2 g_j\right)=\phi_j(\boldsymbol{\xi})\delta(\tau) \tag{4.5-10}$$

此外，还应满足边界条件

$$\underset{i}{B}_j g_j(\boldsymbol{\xi}_b;\tau)=0,\ j=1,2,\cdots,p \tag{4.5-11}$$

与初始条件

$$g_j(\boldsymbol{\xi},0)=\frac{\partial}{\partial \tau}g_j(\boldsymbol{\xi},0)=0 \tag{4.5-12}$$

显然，(4.5-10) 之解形为

$$g_j(\boldsymbol{\xi};\tau)=\phi_j(\xi)h_j(\tau) \tag{4.5-13}$$

其中 $h_j(\tau)$ 为第 j 个模态的脉冲响应函数

$$h_j(\tau)=\frac{1}{Mp_j}e^{-\beta\tau/2}\sin p_j\tau\cdot u(\tau),\ j=1,2,\cdots \tag{4.5-14}$$

式中

$$p_j=[\omega_j^2-(\beta/2)^2]^{1/2} \tag{4.5-15}$$

于是，系统的脉冲响应函数为

$$h(\boldsymbol{u},\boldsymbol{\xi};\tau)=\sum_{j=1}^{\infty}\phi_j(\boldsymbol{u})\phi_j(\boldsymbol{\xi})h_j(\tau) \tag{4.5-16}$$

4.2 节中简支梁的脉冲响应函数可用上述方法得到. 由 (4.5-16) 知,

$$h(\boldsymbol{u},\boldsymbol{\xi};\tau)=h(\boldsymbol{\xi},\boldsymbol{u};\tau) \tag{4.5-17}$$

这表明脉冲响应函数具有互易性, 这是线性连续体动力学互易定律的一个具体表现.

利用关系式 (4.3-5) 与 (4.3-6), 可由 (4.5-16) 分别得到系统的瞬态与稳态频率响应函数

$$H(\boldsymbol{u},\boldsymbol{\xi};\omega,t)=\sum_{j=1}^{\infty}\phi_j(\boldsymbol{u})\phi_j(\boldsymbol{\xi})H_j(\omega,t) \tag{4.5-18}$$

与

$$H(\boldsymbol{u},\boldsymbol{\xi};\omega)=\sum_{j=1}^{\infty}\phi_j(\boldsymbol{u})\phi_j(\boldsymbol{\xi})H_j(\omega) \tag{4.5-19}$$

其中

$$H_j(\omega,t)=\int_0^t h_j(\tau)e^{-i\omega\tau}d\tau \tag{4.5-20}$$

$$H_j(\omega)=\frac{1}{M(\omega_j^2-\omega^2+i\beta\omega)} \tag{4.5-21}$$

它们分别为第 j 个模态的瞬态与稳态频率响应函数. 显然, 系统的频率响应函数 (4.5-18) 与 (4.5-19) 也具有互易性. 它也可用模态叠加法直接求解频率响应函数所满足的方程 (4.3-1) 及相应的边界条件得到.

将脉冲响应函数 (4.5-16) 代入 4.2 节有关公式, 或将瞬态频率响应函数 (4.5-18) 或稳态频率响应函数 (4.5-19) 代入 4.3 节有关公式, 即可得相应的响应统计量.

用模态叠加法预测响应统计量通常采用如下第二种途径. 根据展开定理, (4.1-5) 之解可表为

$$Y(\boldsymbol{u},t)=\sum_{j=1}^{\infty}\phi_j(\boldsymbol{u})Y_j(t) \tag{4.5-22}$$

式中 $Y_j(t)$ 称为第 j 个模态响应(或广义坐标). 将(4.5-22)代入(4.1-5),前乘 $\phi_k(\boldsymbol{u})$,并对 $\boldsymbol{u}$ 在整个系统体积上积分,利用正交性(4.5-5)与(4.5-7),可得确定 Y_j 的一系列非耦合方程

$$M\left(\frac{d^2Y_j}{dt^2}+\beta\frac{dY_j}{dt}+\omega_j^2Y_j\right)=F_j(t),\quad j=1,2,\cdots \tag{4.5-23}$$

式中

$$F_j(t)=\int_V \phi_j(\boldsymbol{\xi})X(\boldsymbol{\xi},t)d\boldsymbol{\xi} \tag{4.5-24}$$

为第 j 个模态激励(或广义力). 注意,虽然(4.5-23)是非耦合的,但由于各模态激励过程一般是相关的,各模态响应一般也是相关的.

(4.5-23)的脉冲响应函数为(4.5-14),因此,模态响应与模态激励之间的关系为

$$Y_j(t)=\int_{t_0}^{t} h_j(t-\tau)F_j(\tau)d\tau \tag{4.5-25}$$

再根据系统响应同模态响应之间的关系(4.5-22),模态激励同系统激励之间的关系(4.5-24),可得系统响应同系统激励之间的关系

$$Y(\boldsymbol{u},t)=\sum_{j=1}^{\infty}\phi_j(\boldsymbol{u})\int_{t_0}^{t} h_j(t-\tau)\int_V \phi_j(\boldsymbol{\xi})X(\boldsymbol{\xi},\tau)d\boldsymbol{\xi}d\tau \tag{4.5-26}$$

由此可得系统位移响应的平均函数

$$E[Y(\boldsymbol{u},t)]=\sum_{j=1}^{\infty}\phi_j(\boldsymbol{u})\int_{t_0}^{t} h_j(t-\tau)\int_V \phi_j(\boldsymbol{\xi})E[X(\boldsymbol{\xi},\tau)]d\boldsymbol{\xi}d\tau \tag{4.5-27}$$

与相关函数

$$\begin{aligned}R_Y(\boldsymbol{u},\boldsymbol{u}';t_1,t_2)=&\sum_{j=1}^{\infty}\sum_{k=1}^{\infty}\phi_j(\boldsymbol{u})\phi_k(\boldsymbol{u}')\int_{t_0}^{t_2}\int_{t_0}^{t_1}h_j(\theta_1)h_k(\theta_2)\\&\times\int_V\int_V \phi_j(\boldsymbol{\xi})\phi_k(\boldsymbol{\xi}')R_X(\boldsymbol{\xi},\boldsymbol{\xi}';t_1-\theta_1,t_2-\theta_2)d\boldsymbol{\xi}d\boldsymbol{\xi}'d\theta_1d\theta_2\end{aligned} \tag{4.5-28}$$

(4.5-28) 中令 $u=u'$, $t_1=t_2=t$, 即得均方位移响应 $E[Y^2(u,t)]$. 类似地，可得系统激励与响应之间的互相关函数

$$R_{XY}(u,u';t_1,t_2)=\sum_{k=1}^{\infty}\phi_k(u')\int_{t_0}^{t_2}h_k(\theta)\int_V\phi_k(\xi')\times R_X(u,\xi';t_1,t_2-\theta)d\xi'd\theta \qquad (4.5\text{-}29)$$

现设系统激励具有渐进谱密度 (4.3-11)，根据 (4.5-24)，模态激励的渐进互谱密度为

$$\begin{aligned}S_{F_jF_k}(\omega,t)&=\int_V\int_V\phi_j(\xi)A_X(\xi;\omega,t)S_X(\xi,\xi';\omega)\\&\quad\times A_X^*(\xi';\omega,t)\phi_k(\xi')d\xi d\xi'\\&=A_{F_j}(\omega,t)S_{F_jF_k}(\omega)A_{F_k}^*(\omega,t)\end{aligned} \qquad (4.5\text{-}30)$$

类似于 (3.3-16)，模态响应的渐进互谱密度为

$$S_{Y_jY_k}(\omega,t)=M_{F_j}(\omega,t)S_{F_jF_k}(\omega)M_{F_k}^*(\omega,t) \qquad (4.5\text{-}31)$$

式中

$$M_{F_j}(\omega,t)=\int_{-\infty}^{\infty}h_j(\theta)A_{F_j}(\omega,t-\theta)e^{-i\omega\theta}d\theta \qquad (4.5\text{-}32)$$

再根据 (4.5-22)，系统位移响应的渐进谱密度为

$$S_Y(u,u';\omega,t)=\sum_{j=1}^{\infty}\sum_{k=1}^{\infty}\phi_j(u)\phi_k(u')S_{Y_jY_k}(\omega,t) \qquad (4.5\text{-}33)$$

类似地，系统激励与响应的渐进互谱密度为

$$\begin{aligned}&S_{XY}(u,u';\omega,t)\\&\quad=\sum_{k=1}^{\infty}\phi_k(u')A_X(u;\omega,t)\int_{-\infty}^{\infty}h_k(\theta)\int_V S_X(u,\xi';\omega)\\&\qquad\times A_X^*(\xi';\omega,t-\theta)\phi_k(\xi')e^{-i\omega\theta}d\xi'd\theta\end{aligned} \qquad (4.5\text{-}34)$$

系统的均方响应由 (4.5-33) 令 $u=u'$ 并对 ω 从 $-\infty$ 到 ∞ 积分得到.

对平稳激励的瞬态响应，只要在 (4.5-27) 中以 $E[X(\xi)]$ 代替 $E[X(\xi,\tau)]$，(4.5-28) 及 (4.5-29) 中非平稳激励的空间-时间相关函数代之以平稳激励的空间-时间相关函数，即可分别得位移响应的平均函数、空间-时间相关函数以及激励与响应的空间-

时间互相关函数：

$$E[Y(\boldsymbol{u},t)]=\sum_{i=1}^{\infty}\phi_i(\boldsymbol{u})\int_V\phi_i(\boldsymbol{\xi})E[X(\boldsymbol{\xi})]d\xi\int_0^t h_i(\theta)d\theta \tag{4.5-35}$$

$$R_Y(\boldsymbol{u},\boldsymbol{u}';t_1,t_2)=\sum_{i=1}^{\infty}\sum_{k=1}^{\infty}\phi_i(\boldsymbol{u})\phi_k(\boldsymbol{u}')\int_0^{t_2}\int_0^{t_1}h_i(\theta_1)h_k(\theta_2)$$
$$\times\int_V\int_V\phi_i(\boldsymbol{\xi})\phi_k(\boldsymbol{\xi}')R_X(\boldsymbol{\xi},\boldsymbol{\xi}';\tau+\theta_1-\theta_2)d\boldsymbol{\xi}d\boldsymbol{\xi}'d\theta_1d\theta_2 \tag{4.5-36}$$

$$R_{XY}(\boldsymbol{u},\boldsymbol{u}';t_1,t_2)=\sum_{k=1}^{\infty}\phi_k(\boldsymbol{u}')\int_0^{t_2}h_k(\theta)\int_V\phi_k(\boldsymbol{\xi}')$$
$$\times R_X(\boldsymbol{u},\boldsymbol{\xi}';\tau-\theta)d\boldsymbol{\xi}'d\theta \tag{4.5-37}$$

此外，对平稳激励，$S_{F_jF_k}(\omega,t)=S_{F_jF_k}(\omega)$。令

$$H_i(\omega,t)=\int_0^t h_i(\theta)e^{-i\omega\theta}d\theta,$$

类似于(3.3-22)，有 $S_{Y_jY_k}(\omega,t)=H_i(\omega,t)S_{F_jF_k}(\omega)H_k^*(\omega,t)$。从而，位移响应的空间-频率谱密度为

$$S_Y(\boldsymbol{u},\boldsymbol{u}';\omega,t)=\sum_{j=1}^{\infty}\sum_{k=1}^{\infty}\phi_i(\boldsymbol{u})\phi_k(\boldsymbol{u}')H_i(\omega,t)H_k^*(\omega,t)$$
$$\int_V\int_V\phi_i(\boldsymbol{\xi})\phi_k(\xi')S_X(\boldsymbol{\xi},\xi';\omega)d\boldsymbol{\xi}d\boldsymbol{\xi}' \tag{4.5-38}$$

类似地，激励与响应的空间-频率互谱密度为

$$S_{XY}(\boldsymbol{u},\boldsymbol{u}';\omega,t)=\sum_{k=1}^{\infty}\phi_k(\boldsymbol{u}')H_k^*(\omega,t)\int_V\phi_k(\boldsymbol{\xi}')S_X(\boldsymbol{u},\xi';\omega)d\boldsymbol{\xi}' \tag{4.5-39}$$

均方位移响应可由(4.5-36)令 $\boldsymbol{u}=\boldsymbol{u}'$ 及 $t_1=t_2$ 得到。也可由(4.5-38)令 $\boldsymbol{u}=\boldsymbol{u}'$，并对 ω 从 $-\infty$ 到 ∞ 积分得到。

对平稳激励的平稳响应，相应的响应统计量变成：

平均函数

$$E[Y(\boldsymbol{u})]=H(0)\sum_{j=1}^{\infty}\phi_i(\boldsymbol{u})\int_V\phi_i(\boldsymbol{\xi})E[X(\boldsymbol{\xi})]d\xi \tag{4.5-40}$$

响应的空间-时间相关函数

$$R_Y(\boldsymbol{u},\boldsymbol{u}';\tau)=\sum_{j=1}^{\infty}\sum_{k=1}^{\infty}\psi_j(\boldsymbol{u})\psi_k(\boldsymbol{u}')\int_0^{\infty}\int_0^{\infty}h_j(\theta_1)h_k(\theta_2)$$

$$\times\int_V\int_V\psi_j(\boldsymbol{\xi})\psi_k(\boldsymbol{\xi}')R_X(\boldsymbol{\xi},\boldsymbol{\xi}';\tau+\theta_1-\theta_2)d\boldsymbol{\xi}d\boldsymbol{\xi}'d\theta_1d\theta_2 \quad (4.5\text{-}41)$$

激励与响应空间-时间互相关系数

$$R_{XY}(\boldsymbol{u},\boldsymbol{u}';\tau)=\sum_{k=1}^{\infty}\psi_k(\boldsymbol{u}')\int_0^{\infty}h_k(\theta)\int_V\psi_k(\boldsymbol{\xi}')$$

$$\times R_X(\boldsymbol{u},\boldsymbol{\xi}';\tau-\theta)d\boldsymbol{\xi}'d\theta \quad (4.5\text{-}42)$$

响应的空间-频率谱密度

$$S_Y(\boldsymbol{u},\boldsymbol{u}';\omega)=\sum_{j=1}^{\infty}\sum_{k=1}^{\infty}\psi_j(\boldsymbol{u})\psi_k(\boldsymbol{u}')H_j(\omega)H_k(-\omega)$$

$$\times\int_V\int_V\psi_j(\boldsymbol{\xi})\psi_k(\boldsymbol{\xi}')S_X(\boldsymbol{\xi},\boldsymbol{\xi}';\omega)d\boldsymbol{\xi}d\boldsymbol{\xi}' \quad (4.5\text{-}43)$$

激励与响应空间-频率互谱密度

$$S_{XY}(\boldsymbol{u},\boldsymbol{u}';\omega)=\sum_{k=1}^{\infty}\psi_k(\boldsymbol{u}')H_k(-\omega)\int_V\psi_k(\boldsymbol{\xi}')S_X(\boldsymbol{u},\boldsymbol{\xi}';\omega)d\boldsymbol{\xi}'$$

$$(4.5\text{-}44)$$

均方位移响应

$$E[Y^2(\boldsymbol{u})]=\sum_{j=1}^{\infty}\sum_{k=1}^{\infty}\psi_j(\boldsymbol{u})\psi_k(\boldsymbol{u})\int_0^{\infty}\int_0^{\infty}h_j(\theta_1)h_k(\theta_2)$$

$$\times\int_V\int_V\psi_j(\boldsymbol{\xi})\psi_k(\boldsymbol{\xi}')R_X(\boldsymbol{\xi},\boldsymbol{\xi}';\theta_1-\theta_2)d\boldsymbol{\xi}d\boldsymbol{\xi}'d\theta_1d\theta_2 \quad (4.5\text{-}45)$$

或

$$E[Y^2(\boldsymbol{u})]=\sum_{j=1}^{\infty}\sum_{k=1}^{\infty}\psi_j(\boldsymbol{u})\psi_k(\boldsymbol{u})\int_{-\infty}^{\infty}H_j(\omega)H_k(-\omega)$$

$$\int_V\int_V\psi_j(\boldsymbol{\xi})\psi_k(\boldsymbol{\xi}')S_X(\boldsymbol{\xi},\boldsymbol{\xi}';\omega)d\boldsymbol{\xi}d\boldsymbol{\xi}'d\omega \quad (4.5\text{-}46)$$

类似地，还可得速度与加速度响应的各统计量，如果它们存在的话。

若记模态响应互谱密度的积分为

$$I_{jk}=\int_{-\infty}^{\infty}H_j(\omega)H_k(-\omega)S_{F_jF_k}(\omega)d\omega \tag{4.5-47}$$

式中

$$S_{F_jF_k}(\omega)=\int_V\int_V\phi_j(\boldsymbol{\xi})\phi_k(\boldsymbol{\xi}')S_X(\boldsymbol{\xi},\boldsymbol{\xi}';\omega)d\boldsymbol{\xi}d\boldsymbol{\xi}' \tag{4.5-48}$$

为模态激励的互谱密度，则稳态均方位移响应 (4.5-46) 可表为

$$E[Y^2(\boldsymbol{u})]=\sum_{j=1}^{\infty}\sum_{k=1}^{\infty}\phi_j(\boldsymbol{u})\phi_k(\boldsymbol{u})I_{jk} \tag{4.5-49}$$

类似地，平稳均方速度响应可表为

$$E[\dot{Y}^2(\boldsymbol{u})]=\sum_{j=1}^{\infty}\sum_{k=1}^{\infty}\phi_j(\boldsymbol{u})\phi_k(\boldsymbol{u})I'_{jk} \tag{4.5-50}$$

式中

$$I'_{jk}=\int_{-\infty}^{\infty}\omega^2H_j(\omega)H_k(-\omega)S_{F_jF_k}(\omega)d\omega \tag{4.5-51}$$

平稳均方加速度响应，如果存在的话，可表为

$$E[\ddot{Y}^2(\boldsymbol{u})]=\sum_{j=1}^{\infty}\sum_{k=1}^{\infty}\phi_j(\boldsymbol{u})\phi_k(\boldsymbol{u})I''_{jk} \tag{4.5-52}$$

式中

$$I''_{jk}=\int_{-\infty}^{\infty}\omega^4H_j(\omega)H_k(-\omega)S_{F_jF_k}(\omega)d\omega \tag{4.5-53}$$

注意，如同离散线性系统情形，由于 $S_{F_jF_k}(\omega)=S^*_{F_kF_j}(\omega)$，$I_{jk}$，$I'_{jk}$，$I''_{jk}$ 分别与 I_{kj}，I'_{kj}，I''_{kj} 互为复共轭，均方位移、速度及加速度响应皆为实值函数。

比较均方位移、速度及加速度响应的表达式可知，对均方位移响应，低频模态比高频模态贡献大；对均方速度，各阶模态的贡献为同一量级，对均方加速度响应，高频模态比低频模态贡献大。显然，当激励为理想白噪声场时，均方加速度响应是不存在的。

4.5.3 关于均方响应计算的可能简化的讨论

原则上讲，只要已知激励的统计量，已知系统的固有频率、振型、阻尼及总质量，即可按上述公式计算响应统计量。然而，只有

对一些理想的均匀结构(均匀的弦、杆、圆轴、简支悬臂或简支梁,简支矩形板、简支正三角形板,圆板等),已有精确的固有频率与振型的解析表达式。只有更为有限的结构(均匀弦、杆、圆轴及简支梁)在非常特殊的随机激励(空间与时间都是 δ 相关的均匀随机场)的作用下才能得到其均方(位移)响应的解析表达式(见下面讨论)。多数情况下,响应量的计算要靠数值方法进行。而均方响应乃是双重的无穷级数,计算量极大。因此,判断在什么情况下无穷级数可以截断或双重级数可代之以单重级数(即可忽略模态互相关的贡献)是十分重要的。本小节就给出关于这个问题的一般性讨论。

1. 对小阻尼结构,

$$H_i(\omega) \leqslant \frac{1}{\beta M\omega_i[1-(\beta/2\omega_i)^2]^{1/2}} \tag{4.5-54}$$

ω_i 随 i 的增大而增大,对足够大的 $i,k=N_1$, $|H_i(\omega)H_k(-\omega)|$ 将很小,只要模态激励谱密度 $S_{F_iF_k}(\omega)$ 不随 ω 的增大而增大(许多实际激励皆如此)。均方位移响应(4.5-49)中的双重无穷级数可代之以有限的双重和,所取的项数 N_1 取决于所要求的精度与 $S_{F_iF_k}(\omega)$ 随 ω 的变化规律。

2. 对限带白噪声作用下结构的均方速度响应,文[4]已证明,非共振模态的贡献本身虽然不小,但与共振模态贡献相比则可忽略不计,因此,均方速度响应(4.5-50)中的双重无穷级数可截断,所取项数 N 由下列不等式确定,

$$\omega_N \leqslant \omega_c < \omega_{N+1} \tag{4.5-55}$$

式中 ω_c 为限带白噪声的截止频率。

显然,在此情形下,对均方位移响应(4.5-49),所取项数 N_1 可小于或等于 N。

3. 对均匀结构,如等截面梁、板、壳,单位长度或面积的质量 m 不随坐标而变,从而模态正交性条件(4.5-5)的第一式变成

$$\int_V \phi_i(\boldsymbol{u})\phi_k(\boldsymbol{u})d\boldsymbol{u} = L^n\delta_{ik} \tag{4.5-56}$$

其中 L^n 表示结构的长度或面积。假定激励随机场空间不相关,

其谱密度形为

$$S_X(\boldsymbol{\xi},\boldsymbol{\xi}';\omega)=\frac{S(\omega)}{L^n}\delta(\boldsymbol{\xi}-\boldsymbol{\xi}') \tag{4.5-57}$$

模态激励互谱密度将为

$$S_{F_iF_k}(\omega)=S(\omega)\delta_{ik} \tag{4.5-58}$$

于是有

$$I_{ik},\ I'_{ik},\ I''_{ik}=0,\ i\neq k \tag{4.5-59}$$

即模态互相关为零，从而均方位移、速度及加速度响应的表达式(4.5-49)，(4.5-50) 及 (4.5-52) 的双重级数简化为单重级数．例如，对均方位移响应

$$E[Y^2(\boldsymbol{u})]=\sum_{i=1}^{\infty}\phi_i^2(\boldsymbol{u})I_{ii} \tag{4.5-60}$$

其中

$$I_{ii}=\int_{-\infty}^{\infty}|H_i(\omega)|^2S(\omega)d\omega \tag{4.5-61}$$

根据上面讨论 (4.5-60) 还可截断，即

$$E[Y^2(\boldsymbol{u})]\approx\sum_{i=1}^{N_1}\phi_i^2(\boldsymbol{u})I_{ii} \tag{4.5-62}$$

若进一步假定激励为限带白噪声场，则

$$I_{ii}=S_0\int_{-\omega_c}^{\omega_c}|H_i(\omega)|^2d\omega\approx\frac{\pi S_0}{M^2\beta\omega_i^2} \tag{4.5-63}$$

类似地，对均方速度响应，有

$$E[\dot{Y}^2(\boldsymbol{u})]\approx\sum_{i=1}^{N}\phi_i^2(\boldsymbol{u})I'_{ii} \tag{4.5-64}$$

其中

$$I'_{ii}=\frac{\pi S_0}{M^2\beta} \tag{4.5-65}$$

而N由不等式 (4.5-55) 确定

4. 对非均匀结构，或激励随机场空间是相关的，那么模态互相关对均方响应的贡献与模态自相关相比是否能忽略不计要具体研

究。在 3.5 节中所述之情形，即 $\Delta\omega_{jk}=|\omega_j-\omega_k|\ll\omega_{jk}$，$\beta\ll\omega_{jk}$，其中 $\omega_{jk}=\frac{1}{2}(\omega_j+\omega_k)$，且 $S_{F_jF_k}(\omega)$ 为 ω 的慢变函数，此外，还满足条件

$$|\omega_j-\omega_k|^2\gg(\beta/2)^2 \tag{4.5-66}$$

时，第 j 与 k 个模态的互相关的贡献可忽略不计，而且

$$I_{jj}\approx S_{F_jF_j}(\omega_j)\int_{-\infty}^{\infty}|H_j(\omega)|^2d\omega=S_{F_jF_k}(\omega_j)\frac{\pi}{M^2\beta\omega_j^2} \tag{4.5-67}$$

$$I'_{jj}\approx S_{F_jF_j}(\omega_j)\frac{\pi}{M^2\beta} \tag{4.5-68}$$

当激励为限带白噪声场，模态互相关不可忽略时，求均方响应将用到下列两个积分[5]：

$$\Phi_{jk}=\int_{-\omega_c}^{\omega_c}\frac{d\omega}{(\omega_j^2-\omega^2+i\beta\omega)(\omega_k^2-\omega^2-i\beta\omega)}$$

$$=\frac{F(\omega_j,\omega_k;\omega_c)+F(\omega_k,\omega_j;\omega_c)}{(\omega_j^2-\omega_k^2)^2+2\beta^2(\omega_j^2+\omega_k^2)} \tag{4.5-69}$$

$$\Phi'_{jk}=\int_{-\omega_c}^{\omega_c}\frac{\omega^2d\omega}{(\omega_j^2-\omega^2+i\beta\omega)(\omega_k^2-\omega^2-i\beta\omega)}$$

$$=\frac{F'(\omega_j,\omega_k;\omega_c)+F'(\omega_k,\omega_j;\omega_c)}{(\omega_j^2-\omega_k^2)^2+2\beta^2(\omega_j^2+\omega_k^2)} \tag{4.5-70}$$

式中

$$F(\omega_j,\omega_k;\omega_c)=\frac{\omega_j^2-\omega_k^2-\beta^2}{2(\omega_j^2-\beta^2/4)^{1/2}}$$

$$\times\ln\frac{\omega_c^2+\omega_j^2-2\omega_c(\omega_j^2-\beta^2/4)^{1/2}}{\omega_c^2+\omega_j^2+2\omega_c(\omega_j^2-\beta^2/4)^{1/2}}$$

$$+2\beta\tan^{-1}\frac{\beta\omega_c}{\omega_j^2-\omega_c^2} \tag{4.5-71}$$

$$F'(\omega_j,\omega_k;\omega_c)=\frac{\omega_j^2(\omega_j^2-\omega_k^2)+\beta^2(\omega_j^2+\omega_k^2)/2}{2(\omega_j^2-\beta^2/4)^{1/2}}$$

$$\times\ln\frac{\omega_c^2+\omega_j^2-2\omega_c(\omega_j^2-\beta^2/4)^{1/2}}{\omega_c^2+\omega_j^2+2\omega_c(\omega_j^2-\beta^2/4)^{1/2}}$$

$$+\beta(\omega_j^2+\omega_k^2)+\tan^{-1}\frac{\beta\omega_c}{\omega_j^2-\omega_c^2} \tag{4.5-72}$$

$\omega_c\to\infty$ 时，

$$\Phi_{jk}=\frac{4\pi\beta}{(\omega_j^2-\omega_k^2)^2+2\beta^2(\omega_j^2+\omega_k^2)} \tag{4.5-73}$$

当 $k=j$ 时，

$$\Phi_{jj}=\frac{\pi}{\beta\omega_j^2}\left[\frac{\beta}{4\pi(\omega_j^2-\beta^2/4)^{1/2}}\right.$$

$$\times\ln\frac{\omega_c^2+\omega_j^2+2\omega_c(\omega_j^2-\beta^2/4)^{1/2}}{\omega_c^2+\omega_j^2-2\omega_c(\omega_j^2-\beta^2/4)^{1/2}}$$

$$\left.+\frac{1}{\pi}\tan^{-1}\frac{\beta\omega_c}{\omega_j^2-\omega_c^2}\right] \tag{4.5-74}$$

(4.5-74) 中方括号内之表达式与 (3.4-41) 中 $I\left(\frac{\omega}{\omega_j},\ \zeta\right)$ 一致.

$\omega_c\to\infty$ 时，

$$\Phi_{jj}=\frac{\pi}{\beta\omega_j^2} \tag{4.5-75}$$

最后提一下均方响应的封闭解析解. 作为能得到封闭解析解的一个例子，考虑两端简支均匀梁在空间与时间都不相关的随机场作用下位移响应，激励谱密度为

$$S_X(\xi,\xi';\omega)=\frac{S_0}{l}\delta(\xi-\xi') \tag{a}$$

按 (4.5-48)，模态激励互谱密度为

$$S_{F_jF_k}(\omega)=S_0\delta_{jk} \tag{b}$$

按 (4.5-31)，模态响应互谱密度为

$$S_{Y_jY_k}(\omega)=S_0H_j(\omega)H_k(-\omega)\delta_{jk} \tag{c}$$

于是，响应空间-频率谱密度为

$$S_Y(u,u';\omega)=\frac{2S_0}{M^2}\sum_{j=1}^{\infty}\frac{\sin\dfrac{j\pi u}{l}\sin\dfrac{j\pi u'}{l}}{(\omega_j^2-\omega^2)^2+\beta^2\omega^2} \tag{d}$$

按(4.5-41)，位移响应协方差

$$R_Y(u,u';0)=\frac{2S_0}{M^2}\sum_{j=1}^{\infty}\sin\frac{j\pi u}{l}\sin\frac{j\pi u'}{l}$$

$$\times\int_{-\infty}^{\infty}\frac{d\omega}{(\omega_j^2-\omega^2)^2+\beta^2\omega^2}=\frac{2S_0l^2}{\pi^3EIc}\sum_{j=1}^{\infty}\frac{1}{j^4}$$

$$\times\left[\cos\frac{j\pi(u-u')}{l}-\cos\frac{j\pi(u+u')}{l}\right] \qquad \text{(e)}$$

利用求和公式

$$\sum_{j=1}^{\infty}\frac{\cos jx}{j^4}=\frac{\pi^4}{90}-\frac{\pi^2x^2}{12}+\frac{\pi x^3}{12}-\frac{x^4}{48},\ 0\leqslant X\leqslant 2\pi \qquad \text{(f)}$$

(e) 式变成

$$R_Y(u,u';0)=\frac{\pi S_0l^2}{12EIc}\Big[-(\xi_1-\xi_2)^2+(\xi_1-\xi_2)^3$$

$$-\frac{1}{4}(\xi_1-\xi_2)^4+(\xi_1+\xi_2)^2-(\xi_1+\xi_2)^3$$

$$+\frac{1}{4}(\xi_1+\xi_2)^4\Big] \qquad \text{(g)}$$

式中 $\xi_1=u/l$, $\xi_2=u'/l$. (g) 式首先由 Eringen[6] 得到. 令 $\xi_1=\xi_2=\xi$ 得位移方差函数

$$E[Y^2(u)]=\sigma_Y^2(u)=\frac{\pi S_0l^2}{3EIc}\cdot\xi^2(1-\xi)^2 \qquad \text{(h)}$$

当 $\xi=1/2$ 时，位移方差达最大

$$\sigma_Y^2\left(\frac{1}{2}l\right)=\frac{\pi S_0l^2}{48EIc} \qquad \text{(i)}$$

当激励随机场为限带白噪声场时，只要 ω_c 足够大，(i) 仍可用作近似解.

上面讨论的是均匀伯努利-欧拉梁. 最近，Elishakoff 与 Livshits[48] 研究了忽略转动惯性与剪切变形联合作用的均匀布果塞(Bresse)-铁木辛科 (Timoshinko) 梁对空间不相关白噪声场的响

应. 发现在下列三种阻尼下其响应与均匀伯努利-欧拉梁的响应相同: 横向粘性阻尼;沃伊特(Voigt)阻尼; 转动与横向粘性阻尼. 在横向粘性阻尼情形,均方位移响应有限,而均方应力发散. 但在转动横向粘性阻尼下,均方与位移与均方应力均为有限.

均匀弦的类似结果见[7], 弹性基础上的弦曾为 Wedig[8] 用协方差分析法研究过.

4.6 结构宽带随机响应的渐近估计

第二章中已指出,喷气噪声的带宽约为三个十倍频程. 同时,飞行器表面结构的固有频率间隔(相邻两个固有频率之间的间隔)可为 10 赫或更小. 从而当结构受喷气噪声激励时,被激起的共振模态数目可很大. 例如,一块 0.6 毫米厚、0.7平方米面积的铝板的平均固有频率间隔约为 7 赫. 如果激励带宽为 10 千赫,那么激起的模态数约1400个. 对这类问题应用模态叠加法预测响应,其计算量将会过大以致难以完成,这就迫使人们寻找某种简化分析方法. 另一方面,对某些均匀对称结构,当激励的模态数很大, 均方响应的空间分布呈现出某种渐近的趋向. 这样,在随机振动中,就形成结构的宽带随机振动这个特殊的领域. 近十多年来, 在此领域已取得不少有意义的结果. 本节简要介绍估计结构响应统计量的渐近方法,下节叙述均方响应的渐近空间分布规律.

4.6.1 估计固有频率与振型的渐近方法

Bolotin[3] 提出一种估计 n 维矩形弹性体的固有频率与振型的渐近方法. 这里以四边固定的矩形板为例叙述这种方法. 考虑边长为 a 与 b 的矩形板, 假定抗弯刚度 D 与单位面积质量 ρh 为常数,特征值问题的方程为

$$D\Delta^2\psi - \rho h\omega^2\psi = 0 \tag{4.6-1}$$

边界条件为

$$\psi = \frac{\partial \psi}{\partial u_1} = 0, \quad u_1 = 0, \ a$$
$$\psi = \frac{\partial \psi}{\partial u_2} = 0, \quad u_2 = 0, \ b \tag{4.6-2}$$

该问题至今没有封闭形式的精确解．按照渐近法，该问题的特征函数ψ之解分成两类．一类适用于远离边界的板的内部区域，它具有渐近性质，不受边界条件的影响，称为生成解．另一类适用于边界区，对每一边界可构造一个满足该边边界条件的解，随着与边界距离的增加，该解趋向于生成解．然后通过解的匹配运算得到特征函数的渐近表达式．显而易见，渐近法所依据的实际上是借助于半无限区域的精确解来构造矩形域的近似解．

对本问题，生成解可取为

$$\psi(u_1, u_2) = \sin k_1(u_1 - \zeta_1) \sin k_2(u_2 - \zeta_2) \tag{4.6-3}$$

式中k_1与k_2为未知波数，ζ_1与ζ_2为生成解的未知相位．(4.6-3)满足特征值方程(4.6-1)，并相应于频率

$$\omega = (k_1^2 + k_2^2)\left(\frac{D}{\rho h}\right)^{1/2} \tag{4.6-4}$$

(4.6-3)并不满足固定边的边界条件(4.6-2)，但满足四边简支的边界条件．

对于接近于边界$u_1 = 0$的解，可假定它形为

$$\psi(u_1, u_2) = W(u_1) \sin k_2(u_2 - \zeta_2) \tag{4.6-5}$$

它应满足方程(4.6-1)。将(4.6-5)代入(4.6-1)，可知$W(u_1)$应满足如下方程

$$\frac{d^4 W}{du_1^4} - 2k_2^2 \frac{d^2 W}{du_1^2} + (k_2^2 - \rho h \omega^2 / D) W = 0 \tag{4.6-6}$$

将(4.6-4)代入上式得

$$\frac{d^4 W}{du_1^4} - 2k_2^2 \frac{d^2 W}{du_1^2} - (2k_1^2 k_2^2 + k_1^4) W = 0 \tag{4.6-7}$$

相应的特征方程为

$$r^4 - 2k_2^2 r^2 - (2k_1^2 k_2^2 + k_1^4) = 0$$

它具有两个虚根与两个实根

$$r_{1,2} = \pm ik_1, \quad r_{3,4} = \pm(k_1^2 + 2k_2^2)^{1/2}$$

虚根相应于生成解(4.6-3)，实根相应于修正解．(4.6-7)的一般积分为

$$W(u_1) = C_1\sin k_1u_1 + C_2\cos k_1u_1 + C_3\exp[-u_1(k_1^2 + 2k_2)^{1/2}] + C_4\exp[u_1(k_1^2 + 2k_2^2)^{1/2}]$$

由于上式中最后一项随 u_1 增大而无限增大，应略去．头两项与生成解(4.6-3)重合，第三项表示动态边界效应，它随距离 u_1 增大而迅速减小．于是上式可改写成

$$W(u_1) = \sin k_1(u_1 - \zeta_1) + C\exp[-u_1(k_1^2 + 2k_2^2)^{1/2}] \tag{4.6-8}$$

式中未知常数 ζ_1 与 C 由 $u_1 = 0$ 上的边界条件确定

$$\sin k_1\zeta_1 - C = 0, \quad k_1\cos k_1\zeta_1 - (k_1^2 + 2k_2^2)^{1/2}C = 0$$

从而

$$\tan k_1\zeta_1 = \frac{k_1}{(k_1^2 + 2k_2^2)^{1/2}}, \qquad C = \frac{k_1}{\sqrt{2}(k_1^2 + k_2^2)^{1/2}} \tag{4.6-9}$$

于是(4.6-8)变成

$$W(u_1) = \frac{k_1}{\sqrt{2}(k_1^2 + k_2^2)^{1/2}}\left\{\frac{(k_1^2 + 2k_2^2)^{1/2}}{k_1}\sin k_1u_1 - \cos k_1u_1 + \exp[-u_1(k_1^2 + 2k_2^2)^{1/2}]\right\} \tag{4.6-10}$$

对边界 $u_1 = a$ 可构造类似于(4.6-8)的解

$$W(u_1) = \sin k_1(a - u_1 - \eta_1) + C'\exp[-(a - u_1)(k_1^2 + 2k_2^2)^{1/2}] \tag{4.6-11}$$

由 $u_1 = a$ 处边界条件确定

$$\tan k_1\eta_1 = \frac{k_1}{(k_1^2 + 2k_2^2)^{1/2}}, \qquad c' = \frac{k_1}{\sqrt{2}(k_1^2 + k_2^2)^{1/2}} \tag{4.6-12}$$

在远离边界 $u_1=0$ 与 $u_1=a$ 处，(4.6-8) 应与 (4.6-11) 重合，考虑到在远离边界处，(4.6-8) 与 (4.6-11) 中的第二项皆为小量，于是匹配条件为

$$\sin k_1(u_1-\zeta_1)=\sin k_1(a-u_1-\eta_1) \qquad (4.6\text{-}13)$$

即

$$k_1 a=k_1(\zeta_1+\eta_1)+m_1\pi \qquad (4.6\text{-}14)$$

式中 m_1 为任意整数。将 (4.6-9) 与 (4.6-12) 代入 (4.6-14)，得

$$k_1 a=2\tan^{-1}\frac{k_1}{(k_1^2+2k_2^2)^{1/2}}+m_1\pi \qquad (4.6\text{-}15)$$

类似地，由边界 $u_2=0$ 与 $u_2=b$ 的解的匹配可得

$$k_2 b=2\tan^{-1}\frac{k_2}{(k_2^2+2k_1^2)^{1/2}}+m_2\pi \qquad (4.6\text{-}16)$$

(4.6-15) 与 (4.6-16) 中的 $\tan^{-1}$ 应理解为主值。由匹配条件 (4.6-15) 与 (4.6-16) 可确定波数 k_1 与 k_2 之值。例如，对方板，$a=b$，相应于 $m_1=m_2=m$ 振型的精确值为

$$k_1=k_2=\left(m+\frac{1}{3}\right)\pi/a \quad (m=1,2,\cdots) \qquad (4.6\text{-}17)$$

代入 (4.6-4) 得固有频率

$$\omega=\frac{2\left(m+\frac{1}{3}\right)^2\pi^2}{a^2}\left(\frac{D}{\rho h}\right)^{1/2} \quad (m=1,2,\cdots) \qquad (4.6\text{-}18)$$

当 $m=1$ 时，误差约为 2.5%，随着频率的增长，误差迅速减小。由 (4.6-15) 与 (4.6-16) 确定的 k_1 与 k_2 值代入 (4.6-3) 可得生成解振型，代入 (4.6-10)，然后代入 (4.6-5) 得边界 $u_1=0$ 附近板的振型，等等。

上述渐近法已应用于近似确定许多板，壳结构的固有频率与振型[3]。

4.6.2 弹性系统固有频率分布理论

考虑一个有限的弹性体，假定其固有频谱是离散的，固有频率的重数是有限的，固有频率的有序集记为 $\Omega=(\omega_1,\omega_2,\cdots)$，每

个频率的重复次数即为该频率的重数。

以 $N(\omega)$ 记其值小于ω的固有频率个数

$$N(\omega)=\sum_{\omega_\alpha<\omega}u(\omega-\omega_\alpha) \tag{4.6-19}$$

式中 $u(\omega)$ 为单位阶跃函数，$N(\omega)$ 称为精确的固有频率分布函数，其导数

$$\nu(\omega)=\frac{dN(\omega)}{d\omega}=\sum_{\omega_\alpha<\omega}\delta(\omega-\omega_\alpha) \tag{4.6-20}$$

称为精确的固有频率密度函数，式中 $\delta(\omega)$ 为狄拉克 δ 函数，显然，$N(\omega)$ 或 $\nu(\omega)$ 唯一地规定了集合 Ω. 这些函数是给定弹性体的特性.

假定固有频率谱充分密集，此时没有必要知道精确的分布，而可用近似分布代替，即以逐段光滑的函数代替阶梯函数(4.6-19). 设表征谱的精确分布的参数为无量纲参数 $\beta_1, \beta_2, \cdots$. 在一定条件下，它们可取小于1之值. 对薄板、薄壳或薄壁系统，可取相对厚度作为这种参数. 将称函数 $\bar{N}(\omega)$ 为关于参数 $\beta_1, \beta_2, \cdots$ 的固有频率渐近分布函数，如果它与精确的分布函数 $N(\omega)$ 之间的关系为

$$\frac{|\bar{N}(\omega)-N(\omega)|}{N(\omega)}=o(\beta_1, \beta_2, \cdots) \tag{4.6-21}$$

其导数称为固有频率的渐近密度

$$\bar{\nu}(\omega)=\frac{d\bar{N}(\omega)}{d\omega} \tag{4.6-22}$$

由于渐近分布函数为可微函数，除了可能在可数个点之外，渐近密度在一般意义上处处存在.

我们之所以对渐近分布感兴趣，不仅因为它比精确分布更便于解析处理，而且还因为，在弹性体振动理论的许多问题中，有一些参数对固有频率的分布影响很小，例如，在某些条件下，弹性壳体固有频率的位置随边界条件的变化很小，在弹性板中，对充分高的频率，单位频带内平均频率个数只依赖于板的面积，而与板的形

状无关。从而渐近频率分布只含有问题的基本参数，而不含次要因素，这样，渐近分布将适用于某一类弹性系统，而精确分布只是某个给定系统的特性。

渐近分布，不象精确分布，它不是唯一的。首先，几种渐近分布可适用于同一个或同一类系统。其次，渐近分布函数加上与渐近误差（4.6-21）同量级的项所得的新的渐近分布仍等于原来的渐近分布。最后，系统的类变窄，从而增加参数 $\beta_1, \beta_2, \cdots$ 的数目，就可得到更为精确的渐近分布。

设固有频率可表为波数矢量 $\boldsymbol{k}$ 的函数，即 $\omega = \Omega(\boldsymbol{k})$，且为慢变函数，其中 $\boldsymbol{k} = [k_1, k_2, \cdots, k_n]^T$ 为波数空间 $\mathscr{K}$ 中的波数矢量，为得到固有频率个数的渐近估计，可将波数看成连续的变量。用函数 $\Omega(\boldsymbol{k})$ 与包含一个频率的单元体积 $\Delta\boldsymbol{k}$ 规定固有频谱。小于规定值 ω 的固有频率的个数将是波数空间的第一象限 $\mathscr{K}_+$ 被曲面 $\Omega(\boldsymbol{k}) = \omega$ 包围的区域的体积与单元体积 $\Delta\boldsymbol{k}$ 之比，即

$$\bar{N}(\omega) = \frac{1}{\Delta\boldsymbol{k}}\int_{\Omega(\boldsymbol{k})<\omega} d\boldsymbol{k} \tag{4.6-23}$$

上式是渐近的，所考虑区域内所含固有频率个数愈多，函数 $\Omega(\boldsymbol{k})$ 变化愈慢，它就愈精确。

（4.6-23）对 ω 的导数为固有频率的渐近密度

$$\begin{aligned}\bar{\nu}(\omega) &= \frac{1}{\Delta k}\frac{d}{d\boldsymbol{k}}\int_{\Omega(\boldsymbol{k})<\omega} d\boldsymbol{k} \\ &= \frac{1}{\Delta\boldsymbol{k}}\int_{\Sigma(\omega)}\frac{d\Sigma}{|\mathrm{grad}\,\Omega(\boldsymbol{k})|}\end{aligned} \tag{4.6-24}$$

式中 $\Sigma(\omega) = (\boldsymbol{k}:\Omega(\boldsymbol{k}) = \omega)$，是波数空间中的等频率曲面。当 $\mathrm{grad}\,\Omega(\boldsymbol{k}) = 0$ 时，固有频率可能存在渐近密集点。

几种典型结构的渐近固有频率分布与密度如下。对长为 l 的均匀棱柱杆的纵向振动，

$$\bar{N}(\omega) = \frac{\omega}{\omega_0},\ \bar{\nu}(\omega) = \frac{1}{\omega_0},\ \omega_0 = \frac{\pi}{l}\left(\frac{E}{\rho}\right)^{1/2} \tag{4.6-25}$$

对弦的横向振动，可得类似结果，只是常数 ω_0 不同。对长为 l 的均匀伯努利-欧拉梁的弯曲振动

$$\bar{N}(\omega)=\left(\frac{\omega}{\omega_0}\right)^{1/2},\ \bar{\nu}(\omega)=\frac{1}{2(\omega\omega_0)^{1/2}},\ \omega_0=\frac{\pi^2}{l^2}\left(\frac{EI}{\rho A}\right)^{1/2} \tag{4.6-26}$$

$\omega=0$ 是渐近密集点。边长为 a 与 b 的矩形薄板的渐近频率密度

$$\bar{\nu}(\omega)=\frac{ab}{4\pi}\left(\frac{\rho h}{D}\right)^{1/2} \tag{4.6-27}$$

对充分大波数，以板面积 A 代替 ab。上式也适用于非矩形板。

壳体的固有频率的渐近密度如图 4.6-1 所示。图中 ν_0 为板的渐近密度，

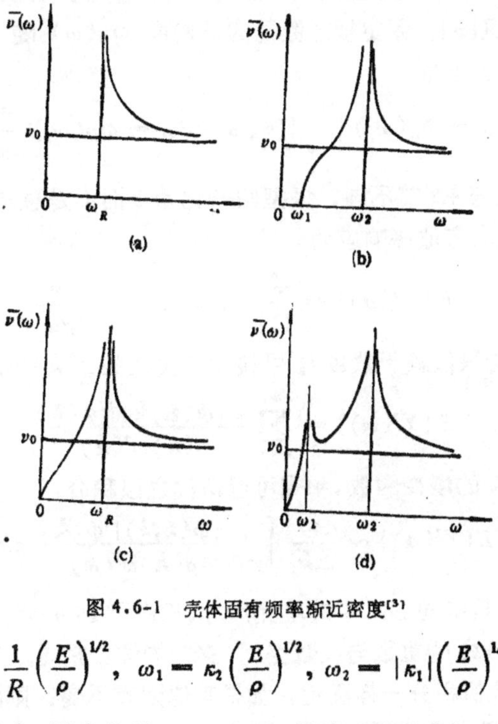

图 4.6-1　壳体固有频率渐近密度[3]

$$\omega_R=\frac{1}{R}\left(\frac{E}{\rho}\right)^{1/2},\ \omega_1=\kappa_2\left(\frac{E}{\rho}\right)^{1/2},\ \omega_2=|\kappa_1|\left(\frac{E}{\rho}\right)^{1/2} \tag{4.6-28}$$

$\kappa_1\kappa_2$ 为主曲率，图中曲线 a, b, c, d 分别适用于球壳、正高斯曲率

壳、零高斯曲率壳及负高斯曲率壳.

4.6.3 响应统计量的积分估计法

考虑线性弹性结构在随机压力场作用下的振动. 假定外载荷是宽带的,且谱密度值随频率的变化充分缓慢. 再假定结构的固有频率密度充分大, 即在其谱密度具有显著值的频带内有充分多的固有频率,从而可用固有频率与振型的渐近表达式. 此时,均方响应的表达式中各量均可表示为波数的函数, 在波数空间 $\mathscr{K}$ 中从一个单元过渡到另一个单元时,这些量变化很小,那么, 求均方响应的累加可近似代之以对波数空间的第一象限 $\mathscr{K}_+$ 的积分, 这就是积分估计法的基本思想.

此处仅考虑模态互相关可忽略不计之情形. 计及模态互相关之情形可见[3]. 假定模态激励的谱密度 $\Phi_{jj}(\omega)$ 随 ω 变化缓慢, 则 (4.5-47) 变为

$$I_{jj}=\Phi_{jj}(\omega_j)\int_{-\infty}^{\infty}|H_j(\omega)|^2 d\omega=\Phi_{jj}(\omega_j)\frac{\pi}{\beta\omega_j^2}\tag{4.6-29}$$

注意,这里与 4.5 节不同, 振型归一化为 1 而不是总质量 M. 由 (4.5-49), 均方位移响应为

$$E[Y^2(\boldsymbol{u})]=\sum_{j=1}^{\infty}\phi_j^2(\boldsymbol{u})\Phi_{jj}(\omega_j)\frac{\pi}{\beta\omega_j^2}\tag{4.6-30}$$

上式各项皆只依赖于数目 j, 可转换成波数矢量 $\boldsymbol{k}$ 的函数

$$E[Y^2(\boldsymbol{u})]=\sum_{j=1}^{\infty}\frac{\pi|\phi(\boldsymbol{u},\boldsymbol{k})|^2\Phi(\boldsymbol{k})}{\beta(\boldsymbol{k})\omega^2(\boldsymbol{k})}\tag{4.6-31}$$

各项皆为 $\boldsymbol{k}$ 的慢变函数,和式可近似代之以积分

$$E[Y^2(\boldsymbol{u})]\sim\frac{\pi}{\Delta\boldsymbol{k}_1}\int_{\mathscr{K}_+}\frac{|\phi(\boldsymbol{u},\boldsymbol{k})|^2\Phi(\boldsymbol{k})}{\beta(\boldsymbol{k})\omega^2(\boldsymbol{k})}d\boldsymbol{k}\tag{4.6-32}$$

式中 $\Delta\boldsymbol{k}_1$ 是空间 $\mathscr{K}$ 中的单元尺寸,相应于 (4.6-31) 中的一项, 积分 (4.6-32) 的重数与波数空间 $\mathscr{K}$ 的维数相同. 积分估计的误差可与数值积分一样确定, 如果其他因素不变, 则固有频率愈密,被积函数变化愈慢,误差也就愈小.

若激励谱密度具有截止频率 ω_c，则

$$E[Y^2(\boldsymbol{u})] \sim \frac{\pi}{\Delta \boldsymbol{k}_1}\int_{\Omega(\boldsymbol{k})<\omega_c}\frac{|\phi(\boldsymbol{u},\boldsymbol{k})|^2\Phi(\boldsymbol{k})}{\beta(\boldsymbol{k})\omega^2(\boldsymbol{k})}d\boldsymbol{k} \quad (4.6\text{-}33)$$

(4.6-33) 中以 ω 代替 ω_c，然后对 ω 求导，则得响应谱密度的渐近估计

$$S_Y(\boldsymbol{u},\omega) \sim \frac{\pi}{2\Delta \boldsymbol{k}_1}\frac{\partial}{\partial\omega}\int_{\Omega(\boldsymbol{k})<\omega}\frac{|\phi(\boldsymbol{u},\boldsymbol{k})|^2\Phi(\boldsymbol{k})}{\beta(\boldsymbol{k})\omega^2(\boldsymbol{k})}d\boldsymbol{k} \quad (4.6\text{-}34)$$

将上式被积函数通过变换 $\Omega(\boldsymbol{k})=\omega$ 变成 ω 的函数，然后，设这些函数与固有频率的渐近分布函数 $N(\omega)$ 相比缓慢变化，应用中值定理并考虑到 (4.6-24)，(4.6-34) 可化为

$$S_Y(\boldsymbol{u},\omega) \sim \frac{\pi\Delta \boldsymbol{k}}{2\Delta \boldsymbol{k}_1}\frac{|\phi(\boldsymbol{u},\omega)|^2\Phi(\omega)}{\beta\omega^2}\bar{\nu}(\omega) \quad (4.6\text{-}35)$$

这就证明了，谱密度 $S_Y(\boldsymbol{u},\omega)$ 正比于固有频率的渐近密度 $\bar{\nu}(\omega)$。如果 $\bar{\nu}(\omega)$ 在某频率上有奇点，那么在谱密度中也有类似的奇点。如果 $\bar{\nu}(\omega)$ 在某一频率上有最大值，那么，可预期在这个频率邻域的谱密度也达最大值。

可类似推出均方速度的渐近式，与 (4.6-33) 相比，分母少一个 ω^2 因子，相应谱密度也一样。

对四边固定矩形板，前已得固有频率与振型的渐近表达式 (4.6-4)，(4.6-3) 和 (4.6-5)。设激励随机场是空间不相关的。

$$S_X(\boldsymbol{u},\boldsymbol{u}';\omega)=S(\omega)\delta(\boldsymbol{u}-\boldsymbol{u}') \quad (4.6\text{-}36)$$

则模态激励谱密度矩阵为对角化的

$$\Phi_{jj}(\omega)=\frac{4S(\omega)}{\rho^2h^2ab} \quad (4.6\text{-}37)$$

转换成波数的函数为

$$\Phi(\boldsymbol{k})=\frac{4S(\boldsymbol{k})}{\rho^2h^2ab} \quad (4.6\text{-}38)$$

若板由线性粘弹性材料制成，则

$$\beta \sim \chi(\boldsymbol{k})\omega(\boldsymbol{k}) \quad (4.6\text{-}39)$$

将 (4.6-39) 代入 (4.6-33) 得

$$E[Y^2(\boldsymbol{u})] \sim \frac{\pi}{\Delta k_1}\int_{K_+}\frac{|\phi(\boldsymbol{u},\boldsymbol{k})|^2\Phi(\boldsymbol{k})}{\chi(\boldsymbol{k})\omega^3(\boldsymbol{k})}d\boldsymbol{k} \quad (4.6\text{-}40)$$

将 (4.6-38) 代入 (4.6-40)，并变换到极坐标：$k_1 = k\cos\theta$，$k_2 = k\sin\theta$，$k = |\boldsymbol{k}|$，得

$$E[Y^2(\boldsymbol{u})] \sim \frac{4}{\pi nD^2}\left(\frac{D}{\rho h}\right)^{1/2}\int_0^{\pi/2}\int_0^{\infty}\frac{|\phi(\boldsymbol{u},k,\theta)|^2S(k)dkd\theta}{\chi(k)k^5} \quad (4.6\text{-}41)$$

式中

$$n = \Delta k_1/\Delta k \quad (4.6\text{-}42)$$

$\Delta k = \pi^2/ab$ 为相应于固有振动的一个模态的波数空间单元面积；Δk_1 是相应于 (4.6-31) 中一项的波数空间单元面积。例如，对四边简支的矩形板，$\zeta_1 = \zeta_2 = 0$，对板中心点的挠度，(4.6-31) 中只含波数 k_1 与 k_2 皆为奇数的项，于是 $n = 4$。(4.6-41) 对 θ 积分后得

$$E\left[Y^2\left(\frac{a}{2},\ \frac{b}{2}\right)\right] \sim \frac{1}{2D^2}\left(\frac{D}{\rho h}\right)^{1/2}\int_0^{\infty}\frac{S(k)dk}{\chi(k)k^5} \quad (4.6\text{-}43)$$

注意，此结果不依赖于板的尺寸 a 与 b。因此，可预期它对任意形状的板及任意边界条件都适用(在渐近意义上)。

事实上，(4.6-43) 等于板内部均方位移的空间平均，因为对板内部的一般点，每个固有模态对 (4.6-30) 均有贡献。因此应取 $n = 1$，由 4.6.1 知，板内部振型的渐近式为 (4.6-3)，其空间平均

$$\frac{1}{ab}\int_0^a\int_0^b \sin^2 k_1(u_1 - \zeta_1)\sin^2 k_2(u_2 - \zeta_2)du_1du_2 = \frac{1}{4} \quad (4.6\text{-}44)$$

用 (4.6-44) 代替 (4.6-40) 中的 $|\phi(u,k)|^2$，再化成极坐标形式，即为 (4.6-43)。

表征振动场的其他参数的方差也可类似计算。例如，内部板表面纤维处的正应力与位移关系为

$$\sigma = \pm\frac{6D}{h^2}\left(\frac{\partial^2 w}{\partial u_1^2} + \mu\frac{\partial^2 w}{\partial u_2^2}\right) \quad (4.6\text{-}45)$$

以板内部振型 (4.6-3) 代替 (4.6-45) 中 w 得应力振型。作类似于

(4.6-44) 的空间平均,以代替 (4.6-40) 中 $|\phi|^2$, 得板内部应力方差的空间平均

$$\langle E[\sigma^2(\boldsymbol{u})]\rangle_u \sim \frac{9}{4h^4}\left(\frac{D}{\rho h}\right)^{1/2}(3+2\mu+3\mu^2)\int_0^\infty \frac{S(k)dk}{\chi(k)k} \tag{4.6-46}$$

式中 μ 为泊松比.

现考虑板的固定边的边界效应. 例如 $u_1=0$ 边, 此边界区的振型为 (4.6-5), 其中 $w(u_1)$ 由 (4.6-10) 确定. 边界区的正应力按 (4.6-45) 计算,然后对边长 a_2 作空间平均,可得

$$\langle E[\sigma^2(\boldsymbol{u})]_{u_1=0}\rangle_{u_2} \sim \frac{36}{h^4}\left(\frac{D}{\rho h}\right)^{1/2}\int_0^\infty \frac{S(k)dk}{\chi(k)k} \tag{4.6-47}$$

固定边上的应力方差与板内部应力方差之比

$$\frac{\langle E[\sigma^2(\boldsymbol{u})]_{u_1=0}\rangle_{u_2}}{\langle E[\sigma^2(\boldsymbol{u})]\rangle_u} \sim \frac{16}{3+2\mu+3\mu^2} \tag{4.6-48}$$

表征了边界处的应力集中. 注意该比值为常数, 与谱密度的类型及阻尼类型无关. 例如,当 $\mu=0.3$ 时, (4.6-48) 的平方根近似为 2.

4.6.4 统计能量分析

统计能量分析是一种估计复杂结构平稳宽带随机响应的方法,它是 60 年代随着航空与航天技术的发展, 在室内声学与热力学启发下,由 Lyon[9] 等人发展起来的. 在该方法中,结构参数被看作是随机的,主要用平均模态密度来描述. 所研究的基本变量是能量的长时间与局部空间平均, 在估计各模态之间能量分配基础上, 根据对结构内功率流动与能量储存的分析而对响应量作出粗略的估计. 由于该方法对激励与系统作了一系列的简化假设, 引起人们对它的许多批评, 并使该方法目前主要用于声学及声与结构的相互作用领域,而不是结构动力学领域.

4.7 结构宽带均方响应的渐近空间分布

4.7.1 引言

众所周知，一个结构当只有一个振动模态被激起时，结构响应幅值的空间分布由古典的克拉德尼（Chladni）节线表征。当几个振动模态被激起时，响应幅值的空间分布一般是很复杂的，特别是当激励为随机时。然而，小阻尼的均匀结构（如均匀梁、电缆、膜、板、壳等）受宽带随机激励时，均方响应（位移、速度、加速度等）的空间分布常呈现出相对简单的渐近形式。随着被激起的模态数目的增加，结构上的大部分区域的均方响应趋向于均匀分布，与边界条件无关。当结构具有某种程度对称性（例如，矩形、圆、等边三角形等），在孤立点上受平稳宽带随机激励时，在基本均匀的均方响应场中，存在某些均方响应强化的局部区域或带。这种均方响应的局部强化构成了均匀结构均方响应的空间分布的最突出的特点。这些局部强化域或带的位置以及响应的相对强化值取决于激励的位置与结构的对称性。

结构对宽带随机激励的均方响应的空间分布渐近型式首先由 Crandall 与 Wittig[10] 在均匀弦与矩形板上发现。此后，这一课题得到了系统的研究[4,5,11-13]。边界区域均方响应的强化或弱化取决于边界条件，可以用 Bolofin[3] 的动态边界效应来解释(见上节)。下面用空间平均的方法考察四边简支矩形板的均方速度响应的渐近空间分布。

考虑一块厚度为 h，边长为 a 与 b 的四边简支的均匀薄板，在板上一点 $Q(\xi,\eta)$ 上受一个法向随机力的作用，该力是一个限带白噪声，均值为零，其谱密度为

$$S(\boldsymbol{u},\boldsymbol{u}';\omega)=\begin{cases}S_0\delta(\boldsymbol{u}-\boldsymbol{Q})S(\boldsymbol{u}'-\boldsymbol{Q}), & |\omega|\leqslant\omega_c\\ 0, & |\omega|>\omega_c\end{cases}\tag{4.7-1}$$

式中 S_0 为常数，ω_c 为截止频率，考虑板上任意点 $\boldsymbol{P}(x,y)$ 的

平稳响应。

将(4.7-1)代入(4.5-48)，然后将所得结果代入(4.5-51)，最后代入(4.5-50)，得 P 点的均方速度响应

$$E[V^2(P)]=\sum_{m=1}^{\infty}\sum_{n=1}^{\infty}\psi_m(P)\psi_n(P)\psi_m(Q)\psi_n(Q)I'_{mn} \tag{4.7-2}$$

或

$$E[V^2(P)]=\sum_{n=1}^{\infty}\psi_n^2(P)\psi_n^2(Q)I_{nn}+\sum_{m=1}^{\infty}\sum_{\substack{n=1\\ m\neq n}}^{\infty}\times\psi_m(P)\psi_n(P)\psi_m(Q)\psi_n(Q)I'_{mn} \tag{4.7-3}$$

式中

$$I'_{mn}=S_0\int_{-\omega_c}^{\omega_c}\omega^2H_m^*(\omega)H_n(\omega)d\omega \tag{4.7-4}$$

$$H_m^*(\omega)H_n(\omega)=\begin{cases}M^{-2}[(\omega_m^2-\omega^2-i\beta\omega)(\omega_n^2-\omega^2+i\beta\omega)]^{-1}, & \text{对粘性阻尼}\\ M^{-2}[(\omega_m^2-\omega^2-i\eta\omega_m^2)(\omega_n^2-\omega^2+i\eta\omega_n^2)]^{-1}, & \text{对粘弹性材料}\end{cases} \tag{4.7-5}$$

式中 β 为模态带宽。(4.7-3)式右边第一和式为模态自相关的贡献，第二和式为模态互相关的贡献。

4.7.2 固有频率的分布

为了求值(4.7-2)或(4.7-3)，须知板的固有频率与振型。简支矩形板的固有频率为

$$\omega_n=\omega_{jp}=\left(\frac{D}{\rho h}\right)^{1/2}\left[\left(\frac{j\pi}{a}\right)^2+\left(\frac{p\pi}{b}\right)^2\right] \tag{4.7-6}$$

相应的振型为

$$\psi_n(P)=\psi_{jp}(x,y)=2\sin\frac{j\pi x}{a}\sin\frac{p\pi y}{b} \tag{4.7-7}$$

它满足如下正交性条件：

$$\int_0^a dx\int_0^b\psi_{jp}(x,y)\psi_{kq}(x,y)dy=\delta_{jk}\delta_{pq} \tag{4.7-8}$$

固有频率 ω_n 可按固有频率增加的顺序排列，相邻两个固有频率之间的间隔

$$\Delta\omega_n=\omega_{n+1}-\omega_n \tag{4.7-9}$$

是很不规则的。但是，对等厚板，存在不变的渐近的平均间隔[14]

$$\overline{\Delta\omega}=\left(\frac{4\pi}{ab}\right)\left(\frac{D}{\rho h}\right)^{1/2} \tag{4.7-10}$$

现以简支矩形板为例，推导(4.7-10)。考虑小于或等于 ω_c 的固有频率个数 N，即 j，p 平面的第一象限中由 $\omega_n\leqslant\omega_c$ 确定的椭圆内的整数格点数，这里 ω_c 是一个大的值。取单元面积为 1，这四分之一椭圆内的格点数渐近地等于四分之一椭圆的面积 $\pi jp/4$，其中 j，p_1 分别为椭圆 $\omega_c=\left(\frac{D}{\rho h}\right)^{1/2}\left[\left(\frac{i\pi}{a}\right)^2+\left(\frac{p\pi}{b}\right)^2\right]$ 的长、短半轴

$$j=\frac{a}{\pi}\left(\frac{\rho h\omega_c^2}{D}\right)^{1/4},\quad p=\frac{b}{\pi}\left(\frac{\rho h\omega_c^2}{D}\right)^{1/4} \tag{4.7-11}$$

于是格点数

$$N\sim\frac{ab}{4\pi}\left(\frac{\rho h}{D}\right)^{1/2}\omega_c \tag{4.7-12}$$

ω_c 除以 N 得渐近平均模态间隔(4.7-10)。注意，渐近频率间隔(4.7-10)与渐近频率密度(4.6-27)互为倒数。

假定阻尼很小，从而平均模态重叠比 $\beta/\Delta\bar{\omega}\ll 1$. 对长度 a 与宽度 b 不可通约的矩形板，由于没有重根，模态重叠极小发生，从而可忽略不计。对 a 与 b 可通约的矩形板，尤其是方板，由(4.7-6)式确定的频率将出现很多重根。一个 r 重固有频率，将有 r 个不同的振型与之对应，这 r 个模态是完全相关的，这种模态的相关将影响均方响应及其空间分布。

设矩形板面积为 A，长宽比 $a/b=r/s$，r 与 s 为正整数. 固有频率(4.7-6)可改写为

$$\omega_n=\left(\frac{D}{\rho h}\right)^{1/2}\frac{\pi^2}{rsA}\nu \tag{4.7-13}$$

式中

$$\nu = (sj)^2 + (rp)^2 \tag{4.7-14}$$

固有频率的重数就等于与同一个 ν 对应的 (j,p) 的对数。

对方板，$r = s = 1$，可用数论方法研究 (4.7-14) 式，以 $M(\nu)$ 记对应于同一个 ν 的不同表达式

$$\nu = j^2 + p^2 \tag{4.7-15}$$

的数目，也就是固有频率 (4.7-13) 的重数，则在 $1 \leqslant \nu \leqslant \nu_c$ 内的模态数为

$$N = \sum_{\nu=1}^{\nu_c} M(\nu) \tag{4.7-16}$$

式中 ν_n 是满足下式的最大正整数

$$\nu_c \leqslant \frac{A}{\pi^2}\left(\frac{\rho h}{D}\right)^{1/2} \omega_c \tag{4.7-17}$$

文[4]已证明，渐近模态总数为

$$N \sim \frac{\pi}{4}\nu_c - 0.995\sqrt{\nu_c} \tag{4.7-18}$$

与 (4.7-12) 一致。

在估计均方响应的空间分布时，还要用到重数的平方和，应用数论方法已证明[4]

$$\sum_{\nu=1}^{\nu_c} M^2(\nu) \sim \frac{\nu_c}{4}\ln\nu_c + 0.477\nu_c \tag{4.7-19}$$

渐近式 (4.7-18) 与 (4.7-19) 的正确性已用计算结果证实。

其余长宽比可通约的矩形板的固有频率重数难以得到解析结果，但不难算出。表 4.7-1 中列出了 $r:s = 1:1, 2:1, 3:1, 3:2$ 情形矩形板固有频率重数[15]。由表可看出，方板的重频最多，随 r 与(或) s 的增大，逐渐减小。

为了定量地描述固有频率的重数，可引入如下两个概念。一是每个模态的平均重数

$$\overline{M}(\nu_c) = \left[\sum_{\nu=1}^{\nu_c} M^2(\nu)\right] \Big/ \left[\sum_{\nu=1}^{\nu_c} M(\nu)\right] \tag{4.7-20}$$

表 4.7-1　长宽比可通约的矩形板固有频率重数

长宽比 $r:s$	ν 值范围	模态总数	所示重数的固有频率个数							
			1	2	3	4	5	6	7	8
1:1	1—1000	756	16	220	6	60	0	7	0	0
	10001—11000	780	2	138	2	89	0	11	0	8
	20001—21000	810	0	146	2	93	0	10	0	10
	30001—31000	776	1	135	1	75	0	15	0	14
	1—32000	24944	67	4677	56	2589	4	315	1	287
2:1	1—1000	371	112	99	7	10	0	0	0	0
	10001—11000	395	62	90	8	23	1	4	0	1
	20001—21000	388	60	79	6	31	0	2	0	2
	30001—31000	384	61	52	8	12	0	3	0	0
	1—32000	12126	21519	2622	183	763	6	106	0	57
3:1	1—1000	243	101	61	4	2	0	0	0	0
	10001—11000	249	63	59	8	12	0	0	0	0
	20001—21000	316	60	79	6	13	0	2	0	2
	30001—31000	257	63	52	8	12	0	3	0	0
	1—32000	8000	2043	1793	162	376	5	45	0	11
3:2	1—1000	119	85	17	0	0	0	0	0	0
	10001—11000	131	59	27	2	3	0	0	0	0
	20001—21000	133	55	25	4	4	0	0	0	0
	30001—31000	124	48	25	2	2	0	2	0	0
	1—32000	4096	1864	815	74	86	0	6	0	0

表 4.7-2 长宽比可通约的矩形板固有频率的平均重数

长宽比 $r:s$	ν 值范围	$\bar{M}(\nu_c)$ (4.7-20)	$\bar{M}(\nu_c)$ (4.7-22)	$\bar{M}'(\nu_c)$ (4.7-21)	$\bar{M}'(\nu_c)$ (4.7-23)
1:1	1—10000	3.54	3.52	2.93	2.92
	1—20000	3.77	3.76	3.05	3.04
	1—30000	3.89	3.90	3.12	3.12
	1—32000	3.91	3.92	3.13	3.13
2:1	1—10000	2.47	2.47	1.74	1.74
	1—20000	2.65	2.64	1.80	1.81
	1—30000	2.74	2.74	1.83	1.84
	1—32000	2.76	2.76	1.84	1.86
3:1	1—10000	2.14	2.12	1.99	1.95
	1—20000	2.29	2.28	2.03	2.03
	1—30000	2.38	2.37	2.06	2.07
	1—32000	2.39	2.38	2.07	2.08
3:2	1—10000	1.59	1.58	1.39	1.40
	1—20000	1.69	1.69	1.43	1.44
	1—30000	1.76	1.76	1.45	1.46
	1—32000	1.78	1.78	1.46	1.47

另一个是每一个固有频率的平均重数

$$\bar{M}'(\nu_c) = \left[\sum_{\nu=1}^{\nu_c} M(\nu)\right] \Big/ \left[\sum_{\nu=1}^{\nu_c} M^0(\nu)\right] \qquad (4.7\text{-}21)$$

式中 $\sum_{\nu=1}^{\nu_c} M^0(\nu)$ 表示在 $1 \leqslant \nu \leqslant \nu_c$ 内其值不同的固有频率数. 对几种长宽比可通约的矩形板，由计算机算得的 $\bar{M}(\nu_c)$ 与 $\bar{M}'(\nu_c)$ 值列于表 4.7-2[15]. 可以证明[13]，随着 $\nu_c \to \infty$，$\bar{M}'(\nu_c) \to \infty$. 对上表中的数值，可用最小乘方拟合方法得如下平均重数的渐近表达式

$$\bar{M}(\nu_c) \sim \left(\frac{a}{\pi}\right)(\ln \nu_c + b) \qquad (4.7\text{-}22)$$

$$\bar{M}'(\nu_c) \sim \left(\frac{c}{\pi}\right)(\ln \nu_c + d) \qquad (4.7\text{-}23)$$

表 4.7-3 系数 a, b, c, d

$r:s$	a	b	c	d
1:1	1.09	.928	.544	7.75
2:1	.794	.554	.324	9.77
3:1	.716	.116	.254	12.3
3:2	.511	.516	.167	17.1

其中系数 a, b, c, d 值列于表 4.7-3[15]. 对方板，(4.7-22) 式可由 (4.7-19) 除以 (4.7-18) 式得到. 作为比较，按 (4.7-22) 与 (4.7-23) 算出的 $\overline{M}(\nu_c)$ 与 $\overline{M}'(\nu_c)$ 也列表于 4.7-2 之中.

4.7.3 均方速度响应的渐近空间分布

现考虑均方速度响应 (4.7-3)，其值以复杂的方式依赖于 $\boldsymbol{P}$, $\boldsymbol{Q}$ 的位置. 取 (4.7-3) 对 P, Q 的空间平均值，鉴于正交性，(4.7-3) 中模态互相关项平均值为零，于是

$$\langle E[V^2(\boldsymbol{P})]\rangle_{P,Q} = \frac{1}{A^2}\int_A dA_P \int_A dA_Q E[V^2(\boldsymbol{P})]$$

$$= \sum_{n=1}^{\infty} I'_{nn} \tag{4.7-24}$$

(4.7-24) 包括共振模态与非共振模态贡献. 已证明[4]，后者与前者相比可忽略不计. 从而 (4.7-24) 中可以有限项之和近似，其中项数 N 由 (4.7-12) 确定. 而积分 I'_{nn} 的上下限可近似代之以∞与$-\infty$，于是

$$\langle E[V^2(\boldsymbol{P})]\rangle_{P,Q} \sim \sum_{n=1}^{N} S_0 \int_{-\infty}^{\infty} \omega^2 |H_n(\omega)|^2 d\omega = NV_1^2 \tag{4.7-25}$$

式中 $V_1^2 = \dfrac{\pi S_0}{M^2\beta}$.

接着考虑均方速度响应的空间方差. 以 $\phi = \phi(\boldsymbol{P},\boldsymbol{Q},N)$ 记 $E[V^2(\boldsymbol{P})]$，其空间方差为

$$\sigma_\phi^2 = \langle \phi^2\rangle_{P,Q} - (\langle \phi\rangle_{P,Q})^2 \tag{4.7-26}$$

对长宽比不可通约的矩形板，已证[4]

$$\sigma_\phi^2 = V_1^4\left\{\frac{5}{6}\left(\frac{4N}{\pi}\right)^{3/2}\left[\left(\frac{a}{b}\right)^{1/2}+\left(\frac{b}{a}\right)^{1/2}\right]+\left(\frac{5}{4}\right)^2 N\right\}$$

(4.7-27)

变差系数的渐近值为

$$\frac{\sigma_\phi}{\langle\phi\rangle_{P,Q}} \sim \frac{5}{6}\left(\frac{4}{\pi}\right)^{3/2}\left[\left(\frac{a}{b}\right)^{1/2}+\left(\frac{b}{a}\right)^{1/2}\right]^{1/2} N^{-\frac{1}{4}} \quad (4.7\text{-}28)$$

(4.7-28) 表明，随着共振模态数 N 的无限增大，均方速度响应在矩形板上趋向于均匀分布。

对长宽比可通约的矩形板，空间方差为[15]

$$\sigma_\phi^2 = V_1^4\left\{\frac{5}{6rs}\left(\frac{1}{s}+\frac{1}{r}\right)\nu_c^{5/2}+\frac{a}{4rs}\nu_c\ln\nu_c + \frac{\pi}{4rs}\left(\frac{ab}{\pi}+\frac{9}{16}\right)\nu_c\right\} \quad (4.7\text{-}29)$$

(4.7-29) 与 (4.7-27) 的主要项为同量级。因此，均方速度响应渐近均匀分布的结论对长宽比可通约的矩形板也是适用的。

然而上述结论并不适用于板上某些特殊的局部区域：板的边界区域，以及板内部某些窄带。这些窄带的形状取决于板的长宽比及力作用点的位置，见图 4.7-1。为表征这些窄带上均方速度响应，引入强化因子的概念。强化带的强化因子定义为

$$I.F. = \frac{\langle\phi\rangle_{P_l,Q}}{\langle\phi\rangle_{P,Q}} \quad (4.7\text{-}30)$$

式中 $\langle\phi\rangle_{P_l,Q}$ 为 ϕ 对 P 在强化带上对 Q 之整块板上的空间平均值。例如，对图 4.7-1a 上强化带 AA'，$x=\xi$，从而

$$I.F. = \frac{1}{N}\left\{\sum_{l,p}\frac{1}{a}\int_0^a 4\sin^4\frac{l\pi\xi}{a}d\xi\cdot\frac{1}{b}\int_0^b 2\sin\frac{2p\pi\eta}{b}d\eta \times\frac{1}{b}\int_0^b 2\sin^2\frac{p\pi y}{b}dy\right\} = 3/2 \quad (4.7\text{-}31)$$

图 4.7-1a 上其他强化带的强化因子也是 3/2。当力作用在矩形的一条中线上(图 4.7-1b)，可类似地求出该中线上的强化因子为 2。

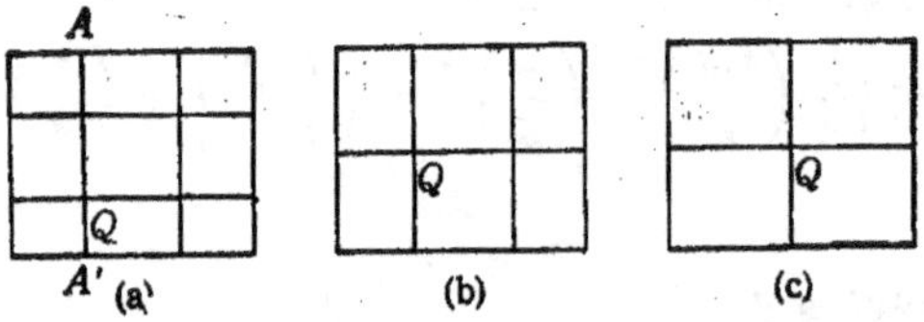

图 4.7-1 长宽比不可通约矩形板在点宽带随机激励下均方响应的内部强化带

另两条强化带的强化因子仍为 3/2。当外力作用在中心时，出现"十"字型强化带（图 4.7-1(c)）。两条强化带的强化因子皆为 2. 以上强化带是由(4.7-3)中的第一项，即模态自相关贡献的结果.

对长宽比可通约的矩形板，由于存在多重固有频率，除了上述主要的强化带外，还可出现一些附加的次要强化带，这些强化带是由重频的模态互相关引起的。例如，由于大量二重固有频率，使长宽比可通约的矩形板出现一些 45° 或 −45° 的附加强化带，对非特殊激励点位置强化因子为 $1+\frac{1}{4rs}$。对特殊的激励点位置，强化因子可为 $1+\frac{1}{2rs}$ 或 $1+\frac{1}{rs}$[15]。例如，对方板，非特殊激励点，附加强化带构成两个内接矩形(图 4.7-2(a)) 强化因子为 5/4。当外力作用在一条对角线上时(图 4.7-2(b))，其中一个内接矩形并为该对角线，强化因子为 3/2. 另一个内接矩形仍不变。当外力作用在方板中心（图 4.7-2(c)）时，两个内接矩形合并为两条对角线，强化因子均为 2. 与主要强化带的强化因子相同。又如 1:2 的矩形板，当外力作用在两个次方形之一的中心（图 4.7-2(d))时，将出现如图所示的附加强化带，强化因子为 3/2，上述各图中的虚线表示主要强化带。

下面考虑激励点强化因子。对长宽比不可通约的矩形板的非特殊点激励，最大的强化因子出现在激励点（$x=\xi$，$y=\eta$）及其三个象点上(见图 4.7-1(a))。激励点的强化因子的空间平均为

$$\langle I_{\max}\rangle_Q=\frac{\langle\phi_{\max}\rangle_Q}{\langle\phi\rangle_{P,Q}}=\frac{16}{Nab}\sum_{i,p}\int_0^b\int_0^a\sin^4\frac{i\pi\xi}{a}$$

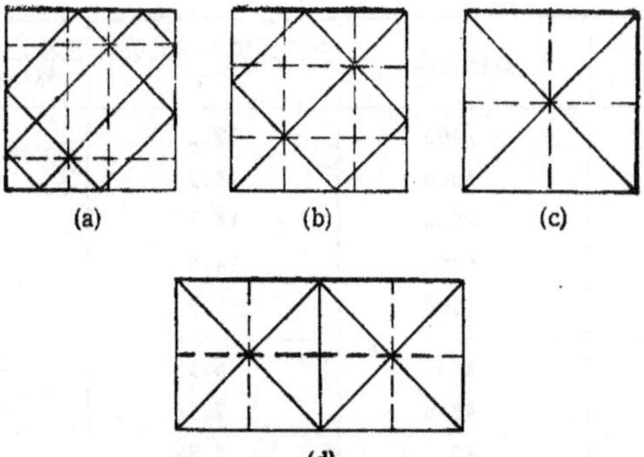

图 4.7-2 由二重固有频率引起的方板 (a), (b), (c) 及 1:2 矩形板 (d) 的附加强化带(实线),虚线为基本强化带

$$\times \sin^4 \frac{p\pi\eta}{b} d\xi d\eta = \frac{9}{4} \tag{4.7-32}$$

式中 $\phi_{\max} = E[V^2(Q)]$，它的空间方差 $\sigma^2_{\phi_{\max}}$ 可按（4.7-26）式一样求值。只是此时 $\boldsymbol{P} = \boldsymbol{Q}$，变差系数的渐近值为

$$\frac{\sigma_{\phi_{\max}}}{m_{\phi_{\max}}} \sim \left\{\frac{35}{27}\left(\frac{4}{\pi}\right)^{3/2}\left[\left(\frac{a}{b}\right)^{1/2} + \left(\frac{b}{a}\right)^{1/2}\right]\right\} N^{-1/4} \tag{4.7-33}$$

这表明，对大 N，与平均激励点强化因子(4.7-32)的偏差是小的。即可认为对任意非特殊激励点位置，激励点的强化因子为 9/4。然而，当激励点在矩形的一条中线，而不在另一条中线上(见图 4.7-1(b))时，激励点的强化因子为 3。当激励点位于矩形板的中心(见图 4.7-1(c))时激励点的强化因子为 4。

上述激励点的响应的强化乃来自(4.7-3)中模态自相关。对长宽比可通约的矩形板，由于存在重频，(4.7-3)中的模态互相关使激励点的强化因子增大，最明显的情形是方板在中心点受激励时，(4.7-3)中令 $x = y = \xi = \eta = \frac{a}{2}$，应用数论方法可得[4]强化因子为

$$I_0 \sim \frac{4}{\pi}(\ln \nu_c + 1.908) \tag{4.7-34}$$

表 4.7-4　长宽比可通约矩形板中心点激励时激励点强化因子

长宽比 $r:s$	截止频率	由计算机算出的强化因子	按渐近公式(4.7-35)算出的强化因子
1:1	2000	12.2	12.1
	4000	13.2	13.0
	8000	14.1	13.9
	16000	14.9	14.8
	32000	15.8	15.6
2:1	2000	6.51	6.59
	4000	7.10	7.03
	8000	7.37	7.46
	16000	7.90	7.90
	32000	8.31	8.33
3:1	2000	7.18	7.20
	4000	8.05	7.79
	8000	8.56	8.39
	16000	9.08	8.98
	32000	9.70	9.57
3:2	2000	4.82	4.69
	4000	5.04	5.01
	8000	5.26	5.34
	16000	5.64	5.66
	32000	6.03	5.98

表 4.7-5　系数 e 与 f 之值

长宽比 $r:s$	e	f
1:1	4.00	1.86
2:1	1.97	2.92
3:1	2.69	1.32
3:2	1.46	2.50

对其余长宽比可通约的矩形板，一些特殊激励点上的强化因子可用计算机算出[15]。例如，中心激励时的强化因子如表 4.7-4 所示，

其中第3列为数值结果。用最小二乘方拟合可得如下渐近表达式

$$I_0 \sim \frac{e}{\pi}(\ln \nu_c + f) \tag{4.7-35}$$

其中常数 e 与 f 值列于表 4.7-5，表 4.7-4 中的第四列数字为按(4.7-35)算出的结果，由(4.7-34)与(4.7-35)知，激励点的强化因子随激励带宽的增大而无限地增大。

对简支等边三角形板，可得到类似于方板的结果[13]。

上述关于均方响应的空间分布的理论结果已定性地得到实验证实。应指出，虽然关于均方响应空间分布的理论结果是针对一定的边界条件得到的，由于边界条件对高频模态的影响仅局限于边界附近，上述理论结果对其他边界条件情形也是渐近正确的，实验也证实了这一点。

最近，Crandall[16] 研究了均匀结构对空间不相关限带白噪声场与限带白噪声激励两种情形均方速度响应的空间相关性，指出，在均方速度响应趋于均匀分布的区域，空间相关趋于零，而在均方速度响应强化区或带上，空间相关性趋于有限值。

4.8 随机有限元法

4.8.1 引言

本章前几节的随机响应分析中，假定系统是确定性的，系统的模型与参数都是精确已知的。然而，在工程中有不少结构的材料特性(如弹性模量、泊松比)与(或)几何尺寸(如板的厚度)是空间坐标的随机函数。这种结构称为随机结构。描述随机结构的运动微分方程是具有空间随机变化系数的偏微分方程。对这种结构，用解析方法预测响应统计量是很困难的，随机有限元法是目前唯一可行的办法。

随机有限元法，也称概率有限元法，它可看成是确定性有限元法与概率方法(如一阶二次矩法、蒙特·卡罗(Monte Carlo)法)相结合的一种方法。一阶二次矩法与有限元法相结合的思想于70

年代初期由 Cornell[17] 在一次关于统计学与概率论在土壤与结构工程中应用讨论会上提出。其后，Handa[18,19] 与 Cambou[20] 各自正式地把这种方法用于结构的静力分析，并考虑了材料特性、几何尺寸与(或)载荷的空间相关性.70 年代末与 80 年代初，Hisada 与 Nakagiri 等[21-24]作了较为系统的研究，包括静力分析、孤立特征问题及含随机阻尼的结构的动力分析。目前，随机有限元法主要用于静力分析与随机特征问题。对随机结构的动力响应分析，此法尚未成功。用蒙特·卡罗方法进行研究则始于文献[25,26]，近来 Shinozuka 等在这方面作了大量工作[27,28]。

随机结构的随机参数一般是空间坐标的随机函数，它们可模型化为随机场.当一个结构含几个相关的随机参数时，它们可模型化为一个矢量随机场.作用在结构上的载荷也可模型化为随机场.在随机有限元分析中，需将随机场离散化。迄今，有三种离散化方法。最早与最简单的方法是取场在有限元中点上随机变量代表该单元的场，这样，每单元内的随机场被认为是完全相关的。两单元上场的相关性由两单元中点随机变量间的协方差来近似[21-24,27]。

在第二种方法中，单元上的随机场由场在单元节点上的随机变量通过形函数进行插值得到。随机场的相关特性由节点随机变量的协方差矩阵来近似描述[29,30]，由于在估计刚度矩阵及其变动率时计算复杂，这种方法较少被采用。

在第三种方法中，单元上的随机场由场在单元上的局部平均来代表，随机场的相关特性由局部平均的协方差矩阵来描述[31-37]。这种方法(以及第一种方法)有以下优点：它与确定性有限元法中假定每单元的材料为均质是一致的，从而可利用已有的刚度矩阵公式。文[33—36]比较了第一与第三种方法，认为基于随机场局部平均的随机有限元法在收敛性方面显著优于第一种方法.因此，下面着重叙述基于随机场的局部平均的随机有限元法及其应用。

4.8.2 随机场局部平均的定义

设有 n 个分量的 p 维矢量随机场 $\boldsymbol{X}(\boldsymbol{u})(p=1,2,3)$

$$\boldsymbol{X}(\boldsymbol{u}) = [X^{(1)}(\boldsymbol{u}), X^{(2)}(\boldsymbol{u}), \cdots, X^{(n)}(\boldsymbol{u})]^T \quad (4.8\text{-}1)$$

已知其均值矢量 $\boldsymbol{m}(\boldsymbol{u}) = [m_1(\boldsymbol{u}), m_2(\boldsymbol{u}), \cdots, m_n(\boldsymbol{u})]^T$，方差矢量 $\sigma^2(\boldsymbol{u}) = [\sigma_1^2(\boldsymbol{u}), \sigma_2^2(\boldsymbol{u}), \cdots, \sigma_n^2(\boldsymbol{u})]^T$ 及归一化协方差矩阵

$$\boldsymbol{\rho}(\boldsymbol{u}, \boldsymbol{u}') = \begin{bmatrix} \rho_{11}(\boldsymbol{u},\boldsymbol{u}') & \rho_{12}(\boldsymbol{u},\boldsymbol{u}')\cdots & \rho_{1n}(\boldsymbol{u},\boldsymbol{u}') \\ \rho_{21}(\boldsymbol{u},\boldsymbol{u}') & \rho_{22}(\boldsymbol{u},\boldsymbol{u}')\cdots & \rho_{2n}(\boldsymbol{u},\boldsymbol{u}') \\ \vdots & \vdots & \vdots \\ \rho_{n1}(\boldsymbol{u},\boldsymbol{u}') & \rho_{n2}(\boldsymbol{u},\boldsymbol{u}')\cdots & \rho_{nn}(\boldsymbol{u},\boldsymbol{u}') \end{bmatrix} \quad (4.8\text{-}2)$$

对均匀场，$\boldsymbol{m}(\boldsymbol{u})$ 与 $\boldsymbol{\sigma}^2(\boldsymbol{u})$ 为常数矢量，矩阵(4.8-2)为

$$\boldsymbol{u} - \boldsymbol{u}' = \boldsymbol{r}$$

的函数，且满足关系

$$\boldsymbol{\rho}(\boldsymbol{r}) = \boldsymbol{\rho}^T(-\boldsymbol{r}) \quad (4.8\text{-}3)$$

若 $\boldsymbol{\rho}(\boldsymbol{r})$ 关于空间 $\boldsymbol{u}$ 象限对称，则

$$\boldsymbol{\rho}(\boldsymbol{r}) = \boldsymbol{\rho}(\boldsymbol{I}_{\pm}\boldsymbol{r}) \quad (4.8\text{-}4)$$

式中 $\boldsymbol{I}_{\pm}$ 是 $p \times p$ 对角矩阵，其对角元素为 1 或 −1。若 $\rho(r)$ 是各向同性的，则矩阵(4.8-2)只是 $|\boldsymbol{u} - \boldsymbol{u}'| = r$ 的函数，这时，(4.8-3)与(4.8-4)自然满足。

矢量随机场 $\boldsymbol{X}(\boldsymbol{u})$ 在体积为 V 的区域上的局部平均定义为

$$\boldsymbol{X}_V = \frac{1}{V}\int_V \boldsymbol{X}(\boldsymbol{u})d\boldsymbol{u} \quad (4.8\text{-}5)$$

于是，局部平均的均值矢量为

$$E[\boldsymbol{X}_V] = \frac{1}{V}\int_V \boldsymbol{m}(\boldsymbol{u})d\boldsymbol{u} \quad (4.8\text{-}6)$$

$\boldsymbol{X}(\boldsymbol{u})$ 在区域 V 与 V' 上的局部平均矢量 $\boldsymbol{X}_V$ 与 $\boldsymbol{X}_{V'}$ 之间的协方差矩阵为

$$\mathrm{Cov}(\boldsymbol{X}_V, \boldsymbol{X}_{V'}) = \frac{1}{VV'}\int_V \int_{V'} [\backslash\sigma_i(\boldsymbol{u})\backslash]\boldsymbol{\rho}(\boldsymbol{u},\boldsymbol{u}') \times [\backslash\sigma_i(\boldsymbol{u}')]\, d\boldsymbol{u}d\boldsymbol{u}' \quad (4.8\text{-}7)$$

协方差矩阵的第 i 行第 j 列元素即为两分量随机场 $X^{(i)}(\boldsymbol{u})$ 与 $X^{(j)}(\boldsymbol{u})$ 分别在 V 与 V' 上的局部平均的互协方差

$$\mathrm{Cov}(X_V^{(i)},X_{V'}^{(j)})=\frac{1}{VV'}\int_V\int_{V'}\sigma_i(\boldsymbol{u})\sigma_j(\boldsymbol{u}')\rho_{ij}(\boldsymbol{u},\boldsymbol{u}')d\boldsymbol{u}d\boldsymbol{u}'$$

(4.8-8)

若 $\boldsymbol{X}(\boldsymbol{u})$ 是均匀的，则有

$$E[\boldsymbol{X}_V]=\boldsymbol{m}$$

$$\mathrm{Cov}(\boldsymbol{X}_V,\boldsymbol{X}_{V'})=\frac{1}{VV'}\int_V\int_{V'}[\text{`}\sigma_{i\text{、}}]\boldsymbol{\rho}(\boldsymbol{u}-\boldsymbol{u}')[\text{`}\sigma_{i\text{、}}]d\boldsymbol{u}d\boldsymbol{u}'$$

(4.8-9)

4.8.3 均匀矢量随机场在矩形域上的局部平均

Vanmarcke[38] 首先建立了均匀标量随机场在矩形区域上的局部平均理论，给出了局部平均的方差与协方差公式。文[34]在均匀与各向同性条件下，将这些公式推广到矢量随机场情形。文[36]进一步将各向同性这条件放松为象限对称。

首先考虑一维空间的情形。 n 个分量的矢量随机场 $\boldsymbol{X}(u)$ 在长为 L，中点坐标为 u_0 的线段上的局部平均为

$$\boldsymbol{X}_L=\boldsymbol{X}_L(u_0,L)=\frac{1}{L}\int_{u_0-L/2}^{u_0+L/2}\boldsymbol{X}(u)du \qquad (4.8\text{-}10)$$

由于 $\boldsymbol{X}(u)$ 是均匀的，$\boldsymbol{X}_L$ 的方差矩阵为

$$\mathrm{Cov}(\boldsymbol{X}_L,\boldsymbol{X}_L)=[\text{`}\sigma_{i\text{、}}]\boldsymbol{\gamma}(L)[\text{`}\sigma_{i\text{、}}] \qquad (4.8\text{-}11\text{a})$$

其分量形式为

$$\mathrm{Cov}(X_L^{(i)},X_L^{(j)})=\sigma_i\sigma_j\gamma_{ij}(L) \qquad (4.8\text{-}11\text{b})$$

式中

$$\boldsymbol{\gamma}(L)=\frac{1}{L^2}\int_0^L\int_0^L\boldsymbol{\rho}(u-u')dudu'$$

$$=\frac{1}{L}\int_{-L}^{L}\left(1-\frac{|r|}{L}\right)\boldsymbol{\rho}(r)dr \qquad (4.8\text{-}12)$$

为矢量随机场的局部平均的归一化方差矩阵。如果 $\boldsymbol{\rho}(r)$ 为象限对称。即 $\boldsymbol{\rho}(r)=\boldsymbol{\rho}(-r)$，则

$$\boldsymbol{\gamma}(L)=\frac{2}{L}\int_0^L\left(1-\frac{r}{L}\right)\boldsymbol{\rho}(r)dr \qquad (4.8\text{-}13)$$

作为例子，下面给出四种常用的相关结构的 $\rho_{ij}(r)$ 与 $\gamma_{ij}(L)$ 表达式[38]。

1. 三角型相关结构

$$\rho_{ij}(r)=\begin{cases}1-\dfrac{|r|}{a}, & |r|\leqslant a\\ 0, & |r|\geqslant a\end{cases} \tag{4.8-14}$$

$$\gamma_{ij}(L)=\begin{cases}1-\dfrac{L}{3a}, & L\leqslant a\\ \dfrac{a}{L}\left(1-\dfrac{a}{3L}\right), & L\geqslant a\end{cases} \tag{4.8-15}$$

2. 指数型相关结构

$$\rho_{ij}(r)=\exp(-|r|/b) \tag{4.8-16}$$

$$\gamma_{ij}(L)=2\left(\frac{b}{L}\right)^2\left[\frac{L}{b}-1+\exp(-L/b)\right] \tag{4.8-17}$$

3. 二阶 AR 型相关结构

$$\rho_{ij}(r)=\left(1+\frac{|r|}{c}\right)\exp(-|r|/c) \tag{4.8-18}$$

$$\gamma_{ij}(L)=2\frac{c}{L}\left[2+\exp(-L/c)-3\frac{c}{L}(1-\exp(-L/c))\right] \tag{4.8-19}$$

4. 高斯型相关结构

$$\rho_{ij}(r)=\exp(-r^2/d^2) \tag{4.8-20}$$

$$\gamma_{ij}(L)=\left(\frac{d}{L}\right)^2\left[\sqrt{\pi}\,\frac{L}{d}\,erf\left(\frac{L}{d}\right)+\exp(-L^2/d^2)-1\right] \tag{4.8-21}$$

定义一维空间随机场的相关长度为

$$\theta_{ij}=\lim_{L\to\infty}L\gamma_{ij}(L)=\int_{-\infty}^{\infty}\rho_{ij}(r)dr \tag{4.8-22}$$

对以上四种相关结构，相关长度分别为：1. $\theta_{ij}=a$；2. $\theta_{ij}=2b$；

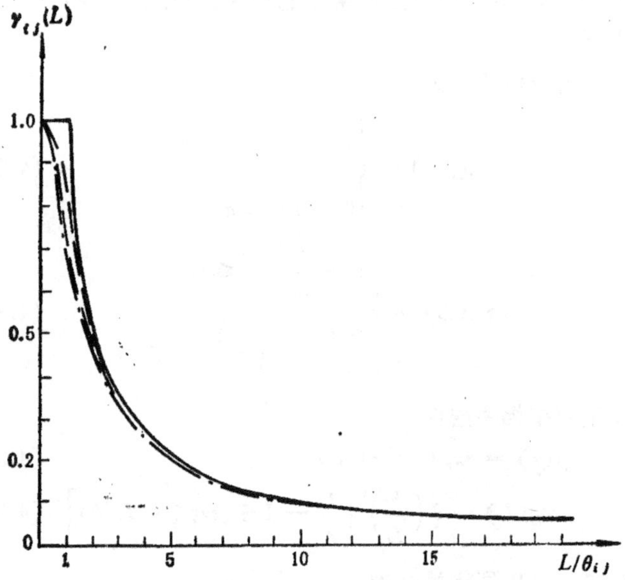

图 4.8-1 几种普通相关模型所对应的归一化方差函数. -----高斯型；——二阶 AR 型；……三角型；—·—·—指数型

3. $\theta_{ij}=4c$ 及 4. $\theta_{ij}=\sqrt{\pi}\,d$。图 4.8-1 为这四种相关结构的 $\gamma_{ij}(L)$ 随 L/θ_{ij} 的变化曲线，它们之间相差甚微，也就是说，局部平均的归一化方差函数主要依赖于归一化平均区间 L/θ_{ij}，而对相关结构的具体形式不敏感。特别地，

$$\gamma_{ij}(0)=1 \tag{4.8-23}$$

$$\gamma_{ij}(L)=\theta_{ij}/L,\ \text{当}\ L\to\infty \tag{4.8-24}$$

下面考虑 $\boldsymbol{X}(u)$ 分别在线段 L 与 L' 上的局部平均矢量之间的协方差矩阵 $\mathrm{Cov}(\boldsymbol{X}_L,\boldsymbol{X}_{L'})$。首先引进矢量随机场在线段 L 上的局部积分

$$\boldsymbol{I}_L=L\boldsymbol{X}_L=\int_{u_0-L/2}^{u_0+L/2}\boldsymbol{X}(u)du \tag{4.8-25}$$

由图 4.8-2 的几何关系，有

$$\boldsymbol{I}_{L_1}=\boldsymbol{I}_L+\boldsymbol{I}_{L_0}$$

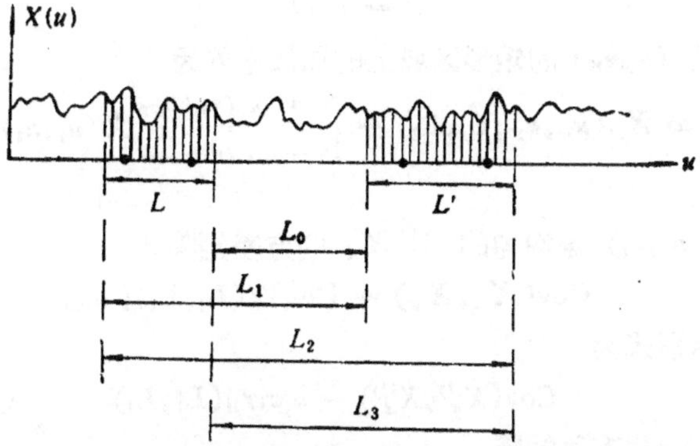

图 4.8-2 一维空间的局部平均区域与二高斯积分点位置

$$I_{L_3} = I_{L'} + I_{L_0} \tag{4.8-26}$$

$$I_{L_2} = I_L + I_{L'} + I_{L_0}$$

由此得各局部积分之间的如下代数关系

$$I_L I_{L'}^T + I_{L'} I_L^T = \sum_{k=0}^{3} (-1)^k I_{L_k} I_{L_k}^T \tag{4.8-27}$$

上式两边取期望，并应用均匀与象限对称条件(4.8-3)与(4.8-4)，(4.8-27)变成

$$2\mathrm{Cov}(I_L, I_{L'}) = \sum_{k=0}^{3} (-1)^k \mathrm{Cov}(I_{L_k}, I_{L_k}) \tag{4.8-28}$$

再由(4.8-11)与(4.8-25)可得

$$\mathrm{Cov}(X_L, X_{L'}) = [\,\grave{}\sigma_i\,\grave{}\,] \frac{1}{2LL'} \sum_{k=0}^{3} (-1)^k L_k^2 \gamma(L_k) [\,\grave{}\sigma_i\,\grave{}\,] \tag{4.8-29a}$$

其分量形式为

$$\mathrm{Cov}(X_L^{(i)}, X_{L'}^{(j)}) = \frac{\sigma_i \sigma_j}{2LL'} \sum_{k=0}^{3} (-1)^k L_k^2 \gamma_{ij}(L_k) \tag{4.8-29b}$$

显然，当 $i = j$ 时，(4.8-11)与(4.8-29)化为标量随机场情形的相应公式[38]。

对于二维空间情形，矢量随机场 $X(u_1, u_2)$ 在面积为

$$A = L_1/L_2$$

中点为（$u_{10}u_{20}$）的矩形区域上的局部平均为

$$\boldsymbol{X}_A \equiv \boldsymbol{X}_A(u_{10}, u_{20}; L_1, L_2) = \int_{u_{10}-L_{1/2}}^{u_{10}+L_{1/2}} \int_{u_{20}-L_{2/2}}^{u_{20}+L_{2/2}} \boldsymbol{X}(u_1, u_2) du_1 du_2 \tag{4.8-30}$$

若 $\boldsymbol{X}(u_1, u_2)$ 是均匀的，则 $\boldsymbol{X}_A$ 的方差矩阵为

$$\mathrm{Cov}(\boldsymbol{X}_A, \boldsymbol{X}_A) = [\,`\sigma_{i}\,]\boldsymbol{\gamma}(L_1, L_2)[\,`\sigma_{i}\,] \tag{4.8-31a}$$

其分量形式为

$$\mathrm{Cov}(X_A^{(i)}, X_A^{(j)}) = \sigma_i\sigma_j\gamma_{ij}(L_1, L_2) \tag{4.8-31b}$$

其中归一化方差矩阵

$$\boldsymbol{\gamma}(L_1, L_2) = \frac{1}{L_1L_2}\int_{-L_1}^{L_1}\int_{-L_2}^{L_2}\left(1 - \frac{|r_1|}{L_1}\right)\left(1 - \frac{|r_2|}{L_2}\right) \times \boldsymbol{\rho}(r_1, r_2) dr_1 dr_2 \tag{4.8-32}$$

由此可定义二维空间随机场的相关面积

$$\alpha_{ij} = \lim_{\substack{L_1 \to \infty \\ L_2 \to \infty}} L_1L_2\gamma_{ij}(L_1, L_2) = \int_{-\infty}^{\infty}\int_{-\infty}^{\infty} \rho_{ij}(r_1, r_2) dr_1 dr_2 \tag{4.8-33}$$

它与相关长度 θ_{ij} 一样，是确定随机场及随机场局部平均的统计特性的主要参数。

若 $\boldsymbol{\rho}(r_1, r_2)$ 满足象限对称条件（4.8-4），即

$$\boldsymbol{\rho}(r_1, r_2) = \boldsymbol{\rho}(-r_1, r_2) = \boldsymbol{\rho}(r_1, -r_2) = \boldsymbol{\rho}(-r_1, -r_2) \tag{4.8-34}$$

则

$$\boldsymbol{\gamma}(L_1, L_2) = \frac{4}{L_1L_2}\int_0^{L_1}\int_0^{L_2}\left(1 - \frac{r_1}{L_1}\right)\left(1 - \frac{r_2}{L_2}\right)\boldsymbol{\rho}(r_1, r_2) dr_1 dr_2 \tag{4.8-35}$$

而协方差矩阵为

$$\mathrm{Cov}(\boldsymbol{X}_A, \boldsymbol{X}'_A) = [\,`\sigma_{i}\,]\frac{1}{4AA'} \times \sum_{k=0}^{3}\sum_{l=0}^{3}(-1)^{k+l}(L_{1k}L_{2l})^2\boldsymbol{\gamma}(L_{1k}, L_{2l})[\,`\sigma_{i}\,] \tag{4.8-36a}$$

其分量形式为

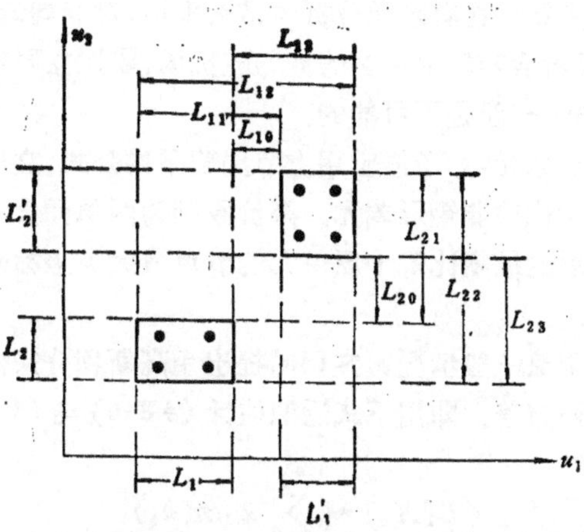

图 4.8-3 二维空间的局部平均区域与 2×2 高斯积分点位置

$$\mathrm{Cov}(X_A^{(i)}, X_{A'}^{(j)}) = \frac{\sigma_i\sigma_j}{4AA'}\sum_{k=0}^{3}\sum_{l=0}^{3}(-1)^{k+l}(L_{1k}L_{2l})^2\gamma_{ij}(L_{1k}, L_{2l}) \tag{4.8-36b}$$

局部平均区域 A 与 A' 的相对位置如图 4.8-3 所示。

在应用中，场的相关结构经常假设为可分离的，即

$$\rho_{ij}(r_1, r_2) = \rho_{ij}^{(1)}(r_i)\rho_{ij}^{(2)}(r_2) \tag{4.8-37}$$

此时归一化方差函数 $\gamma_{ij}(L_1, L_2)$ 也可分离为

$$\gamma_{ij}(L_1, L_2) = \gamma_{ij}^{(1)}(L_1)\gamma_{ij}^{(2)}(L_2) \tag{4.8-38}$$

相关面积则等于两正交方向的相关长度之积

$$\alpha_{ij} = \theta_{ij}^{(1)}\theta_{ij}^{(2)} \tag{4.8-39}$$

对于更高维空间中的矢量随机场的局部平均，可有类似的结果。

4.8.4 非均匀场与/或在非矩形域上的局部平均

随机场的局部平均理论通常只适用于均匀场与矩形区域。但是，实际问题中的随机场常常只在局部区域上才可以认为是均匀

的．此外，结构区域也并非总能用矩形网格来划分，非矩形单元如三角形与等参单元在有限元分析中常被采用，对非均匀随机场、非矩形区域、或者含非象限对称的均匀随机场，要建立局部平均的协方差积分显式，一般是不可能的．

对非矩形单元，为了能应用上节局部平均公式，文[37]提出用等价矩形单元代替非矩形单元．等价原则为两单元面积相等，形心重合，矩形的纵横比等于原单元的节点最大纵坐标差与最大横坐标差之比．

为适用于最一般情况，文[36]提出用高斯积分来估计局部平均的均值与协方差．即用下式近似估计（4.8-6）与（4.8-7），

$$E[X_v] \approx \sum_{k=1}^{n_G} w_k m(\hat{u}_k) \tag{4.8-40}$$

$$\mathrm{Cov}(X_V, X_{V'}) = \sum_{k=1}^{n_G} \sum_{l=1}^{n'_G} w_k w'_l [\backslash \sigma_i(\hat{\boldsymbol{u}}_k) \backslash] \boldsymbol{\rho}(\hat{\boldsymbol{u}}_k, \hat{\boldsymbol{u}}'_l) [\backslash \sigma_i(\hat{\boldsymbol{u}}'_l) \backslash] \tag{4.8-41}$$

式中 n_G, $\hat{u}_k$ 和 w_k; n'_G, $\hat{u}'_l$ 和 w'_l 分别为区域 V 与 V' 内的高斯积分点数、高斯点坐标和相应的权系数，若区域 V 与 V' 形状相同，则取 $n_G = n'_G$. 高斯点的局部坐标与权系数可在[39]中查到，这里，权系数满足关系

$$\sum_{k=1}^{n_G} w_k = 1 \tag{4.8-42}$$

在随机有限元分析中，取 $n_G = 1$ 等价于第一种离散化方法，这时单元尺寸必须充分小才能使（4.8-40）与（4.8-41）较好地分别逼近（4.8-6）与（4.8-7）．文[36]推荐使用的高斯积分点数，对一维区域 $n_G = 2$; 对三角形区域 $n_G = 3$; 对矩形区域 $n_G = 2\times 2$. 采用这些阶数的高斯积分，可使随机有限元结果的收敛性很接近或稍优于采用精确局部平均的收敛性．

4.8.5 孤立特征值问题的随机有限元法

设某结构含有 n 个随空间坐标随机变化的材料特性与(或)几何尺寸参数,把它们模型为含 n 个分量的矢量随机场

$$\boldsymbol{X}(\boldsymbol{u}) = [X^{(1)}(\boldsymbol{u}), X^{(2)}(\boldsymbol{u}), \cdots, X^{(n)}(\boldsymbol{u})]^T$$

将结构离散化为 N 个有限单元，然后作 $\boldsymbol{X}(\boldsymbol{u})$ 在每个单元 e 上的局部平均

$$\boldsymbol{X}_{V_e} = \frac{1}{V_e}\int_{V_e} \boldsymbol{X}(\boldsymbol{u})d\boldsymbol{u} \quad e = 1, 2, \cdots, N \tag{4.8-43}$$

式中 V_e 为单元 e 的体积. 于是得到一个随机矢量 $\boldsymbol{X}$

$$\boldsymbol{X} = [\boldsymbol{X}_{V_1}^T, \boldsymbol{X}_{V_2}^T, \cdots, \boldsymbol{X}_{V_N}^T]^T = [X_1, X_2, \cdots, X_q]^T \tag{4.8-44}$$

式中 $q = n \times N$. 以 $\boldsymbol{X}_{V_e}$ 代表单元 e 上的材料特性与(或)几何尺寸,用确定性有限元法相同的步骤,建立与组集单元刚度及质量矩阵,进行边界条件处理等,可得到下列实特征值问题方程

$$(\boldsymbol{K} - \lambda_k \boldsymbol{M})\boldsymbol{\phi}_k = \boldsymbol{0} \tag{4.8-45}$$

和归一化条件

$$\boldsymbol{\phi}_k^T \boldsymbol{M} \boldsymbol{\phi}_k = 1 \tag{4.8-46}$$

式中 $\boldsymbol{K}$ 与 $\boldsymbol{M}$ 为整体刚度矩阵与质量矩阵; λ_k 与 $\boldsymbol{\phi}_k$ 为第 k 阶特征值与特征矢量或固有振型,由于结构参数的随机性, $\boldsymbol{K}$ 与 $\boldsymbol{M}$ 是随机矢量 $\boldsymbol{X}$ 的函数, 从而 λ_k 与 $\boldsymbol{\phi}_k$ 也是随机的. 把 $\boldsymbol{K}$ 与 $\boldsymbol{M}$ 分解为均值与随机扰动两部分

$$\boldsymbol{K} = \boldsymbol{K}_0 + \Delta\boldsymbol{K} \tag{4.8-47}$$

$$\boldsymbol{M} = \boldsymbol{M}_0 + \Delta\boldsymbol{M} \tag{4.8-48}$$

式中 $\boldsymbol{K}_0$ 与 $\boldsymbol{M}_0$ 称为均值系统的刚度矩阵与质量矩阵,它们是 $\boldsymbol{K}$ 与 $\boldsymbol{M}$ 在均值 $\bar{\boldsymbol{X}} = E[\boldsymbol{X}]$ 上的值,而 $\Delta\boldsymbol{K}$ 与 $\Delta\boldsymbol{M}$ 线性化为

$$\Delta\boldsymbol{K} = \sum_{i=1}^{q} \boldsymbol{K}_i (X_i - \bar{X}_i) = \sum_{i=1}^{q} \boldsymbol{K}_i \Delta X_i \tag{4.8-49}$$

$$\Delta\boldsymbol{M} = \sum_{i=1}^{q} \boldsymbol{M}_i (X_i - \bar{X}_i) = \sum_{i=1}^{q} \boldsymbol{M}_i \Delta X_i \tag{4.8-50}$$

式中

$$K_i = \frac{\partial K}{\partial X_i}\bigg|_{X=\bar{X}},\quad M_i = \frac{\partial M}{\partial X_i}\bigg|_{X=\bar{X}} \tag{4.8-51}$$

同样把 λ_k 与 $\boldsymbol{\phi}_k$ 也分解为均值与随机扰动两部分

$$\lambda_k = \lambda_{k0} + \Delta\lambda_k \tag{4.8-52}$$

$$\boldsymbol{\phi}_k = \boldsymbol{\phi}_{k0} + \Delta\boldsymbol{\phi}_k \tag{4.8-53}$$

将(4.8-47)与(4.8-48), (4.8-52)及(4.8-53)代入(4.8-45)与(4.8-46)式,可得到一次摄动结果

$$(\boldsymbol{K}_0 - \lambda_{k0}\boldsymbol{M}_0)\boldsymbol{\phi}_{k0} = 0 \tag{4.8-54}$$

$$\boldsymbol{\phi}_{k0}^T\boldsymbol{M}_0\boldsymbol{\phi}_{k0} = 1 \tag{4.8-55}$$

和

$$(\boldsymbol{K}_0 - \lambda_{k0}\boldsymbol{M}_0)\Delta\boldsymbol{\phi}_k = \boldsymbol{f}_k \tag{4.8-56}$$

$$\boldsymbol{\phi}_{k0}^T\boldsymbol{M}_0\Delta\boldsymbol{\phi}_k = -\frac{1}{2}\boldsymbol{\phi}_{k0}^T\Delta\boldsymbol{M}\boldsymbol{\phi}_{k0} \tag{4.8-57}$$

式中

$$\boldsymbol{f}_k = -\Delta\boldsymbol{K}\boldsymbol{\phi}_{k0} + \lambda_{k0}\Delta\boldsymbol{M}\boldsymbol{\phi}_{k0} + \Delta\lambda_k\boldsymbol{M}_0\boldsymbol{\phi}_{k0} \tag{4.8-58}$$

可见 λ_{k0} 与 $\boldsymbol{\phi}_{k0}$ 为均值系统的特征值与特征矢量(振型).

用 $\boldsymbol{\phi}_{k0}^T$ 前乘(4.8-56)式,得

$$\Delta\lambda_k = \frac{\boldsymbol{\phi}_{k0}^T(\Delta\boldsymbol{K} - \lambda_{k0}\Delta\boldsymbol{M})\boldsymbol{\phi}_{k0}}{\boldsymbol{\phi}_{k0}^T\boldsymbol{M}_0\boldsymbol{\phi}_{k0}} = \boldsymbol{\phi}_{k0}^T(\Delta\boldsymbol{K} - \lambda_{k0}\Delta\boldsymbol{M})\boldsymbol{\phi}_{k0} \tag{4.8-59}$$

确定 $\Delta\boldsymbol{\phi}_k$ 的方法有几种[40,41],但对大型特征值问题,一般只求前几个振型,这时可采用如下的方法[42].因为 λ_{k0} 为单根,(4.8-56)中有一个方程是不独立的,而(4.8-57)正好补足了所缺的方程.用 $\mu_k\boldsymbol{M}_0\boldsymbol{\phi}_{k0}$ 前乘(4.8-57),然后将所得结果加入(4.8-56),可得到

$$(\boldsymbol{K}_0 - \lambda_{k0}\boldsymbol{M}_0 + \mu_k\boldsymbol{M}_0\boldsymbol{\phi}_{k0}\boldsymbol{\phi}_{k0}^T\boldsymbol{M}_0)\Delta\boldsymbol{\phi}_k = \boldsymbol{f}_k - \frac{1}{2}\mu_k\boldsymbol{M}_0\boldsymbol{\phi}_{k0}\boldsymbol{\phi}_{k0}^T\Delta\boldsymbol{M}\boldsymbol{\phi}_{k0} \tag{4.8-60a}$$

或记为

$$\boldsymbol{D}_k\Delta\boldsymbol{\phi}_k = \boldsymbol{f}_k - \frac{1}{2}\mu_k\boldsymbol{M}_0\boldsymbol{\phi}_{k0}\boldsymbol{\phi}_{k0}^T\Delta\boldsymbol{M}\boldsymbol{\phi}_{k0} \qquad (4.8\text{-}60b)$$

由此可唯一地决定 $\Delta\boldsymbol{\phi}_k$，其中 μ_k 是一个任意常数，在弗克思(Fox)-卡普（Ka-poor）方法[40]中相当于取 $\mu_k = 2$，而胡海昌建议取 $\mu_k = \lambda_{k0}$[42]。

将(4.8-49)与(4.8-50)代入(4.8-59)与(4.8-60)，得

$$\Delta\lambda_k = \sum_{i=1}^{q} a_i^k\Delta X_i \qquad (4.8\text{-}61)$$

$$\boldsymbol{D}_k\Delta\boldsymbol{\phi}_k = \sum_{i=1}^{q} \boldsymbol{b}_i^k\Delta X_i \qquad (4.8\text{-}62)$$

式中

$$a_i^k = \boldsymbol{\phi}_{k0}^T(\boldsymbol{K}_i - \lambda_{k0}\boldsymbol{M}_i)\boldsymbol{\phi}_{k0} \qquad (4.8\text{-}63)$$

$$\boldsymbol{b}_i^k = \left(-\boldsymbol{K}_i + \lambda_{k0}\boldsymbol{M}_i + a_i^k\boldsymbol{M}_0 - \frac{1}{2}\mu_k\boldsymbol{M}_0\boldsymbol{\phi}_{k0}\boldsymbol{\phi}_{k0}^T\boldsymbol{M}_i\right)\boldsymbol{\phi}_{k0} \qquad (4.8\text{-}64)$$

由此可求出特征值与振型的协方差

$$\mathrm{Cov}(\lambda_k, \lambda_l) = \sum_{i=1}^{q}\sum_{j=1}^{q} a_i^k a_j^l \mathrm{Cov}(X_i, X_j) \qquad (4.8\text{-}65)$$

$$\mathrm{Cov}(\boldsymbol{\phi}_k, \boldsymbol{\phi}_l) = \boldsymbol{D}_k^{-1}\left[\sum_{i=1}^{q}\sum_{j=1}^{q} \boldsymbol{b}_i^k(\boldsymbol{b}_j^l)^T\mathrm{Cov}(X_i, X_j)\right]\boldsymbol{D}_l^{-1} \qquad (4.8\text{-}66)$$

作为一个简单例子，考虑一悬臂梁，长 $L = 200$ 毫米，横截面积 $A = 25$ 毫米^2，截面惯性矩 $I = 52.1$ 毫米^4，设弹性模量 $E(u)$ 和质量密度 $m(u)$ 为均匀随机场，可模型为矢量随机场

$$\boldsymbol{X}(u) = [X^{(1)}(u), X^{(2)}(u)]^T = [E(u), m(u)]^T \qquad (a)$$

已知均值 $\bar{E} = 205800$ 兆帕，$\bar{m} = 7.8 \times 10^3$ 公斤/米^3。$E(u)$ 与 $m(u)$ 的变差系数皆为 $D = 0.1$，归一化自协方差函数为

$$\rho_{11}(r) = \rho_{22}(r) = \exp(-A|r|/L) \quad (0 \leqslant A \leqslant 10.0) \qquad (b)$$

而归一化互协方差函数为

$$\rho_{12}(r) = \rho_{21}(r) = B\exp(-A|r|/L) \quad (0 \leqslant B \leqslant 1.0) \qquad (c)$$

计算所用的随机单元刚度矩阵与单元质量矩阵为

$$K_e = \frac{E_e l}{l^3}\begin{bmatrix} 12 & 6l & -12 & 6l \\ & 4l^2 & -6l & 2l^2 \\ & & 12 & -6l^2 \\ \text{对称} & & & 4l^2 \end{bmatrix} \tag{d}$$

$$M_e = \frac{m_e A l}{420}\begin{bmatrix} 156 & 22l & 54 & -13l \\ & 4l^2 & 13l & -3l^2 \\ \text{对称} & & 156 & -22l \\ & & & 4l^2 \end{bmatrix} \tag{e}$$

式中 E_e 与 m_e 分别为随机场 $E(u)$ 与 $m(u)$ 在单元 e 上的局部平均；l 为单元长度。

图 4.8-4 表示第一阶特征值的变差系数

$$\text{C.O.V}(\lambda_1) = \sqrt{\text{Var}(\lambda_1)}/E(\lambda_1)$$

与 D 之比随单元数 N 的收敛性。由图可见，采用一点高斯积分估计局部平均的协方差时，计算结果随单元数的增加由大到小收敛于最终值；而精确局部平均的结果随单元数由小到大收敛于同一最终值。在收敛性方面，用精确局部平均的收敛速度比用一点高

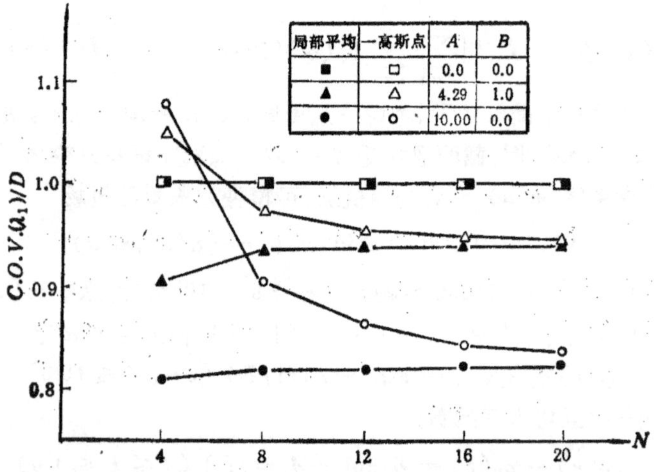

局部平均	一高斯点	A	B
■	□	0.0	0.0
▲	△	4.29	1.0
●	○	10.00	0.0

图 4.8-4　一阶特征值的变差系数与 D 之比随单元数 N 的收敛性

斯积分快得多. 特别当随机场的相关尺度不大(例如相关尺度小于结构尺寸)时，采用精确局部平均比采用一点高斯积分优越得多. 图 4.8-5 表示用基于局部平均随机有限元法计算所得的第一、二阶振型的均值与 3σ 限.

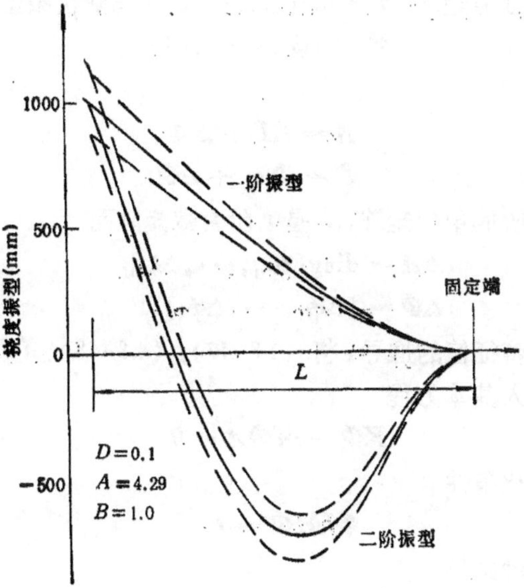

图 4.8-5 挠度振型的随机扰动. ——均值; ----3σ限

随机有限元结果的精度一般只能用蒙特·卡罗方法来验证. 当随机场的随机性较小(如变差系数小于 0.2)时，一次摄动法能给出满意的结果,用二次摄动法对结果的改进不大,而计算量之大一般是不可接受的[27].

4.8.6 重特征问题的随机有限元法

若 λ_{k0} 为均值系统 (4.8-54) 的 $r>1$ 重特征值,记为

$$\lambda_{k0}=\lambda_0,\quad k=s,\cdots,t \tag{4.8-67}$$

其中 $t=s+r-1$. 设对应的一组正交振型为 $\boldsymbol{\phi}_{s0},\cdots,\boldsymbol{\phi}_{t0}$. 由

于重特值的振型 $\boldsymbol{\phi}_{k0}$ 不是唯一的,因而可表示为 $\boldsymbol{\phi}_{s0},\cdots,\boldsymbol{\phi}_{t0}$ 的线性组合

$$\boldsymbol{\phi}_{k0} = \boldsymbol{\Phi}_0 \boldsymbol{\alpha}^k \qquad (4.8\text{-}68)$$

式中

$$\boldsymbol{\Phi}_0 = [\boldsymbol{\phi}_{s0},\cdots,\boldsymbol{\phi}_{t0}], \quad \boldsymbol{\alpha}^k = [\alpha_s^k,\cdots,\alpha_t^k]^T \qquad (4.8\text{-}69)$$

于是随机特征值矩阵 $\boldsymbol{\Lambda} = \mathrm{diag}[\lambda_s,\cdots,\lambda_t]$ 与随机振型矩阵

$$\boldsymbol{\Phi} = [\boldsymbol{\phi}_s,\cdots,\boldsymbol{\phi}_t]$$

表示为

$$\boldsymbol{\Lambda} = \lambda_0 \boldsymbol{I} + \triangle \boldsymbol{\Lambda} \qquad (4.8\text{-}70)$$

$$\boldsymbol{\Phi} = \boldsymbol{\Phi}_0 \boldsymbol{\alpha}_0 + \triangle \boldsymbol{\Phi} \qquad (4.8\text{-}71)$$

其中 $\boldsymbol{I}$ 是 r 阶的单位矩阵,$\boldsymbol{\alpha}_0$ 是 r 阶常数矩阵而

$$\triangle \boldsymbol{\Lambda} = \mathrm{diag}[\triangle \lambda_s,\cdots,\triangle \lambda_t]$$

$$\triangle \boldsymbol{\Phi} = [\triangle \boldsymbol{\phi}_s,\cdots,\triangle \boldsymbol{\phi}_t] \qquad (4.8\text{-}72)$$

类似于孤立特征值的推导,将 (4.8-47), (4.8-48), (4.8-70) 及 (4.8-71) 代入基本方程

$$\boldsymbol{K\Phi} - \boldsymbol{M\Phi\Lambda} = \boldsymbol{0} \qquad (4.8\text{-}73)$$

和正交归一化条件

$$\boldsymbol{\Phi}^T \boldsymbol{M} \boldsymbol{\Phi} = \boldsymbol{I} \qquad (4.8\text{-}74)$$

可得一次摄动结果

$$\triangle \boldsymbol{A} \boldsymbol{\alpha}_0 - \boldsymbol{\alpha}_0 \triangle \boldsymbol{\Lambda} = \boldsymbol{0} \qquad (4.8\text{-}75)$$

$$\boldsymbol{\alpha}_0^T \boldsymbol{\alpha}_0 = \boldsymbol{I} \qquad (4.8\text{-}76)$$

与

$$\boldsymbol{D}_0 \triangle \boldsymbol{\Phi} = \triangle \boldsymbol{F} - \frac{1}{2} \mu \boldsymbol{M}_0 \boldsymbol{\Phi}_0 \boldsymbol{\Phi}_0^T \triangle \boldsymbol{M} \boldsymbol{\Phi}_0 \boldsymbol{\alpha}_0 \qquad (4.8\text{-}77)$$

式中

$$\triangle \boldsymbol{A} = \boldsymbol{\Phi}_0^T (\triangle \boldsymbol{K} - \lambda_0 \triangle \boldsymbol{M}) \boldsymbol{\Phi}_0 \qquad (4.8\text{-}78)$$

$$\boldsymbol{D}_0 = \boldsymbol{K}_0 - \lambda_0 \boldsymbol{M}_0 + \mu \boldsymbol{M}_0 \boldsymbol{\Phi}_0 \boldsymbol{\Phi}_0^T \boldsymbol{M}_0 \qquad (4.8\text{-}79)$$

$$\triangle \boldsymbol{F} = -\triangle \boldsymbol{K} \boldsymbol{\Phi}_0 \boldsymbol{\alpha}_0 + \lambda_0 \triangle \boldsymbol{M} \boldsymbol{\Phi}_0 \boldsymbol{\alpha}_0 + \boldsymbol{M}_0 \boldsymbol{\Phi}_0 \boldsymbol{\alpha}_0 \triangle \boldsymbol{\Lambda} \qquad (4.8\text{-}80)$$

方程 (4.8-75) 是一个 r 阶的标准特征值问题,$\triangle \boldsymbol{\Lambda}$ 与 $\boldsymbol{\alpha}_0$ 中的各列是待求的特征值与特征列阵。 方程 (4.8-75) 与正交归一化条

件(4.8-76)可决定 $\Delta\boldsymbol{\Lambda}$ 与 $\boldsymbol{\alpha}_0$. $\Delta\boldsymbol{\Lambda}$ 中的特征值仍按规定从小到大排列. 假定(4.8-75)式没有重特征值,那末这样决定的 $\Delta\boldsymbol{\Lambda}$ 与 $\boldsymbol{\alpha}_0$ 是唯一的.

以上方法是胡海昌[42]提出的，下面将这种方法与随机有限元法结合起来，用 $(\Delta\boldsymbol{A}\boldsymbol{\alpha}_0-\boldsymbol{\alpha}_0\Delta\boldsymbol{\Lambda})^T$ 右乘 (4.8-75)，并利用条件(4.8-76)，得

$$\Delta\boldsymbol{A}\Delta\boldsymbol{A}^T\boldsymbol{\alpha}_0-\boldsymbol{\alpha}_0\Delta\boldsymbol{\Lambda}\Delta\boldsymbol{\Lambda}^T=\boldsymbol{0} \tag{4.8-81}$$

(4.8-81)取期望,可得特征值的方差矩阵 $\mathrm{Var}[\boldsymbol{\Lambda}]=E[\Delta\boldsymbol{\Lambda}\Delta\boldsymbol{\Lambda}^T]$ 与 $\boldsymbol{\alpha}_0$ 所满足的标准特征值方程

$$\mathrm{Cov}(\boldsymbol{A},\boldsymbol{A})\boldsymbol{\alpha}_0-\boldsymbol{\alpha}_0\mathrm{Var}[\boldsymbol{\Lambda}]=\boldsymbol{0} \tag{4.8-82}$$

把(4.8-49)与(4.8-50)代入(4.8-78)与(4.8-77)，得

$$\Delta\boldsymbol{A}=\sum_{i=1}^{q}\boldsymbol{A}_i\Delta X_i \tag{4.8-83}$$

$$\boldsymbol{D}_0\Delta\boldsymbol{\Phi}=\sum_{i=1}^{q}\boldsymbol{B}_i\Delta X_i\boldsymbol{\alpha}_0 \tag{4.8-84}$$

式中

$$\begin{aligned}&\boldsymbol{A}_i=\boldsymbol{\Phi}_0^T(\boldsymbol{K}_i-\lambda_0\boldsymbol{M}_i)\boldsymbol{\Phi}_0\\&\boldsymbol{B}_i=-\boldsymbol{K}_i\boldsymbol{\Phi}_0+\lambda_0\boldsymbol{M}_i\boldsymbol{\Phi}_0-\frac{1}{2}\mu\boldsymbol{M}_0\boldsymbol{\Phi}_0\boldsymbol{\Phi}_0^T\boldsymbol{M}_i\boldsymbol{\Phi}_0+\boldsymbol{M}_0\boldsymbol{\Phi}_0\boldsymbol{A}_i\end{aligned} \tag{4.8-85}$$

于是,(4.8-82)中的 $\mathrm{Cov}(\boldsymbol{A},\boldsymbol{A})$ 为

$$\mathrm{Cov}(\boldsymbol{A},\boldsymbol{A})=\sum_{i=1}^{q}\sum_{j=1}^{q}\boldsymbol{A}_i\boldsymbol{A}_j^T\mathrm{Cov}(X_i,X_j) \tag{4.8-86}$$

振型矩阵 $\boldsymbol{\Phi}$ 的协方差矩阵为

$$\mathrm{Cov}(\boldsymbol{\Phi},\boldsymbol{\Phi})=\boldsymbol{D}_0^{-1}\sum_{i=1}^{q}\sum_{j=1}^{q}\boldsymbol{B}_i\boldsymbol{B}_j^T\mathrm{Cov}(X_i,X_j)\boldsymbol{D}_0^{-T} \tag{4.8-87}$$

它与 $\boldsymbol{\alpha}_0$ 无关。

提出重特征值问题的摄动法的还有 Hang 与 Rousselet[43] 及陈塑寰[44],这方面的研究近来还在继续进行[45-47].

4.8.7 线性随机结构动态响应预测

用随机有限元法求解线性随机结构的动态响应归结为求解运动方程

$$M\ddot{Y}(t)+C\dot{Y}(t)+KY(t)=F(t) \tag{4.8-88}$$

式中 K,M 与 C 分别为随机的刚度矩阵、质量矩阵与阻尼矩阵，$F(t)$ 是矢量随机过程.

把 M,C,K 与 $F(t)$ 分解为均值与随机扰动两部分

$$\begin{aligned}&M=M_0+\Delta M,\ C=C_0+\Delta C\\&K=K_0+\Delta K,\quad F(t)=F_0(t)+\Delta F(t)\end{aligned} \tag{4.8-89}$$

同样把 $Y(t)$ 写为均值与随机扰动之和

$$Y=Y_0+\Delta Y=Y_0+\Delta Y_1+\Delta Y_2 \tag{4.8-90}$$

式中 ΔY_1 与 ΔY_2 是分别由随机激励与随机参数引起的响应，这样做的根据是叠加原理. 将(4.8-89)与(4.8-90)代入(4.8-88)，用一次摄动法得到

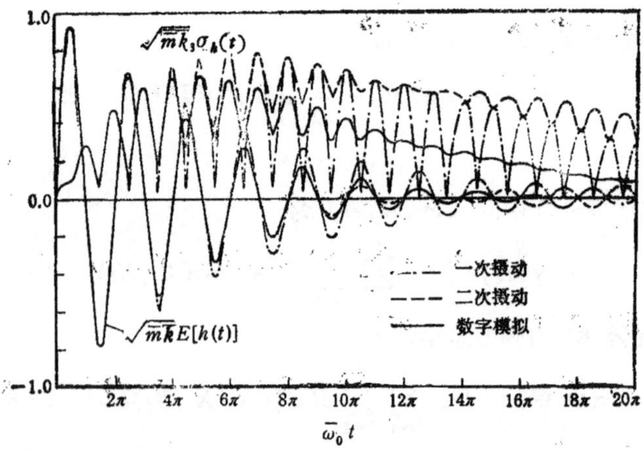

图 4.8-6 随机脉冲响应函数的均值 $E[h(t)]$ 与标准差 $\sigma_h(t)$. 阻尼率均值 $\xi=0.05$，变差系数 $\frac{\sigma_m}{\bar{m}}=\frac{\sigma_c}{\bar{c}}=\frac{\sigma_k}{\bar{k}}=0.05$

$$M_0\ddot{Y}_0 + C_0\dot{Y}_0 + K_0Y_0 = F_0(t) \tag{4.8-91}$$

$$M_0\Delta\ddot{Y}_1 + C_0\Delta\dot{Y}_1 + K_0\Delta Y_1 = \Delta F(t) \tag{4.8-92}$$

$$M_0\Delta\ddot{Y}_2 + C_0\Delta\dot{Y}_2 + K_0\Delta Y_2 = -\Delta M\ddot{Y}_0 - \Delta C\dot{Y}_0 - \Delta KY_0 \tag{4.8-93}$$

(4.8-91) 为确定性运动方程；(4.8-92) 为随机振动方程，其解法已在第三章叙述. 将 (4.8-49) 与 (4.8-50) 及

$$\Delta C = \sum_{i=1}^{q} C_i\Delta X_i \tag{4.8-94}$$

$$\Delta Y_2 = \sum_{i=1}^{q} Y_{2i}\Delta X_i \tag{4.8-95}$$

代入 (4.8-93)，然后令该式两边 ΔX_i 的系数相等，得

$$M_0\ddot{Y}_{2i} + C_0\dot{Y}_{2i} + K_0Y_{2i} = -M_i\ddot{Y}_0 - C_i\dot{Y}_0 - K_iY_0 \tag{4.8-96}$$

$$i = 1, \cdots, q$$

用直接积分求解 (4.8-96) 后，由 (4.8-95) 得 ΔY_2 的方差矩阵

$$\mathrm{Var}(Y_2) = E[\Delta Y_2 \Delta Y_2^T] = \sum_{i=1}^{q}\sum_{j=1}^{q} Y_{2i}(Y_{2j})^T \mathrm{Cov}(X_i, X_j) \tag{4.8-97}$$

假设激励与结构参数随机场是统计独立的，则响应 $Y(t)$ 的方差

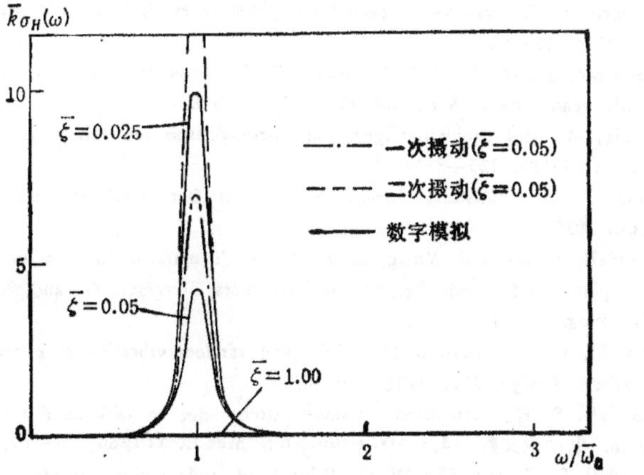

图 4.8-7 随机频率响应函数的标准差 $\sigma_H(\omega)$

矩阵为

$$\mathrm{Var}(\boldsymbol{Y})=E[\Delta\boldsymbol{Y}\Delta\boldsymbol{Y}^T]=\mathrm{Var}(\boldsymbol{Y}_1)+\mathrm{Var}(\boldsymbol{Y}_2) \quad (4.8\text{-}98)$$

注意，上述计算 $\Delta\boldsymbol{Y}_2$ 的均值与方差的摄动法只适用于开始一段短时间，此后，结果的精度很快变坏。图 4.8-6 表示单自由度随机系统的脉冲响应函数的均值与方差，与数字模拟结果比较表明，摄动法只适用于时间 $t<4\pi/\omega_0$，此后偏差越来越大，尤其对方差，而且二次摄动结果比一次摄动更差。图 4.8-7 表明，用摄动法计算所得的稳态频率响应函数与数字模拟结果差别很大。产生上述问题的原因在于 (4.8-93) 中存在久期项。对此问题，目前尚未找到有效的解决办法。

参 考 文 献

[1] Mirdlin, R. E., and Coodman, L. E., Beam vibrations with time dependent boundary onditions, *J. Appl. Mech.*, 17(1950), 377—380.

[2] Masri, S. F., and Udwadia, F., Transient response of a shear beam to correlated random boundary excitation, *J. Appl. Mech.*, 44(1977), 487—491.

[3] 见绪论文献[18].

[4] Crandall, S. H., and Zhu, W. Q., Wide band random excitation of square plates, 见绪论文献[24].

[5] Elishakoff, I., van Zanten, A. Th., and Crandall, S. H., Wide-band random axisymetric vibration of cylindrical shell, *J. Appl. Mech.*, 46(1979), 417—422.

[6] Eringen, A. C., Response of beams and plates to random loads, *J. Appl. Mech.*, 24(1957), 46—52.

[7] van Lear, Jr. G. A., and Uhlenbeck, G. E., Brownian motion of strings and elastic roads, *Phys. Rev.*, 38(1931), 1583—1598.

[8] Wedig, W., Zufallschwingungen von querangestroemten saiten, Ingenieur Archiv, 48(1979), 325—335.

[9] Lyon, R. H., Statistical Energy Analysis of Dynamical Systems, The MIT Press, 1975.

[10] Crandall, S. H., and Wittig, L. E., Chladni's patterns for random vibrations of a plate, in Dynamic Response of Structures, Herrman, G., and Perrone, N., eds., Pergaman, 1972.

[11] Itao, K., and Crandall, S. H., Wide-band random vibration of circular plates, *J. Mech. Design*, 100(1978), 690—695.

[12] Crandall, S. H., Structured response patterns due to wide-band random excitation, 见绪论文献[23]; alsoprob.Eng. Mech., 1(1986), 8—18.

[13] Crandall, S. H., and Zhu, W. Q., Wide band random vibration of an equilateral triangular plate, 见绪论文献[27]; also prob. Eng. Mech., 1(1986), 8—18.

[14] Courant, R., and Hilbert, D., Methods of Mathematical Physics, Wiley (Interscience), 1953.

[15] Zhu, Weiqiu and Lei, Ying, Wide band random vibration of rectanglar plates with commensurable aspect ratio, Proc. Int. Conf. Vib. Prob. Eng., Xian Jiaotong University, 1986.

[16] Crandall, S. H., Spatial correlation in structural response to wide band excitation, 见绪论文献[29].

[17] Cornell, C. A., First order uncertainty analysis in soils deformation and stability, Proc. 1st Int. Conf. Appl. Statis. Probab. Soil and Struct. Eng., Oxford University Press, 1971.

[18] Handa, K., Application of FEM in the statistical analysis of structures, Div. of Struct. Design, Chalmers University of Technology Götebogy, Rep. 1975: 6.

[19] Handa, K., and Andersson, K., Application of finite element methods in the statistical analysis of structures, Proc. 3rd ICOSSAR, 1981.

[20] Cambou, B., Application of first-order uncertainty analysis in the finite element method in linear elasticity, Proc. 2nd Int. Con. Appl. Statis. Probab. Soil and Struct. Eng., Aachen, Germany, 1975.

[21] Hisada, T., and Nakagiri, S., Stochastic finite element method developed for structural safety and reliability, Proc. 3rd ICOSSAR, 1981.

[22] Nakagiri, S. and Hisada, T., Stochastic finite element method applied to structural analysis with uncertain parameters, Proc. Int. Conf. on Finite Element Methods, 1982.

[23] Nakagiri, S., Hisada, T., and Toshimitsu, K., Stochastic time-history analysis of structural vibration with uncertain damping, ASME, *Probab. Struct. Anal.*, PVP, 93(1984), 109—120.

[24] Hisada, T., and Nakagiri, S., Role of the stochastic finite element method in structural safety and reliability, Proc. 4th ICOSSAR, 1985.

[25] Su, Y. L., Wang, Y. J., and Stefanko, R., Finite element analysis of underground stresses utilizing stochastically simulated material properties, Proc. 11th US Symp. on Rock Mech., 1969.

[26] Paraseau, W. G., Influnce of rock property varibility on mine opening stability, 9th Cana. Rock Mech. Symp., 1973.

[27] Yamazaki, F., Shinozuka, M., and Dasgupta, G., Neumann expansion for stochastic finite element analysis, *J. Eng. Mech. Div.*, ASCE, 114(1988), 1335—1354.

[28] Deodatis, G., and Shinozuka, M., Stochastic FEM analysis of a wave propagation problem, Stochastic Mechanics, Vol. 3, Shinozuka, M., ed., Columbia University, 1988.

[29] Liu, W. K., Belytschko, T., and Mini, A., Random field finite element, *Int. J. Numer. Methods Eng.*, 23(1986), 1831—1845.

[30] Liu, W. K., Belytschko, T., and Mini, A., Probabilistic finite elements for nonlinear structural dynamics, *Comp. Methods Appl. Mech. Eng.*, 56(1986), 61—81.

[31] Baecher, G. B., and Ingra, T. S., Stochastic FEM in settlement predictions, J.

Geotech. Eng. Div., ASCE, 107(1981), 449—463.

[32] Vanmarcke, E. H., and Grigoriu, M., Stochastic finite element analysis of simple beams, *J. Eng. Mech. Div.*, ASCE, 109(1983), 1203—1214.

[33] 朱位秋、任永坚，随机场局部平均与随机有限元法，航空学报，7(1986)，604—611.

[34] 朱位秋、任永坚，基于随机场局部平均的随机有限元法，固体力学学报，9(1988)，285—293.（W. Q. Zhu and Y. J. Ren, Stochastic finite element method based on local averages of random fields, Acta Mechanica Solida Sinica, 1(3), (1988), 261—271.）

[35] 朱位秋、吴伟强，基于随机场局部平均的随机有限元法在实特征值问题中的应用，航空学报，10(1989)，2，20—26.（W. Q. Zhu and W. Q. Wu, Applications of stochastic FEM based on the local average of random field in random eigenvalue problems, *Chinese J. of Aeronautics*, 3 (1990) 1—6.）

[36] Zhu, W. Q. and Wu, W. Q., On the local average of random field in stochastic finite element analysis, Acta Mechanica Solida Sinica (English Edition), 3 (1990), 1, 27—42.

[37] Righetti, R., and Williams, K. H., Finite element analysis of random soil media, *J. Geotech. Eng. Div.*, ASCE, 114(1988), 59—75.

[38] 见第一章文献[10].

[39] Zienkiewicz, O. C., The Finite Element Method, 3rd edn., McGraw-Hill, 1977.

[40] Fox R. L., and Kapoor, M. P., Rates of change of eigenvalues and eigenvectors, *AIAA J.*, 6(1968), 2426—2429.

[41] Nelson, R. B., Simplified calculation of eigenvector derivatives, *AIAA J.*, 14(1976), 1201—1205.

[42] 胡海昌，多自由度结构固有振动理论，科学出版社，1987.

[43] Haug, E. J., and Rousselet, B., Design sensitivity analysis in strucural mechanics, *J. Struct. Mech.*, 8(1980), 161—186.

[44] 陈塑寰，退化系统振动分析的矩阵摄动法，吉林工业大学学报，1981年，第4期.

[45] Kim, K. O., and Wallerstein, D. V., Modal design sensitivities for multiple eigenvalues, *Computers & Strucpures*, 29(1988), 755—762.

[46] Mills-Curran, W. C., Calculation of eigenvector derivatives for strucures with repeated eigenvalues, *AIAA J.*, 26(1988), 867—871.

[47] Ojalvo, I. U., Efficient computation of modal sensitivities for systems with repeated frequencies, *AIAA J.*, 26(1988), 361—366.

[48] Elishakoff, I., and Livshits, D., Some closed-form solutions in random vibration of Bresse-Timoshenko beams, *Prob. Engng. Mech.*, 4(1989), 49—54.

第五章　非线性系统随机振动：扩散过程理论方法

5.1　引　　言

几乎所有机械（结构）系统都在某种程度上呈现出非线性性态．系统的非线性可以表现为非线性恢复力，非线性阻尼或非线性惯性．例如，在变形固体中，非线性恢复力可来自物理非线性，即应力与应变不服从虎克定律，也可来自几何非线性，即应变与位移之间的非线性关系．此外，许多结构在承受严重载荷时会出现滞迟效应以及刚度与(或)强度的退化，这使恢复力成为位移的非线性多值函数，恢复力的值不仅取决于系统当时的状态，而且取决于系统响应的历史，同时伴随着能量的耗散．非线性阻尼也是多种多样的，如干摩擦，固体在流体中快速运动时受到的幂律阻尼，等等．非线性惯性则较少出现，一个典型的例子是附加于压杆末端的质量在杆作横向振动时所起的非线性惯性作用．

按照线性理论所得的结果，往往是实际系统随机响应量的一次近似．这种近似在许多情形下是够满意的．但是，也有很多场合，问题的线性处理并不能给出满意的结果．首先，由于随机激励的幅值往往没有物理上限，大幅的响应总是可能的，虽然这种大幅响应出现的概率可能很小，但它密切关系着结构的破坏，而非线性效应正是在这些大幅响应中起着重要甚至决定性作用．例如，非线性效应可使受高斯激励的系统的响应明显地偏离高斯分布，而这种偏离对系统的可靠性与寿命的估计往往有着显著的影响．其次，从确定性非线性振动理论知道，在非线性系统中存在许多线性系统中不会出现的现象，即所谓本质非线性现象，例如跳跃、自激振动、亚谐与高谐振动、浑沌等．用线性理论预测存在这种本质非线性现象的非线性系统的随机响应，往往会给出错误的结论。因此，研究非线性系统的随机振动，发展预测非线性系统随机响应的方法，揭示非线性系统在随机扰动下可能发生的现象，具有十分重要的意义。

如同确定性的非线性振动理论，在非线性随机振动理论中所研究的大多是离散化的非线性系统的随机响应，通常用非线性随机常微分方程描述，最一般情形下，运动方程形为

$$\boldsymbol{f}(\boldsymbol{Y},\dot{\boldsymbol{Y}},\ddot{\boldsymbol{Y}},t)=\boldsymbol{G}(\boldsymbol{Y},\dot{\boldsymbol{Y}},t)\boldsymbol{X}(t),\quad t>t_0$$
$$\boldsymbol{Y}(t_0)=\boldsymbol{Y}_0,\ \dot{\boldsymbol{Y}}(t_0)=\dot{\boldsymbol{Y}}_0 \tag{5.1-1 a}$$

其分量形式为

$$f_j(\boldsymbol{Y},\dot{\boldsymbol{Y}},\ddot{\boldsymbol{Y}},t)=g_{jk}(\boldsymbol{Y},\dot{\boldsymbol{Y}},t)X_k(t),\ t>t_0$$
$$Y_j(t_0)=Y_{j0},\ \dot{Y}_j(t_0)=\dot{Y}_{j0}$$
$$j=1,2,\cdots,n;\ k=1,2,\cdots,m \tag{5.1-1 b}$$

当不存在非线性惯性时，运动方程形为

$$\ddot{\boldsymbol{Y}}+\boldsymbol{f}(\boldsymbol{Y},\dot{\boldsymbol{Y}},t)=\boldsymbol{G}(\boldsymbol{Y},\dot{\boldsymbol{Y}},t)\boldsymbol{X}(t),\ t>t_0$$
$$\boldsymbol{Y}(t_0)=\boldsymbol{Y}_0,\ \dot{\boldsymbol{Y}}(t_0)=\dot{\boldsymbol{Y}}_0 \tag{5.1-2 a}$$

其分量形式为

$$\ddot{Y}_j+f_j(\boldsymbol{Y},\dot{\boldsymbol{Y}},t)=g_{jk}(\boldsymbol{Y},\dot{\boldsymbol{Y}},t)X_k(t),\ t>t_0$$
$$Y_j(t_0)=Y_{j0},\ \dot{Y}_j(t_0)=\dot{Y}_{j0} \tag{5.1-2 b}$$
$$j=1,2,\cdots,n;\ k=1,2,\cdots,m$$

没有非线性惯性时，运动方程也常写成一阶方程组的形式

$$\dot{\boldsymbol{Y}}=\boldsymbol{f}(\boldsymbol{Y},t)+\boldsymbol{G}(\boldsymbol{Y},t)\boldsymbol{X}(t),\quad t>t_0$$
$$\boldsymbol{Y}(t_0)=\boldsymbol{Y}_0 \tag{5.1-3 a}$$

其分量形式为

$$\dot{Y}_j=f_j(\boldsymbol{Y},t)+g_{jk}(\boldsymbol{Y},t)X_k(t),\ t>t_0$$
$$Y_j(t_0)=Y_{j0} \tag{5.1-3 b}$$
$$j=1,2,\cdots,n;\ k=1,2,\cdots,m$$

上述方程中，$\boldsymbol{X}(t)=[X_1(t),\ X_2(t),\ \cdots,\ X_m(t)]^T$ 为 m 维矢量随机激励过程；$\boldsymbol{Y}(t)=[Y_1(t),Y_2(t),\cdots,Y_n(t)]^T$ 为 n 维矢量随机响应过程；$\boldsymbol{f}=[f_1,f_2,\cdots,f_n]^T$；$\boldsymbol{G}=[g_{jk}]$为$n\times m$

维矩阵. (5.1-1 b), (5.1-2 b) 及 (5.1-3 b) 中重复的下标表示求和. $\boldsymbol{f}$ 明显依赖于时间 t 时，表明该非线性系统是时变的，否则,是时不变的. 当 $\boldsymbol{G}$ 明显依赖于 $\boldsymbol{Y}$ 或 $\dot{\boldsymbol{Y}}$ 时,表明系统受随机参激作用. 当 $\boldsymbol{G}$ 不依赖于 $\boldsymbol{Y}$ 与 $\dot{\boldsymbol{Y}}$ 时,表明系统受外加随机激励作用. $\boldsymbol{G}$ 对 t 的明显依赖可表示存在确定性激励,也可表示对随机激励的调制.

近 20 年中,非线性随机振动已成为随机振动理论研究的重点之一.在众多学者的长期努力下,已发展了许多预测非线性随机响应的方法. 其中一类是扩散过程理论方法，主要是福克-普朗克-柯尔莫哥洛夫 (简称 FPK) 方程方法. 还有一类是从确定性非线性振动理论方法推广而来的，包括等效线性化，摄动法等. 随机平均法则是上述两类方法的结合的产物. 此外，还有等效非线性系统法,矩函数微分方程法及各种截断方案,拟静态法,维纳-埃尔米特展式法，泛函级数展式法,及数字模拟 (或蒙特·卡罗) 法. 这些方法及其应用的文献已达数百篇，其中大多数已在一系列专题综述中作了概括.

在发展预测非线性系统随机响应方法的同时，学者们也对一些典型的非线性系统的随机响应作了许多研究. 其中研究得最多的是杜芬(Duffing)振子，范德波 (van der Pol) 振子及滞迟系统. 大多数研究注重响应统计量的预测，较少注意响应的定性方面. 通常假定在没有随机激励时非线性系统处于稳定的平衡 (或平稳)状态,所研究的是在小随机扰动下系统偏离这个平衡(平稳)状态的随机运动.

应该指出，虽然目前已有许多预测非线性系统随机响应的方法,但没有一个是十分令人满意的，尤其对多自由度非线性系统. 对随机扰动下非线性系统的定性性态方面,了解甚少,特别在系统存在本质非线性现象时. 因此，非线性系统随机振动仍是今后一个重要而困难的研究课题.

本章与下一章分别叙述扩散过程理论方法与其他预测非线性系统随机响应方法,并以典型的非线性系统为例说明它们的应用,在给出响应统计量的同时，将注意说明系统响应的定性性态，尤其是固有的非线性现象。对非线性系统随机振动的最新发展则列出了相应的参考文献。虽然对参激随机振动的专门论述放在第七章，但由于许多预测非线性系统随机响应的方法也同时适用参激随机振动，在本章与下一章叙述非线性系统随机响应预测方法时，将同时考虑参激与外激情形。

5.2 FPK 方程的推导

FPK 方程通常直接从马尔柯夫过程的转移概率密度所满足的积分方程导出。此处为更清楚地说明该方程的含义，先从一般随机过程的概率密度的进化方程入手，一步步推出 FPK 方程。

5.2.1 概率进化方程

为简单起见，先考虑标量随机过程。设 $p(y,t)$ 是随机过程 $Y(t)$ 的一维概率密度，由贝叶斯定理，它的二维概率密度可按下式求得

$$p(y,t+\Delta t;z,t)=p(y,t+\Delta t|z,t)p(z,t) \quad (5.2\text{-}1)$$

式中 $p(y,t+\Delta t|z,t)$ 为条件概率密度。再由概率密度的相容性可得

$$p(y,t+\Delta t)=\int_{-\infty}^{\infty}p(y,t+\Delta t|z,t)p(z,t)dz \quad (5.2\text{-}2)$$

以 $\varphi(\theta,t+\Delta t|z,t)$ 表示在 $Y(t)=z$ 条件下随机过程增量 $\Delta Y=Y(t+\Delta t)-Y(t)$ 的条件特征函数，按定义

$$\varphi(\theta,t+\Delta t|z,t)=\int_{-\infty}^{\infty}e^{i\theta\Delta y}p(y,t+\Delta t|z,t)d(\Delta y) \quad (5.2\text{-}3)$$

式中 $\Delta y=y-z$。(5.2-3) 的逆傅立叶变换为

$$p(y,t+\Delta t|z,t)=\frac{1}{2\pi}\int_{-\infty}^{\infty}e^{-i\theta\Delta y}\varphi(\theta,t+\Delta t|z,t)d\theta \quad (5.2\text{-}4)$$

将 $\varphi(\theta,t+\Delta t|z,t)$ 在 $\theta=0$ 处展成麦克劳林级数，然后代入 (5.2-4)，得

$$p(y,t+\Delta t|z,t)=\sum_{n=0}^{\infty}\frac{\alpha_n(z,t)}{2\pi n!}\int_{-\infty}^{\infty}(i\theta)^n e^{-i\theta\Delta y}d\theta$$

$$=\sum_{n=0}^{\infty}\frac{(-1)^n}{n!}\alpha_n(z,t)\frac{\partial^n}{\partial y^n}[\delta(\Delta y)]|_{y=z} \qquad (5.2\text{-}5)$$

式中

$$\alpha_n(z,t)=E[(\Delta Y)^n|z,t]$$

$$=E[\{Y(t+\Delta t)-Y(t)\}^n|Y(t)=z] \quad (5.2\text{-}6)$$

称为随机过程 $Y(t)$ 的 n 阶条件增量矩。(5.2-5) 中应用了下列傅立叶变换关系

$$\frac{1}{2\pi}\int_{-\infty}^{\infty}e^{-i\theta\Delta y}d\theta=\delta(\Delta y) \qquad (5.2\text{-}7)$$

以及它的两边对 y 的 n 次导数。将(5.2-5)代入(5.2-2)并积分得

$$p(y,t+\Delta t)=\sum_{n=0}^{\infty}\frac{(-1)^n}{n!}\int_{-\infty}^{\infty}\alpha_n(z,t)p(z,t)$$

$$\times\frac{\partial^n}{\partial y^n}[\delta(\Delta y)]|_{y=z}dz \qquad (5.2\text{-}8)$$

利用 δ 函数的如下性质：设 $f(t)$ 为 t 的 n 次可微的连续函数，且当 $t\to\pm\infty$ 时，$\frac{d^n}{dt^n}f(t)\to 0$，$n=0,1,2,\cdots$，则由逐次分部积分可得

$$\int_{-\infty}^{\infty}f(t)\frac{d^n}{dt^n}[\delta(t)]dt=\frac{d^n}{dt^n}f(t)|_{t=0} \qquad (5.2\text{-}9)$$

(5.2-8)可改写成

$$p(y,t+\Delta t)=\sum_{n=0}^{\infty}\frac{(-1)^n}{n!}\frac{\partial^n}{\partial y^n}[\alpha_n(y,t)p(y,t)] \quad (5.2\text{-}10)$$

或

$$p(y,t+\Delta t)-p(y,t)=\sum_{n=1}^{\infty}\frac{(-1)^n}{n!}$$

$$\times\frac{\partial^n}{\partial y^n}[\alpha_n(y,t)p(y,t)] \qquad (5.2\text{-}11)$$

两边除以 Δt，并取 $\Delta t\to 0$ 时的极限，得

$$\frac{\partial p(y,t)}{\partial t}=\sum_{n=1}^{\infty}\frac{(-1)^n}{n!}\frac{\partial^n}{\partial y^n}[a_n(y,t)p(y,t)] \quad (5.2-12)$$

式中

$$a_n(y,t)=\lim_{\Delta t\to 0}\frac{1}{\Delta t}E[\{Y(t+\Delta t)-Y(t)\}^n|Y(t)=y]$$

$$(5.2-13)$$

称为随机过程 $Y(t)$ 的 n 阶条件导数矩，简称导数矩确定性线性偏微分方程(5.2-12)为随机过程 $Y(t)$ 的一维概率密度的进化方程，常称为随机方程或运动学方程。

若记

$$J(y,t)=-\sum_{n=1}^{\infty}\frac{(-1)^n}{n!}\frac{\partial^{n-1}}{\partial y^{n-1}}[a_n(y,t)p(y,t)] \quad (5.2-14)$$

则(5.2-12)可写为

$$\frac{\partial p(y,t)}{\partial t}+\frac{\partial J(y,t)}{\partial y}=0 \quad (5.2-15)$$

(5.2-15)可解释为概率守恒方程，$J(y,t)$ 表示单位时间内向 y 的正方向通过 y 截面的概率流量。

方程(5.2-12)的初始条件一般为

$$p(y,t_0)=p_0(y) \quad (5.2-16)$$

如果随机过程 $Y(t)$ 可取任意实值，(5.2-15)对 y 从 $-\infty$ 到 ∞ 积分，并注意到对所有 t 的归一化条件

$$\int_{-\infty}^{\infty}p(y,t)dy=1 \quad (5.2-17)$$

则边界条件为

$$J(+\infty,t)=J(-\infty,t) \quad (5.2-18)$$

更强的边界条件为

$$J(\pm\infty,t)=0 \quad (5.2-19)$$

其意为，在无穷远处没有概率流，或者说概率流在无穷远处被反射回来，因此，可称这个边界条件为无穷远处的反射壁。边界条件还

可以是

$$p(\pm\infty, t) = 0 \tag{5.2-20}$$

这意味着随机过程 $Y(t)$ 取有限值的概率为 1，或者说在无穷远处概率流有吸收壁，在无穷远处可同时为吸收壁与反射壁。

吸收壁或反射壁可以在有限远处，也可以是不对称的，但在有限远处，一个 y 值上不能同时为吸收壁与反射壁。

当所有导数矩 $a_n(y,t)$，$n = 1, 2, \cdots$ 不明显含 t 时，可预期，当 $t \to \infty$时，$p(y,t)$ 趋向于某个平稳值 $p_s(y)$。此时

$$\frac{\partial p_s(y)}{\partial t} = 0$$

由(5.2-15)可知，$J(y) =$ 常数，$p_s(y)$ 称为运动学方程的平稳解。

概率进化方程 (5.2-15) 容易推广于矢量随机过程情形。设 $\boldsymbol{Y}(t)$ 是一个 n 维矢量随机过程，类似于(5.2-2)，有

$$p(\boldsymbol{y}, t+\Delta t) = \int_{-\infty}^{\infty} p(\boldsymbol{y}, t+\Delta t \mid \boldsymbol{z}, t) p(\boldsymbol{z}, t) d\boldsymbol{z} \tag{5.2-21}$$

类似的推导给出

$$\frac{\partial p(\boldsymbol{y},t)}{\partial t} = \sum_{r_1, r_2, \cdots, r_n = 1}^{\infty} \left[\prod_{j=1}^{n} \frac{(-1)^{r_j}}{r_j!} \frac{\partial^{r_j}}{\partial y_j^{r_j}} \right] [a_{r_1, r_2, \cdots, r_n}(\boldsymbol{y}, t) p(\boldsymbol{y}, t)] \tag{5.2-22}$$

式中

$$a_{r_1, r_2, \cdots, r_n}(\boldsymbol{y}, t) = \lim_{\Delta t \to 0} \frac{1}{\Delta t} E\left[\prod_{j=1}^{n} \{Y_j(t+\Delta t) - Y_j(t)\}^{r_j} \middle| \boldsymbol{Y}(t) = \boldsymbol{y} \right] \tag{5.2-23}$$

并具有相应的初始条件、边界条件及归一化条件。

类似地还可推出标量或矢量随机过程的二维及 n 维概率密度函数所满足的概率进化方程，以及相应的初始条件与边界条件。

如果随机过程 $\boldsymbol{Y}(t)$ 是某一动态系统的响应过程，那么可由所给运动微分方程与边界条件及初始条件推出概率进化方程中的各阶导数矩与边界条件及初始条件，然后求解概率进化方程，即可

得响应过程的概率密度．对于一般的随机过程 $\boldsymbol{Y}(t)$，需要所有有限维概率密度族才能完全描述，从而需建立与求解所有有限维概率密度所满足的一系列概率进化方程．显然这几乎是不可能的．因此，概率进化方程对一般随机响应过程是没有实际意义的．下面将会看到，对扩散的马尔柯夫过程，只需一个概率进化方程，而且只有前二个导数矩不为零，此时概率进化方程将具有重要的意义．

5.2.2 马尔柯夫过程

一个连续参数连续状态的矢量随机过程 $\boldsymbol{Y}(t), t\in T$ 称为马尔柯夫过程，如果对任意的 n 与 T 内的任意 n 个时刻 $t_1<t_2<\cdots<t_n$，该过程的条件概率密度存在如下关系：

$$p(\boldsymbol{y}_n,t|\boldsymbol{y}_{n-1},t_{n-1};\cdots;\boldsymbol{y}_1,t_1)=p(\boldsymbol{y}_n,t|\boldsymbol{y}_{n-1},t_{n-1}) \tag{5.2-24}$$

这就是说，马尔柯夫过程是样本函数的这样一个集合，在一给定时刻上，它的条件概率密度只取决于最近一个过去时刻的观察值，这种特性称为无后效性。简单地说，无后效性就是指过程的将来只依赖于过程的现在，而与过程的过去无关。

在马尔柯夫过程理论中，条件概率密度 $p(\boldsymbol{y}_n,t_n|\boldsymbol{y}_{n-1},t_{n-1})$ 称为转移概率密度．对马尔柯夫过程，由

$$\begin{aligned}&p(\boldsymbol{y}_1,t_1;\boldsymbol{y}_2,t_2;\cdots;\boldsymbol{y}_r,t_r)\\&=p(\boldsymbol{y}_1,t_1)\prod_{k=1}^{r-1}p(\boldsymbol{y}_{k+1},t_{k+1}|\boldsymbol{y}_k,t_k)\end{aligned} \tag{5.2-25}$$

可知，过程的概率结构完全由初始时刻的概率密度与转移概率密度确定。如果以概率 1 知道某马尔柯夫过程的初始状态 $\boldsymbol{Y}(t_1)=\boldsymbol{y}_1$，则转移概率密度就完全描述了该过程．此外，由

$$\begin{aligned}&p(\boldsymbol{y}_1,t_1;\boldsymbol{y}_2,t_2;\cdots;\boldsymbol{y}_r,t_r)\\&=\prod_{k=1}^{r-1}p(\boldsymbol{y}_k,t_k;\boldsymbol{y}_{k+1},t_{k+1})\Big/\prod_{j=2}^{r-1}p(\boldsymbol{y}_j,t_j)\end{aligned} \tag{5.2-26}$$

可知，马尔柯夫过程的概率结构也可完全由二维概率密度确定．

由 (5.2-26) 可看出，一个马尔柯夫过程为严格平稳过程的充要条件是，它的一维概率密度与时间无关，同时二维概率密度只依

赖于时差。此时，转移概率密度也只依赖于时差。转移概率密度只依赖于时差的马尔柯夫过程称为时齐马尔柯夫过程（或称具有平稳增量的马尔柯夫过程），显然，平稳的马尔柯夫过程必然是时齐的，反之则不然。

一个平稳马尔柯夫过程，若存在如下极限

$$\lim_{\tau \to \infty} p(\boldsymbol{y}, \tau | \boldsymbol{y}', 0) = p_s(\boldsymbol{y}) \tag{5.2-27}$$

则它将是在均值，相关函数意义上各态历经的[1]。这是一个很严的充分条件，而非必要条件。

一个时齐马尔柯夫过程，在 $t = t_0$ 时具有确定性初值 $\boldsymbol{y}_0$，同时满足条件(5.2-27)，则当 $\tau = t - t_0 \to \infty$时，其一维概率密度

$$p(\boldsymbol{y}, t) = p(\boldsymbol{y}, t | \boldsymbol{y}_0, t_0) \to p_s(\boldsymbol{y}) \tag{5.2-28}$$

这就是说，它趋向于一个平稳的马尔柯夫过程。此时，初值 $\boldsymbol{Y}(t_0) = \boldsymbol{y}_0$ 变得无关紧要，于是，平稳马尔柯夫过程可看成是时齐马尔柯夫过程在 $\tau \to \infty$时的极限，而平稳的马尔柯夫过程的一维概率密度可由转移概率密度令 $\tau \to \infty$得到。

令 $t_1 < t_2 < t_3$，对一般随机过程，有

$$\int_{-\infty}^{\infty} p(\boldsymbol{y}_1, t_1; \boldsymbol{y}_2, t_2; \boldsymbol{y}_3, t_3) d\boldsymbol{y}_2 = p(\boldsymbol{y}_1, t_1; \boldsymbol{y}_3, t_3) \tag{5.2-29}$$

而对马尔柯夫过程，利用(5.2-25)，有

$$\int_{-\infty}^{\infty} p(\boldsymbol{y}_3, t_3 | \boldsymbol{y}_2, t_2) p(\boldsymbol{y}_2, t_2 | \boldsymbol{y}_1, t_1) d\boldsymbol{y}_2 = p(\boldsymbol{y}_3, t_3 | \boldsymbol{y}_1, t_1) \tag{5.2-30}$$

这就是马尔柯夫过程的转移概率密度所满足的积分方程，称为切普曼-柯尔莫哥洛夫方程。该方程描述了从 t_1 到 t_3 时刻概率密度的流动或转移。

对时齐马尔柯夫过程，切普曼-柯尔莫哥洛夫方程可表为

$$\int_{-\infty}^{\infty} p(\boldsymbol{y}_3, \Delta\tau | \boldsymbol{y}_2) p(\boldsymbol{y}_2, \tau | \boldsymbol{y}_1) d\boldsymbol{y}_2 = p(\boldsymbol{y}_3, \tau + \Delta\tau | \boldsymbol{y}_1) \tag{5.2-31}$$

以上所述的是一步记忆马尔柯夫过程，这种过程在现实中并不存在，它只是一种数学模型。但可能存在这样的过程，它的记忆时间足够短，以致在我们观察的时间尺度上，可以用马尔柯夫过程

很好地近似。

5.2.3 扩散过程与 FPK 方程

马尔柯夫过程的样本函数可以是连续的，也可以具有有限的间断。可以证明[1]，一个马尔柯夫过程，如果对任意的 $\varepsilon>0$，极限

$$\lim_{\Delta t\to 0}\frac{1}{\Delta t}\int_{|\boldsymbol{y}-\boldsymbol{z}|>\delta}p(\boldsymbol{y},t+\Delta t|\boldsymbol{z},t)d\boldsymbol{y}=0 \qquad (5.2\text{-}32)$$

对 $\boldsymbol{z},t$ 及 Δt 都一致成立，则其样本函数以概率 1 为时间 t 的连续函数，上式的意义是，在 t 时刻处于 $\boldsymbol{z}$，在 $t+\Delta t$ 时刻处于与 $\boldsymbol{z}$ 有有限偏差的位置 $\boldsymbol{y}$ 上的概率，在 $\Delta t\to 0$ 时，比 Δt 更快地趋于零。(5.2-32)有时称为林德伯格（Lindeberg）条件。

一个具有连续样本函数的马尔柯夫过程，若其转移概率密度 $p(\boldsymbol{y},t|\boldsymbol{y}_0,t_0)$ 对 t 的一阶偏导数，及对 y_i 的一、二阶偏导数都存在并满足一定的规则性条件，过程的一、二阶导数矩存在，三阶及三阶以上的导数矩为零，则称该过程为扩散的马尔柯夫过程，简称扩散过程。扩散过程是物理中扩散运动的随机模型，例如，维纳过程是布朗运动的数学模型。

马尔柯夫过程的转移概率密度所满足的切普曼-柯尔莫哥洛夫方程(5.2-30)形式上与(5.2-21)相似，因此它也应满足一个类似于(5.2-22)概率进化方程。对于扩散过程，由于三阶及三阶以上的导数矩为零，该方程简化为

$$\frac{\partial p}{\partial t}=-\sum_{j=1}^{n}\frac{\partial}{\partial y_j}[a_j(\boldsymbol{y},t)p]$$
$$+\frac{1}{2}\sum_{j,k=1}^{n}\frac{\partial^2}{\partial y_j\partial y_k}[b_{jk}(\boldsymbol{y},t)p] \qquad (5.2\text{-}33)$$

式中 $p=p(\boldsymbol{y},t|\boldsymbol{y}_0,t_0)$ 是扩散过程的转移概率密度，

$$a_j(\boldsymbol{y},t)=\lim_{\Delta t\to 0}\frac{1}{\Delta t}E[\{Y_j(t+\Delta t)-Y_j(t)\}|\boldsymbol{Y}(t)=\boldsymbol{y}]$$
$$(5.2\text{-}34)$$

$$b_{jk}(\boldsymbol{y},t)=\lim_{\Delta t\to 0}\frac{1}{\Delta t}E[\{Y_j(t+\Delta t)-Y_j(t)\}\{Y_k(t+\Delta t)-Y_k(t)\}|\boldsymbol{Y}(t)=\boldsymbol{y}]$$
$$j,k=1,2,\cdots,n$$

由一次导数矩 $a_j(\boldsymbol{y},t)$ 组成的 n 维矢量 $\boldsymbol{A}(\boldsymbol{y},t)$ 称为漂移矢量，由二次导数矩 $b_{jk}(\boldsymbol{y},t)$ 组成的 $n\times n$ 维矩阵 $\boldsymbol{B}(\boldsymbol{y},t)$ 称为扩散矩阵，它是一个对称的正定矩阵。对高阶系统，此矩阵常常是奇异的。方程 (5.2-33) 称为福克-普朗克-柯尔莫哥洛夫方程，简称 FPK 方程。该方程于本世纪初由物理学家福克、普朗克等在研究布朗运动与扩散时首先导得，后来柯尔莫哥洛夫为此方程建立了严格的数学基础，关于 FPK 方程的历史可参见[2]。

采用张量求和记号，(5.2-33)常写为

$$\frac{\partial p}{\partial t}=-\frac{\partial}{\partial y_j}[a_j(\boldsymbol{y},t)p]+\frac{1}{2}\frac{\partial^2}{\partial y_j\partial y_k}[b_{jk}(\boldsymbol{y},t)p] \qquad (5.2\text{-}35)$$
$$j,k=1,2,\cdots,n$$

下面将常用此形式。

FPK 方程是一个抛物线型线性变系数偏微分方程，它描述了扩散过程的转移概率密度的进化或流动。由于假定 $t\geqslant t_0$，转移概率密度 $p(\boldsymbol{y},t|\boldsymbol{y}_0,t_0)$ 被看成是前向变量 $\boldsymbol{y},t$ 的函数，方程 (5.2-33) 或 (5.2-35) 描述的是概率密度的向前流动，因此，(5.2-33)或(5.2-35)又称为柯尔莫哥洛夫前向方程。

当扩散矩阵 $\boldsymbol{B}(\boldsymbol{y},t)=0$ 时，FPK 方程 (5.2-35) 化为古典力学中的柳维尔 (Liouville) 方程

$$\frac{\partial p}{\partial t}=-\frac{\partial}{\partial y_j}[a_j(\boldsymbol{y},t)p] \qquad (5.2\text{-}36)$$

它描述一个确定性的运动，亦即，如果 $\boldsymbol{X}(\boldsymbol{y}_0,t)$ 是常微分方程

$$\frac{d}{dt}\boldsymbol{X}(t)=\boldsymbol{A}(\boldsymbol{X}(t),t) \qquad (5.2\text{-}37)$$

在初始条件 $\boldsymbol{X}(t_0)=\boldsymbol{y}_0$ 下之解，则柳维尔方程 (5.2-36) 在初始

条件

$$p(\boldsymbol{y},t|\boldsymbol{y}_0,t_0)=\delta(\boldsymbol{y}-\boldsymbol{y}_0),\quad t=t_0 \tag{5.2-38}$$

下之解为

$$p(\boldsymbol{y},t|\boldsymbol{y}_0,t_0)=\delta[\boldsymbol{y}-\boldsymbol{X}(\boldsymbol{y}_0,t)] \tag{5.2-39}$$

只要将(5.2-39)代入(5.2-36)，并考虑到(5.2-38)为(5.2-37)之解即可证。(5.2-39)表明，若质点在 t_0 时处于 $\boldsymbol{y}_0$，则它在 t_0 之后的运动将保持在常微分方程(5.2-37)通过点（$\boldsymbol{y}_0$, t_0）的解所对应的轨道上。

当漂移矢量 $\boldsymbol{A}(\boldsymbol{y},0)=0$ 时，FPK 方程(5.2-35)化为纯扩散方程

$$\frac{\partial p}{\partial t}=\frac{1}{2}\frac{\partial^2}{\partial y_j\,\partial y_k}[b_{jk}(\boldsymbol{y},t)p] \tag{5.2-40}$$

它描述一个纯扩散运动。

由上可知，FPK 方程的漂移矢量描述了过程的确定性趋向，而扩散矩阵描述了过程在确定性趋向基础上的扩散运动。

为完全确定 FPK 方程之解，尚需初始条件，边界条件及归一化条件，初始条件通常为(5.2-38)，即初始时刻 t_0 系统的状态是完全确定的. 边界条件通常为有限或无限远处的吸收壁或反射壁，设 s 为边界面，则吸收壁条件为

$$p(\boldsymbol{y},t|\boldsymbol{y}_0,t_0)=0,\quad \boldsymbol{y}\in s \tag{5.2-41}$$

而反射壁条件为

$$J_n=\boldsymbol{n}\cdot\boldsymbol{J}=0,\quad \boldsymbol{y}\in s \tag{5.2-42}$$

式中 $\boldsymbol{n}$ 为 s 的单位外法线，而 $\boldsymbol{J}$ 的分量为

$$J_j=a_j(\boldsymbol{y},t)p(\boldsymbol{y},t|\boldsymbol{y}_0,t_0)-\frac{1}{2}\frac{\partial}{\partial y_k}[b_{jk}(\boldsymbol{y},t)p(\boldsymbol{y},t|\boldsymbol{y}_0,t_0)] \tag{5.2-43}$$

可以是部分边界为吸收壁，另一部分边界为反射壁，还可有其他形式边界条件[1].

FPK 方程(5.2-35)还可写成如下算子形式

$$\frac{\partial p}{\partial t}=L_y p \tag{5.2-44}$$

其中

$$L_y=-\frac{\partial}{\partial y_j}a_j(\boldsymbol{y},t)+\frac{1}{2}\frac{\partial^2}{\partial y_j\partial y_k}b_{jk}(\boldsymbol{y},t) \tag{5.2-45}$$

称为前向算子.

如果漂移矢量与扩散矩阵都不显含时间 t，则前向算子

$$L_y=-\frac{\partial}{\partial y_j}a_j(\boldsymbol{y})+\frac{1}{2}\frac{\partial^2}{\partial y_j\partial y_k}b_{jk}(\boldsymbol{y}) \tag{5.2-46}$$

而(5.2-44)可改写成

$$\frac{\partial p}{\partial \tau}=L_y p \tag{5.2-47}$$

其中 $\tau=t-t_0$. 相应的初始条件可写为

$$p(\boldsymbol{y},\tau|\boldsymbol{y}_0)=\delta(\boldsymbol{y}-\boldsymbol{y}_0),\ \tau=0 \tag{5.2-48}$$

(5.2-47)之解将是 $p(\boldsymbol{y},\tau|\boldsymbol{y}_0)$，即 $\boldsymbol{Y}(t)$ 为时齐扩散过程.

若进一步假定极限

$$\lim_{\tau\to\infty}p(\boldsymbol{y},\tau|\boldsymbol{y}_0)=p_s(\boldsymbol{y}) \tag{5.2-49}$$

存在,则在 $\tau\to\infty$ 时，$\boldsymbol{Y}(t)$ 将是平稳扩散过程. 从而

$$\frac{\partial p_s}{\partial \tau}=0$$

FPK 方程(5.2-47)化为

$$L_y p_s=0 \tag{5.2-50 a}$$

即

$$-\frac{\partial}{\partial y_j}[a_j(\boldsymbol{y})p_s]+\frac{1}{2}\frac{\partial^2}{\partial y_j\partial y_k}[b_{jk}(\boldsymbol{y})p_s]=0 \tag{5.2-50 b}$$

它称为平稳 FPK 方程，或简化 FPK 方程，(5.2-50) 之解为 $p=p_s(\boldsymbol{y})$.

由此可知,当漂移矢量与扩散矩阵的各元素不显含时间 t 时，$\boldsymbol{Y}(t)$ 为时齐扩散过程,在 $t-t_0=\tau\to\infty$ 时，$\boldsymbol{Y}(t)$ 有可能成为平稳的扩散过程. 如果确实如此,它的一维概率密度 $p_s(\boldsymbol{y})$ 可

从简化 FPK 方程(5.2-50)求得. 求解(5.2-50)不需初始条件，但需边界条件与归一化条件.

一个马尔柯夫过程的逆过程仍然是马尔柯夫过程，仍可用转移概率密度 $p(\boldsymbol{y},t|\boldsymbol{y}_0,t_0)$ 描述，只是此时它是 $\boldsymbol{y}_0,t_0$ 的函数，而把 $\boldsymbol{y},t$ 看作是“最终”变量. 当该过程为扩散过程时，用类似于推导(5.2-22)的步骤，可导得其转移概率密度所满足的方程

$$\frac{\partial p}{\partial t_0}=-L^*_{\boldsymbol{y}_0}p \tag{5.2-51}$$

式中

$$L^*_{\boldsymbol{y}_0}=a_j(\boldsymbol{y}_0,t_0)\frac{\partial}{\partial y_{j_0}}+\frac{1}{2}b_{jk}(\boldsymbol{y}_0,t_0)\frac{\partial^2}{\partial y_{j_0}\partial y_{k_0}} \tag{5.2-52}$$

$L^*_{\boldsymbol{y}_0}$ 称为后向算子，它是 $L_{\boldsymbol{y}}$ 的伴随算子.(5.2-51)称为柯尔莫哥洛夫后向方程，它与 FPK 方程等价. (5.2-38)是它的最终条件. 而边界条件[1]，对吸收壁为

$$p(\boldsymbol{y},t|\boldsymbol{y}',t')=0,\ \boldsymbol{y}'\in s,\ t\geqslant t'\geqslant t_0 \tag{5.2-53}$$

这表明从边界返回内部区域的概率为零. 对反射壁，为

$$n_j b_{jk}(\boldsymbol{y}')\frac{\partial}{\partial y'_k}[p(\boldsymbol{y},t|\boldsymbol{y}',t')]=0,\ \boldsymbol{y}'\in s$$
$$t\geqslant t'\geqslant t_0 \tag{5.2-54}$$

在一维情形，(5.2-54)化为

$$\frac{\partial}{\partial y'}p(\boldsymbol{y},t|\boldsymbol{y}',t')=0,\ \boldsymbol{y}'\in s,\ t\geqslant t'\geqslant t_0 \tag{5.2-55}$$

除非扩散系数 $b_{jk}=0$.

对时齐扩散过程，后向柯尔莫哥洛夫方程可写作

$$\frac{\partial p}{\partial \tau}=L^*_{\boldsymbol{y}_0}p \tag{5.2-56}$$

它与(5.2-47)相对应.

除了转移概率密度外，扩散过程的无条件一维概率密度 $p(\boldsymbol{y},t)$ 也满足 FPK 方程. 这只要在 FPK 方程(5.2-35)两边同

乘 $p(\boldsymbol{y}_0,t_0)$，然后对 $\boldsymbol{y}_0$ 在整个概率空间上积分即可证明．此时，初始条件改为

$$p(\boldsymbol{y},t)=p_0(\boldsymbol{y}),\ t=t_0 \tag{5.2-57}$$

边界条件与归一化条件则不变．

在随机振动理论中，FPK 方程(5.2-33)或(5.2-35)常用于响应的预测，而后向柯尔莫哥洛夫方程(5.2-56)则常用于可靠性的估计．

当一动态系统受高斯白噪声激励时，由(5.2-23)可知，三阶及三阶以上的导数矩将为零，从而响应是扩散过程，其转移概率密度服从 FPK 方程．由给定的运动微分方程推导 FPK 方程，并在适当的边界条件与初始条件下求解 FPK 方程，称为 FPK 方程方法．由给定的运动微分方程建立 FPK 方程的主要工作是计算漂移矢量与扩散矩阵的各元素．在受高斯白噪声外激励情形，宜先将动态系统运动方程表成一阶方程组的形式(5.1-3)，然后改写成增量形式，最后按公式(5.2-34)计算漂移系数与扩散系数．但在高斯白噪声参激之情形，这种步骤有可能导致错误的漂移系数．问题在于高斯白噪声激励同响应及其函数之间的相关性较难计算．下一节将给出这种情形下计算漂移与扩散系数的另一种步骤．

5.3 伊藤随机微分方程

5.3.1 维纳过程

考虑漂移系数为零，扩散系数为 D 的一维 FPK 方程

$$\frac{\partial}{\partial t}p(w,t\mid w_0,t_0)=\frac{D}{2}\frac{\partial^2}{\partial w^2}p(w,t\mid w_0,t_0) \tag{5.3-1}$$

在初始条件

$$p(w,t\mid w_0,t_0)=\delta(w-w_0),t=t_0 \tag{5.3-2}$$

下之解．可用积分变换法求解(5.3-1)．(5.3-1)两边对 w 作傅立叶

变换，考虑到 $\pm\infty$ 处 $p=\frac{\partial p}{\partial w}=0$，得

$$\frac{\partial \varphi}{\partial t}=-\frac{1}{2}D\theta^2\varphi \tag{5.3-3}$$

式中

$$\varphi=\varphi(\theta,t\mid w_0,t_0)=\int_{-\infty}^{\infty}e^{i\theta w}p(w,t\mid w_0,t_0)dw \tag{5.3-4}$$

为条件特征函数，相应的初始条件(5.3-2)变成

$$\varphi(\theta,t\mid w_0,t_0)=\exp(i\theta w_0),\quad t=t_0 \tag{5.3-5}$$

易得(5.3-3)在条件(5.3-5)下之解为

$$\varphi(\theta,t\mid w_0,t_0)=\exp\left[i\theta w_0-\frac{1}{2}D\theta^2(t-t_0)\right] \tag{5.3-6}$$

对(5.3-6)作逆傅立叶变换可得

$$p(w,t\mid w_0,t_0)=\frac{1}{[2\pi D(t-t_0)]^{1/2}}\times\exp\left[-\frac{-(w-w_0)^2}{2D(t-t_0)}\right] \tag{5.3-7}$$

由(5.3-7)可知，$W(t)$ 是一个非平稳的高斯马尔可夫过程，其均值与方差分别为

$$E[W(t)]=w_0$$
$$E[\{W(t)-w_0\}^2]=D(t-t_0) \tag{5.3-8}$$

由于方差正比于 $(t-t_0)$，过程 $W(t)$ 是从 w_0 出发，随时间增长越来越散布的过程，它的样本轨道随着时间的增长变化越来越剧烈，在 $t\to\infty$时，将变得很不规则。这个过程称为维纳过程。由于(5.3-1)与爱因斯坦推导的布朗运动方程一样，维纳过程也称为布朗运动。维纳过程对于研究扩散过程是基本的，借助于随机微分方程，任何扩散过程都可用维纳过程来表示。

维纳过程的基本特性如下：

1. 增量的独立性　维纳过程是马尔柯夫过程，它的 r 维联合概率密度，按(5.2-25)为

$$p(w_0,t_0;w_1,t_1;\cdots;w_r,t_r)$$

$$
= \prod_{j=0}^{r-1}\left\{ [2\pi D(t_{j+1}-t_j)]^{-\frac{1}{2}} \times \exp\left[-\frac{(w_{j+1}-w_j)^2}{2D(t_{j+1}-t_j)}\right]\right\} p(w_0,t_0) \quad (5.3\text{-}9)
$$

令

$$
\Delta t_j = t_{j+1} - t_j, \Delta w_j = w(t_{j+1}) - w(t_j),
$$

(5.3-4) 可改写成

$$
p(w_0,t_0;\Delta w_1,\Delta t_1;\cdots;\Delta w_r,\Delta t_r) = \prod_{j=0}^{r-1}\left[(2\pi D\Delta t_j)^{1/2}\exp\left(-\frac{\Delta w_j^2}{2D\Delta t_j}\right)\right] p(w_0,t_0) \quad (5.3\text{-}10)
$$

由(5.3-10)可知，维纳过程在非重叠的时间区间上的增量是独立的，且增量过程是零均值的高斯随机过程，方差为 $D\Delta t$，令$D=1$，在极限情形，

$$
E[(dW)^2] = dt \quad (5.3\text{-}11)
$$

2. 自相关函数　设 $t_2 > t_1$，维纳过程的自相关函数为

$$
\begin{aligned}
R_W(t_1,t_2) &= E[W(t_1)W(t_2)] \\
&= E[W(t_1)\{W(t_1) + W(t_2) - W(t_1)\}] \\
&= E[W^2(t_1)] + E[W(t_1)\{W(t_2) - W(t_1)\}] \\
&= E[W^2(t_1)] = D(t_1 - t_0) + w_0^2 \quad (5.3\text{-}12)
\end{aligned}
$$

若 $t_2 < t_1$，则

$$
R_W(t_1,t_2) = E[W^2(t_2)] = D(t_2 - t_0) + w_0^2 \quad (5.3\text{-}13)
$$

于是

$$
R_W(t_1,t_2) = D\min[(t_1 - t_0),(t_2 - t_0)] + w_0^2 \quad (5.3\text{-}14)
$$

通常令 $w_0 = t_0 = 0$，从而

$$
R_W(t_1,t_2) = D\min(t_1,t_2) \quad (5.3\text{-}15)
$$

3. 连续性　(5.3-15)中令 $t_1 = t_2$，有

$$
R_W(t,t) = Dt \quad (5.3\text{-}16)
$$

它对所有 $t > 0$ 连续，因此维纳过程是均方连续的，事实上，由于维纳过程是扩散过程，它的样本函数也是连续的。

4. 不可微性 相关函数(5.3-15)的一阶偏导数为

$$\frac{\partial R}{\partial t_1}=D[1-u(t_1-t_2)] \tag{5.3-17}$$

式中 $u(\ )$ 为单位阶跃函数。二阶混合偏导数为

$$\frac{\partial^2 R}{\partial t_1 \partial t_2}=-D\delta(t_1-t_2) \tag{5.3-18}$$

由 (5.3-18) 及图 5.3-1 可知，在 $t_1=t_2$ 处，$\partial^2 R/\partial t_1\partial t_2$ 为无穷大。因此，维纳过程在任何时刻都不是均方可微的。这也可以从(5.3-11)看出。由于维纳过程样本轨道的极端不规则性，在样本意义上也是不可微的。

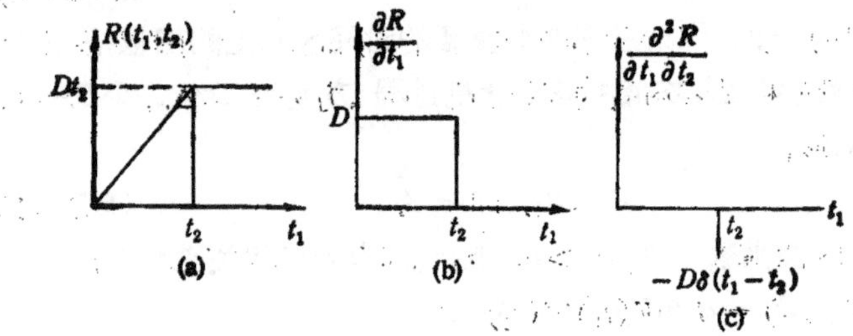

图 5.3-1 维纳过程的相关函数及其偏导数

以上关于维纳过程的定义与性质可推广于 m 维矢量维纳过程。m 维矢量维纳过程由 m 个独立的标量维纳过程组成

$$\boldsymbol{W}(t)=[W_1(t),W_2(t_2),\cdots,W_m(t)]^T \tag{5.3-19}$$

它满足 m 维 FPK 方程

$$\frac{\partial}{\partial t}p(\boldsymbol{w},t|\boldsymbol{w}_0,t_0)=\frac{1}{2}D_{jj}\frac{\partial^2}{\partial W_j^2}p(\boldsymbol{w},t|\boldsymbol{w}_0,t_0) \tag{5.3-20}$$

其解为 m 维高斯概率密度

$$p(\boldsymbol{w},t|\boldsymbol{w}_0,t_0)=[2\pi(t-t_0)]^{-m/2}\times\left(\prod_{j=1}^{n}D_{jj}\right)^{-1/2}\exp\left[-\frac{1}{2}(\boldsymbol{w}-\boldsymbol{w}_0)^T D^{-1}(\boldsymbol{w}-\boldsymbol{w}_0)\right] \tag{5.3-21}$$

式中 $\boldsymbol{D}$ 为以 D_{jj} 为元素的 m 维对角阵。$\boldsymbol{W}(t)$ 的均值与方差为

$$E[\boldsymbol{W}(t)] = \boldsymbol{w}_0$$

$$E[\{W_j(t) - W_j(t_0)\}\{W_k(t) - W_k(t_0)\}] = D_{jj}(t - t_0)\delta_{jk} \tag{5.3-22}$$

矢量维纳过程具有与标量维纳过程相似的性质。当 $D_{jj} = 1$ $(j = 1, 2, \cdots, m)$ 时，$W_j(t)$ $(j = 1, 2, \cdots, m)$ 称为具有单位强度的独立维纳过程。

5.3.2 高斯白噪声

考虑标量维纳过程的形式导数 $\dot{W}(t)$，它是零均值高斯过程。其相关函数为

$$R_{\dot{W}}(t_1, t_2) = -\frac{\partial^2 R_W}{\partial t_1 \partial t_2} = D\delta(t_1 - t_2) \tag{5.3-23}$$

(5.3-23) 右式正是白噪声的自相关函数。因此，高斯白噪声 $N(t)$ 可表为维纳过程的形式导数

$$N(t) = \frac{dW}{dt}, \quad t \geqslant 0 \tag{5.3-24}$$

该维纳过程的扩散系数即为白噪声的强度系数。此结果也可推广于矢量白噪声与矢量维纳过程。

5.3.3 伊藤随机积分与随机微分方程

考虑标量微分方程

$$\dot{Y}(t) = m(Y, t) + \sigma(Y, t)N(t), \quad Y(t_0) = Y_0 \tag{5.3-25}$$

式中 $N(t)$ 为具有单位强度的高斯白噪声，并与 Y_0 独立。

将 $N(t)$ 看成维纳过程的形式导数，对(5.3-25)两边积分，得

$$Y(t) - Y(t_0) = \int_{t_0}^{t} m[Y(s), s]ds + \int_{t_0}^{t} \sigma[Y(s), s]dW(s) \tag{5.3-26}$$

式中 $W(t)$ 为单位维纳过程。上式右边的第一个积分可解释为均方黎曼积分，而第二个积分在均方黎曼-斯蒂吉斯积分意义上不存在，这是因为如下随机变量序列

$$I_n = \sum_{k=1}^{n} \sigma[Y(t'_k), t'_k][W(t_k) - W(t_{k-1})],$$

$$t'_k \in [t_{k-1}, t_k] \quad (5.3\text{-}27)$$

在均方意义上通常不收敛于唯一的极限，极限值取决于 t'_k 的选取.为此,有必要引入特殊的积分定义.

先看伊藤随机积分,设 $g(t)$ 为时间 t 的任意随机函数,对 t 均方连续，$W(t)$ 是单位维纳过程,将区间 $[a, b]$ 分成 n 个子区间,分点为

$$a = t_0 < t_1 < t_2 < \cdots < t_{n-1} < t_n = b$$

记

$$\Delta_n = \max_k(t_{k+1} - t_k)$$

形成随机变量

$$V_n = \sum_{k=0}^{n-1} g(t_k)[W(t_{k+1}) - W(t_k)] \quad (5.3\text{-}28)$$

如果均方极限

$$\underset{\substack{n\to\infty \\ \Delta_n\to 0}}{\text{l.i.m}} V_n = V \quad (5.3\text{-}29)$$

存在,则称随机变量 V 为 $g(t)$ 关于 $W(t)$ 在 $[a,b]$ 上的伊藤随机积分,简称伊藤随机积分,记以

$$V = \int_a^b g(t)dW(t) \quad (5.3\text{-}30)$$

可以证明[3]，若 $g(t)$ 在 $[a, b]$ 上均方连续，则伊藤随机积分(5.3-30)存在且唯一.

若积分方程（5.3-26）右边的第二个积分理解为伊藤随机积分,则对应微分形式的方程

$$dY(t) = m(Y,t)dt + \sigma(Y,t)dW(t), \quad Y(t_0) = Y_0 \quad (5.3\text{-}31)$$

就称为伊藤随机微分方程[3]. $m(Y,t)$ 与 $\sigma(Y,t)$ 分别称为该方程的漂移与扩散系数.

伊藤随机微分方程在均方意义上解存在与唯一的充分条件是[3],$m(Y,t)$ 与 $\sigma(Y,t)$ 在所定义的区间 $R \times T$ 上连续，对 Y 为

均匀连续，并满足李卜希兹条件

$$|m(y,t)-m(x,t)|+|\sigma(y,t)-\sigma(x,t)|\leqslant K|y-x| \tag{5.3-32}$$

与增长有界性条件

$$|m(y,t)|^2+|\sigma(y,t)|^2\leqslant K(1+|y|^2) \tag{5.3-33}$$

式中K为常数。

考虑 $Y(t)$ 的函数 $\varphi[Y(t),t]$

$$\begin{aligned}d\varphi[Y(t),t]&=\varphi[Y(t)+dY(t),t+dt]-\varphi[Y(t),t]\\&=\varphi_t[Y(t),t)]dt+\varphi_Y[Y(t),t]dY(t)\\&\quad+\frac{1}{2}\varphi_{YY}[Y(t),t][dY(t)]^2+\cdots\\&=\varphi_t[Y(t),t]dt+\varphi_Y[Y(t),t]\{m[Y(t),t]dt\\&\quad+\sigma[Y(t),t]dW(t)\}+\frac{1}{2}\varphi_{YY}[Y(t),t]\\&\quad\times\sigma^2[Y(t),t][dW(t)]^2+\cdots\end{aligned} \tag{5.3-34}$$

式中 $\varphi_t=\partial\varphi/\partial t,\varphi_Y=\partial\varphi/\partial Y,\varphi_{YY}=\partial^2\varphi/\partial Y^2$。忽略高阶项，并利用关系(5.3-11)，有

$$\begin{aligned}d\varphi[Y(t),t]=&\Big\{\varphi_t[Y(t),t]+m[Y(t),t]\varphi_Y[Y(t),t]\\&+\frac{1}{2}\sigma^2[Y(t),t]\varphi_{YY}[Y(t),t]\Big\}dt\\&+\sigma[Y(t),t]\varphi_Y[Y(t),t]dW(t)\end{aligned} \tag{5.3-35}$$

这是扩散过程 $Y(t)$ 的函数 $\varphi[Y(t),t]$ 的微分，称为伊藤微分规则或伊藤引理。注意，(5.3-35) 不同于普通微积分中的复合函数微分公式。

例如，设 $\varphi(Y)=Y^2$

$$d(Y^2)=[2m(Y,t)Y+\sigma^2(Y,t)]dt+2\sigma(Y,t)YdW(t) \tag{5.3-36}$$

对(5.3-36)两边求期望，可得均方函数所满足的微分方程

$$d(E[Y^2])=\{2E[m(Y,t)Y]+E[\sigma^2(Y,t)]\}dt \tag{5.3-37}$$

因此，若已知 $Y(t)$ 所满足的伊藤随机微分方程，就可应用伊藤微分规则导出 $Y(t)$ 的各统计量，如 n 阶矩与累积量函数等所满足的微分方程.

5.3.4 伊藤随机微分方程与 FPK 方程的关系

本小节证明伊藤随机微分方程之解为扩散过程．并建立伊藤随机微分方程与 FPK 方程之间的关系.

令 $t_0 < s < t$，由积分的可加性，(5.3-26)可写成

$$Y(t) = Y(s) + \int_s^t m[Y(\tau),\tau]d\tau + \int_s^t \sigma[Y(\tau),\tau]dW(\tau) \tag{5.3-38}$$

由(5.3-38)知，$Y(t)$ 只依赖于 $Y(s)$ 以及 Y 与 W 在 (s, t) 上之值，而与 $Y(t_0)$ 及 (t_0,s) 上的 Y 值无关，从而

$$p(y,t|y_s,s;y_u,u;t_0 \leqslant u \leqslant s) = p(y,t|y_s,s) \tag{5.3-39}$$

这表明 $Y(t)$ 为马尔柯夫过程.

再考察 $Y(t)$ 的各阶条件导数矩，利用单位维纳过程的增量的性质及 ΔW 与 $Y(t)$ 的独立性，由(5.3-38)可证各阶导数矩为

$$\begin{aligned} a_1(y,t) &= m(Y,t)|_{Y=y} \\ a_2(y,t) &= \sigma^2(Y,t)|_{Y=y} \\ a_n(y,t) &= 0,\ n \geqslant 3 \end{aligned} \tag{5.3-40}$$

这表明伊藤随机微分方程之解确是扩散过程，它的转移概率密度满足一维 FPK 方程，其漂移系数与扩散系数为

$$\begin{aligned} a(y,t) &= m(Y,t)|_{Y=y} \\ b(y,t) &= \sigma^2(Y,t)|_{Y=y} \end{aligned} \tag{5.3-41}$$

因此，伊藤随机微分方程与 FPK 方程是对扩散过程的两种描述，前者描述它的样本轨迹，后者描述它的概率密度的进化，两方程的系数之间的关系为(5.3-41).

5.3.5 n 维伊藤随机微分方程

现将上述关于一维伊藤随机微分方程的结果推广于 n 维情

形.设 $\boldsymbol{W}(t)$ 为m维矢量维纳过程(5.3-19),各分量相互独立并具有单位强度，其增量过程具有性质

$$E[d\boldsymbol{W}(t)]=0$$
$$E[d\boldsymbol{W}(t)d\boldsymbol{W}^T(t)]=\boldsymbol{I}dt \tag{5.3-42}$$

式中 $\boldsymbol{I}$ 为m维单位矩阵. n维伊藤随机微分方程形为

$$d\boldsymbol{Y}(t)=\boldsymbol{m}(\boldsymbol{Y},t)dt+\boldsymbol{\sigma}(\boldsymbol{Y},t)d\boldsymbol{W}(t),\boldsymbol{Y}(t_0)=\boldsymbol{Y}_0 \tag{5.3-43}$$

式中 $\boldsymbol{Y}=[Y_1,Y_2,\cdots,Y_n]^T$;$\boldsymbol{m}=[m_1,m_2,\cdots,m_n]^T$;$\boldsymbol{\sigma}=[\sigma_{jk}]$为$n\times m$维矩阵，$\boldsymbol{m}$与 $\boldsymbol{\sigma}$ 分别称为该方程的漂移矢量与扩散矩阵,其元素皆为$\boldsymbol{Y}$与t的连续函数. 与(5.3-43)对应的分量形式为

$$dY_j(t)=m_j(\boldsymbol{Y},t)dt+\sigma_{jl}(\boldsymbol{Y},t)dW_l(t),Y_j(t_0)=Y_{j0}$$
$$j=1,2,\cdots,n;l=1,2,\cdots,m \tag{5.3-44}$$

(5.3-44)中重复的下标表示求和.

方程(5.3-43)或(5.3-44)在满足类似于(5.3-32)与(5.3-33)条件时,其解存在且唯一. 解 $\boldsymbol{Y}(t)$ 为n维扩散过程,其转移概率密度 $p(\boldsymbol{y},t|\boldsymbol{y}_0,t_0)$ 满足 FPK 方程(5.2-33)或(5.2-35),其中

$$a_j(\boldsymbol{y},t)=m_j(\boldsymbol{Y},t)|_{\boldsymbol{Y}=\boldsymbol{y}} \tag{5.3-45}$$
$$b_{jk}(\boldsymbol{y},t)=[\sigma(\boldsymbol{Y},t)\sigma^T(\boldsymbol{Y},t)]_{jk}|_{\boldsymbol{Y}=\boldsymbol{y}}$$
$$=\sum_{l=1}^{m}\sigma_{jl}(\boldsymbol{Y},t)\sigma_{kl}(\boldsymbol{Y},t)|_{\boldsymbol{Y}=\boldsymbol{y}}$$

(5.3-45)表达了 FPK 方程的漂移与扩散系数同伊藤随机微分方程的漂移与扩散系数之间的关系. 若 $\boldsymbol{\sigma}$ 代之以 $\boldsymbol{\sigma Q}$, 而$\boldsymbol{Q}$为正交矩阵,即 $\boldsymbol{QQ}^T=\boldsymbol{I}$, 则 FPK 方程不变，这说明从伊藤随机微分方程到 FPK 方程的转换是唯一的，反之则不然. 对应于同一 FPK 方程,可有无穷多个伊藤随机微分方程，它们的扩散矩阵可相差一个任意正交矩阵因子 $\boldsymbol{Q}$. 这是可以理解的,因为伊藤随机微分方程描述的是个别样本的轨迹，而 FPK 方程描述的是无穷多个样本的集合的概率进化.

设 $\varphi(\boldsymbol{Y},t)$ 为$\boldsymbol{Y}$与t的标量实函数，存在对t的偏导数及对$\boldsymbol{Y}$各分量的连续二阶偏导数，而$\boldsymbol{Y}$满足伊藤随机微分方程

(5.3-43). 类似于(5.3-35),有如下伊藤随机微分公式:

$$d\varphi(\boldsymbol{Y},t)=\left[\varphi_t+\boldsymbol{\varphi}_Y^T\boldsymbol{m}+\frac{1}{2}t_r(\boldsymbol{\varphi}_{YY}\boldsymbol{\sigma}\boldsymbol{\sigma}^T)\right]dt$$

$$+\boldsymbol{\varphi}_Y^T\boldsymbol{\sigma}d\boldsymbol{W}(t) \qquad (5.3\text{-}46)$$

式中

$$\boldsymbol{\varphi}_y^T=[\varphi_{Y_1},\varphi_{Y_2},\cdots,\varphi_{Y_n}],\quad \varphi_{Y_j}=\frac{\partial\varphi}{\partial Y_j} \qquad (5.3\text{-}47)$$

$$\boldsymbol{\varphi}_{YY}=\begin{bmatrix}\varphi_{Y_1Y_1} & \varphi_{Y_1Y_2} & \cdots & \varphi_{Y_1Y_n}\\ \varphi_{Y_2Y_1} & \varphi_{Y_2Y_1} & \cdots & \varphi_{Y_2Y_n}\\ \cdots & \cdots & \cdots & \cdots\\ \varphi_{Y_nY_1} & \varphi_{Y_nY_2} & \cdots & \varphi_{Y_nY_n}\end{bmatrix},\quad \varphi_{Y_jY_k}=\frac{\partial^2\varphi}{\partial Y_j\partial Y_k}$$

tr( ) 表示追迹. (5.3-46) 为函数 $\varphi(\boldsymbol{Y},t)$ 所满足的伊藤随机微分方程. 因此,有了 $\boldsymbol{Y}(t)$ 所满足的伊藤随机微分方程,即可按(5.3-46)建立 $\boldsymbol{Y}(t)$ 的任意阶联合矩或累积量函数所满足的微分方程.

5.3.6 斯特拉塔诺维奇随机微分方程与物理系统的模型化

若和式(5.3-28)中 $g(t_k)$ 代之以 $g(t'_k)$, 其中 $t'_k=\frac{1}{2}(t_k+t_{k+1})$,且相应的极限(5.3-29)存在,则此极限称为斯特拉塔诺维奇(Stratonovitch) 对称随机积分,简称斯氏随机积分,记以

$$S\int_a^b g(t)dW(t)$$

$$=\lim_{\substack{n\to\infty\\ \Delta_n\to 0}}\sum_{k=0}^{n-1}g\left[\frac{1}{2}(t_k+t_{k+1})\right][W(t_{k+1})-W(t_k)]$$

(5.3-48)

可证,若 $g(t)$ 在 $[a,b]$ 上均方连续,且 $\int_a^b E[g^2(t)]dt<\infty$,则上述积分存在且唯一.

对于一般的随机函数 $g(t)$,伊藤随机积分与斯氏随机积分之

间不存在确定的关系．当 $g(t)$ 与某个随机微分方程相联系时，两者之间存在一定的关系．

设 $Y(t)$ 服从伊藤随机微分方程（5.3-31），相应的积分方程形为(5.3-26)，现要求等价的斯氏随机积分方程

$$Y(t)-Y(t_0)=\int_{t_0}^{t}f[Y(s),s]ds+S\int_{t_0}^{t}g[Y(s),s]dW(s) \tag{5.3-49}$$

将(5.3-49)中的斯氏随机积分表示成和式的极限，将

$$Y\left[\frac{1}{2}(t_k+t_{k+1})\right]$$

在 t_k 处展开，利用方程(5.3-31)与伊藤随机微分公式（5.3-35），并略去高阶项，可证斯氏随机积分与伊藤随机积分之间的关系为

$$\begin{aligned}S\int_{t_0}^{t}g[Y(s),s]dW(s)&=\int_{t_0}^{t}g[Y(s),s]dW(s)\\&\quad+\frac{1}{2}\int_{t_0}^{t}\sigma[Y(s),s]\ \frac{\partial}{\partial Y}\sigma[Y(s),s]ds\end{aligned} \tag{5.3-50}$$

将(5.3-50)代入(5.3-49)，并与(5.3-26)对比，得

$$\begin{aligned}f(Y,t)&=m(Y,t)-\frac{1}{2}\sigma(Y,t)\frac{\partial}{\partial Y}\sigma(Y,t)\\g(Y,t)&=\sigma(Y,t)\end{aligned} \tag{5.3-51}$$

因此，与伊藤随机微分方程（5.3-31）等价的斯氏随机微分方程为

$$\begin{aligned}S\ dY(t)&=\left[m(Y,t)-\frac{1}{2}\sigma(Y,t)\frac{\partial}{\partial Y}\sigma(Y,t)\right]dt\\&\quad+\sigma(Y,t)dW(t),Y(t_0)=Y_0\end{aligned} \tag{5.3-52}$$

反之，可证，与斯氏随机微分方程

$$SdY(t)=f(Y,t)dt+g(Y,t)dW(t),\ Y(t_0)=Y_0 \tag{5.3-53}$$

等价的伊藤随机微分方程为

$$\begin{aligned}dY(t)&=\left[f(Y,t)+\frac{1}{2}g(Y,t)\ \frac{\partial}{\partial Y}g(Y,t)\right]dt\\&\quad+g(Y,t)dW(t),\ Y(t_0)=Y_0\end{aligned} \tag{5.3-54}$$

上述关于一维伊藤随机微分方程与斯氏微分方程之间的关系

可推广于多维情形. 与伊藤随机微分方程

$$dY_j(t) = m_j(\boldsymbol{Y},t)dt + \sigma_{jl}(\boldsymbol{Y},t)dW_l(t),\ Y_j(t_0) = Y_{j0} \tag{5.3-55}$$

等价的斯氏随机微分方程为

$$S\ dY_j(t) = \left[m_j(Y,t) - \frac{1}{2}\sigma_{rs}(\boldsymbol{Y},t)\frac{\partial}{\partial Y_r}\sigma_{jl}(\boldsymbol{Y},t)\right]dt + \sigma_{jl}(\boldsymbol{Y},t)dW_l(t),\ Y_j(t_0) = Y_{j0} \tag{5.3-56}$$

而与斯氏随机微分方程

$$S\ dY_j(t) = f_j(\boldsymbol{Y},t)dt + g_{jl}(\boldsymbol{Y},t)dW_l(t), Y_j(t_0) = Y_{j0} \tag{5.3-57}$$

等价的伊藤随机微分方程为

$$dY_j(t) = \left[f_j(\boldsymbol{Y},t) + \frac{1}{2}g_{rs}(\boldsymbol{Y},t)\frac{\partial}{\partial Y_r}g_{jl}(\boldsymbol{Y},t)\right]dt + g_{jl}(\boldsymbol{Y},t)dW_l(t),\ Y_j(t_0) = Y_{j0} \tag{5.3-58}$$

上述两种微分方程之间的关系首先由 Wong 与 Zakai[4] 给出. 因此,其中附加项常称为 Wong-Zakai 修正项.

利用上述关系与伊藤随机微分公式, 可证斯氏随机微分公式与普通微积分中的复合函数求导公式一样.

两种不同的随机积分定义引出两种不同的高斯白噪声, 在定义伊藤随机积分 $\int_{t_0}^{t}\sigma[Y(s),\ s]dW(s)$ 时, 在子区间 $[t_k,\ t_{k+1}]$ 上, 取 $\sigma(Y,t)$ 在 t_k 上之值, 这相当于认为激励 $N(t)$ 与响应 $Y(t)$ 是完全不相关的,或者说, 相当于认为高斯白噪声的相关时间绝对为零. 而在斯氏积分 $S\int_{t_0}^{t}g[Y(s),s]dW(s)$ 定义中, 在子区间 $[t_k,t_{k+1}]$ 上取 $g(Y,t)$ 在 $\frac{1}{2}(t_k + t_{k+1})$ 上之值, 这相当于认为激励与响应是相关的,或者说,把高斯白噪声看成是平稳宽带高斯随机过程在相关时间趋于零时的极限. 在伊藤随机积分意义上的高斯白噪声称为伊藤白噪声,或数学白噪声,而斯氏随机积分意义上的高斯白噪声称为斯氏白噪声, 或物理白噪声.

现实中不存在相关时间绝对为零的白噪声．所谓白噪声常常是相关时间极短的平稳过程的理想化．因此，物理白噪声更符合实际情况，相应地，对实际动态系统的运动方程，将它模型化为斯氏随机微分方程更为合理．然而，数学家们处理随机微分方程时常用伊藤随机微分方程，为充分利用数学上的成果，常将斯氏随机微分方程化为等价的伊藤随机微分方程．最后，根据伊藤随机微分方程与 FPK 方程的关系还可建立 FPK 方程．这给出了由所给运动微分方程建立 FPK 方程的另一种步骤．这种步骤同时适用于高斯白噪声外激与参激之情形，尤其在高斯白噪声参激情形，运用这个步骤可以保证所建立 FPK 方程的正确性．

5.4 FPK 方程的精确解

在实际问题中应用 FPK 方程方法的主要困难在于求解 FPK 方程．本节叙述 FPK 方程的精确解，下节叙述它的近似解法与数值解法．

5.4.1 精确瞬态解

在伴随算子 L^* 为退化椭圆型算子情形，FPK 方程之解的存在与唯一性最先由 Illin 与 Khasminskii[5] 建立，后来由 Kushner[6] 加以推广．

已得到 FPK 方程精确瞬态解的主要是受高斯白噪声外激的时不变线性系统．考虑离散线性系统(3.6-25)，其中 $\boldsymbol{X}(t)$为平稳高斯白噪声矢量，平均矢量为零，相关矩阵 $\boldsymbol{R_X}(\tau)=2\boldsymbol{D}\delta(\tau)$．设 $\boldsymbol{U}$ 为(3.6-25)之右特征矩阵，作变换

$$\boldsymbol{Z}(t)=\boldsymbol{U}\boldsymbol{Y}(t) \tag{5.4-1}$$

注意，这里 $\boldsymbol{Y}(t)$ 与(3.6-1)中的 $Y(t)$ 不同．(3.6-25)变成

$$\dot{\boldsymbol{Y}}(t)=\boldsymbol{\alpha}\boldsymbol{Y}(t)+\boldsymbol{\Psi}\boldsymbol{X}(t),\ \boldsymbol{Y}(0)=\boldsymbol{y}_0=\boldsymbol{U}^{-1}\boldsymbol{Z}_0 \tag{5.4-2}$$

式中 $\boldsymbol{\alpha}$ 为对角阵，其元素 $\alpha_j, j=1,2,\cdots,n$，为(3.6-25)之特征值，$V=[\Psi\vdots\alpha\Psi]$ 为(3.6-25)之左特征矩阵．(5.4-2)可模型化

为如下伊藤随机微分方程

$$dY(t) = aY(t)dt + GW(t) \tag{5.4-3}$$

式中 $G = \Psi\sqrt{2D}$. 与(5.4-3)相应的 FPK 方程为

$$\frac{\partial p}{\partial t} = -\sum_{j=1}^{n} a_j \frac{\partial}{\partial y_j}(y_j p) + \sum_{j,k=1}^{n} b_{jk}\frac{\partial^2 p}{\partial y_j \partial y_k} \tag{5.4-4}$$

式中 $p = p(\boldsymbol{y},t|\boldsymbol{y}_0), b_{jk} = (\Psi D^T \Psi^T)_{jk}$, 初始条件为

$$p(\boldsymbol{y},t|\boldsymbol{y}_0) = \delta(\boldsymbol{y}-\boldsymbol{y}_0),\ t = 0 \tag{5.4-5}$$

无穷远处的吸收壁与反射壁条件要求

$$p, \frac{\partial p}{\partial y_j} \to 0, \sum_{k=1}^{n}|y_k| \to \pm\infty, j = 1,2,\cdots,n \tag{5.4-6}$$

(5.4-4)—(5.4-6) 之解最早由 Wang 与 Uhlenbeck[7]用傅立叶变换技术得到，它也可用特征函数展开法(见下节)求得，现用变换方法求解如下.

对(5.4-4)两边作傅立叶变换，注意到边界条件(5.4-6)，得

$$\frac{\partial \varphi}{\partial t} = \sum_{j=1}^{n} a_j\theta_j \frac{\partial \varphi}{\partial \theta_j} - \sum_{j,k=1}^{n} b_{jk}\theta_j\theta_k\varphi \tag{5.4-7}$$

其中 $\varphi = \varphi(\boldsymbol{\theta},t|\boldsymbol{y}_0)$ 为条件特征函数. 一阶偏微分方程 (5.4-7) 可用拉格朗日方法求解，辅助方程为

$$\frac{dt}{1} = -\frac{d\theta_1}{a_1\theta_1} = -\frac{d\theta_2}{a_2\theta_2} = \cdots = -\frac{d\theta_n}{a_n\theta_n}$$

$$= -\frac{d\varphi}{\varphi\sum\limits_{j,k=1}^{n} b_{jk}\theta_j\theta_l} \tag{5.4-8}$$

前 n 个方程的积分为

$$\theta_j = c_j\exp(-a_j t), j = 1,2,\cdots,n \tag{5.4-9}$$

代入(5.4-8)最后一个方程得

$$\varphi\exp\left[-\sum_{j,k=1}^{n} b_{jk}\theta_j\theta_k(a_j + a_k)^{-1}\right] = c_{n+1} \tag{5.4-10}$$

因此,(5.4-7)的通解形为

$$\varphi(\boldsymbol{\theta},t|\boldsymbol{y}_0) = f[\theta_1\exp(a_1,t),\cdots,\theta_n\exp(a_n t)]$$

$$\times \exp\left[\sum_{j,k=1}^{n} b_{jk}\theta_j\theta_k(a_j + a_k)^{-1}\right] \qquad (5.4-11)$$

式中 f 为某个函数，初始条件(5.4-5)的傅立叶变换给出

$$\varphi(\boldsymbol{\theta},0\,|\,\boldsymbol{y}_0) = \exp\left(i\sum_{j=1}^{n}\theta_j y_{j0}\right) \qquad (5.4-12)$$

(5.4-11)中令 $t=0$，并与(5.4-12)比较可确定函数 f。然后代入(5.4-11)得

$$\varphi(\boldsymbol{\theta},t\,|\,\boldsymbol{y}_0) = \exp\left\{i\sum_{j=1}^{n}\theta_j y_{j0}\exp(a_j t) + \sum_{j,k=1}^{n} b_{jk}\frac{\theta_j\theta_k}{(a_j+a_k)} \times [1-\exp(a_j+a_k)t]\right\} \qquad (5.4-13)$$

对(5.4-13)作逆傅立叶变换得

$$p(\boldsymbol{y},t\,|\,\boldsymbol{y}_0) = (2\pi)^{-n/2}|\boldsymbol{C}_Y(t)|^{-1/2} \times \exp\left[-\frac{1}{2}(\boldsymbol{y}-\boldsymbol{\mu}_Y)^T\boldsymbol{C}_Y^{-1}(t)(\boldsymbol{y}-\boldsymbol{\mu}_Y)\right] \qquad (5.4-14)$$

式中平均矢量 $\boldsymbol{\mu}_Y$ 与方差矩阵 $C_Y(t)$ 的各元素为

$$(\boldsymbol{\mu}_Y)_j = y_{j0}\exp(a_j t) \qquad (5.4-15)$$

$$(\boldsymbol{C}_Y(t))_{jk} = \frac{-2b_{jk}}{(a_j+a_k)}[1-\exp(a_j+a_k)t]$$

$$j,k=1,2,\cdots,n$$

可知响应过程 $\boldsymbol{Y}(t)$ 从而 $\boldsymbol{Z}(t)$ 为高斯扩散过程。注意，解(5.4-14)适用于所有时不变线性系统，包括陀螺系统与非陀螺系统。若系统是渐近稳定的，所有特征值具有负实部，由(5.4-15)知，在 $t\to\infty$ 时，系统响应趋于平稳，而

$$p(\boldsymbol{y},t\,|\,\boldsymbol{y}_0)\to P_S(\boldsymbol{y}) = (2\pi)^{-n/2}|\boldsymbol{C}'_Y|^{-1/2}\exp\left[-\frac{1}{2}\boldsymbol{y}^T\boldsymbol{C}'^{-1}_Y\boldsymbol{y}\right] \qquad (5.4-16)$$

其中 $P_S(\boldsymbol{y})$ 为平稳响应的概率密度，$\boldsymbol{C}'_{\boldsymbol{Y}}$ 为常数方差矩阵若元素为$(\boldsymbol{C}'_{\boldsymbol{Y}})_{j,k} = -2b_{jk}/(a_j + a_k), j, k = 1, 2, \cdots, n$.

有了(5.4-14)与(5.4-16)，可得各种响应系统计量. 例如，平稳响应的相关矩阵可按下式求得:

$$\boldsymbol{R}_{\boldsymbol{Y}}(\tau) = \int_{R^n} d\boldsymbol{y} \int_{R^n} d\boldsymbol{y}_1 \boldsymbol{y}\boldsymbol{y}^T P_S(\boldsymbol{y}_1) p(\boldsymbol{y}, \tau | \boldsymbol{y}_1) \tag{5.4-17}$$

对(5.4-17)作傅立叶变换可得平稳响应的谱密度矩阵.

迄今能得到精确瞬态解的最广泛一类 FPK 方程是通过非线性变换

$$\boldsymbol{y}_j = \boldsymbol{f}(\boldsymbol{x}) \tag{5.4-18}$$

能将其变成(5.4-4)的 FPK 方程

$$\frac{\partial p}{\partial t} = -\sum_{j=1}^{n} \frac{\partial}{\partial x_j} (a_j(\boldsymbol{x})p) + \frac{1}{2} \sum_{j,k=1}^{n} \frac{\partial^2}{\partial x_j \partial x_k} [b_{jk}(\boldsymbol{x})p] \tag{5.4-19}$$

此时，(5.4-19)之解为

$$p(\boldsymbol{x}, t | \boldsymbol{x}_0) = p(\boldsymbol{y}, t | \boldsymbol{y}_0) \left| \frac{\partial(y_1, y_2, \cdots, y_n)}{\partial(x_1, x_2, \cdots, x_n)} \right| \tag{5.4-20}$$

其中 $p(\boldsymbol{y}, t | \boldsymbol{y}_0)$ 由(5.4-14)给出. 由(5.4-19)变换成 (5.4-4) 可直接用(5.4-18)与(5.4-20)进行. 也可先将(5.4-19)按(5.3-45)变成相应的伊藤随机微分方程，然后按变换 (5.4-18) 应用伊藤随机微分公式 (5.3-46) 写出矢量 $\boldsymbol{Y}(t)$ 的伊藤随机微分方程，最后按(5.3-45)变成以 $\boldsymbol{y}$ 为变量的 FPK 方程. 能从 (5.4-19) 变换成(5.4-4)的充要条件是[8]，与 (5.4-19) 的扩散矩阵相关联的曲率张量与挠率张量等于零，并且变换后的漂移矢量是变量 $\boldsymbol{y}$ 的线性函数. San Miguel[9] 还给出了构造一类通过坐标变换可得精确瞬态解的 FPK 方程的步骤.

已经得到精确瞬态解的还有一些一阶非线性系统[10]，但这些解的实际应用很有限.

5.4.2 平稳解的存在与唯一性

当 FPK 方程的漂移与扩散系数不显含时间 t 时,平稳 FPK 方程(5.2-50)之解,若它满足非负性与归一化条件,称为 FPK 方程的平稳解. 平稳解可以不存在, 如受高斯白噪声激励的软弹簧杜芬振子. 平稳解也可以有无穷多个, 如不受随机激励的保守系统,它的首次积分的任意函数皆可为其平稳概率密度.平稳解也可以是唯一的. 这个唯一的平稳解称为稳态解.

现证明,若平稳 FPK 方程存在一个渐近稳定的平稳解,则它必是唯一的, 采用反证法, 设 $p_s(\boldsymbol{y})$ 是一个渐近稳定的平稳解, $p_s'(\boldsymbol{y})$ 是另一个平稳解, 则

$$p_s''(\boldsymbol{y}) = (1-\lambda)p_s(\boldsymbol{y}) + \lambda p_s'(\boldsymbol{y}) \tag{5.4-21}$$

也将是一个平稳解. 当 λ 很小时, $p_s''(\boldsymbol{y})$是$p_s(\boldsymbol{y})$受到小扰动后的结果.由于 $p_s(\boldsymbol{y})$ 的渐近稳定性,在 $t\to\infty$ 时, $p_s''(\boldsymbol{y})\to p_s(\boldsymbol{y})$. 因此,$p_s''(\boldsymbol{y})$ 不是平稳解. 此矛盾说明不可能存在 $p_s'(\boldsymbol{y})$ 这个平稳解,即只有 $p_s(\boldsymbol{y})$ 这个渐近稳定的平稳解.

Caughey 等[11]定义凡满足边界条件

$$p=0,\ \left[\sum_{j=1}^{n} a_j p - \frac{1}{2}\sum_{i,k=1}^{n}\frac{\partial}{\partial y_k}(b_{jk}p)\right]\cdot n_j = 0,\ \boldsymbol{y}\in S \tag{5.4-22}$$

的 FPK 方程平稳解为良态解. (5.4-22)中 S 为边界面. n_j 是边界面的外法线的第 j 个分量. 他证明,良态解是唯一的.

一个渐近稳定的平稳解也必然是全局稳定的, 即随着时间的增长, 任意初始分布将趋向于该平稳分布. 可简单证明如下. 设渐近稳定的平稳分布为 $p_s(\boldsymbol{y})$. 在平稳集合中抽出一小部分样本,使余留样本子集 α 以下列概率密度分布:

$$p_\alpha(\boldsymbol{y}) = (1-\lambda)p_s(\boldsymbol{y}),\ 0\leqslant\lambda\leqslant 1 \tag{5.4-23}$$

被抽出的子集 β 在初始时刻 t_0 以任意概率密度 $\lambda\ p_\beta(\boldsymbol{y},t_0)$ 重新分布. 随着时间的增长, 子集 α 保持不变, 子集 β 则以概率密度 $\lambda\ p_\beta(\boldsymbol{y},t)$ 进化, 由于扰动很小,整个受扰后的分布

$$p_\alpha(\boldsymbol{y})+\lambda p_\beta(\boldsymbol{y},t)\to p_s(\boldsymbol{y}),\ t\to\infty \tag{5.4-24}$$

由(5.4-23)与(5.4-24),

$$p_\beta(\boldsymbol{y},t)\to p_s(\boldsymbol{y}),\ t\to\infty \tag{5.4-25}$$

这表明任意初始概率密度 $p_\beta(\boldsymbol{y},t)$ 随着时间的增长趋向于平稳概率密度 $p_s(\boldsymbol{y})$.

直观地说，如果一个系统，没有任何部分完全不受白噪声的影响，系统具有恢复力，能防止响应集合扩散至无穷，那么将存在唯一的平稳解.

5.4.3 平稳势

FPK 方程(5.2-35)可改写成概率守恒方程形式

$$\frac{\partial p}{\partial t}+\frac{\partial J_j}{\partial y_j}=0 \tag{5.4-26}$$

式中 J_j 由(5.2-43)规定.它表示第 j 个方向的概率流.设(5.4-26)定义在区域 Ω 内,其边界为 S. 对(5.4-26)积分得

$$\frac{\partial P}{\partial t}=-\int_S ds\boldsymbol{n}\cdot\boldsymbol{J} \tag{5.4-27}$$

式中 $P=S_\Omega pdy$ 为区域 Ω 上的总概率; $\boldsymbol{n}$ 为边界的外法线. (5.4-27)表明，区域 Ω 内总概率的损失由概率流在边界面上的积分给出.

现考虑平稳 FPK 方程(5.2-50)之解 $p_s(\boldsymbol{y})$. 显然有

$$J_j(\boldsymbol{y})=a_j(\boldsymbol{y})p_s(\boldsymbol{y})-\frac{1}{2}\frac{\partial}{\partial y_k}[b_{jk}(\boldsymbol{y})p_s(\boldsymbol{y})]=\text{常数} \tag{5.4-28}$$

式中重复下标表示求和,下同. 再假定 S 为自然边界,即边界上概率流为零

$$J_j(\boldsymbol{y})=0,\ \boldsymbol{y}\in S;\ j=1,2,\cdots,n \tag{5.4-29}$$

让我们考察区域 Ω 内的概率流是否处处为零,若回答是肯定的,就称该系统具有平稳势[12].

首先考虑一维情形,若要求 Ω 内概率流处处为零,则需有

$$a(y)p_s(y)-\frac{1}{2}\frac{d}{dy}[b(y)p_s(y)]=0$$

其解为

$$p_s(y)=C\cdot e^{-\phi} \tag{5.4-30}$$

其中

$$\phi=\ln b-\int\frac{a}{b}dy \tag{5.4-31}$$

称为概率密度的平稳势．C 与(5.4-31)中的积分下限由 $p_s(y)$ 的归一化条件确定．(5.4-30)是一维 FPK 方程在边界条件(5.4-29)下的平稳解．

其次考虑多维情形，不失一般性，可假定平稳 FPK 方程(5.2-50)之解形如

$$p_s(\boldsymbol{y})=Ce^{-\phi(\boldsymbol{y})} \tag{5.4-32}$$

因为这一形式可保证 $p_s(\boldsymbol{y})$ 的非负性，同时总可调整常数 C 使之归一化．迄今所得到的精确稳态解皆具有这种形式．将(5.4-32)代入(5.4-28)并令常数为零，可知，为使区域 Ω 内概率流处处为零，需满足下列 n 个方程

$$b_{jk}\frac{\partial\phi}{\partial y_k}=\frac{\partial b_{jk}}{\partial y_k}-2a_j,\quad j=1,2,\cdots n \tag{5.4-33}$$

若能从(5.4-33)求得相容的 ϕ，就称该系统具有平稳势，而 ϕ 就称为概率密度的平稳势．

若矩阵 $[b_{jk}]$ 是非奇异的，其逆阵 $[d_{jk}]$ 存在，则可由(5.4-33)解得

$$\frac{\partial\phi}{\partial y_l}=d_{lj}\left[\frac{\partial b_{jk}}{\partial y_k}-2a_j\right],\quad l=1,2,\cdots,n \tag{5.4-34}$$

从而系统具有平稳势的条件就是相容条件

$$\frac{\partial}{\partial y_m}d_{lj}\left[\frac{\partial b_{jk}}{\partial y_k}-2a_j\right]=\frac{\partial}{\partial y_l}d_{mj}\left[\frac{\partial b_{jr}}{\partial y_r}-2a_j\right]$$

$$l,m=1,2,\cdots,n \tag{5.4-35}$$

若(5.4-35)满足，则可按(5.4-34)计算平稳势．

在各向同性扩散的特殊情形[12]，即 $b_{jk}=K\delta_{jk}$，(5.4-34)与(5.4-35)分别变成

$$\frac{\partial \phi}{\partial y_j} = \frac{1}{K}\left[\frac{\partial K}{\partial y_j} - 2\,a_j\right] \tag{5.4-36}$$

与

$$\frac{\partial a_l}{\partial y_m} = \frac{\partial a_m}{\partial y_l} \tag{5.4-37}$$

当(5.4-37)满足时，平稳势可从(5.4-36)解得

$$\phi = \ln K - \frac{2}{K}\int a_j dy_j \tag{5.4-38}$$

形同(5.4-31)。

在随机振动中，矩阵 $[b_{jk}]$ 常常是奇异的，概率流常常包含两个分量：势流分量与环流分量。即使概率流在边界上为零。其内部常常不为零。即平稳势条件往往不能满足。因此，需要研究更为一般的情形。

5.4.4 详细平衡

详细平衡（detailed balance）原是物理学中的一个概念，由 Van Kampen[13] 与 Graham 与 Haken[14] 独立地应用于 FPK 方程。粗略地说，一个马尔柯夫过程，如果在平稳情形下，每一个可能的状态转移都与其逆转移平衡，那它就称为处于详细平衡。

将系统的状态变量分成奇变量与偶变量，凡在时间逆转，即 $t \to -t$ 时，不变号的变量称为偶变量(如位移)，否则称为奇变量(如速度)，以

$$\tilde{y}_i = \varepsilon_j y_j \tag{5.4-39}$$

记时间逆转时的变量，$\varepsilon_j = 1$ 相应于偶变量，$\varepsilon_j = -1$ 对应于奇变量。一个马尔柯夫过程称为详细平衡，如果它的二维联合概率密度满足

$$p(\boldsymbol{y}, t; \boldsymbol{y}_0, t_0) = p(\tilde{\boldsymbol{y}}_0, t; \tilde{\boldsymbol{y}}, t_0) \tag{5.4-40}$$

对受高斯白噪声激励的时不变系统，响应为时齐马尔柯夫过程。(5.4-40)可改写成

$$p(\boldsymbol{y}, \tau | \boldsymbol{y}_0) p_s(\boldsymbol{y}_0) = p(\tilde{\boldsymbol{y}}_0, \tau | \tilde{\boldsymbol{y}}) p_s(\tilde{\boldsymbol{y}}) \tag{5.4-41}$$

其中 $\tau = t - t_0$。由于 $p(\boldsymbol{y}, 0 | \boldsymbol{y}_0) = \delta(\boldsymbol{y} - \boldsymbol{y}_0)$，$p(\tilde{\boldsymbol{y}}_0, 0 | \tilde{\boldsymbol{y}}) =$

$\delta(\tilde{\boldsymbol{y}}_0-\tilde{\boldsymbol{y}})$，代入(5.4-41)两边积分得

$$p_s(\tilde{\boldsymbol{y}})=p_s(\boldsymbol{y}) \tag{5.4-42}$$

因此，详细平衡还可用下式定义：

$$p(\boldsymbol{y},\tau|\boldsymbol{y}_0)p_s(\boldsymbol{y}_0)=p(\tilde{\boldsymbol{y}}_0,\tau|\tilde{\boldsymbol{y}})p_s(\boldsymbol{y}) \tag{5.4-43}$$

可以证明[15]，马尔柯夫过程在平稳状态下处于详细平衡的充要条件是其漂移与扩散系数满足如下方程：

$$a_j(\boldsymbol{y})p_s(\boldsymbol{y})+\varepsilon_j a_j(\tilde{\boldsymbol{y}})p_s(\boldsymbol{y}) - \frac{\partial}{\partial y_k}[b_{jk}(\boldsymbol{y})p_s(\boldsymbol{y})]=0 \tag{5.4-44}$$

$$b_{jk}(\boldsymbol{y})-\varepsilon_j\varepsilon_k b_{jk}(\tilde{\boldsymbol{y}})=0, j,k=1,2,\cdots,n \tag{5.4-45}$$

式中 ε 的下标与漂移或扩散系数下标重复时不表示求和. 将漂移系数分成可逆与不可逆两部分

$$a_j(\boldsymbol{y})=a_j^{(R)}(\boldsymbol{y})+a_j^{(I)}(\boldsymbol{y}),\quad j=1,2,\cdots,n \tag{5.4-46}$$

其中

$$a_j^{(R)}(\boldsymbol{y})=\frac{1}{2}[a_j(\boldsymbol{y})-\varepsilon_j a_j(\tilde{\boldsymbol{y}})] \tag{5.4-47}$$

与

$$a_j^{(I)}(\boldsymbol{y})=\frac{1}{2}[a_j(\boldsymbol{y})+\varepsilon_j a_j(\tilde{\boldsymbol{y}}^2)] \tag{5.4-48}$$

分别为可逆与不可逆部分，其意为 $a_j^R(\boldsymbol{y})=-\varepsilon_j a_j^R(\tilde{\boldsymbol{y}})$，$a_j^I(\boldsymbol{y})=\varepsilon_j a_j^I(\tilde{\boldsymbol{y}})$，利用(5.4-32)与(5.4-46)，条件(5.4-44)变成

$$b_{jk}\frac{\partial\phi}{\partial y_k}=\frac{\partial b_{jk}}{\partial y_k}-2a_j^{(I)},\quad j=1,2,\cdots,n \tag{5.4-49}$$

同时 ϕ 还需满足

$$\frac{\partial a_j^{(R)}}{\partial y_j}-a_j^{(R)}\frac{\partial\phi}{\partial y_j}=0 \tag{5.4-50}$$

若能找到一个 $\phi(\boldsymbol{y})$，同时满足(5.4-45)，(5.4-49)及(5.4-50)，则相应的平稳马尔柯夫过程将处于详细平衡状态. (5.4-49)形同(5.4-33)，是概率势流分量处处为零的条件. (5.4-50)则是概率环流分量平衡的条件. 实际情形中，(5.4-45)常自动满足. 因此，具有平稳势可看成是详细平衡在没有概率环流时的特殊情形. 在随机振动中，漂移系数的不可逆部分常与阻尼系数相联系，而漂移系数的可逆部分常与惯性及恢复力系数相联系.

上述详细平衡的条件给出了求解随机系统精确稳态解的一种技巧。当(5.4-45)满足时，代替直接求解平稳的 FPK 方程，可联立求解(5.4-49)及(5.4-50)，由此得到平稳势 ϕ，然后代入(5.4-32)得稳态概率密度。

5.4.5 广义平稳势

仍考虑平稳 FPK 方程 (5.2-50 b) 之解。将漂移与扩散系数各分成两部分

$$a_j = a_j^{(1)} + a_j^{(2)} \tag{5.4-51}$$

$$b_{jk} = b_{jk}^{(1)} + b_{kj}^{(k)} \tag{5.4-52}$$

(5.4-52)保持了扩散矩阵 $[b_{jk}]$ 的对称性，将(5.4-32)，(5.4-51)及(5.4-52)代入(5.2-50b)，可证，若 ϕ 满足下列方程组

$$b_{jk}^{(j)} \frac{\partial \phi}{\partial y_k} = \frac{\partial b_{jk}^{(j)}}{\partial y_k} - a_j^{(1)}, \quad j = 1,2,\cdots,n \tag{5.4-53}$$

$$\frac{\partial a_j^{(2)}}{\partial y_j} - a_j^{(2)} \frac{\partial \phi}{\partial y_j} = 0 \tag{5.4-54}$$

则(5.4-32)必满足 (5.2-50 b)。(5.4-53) 表示概率势流分量处处为零，(5.4-54)表示概率环流分量之平衡。如果通过漂移与扩散系数的适当分法，能从(5.4-53)与(5.4-54)找到一个相容的 ϕ，就称该随机系统属于广义平稳势类[20,21]。这是迄今可能找到平稳解的最广泛一类随机系统。

若令

$$a_j^{(1)} = a_j^{(I)}, \quad a_j^{(2)} = a_j^{(R)}, \quad b_{jk}^{(j)} = b_{kj}^{(k)} = \frac{1}{2} b_{jk} \tag{5.4-55}$$

则(5.4-53)与(5.4-54)分别化为(5.4-49)与(5.4-50)，可见，详细平衡是广义平稳势的特殊情形，同时说明条件(5.4-45)是不必要的。

于是，代替直接求解平稳 FPK 方程 (5.2-50 b)，可由联立求解 (5.4-53)与(5.4-54)而得精确稳态解。

5.4.6 非线性随机振动系统的精确稳态解

5.4.3 至 5.4.5 给出了平稳 FPK 方程可解的几种情形与问题

的提法．应该指出，即使广义平稳势类，也并未包括所有可能得到精确平稳解的随机系统．例如，受高斯白噪声外激的多自由度时不变线性系统的稳态解(5.4-16)就不能按5.4.5中的方法得到．此外，求解(5.4-49)与(5.4-50)或(5.4-53)与(5.4-54)也并不一定比直接求解平稳 FPK 方程容易．事实上，迄今得到的非线性随机振动系统的最为一般的精确平稳解都是由直接求解平稳 FPK 方程得到[16,77]．此处为进一步说明详细平衡与广义平稳势，改用(5.4.4与5.4.5)中的方法重新得到[16,17]中之解．

首先考虑单自由度随机系统，其运动方程为

$$\ddot{Y}+a\dot{Y}\left[H_Z f(H)-\frac{H_{ZZ}}{H_Z}\right]+\frac{H_Y}{H_Z}$$

$$=b\sum_{k=1}^{m}g_k(H)\xi_k(t) \tag{5.4-56}$$

式中 $Z=\dot{Y}^2/2$；$H=H(Y,Z)$ 是二次可微函数，它是下列保守系统运动方程的首次积分

$$\ddot{Y}+\frac{H_Y}{H_Z}=0 \tag{5.4-57}$$

H的下标表示偏导数；$f(H)$ 是一次可微函数；$g_k(H)$ 是二次可微函数；$\xi_k(t)$ 为物理高斯白噪声，均值为零，相关函数

$$E[\xi_k(t)\xi_l(t+\tau)]=2D_{kl}\delta(\tau)$$

D_{kl} 为常数．若 g_k 确实依赖于 H，则 $g_k\xi_k$ 表示随机参激，否则为随机外激．

与(5.4-56)相应的平稳 FPK 方程为

$$-\dot{y}\frac{\partial p_s}{\partial y}+\frac{\partial}{\partial\dot{y}}\left\{\left[\left(aH_z f(H)-a\frac{H_{zz}}{H_z}-b^2H_z\sum_{k,l=1}^{m}D_{kl}g_k'g_l\right)\dot{y}\right.\right.$$

$$\left.\left.+\frac{H_y}{H_z}\right]p_s\right\}+b^2\frac{\partial^2}{\partial\dot{y}^2}\left(p_s\sum_{k,l=1}^{m}D_{kl}g_kg_l\right)=0 \tag{5.4-58}$$

式中 $g_k'=dg_k/dH$．由自然边界条件可导出

$$p_s=\frac{\partial p_s}{\partial\dot{y}}=0,\quad |y|+|\dot{y}|\to\infty \tag{5.4-59}$$

令 $y_1 = y$，$y_2 = \dot{y}$，则 FPK 方程的漂移与扩散系数为

$$a_1 = \dot{y}$$

$$a_2 = -\frac{H_y}{H_z}$$

$$-\left[aH_z f(H) - a\frac{H_{zz}}{H_z} - b^2 H_z \sum_{k,l=1}^{m} D_{kl} g'_k g_l\right]\dot{y}$$

$$(5.4\text{-}60)$$

$$b_{11} = b_{12} = b_{21} = 0, \quad b_{22} = 2b^2 \sum_{k,l=1}^{m} D_{kl} g_k g_l$$

(5.4-56)属详细平衡情形。现通过求解(5.4-49)与(5.4-50)得到(5.4-58)之解。将漂移系数分成两部分

$$a_1^{(I)} = 0, \quad a_1^{(R)} = \dot{y}$$

$$a_2^{(I)} = -\left[aH_z f(H) - a\frac{H_{zz}}{H_z} - b^2 H_z \sum_{k,l=1}^{m} D_{kl} g'_k g_l\right]\dot{y} \quad (5.4\text{-}61)$$

$$a_2^{(R)} = -\frac{H_y}{H_z}$$

在此情形，(5.4-50)形为

$$-\frac{\partial}{\partial \dot{y}}\left(\frac{H_y}{H_z}\right) - \dot{y}\frac{\partial \phi}{\partial y} + \frac{H_y}{H_z}\frac{\partial \phi}{\partial \dot{y}} = 0 \quad (5.4\text{-}62)$$

其解为

$$\phi = -\ln H_z + \phi_0(H) \quad (5.4\text{-}63)$$

其中 $\phi_0(H)$ 为H的任意函数。将(5.4-60)，(5.4-61)及(5.4-63)代入(5.4-49)，得

$$H_z^2\left[af(H) + b^2 \sum_{k,l=1}^{m} D_{kl} g'_k g_l\right]$$

$$+ H_{zz}\left[b^2 \sum_{k,l=1}^{m} D_{kl}\, g_k\, g_l - a\right]$$

$$-b^2 H_z^2 \sum_{k,l=1}^{m} D_{kl} g_k g_l \frac{d\phi_0}{dH} = 0 \quad (5.4\text{-}64)$$

假定 H_{zz}/H_z^2 为H之函数或常数，则积分(5.4-64)得

$$\phi_0(H) = \int_0^H F(u)du \quad (5.4\text{-}65)$$

其中

$$F(H)=\frac{H_{zz}}{H_z^2}+\frac{af(H)-a\dfrac{H_{zz}}{H_z^2}+b^2\sum\limits_{k,l=1}^{m}D_{kl}g_k'g_l}{b^2\sum\limits_{k,l=1}^{m}D_{kl}g_kg_l} \tag{5.4-66}$$

于是,(5.4-56)的平稳概率密度为

$$p_s(y,\dot{y})=CH_z\left(\sum_{k,l=1}^{m}D_{kl}g_kg_l\right)^{-1/2}\exp\left[-\int_0^H F_1(u)du\right]\Bigg|_{H=H(y,\dot{y})} \tag{5.4-67}$$

其中

$$F_1(H)=\frac{H_{zz}}{H_z^2}+\frac{a\left[f(H)-\dfrac{H_{zz}}{H_z^2}\right]}{b^2\sum\limits_{k,l=1}^{m}D_{kl}g_kg_l} \tag{5.4-68}$$

C 为归一化常数. 只要 (5.4-67) 可归一化，它就满足边界条件(5.4-59). 按 Caughey[11] 定义，它是良态的平稳解，因此是唯一的. 从而(5.4-67)是(5.4-56)的稳态解.

当(5.4-56)只有一个外激励，即 $\sum\limits_{k=1}^{m}g_k\xi_k(t)=\xi(t)$,且 $2D=2a/b^2$ 时,(5.4-67)化为

$$p_s(y,\dot{y})=CH_z\exp\left[-\int_0^H f(u)du\right] \tag{5.4-69}$$

这是 Caughey 与 Ma[17] 首先得到的解. 最近，Langley[18] 证明，只有一个外激励时的(5.4-56)是满足详细平衡的最一般的二阶外激非线性振子.

以 (5.4-56) 描述的系统的一个特点是，所有非保守力皆依赖于对应保守系统的首次积分. 因此,可称它为广义能量依赖系统. 它包含性态各不相同的许多非线性随机系统，包括杜芬型振子及马休 (Mathieu)-希尔 (Hill) 型随机参激振子. 例如，(5.4-56)

的一个特例是受高斯白噪声外激线性阻尼非线性恢复力振子

$$\ddot{Y}+\beta\dot{Y}+\frac{\partial U}{\partial Y}=\xi(t) \tag{5.4-70}$$

按(5.4-69),其稳态概率密度为

$$p_s(y,\dot{y})=C\exp\left\{-\frac{\beta}{2D}[\dot{y}^2+2U(y)]\right\} \tag{5.4-71}$$

式中 $2D$ 为 $\xi(t)$ 之强度. 另一个特例是受高斯白噪声外激的范德波-瑞利振子

$$\ddot{Y}-\varepsilon(1-Y^2-\dot{Y}^2)\dot{Y}+Y=\xi(t) \tag{5.4-72}$$

按(5.4-69),它的稳态概率密度为

$$p_s(y,\dot{y})=C\exp\left\{\frac{\varepsilon}{2D}\left[y^2+\dot{y}^2-\frac{1}{2}(y^2+\dot{y}^2)^2\right]\right\} \tag{5.4-73}$$

关于随机马休-希尔振子将在第七章中详细讨论.

其次考虑一类多自由度随机振动系统,其运动方程为

$$\dot{Q}_i=\frac{\partial H}{\partial P_i} \tag{5.4-74a}$$

$$\dot{P}_i=-\frac{\partial H}{\partial q_i}-f(H)\sum_{j=1}^{m}m_{ij}\frac{\partial H}{\partial p_j}+g(H)\sum_{k=1}^{m}\sigma_{ik}\xi_k(t) \tag{5.4-74b}$$

$$i=1,\ 2,\cdots,\ n$$

式中 Q_i 为广义坐标; P_i 为广义动量; $H(\boldsymbol{Q},\boldsymbol{P})$ 为具有连续二阶偏导数的哈密尔顿函数; $f(H)$ 与 $g(H)$ 分别为一次与二次可微的函数; $m_{ij}=m_{ij}(\boldsymbol{Q},\ \boldsymbol{P})$是可微函数; $\sigma_{ik}=\sigma_{ik}(\boldsymbol{Q},\ \boldsymbol{P})$ 为二次可微函数; $\xi_k(t)$ 为物理高斯白噪声, 均值为零, 相关函数为 $E[\xi_k(t)\xi_l(t+\tau)]=2D_{kl}\delta(\tau)$. (5.4-74 b)右边第一个和式表示线性与(或)非线性阻尼, 第二个和式表示随机外激与(或)参激. (5.4-74) 可称为随机受扰的哈密尔顿系统. 现求它的广义平稳势解.

与(5.4-74)相应的平稳 FPK 方程为

$$\sum_{i=1}^{n}\left\{-\frac{\partial}{\partial q_i}\left(\frac{\partial H}{\partial p_i}p_s\right)+\frac{\partial}{\partial p_i}\left\{\left[\frac{\partial H}{\partial q_i}+f\sum_{j=1}^{n}m_{ij}\frac{\partial H}{\partial p_j}\right.\right.\right.$$

$$-\sum_{j=1}^{n}\sum_{k,l=1}^{m}D_{kl}g\sigma_{jl}\frac{\partial}{\partial p_j}(g\sigma_{ik})\Big]p_s\Big\}$$

$$+\sum_{j=1}^{n}\frac{\partial^2}{\partial p_i\partial p_j}(g^2(\boldsymbol{\sigma}\boldsymbol{D}\boldsymbol{\sigma}^T)_{ij}p_s)\Big\}=0 \qquad (5.4\text{-}75)$$

自然边界条件为

$$\frac{\partial H}{\partial p_i}p_s=0 \qquad (5.4\text{-}76\text{ a})$$

$$\frac{\partial H}{\partial q_i}p_s+\sum_{j=1}^{n}\Big\{\Big[fm_{ij}\frac{\partial H}{\partial p_j}-\sum_{k,l=1}^{m}D_{kl}g\sigma_{jl}\frac{\partial}{\partial p_j}(g\sigma_{ik})\Big]p_s$$

$$+\frac{\partial}{\partial p_j}(g^2(\boldsymbol{\sigma}\boldsymbol{D}\boldsymbol{\sigma}^T)_{ij}p_s)\Big\}=0 \qquad (5.4\text{-}76\text{ b})$$

$$i=1,2,\cdots,n,\ |\boldsymbol{q}|+|\boldsymbol{p}|\to\infty$$

由于 $\partial H/\partial p_i$ 与 $g^2(\boldsymbol{\sigma}\boldsymbol{D}\boldsymbol{\sigma}^T)_{ij}$ $(i,\ j=1,2,\cdots,n)$ 一般不随 $|\boldsymbol{q}|+|\boldsymbol{p}|\to\infty$ 而变成零，(5.4-76)可代之以

$$p_s=\frac{\partial p_s}{\partial p_j}=0,\ j=1,2,\cdots,n,|\boldsymbol{q}|+|\boldsymbol{p}|\to\infty \qquad (5.4\text{-}77)$$

设 $y_{2i-1}=q_i$，$y_{2i}=p_i$，FPK 方程（5.4-75）的漂移与扩散系数为

$$a_{2i-1}=\frac{\partial H}{\partial p_i}$$

$$a_{2i}=-\frac{\partial H}{\partial q_i}-f\sum_{j=1}^{n}m_{ij}\frac{\partial H}{\partial p_j}$$

$$+\sum_{j=1}^{n}\sum_{k,l=1}^{m}D_{kl}g\sigma_{jl}\frac{\partial}{\partial p_j}(g\sigma_{ik}) \qquad (5.4\text{-}78)$$

$$b_{2i-1,j}=b_{i,2j-1}=0$$

$$b_{2i,2j}=2g^2(\boldsymbol{\sigma}\boldsymbol{D}\boldsymbol{\sigma}^T)_{ij}$$

将漂移与扩散系数分成两部分

$$a_{2i-1}^{(1)}=0,\quad a_{2i-1}^{(2)}=\frac{\partial H}{\partial p_i}$$

$$a_{2i}^{(1)}=-f\sum_{j=1}^{n}m_{ij}\frac{\partial H}{\partial p_j}+\sum_{j=1}^{n}\sum_{k,l=1}^{m}D_{kl}g\sigma_{jl}\frac{\partial}{\partial p_j}(g\sigma_{ik})$$

$$a_{2i}^{(2)} = -\frac{\partial H}{\partial q_i} \tag{5.4-79}$$

$$b_{2i-1,j}^{(2i-1)} = -b_{j\,,2i-1}^{(i)}$$

$$b_{2i,2j}^{(2i)} + b_{2j,2i}^{(2j)} = b_{2i,2j}$$

在此情形,(5.4-54)变成

$$\sum_{i=1}^{n}\left[\frac{\partial}{\partial q_i}\left(\frac{\partial H}{\partial p_i}\right) - \frac{\partial}{\partial p_i}\left(\frac{\partial H}{\partial q_i}\right) - \frac{\partial H}{\partial p_i}\frac{\partial \phi}{\partial q_i} + \frac{\partial H}{\partial q_i}\frac{\partial \phi}{\partial p_i}\right] = 0 \tag{5.4-80}$$

(5.4-80)之解为

$$\phi = \phi_0(H) \tag{5.4-81}$$

$\phi_0(H)$ 为H的任意函数.

令 $b_{2i-1,j}^{(2i-1)} = -b_{j,2i-1}^{(i)} = 0$, $b_{2i,2j}^{(2i)} = 2g^2(\sigma D\sigma^T)_{ij}^{(i)}$. 将此两式连同(5.4-79)与(5.4-81)一起代入(5.4-53)得

$$\sum_{j=1}^{n}\left\{2g^2(\sigma D\sigma^T)_{ij}^{(i)}\frac{d\phi_0}{dH}\frac{\partial H}{\partial p_j} + 2\frac{\partial}{\partial p_j}\left(g^2(\sigma D\sigma^T)_{ij}^{(i)}\right) + fm_{ij}\frac{\partial H}{\partial p_j} - \sum_{k,l=1}^{m} D_{kl}g\sigma_{jl}\frac{\partial}{\partial p_j}(g\sigma_{ik}\phi_0)\right\} = 0 \tag{5.4-82}$$

$$i = 1, 2, \cdots, n$$

方程组(5.4-82)可在下列三种情形下有解.

1. g 为常数,m_{ij} 与 σ_{ik} 只是 q_i 的函数,而非 p_i 之函数,且

$$m_{ij} = 2(\sigma D\sigma^T)_{ij}^{(i)},\ 或\ (\sigma D\sigma^T)_{ij}^{(i)} = \frac{1}{2}(m_{ij} + m_{ji}) \tag{5.4-83}$$

此时,(5.4-74)的平稳概率密度为

$$p_s(\boldsymbol{q}, \boldsymbol{p}) = C\exp\left[-\frac{1}{g^2}\int_0^H f(u)du\right]\Bigg|_{H=H(\boldsymbol{p},\boldsymbol{q})} \tag{5.4-84}$$

2. g 为H的函数, m_{ij} 与 σ_{ik} 只是 q_i 之函数, 而非 p_i 之函数, $m_{ij} = m_{ji}$, 或 $(\sigma D\sigma^T)_{ij}^{(i)} = (\sigma D\sigma^T)_{ji}^{(j)} = \frac{1}{2}(\sigma D\sigma^T)_{ij}$,且(5.4-8)之一满足,此时(5.4-74)的平稳概率密度为

$$p_s(\boldsymbol{q},\boldsymbol{p}) = Cg^{-1}(H)\exp\left[-\int_0^H \frac{f(u)}{g^2(u)}du\right]\Bigg|_{H=H(\boldsymbol{q},\boldsymbol{p})} \tag{5.4-85}$$

3. $\xi_k(t)$ 为数学高斯白噪声，无 Wong-Zakai 修正项．g 是 H 的函数．m_{ij} 与 σ_{ik} 是 q_i 的函数，非为 p_i 之函数，且(5.4-83)之一满足．此时(5.4-74)的平稳概率密度为

$$p_s(\boldsymbol{q},\boldsymbol{p}) = Cg^{-2}(H)\exp\left[-\int_0^H \frac{f(u)}{g^2(u)}du\right]\Bigg|_{H=H(\boldsymbol{q},\boldsymbol{p})} \tag{5.4-86}$$

Soize[78] 曾得到 m_{ij} 与 σ_{ik} 为常数情形时形如(5.4-86)之解．

可证，只要(5.4-84)，(5.4-85)或(5.4-86)可归一化，它们就满足边界条件 (5.4-77)，它们就是良态平稳解，是唯一的，从而是 (5.4-74) 的稳态解．

注意，(5.4-74)是一个相当一般的随机振动系统，它包含许多以前已得到精确稳态解的系统．例如，令 $Q_i = Y_i$，$P_i = \dot{Y}_i$，

$$H = \sum_{i=1}^{n} \frac{1}{2}\dot{Y}_i^2 + U(Y_1, Y_2, \cdots, Y_n)$$

(5.4-74)变成

$$\ddot{Y}_i + f(H)\sum_{j=1}^{n} m_{ij}\dot{Y}_j + \frac{\partial U}{\partial Y_i} = g(H)\sum_{k=1}^{m}\sigma_{ik}\xi_k(t) \tag{5.4-87}$$

$$i = 1,2,\cdots,n$$

在特殊情形，f 与 g 为常数，σ 为单位矩阵，条件(5.4-83)之一满足，(5.4-87)的稳态概率密度为

$$p_s(\boldsymbol{y},\dot{\boldsymbol{y}}) = C\exp(-\lambda H)|_{H=H(\boldsymbol{y},\dot{\boldsymbol{y}})} \tag{5.4-88}$$

式中 $\lambda = f/g^2$．(5.4-88) 形同 Scheurkogel 与 Elishakoff[22] 为一个二自由度系统得到的解．

又如，令 $Q_i = Y_{2i-1}, P_i = Y_{2i}, H = \sum_{i=1}^{n}\int_0^{Y_{2i}} h_i(u)du + V(Y_1, Y_3, \cdots, Y_{2n-1})$，$g(Y_1, Y_3, \cdots, Y_{2n-1}) = \partial V(Y_1, Y_3, \cdots, Y_{2n-1})/\partial Y_{2i-1}$．则(5.4-74)变成

$$\dot{Y}_{2i-1} = h_i(Y_{2i}) \tag{5.4-89}$$

$$\dot{Y}_{2i} = -g_i(Y_1, Y_3, \cdots, Y_{2n-1}) - f(H) \sum_{j=1}^{m} m_{ij} h_j(Y_{2j})$$

$$+ g(H) \sum_{k=1}^{m} \sigma_{ik} \xi_k(t)$$

$$i = 1, 2, \cdots, n$$

Caughey 与 Ma[19] 首先得到 $m_{ij} = 0 (i \neq j)$，m_{ii} 为常数，且只有随机外激情形(5.4-89)之稳态解，后来笔者[16] 得到同时有随机外激情形(5.4-89)的稳态解。

以上关于 (5.4-74) 的结果还可进一步推广到更为一般的一类非线性随机系统。考虑以如下运动方程描述的系统：

$$\dot{Q}_i = a(\boldsymbol{Q}) \frac{\partial H}{\partial P_i}$$

$$\dot{P}_i = -a(\boldsymbol{Q}) \frac{\partial H}{\partial Q_i} - f(H) \sum_{j=1}^{n} m_{ij} \frac{\partial H}{\partial P_j}$$

$$+ g(H) \sum_{k=1}^{m} \sigma_{ik} \xi_k(t)$$

$$i = 1, 2, \cdots, n$$

式中 $a(\boldsymbol{Q})$ 是矢量 $\boldsymbol{Q}$ 的任意函数。类似的推导可给出 (5.4-90) 的稳态解。与 (5.4-84)—(5.4-86) 相应的 (5.4-90) 的平稳概率密度为

$$p_s(\boldsymbol{q}, \boldsymbol{p}) = \frac{C}{a(\boldsymbol{q})} \exp\left[-\frac{1}{g^2}\int_0^H f(u)\,du\right]\Big|_{H=H(\boldsymbol{q},\boldsymbol{p})} \tag{5.4-91}$$

$$p_s(\boldsymbol{q}, \boldsymbol{p}) = \frac{C}{a(\boldsymbol{q})} g^{-1}(H) \exp\left[-\int_0^H \frac{f(u)}{g^2(u)}\,du\right]\Big|_{H=H(\boldsymbol{q},\boldsymbol{p})} \tag{5.4-92}$$

$$p_s(\boldsymbol{q}, \boldsymbol{p}) = \frac{C}{a(\boldsymbol{q})} g^{-2}(H) \exp\left[-\int_0^H \frac{f(u)}{g^2(u)}\,du\right]\Big|_{H=H(\boldsymbol{q},\boldsymbol{p})} \tag{5.4-93}$$

作为一个例子，考虑 (5.4-90) 的一个特殊情形，即 $Q_i = Y_i$，$P_i = \dot{Y}_i$，$Z_i = \dot{Y}_i^2/2$，$H = H(\boldsymbol{Y}, \boldsymbol{Z})$，且 $H_{Z_i} = G(\boldsymbol{Y})$，$i = 1, 2,$

$\cdots,n$ 令 $a(Q)=1/G(Y)$，(5.4-90) 化为

$$\ddot{Y}_i+f(H)G(Y)\sum_{j=1}^{n}m_{ij}\dot{Y}_j+\frac{H_{Y_i}}{G(Y)}$$

$$=g(H)\sum_{k=1}^{m}\sigma_{ik}\xi_k(t) \tag{5.4-94}$$

$$i=1,2,\cdots,n$$

对应于 (5.4-91)—(5.4-93)，(5.4-94) 的精确稳态解为

$$p_s(\boldsymbol{y},\dot{\boldsymbol{y}})=CG(\boldsymbol{y})\exp\left[-\frac{1}{g^2}\int_0^H f(u)\,du\right]\Big|_{H=H(\boldsymbol{y},\dot{\boldsymbol{y}})} \tag{5.4-95}$$

$$p_s(\boldsymbol{y},\dot{\boldsymbol{y}})=CG(\boldsymbol{y})g^{-1}(H)\exp\left[-\int_0^H\frac{f(u)}{g^2(u)}\,du\right]\Big|_{H=H(\boldsymbol{y},\dot{\boldsymbol{y}})} \tag{5.4-96}$$

$$p_s(\boldsymbol{y},\dot{\boldsymbol{y}})=CG(\boldsymbol{y})g^{-2}(H)\exp\left[-\int_0^H\frac{f(u)}{g^2(u)}\,du\right]\Big|_{H=H(\boldsymbol{y},\dot{\boldsymbol{y}})} \tag{5.4-97}$$

$m_{ij}=0\ (i\neq j)$，m_{ii} 为常数，且只有随机外激情形(5.4-91)之解首先由 Caughey 与 Ma[17] 得到。同时有随机外激与参激之情形曾由笔者[16]得到。

5.4.7 等价随机系统

不同的随机系统具有不同的随机轨迹，但它们可具有相同的概率密度。凡具有相同概率密度的所有不同随机系统称为等价随机系统，只具有相同稳态概率密度的称为广义(弱)等价随机系统，不仅具有相同稳态概率密度，而且在相同的初始条件下具有相同瞬态概率密度的称为狭义(强)等价随机系统。

5.2 节中已指出，对应于同一个 FPK 方程，可有无穷多个不同的随机系统，它们的伊藤随机微分方程的扩散矩阵可差一个正

交矩阵因子．此外，FPK 方程的扩散矩阵是正定的对称矩阵，若其上叠加一个反对称矩阵，可得一个新的随机系统，然而 FPK 方程都不变．以上两种情形中，不同的随机系统具有相同的 FPK 方程，在相同的初始条件下将具有相同的瞬态概率密度，因此它们是狭义等价随机系统．

还有一种情况是，不同的随机系统，即使它们的 FPK 方程不一样，仍可具有相同的稳态概率密度．事实上，在 (5.4-53) 与 (5.4-54)中，保持概率密度势 ϕ 不变，可同时改变 a_i 与 b_{ik} 使这两个方程仍然得到满足．由此可产生具有相同稳态概率密度的许多不同的 FPK 方程，从而得到更多数目的等价随机系统．

例如，随机系统

$$\ddot{Y}+\beta\dot{Y}+\partial U/\partial Y=\xi_1(t) \tag{a}$$

式中 $U=U(Y)$ 是系统 (a) 的势能．(a) 是(5.4-56)的一个特殊情形．若给系统 (a) 任意添加一个随机激励 $u(Y,\dot{Y})\xi_2(t)$，从而改变了扩散系数 b_{ik}，可按方程组(5.4-53)与(5.4-54)的要求给系统 (a) 添加阻尼，即相应地改变漂移系数 a_i．由此产生一族等价随机系统

$$\ddot{Y}+\beta\dot{Y}+\beta(D_2/D_1)u^2\dot{Y}-D_2u\frac{\partial u}{\partial\dot{Y}}+\partial U/\partial Y$$

$$=\xi_1(t)+u\xi_2(t) \tag{b}$$

式中 $2D_1$ 与 $2D_2$ 分别是 $\xi_1(t)$ 与 $\xi_2(t)$ 的强度．例如，令

$$u(Y,\dot{Y})=Y$$

(b) 形为

$$\ddot{Y}+\beta\dot{Y}+\beta(D_2/D_1)Y^2\dot{Y}+\partial U/\partial Y=\xi_1(t)+Y\xi_2(t) \tag{c}$$

也可以让 (a) 中激励放大 $v(Y,\dot{Y})$ 倍，然后按(5.4-53)与(5.4-54)的要求相应地增加阻尼，产生另一系列等价随机系统

$$\ddot{Y}+\beta v^2\dot{Y}-D_1v\frac{\partial v}{\partial\dot{Y}}+\frac{\partial U}{\partial Y}=v(Y,\dot{Y})\xi_1(t) \tag{d}$$

结合上述两种办法，可产生更大一族等价随机系统

$$\ddot{Y}+\beta v^2\dot{Y}-D_1 v\frac{\partial v}{\partial \dot{Y}}+\sum_{j,k=1}^{m}\beta(D_{jk}/D_1)u_j u_k\dot{Y}-D_{jk}u_j\frac{\partial u_k}{\partial \dot{Y}}$$

$$+\partial U/\partial Y=v\xi_1(t)+\sum_{j=1}^{m}u_j\xi_j(t) \tag{e}$$

$$j=2,\cdots,m$$

式中 $E[\xi_j(t)\xi_k(t+\tau)]=2D_{jk}\delta(\tau)$. 例如，令 $v=1$, $u_2=Y$, $u_3=\dot{Y}$, $u_j=0\ (j=4,5,\cdots,m)$ 及 $D_{23}=0$. (e) 变成

$$\ddot{Y}+[(\beta-D_3)+(D_2/D_1)Y^2+(D_3/D_1)\dot{Y}^2]\dot{Y}+\partial U/\partial Y$$
$$=\xi_1(t)+Y\xi_2(t)+\dot{Y}\xi_3(t) \tag{f}$$

用类似的办法可给出广义能量依赖系统(5.4-56)的等价随机系统.

所有随机系统 (a)—(f) 具有相同的稳态概率密度. 若

$$\partial U/\partial Y=kY$$

(a)为受高斯白噪声外激的线性振子，响应为高斯随机过程，从而所有系统 (b)—(f) 的平稳响应也是高斯随机过程. 这说明非线性系统对高斯白噪声的平稳响应也可以是高斯随机过程. 这个事实首先由 Yong 与 Lin[15] 注意到.关于等价随机系统的更详细讨论见[79,16].

(a) 属于广义能量依赖系统(5.4-56)，而 (b)—(f)一般不是广义能量依赖系统. 于是给定一个受高斯白噪声激励的非广义能量依赖非线性系统，例如 (b)—(f)，可通过设法找到其随机等价的广义能量依赖系统，而获得它的稳态解.这就给出了寻求非广义能量依赖非线性随机系统的稳态解的一条途径.

5.5 FPK 方程的近似与数值解法

能求精确解的 FPK 方程，尤其是能求精确瞬态解的 FPK 方程相对来说是少数，大多数工程实际问题中，往往只能求近似解析解或数值解，下面简述主要的近似解法与数值解法.

5.5.1 特征函数展式

应用转移概率密度的特征函数展式，可得 FPK 方程的精确

或近似瞬态解。

对受高斯白噪声激励的时不变动态系统，利用变量分离技巧，FPK 方程（5.2-47）在初始时刻 $t=0$ 的条件 $p(\boldsymbol{y},0|\boldsymbol{y}_0)=\delta(\boldsymbol{y}-\boldsymbol{y}_0)$ 下之解可用如下特征函数展式表示

$$p(\boldsymbol{y},t|\boldsymbol{y}_0)=\sum_{i=1}^{\infty}e^{-\lambda_i t}u_i(\boldsymbol{y})v_i(\boldsymbol{y}_0)+\int e^{-\lambda t}u_\lambda(\boldsymbol{y})v_\lambda(\boldsymbol{y}_0)d\lambda \tag{5.5-1}$$

其中 λ_i 与 λ 分别为算子 $L=L_{\boldsymbol{y}}$ 与 $L^*=L^*_{\boldsymbol{y}_0}$ 的离散与连续特征值；u_i 与 v_i 分别是与离散特征值 λ_i 对应的 L 与 L^* 的特征函数；u_λ 与 v_λ 则分别为与连续特征值 λ 对应的 L 与 L^* 的特征函数。它们分别满足如下方程

$$L_{\boldsymbol{y}}u_i+\lambda_i u_i=0 \tag{5.5-2}$$

$$L^*_{\boldsymbol{y}_0}v_i+\lambda_i v_i=0 \tag{5.5-3}$$

$$L_{\boldsymbol{y}}u_\lambda+\lambda u_\lambda=0 \tag{5.5-4}$$

$$L^*_{\boldsymbol{y}_0}v_\lambda+\lambda v_\lambda=0 \tag{5.5-5}$$

由于 L 与 L^* 互为伴随算子，即

$$\int_\Omega(uL^*v-vLu)d\boldsymbol{y}=0 \tag{5.5-6}$$

L 与 L^* 具有相同的特征值。

当 L 与 L^* 没有连续谱，且 $\lambda_0=0$ 属于 L 的离散谱时，$v_0=1$。FPK 方程具有稳态解

$$p_s(\boldsymbol{y})=u_0(\boldsymbol{y}) \tag{5.5-7}$$

若已得到该稳态解，则代替算子 L 与特征函数 u_i，可用算子 G 与其相应的特征函数 w_i

$$G(w_i)=p_s^{-1}L(p_s w_i),\quad w_i=p_s^{-1}u_i \tag{5.5-8}$$

G 与 L^* 关于内积

$$\langle v,w\rangle=\int_\Omega p_s(\boldsymbol{y})v(\boldsymbol{y})w(\boldsymbol{y})d\boldsymbol{y}=E[vw] \tag{5.5-9}$$

是伴随的，若 λ_i 是不同的，则有

$$\langle v_i,w_j\rangle=\delta_{ij} \tag{5.5-10}$$

而 FPK 方程之解可用下列特征函数展式表示

$$p(\boldsymbol{y},t|\boldsymbol{y}_0)=p_s(\boldsymbol{y})\sum_{i=0}^{\infty}e^{-\lambda_i t}w_i(\boldsymbol{y})v_i(\boldsymbol{y}_0) \tag{5.5-11}$$

若有稳态解，它对应于 $i=0$ 一项，且 $w_0=1$。

由特征函数展式(5.5-1)与(5.5-11)知，求 FPK 方程之瞬态解问题在于求 L 与 L^*，或 G 与 L^* 的特征值与特征函数。至今只对线性系统与一些一阶非线性系统找到了精确的特征值与特征函数[10]。

对弱非线性系统，可用摄动法近似求解特征值问题，从而可得 FPK 方程的近似瞬态解，此时算子 L 与 L^* 可表为

$$\begin{aligned}L&=L_0+\varepsilon L_1\\L^*&=L_0^*+\varepsilon L_1^*\end{aligned} \tag{5.5-12}$$

其中 L_0 与 L_0^* 为与系统的线性部分对应的算子，ε 为小参数，相应地，可将特征值与特征函数展为 ε 的幂级数，当只有离散特征值时.

$$\begin{aligned}\lambda_i&=\lambda_{i0}+\varepsilon\lambda_{i1}+\varepsilon^2\lambda_{i2}+\cdots\\u_i&=u_{i0}+\varepsilon u_{i1}+\varepsilon^2u_{i2}+\cdots\\v_i&=v_{i0}+\varepsilon v_{i1}+\varepsilon^2v_{i2}+\cdots\end{aligned} \tag{5.5-13}$$

将(5.5-12)与(5.5-13)代入(5.5-2)—(5.5-3)，组合 ε 的同幂项，得

$$\begin{aligned}L_0u_{i0}+\lambda_{i0}u_{i0}&=0\\L_0^*v_{i0}+\lambda_{i0}v_{i0}&=0\end{aligned} \tag{5.5-14}$$

$$\begin{aligned}L_0u_{i1}+\lambda_{i0}u_{i1}&=-L_1u_{i0}-\lambda_{i1}u_{i0}\\L_0^*v_{i1}+\lambda_{i0}v_{i1}&=-L_1^*v_{i0}-\lambda_{i1}v_{i0}\end{aligned} \tag{5.5-15}$$

$$\begin{aligned}L_0u_{i2}+\lambda_{i0}u_{i2}&=-L_1u_{i1}-\lambda_{i1}u_{i1}-\lambda_{i2}u_{i0}\\L_0^*v_{i2}+\lambda_{i0}v_{i2}&=-L_1^*v_{i1}-\lambda_{i1}v_{i1}-\lambda_{i2}v_{i0}\end{aligned} \tag{5.5-16}$$

....

在相应的边界条件下，逐步求解上述线性系统的特征值问题，可得 L 与 L^* 的近似特征值与特征函数。若已知稳态解，则上述步骤也可应用于算子 G 与 L^*，文 [23] 用此法求得了杜芬振子的近似瞬态转移概率密度。

还可用变分法求近似特征值与特征函数[24]. L_y 是线性算子，但不是自伴随的，可用伴随变分法[25]. 特征函数用下式近似

$$u(\boldsymbol{y}) = \sum_{j=1}^{N} c_j U_j(\boldsymbol{y})$$

$$v(\boldsymbol{y}) = \sum_{j=1}^{N} d_j V_j(\boldsymbol{y}) \tag{5.5-17}$$

式中 U_j 与 V_j 是任意线性独立的试函数；常数 c_j 与 d_j 连同近似特征值 μ 则通过解下列两个矩特征值问题求得

$$\int_{\Omega} (L_y u + \mu u) V_j d\boldsymbol{y} = 0, j = 1, 2, \cdots, N$$

$$\int_{\Omega} (L_y^* v + \mu v) U_k d\boldsymbol{y} = 0, k = 1, 2, \cdots, N \tag{5.5-18}$$

对弱非线性二阶系统，可取多项式作为试函数. 对参激系统，则可取三角函数作试函数，若系统的定义域 Ω 是有界的，则试函数须满足 FPK 方程的边界条件.

5.5.2 迭代法

求解 FPK 方程的迭代步骤乃基于研究偏微分方程解的存在与唯一性的参数方法. 该法首先由 Ilin 与 Khas'minskii[5]所用，后来由 Kushner[6] 与 Mayfield[26] 加以推广.

设 $p_0(\boldsymbol{y}, t|\boldsymbol{y}_0)$ 是对 FPK 方程(5.2-47)解的一个初步估计，Mayfield 证明，序列

$$p_{i+1}(\boldsymbol{y}, t|\boldsymbol{y}_0) = p_0(\boldsymbol{y}, t|\boldsymbol{y}_0) + \int_0^t \int_{\Omega} p_i(\boldsymbol{y}, t-\tau|\boldsymbol{y}_0) \times L' p_0(\boldsymbol{y}, \tau|\boldsymbol{y}_0) d\boldsymbol{y} d\tau \tag{5.5-19}$$

其中

$$L' = L - \frac{\partial}{\partial t} \tag{5.5-20}$$

可用来改善 p_0，即随 i 增加，p_{i+1} 趋于 FPK 方程之解.

对弱非线性系统，线性部分的高斯解可用作 p_0. 对此，Mayfield 作了较为详细的研究. 若只要求稳态解，则(5.5-19)可简化. 若

只要求矩函数，还可进一步简化。(5.5-19) 的计算量将随系统阶数的提高而急剧增加。

5.5.3 伽辽金法

Bhandari 与 Sherrer[27] 发展了求 FPK 方程平稳解的伽辽金法，他们用多重埃尔米特多项式表示联合概率密度，该法被成功地用于一、二个自由度弱非线性系统。

Wen[28] 将这个伽辽金法推广于求解二维 FPK 方程的瞬态解. 他将转移概率密度展开为

$$p(\boldsymbol{y},t|\boldsymbol{y}_0)=\sum_{j=1}^{m}\sum_{k=1}^{n}Q_{jk}(t)\chi_j(y_1,t)\chi_k(y_2,t) \tag{5.5-21}$$

式中 χ_j 是试函数，对所有 t，关于 y_1 与 y_2 线性独立。按伽辽金法，正交条件为

$$\iint_{-\infty}^{\infty}L'_y\sum_{j=1}^{m}\sum_{k=1}^{n}Q_{jk}\chi_j\chi_kH_{pr}dy_1dy_2=0 \tag{5.5-22}$$

式中 $H_{pr}(y_1,y_2,t)$, $p=1,2,\cdots,m$; $r=1,2,\cdots,n$ 是一线性独立的权函数集. 积分(5.5-22)得一阶方程组

$$\dot{Q}_{pr}(t)=\sum_{j=1}^{m}\sum_{k=1}^{n}f_{jkpr}Q_{jk}(t) \tag{5.5-23}$$

初始条件为

$$Q_{pr}(0)=H_{pr}(y_{10},y_{20}) \tag{5.5-24}$$

(5.5-23)可用解析法或数值方法求解. Wen 将此法应用于杜芬振子[28]与滞迟系统[29]. 对双线性滞迟系统，其结果与数字模拟结果相当一致。

该法的缺点是，对强非线性系统，收敛速度慢。当非线性非为多项式时，所涉及的积分很复杂。

5.5.4 有限元法

最近，基于伽辽金技术，Langley[30] 提出用加权残数提法的有限元法计算非参激情形平稳 FPK 方程之解. 将平稳 FPK 方

程表为

$$L[p_s(\boldsymbol{y})]=L_1[p_s(\boldsymbol{y})]+L_2[p_s(\boldsymbol{y})]=0 \quad (5.5\text{-}25)$$

式中

$$L_1=\sum_{j=1}^{n}\frac{\partial}{\partial y_j}a_j(\boldsymbol{y}),\ L_2=-\frac{1}{2}\sum_{i,k=1}^{n}\frac{\partial^2}{\partial y_j\partial y_k}b_{jk}(\boldsymbol{y}) \quad (5.5\text{-}26)$$

以 $w(\boldsymbol{y})$ 表示任意权函数，由(5.5-25)有

$$\int_\Omega w(\boldsymbol{y})L_1[P_s(\boldsymbol{y})]d\boldsymbol{y}+\int_\Omega w(\boldsymbol{y})L_2[p_s(\boldsymbol{y})]d\boldsymbol{y}=0 \quad (5.5\text{-}27)$$

一般积分域 Ω 为无穷域，在无穷远处 p_s 及其一阶偏导数为零，分部积分(5.5-27)得

$$\begin{aligned}&\int_\Omega\sum_{j=1}^{n}a_j(\boldsymbol{y})p_s(\boldsymbol{y})\frac{\partial}{\partial y_j}w(\boldsymbol{y})d\boldsymbol{y}\\&\qquad-\frac{1}{2}\sum_{i,k=1}^{n}b_{jk}(\boldsymbol{y})\int_\Omega\frac{\partial}{\partial y_j}[w(\boldsymbol{y})]\\&\qquad\times\frac{\partial}{\partial y_k}[p_s(\boldsymbol{y})]d\boldsymbol{y}=0\end{aligned} \quad (5.5\text{-}28)$$

将足够大的域划分成有限元，忽略域外的概率密度。每个元素上的概率密度用节点上之值近似表示

$$p_e(\boldsymbol{y})=\sum_{i=1}^{m}p_iN_i(\boldsymbol{y}) \quad (5.5\text{-}29)$$

式中 p_i 为 $p_s(\boldsymbol{y})$ 在节点上之值；$N_i(y)$ 为形函数；m 为一个单元的节点数。(5.5-28)可近似地代之以

$$\begin{aligned}&\sum_e\left\{\int_e\sum_{j=1}^{n}a_jp_e\frac{\partial}{\partial y_j}[w(\boldsymbol{y})]d\boldsymbol{y}\right.\\&\qquad\left.-\frac{1}{2}\sum_{i,k=1}^{n}b_{jk}\int_e\frac{\partial}{\partial y_j}[w(\boldsymbol{y})]\frac{\partial}{\partial y_k}[p_e]d\boldsymbol{y}\right\}=0\end{aligned} \quad (5.5\text{-}30)$$

式中 $\sum_e$ 表示对所有单元求和；$\int_e$ 表示在一个单元上的积分，选取 $w(\boldsymbol{y})$ 只在含特定节点，例如总体节点 q 的元素上不为零，其值等于该元素的形函数。并在一个元素内，将 $a_j(\boldsymbol{y})$ 近似表为

$$a_j(\boldsymbol{y}) = \sum_{l=1}^{m} a_j^l N_l(\boldsymbol{y}) \tag{5.5-31}$$

式中 a_j^l 为 $a_j(\boldsymbol{y})$ 在元素节点 l 上之值. (5.5-30)化为

$$\sum_{e'} \left\{ \sum_{s=1}^{m} k_{rs}^e p_s \right\} = 0 \tag{5.5-32}$$

其中

$$k_{rs}^e = \sum_{j=1}^{n} \sum_{l=1}^{m} a_j^l f_{jlrs} - \frac{1}{2} \sum_{j=1}^{n} \sum_{k=1}^{n} b_{jk} h_{jkrs} \tag{5.5-33}$$

$$f_{jlrs} = \int_e N_l N_s \frac{\partial}{\partial y_j}(N_r) d\boldsymbol{y},$$

$$h_{jkrs} = \int_e \frac{\partial}{\partial y_j}(N_r) \frac{\partial}{\partial y_k}(N_s) d\boldsymbol{y} \tag{5.5-34}$$

r 是相应于总体节点 q 的元素的节点数, $\sum_{e'}$ 表示对含总体节点 q 的元素求和,依次考虑每个节点,可构造含 n 个方程的方程组

$$\boldsymbol{K}\boldsymbol{p} = 0 \tag{5.5-35}$$

式中 $\boldsymbol{K}$ 为方阵, $\boldsymbol{p}$ 为节点上概率密度组成的矢量, (5.5-35)须在归一化条件下求解.

应用于杜芬振子的结果表明, 与精确解相当一致. 与伽辽金法相比,对强非线性系统计算时间较少, 随着计算机能力的增强, 此法将可用于求解多维 FPK 方程.

5.5.5 有限差分法

最近, Roberts[31] 用克朗克 (Crank)-尼考尔逊 (Nicolson) 型隐式差分法求解了一维 FPK 方程的瞬态解. 令 $y_j = j\Delta y, t_k = k\Delta t, a_j = a(j\Delta y), b_j = b(j\Delta y)$, $p_{j,k} = p(j\Delta y; k\Delta t)$, 一维 FPK 方程的差分近似为

$$\frac{p_{j,k+1} - p_{j,k}}{\Delta t} = \frac{1}{2}\left\{ \frac{a_{j+1}p_{j+1,k+1} - a_{j-1}p_{j-1,k+1}}{2\Delta y} + \frac{a_{j+1}p_{j+1,k} - a_{j-1}p_{j-1,k}}{2\Delta y} \right\}$$

$$+\frac{1}{4}\left\{\frac{b_{i+1}p_{i+1,k+1}-2b_ip_{i,k+1}+b_{i-1}p_{i-1,k+1}}{(\Delta y)^2}\right.$$

$$\left.+\frac{b_{i+1}p_{i+1,k}-2b_ip_{i,k}+b_{i-1}p_{i-1,k}}{(\Delta y)^2}\right\} \qquad (5.5\text{-}36)$$

无限远处的边界条件可近似为

$$p_{N,k}=0,\ (p_{N+1,k}-p_{N-1,k})/2\Delta y=0 \qquad (5.5\text{-}37)$$

式中N为足够大的数，初始条件为

$$p_{i,0}=1/\Delta y \qquad (5.5\text{-}38)$$

式中 $i\Delta y=y_0$（若 $y_0=0$，则 $p_{0,0}=2/\Delta y$）。

求解(5.5-36)—(5.5-38)，可得转移概率密度近似值。这种方法可取较大的时间步长，从而计算量较少。

5.5.6 随机步行法

Toland 等[32]曾用随机步行法计算单自由度非线性系统对高斯白噪声的非平稳响应概率密度。Roberts[33] 则用此法数值求解由随机平均法得到的幅值(或能量)包线的 FPK 方程。现以一维情形为例说明其基本思想。

随机步行是指一个人在离散时刻 $t_j=j\Delta t$ $(j=0,1,2,\cdots)$ 上沿 y 轴随机地向左或向右走一步，人所处的位置只能是离散值 $y_k=k\Delta y$ $(k=0,\pm1,\pm2,\cdots)$，设 t_j 时刻人处在 y_k 位置上，

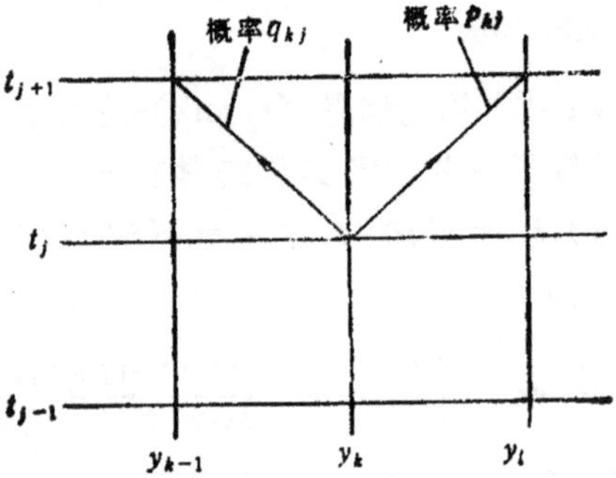

图 5.1-1

在 t_{j+1} 时刻走向 y_{k+1} 的概率为 p_{kj}，走向 y_{k-1} 的概率为 $q_{kj}=1-p_{kj}$（见图 5.5-1）。

实质上这是一种概率扩散过程，它的一、二阶增量矩分别为

$$\alpha_1(y_k,t_j,\Delta t)=(p_{kj}-q_{kj})\Delta y$$
$$\alpha_2(y_k,t_j,\Delta t)=p_{kj}(\Delta y)^2+q_{kj}(\Delta y)^2=(\Delta y)^2 \quad (5.5\text{-}39)$$

为使该过程与一维 FPK 方程所描述的概率进化过程相匹配，需使

$$(p_{kj}-q_{kj})\Delta y=a(y_k,t_j)\Delta t$$
$$(\Delta y)^2=b(y_k,t_j)\Delta t \quad (5.5\text{-}40)$$

据此，给定 Δy，可由漂移与扩散系数 $a(y_k,t_j)$ 与 $b(y_k,t_j)$ 确定 p_{kj}，q_{kj} 及 Δt。初始条件为 $t=t_0$ 时 $y=y_0$，即在 (y,t_0) 上概率质量为 1。该质量随时间按图 5.5-1 所示方式扩散。

这种方法实质上等价于一种显式有限差分法。当时间步长超过某个临界值时，这种方法变成不稳定。

5.5.7 路径积分法

一种可用于求解较高维 FPK 方程的数值方法是路径积分法（path-integral method）[34]。多年来，不少人致力于用路径积分表示 FPK 方程的形式解[35]。即将 FPK 方程之解表达为如下形式的泛函积分

$$p(\boldsymbol{y},t)=\int_{\boldsymbol{y}_0}^{\boldsymbol{y}} D\mu(\boldsymbol{y})\exp\left\{-\int_{t0}^{t}\mathscr{L}\,[\dot{\boldsymbol{y}}(t'),\boldsymbol{y}(t')]\,dt'\right\}p(\boldsymbol{y}_0,t) \quad (5.5\text{-}41)$$

式中 $D\mu(\boldsymbol{y})$ 是一个积分测度；$\mathscr{L}$ 常称为昂萨格（Onsager）-马赫拉帕（Machlup）泛函。在空间与时间上离散化，以路径和代替路径积分(5.5-41)

$$p(\boldsymbol{y},t)=\lim_{\substack{\tau\to 0\\ N\to\infty\\ N\tau\to t-t_0}}\prod_{j=0}^{N-1}\int\cdots\int(\mu_j d\boldsymbol{y}_j)$$
$$\times\exp\left\{-\tau\sum_{k=0}^{N-1}\mathscr{L}\,(\boldsymbol{y}_{k+1},\boldsymbol{y}_k,\tau)\right\}p(\boldsymbol{y}_0,t) \quad (5.5\text{-}42)$$

$$= \lim_{\substack{\tau\to 0\\ N\to\infty\\ N\tau\to t-t_0}} \prod_{j=0}^{N-1}\left\{\int dy_j G(y_{j+1}, y_j, \tau)\right\} p(y_0, t)$$

式中

$$G(\boldsymbol{y}_{k+1}, y_k, \tau) = \mu_k \exp[-\tau\mathscr{L}(\boldsymbol{y}_{k+1}, \boldsymbol{y}_k, \tau)]$$

常称为短时传播子. 不同的离散化规则导致不同的G的形式. 唯一的要求是它满足 FPK 方程至 $O(\tau^2)$. 一种特别简单的传播子是

$$G(\boldsymbol{y}, \boldsymbol{y}', \tau) = (2\pi\tau)^{-n/2}|[\bar{b}_{\nu\mu}]|^{-1/2}\exp\left\{-\frac{\tau}{2}\left[-cb_{\nu\lambda}^{(\lambda)}(\boldsymbol{y}) + \bar{a}_\nu - \frac{(y_\nu - y'_\nu)}{\tau}\right][\bar{b}_{\nu\mu}]^{-1}\left[-cb_{\mu\rho}^{(\rho)}(\boldsymbol{y}) + \bar{a}_\mu - \frac{(y_\mu - y'_\mu)}{\tau}\right] - \frac{c}{2}b_{\nu\mu}^{(\nu\mu)}(\boldsymbol{y}) + ca_\nu^{(\nu)}(\boldsymbol{y})\right\} \tag{5.5-43}$$

式中

$$\bar{b}_{\nu\mu} = cb_{\nu\mu}(\boldsymbol{y}) + db_{\nu\mu}(\boldsymbol{y}')$$
$$\bar{a}_\nu = ca_\nu(\boldsymbol{y}) + da_\nu(\boldsymbol{y}')\ (\nu,\mu = 1,2,\cdots,n)$$
$$c + d = 1,\ 0 \leqslant c,d \leqslant 1$$

a_ν 与 $b_{\nu\mu}$ 分别为 FPK 方程的漂移与扩散系数，上标表示导数，$|[\bar{b}_{\nu\mu}]|$ 表示矩阵 $[\bar{b}_{\nu\mu}]$ 的行列式.

文献[34]给出了一维情形的数值计算步骤. 与解析结果比较表明，当空间离散化与时间步长满足由漂移与扩散系数确定的一定关系时，该方法一般给出良好的结果，只在概率密度峰处偏低百分之几，而尾区偏高. 该法计算效率较高，且易推广于多维问题. Kapitaniak[36] 曾用此法计算杜芬振子对窄带随机激励的响应的概率密度.

5.6 标准随机平均法

5.6.1 引言

如前所述，一个线性或非线性动态系统对高斯白噪声激励的响应是一个扩散的马尔柯夫矢量过程(简称扩散过程)，它的转移概率密度由 FPK 方程支配，所谓 FPK 方程方法，就是由给定的动态系统导出 FPK 方程的漂移与扩散系数，并在相应的边界条件与初始条件下求解 FPK 方程。当激励非为白噪声，但具有有理谱密度时，可把它看成某个或某组线性滤波器对高斯白噪声的响应，从而包括原系统与滤波器的扩大了的系统的响应为扩散过程，可用 FPK 方程方法。对非线性系统的随机振动问题，由于求解高阶 FPK 方程的困难，这种扩阶的技巧在 FPK 方程方法中很少应用（只在矩函数微分方程法中常用这种扩阶技巧.）。然而应用随机平均原理可以证明，在一定的条件下，线性或非线性动态系统对非白噪声随机激励的响应可用扩散过程来近似。这个近似扩散过程的 FPK 方程的漂移与扩散系数可由给定动态系统的运动方程经适当的随机平均（或随机平均连同对时间的确定性平均）得到，求解这个平均后的 FPK 方程就可得到原系统响应的近似统计量。这就是随机平均法。因此，随机平均法可视为随机平均原理（或随机平均原理连同确定性平均原理）与 FPK 方程方法相结合的一种方法。

经过随机平均与确定性平均，FPK 方程往往得到较大的简化。对自治系统以及非共振情形的非自治系统，平均后的 FPK 方程的维数往往只是原运动方程维数之半。这就减少了求解 FPK 方程的困难，扩大了 FPK 方程方法的适用范围，尤其对单自由度自治系统，平均后的幅值包（络）线或能量包（络）线的 FPK 方程是一维的，至少可得其稳态解。正是由于随机平均法的这些优点，近十多年来它在非线性随机振动中获得了广泛的应用。即使激励为高斯白噪声，也常用随机平均法来简化问题的求解。

随机平均法是一类方法的总称。在随机振动中获得应用的有三种：标准随机平均法、FPK 方程系数平均法及能量包线随机平均法。标准随机平均法首先由斯塔拉多诺维奇在他的著名专著[12]中正式提出，基于物理概念与普通数学，他导出了平均 FPK 方程的漂移与扩散系数的公式。后来，Khasminskii[37]，Papanicolaou 与 Kohler[38] 给出了随机平均原理的严格的数学证明。在这种方法中，随机平均是针对所谓标准形式微分方程进行的.因此称为标准随机平均法，也称为斯塔拉多诺维奇随机平均法. FPK 方程系数的平均法，实质上是漂移与扩散系数的对时间的确定性平均，其理论依据是 Khasminskii 的一个定理[39]. 在斯塔拉多诺维奇的专著[10]中，还为杜芬型振子的随机响应导出了一个能量包线的一维 FPK 方程.后来 Roberts[40] 应用能量平衡的概念导出了同一方程.他们的推导一直被认为是缺乏严格的数学基础的.直到 1982 年笔者[41,42]在 Khasminskii 的另一个定理[43]基础上，针对受多个随机激励(包括外激与参激)的拟保守系统严格地推导了平均 FPK 方程，并称为能量包线随机平均法.文献中也称它为广义随机平均法[44].

关于随机平均原理、随机平均法及其应用已有若干评述[45-48]，本节与下一节依次给出在随机振动中应用较广的标准随机平均法与能量包线随机平均法的平均 FPK 方程的推导，以及这两个方法在非线性系统随机响应预测中的应用.

5.6.2 随机平均方程的推导

虽然关于随机平均原理的极限定理[37,38]适用于更一般形式的方程，此处考虑在随机振动中常遇到的如下形式的随机微分方程:

$$\frac{d}{dt} Y_j(t) = \varepsilon^2 f_j(\boldsymbol{Y}, t) + \varepsilon g_{jr}(\boldsymbol{Y}, t) X_r(t) \tag{5.6-1}$$

$$j = 1, 2, \cdots, n; r = 1, 2, \cdots, m$$

式中 $\boldsymbol{X}(t)$ 是 m 维零均值矢量随机过程，表示激励; $\boldsymbol{Y}(t)$ 是 n 维矢量随机过程，表示系统的响应; f_j 与 g_{ik} 是 $\boldsymbol{Y}$ 与 t 的确定性函数，有界且足够光滑; $0 < \varepsilon \ll 1$. 为使系统的响应为有限值，因阻尼消耗的功率与随机激励输入的功率应为同一量级，即第一项与 ε^2 成正比，而第二项与 ε 成正比. 有时称(5.6-1)为标准形式的微分方程.

首先指出，如果 ε 与 $\boldsymbol{X}(t)$的各分量的相关时间足够小，那么 $\boldsymbol{Y}(t)$ 将是近似的马尔柯夫过程，这可大致推论如下. 在实际应用中，马尔柯夫过程假定的合理性常基于下列充分条件; 两个非重叠的时间区间上过程增量为独立事件．可以证明[49]，只要非重叠的时间区间比 $\boldsymbol{X}(t)$ 各分量的相关时间都大得多，那样 $\boldsymbol{Y}(t)$ 在这些时间区间上的增量就可近似看成独立的，即 $\boldsymbol{Y}(t)$ 可近似看成马尔柯夫过程．另一方面，过程 $\boldsymbol{Y}(t)$ 的松弛时间的量级为 $\left[\varepsilon^2 \dfrac{\partial f_j}{\partial Y_k}\right]^{-1}$．如果在时间间隔比此松弛时间小得多的各离散时刻上观察随机过程 $\boldsymbol{Y}(t)$，就不致于过多地失去关于该过程的信息．由于 $\boldsymbol{X}(t)$ 的相关时间与 ε 都足够小，因此，总能找到这样的时间区间，使得在这些时间区间的端点上观察 $\boldsymbol{Y}(t)$ 时，$\boldsymbol{Y}(t)$ 为近似马尔柯夫过程．同时又不致过多的失去关于 $\boldsymbol{Y}(t)$ 的信息．

现在来推导上述马尔柯夫过程的转移概率密度所满足的FPK方程。由(5.6-1)，Y_j 在 $[t, t+\Delta t]$ 上的增量为

$$
\begin{aligned}
\Delta Y_j &= Y_j(t+\Delta t) - Y_j(t) \\
&= \int_t^{t+\Delta t} \varepsilon^2 f_j[\boldsymbol{Y}(u), u]\, du \\
&\quad + \int_t^{t+\Delta t} \varepsilon g_{jr}[\boldsymbol{Y}(u), u] X_r(u)\, du
\end{aligned} \tag{5.6-2}
$$

一阶导数矩为

$$
\begin{aligned}
a_j(\boldsymbol{y}, t) &= \lim_{\Delta t \to 0} \frac{1}{\Delta t} E[\Delta Y_j | \boldsymbol{Y}(t) = \boldsymbol{y}(t)] \\
&= \lim_{\Delta t \to 0} \frac{1}{\Delta t} E\Big[\Big\{\int_t^{t+\Delta t} \varepsilon^2 f_j(\boldsymbol{Y}(u), u)\, du \\
&\quad + \int_t^{t+\Delta t} \varepsilon g_{jr}(\boldsymbol{Y}(u), u) X_r(u)\, du \Big\} \Big| \boldsymbol{Y}(t) \\
&= \boldsymbol{y}(t)\Big]
\end{aligned} \tag{5.6-3}
$$

由于 $\varepsilon^2 f_j$ 在 $(t, t+\Delta t)$ 上变化很小，上式中第一项可取为 $\varepsilon^2 f_j[\boldsymbol{y}(t), t]$。第二项中，由于 $\boldsymbol{Y}(u)$ 与 $\boldsymbol{X}(u)$ 相关，因此，虽然 $\boldsymbol{X}(t)$ 的均值为零，第二项也不为零．为求其值，将 $g_{jr}[\boldsymbol{Y}(u), u]$ 在 $\boldsymbol{Y}(t)$ 处展成泰勒级数

$$
g_{jr}[\boldsymbol{Y}(u), u] = g_{jr}[\boldsymbol{Y}(t), u]
$$

$$+[Y_l(u)-Y_l(t)]\frac{\partial}{\partial Y_l}g_{jr}[\boldsymbol{Y}(t),u]+\cdots \quad (5.6\text{-}4)$$

类似于(5.6-2)，

$$Y_l(u)-Y_l(t)=\int_t^u \varepsilon^2 f_l[\boldsymbol{Y}(v),v]dv$$
$$+\int_t^u \varepsilon g_{ls}[\boldsymbol{Y}(v),v]X_s(v)dv$$
$$=\int_t^u \varepsilon g_{ls}[\boldsymbol{Y}(t),v]X_s(v)dv+O(\varepsilon^2) \quad (5.6\text{-}5)$$

将(5.6-5)代入(5.6-4)，然后代入(5.6-3)的第二项，得

$$\lim_{\Delta t\to 0}\frac{1}{\Delta t}E\left[\int_t^{t+\Delta t}\varepsilon g_{jr}[\boldsymbol{Y}(u),u]X_r(u)du\,|\,\boldsymbol{Y}(t)=\boldsymbol{y}(t)\right]$$
$$=\lim_{\Delta t\to 0}\frac{1}{\Delta t}E\left[\left\{\int_t^{t+\Delta t}\varepsilon g_{jr}[\boldsymbol{Y}(t),u]X_r(u)du\right.\right.$$
$$\left.+\int_t^{t+\Delta t}\int_t^u \varepsilon^2\frac{\partial}{\partial Y_l}g_{jr}[\boldsymbol{Y}(t),u]g_{ls}[\boldsymbol{Y}(t),v]X_r(u)X_s(v)dvdu\right\}$$
$$\left.\times\,|\,\boldsymbol{Y}(t)=\boldsymbol{y}(t)\right]+O(\varepsilon^3) \quad (5.6\text{-}6)$$

上式中第一项，由于 $X_r(u)$的相关时间很短，可选取 Δt 使该相关时间比 Δt 小得多，从而可认为 $\boldsymbol{Y}(t)$与$X_r(u)$无关。又由于 $X_r(u)$之均值为零，上式第一项为零。第二项中，$\boldsymbol{Y}(t)$与 $X_r(u)$ 及 $X_s(v)$ 也可认为不相关。略去 ε^3 小量，代入(5.6-3)得一阶导数矩

$$a_j(\boldsymbol{y},t)=\varepsilon^2 f_j[\boldsymbol{y}(t),t]$$
$$+\varepsilon^2\lim_{\Delta t\to 0}\frac{1}{\Delta t}\int_t^{t+\Delta t}\int_t^u\frac{\partial}{\partial y_l}g_{jr}[\boldsymbol{y}(t),u]$$
$$\times g_{ls}[\boldsymbol{y}(t),v]E[X_r(u)X_s(v)]dvdu \quad (5.6\text{-}7)$$
$$(j=1,2,\cdots,n)$$

类似地，可得二阶导数矩

$$b_{jk}(\boldsymbol{y},t)=\varepsilon^2\lim_{\Delta t\to 0}\frac{1}{\Delta t}\int_t^{t+\Delta t}\int_t^{t+\Delta t}g_{jr}[\boldsymbol{y}(t),u]g_{ks}[\boldsymbol{y}(t),v]$$
$$\times E[X_r(u)X_s(v)]dvdu \quad (5.6\text{-}8)$$
$$(j,k=1,2,\cdots,n)$$

进一步计算表明，三阶及三阶以上的导数矩都是 ε^3 阶或更高阶小量。因此，如果略去 ε^3 阶及其以上小量，那么(5.6-1)的响应 $\boldsymbol{Y}(t)$

的转移概率密度由 FPK 方程支配，其漂移系数为(5.6-7)，扩散系数为(5.6-8)，换言之，$\boldsymbol{Y}(t)$ 为近似扩散过程．极限定理[37,38]证明了上述基于物理概念与普通数学的推导的正确性．按照极限定理，随 $\varepsilon \to 0$，(5.6-1) 的响应 $\boldsymbol{Y}(t)$ 在 $O(\varepsilon^{-2})$ 量级的时间区间上弱收敛于以(5.6-7)与(5.6-8)分别为 FPK 方程漂移与扩散系数的扩散过程．

若 $\boldsymbol{X}(t)$ 为平稳矢量过程，则

$$E(X_r(u)X_s(v)] = R_{rs}(\tau) \quad \tau = v - u \tag{5.6-9}$$

作变量代换

$$\begin{aligned} u &= u \\ \tau &= v - u \end{aligned} \tag{5.6-10}$$

(5.6-7) 中积分在变换前后的积分域分别如图 5.6-1 *a* 与 *b* 的阴影区所示．

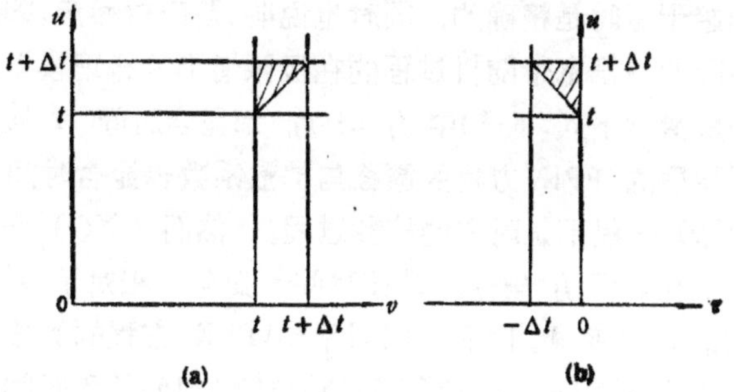

图 5.6-1

变换后的漂移系数为

$$a_j(\boldsymbol{y},t) = \varepsilon^2 f_j(\boldsymbol{y},t) + \varepsilon^2 \lim_{\Delta t\to 0}\left[\frac{1}{\Delta t}\int_{-\Delta t}^{0} d\tau \times \int_{t-\tau}^{t+\Delta t} \frac{\partial}{\partial y_l} g_{jr}(\boldsymbol{y},u) g_{ls}(\boldsymbol{y},\tau+u) R_{rs}(\tau) du\right] \tag{5.6-11}$$

由于 $\boldsymbol{X}(t)$ 的相关时间矩阵的各元素比 Δt 小得多，(5.6-11)中的积分限 $-\Delta t$ 可近似地代之以$-\infty$，而 $t-\tau$ 可近似地代之以

t,取极限得

$$a_j(\boldsymbol{y},t)=\varepsilon^2 f_j(\boldsymbol{y},t)+\varepsilon^2\int_{-\infty}^{0}\frac{\partial g_{jr}(\boldsymbol{y},t)}{\partial y_l}g_{ls}(\boldsymbol{y},t+\tau)R_{rs}(\tau)d\tau \quad (5\ 6\text{-}12)$$

类似地

$$b_{jk}(\boldsymbol{y},t)=\varepsilon^2\int_{-\infty}^{\infty}g_{jr}(\boldsymbol{y},t)g_{ks}(\boldsymbol{y},t+\tau)R_{rs}(\tau)d\tau \quad (5.6\text{-}13)$$

如果平稳激励可模型化为物理白噪声,即

$$R_{rs}(\tau)=2D_{rs}\delta(\tau) \quad (5.6\text{-}14)$$

则漂移与扩散系数化为

$$a_j(\boldsymbol{y},t)=\varepsilon^2 f_j(\boldsymbol{y},t)+\varepsilon^2 D_{rs}\frac{\partial}{\partial y_l}g_{jr}(\boldsymbol{y},t)g_{ls}(\boldsymbol{y},t) \quad (5.6\text{-}15)$$

$$b_{jk}(\boldsymbol{y},t)=\varepsilon^2 2D_{rs}g_{jr}(\boldsymbol{y},t)g_{ks}(\boldsymbol{y},t) \quad (5.6\text{-}16)$$

此结果与(5.3-58)一致,这说明平均 FPK 方程在激励过程的相关时间趋于零时是精确的. 同时也说明,斯氏白噪声,即物理白噪声是实际的平稳宽带随机过程的在极限情形的合理模型.

一般情形下,(5.6-1)中 f_j 与 g_{jr} 都显含时间 t, 从而经上述随机平均后的 FPK 方程的漂移与扩散系数也显含时间 t. 因此响应 $\boldsymbol{Y}(t)$ 一般不是时齐的扩散过程. 然而, $\boldsymbol{Y}(t)$ 是按慢变时间 $\varepsilon^2 t$ 变化, 而 f_j 与 g_{jr} 是按时间 t 变化, 相对于 $\boldsymbol{Y}(t)$ 来说, f_j 与 g_{jr} 是快变量,因而可以对平均 FPK 方程的漂移与扩散系数(5.6-12)与(5.6-13), 或(5.6-15)与(5.6-16)关于时间 t 进行确定性的平均,以进一步简化 FPK 方程,即

$$\bar{a}_j(\boldsymbol{y})=\underset{t}{M}\{a_j(\boldsymbol{y},t)\} \quad (5.6\text{-}17)$$

$$\bar{b}_{jk}(\boldsymbol{y})=\underset{t}{M}\{b_{jk}(\boldsymbol{y},t)\} \quad (5.6\text{-}18)$$

式中

$$\underset{t}{M}\left\{\cdot\right\}=\lim_{T\to\infty}\frac{1}{T}\int_{t}^{t+T}\left\{\cdot\right\}dt \quad (5.6\text{-}19)$$

若 f_j 与 g_{jr} 关于时间 t 是周期的, 周期为 T_0, 则(5.5-19)中可

令 $T=T_0$。 此时确定性平均就是非线性振动中克雷洛夫-包哥留波夫平均。

经确定性平均后，FPK 方程的漂移与扩散系数不再显含时间 t，从而 $\boldsymbol{Y}(t)$ 成为时齐扩散过程，以后将会看到，正是这个确定性平均使得 FPK 方程大大简化甚至降维，但同时也可能会失去一部分信息，这种信息有时是重要的。因此，在推导随机平均方程时可先求随机平均，是否需要再进行确定平均应视具体问题性质而定。不过，大多数应用中都包含确定性平均这一步。

当 $\boldsymbol{X}(t)$ 为受确定性慢变时间函数调制的平稳宽带随机过程时，只要将调制函数并入 g_{ir}，就可按平稳随机激励情形一样处理。但不能对调剂函数进行时间平均。

5.6.3 单自由度拟线性系统的平均 FPK 方程

考察如下拟线性系统

$$\ddot{Y}+\varepsilon^2 f(Y,\dot{Y})+\omega_0^2 Y=\varepsilon X(t) \tag{5.6-20}$$

式中 $X(t)$ 为零均值平稳宽带随机过程，谱密度为 $S(\omega)$。这是标准随机平均法应用于响应预测最为成功的情形。

引入变换

$$\begin{aligned} Y(t)&=A(t)\cos\Phi \\ \dot{Y}(t)&=-A(t)\omega_0\sin\Phi,\quad \Phi=\omega_0 t+\Theta \end{aligned} \tag{5.6-21}$$

(5.6-20)变成标准形式微分方程

$$\begin{aligned} \dot{A}&=\frac{\varepsilon^2}{\omega_0}f[A\cos\Phi,-A\omega_0\sin\Phi]\sin\Phi-\frac{\varepsilon}{\omega_0}X(t)\sin\Phi \\ \dot{\Theta}&=\frac{\varepsilon^2}{A\omega_0}f[A\cos\Phi,-A\omega_0\sin\Phi]\cos\Phi-\frac{\varepsilon}{A\omega_0}X(t)\cos\Phi \end{aligned} \tag{5.6-22}$$

按上小节的论证，(A,Θ) 近似为二维扩散过程。经随机平均的 FPK 方程漂移与扩散系数，按(5.6-12)与(5.6-13)，为

$$a_1(a,\theta,t)=\frac{\varepsilon^2}{\omega_0}f(a\cos\varphi,-A\omega_0\sin\varphi)\sin\varphi+\frac{\varepsilon^2}{a\omega_0^2}\cos\varphi \times\int_{-\infty}^{0}\cos(\varphi+\omega_0\tau)R(\tau)d\tau$$

$$= \frac{\varepsilon^2}{\omega_0} f(a\cos\varphi, -a\omega_0\sin\varphi)\sin\varphi$$

$$+ \frac{\varepsilon^2}{a\omega_0^2}[\pi S(\omega_0)\cos^2\varphi - I(\omega_0)\sin\varphi\cos\varphi] \quad (5.6\text{-}23)$$

$$a_2(a,\theta,t) = \frac{\varepsilon^2}{a\omega_0} f(a\cos\varphi, -a\omega_0\sin\varphi)\cos\varphi$$

$$- \frac{\varepsilon^2}{a^2\omega_0^2}[\pi S(\omega_0)\sin 2\varphi + I(\omega_0)(1 - 2\cos^2\varphi)] \quad (5.6\text{-}24)$$

$$b_{11}(a,\theta,t) = \frac{2\varepsilon^2\pi S(\omega_0)}{\omega_0^2}\sin^2\varphi \quad (5.6\text{-}25)$$

$$b_{12}(a,\theta,t) = b_{21}(a,\theta,t) = \frac{\varepsilon^2\pi S(\omega_0)}{a\omega_0^2}\sin 2\varphi \quad (5.6\text{-}26)$$

$$b_{22}(a,\theta,t) = \frac{2\varepsilon^2\pi S(\omega_0)}{a^2\omega_0^2}\cos^2\varphi \quad (5.6\text{-}27)$$

式中 $S(\omega_0)$ 是 $X(t)$ 的谱密度在 ω_0 上之值；

$$I(\omega_0) = \int_{-\infty}^{0} R(\tau)\sin\omega_0\tau d\tau \quad (5.6\text{-}28)$$

为相关函数的单边傅立叶正弦变换.

所有漂移与扩散系数皆是时间 t 的周期函数，周期 T_0 近似为 $2\pi/\omega_0$. 相对于 $a(t)$ 与 $\theta(t)$，它们是快变量，对它们进行确定性平均，得

$$\bar{a}_1(a) = -\frac{\varepsilon^2}{\omega_0} F(a) + \frac{\varepsilon^2\pi S(\omega_0)}{2a\omega_0^2} \quad (5.6\text{-}29)$$

$$\bar{a}_2(a) = -\frac{\varepsilon^2}{a\omega_0} G(a) \quad (5.6\text{-}30)$$

$$\bar{b}_{11}(a) = \frac{\varepsilon^2\pi S(\omega_0)}{\omega_0^2} \quad (5.6\text{-}31)$$

$$\bar{b}_{12} = \bar{b}_{21} = 0 \quad (5.6\text{-}32)$$

$$\bar{b}_{22}(a) = \frac{\varepsilon^2\pi S(\omega_0)}{a^2\omega_0^2} \quad (5.6\text{-}33)$$

式中

$$F(a) = -\frac{1}{2\pi}\int_0^{2\pi} f(a\cos\varphi, -a\omega_0\sin\varphi)\sin\varphi d\varphi \quad (5.6\text{-}34)$$

$$G(a) = -\frac{1}{2\pi}\int_0^{2\pi} f(a\cos\varphi, -a\omega_0\sin\varphi)\cos\varphi d\varphi \quad (5.6\text{-}35)$$

顺便说明一下，这里的确定性平均原是对 t 在 T_0 上的平均，这个平均等价于假设 φ 在 $[0,2\pi)$ 上均匀分布，并对 φ 在 $[0,2\pi)$ 上进行集合平均. 从而平均后的漂移与扩散系数都与 φ 无关.

经随机平均与确定性平均以后，(A,Θ) 为近似时齐扩散过程，支配它的转移概率密度 $p(a,\theta,t|a_0,\theta_0,t_0)$ 的 FPK 方程为

$$\frac{\partial p}{\partial t} = \frac{\partial}{\partial a}\left[\left(\frac{\varepsilon^2 F(a)}{\omega_0} - \frac{\varepsilon^2\pi S(\omega_0)}{2a\omega_0^2}\right)p\right] + \frac{\varepsilon^2 G(a)}{a\omega_0}\frac{\partial p}{\partial\theta}$$
$$+ \frac{\varepsilon^2\pi S(\omega_0)}{2\omega_0^2}\left(\frac{\partial^2 p}{\partial a^2} + \frac{1}{a^2}\frac{\partial^2 p}{\partial\theta^2}\right) \quad (5.6\text{-}36)$$

相应的伊藤随机微分方程为

$$dA = \left[-\frac{\varepsilon^2}{\omega}F(A) + \frac{\varepsilon^2\pi S(\omega_0)}{2A\omega_0^2}\right]dt + \frac{\varepsilon[\pi S(\omega_0)]^{1/2}}{\omega_0}dW_1(t)$$
$$d\Theta = -\frac{\varepsilon^2}{A\omega_0}G(A)dt + \frac{\varepsilon[\pi S(\omega_0)]^{1/2}}{A\omega_0}dW_2(t) \quad (5.6\text{-}37)$$

其中 $W_1(t)$ 与 $W_2(t)$ 是独立的单位维纳过程.

由(5.6-37)第一式不依赖于 Θ 知，$A(t)$ 本身是一个时齐扩散过程，其转移概率密度 $p(a,t|a_0,t_0)$ 由下列 FPK 方程支配

$$\frac{\partial p}{\partial t} = \frac{\partial}{\partial a}\left[\left(\frac{\varepsilon^2 F(a)}{\omega_0} - \frac{\varepsilon^2\pi S(\omega_0)}{2a\omega_0^2}\right)p\right]$$
$$+ \frac{\varepsilon^2\pi S(\omega_0)}{2\omega_0^2}\frac{\partial^2 p}{\partial a^2} \quad (5.6\text{-}38)$$

(5.5-36)与(5.5-38)的初始条件分别为

$$p(a,\theta,t|a_0,\theta_0,t_0) = \delta(a-a_0)\delta(\theta-\theta_0), t = t_0 \quad (5.6\text{-}39)$$

与

$$p(a,t|a_0,t_0) = \delta(a-a_0),\ t = t_0 \quad (5.6\text{-}40)$$

若激励 $X(t)$ 为非平稳宽带随机过程，但为匀调过程，它可表为

$$X(t) = f(t)X^{(0)}(t) \quad (5.6\text{-}41)$$

其中 $f(t)$ 为时间 t 的确定性函数，$X^{(0)}(t)$ 是平稳宽带随机过程，那么，可仍按上述步骤进行随机平均，得到漂移与扩散系数(5.5-23)至(5.5-27)，只是其中的 $S(\omega_0)$ 应代之以 $f^2(t)S(\omega_0)$. 但要进行确定性平均，就必须对 $f^2(t)S(\omega_0)$ 随 t 的变化快慢加以区分. 通常假设 $f^2(t)S(\omega_0)$ 随 t 的变化是缓慢的，如同 $A(t)$ 与 $\Theta(t)$. 那么，在进行确定性平均时可把 $f^2(t)S(\omega_0)$ 当作常数进行处理. 所得的 FPK 方程仍同 (5.5-36) 与 (5.5-38)，只是其中的 $S(\omega_0)$ 应代之以 $f^2(t)S(\omega_0)$. 如果系统本身也有如此缓慢变化的参数，也可类似进行处理.

Spanos[51] 推导了线性振子受具有渐进谱密度

$$S(\omega,t)=|A(\omega,t)|^2S(\omega)$$

的非平稳宽带随机激励情形的随机平均方程. 他们所得到的关于幅值 a 的 FPK 方程形同 (5.6-38)，只是其中 $S(\omega_0)$ 代之以 $S(\omega_0,t)$. 应指出，这个推导是不够严格的，因为推导中涉及具有渐进谱密度的非平稳激励的协方差的傅立叶余弦与正弦变换，它们不一定能用渐进谱密度表示.

还要指出的是，对于系统同时受谐和与宽带随机激励的情形，例如(5.6-20)右边代之以 $\varepsilon^2 b\sin\nu t+\varepsilon X(t)$，仍可应用随机平均法，但此时应分共振情形与非共振情形. 在非共振区，可按只有宽带随机激励情形一样进行处理. 在共振区，设

$$\omega_0^2=\left(\frac{p}{q}\nu\right)^2+\varepsilon^2\Delta \tag{5.6-42}$$

其中 $\varepsilon^2\Delta$ 表示固有频率与外加谐和激励频率之间的解谐，p 与 q 是两个不大的互质整数. 原方程可改写为

$$\ddot{Y}+\left(\frac{p}{q}\nu\right)^2 Y=-\varepsilon^2[f(Y,\dot{Y})+\Delta Y+b\sin\nu t]+\varepsilon X(t)] \tag{5.6-43}$$

对上述方程作变换

$$Y=A\cos\Phi$$

$$\dot{Y} = -\frac{p}{q}\nu A\sin\Phi, \qquad \Phi = \frac{p}{q}\nu t + \Theta \tag{5.6-44}$$

可得 A,Θ 所满足的标准形式一阶方程组。对此可应用随机平均法。在此情形下，(A,Θ) 是近似二维扩散过程，但 $A(t)$ 不再是近似一维扩散过程。因此需求解二维 FPK 方程，一般只能用数值方法。

5.6.4 单自由度拟线性系统平均 FPK 方程之解

FPK 方程 (5.6-38) 只有在线性系统情形才能得到精确瞬态解。此时 $\varepsilon^2 f(Y,\dot{Y}) = 2\zeta\omega_0\dot{Y}, \varepsilon^2 F(a) = \zeta\omega_0^2 a$, $G(a) = 0$。当激励具有渐进谱密度 $S(\omega, t)$，且 $S(\omega, t)$ 随 t 慢变时，Spanos 等[51]得到转移概率密度为

$$p(a,t|a_0,t_0) = \frac{a}{c(t_0,t)} \times \exp\left\{-\frac{a^2 + a_0^2 e^{-2\zeta\omega_0\tau}}{2c(t_0,t)}\right\} I_0\left\{\frac{aa_0 e^{-\zeta\omega_0\tau}}{c(t_0,t)}\right\} \tag{5.6-45}$$

式中

$$c(t_0,t) = \frac{\pi}{\omega_0^2}\exp(-2\zeta\omega_0 t) \times \int_{t_0}^{t}\exp(2\zeta\omega_0 u)S(\omega_0,u)du \tag{5.6-46}$$

I_0 为零阶贝塞尔函数；$\tau = t - t_0$。

当激励为平稳过程时，$A(t)$ 为时齐扩散过程，若令 $t_0, t \to \infty$，但 τ 为有限，从而 $c(t_0,t) = c\ \sigma_\zeta^2(1-r^2), r^2 = e^{-2\zeta\omega_0\tau}$。(5.6-45) 化为 (3.4-84)，其中 $Q^2 = 1 - r^2$。与 (5.6-45) 相应的 (5.6-36) 之解为[52]

$$p(a,\theta,t|a_0,\theta_0,t_0) = \frac{a}{2\pi c(t_0,t)}\exp\left[-\frac{\alpha_c^2 + \alpha_s^2}{2c(t_0,t)}\right] \tag{5.6-47}$$

式中

$$\alpha_c = a\cos\varphi - a_0\cos(\varphi + \omega_0\tau)e^{-\zeta\omega_0\tau} \tag{5.6-48}$$

$$\alpha_s = a\sin\varphi - a_0\sin(\varphi + \omega_0\tau)e^{-\zeta\omega_0\tau}, \quad \varphi = \omega_0 t + \theta$$

借助于变换 (5.6-21)，可将 (5.6-47) 变换成位移与速度的转移概率

密度

$$p(y,\dot{y},t|y_0,\dot{y}_0,t_0)=\frac{1}{2\pi c(t_0,t)}\exp\left[-\frac{\alpha_1^2+\alpha_2^2}{2c(t_0,t)}\right] \quad (5.6\text{-}49)$$

式中

$$\alpha_1=y-e^{-\zeta\omega_0\tau}(y_0\cos\omega_0\tau+\dot{y}_0\sin\omega_0\tau)$$
$$\alpha_2=\dot{y}-e^{-\zeta\omega_0\tau}(-y_0\sin\omega_0\tau+\dot{y}_0\cos\omega_0\tau) \quad (5.6\text{-}50)$$

此时响应位移与速度服从高斯分布，$c(t_0, t)$ 是位移与速度的慢变方差.

若初始静止，即 $a_0=0$, 比较(5.6-45)与(5.6-47)知，A 与 Θ 统计独立，且 Θ 在 $[0,2\pi)$ 上均匀分布，即

$$p(a,\theta,t)=\frac{1}{2\pi}p(a,t) \quad (5.6\text{-}51)$$

其中 $p(a,t)$ 由 (5.6-45) 中令 $a_0=0$ 得到. 上述结论也可由直接比较(5.6-36)与(5.6-38)得到. 因此，(5.6-51)在拟线性情形仍成立，只要 $a_0=0$.

对非线性振子，可用伽辽金法[53]或随机步行比拟法[33,54]求解(5.6-38)之瞬态解.

当激励为平稳过程时，(A,Θ) 或 A 是近似时齐扩散过程，加上激励充分长时间后，它们将成为平稳扩散过程，从而 $\frac{\partial p}{\partial t}=0$. 此时比较(5.6-36)与 (5.6-38)，并考虑归一化条件，可得类似于(5.6-51)的结论

$$p_s(a,\varphi)=\frac{1}{2\pi}p_s(a) \quad (5.6\text{-}52)$$

这说明无论初始条件如何，达到平稳状态之后，相位 Θ 总是均匀分布的，因此只需求(5.6-36)的稳态解. 它为

$$p_s(a)=Ca\exp\left\{-\frac{2\omega_0}{\pi S(\omega_0)}\int_0^a F(u)du\right\} \quad (5.6\text{-}53)$$

式中 C 为归一化常数.

借助变换 (5.6-21)，可得平稳位移与速度响应的联合概率密

度

$$p_s(y,\dot{y}) = \frac{1}{2\pi\omega_0 a} p_s(a)|_{a=(y^2+\dot{y}^2/\omega_0^2)^{1/2}} \qquad (5.6-54)$$

在线性情形,

$$p_s(a) = \frac{a}{\sigma_Y^2} \exp\left(-\frac{a^2}{2\sigma_Y^2}\right) \qquad (5.6-55)$$

$$p_s(y,\dot{y}) = \frac{1}{2\pi\omega_0\sigma_Y^2} \times \exp\left\{-\frac{1}{2\sigma_Y^2}[y^2+\dot{y}^2/\omega_0^2]\right\} \qquad (5.6-56)$$

其中

$$\sigma_Y^2 = \frac{\varepsilon\pi^2 S(\omega_0)}{2\zeta\omega_0^3} \qquad (5.6-57)$$

与 3.4 节中的结果一致.

当阻尼具有幅值依赖形式,即 $\varepsilon^2 f(Y,\dot{Y}) = \varepsilon^2 h(A)\dot{Y}$, 同时激励为高斯白噪声,即 $S(\omega) = S_0$ 时,(5.6-20)是(5.4-56)的一个特例,系统的响应具有精确的稳态解,而随机平均法就给出这个精确的平稳解

$$p_s(a) = C_1 a \exp\left[-\frac{\omega_0^2}{\pi S_0}\int_0^a h(u)du\right] \qquad (5.6-58)$$

$$p_s(y,\dot{y}) = C_2 \exp\left[-\frac{\omega_0^2}{\pi S_0}\int_0^a h(u)du\right]\Bigg|_{a=(y^2+\dot{y}^2/\omega_0^2)^{1/2}} \qquad (5.6-59)$$

将在 6.2.3 中解释为什么此时随机平均法能给出精确稳态解.

若令

$$\varepsilon^2 f(Y,\dot{Y}) = \varepsilon^2 g(\dot{Y}) + \varepsilon^2 R(Y) \qquad (5.6-60)$$

其中 $g(\dot{Y})$ 表示线性或非线性阻尼力, $R(Y)$ 表示非线性恢复力,代入(5.6-34)与(5.6-35)知, $F(a)$ 只与 $g(\dot{Y})$ 有关,$G(a)$只与 $R(Y)$ 有关. 而(5.6-53)与(5.6-54)都与 $G(a)$ 无关,然而由 FPK 方程的精确稳态解知,弱非线性恢复力可对稳态解产生显著影响. 这说明标准随机平均法不能计及弱非线性刚度对系统响应的影响. 这是该方法的一个局限. 应该指出,弱非线性刚度项是

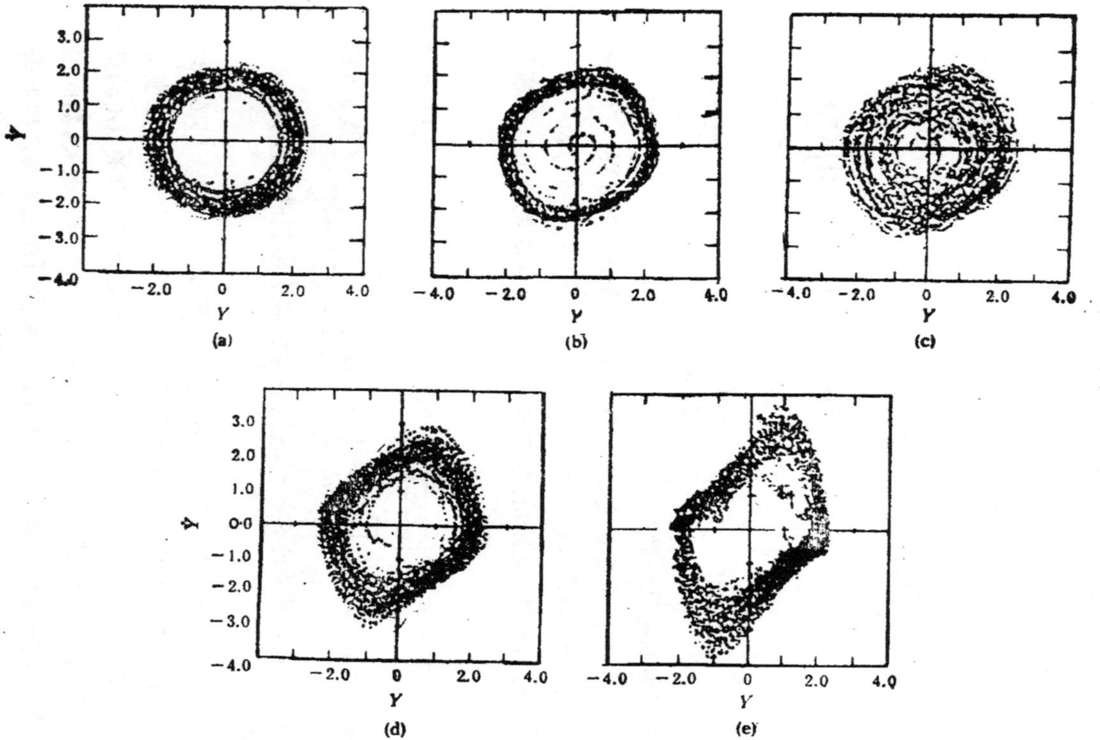

图 5.6-2　范德波振子对高斯白噪声的响应的离散相轨迹.

(a) $\varepsilon^2 = 0.05$, $\varepsilon^2 2\pi S_0 = 0.01$; (b) $\varepsilon^2 = 0.20$, $\varepsilon^2 2\pi S_0 = 0.02$; (c) $\varepsilon^2 = 0.20$, $\varepsilon^2 2\pi S_0 = 0.10$; (d) $\varepsilon^2 = 0.50$, $\varepsilon^2 2\pi S_0 = 0.10$; (e) $\varepsilon^2 = 1.20$, $\varepsilon^2 2\pi S_0 = 0.20$

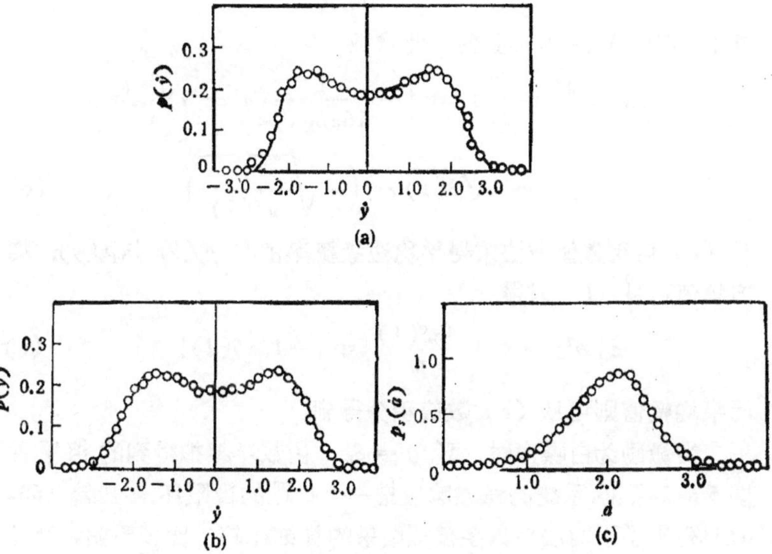

图 5.6-3 范德波振子对高斯白噪声响应的概率密度.
$\varepsilon^2=0.2$，$\varepsilon^2 2\pi S_0=0.2$，——随机平均法解；○ 数字模拟结果.（a）位移概率密度；（b）速度概率密度；（c）幅值概率密度

在确定性平均过程中失去的．在多自由度情形．将会失去更多的项[55]．

标准随机平均法应用于在预测各种弱非线性阻尼系统在宽带随机激励下的响应特别有效．已用这种方法研究过的非线性阻尼包括：线性加幂律[56]，范德波振子[57,58]，瑞利振子[57]，库仑阻尼[59]．下面以范德波振子对平稳宽带随机激励的响应为例，说明标准随机平均法的应用与精度．运动微分方程为

$$\ddot{Y}+\varepsilon^2(-1+Y^2)\dot{Y}+Y=\varepsilon X(t) \tag{a}$$

这里 $\omega_0=1$．按上述步骤得平稳幅值概率密度

$$p_s(a)=N^{-1}a\exp\left[-\frac{1}{16\pi S(1)}(a^2-4)^2\right] \tag{b}$$

式中 $S(1)$ 为 $X(t)$ 的谱密度在 $\omega=1$ 上之值．而平稳位移与速

度的联合概率密度为

$$p_s(y,\dot{y}) = M^{-1}\exp\left[-\frac{1}{16\pi S(1)}(y^2+\dot{y}^2-4)^2\right] \qquad (c)$$

其中 N^{-1} 与 M^{-1} 都是归一化常数

$$N = \frac{M}{2\pi} = \int_0^\infty a\exp\left[-\frac{1}{16\pi S(1)}(a^2-4)^2\right]da$$

$$= \pi\sqrt{S(1)}\,erf\left(-\sqrt{\frac{1}{\pi S(1)}}\right) \qquad (d)$$

从（c）可用数值方法求得平稳边缘概率密度 $p_s(y)$ 与$p_s(\dot{y})$。均方幅值可从（b）求得

$$E[A^2] = 4 + \frac{4\pi S(1)}{N}\exp\left[-1/\pi S(1)\right] \qquad (e)$$

而平均幅值则可从（b）数值积分得到。

当激励为白噪声时，$S(1)=S_0$。由数字模拟得到的相平面图 5.6-2 可见，系统的稳态响应是一个扩散的极限环。文献［60，61］列出了平均法与数字模拟结果的详细比较。比较表明，当非线性强度 ε^2 较小（譬如小于 0.2）时，随机平均法给出的 $p_s(a)$，$p_s(y)$，$p_s(\dot{y})$ 及 $E[A^2]$ 都与数字模拟结果很接近。图 5.6-3 与 5.6-4 给出了 $\varepsilon^2=0.2$ 时的一些比较。平均法结果与数字模拟结果的偏差随 ε 的增大而增大。

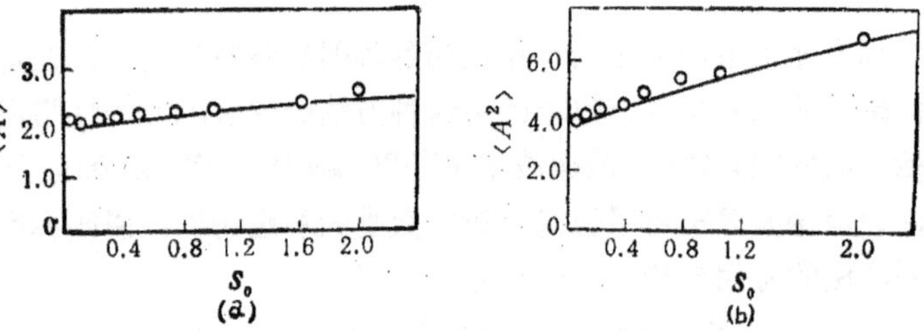

图 5.6-4　范德波振子对高斯白噪声响应的矩.
$\varepsilon^2=0.2$.——随机平均法解；○数字模拟结果.（a）平均幅值；（b）均方幅值

顺便指出，等效线性化与高斯截断法给出了范德波振子对白噪声的均方响应的错误结果[60]。

5.7 能量包线随机平均法

5.7.1 能量包线随机平均方程的推导

如前所述，标准随机平均法的一个缺陷是不能计及非线性恢复力对响应统计量的影响。而能量包线随机平均法能弥补这一缺陷。

推导能量包线随机平均方程可有两种不同的办法。一是类似于上节推导的标准随机平均方程，从物理概念出发并运用普通的数学进行推导[40,42,63]。二是从一开始就假定激励是物理高斯白噪声，加上 Wong-Zakai 修正项，将运动方程转换成位移与速度的伊藤随机微分方程，然后按伊藤微分规则变换成位移与能量的伊藤随机微分方程，最后对能量方程进行平均[84]。当 Wong-Zakai 修正项中只包含阻尼性质项时，两种办法推导所得的平均方程将是一致的。但在 Wong-Zahai 修正项中含有恢复力性质的项时，用前一种办法推导的平均方程中将失去这些恢复力性质的项，而后一种办法推导的平均方程能计及这些项的影响。此处采用后一种办法进行推导。

考虑用如下运动方程描述的单自由度非线性随机系统

$$\ddot{Y}+\varepsilon^2 f(Y,\dot{Y})+g(Y)=\varepsilon h_k(Y,\dot{Y})\xi_k(t) \qquad (5.7\text{-}1)$$

$$k=1,2,\cdots,m$$

式中 $g(Y)$ 是未扰系统（$\varepsilon=0$ 时）的恢复力，ε 为正的小参数；$\varepsilon^2 f(Y,\dot{Y})$ 表示线性与（或）非线性阻尼；$\xi_k(t)$ 是物理高斯白噪声，均值为零，相关函数 $E[\xi_k(t)\xi_l(t+\tau)]=2D_{kl}\delta(\tau)$；(5.7-1) 右边重复的下标表示求和。

(5.7-1) 可模型化为斯塔拉多诺维奇微分方程，然后加上 Wong-Zakai 修正项，化为下列位移与速度的伊藤随机微分方程

$$dY_1=Y_2dt \qquad (5.7\text{-}2)$$
$$dY_2=m(Y_1,Y_2)dt+\sigma(Y_1,Y_2)dW(t)$$

式中

$$m(Y_1,Y_2)=-\varepsilon^2 f(Y_1,Y_2)-g(Y_1)$$
$$+\varepsilon^2 D_{kl}h_k(Y_1,Y_2)\frac{\partial}{\partial Y_2}h_l(Y_1,Y_2) \tag{5.7-3}$$

$$\sigma^2(Y_1,Y_2)=\varepsilon^2 2D_{kl}h_k(Y_1,Y_2)h_l(Y_1,Y_2) \tag{5.7-4}$$

$W(t)$ 为单位维纳过程.

(5.7-3)右边的累加项为 Wong-Zakai 修正项. 这些修正项使未扰系统的性质发生变化，包含 Y_2 的项增大或减小阻尼. 不包含 Y_2 之项改变系统的恢复力. 因此，需将这些修正项分成含 Y_2 与不含 Y_2 两部分，并分别与未扰系统的阻尼与恢复力项合并，假定合并后的阻尼与恢复力分别为 $\varepsilon^2\tilde{f}(Y_1,Y_2)$ 与 $\tilde{g}(Y_1)$. (5.7-3)可改写成

$$m(Y_1,Y_2)=-\varepsilon^2\tilde{f}(Y_1,Y_2)-\tilde{g}(Y_1) \tag{5.7-5}$$

相应的系统能量包线(或总能量)为

$$E(t)=\frac{1}{2}Y_2^2+G(Y_1) \tag{5.7-6}$$

其中

$$G(Y_1)=\int_0^{Y_1}\tilde{g}(u)du \tag{5.7-7}$$

作变换

$$Y_1=Y_1$$
$$E=\frac{1}{2}Y_2^2+G(Y_1) \tag{5.7-8}$$

运用伊藤微分规则(5.3-46)，可将(5.7-2)变换成如下位移与能量包线的伊藤随机微分方程

$$dY_1=\pm\sqrt{2E-2G(Y_1)}dt \tag{5.7-9}$$

$$dE=[\mp\varepsilon^2\sqrt{2E-2G(Y_1)}\,\tilde{f}(Y_1,\ \pm\sqrt{2E-2G(Y_1)})$$
$$+\frac{1}{2}\sigma^2(Y_1,\pm\sqrt{2E-2G(Y_1)})]dt$$
$$\pm\sqrt{2E-2G(Y_1)}\,\sigma(Y_1,\pm\sqrt{2E-2G(Y_1)})\,dW(t) \tag{5.7-10}$$

由(5.7-9)知，Y_1 是快变过程，由(5.7-10)知，E 是慢变过程．按照 Khasminskii 的定理[43]，在 $\varepsilon \to 0$ 时，在时间区间 $0 \leqslant t \leqslant T$，$T \sim 0(1/\varepsilon^2)$，过程 $E(t)$ 弱收敛于一维扩散过程．换言之，对小的ε，在一次近似中，$E(t)$ 可代之以一个一维扩散过程．为简单起见，仍以 $E(t)$ 表示该扩散过程．描述这一扩散过程的伊藤随机微分方程由(5.7-10)对时间进行平均得到．考虑到(5.7-9)，时间平均可代之以在 E 为常数的条件下对 Y_1 作一周上的平均得到．结果为

$$dE = U(E)dt + V(E)dW(t) \tag{5.7-11}$$

式中

$$\begin{aligned} U(E) = \frac{1}{T(E)} \int_{Y_1'}^{Y_1''} \Big[&- \varepsilon^2 \tilde{f}(Y_1, \sqrt{2E - 2G(Y_1)}) \\ &+ \frac{1}{2} \frac{\sigma^2(Y_1, \sqrt{2E - 2G(Y_1)})}{\sqrt{2E - 2G(Y_1)}} \\ &+ \varepsilon^2 \tilde{f}(Y_1, -\sqrt{2E - 2G(Y_1)}) \\ &+ \frac{1}{2} \frac{\sigma^2(Y_1, -\sqrt{2E - 2G(Y_1)})}{\sqrt{2E - 2G(Y_1)}} \Big] dY_1 \end{aligned} \tag{5.7-12 a}$$

$$\begin{aligned} V^2(E) = \frac{1}{T(E)} \int_{Y_1'}^{Y_1''} &\sqrt{2E - 2G(Y_1)} \\ &\times [\sigma^2(Y_1, \sqrt{2E - 2G(Y_1)}) \\ &+ \sigma^2(Y_1, -\sqrt{2E - 2G(Y_1)})] dY_1 \end{aligned} \tag{5.7-12 b}$$

$$T(E) = 2 \int_{Y_1'}^{Y_1''} \frac{dY_1}{\sqrt{2E - 2G(Y_1)}} \tag{5.7-12 c}$$

假定 $\tilde{g}(Y_1) = 0$ 只有一个根，Y_1' 与 Y_1'' 分别是 $E - G(Y_1) = 0$ 的最小根与最大根．

与(5.7-11)相应的 FPK 方程为

$$\frac{\partial p}{\partial t} = -\frac{\partial}{\partial e}[a(e)p] + \frac{1}{2} \frac{\partial^2}{\partial e^2}[b(e)p] \tag{5.7-13}$$

式中 $p = p(e, t | e_0)$，相应初始条件为

$$p(e,0|e_0)=\delta(e-e_0) \tag{5.7-14}$$

或 $p=p(e,t)$，相应初始条件为

$$p(e,0)=p_0(e) \tag{5.7-15}$$

而

$$\begin{aligned} a(e)&=U(E)|_{E=e} \\ b(e)&=V^2(E)|_{E=e} \end{aligned} \tag{5.7-16}$$

FPK 方程(5.7-13)之解为原系统 (5.7-1) 的能量包线概率密度的一次近似.

为从 $p(e,t)$ 导出 $p(y,\dot{y},t)$，首先将 $p(y,e,t)$ 表为

$$p(y,e,t)=p_1(y,t|e)p(e,t) \tag{5.7-17}$$

其中 $p_1(y,\ t|e)$ 为在给定能量包线为 e 的条件下的位移概率密度。Stratonovitch[12]指出，$p_1(y,\ t|e)$ 正比于能量包线为 e 时系统的状态停留在 y 处的时间,即

$$p_1(y,t|e)=\begin{cases}\dfrac{C}{\sqrt{e-G(y)}}, & G(y)\leqslant e \\ 0 & ,\ G(y)>e\end{cases} \tag{5.7-18}$$

按归一化条件确定常数 C 之后,代入(5.7-17),得

$$p(y,e,t)=\frac{p(e,t)}{\sqrt{2}\,T(e)\sqrt{e-G(y)}} \tag{5.7-19}$$

再借助于变换(5.7-8),得位移与速度的联合概率密度

$$p(y,\dot{y},t)=\left.\frac{p(e,t)}{T(e)}\right|_{e=\frac{1}{2}\dot{y}^2+G(y)} \tag{5.7-20}$$

注意，当 $\tilde{g}(Y_1)$ 只有一个零点时，$E-G(Y_1)=0$ 只有一对根 Y_1' 与 Y_1''. 对任一 e 值，从 $p(e,t)$ 到 $p(y,\dot{y},t)$ 的变换是一对一的。然而，当 $\tilde{g}(Y_1)$ 有 n 个零点时，其中 n 为大于 1 的奇数，对某些 E 值,$E-G(Y_1)=0$将有$(n+1)/2$ 对根 Y_1' 与 Y_1''. 此时，(5.7-12) 需对这 $(n+1)/2$ 区间 (Y_1',Y_1'') 积分,然后加起来。相应地,在这些 e 值上,从 $p(e,t)$ 到 $p(y,\dot{y},t)$ 的变换不再是一对一，而是一对$(n+1)/2$，在一般情形下，很难确定这个

转换. 对平稳响应. Dimentberg[80] 提出了一种可能的变换办法.

顺便指出,代替变换(5.7-8),运用变换

$$\sqrt{G(Y_1)} = \sqrt{E}\cos\Phi$$

$$Y_2/\sqrt{2} = -\sqrt{E}\sin\Phi \tag{5.7-21}$$

可导出相同的平均 FPK 方程(5.7-13)[62].

以上推导中假定激励为物理高斯白噪声.若激励为散粒噪声,但其强度与能量包线 E 一样缓慢变化,在对能量包线 E 的伊藤方程进行平均时,强度可看成常数,则以上推导仍有效.Spanos等[63,82]用第一种办法推导了一类线性阻尼非线性恢复力振子受强度慢变的高斯散粒噪声外激的能量包线随机平均方程.

从物理上讲,应用随机平均法的一个主要条件是激励的带宽要比响应的带宽大得多. 对线性恢复力系统,响应的带宽只取决于系统的阻尼. 因此,应用标准随机平均法的主要条件是阻尼充分小. 但对非线性恢复力系统,系统的固有频率依赖于系统响应的幅值.响应的带宽不仅取决于系统的阻尼,而且取决于非线性的强弱与响应幅值的大小. 在阻尼相同情形下,非线性恢复力系统的响应带宽一般要比线性恢复力系统响应带宽要宽. 从而,应用能量包线随机平均法时,要求激励带宽比标准随机平均法中所要求的更宽. 从理论上讲,在随机激励下,系统的响应可取任意值,从而非线性恢复力系统的响应带宽可为无穷大. 因此,应用能量包线随机平均法,一般要求激励为理想白噪声. 然而,实践中,当系统的非线性与激励强度较小时,响应取大值的概率很小,系统的实际响应带宽不很大. 从而在应用能量包线随机平均法时,激励可为非白噪声,例如,Roberts[44,81] 推导了在非白噪声外激下非线性振子的能量包线随机平均方程,并提出两种计及激励谱密度形状影响的办法.

最后指出,对线性恢复力单自由度系统,能量包线随机平均法与标准随机平均法将给出一致的结果. 但应注意,当 Wong-Zakai 修正项中含有恢复力性质的项时,变换(5.6-21)或(5.6-44)

要作与从 $g(Y_1)$ 到 $\tilde{g}(Y_1)$ 相应的变更才能取得一致的结果。关于这一点将在 7.6 中进一步说明。

5.7.2 能量包线随机平均方程之解

当(5.7-1)中只有一个随机外激，即 $h_1=1, h_k=0, k=2\cdots, m$，且 $\xi_1(t)$ 是强度为 $I(t)$ 的散粒噪声，$I(t)$ 为时间慢变函数，可表为 $I(\varepsilon^2 t)$ 时，平均 FPK 方程(5.7-13)形为

$$\frac{\partial p}{\partial t}=\frac{\partial}{\partial E}\left\{\left[\varepsilon^2 B(e)-\frac{\varepsilon^2}{2}I(\varepsilon^2 t)\right]p\right\}$$

$$+\frac{\varepsilon^2}{2}I(\varepsilon^2 t)\frac{\partial^2}{\partial e^2}[C(e)p] \tag{5.7-22}$$

式中

$$B(e)=\frac{1}{T(e)}\int_R f\{y, \pm\sqrt{2[e-G(y)]}\}dy$$

$$C(e)=\frac{1}{T(e)}\int_R \pm\sqrt{2[e-G(y)]}\,dy \tag{5.7-23}$$

在线性阻尼，即 $\varepsilon^2 f(Y, \dot{Y})=2\zeta\omega_0\dot{Y}$，幂律非线性恢复力，即

$$g(Y)=k|Y|^{\nu}\mathrm{sgn}(y) \tag{5.7-24}$$

且激励为 $t=0$ 时突加高斯白噪声的情形，FPK 方程 (5.7-22) 已得到精确的瞬态解。此时

$$\varepsilon^2 B(e)=2\zeta\omega_0\alpha e$$

$$C(e)=\alpha e \tag{5.7-25}$$

其中

$$\alpha=\frac{2(\nu+1)}{(\nu+3)} \tag{5.7-26}$$

引入变换

$$Z(t)=\frac{E(t)}{\gamma k\sigma_{\nu}^{\nu+1}} \tag{5.7-27}$$

式中

$$\sigma_v^2 = \left[\frac{(\nu+1)\varepsilon^2\pi S_e}{2\zeta\omega_0 k}\right]^{2/(\nu+1)} \Gamma\left(\frac{3}{\nu+1}\right)\Big/\Gamma\left(\frac{1}{\nu+1}\right)$$

$$\gamma = \frac{1}{\nu+1}\left\{\Gamma\left(\frac{1}{\nu+1}\right)\Big/\Gamma\left(\frac{3}{\nu+3}\right)\right\}^{(\nu+1)/2} \qquad (5.7\text{-}28)$$

σ_v 为平稳时位移 $Y(t)$ 的标准差。Roberts[40] 给出的瞬态解为

$$p(z,t|z_0) = \frac{1}{(1-q)}\left(\frac{z}{z_0 q}\right)^{\rho/2} \times \exp\left[-\frac{(z+qz_0)}{(1-q)}\right] I_\rho\left[\frac{2\sqrt{zz_0q}}{(1-q)}\right] \qquad (5.7\text{-}29)$$

式中

$$\rho = \frac{1}{\alpha} - 1,\quad q = \exp(-2\,\alpha\zeta\omega_0 t) \qquad (5.7\text{-}30)$$

$I_\rho(\ )$ 为 ρ 阶第一类修正的贝塞尔函数。

当 $z_0 = 0$，即系统初始静止时，瞬态概率密度为

$$p(z,t) = \frac{1}{\Gamma(1+\rho)(1-q)^{(1+\rho)}} z^\rho \exp\left(-\frac{z}{1-q}\right) \qquad (5.7\text{-}31)$$

按 (5.7-27) 与 (5.7-20) 可变换成位移与速度的联合概率密度 $p(y,\dot{y},t)$，并由此可得 $Y(t)$ 的各阶矩。例如，

$$E[Y^2(t)] = \sigma_Y^2(t) = \sigma_v^2(1-q)^{2/(1+\nu)} \qquad (5.7\text{-}32)$$

令 $t\to\infty$，即可得稳态概率密度与位移均方值。

上述解最近已被 Spanos 等[63,82]推广于受慢变强度的散粒噪声激励之情形

$$p(e,t|e_0,t_0) = \frac{1}{c^*(t_0,t)}\left[\frac{e}{e_0 q(\tau)}\right]^{\rho/2} \times \exp\left[-\frac{e+e_0q(\tau)}{c^*(t_0,t)}\right] \times I_\rho\left[\frac{2\sqrt{ee_0}\,q^{1/2}(\tau)}{c^*(t_0,t)}\right] \qquad (5.7\text{-}33)$$

式中

$$c^*(t_0,t) = \frac{\varepsilon^2}{2}\alpha q(\tau)\int_{t_0}^{t}\exp(2\zeta\alpha\omega_0 u)I(u)du$$

$$\tau = t - t_0, \quad q(\tau) = \exp(-2\zeta\alpha\omega_0\tau) \tag{5.7-34}$$

当激励为高斯白噪声时，FPK 方程(5.7-22)描述的是一维时齐扩散过程 $E(t)$. 在 $t\to\infty$ 时，它将趋向于平稳扩散过程. 令(5.7-22)中 $\dfrac{\partial p}{\partial t}=0$,考虑到无穷远处概率流为零,积分可得稳态解

$$p(e) = CT(e)\exp\left[-\frac{1}{\pi S_0}\int_0^e \frac{B(u)}{c(u)}du\right] \tag{5.7-35}$$

式中 C 为归一化常数. 平稳位移与速度的联合概率密度可根据(5.7-20)由(5.7-35)得到

$$p(y,\dot{y}) = C\exp\left[-\frac{1}{\pi S_0}\int_0^e \frac{B(u)}{c(u)}du\right]\Bigg|_{e=\frac{1}{2}\dot{y}^2+G(y)} \tag{5.7-36}$$

若进一步假定阻尼具有能量依赖形式,即

$$f(Y,\dot{Y}) = h(E)\dot{Y} \tag{5.7-37}$$

则

$$p(y,\dot{y}) = C\exp\left[-\frac{1}{\pi S_0}\int_0^e h(u)du\right]\Bigg|_{e=\frac{1}{2}\dot{y}^2+G(y)} \tag{5.7-38}$$

与精确稳态解完全一样. 可见,当原运动方程具有精确解时,能量包线随机平均法就给出该精确解.

5.7.3 在滞迟系统随机响应预测中的应用

许多工程结构在严重载荷(例如强地震引起的地面运动)的作用下由于屈服而呈现出滞迟性态. 滞迟系统的恢复力不仅取决于系统的瞬时位移，而且取决于系统响应的历史. 滞迟效应主要表现为刚度的减少与能量耗散能力的增加. 滞迟系统是一种复杂的非线性系统,人们曾提出多种描述滞迟恢复力特性的模型,如双线性模型[64,65]，分布弹塑性元件模型[66]，拉姆伯格 (Ramberg)-奥斯古德(Osgood)(或代数多项式)模型[67]，Bouc-Wen 的辅助微分方程模型[68,69]等. 其中以双线性模型为最简单，同时抓住了滞迟效应的本质，因而应用较多. Bouc-Wen 的辅助微分方程模型变

适性最大，可适当调节参数值使之描述各种滞迟特性[69]，且便于与运动微分方程一起进行处理，因而近来越来越普遍地被采用。关于滞迟系统的随机响应问题已作过许多研究，曾被采用的方法包括基于克雷洛夫-包哥留波夫假设的等效线性化法[64]，一般的等效线性化法[70]，功率平衡法[67]，FPK 方程法[69]，标准随机平均法[71,72] 及能量包线随机平均法[73,75]等。其中一般等效线性化法能给出较为满意的均方响应值，而能量包线随机平均法则同时能给出较为满意的响应概率密度与各阶矩。此处叙述能量包线随机平均法在滞迟系统随机响应预测中的应用，6.1.7 中将介绍等效线性化法在同一问题中的应用。关于滞迟系统的模型与随机响应预测方法参见述评[83]。

只有当屈服后刚度与屈服前刚度相差不太大，且随机激励的强度使得系统很少发生屈服或完全屈服时，滞迟系统的响应才是窄带随机过程，一般情形下，响应是一种宽带随机过程[76]。标准随机平均法只在响应为窄带过程的特殊情形才给出较好的结果[71,72]而能量包线随机平均法适用于响应具有较宽频带之情形。由于滞迟系统中变刚度与能耗两种效应是同时发生的，应用能量包线随机平均法于滞迟系统随机响应预测的主要困难是如何将动能与势能分别精确表达出来，Roberts 将能量包线随机平均法应用于以辅助微分方程为滞迟恢复力模型的单自由度滞迟系统的随机响应[75]，他把滞迟力人为地分成非线性恢复力分量与非线性阻尼分量，用滞迟回线的脊骨线表示非线性刚度，而以滞迟回线包围的面积表示阻尼大小。其结果只适用于滞迟回线很窄之情况。与此同时，笔者与他的学生[73,74]将能量包线随机平均法应用于以分布弹塑性元件为滞迟恢复力模型的单自由度滞迟系统的随机响应预测，精确地区分开滞迟的非线性恢复力与非线性阻尼效应，使得该法能在较大的系统参数范围内给出较为满意的结果。

考虑在白噪声激励下的单自由度滞迟系统，其运动微分方程为

$$\ddot{Y} + 2\zeta\omega_0\dot{Y} + \alpha\omega_0^2 Y + (1-\alpha)\omega_0^2 f(Y,\dot{Y}) = \xi(t) \qquad \text{(a)}$$

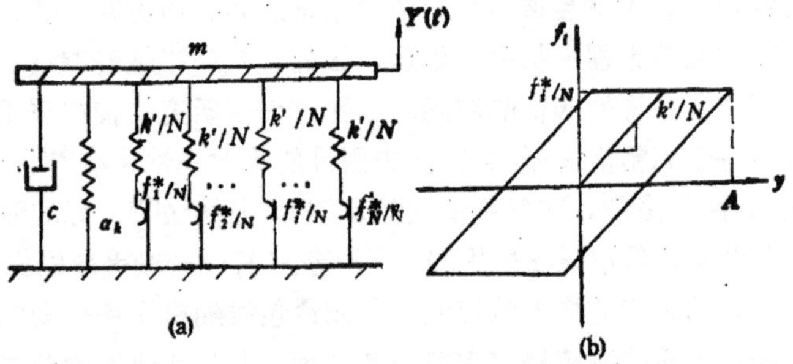

图 5.7-1 (a)滞迟系统的物理模型;(b)第 i 个理想弹塑性元件的恢复力特性

式中 ω_0 为退化线性系统的固有频率; α 为完全屈服后与屈服前刚度之比; ζ 为粘性阻尼系数; $(1-\alpha)\omega_0^2 f(Y, \dot{Y})$ 为滞迟恢复力; $\xi(t)$ 为白噪声，谱密度为 S_0.

系统 (a) 可用图 5.7-1 (a) 所示物理模型表示，其中滞迟恢复力用一个或多个乃至无穷多个并联的理想弹塑性元件 (又称 Jenkin 元件) 表示，每个理想弹塑性元件由一个弹簧与一个滑块串联而成，其恢复力特性如图 5.7-1 (b) 所示，各元件的弹簧具有相同的刚度 $k'/N = (1-\alpha)k/N$，但各元件的滑块的最大静摩擦力(即各元件的屈服载荷)则不相同. 当元件数目很大时，所有并联的元件的屈服载荷可看成是连续变化的，并可用 $\varphi(f^*)$ 表示其分布密度，f^* 表示屈服载荷.

初始加载荷 ($\dot{Y} > 0$) 时，所有弹塑性元件的总恢复力为

$$(1-\alpha)kf(Y,\dot{Y}) = (1-\alpha)\left\{\int_0^{KY} f^*\varphi(f^*)df^* + kY\int_{kY}^{\infty}\varphi(f^*)df^*\right\} \tag{b}$$

式中 $\varphi(f^*)df^*$ 是屈服载荷在 (f^*, f^*+df^*) 内的元件数与总元件数之比.(b) 右边第一项表示所有已屈服的元件的总恢复力，第二项表示所有尚未屈服的元件的总恢复力.

卸载 ($\dot{Y} < 0, |Y| \leqslant A$) 时，所有弹塑性元件的总恢复力为

$$(1-\alpha)kf(Y,\dot{Y}) = (1-\alpha)\left\{\int_0^{k(A-Y)/2}(-f^*)\varphi(f^*)df^* + \int_{k(A-Y)/2}^{kA}[kY-(kA-f^*)]\varphi(f^*)df^*\right.$$

$$+ kY \int_{kA}^{\infty} \varphi(f^*) df^* \Big\} \tag{c}$$

式中第一项代表初始加载已屈服，卸载后又进入反向屈服的那些元件的总恢复力，第二项是那些初始加载已屈服，而卸载时尚未反向屈服的元件的总恢复力，第三项则是初始加载未屈服，卸载时亦未反向屈服的那些元件总恢复力.

类似地，可写出再加载与再卸载时恢复力的表达式. 由上可知，只要知道屈服载荷分布密度 $\varphi(f^*)$，就可确定总的滞迟恢复力，所有弹塑性元件都屈服时的总恢复力为

$$(1-\alpha)kY_e = (1-\alpha)\int_0^{\infty} f^*\varphi(f^*)df^* \tag{d}$$

式中 Y_e 为屈服位移，任何连续函数只要使 f_e 保持有限值，均可作为分布密度，因而这种分布弹塑性元件模型有较大的变通性. 应用中，可先通过实验得到滞迟回线，然后选取适当的 $\varphi(f^*)$ 使理论滞迟回线逼近实测滞迟回线，特别地，当 $\varphi(f^*) = \delta(f^* - f_e^*)$ 时，上述弹塑性元件模型化为双线性滞迟模型.

系统 (a) 的势能就是贮藏于图 5.7-1 (a)上所有弹簧中的变形能总和. 例如，在卸载阶段，

$$G(Y) = \frac{\alpha}{2}\omega_0^2 Y^2 + \frac{1}{2k}(1-\alpha)\omega_0^2\Big\{\int^{K(A-Y)/2} f^{*2}\varphi(f^*)df^*$$

$$+ \int_{k(A-Y)/2}^{kA} [kY - (kA - f^*)]^2\varphi(f^*)df^*$$

$$+ kY^2\int_{kA}^{\infty}\varphi(f^*)df^*\Big\} \tag{e}$$

类似地，可写出加载时的势能表达式.

引入变换(5.7-8)，得能量包线 E 的微分方程

$$\dot{E} = -2\zeta\omega_2\dot{Y}^2 - \alpha\omega_0^2 Y\dot{Y}$$

$$-(1-\alpha)\omega_0^2 f(Y,\dot{Y})\dot{Y} + g(Y)\dot{Y} + \dot{Y}\xi(t) \tag{f}$$

对 (f) 进行随机平均与确定性平均，并引入无量纲量

$$\tau = \omega_0 t,\quad N = \frac{\sqrt{S_0\omega_0}}{\omega_0^3},\quad E_1 = \frac{E}{\frac{1}{2}\omega_0^2 Y_e} \tag{g}$$

可得如下支配转移概率密度 $p(e_1,\tau|e_{10})$ 的 FPK 方程

$$\frac{\partial p}{\partial \tau}=\frac{\partial}{\partial e_1}\left\{\left[S_1(e_1)-\frac{2\pi N^2}{Y_e^2}\right]p\right\}+\frac{2\pi N^2}{Y_e^2}\frac{\partial^2}{\partial e_1^2}[S_2(e_1)p] \tag{h}$$

式中

$$\begin{aligned}
S_1(e_1)&=[4\zeta f_1(e_1)+2D(e_1)]/T(e_1)\\
S_2(e_1)&=2f_1(e_1)/T(e_1)\\
f_1(e_1)&=\int_R \pm\sqrt{e_1-2G(y)/(\omega_0^2Y_e^2)}\,dy\\
T(e_1)&=\int_R \frac{dy}{\pm\sqrt{e_1-2G(y)/(\omega_0^2Y_e^2)}}\\
D(e_1)&=\int_0\left[\int_R^{K(A-Y)/2} f^*\varphi(f^*)df^*\right]dy
\end{aligned} \tag{i}$$

最后一式中之 A 值由 $E=G(A)$ 确定.

FPK 方程 (h) 的瞬态解一般只能用数值方法得到. 而稳态解则容易得到,它是

$$p(e_1)=\frac{C}{S_2(e_1)}\exp\left\{\int_0^{e_1}\left[-\frac{Y_e^2S_1(u)}{2\pi N^2S_2(u)}+\frac{1}{S_2(u)}\right]du\right\} \tag{j}$$

常数 C 由归一化条件确定. 而平稳位移与速度的联合概率密度为

$$p(\bar{y},\dot{\bar{y}})=\frac{C'}{f_1(e_1)}\exp\left\{\int_0^{e_1}\left[-\frac{Y_e^2S_1(u)}{2\pi N^2S_2(u)}+\frac{1}{S_2(u)}\right]du\right\}\Bigg|_{e_1=\dot{\bar{y}}^2+\frac{2G(\bar{y}Y_e)}{\omega_0^2Y_e^2}} \tag{k}$$

式中 $\bar{y},\dot{\bar{y}}$ 为无量纲位移与速度

$$\bar{y}=y/Y_e,\quad \dot{\bar{y}}=\dot{y}/(\omega_0Y_e) \tag{l}$$

由 (j) 与 (k) 可得能量、位移及速度的各阶矩.

文 [73,74] 中对双线性滞迟,即 $\varphi(f^*)=\delta(f^*-f_y)$ 与限带常数分布密度,即 $\varphi(f^*)=1/(2f_y)$ $0\leqslant f^*\leqslant 2f_y$,两种情形详细计算了均方位移、均方速度、平均能量以及位移、速度及能量的概率密度,并与数字模拟结果作了比较 (例见图 5.7-2). 结果表明,

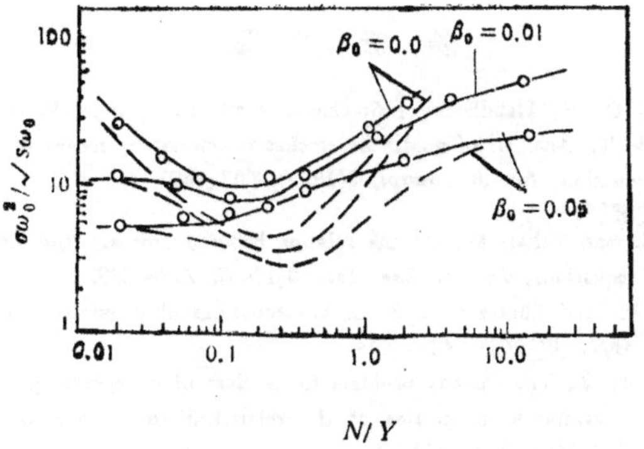

(a)

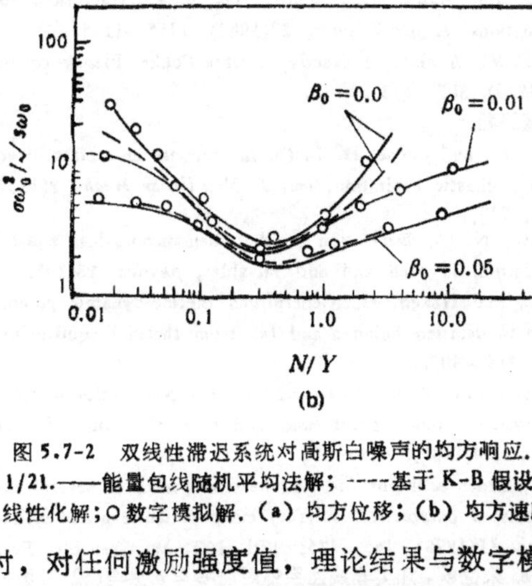

(b)

图 5.7-2 双线性滞迟系统对高斯白噪声的均方响应.
$\alpha=1/21$.——能量包线随机平均法解；----基于 K-B 假设的等效线性化解；○ 数字模拟解. (a) 均方位移；(b) 均方速度.

$\alpha=1/2$ 时，对任何激励强度值，理论结果与数字模拟结果皆很吻合．当 $\alpha=1/21$ 时，对小与大两种激励强度，两者仍吻合良好，但在中等激励强度情形，两者相差稍大．对均方位移，最大误差为 6％（对双线性滞迟)与 17％（对限带常数分布密度)．对均方速度，最大误差分别为 25％（对线性滞迟)与 18％（限带常数分布密度)． 对平均能量，最大误差分别为 9％（双线性滞迟)与 10％（限带常数分布密度)．与已应用于滞迟系统随机响应的其他近似方法结果的比较表明，能量包线随机平均法给出的结果是最好的.

参 考 文 献

[1] Gardiner, C. W., Handbook of Stochastic Methods, Springer-Verlag, 1983.

[2] Fuller, A. T., Analysis of nonlinear stochastic systems by means of the Fokker-Planck equation, *Int. J. Control*, 9(1969), 603—655.

[3] 见绪论文献[58].

[4] Wong, E., and Zakai, M., On the relation between ordinary and stochastic differential equations, *Int. J. Eng. Sci.*, 3(1965), 213—229.

[5] Ilin, A. M., and Khasminskii, R. Z., On equations of Brownian motion, *Theory probab. Appl.*, 9(1964), 421—444.

[6] Kushner, H. J., The Cauchy problem for a class of degenerate parabolic equations and asymptotic properties of the related diffusion processes, *J. Diff. Equations*, 6(1969), 209—231.

[7] 见第三章文献[21].

[8] Garrido, L., and Masoliver, J., On a class of exact solutions to the Fokker-Planck equations, *J. Math. phys.*, 23(1982), 1155—1158.

[9] San Miguel, M., A class of exactly solvable Fokker-Planck equations, *Z. Physic*, B 33(1979), 307—312.

[10] 见绪论文献[35].

[11] Caughey, T. K., and Payne, H. J., On the reponse of a class of self-exicted oscillators to stochastic excitation, *Int. J. Non-linear Mech.*, 2(1967), 125—151.

[12] 见绪论文献[52].

[13] Van Kampen, N. G., Derivation of the phenomenological equations from the Master equation, II even and odd variables, *physica*, 23(1957), 816—829.

[14] Graham, R., and Haken, H., Generaliged thermo-dynamic potential for Markoff system in detailed balance and far from thermal equilibrium, *Z. physik*, 203(1971), 289—302.

[15] Yong, Y., and Lin, Y. K., Exact stationary-response solution for second order nonlinear systems under parametric and external white-noise excitations, *J. Appl. Mech.*, 54(1987), 414—418.

[16] Zhu W. Q., Exact solutions for stationary responses of several classes of nonlinear systems to parametric and/(or) external white noise excitations, *Appl. Math. Mech.* 11(1990), 165—175; 17th JCTAM, Grenoble, France, 1988. *Math. Mech.* 朱位秋，几类非线性系统对白噪声参激与(或)外激的平稳响应精确解，应用数学和力学，11(2)(1990)，155－164(中、英文版)；还见第17届国际理论与应用力学大会中国学者论文集锦，北京大学出版社，1989.

[17] Caughey, T. K., and Ma, F., The exact steady-state solution of a class of nonlinear stochastic systems, *Int. J. Non-Linear Mech.*, 17(1982), 137—142.

[18] Langley, R. S., Application of the principle of detailed balance to the random vibration of non-linear oscillators, *J. Sound Vib.*, 125(1988), 85—92.

[19] Caughey, T. K., and Ma, F., The steady-state response of a class of dynamical systems to stochastic excitation, *J. Appl. Mech.*, 49(1982), 629—632.

[20] Lin, Y. K., and Cai, G. Q., Exact stationary response solution for second order nonlinear systems under parametric and external white noise excitations, Part

II, *J. Appl. Mech.*, **55**(1988), 702—705.
[21] Cai G. Q., and Lin, Y. K., On exact stationary solutions of equivalent nonlinear stochastic systems, *Int. J. Non-Linear Mech.*, **23**(1988), 409—420.
[22] Scheurkogel, A., and Elishakoff, I., Nonlinear random vibration of a two degree-of-freedom system, 见绪论文献[26].
[23] Johnson, J. P., and Scott, R. A., Extension of Eigenfunction-expansion solutions of a Fokker-Planck equation-II. second order system. *Int. J. Non-Linear Mech.*, **15**(1980), 41—56.
[24] Atkinson, J. D., Eigenfunction expansions for randomly excited nonlinear systems, *J. Sound Vib.*, **30**(1973), 153—172.
[25] Finlayson, B. A., and Scriven, L. E., The method of weighted residual, a review, *Appl. Mech. Rev.*, **19**(1966), 735—748.
[26] Mayfield, W. W., A sequence solution to the Fokker-Planck equation, IEEE *Trans. Information Theory*, IT **19**(1973), 165—175.
[27] Bhandari, R. G., and Sherrer, R. E., Random vibrations in discrete non-linear dynamic systems, *J. Mech. Eng. Sci.*, **10**(1968), 168—174.
[28] Wen, Y. K., Approximate methods for nonlinear random vibration, *J. Eng. Mech. Div.*, ASCE, 101(1975), 389—401.
[29] Wen, Y. K., Method for random vibration of hysteretic systems, *J. Eng. Mech. Div.* ASCE, **102**(1976), 249—264.
[30] Langley, R. S., A finite element method for the statistics of non-linear random vibration, *J. Sound Vib.*, **101**(1985), 41—54.
[31] Roberts, J. B., First-passage time for randomly excited non-linear oscillators, *J. Sound Vib.*, **109**(1986), 33—50
[32] Toland, R. H., Yang, C. Y., and Hsu, C. K. C., Non-stationary random vibration of non-linear structures, *Int. J. Non-Linear. Mech.*, **7**(1972), 395—406.
[33] Roberts, J. B., Transient response of non-linear systems to random excitation, *J. Sound Vib.*, **74**(1981), 11—29.
[34] Wehner, M. F., and Wolfer, W. G., Numerical evaluation of path-integral solutions to the Fokker-Planck equations, *phys. Rev.*, **A27**(1983), 2663—2670.
[35] Haken, H., Synergetics, springer, 2nd edn., 1978.
[36] Kapitaniak, T., Stochastic response with bifurcations to nonlinear Durfing's oscillator, *J. Sonnd Vib.*, **102**(1985), 440—441.
[37] Khasminskii, R. Z., A limit theorem for the solutions of differential equations with random right-hand sides, *Theory Probab. Appl.*, **11**(1966), 390—405
[38] Papanicolaou, G. C., and Kohler, W., Asymptotic theory of mixing stochastic ordinary differential equations, *Commun. Pure Appl. Math.*, **27**(1974), 641—668.
[39] Khasminskii, R. Z., Princeple of averaging for parabolic and elliptic differential equations and for Markov processes with small diffusion, *Theory Probab Appl.*, **8**(1963), 1—21.
[40] Roberts, J. B., The energy envelope of a randomly excited nonlinear oscillator, *J. Sound Vib.*, **60**(1978), 177—185.
[41] Zhu W. Q., Stochastic averaging of the energy envelope of nearly Lyapunov systems, 见绪论文献[24].

[42] Zhu, W. Q., On the method of stochastic averaging of energy envelope, proc. Int. Workshop on Stochastic Struc. Mech., Rep 1--83, University of Innsbruck, 1983.

[43] Khasminskii, R. Z., On the averaging princeple for stochastic differential Ito equations, Kibernetika, 4(1968), 260—279.

[44] Roberts, J. B., Response of an oscillator with nonlinear damping and a softening spring to non-white random excitation, *Probab. Eng. Mech.*, 1(1986), 58—70.

[45] Митропольский, Ю. А., Коломиец, В. Г., Применение асимптотических методов в стохастических системах, Б КН.: Приближенные Метовы исследавания нелинейных систем, Ин-т Математика АН УССР, 1976.

[46] 见绪论文献[44].

[47] 见绪论文献[45].

[48] 见绪论文献[46].

[49] Lin, Y. K., Some observations on the stochastic averaging method, *Prob. Eng. Mech.*, 1(1986), 23—27.

[50] Spanos, P. D., Approximate analysis of random vibration problems throuth stochastic averaging, 见绪论文献[24].

[51] Spanos, P. D., and Solomos, G. P., Markov approximation to transient vibration, *J. Eng. Mech. Div.*, ASCE, 109(1983), 1134—1150.

[52] Solomos, G. P., and Spanos, P. D., Oscillator response to nonstationary excitation, *J. Appl. Mech.*, 51(1984), 907—912.

[53] Spanos, P. D., A method for analysis of nonlinear vibrations caused by modulated random excitation, *Int. J. Non-Linear Mech.*, 16(1981), 1—11.

[54] Roberts, J. B., First passage time for oscillators with non-linear damping, *J Appl. Mech.*, 45(1978), 175—180.

[55] Mickéns, R. B., Generalization of the method of slowly varying amplitude and phase to nonlinear oscillatory systems with two degree of freedom, *J. Sound Vib.*, 74(1981), 455—458.

[56] Roberts, J. B., Stationary response of oscillators with non-linear damping to random excitation, *J. Sound Vib.*, 30(1977), 145—156

[57] Spanos, P. D., Stochastic analysis of oscillators with non-linear damping, *Int J. Non-Linear Mech.*, 13(1978), 249—259.

[58] Spanos, P. D. Numerical simulations of a van der Pol oscillator, *Comput. Math. Appl.*, 6(1980), 135—145.

[59] Brouwers J. T. H., Response near resonance of non-linearly damped systems subjected to random excitations with application to marine risers, *Ocean Eng.*, 9(1982), 235—257.

[60] Zhu W. Q., and Yu, J. S., On the response of van der pol oscillator to white noise excitation, *J. Sound Vib.*, 117(1987), 421—431.

[61] 朱位秋、余金寿，van der Pol 振子对高斯白噪声的响应，振动工程学报，1(1987),14—25.

[62] 朱位秋、蔡国强，随机平均法的一个推广，浙江大学学报，20(1986),2,71—82.

[63] Spanos, P. D., A closed form solution for a class of nonstationary nonlinear

random vibration problems，见绪论文献[26].
[64] Canghey, T. K., Random excitation of a system with bilinear hysteresis, *J. Appl. Mech.*, **27**(1960), 649—652.
[65] Asano, K., and Iwan, W. D., An alternative approach to the random response of bilinear hysteretic systems, *Earthquake Eng. Struct. Dyn.*, **12**(1984), 229—236.
[66] Iwan, W. D., A distributed element model for hysteresis and its steady-state dynamic response, *J. Appl. Mech.*, **33**(1966), 893—900.
[67] Jennings, P. C., Earthquake response of a yielding structure, *J. Eng. Mech. Div.*, ASCE, **91**(1965), 41—68.
[68] Bouc, R., Forced vibration of mechanical systems with hysleresis, proc. 4th Conf. Nonlinear Oscillation, prague, Czechoslovakia, 1967.
[69] Wen, Y. K., Method for random vibration of hysteretic systems, *J. Eng. Mech. Div.*, ASCE, 102(1976), 249—263.
[70] Wen, Y. K., Equivalent linearization for hysteretic systems under random excitation, *J. Appl. Mech.*, **47**(1980), 150—154.
[71] Roberts, J. B., The response of an oscillator with bilinear hysteresis to stationary random excitation, *J. Appl. Mech.*, **45**(1978), 923—928.
[72] Roberts, J. B., The yielding behaviour of a randomly excited elasto-plastic structure, *J. Sound Vib.*, **72**(1980), 71—85.
[73] Zhu, W. Q., and Lei, Y., Stochastic averaging of energy envelope of bilinear hysteretic systems, 见绪论文献[26].
[74] 朱位秋、雷鹰，能量包线随机平均法在双线性迟滞系统随机响应分析中的应用，航空学报，10(1989)，A28—34.
[75] Roberts, J. B., Application of averaging methods to randomly excited hysteretic systems，见绪论文献[26].
[76] Iwan, W. D., and Lutes, L. D., Response of the bilinear hysteretic system to stationary random excitation, *J. Acoust. Soc. Am.*, **43**(1968), 545—552
[77] Zhu, W. Q., Cai, G. Q., and Lin, Y. K., Y.On exact stationary solutions of stochastically perturbed Hamiltonian systems, *Prob. Eng. Mech.*, **5**(1990), 84—87.
[78] Soize, C., Steady-state solution of Fokker-Planck equation in high dimension, *Prob. Eng. Mech.*, **3**(1988), 196—206.
[79] Lin, Y. K., and Cai, G. Q., Eyuivalent stochastic systems, *J. Appl. Mech.*, **55**(1988), 918—922.
[80] 见绪论文献[20].
[81] 见绪论文献[24].
[82] Spanos, P. D., and Rad-Horse, J. R., Non-stationary solution in nonlinear random vibration, *J. Eng. Mech.*, **114**(1988), 1929—1943.
[83] Wen, Y. K., Methods of random vibration for enelastic structures, *Appl. Mech. Revs.*, **42**(1989), 2, 39—52.
[84] Zhu, W. Q. and Lcn, Y. K., Stochastic averaging of energy envelope, *J. Eng. Mech.*, 117(1991), 1890—1905.

第六章 非线性系统随机振动：其他方法

6.1 等效线性化法

6.1.1 引言

等效线性化法又称统计线性化法，或随机线性化法，是工程中应用最广泛的预测非线性系统随机响应的近似解析法. 该方法的基本思想，是用一个具有精确解的线性系统代替给定非线性系统. 使两方程之差在某种统计意义上为最小. 该法最早由 Booton[1]，Kazakov[2] 及 Cauyhey[3] 各自在不同领域独立地引入. 它是克雷洛夫与博戈留博夫等效线性化法在随机振动中的推广. Iwan 与他的合作者[4-8]将这一方法推广于多自由度系统与非平稳响应，并考察了统计线性化法之解的存在性与唯一性. Atalik 与 Utku[9]则将此法推广于包含非线性惯性之情形，并在激励为高斯过程时，给出了最优等效线性系统参数的封闭形式的表达式. 此后的发展包括非对称非线性与非零均值激励[10]，"二阶"线性化[11]，广义等效线性化[12]及等效非线性系统法[13-15,46]等，本节与下节将分别叙述等效线性化法与等效非线性系统法.

6.1.2 单自由度系统的平稳响应

设单自由度非线性系统的运动方程形为

$$m\ddot{Y} + c\dot{Y} + kY + \varepsilon f(\boldsymbol{Z}) = X(t) \qquad (6.1\text{-}1)$$

式中 $\boldsymbol{z} = [Y,\dot{Y},\ddot{Y}]^T$；$f$ 是非线性函数，通常是关于 $Y,\dot{Y}$ 及 $\ddot{Y}$ 的多项式，且分别为 Y，$\dot{Y}$，$\ddot{Y}$ 的奇函数；ε 是一个正的小参数；$X(t)$ 是零均值的平稳随机过程.

设(6.1-1)存在平稳响应，由于 f 的奇函数性质与 $X(t)$ 的零均值，平稳响应将是零均值的平稳随机过程. 按等效线性化法，用

如下一个线性系统近似代替(6.1-1):

$$(m+m_e)\ddot{Y}+(c+c_e)\dot{Y}+(k+k_e)Y=X(t) \quad (6.1\text{-}2)$$

式中 m_e, c_e 及 k_e 分别为与 $f(\boldsymbol{Z})$ 等效的线性系统的质量、阻尼及刚度系数. 将(6.1-2)的平稳响应代入(6.1-1)与(6.1-2), 形成两方程之差

$$e(\boldsymbol{Z})=\varepsilon f(\boldsymbol{Z})-m_e\ddot{Y}-c_e\dot{Y}-k_eY \quad (6.1\text{-}3)$$

显然, e 是一个依赖于 m_e, c_e 及 k_e 的平稳随机过程. 为使(6.1-2)成为代替(6.1-1)的"最佳"等效线性系统, 须使误差过程 e 在某种统计意义上为最小,通常选取的准则是使 e 的均方值为最小,即选取 m_e, c_e 及 k_e 使得

$$\frac{\partial}{\partial m_e}E[e^2]=\frac{\partial}{\partial c_e}E[e^2]=\frac{\partial}{\partial k_e}E[e^2]=0 \quad (6.1\text{-}4)$$

将(6.1-3)代入(6.1-4),可得确定 m_e, c_e 及 k_e 的如下矩阵方程:

$$\boldsymbol{P}\boldsymbol{R}=\boldsymbol{q} \quad (6.1\text{-}5)$$

式中 $\boldsymbol{P}=E[\boldsymbol{Z}\boldsymbol{Z}^T]$ 是矢量过程 $\boldsymbol{Z}(t)$ 的方差矩阵; $\boldsymbol{R}=[k_e, c_e, m_e]^T$ 为等效参数矢量; $\boldsymbol{Q}=\varepsilon E[\boldsymbol{Z}f(\boldsymbol{Z})]$.

当不包含非线性惯性时,(6.1-1)可改写为

$$\ddot{Y}+c\dot{Y}+kY+\varepsilon g(Y,\dot{Y})=X(t) \quad (6.1\text{-}6)$$

其等效线性系统为

$$\ddot{Y}+(c+c_e)\dot{Y}+(k+k_e)Y=X(t) \quad (6.1\text{-}7)$$

按上述步骤可导得等效参数

$$k_e=\frac{\varepsilon E[Yg]}{E[Y^2]},\quad c_e=\frac{\varepsilon E[\dot{Y}g]}{E[\dot{Y}^2]} \quad (6.1\text{-}8)$$

为证明由上述步骤得到的等效参数 m_e, c_e 及 k_e 确实使 $E[e^2]$ 达最小值,考虑 $E[e^2]$ 的增量

$$\Delta\{E[e^2]\}=\frac{1}{2}\Big\{(\Delta m_e)^2\frac{\partial^2}{\partial m_e^2}+(\Delta c_e)^2\frac{\partial^2}{\partial c_e^2}+(\Delta k_e)^2\frac{\partial^2}{\partial k_e^2}+2\Delta m_e\cdot\Delta c_e\frac{\partial^2}{\partial m_e\partial c_e}+2\Delta c_e\cdot\Delta k_e\frac{\partial^2}{\partial c_e\partial k_e}$$

$$+ 2\Delta k_e \Delta m_e \frac{\partial^2}{\partial k_e \partial m_e}\Big\} E[e^2] + \cdots$$

$$= 2E[(\ddot{Y}\Delta m_e + \dot{Y}\Delta c_e + Y\Delta k_e)^2] + \cdots$$

略去高阶小量后，由上述二次型的非负性可知，按(6 1-4)确定的等效参数确实使 $E[e^2]$ 为最小。

(6 1-5)与(6.1-8)中期望运算所用的概率密度通常是等效线性系统(6.1-2)或(6.1-7)的平稳响应的联合概率密度。此外，可用(6.1-1)或(6.1-6)中弃去非线性部分后的退化线性系统平稳响应的联合概率密度，所得结果将较前为差。还可用(6.1-1)或(6.1-6)的精确平稳响应联合概率密度，如果可求得的话，此时，由等效线性系统得到的响应矩将是精确的[16]。

对非线性系统(6.1-1)，用等效线性化法求平稳响应，化为联立求解(6.1-2)与(6.1-5)，一般可迭代进行求解。首先给定一组等效参数初值，由(6.1-2)求得稳态响应，并计算 $\boldsymbol{P}$ 与 $\boldsymbol{Q}$，然后按(6.1-5)求得一组等效参数新值，再代入(6.1-2)求平稳响应。如此循环直至满足某个收敛准则为止．最后得到一组最佳的等效参数，并以等效线性系统(6.1-2)之响应作为原系统(6.1-1)响应之近似．对系统(6.1-6)，也可按此步骤进行。

当激励为高斯过程时，Atalik 与 Utku[9] 证明，等效参数可用显式表出．为此，他们证明了如下定理：考虑 n 个变量的单值函数 $q(\boldsymbol{Z}) = q(Z_1, Z_2, \cdots, Z_n)$，其中 $\boldsymbol{Z}$ 为零均值高斯矢量过程，若 $q(\boldsymbol{Z})$ 足够光滑，对 $\boldsymbol{Z}$ 的各分量的一阶偏导数存在，且对任意的 A 与任何 $\boldsymbol{Z}$，$|q(\boldsymbol{Z})| < A\exp\left(\sum_{i=1}^{n} z_i^a\right)$，其中 $a < 2$，则有

$$E[\boldsymbol{Z}q(\boldsymbol{Z})] = E[\boldsymbol{Z}\boldsymbol{Z}^T]E[\nabla q(\boldsymbol{Z})] \tag{6.1-9}$$

其中

$$\nabla = \left[\frac{\partial}{\partial Z_1}, \frac{\partial}{\partial Z_2}, \cdots, \frac{\partial}{\partial Z_n}\right]^T \tag{6.1-10}$$

应用上述定理于(6.1-5)，可得

$$\boldsymbol{R} = \varepsilon E[\nabla f] \tag{6.1-11}$$

或

$$k_e = \varepsilon E\left[\frac{\partial f}{\partial Y}\right],\quad c_e = \varepsilon E\left[\frac{\partial f}{\partial \dot{Y}}\right],\quad m_e = \varepsilon E\left[\frac{\partial f}{\partial \ddot{Y}}\right] \tag{6.1-12}$$

(6.1-8)也可表成(6.1-12)之形式．由此可知，等效参数即为非线性函数梯度矢量各分量的期望值．

应指出，按(6.1-12)求得之等效参数表达式常含方差矩阵 $\boldsymbol{P}$ 的各元素，将它们代入（6.1-2）或（6.1-7）求响应方差矩阵时，问题往往归结于求解复杂的非线性代数方程组．尽管如此，应用(6.1-12)比(6.1-5)容易求解，在一些特殊情形下，还可得封闭形式解．

6.1.3 应用举例

本小节通过两个典型系统说明等效线性化法的应用，并通过与精确解的比较说明该方法的精度．

首先考虑硬弹簧杜芬振子对高斯白噪声的平稳响应

$$\ddot{Y} + \beta\dot{Y} + \omega_0^2(Y + \varepsilon Y^3) = \xi(t) \tag{a}$$

记

$$\sigma_{Y_0}^2 = \frac{\pi S_0}{\beta\omega_0^2},\quad \sigma_{\dot{Y}_0}^2 = \frac{\pi S_0}{\beta} \tag{b}$$

它们分别代表（a）之退化线性系统（$\varepsilon = 0$）的位移与速度平稳响应方差．

应用 FPK 方程方法可求得位移与速度的平稳响应的精确联合概率密度，它是可分离的，速度呈高斯分布，而位移呈非高斯分

$$p(\dot{y}) = \frac{1}{\sqrt{2\pi}\,\sigma_{\dot{Y}}}\exp\left(-\frac{\dot{y}^2}{2\sigma_{\dot{Y}}^2}\right) \tag{c}$$

$$p(y) = C\sqrt{2\pi}\,\sigma_{Y_0}\exp\left[-\frac{1}{\sigma_{Y_0}^2}\left(\frac{y^2}{2} + \frac{\varepsilon}{4}y^4\right)\right] \tag{d}$$

其中

$$C^{-1} = \pi\sqrt{\frac{S_0}{\beta\varepsilon}}\exp\left(\frac{1}{8\varepsilon\sigma_{Y_0}^2}\right)K_{1/4}\left(\frac{1}{8\varepsilon\sigma_{Y_0}^2}\right) \tag{e}$$

布 $K_{1/4}()$ 是四分之一阶修正的贝塞尔函数. 由此可得速度与位移的方差

$$\sigma_{\dot{Y}}^2 = \sigma_{\dot{Y}_0}^2$$

$$\sigma_Y^2 = c\sqrt{\frac{\pi\varepsilon}{2}}\left(\frac{2\sigma_{Y_0}^2}{\varepsilon}\right)^{3/4} D_{-3/2}\left(\frac{1}{\sqrt{2\varepsilon}\sigma_{Y_0}}\right) \Big/ K_{1/4}\left(\frac{1}{\delta\varepsilon(\sigma_{Y_0}^2)}\right) \tag{f}$$

式中 $D_{-3/2}(\ )$ 是 $-\frac{3}{2}$ 阶抛物圆柱函数.

再用统计线性化法,可得 (a) 之等效线性系统方程为

$$\ddot{Y} + \beta\dot{Y} + \omega_e^2 Y = \xi(t) \tag{g}$$

其中等效参数

$$\omega_e^2 = \omega_0^2(1 + 3\,\varepsilon\sigma_Y'^2) \tag{h}$$

而位移方差为

$$\sigma_Y'^2 = [(1 + 12\,\varepsilon\sigma_{Y_0}^2)^{1/2} - 1]/6\varepsilon \tag{i}$$

等效线性系统的平稳响应服从高斯分布,其中 $p(\dot{y})$ 同 (c),而

$$p(y) = \frac{1}{\sqrt{2\pi}\,\sigma_Y'} \exp(-y^2/2\sigma_Y'^2) \tag{j}$$

当 $\varepsilon\sigma_{Y_0}^2 \ll 1$ 时,可以证明, 精确到 ε 一阶, (*f*) 与 (*i*) 同为 $\sigma_{Y_0}^2 - 3\varepsilon\sigma_{Y_0}^4$. 对 $\varepsilon = 0.1, 0.5$ 及 1.0, 等效线性化法所得的位移方差 (i) 与精确解 (f) 比较示于图 6.1-1 上. 由图可见,等效

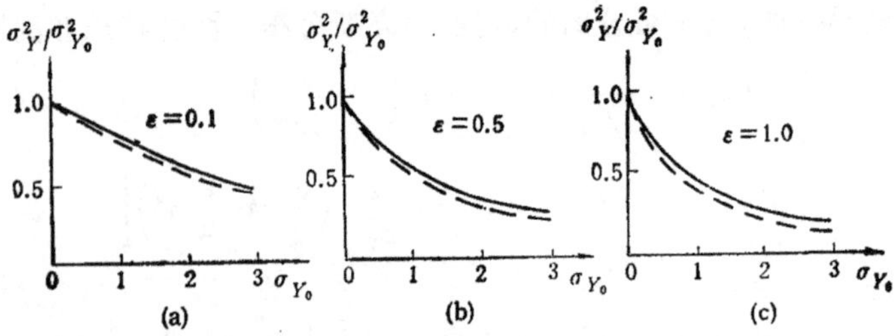

图 6.1-1 杜芬振子对高斯白噪声的位移响应方差. —— 精确解; ---- 等效线性化法解

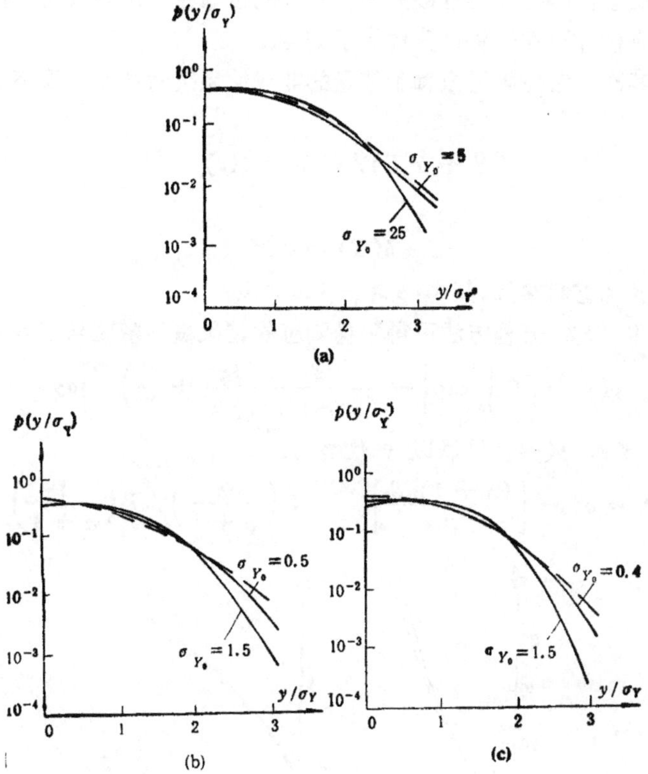

图 6.1-2 杜芬振子对高斯白噪声的位移响应概率密度. ——精确解；----等效线性化法解. (a) $\varepsilon=0.1$; (b) $\varepsilon=0.5$; (c) $\varepsilon=1.0$

线性化法低估了位移响应的方差，误差随 ε 与 σ_{Y_0} 的增大而略有增大。但一般不大，即使 $\varepsilon=1.0$，$\sigma_{Y_0}=3.0$，误差也只达 13%. 因此，用等效线性化法预测硬弹簧杜芬型振子的位移响应方差一般是可以的。

对上述三个 ε 值的精确位移概率密度 (d) 与用等效线性化得到的高斯概率密度 (j) 的比较示于图 6.1-2. 由图可知，等效线性化法高估了小位移与大位移处的概率密度，低估了中等位移处的概率密度，其差别随 ε 与 σ_{Y_0} 的增加而增大。当 $\varepsilon=1.0$, $\sigma_{Y_0}=5.0$ 时，用等效线性化法得到的 $P(Y>3\sigma_Y)$ 值为精确值的 266

倍．由于位移的概率直接关系着系统的可靠性．用等效线性化法的结果估计可靠性将过分地偏于安全．

其次，考虑阻尼依赖于能量的非线性系统对高斯白噪声的响应

$$\ddot{Y} + h(E)\dot{Y} + Y = \xi(t) \tag{k}$$

式中

$$h(E) = \beta E^{\alpha} \tag{l}$$

α 与 β 为材料常数，其中 $\alpha > -1, \beta > 0$

用 FPK 方程方法可得平稳响应的精确概率密度与方差

$$p(y) = 2C\int_0^{\infty} \exp\left[-\frac{\beta}{(\alpha+1)\pi S_0}\left(\frac{y^2}{2}+\frac{\dot{y}^2}{2}\right)^{\alpha+1}\right]d\dot{y} \tag{m}$$

$p(\dot{y})$ 形同 $p(y)$，只需以 $\dot{y}$ 代替 y。

$$\sigma_Y^2 = \sigma_{\dot{Y}}^2 = \left[\frac{(\alpha+1)\pi S_0}{\beta}\right]^{1/(\alpha+1)} \Gamma\left(\frac{2}{\alpha+1}\right)\Big/\Gamma\left(\frac{1}{\alpha+1}\right) \tag{n}$$

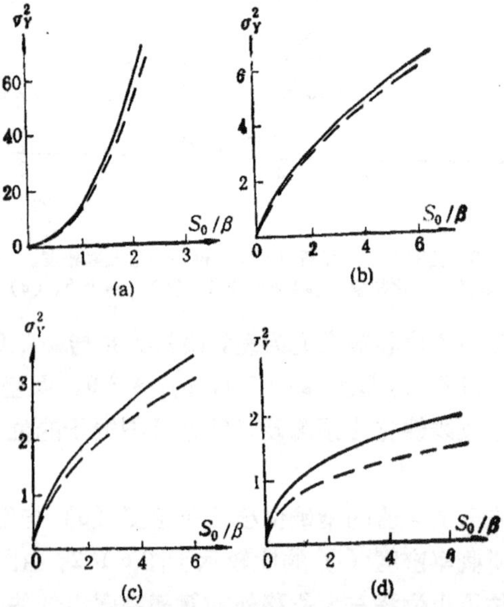

图 6.1-3 能量依赖非线性阻尼系统对白噪声的位移响应方差.——精确解;----等效线性化法解.(a) $\alpha=-0.5$; (b) $\alpha=0.5$; (c) $\alpha=1.0$; (d) $\alpha=2.0$

(m)式中

$$C = \frac{\alpha+1}{2\pi\Gamma(\alpha+1)}\left[\frac{\beta}{(\alpha+1)\pi S_0}\right]^{1/(\alpha+1)} \tag{o}$$

用等效线性化法，可求得 (k) 之等效线性系统

$$\ddot{Y} + C_e\dot{Y} + Y = \xi(t) \tag{p}$$

其中等效参数

$$C_e = [(\beta+\alpha\beta)\Gamma(\alpha+1)\pi^\alpha S_0^\alpha]^{1/(\alpha+1)} \tag{q}$$

稳态响应方差为

$$\sigma_{\dot{Y}}''^2 = \sigma_Y''^2 = \left[\frac{\pi S_0}{(\alpha+1)\,\beta\Gamma\,(\alpha+1)}\right]^{1/(\alpha+1)} \tag{r}$$

对 $\alpha = -0.5, 0.5, 1.0$, 及 2.0 由等效线性化法得到的响应方差与精确解的比较示于图 6.1-3. 由图可见，等效线性化法仍低估了响应方差. 误差随 α 与 S_0/β 的增大而增大，但一般不很大，在所有情形下误差小于 20%.

对上述四个 α 值，概率密度的比较示于图 6.1-4. 由图可知，当 $\alpha > 0$ 时，等效线性化法高估了小位移(速度)与大位移(速度)

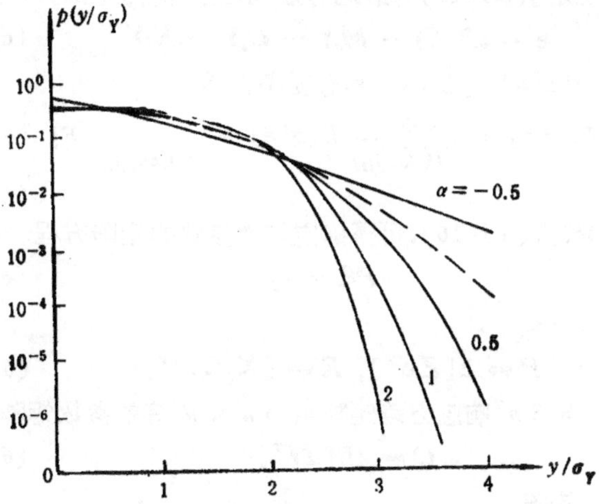

图 6.1-4　能量依赖非线性阻尼系统对白噪声的位移响应概率密度. —— 精确解; ---- 等效线性化解.

处的概率，低估了中等位移(速度)处的概率，其差随 α 的增大而增大，当 $\alpha=2$ 时，$P(Y>3\sigma_Y)$ 的概率约为精确解的 2 500 倍. $\alpha<0$ 时，结论则刚好与 $\alpha>0$ 情形相反，因此.用等效线性化的结果估计可靠性常常是不可靠的.

6.1.4 多自由度系统的平稳响应

现将 6.1.2 中的结果推广于用下述运动方程描述的 n 个自由度非线性系统:

$$\boldsymbol{M}\ddot{\boldsymbol{Y}}+\boldsymbol{C}\dot{\boldsymbol{Y}}+\boldsymbol{K}\boldsymbol{Y}+\varepsilon\boldsymbol{f}(\boldsymbol{Z})=\boldsymbol{X}(t) \tag{6.1-13}$$

式中 $\boldsymbol{Z}=[\boldsymbol{Y}^T,\dot{\boldsymbol{Y}}^T,\ddot{\boldsymbol{Y}}^T]^T$; $\boldsymbol{f}=[f_1,f_2,\cdots f_n]^T$; 而 f_i 为 $Y_i,\dot{Y}_i,\ddot{Y}_i$ $(i=1,2,\cdots,n)$ 的单值奇函数; $\boldsymbol{X}(t)$ 为零均值平稳矢量随机过程.

设(6.1-13)平稳响应存在，用如下 n 个自由度的等效线性系统近似代替(6.1-13)

$$(\boldsymbol{M}+\boldsymbol{M}_e)\ddot{\boldsymbol{Y}}+(\boldsymbol{C}+\boldsymbol{C}_e)\dot{\boldsymbol{Y}}+(\boldsymbol{K}+\boldsymbol{K}_e)\boldsymbol{Y}=\boldsymbol{X}(t) \tag{6.1-14}$$

式中 $\boldsymbol{M}_e,\boldsymbol{C}_e$ 及 $\boldsymbol{K}_e$ 分别是 $n\times n$ 等效质量、阻尼及刚度矩阵.为使(6.1-14)成为(6.1-13)的最优等效线性系统，需令两方程之差

$$\boldsymbol{e}=\varepsilon\boldsymbol{f}(\boldsymbol{Z})-\boldsymbol{M}_e\ddot{\boldsymbol{Y}}-\boldsymbol{C}_e\dot{\boldsymbol{Y}}-\boldsymbol{K}_e\boldsymbol{Y} \tag{6.1-15}$$

的均方值 $E[\boldsymbol{e}^T\boldsymbol{e}]$ 为最小. 其必要条件是

$$\frac{\partial}{\partial(\boldsymbol{M}_e)_{ij}}E[\boldsymbol{e}^T\boldsymbol{e}]=\frac{\partial}{\partial(\boldsymbol{C}_e)_{ij}}E[\boldsymbol{e}^T\boldsymbol{e}]=\frac{\partial}{\partial(\boldsymbol{K}_e)_{ij}}E[\boldsymbol{e}^T\boldsymbol{e}]=0 \tag{6.1-16}$$

将(6.1-15)代入(6.1-16)，可得确定等效参数的矩阵方程

$$\boldsymbol{P}\boldsymbol{R}=\boldsymbol{Q} \tag{6.1-17}$$

式中

$$\boldsymbol{P}=E[\boldsymbol{Z}\boldsymbol{Z}^T],\ \boldsymbol{R}=[\boldsymbol{K}_e\boldsymbol{C}_e\boldsymbol{M}_e]^T \tag{6.1-18}$$

分别为 $3n\times 3n$ 响应方差矩阵与 $3n\times n$ 等效参数矩阵，而

$$\boldsymbol{Q}=\varepsilon E[\boldsymbol{Z}\boldsymbol{f}^T] \tag{6.1-19}$$

为 $3n\times n$ 矩阵.

当 $\boldsymbol{X}(t)$ 为平稳高斯矢量随机过程，$\boldsymbol{f}(\boldsymbol{Z})$ 满足 6.1.2 中所述定理对 $q(\boldsymbol{Z})$ 所要求的条件时，有

$$E[\boldsymbol{Z}\boldsymbol{f}^T]=\boldsymbol{P}E\left[\left\{J\left(\frac{\boldsymbol{f}(\boldsymbol{Z})}{\boldsymbol{Z}}\right)\right\}^T\right] \qquad (6.1\text{-}20)$$

式中

$$J\left(\frac{\boldsymbol{f}(\boldsymbol{Z})}{\boldsymbol{Z}}\right)=\begin{bmatrix} \frac{\partial f_1}{\partial z_1} & \frac{\partial f_1}{\partial z_2}\cdots\frac{\partial f_1}{\partial z_{3n}} \\ \frac{\partial f_2}{\partial z_1} & \frac{\partial f_2}{\partial z_2}\cdots\frac{\partial f_2}{\partial z_{3n}} \\ \vdots & \cdots\cdots\cdots \\ \frac{\partial f_n}{\partial z_1} & \frac{\partial f_n}{\partial z_2}\cdots\frac{\partial f_n}{\partial z_{3n}} \end{bmatrix}$$

为 $n\times 3n$ 雅可比（Jacobi）矩阵．将(6.1-20)代入(6.1-17)，得

$$\boldsymbol{R}=\varepsilon E\left[\left\{J\left(\frac{\boldsymbol{f}(\boldsymbol{Z})}{\boldsymbol{Z}}\right)\right\}^T\right] \qquad (6.1\text{-}21)$$

即

$$\begin{aligned} (\boldsymbol{K}_e)_{ij} &= \varepsilon E[\partial f_i(\boldsymbol{Z})/\partial Y_j] \\ (\boldsymbol{C}_e)_{ij} &= \varepsilon E[\partial f_i(\boldsymbol{Z})/\partial \dot{Y}_j] \\ (\boldsymbol{M}_e)_{ij} &= \varepsilon E[\partial f_i(\boldsymbol{Z})/\partial \ddot{Y}_j] \end{aligned} \qquad (6.1\text{-}22)$$

显然，当 f 不依赖于 $\ddot{\boldsymbol{Y}}$ 时，$(\boldsymbol{M}_e)_{ij}=0$．可以证明．按(6.1-17)或(6.1-22)选取的等效参数确实使均方误差 $E[\boldsymbol{e}^T\boldsymbol{e}]$ 为最小．

等效参数表达式(6.1-22)中将含有等效线性系统(6.1-14)的方差矩阵的元素，它们可通过求解(6.1-14)的方差矩阵所满足的代数李亚普诺夫方程解得到，也可用实模态或复模态叠加法得到．因此，用等效线性化法求响应时需迭代进行．

Spanos 与 Iwan[7] 证明，在 $(\boldsymbol{M}_e)_{ij}=0$ 情形，当且仅当方差矩阵 $\boldsymbol{P}$ 为非奇异时，等效线性系统才是唯一的．当 $\boldsymbol{P}$ 为奇异时，等效参数解的存在不能保证，即使解存在也不是唯一的，虽然不是唯一的，但至少与其他解一样好．对动态系统，当运动微分方程包含多余方程，或有一个非耦合的自由度只受确定性激励时会使 $\boldsymbol{P}$ 成为奇异，此时响应过程 $\boldsymbol{Z}$ 是退化的．可设法消去多余方程或非耦合方程使响应过程为非退化的，从而使等效线性化的解为唯一．

6.1.5 多自由度系统的非平稳响应

考虑以下列运动方程描述的 n 个自由度非线性系统的非平稳响应

$$\ddot{Y}+C\dot{Y}+KY+\varepsilon f(Y,\dot{Y})=X(t) \qquad (6.1\text{-}23)$$

其中 f 是 $Y_i,\dot{Y}_i(i=1,2,\cdots,n)$ 的奇函数；$X(t)$ 为零均值平稳或非平稳随机过程．为简单起见，设系统的初始状态为

$$Y(0)=0,\ \dot{Y}(0)=0 \qquad (6.1\text{-}24)$$

以一等效线性系统代替(6.1-23)，由于非线性效应依赖于响应值，等效参数的值将依赖于等效系统的方差矩阵 $P(t)$ 的瞬时值，即等效线性系统形为

$$\ddot{Y}+[C+C_e[P(t)]]\dot{Y}+[K+K_e(P(t))]Y=X(t) \qquad (6.1\text{-}25)$$

考虑(6.1-23)与(6.1-25)之差

$$e(t)=\varepsilon f(\dot{Y},Y)-C_e[P(t)]\dot{Y}-K_e[P(t)]Y \qquad (6.1\text{-}26)$$

设感兴趣的非平稳响应时间区间为 $[0,T]$，记

$$\Delta=\frac{1}{T}\int_0^T E[e^Te]dt=\frac{1}{T}\int_0^T E[\|e(t)\|^2]dt \qquad (6.1\text{-}27)$$

它表示两方程之差的均方值在 $[0,T]$ 上的平均值，它是方程差的一种合适的度量，选取等效参数使 Δ 达最小值，即

$$\int_0^T E[\|e\{C_e[P(t)],K_e[P(t)]\}\|^2]dt=\min \qquad (6.1\text{-}28)$$

这是一个古典变分问题，泛函不依赖于自变量的导数，积分限是固定的，相应的欧拉方程为

$$\frac{\partial}{\partial(K_e)_{ij}}E[e^Te]=0,\ \frac{\partial}{\partial(C_e)_{ij}}E[e^Te]=0 \qquad (6.1\text{-}29)$$

式中 $(C_e)_{ij}$ 与 $(K_e)_{ij}$ 分别是等效参数矩阵 C_e 与 K_e 的元素．

将(6.1-26)代入(6.1-29)，可得

$$P(t)R=Q \qquad (6.1\text{-}30)$$

式中

$$P(t)=E\begin{bmatrix}\boldsymbol{YY}^T & \boldsymbol{Y\dot{Y}}^T\\ \boldsymbol{\dot{Y}Y}^T & \boldsymbol{\dot{Y}\dot{Y}}^T\end{bmatrix} \tag{6.1-31}$$

$$\boldsymbol{R}=[\boldsymbol{K}_e(\boldsymbol{P}(t)),\ \boldsymbol{C}_e(\boldsymbol{P}(t))]^T \tag{6.1-32}$$

$$\boldsymbol{Q}=\varepsilon E\left[\begin{Bmatrix}\boldsymbol{Y}\\ \dot{\boldsymbol{Y}}\end{Bmatrix} \boldsymbol{f}^T(\boldsymbol{Y},\dot{\boldsymbol{Y}})\right] \tag{6.1-33}$$

若激励为高斯矢量随机过程，则等效线性系统的非平稳响应也是高斯过程. 此外，设 $\boldsymbol{f}(\dot{\boldsymbol{Y}},\boldsymbol{Y})$ 满足 6.1.2 中定理对 $q(\boldsymbol{Z})$ 所要求的条件，则等效参数形式上仍可表为

$$(\boldsymbol{K}_e)_{ij}=\varepsilon E\left[\frac{\partial f_i}{\partial Y_j}\right]$$

$$(\boldsymbol{C}_e)_{ij}=\varepsilon E\left[\frac{\partial f_i}{\partial \dot{Y}_j}\right] \tag{6.1-34}$$

由于等效参数依赖于时间 $t\in[0,T]$，宜将区间 $[0,T]$ 分成若干子区间，在每个子区间响应可近似看成平稳的，等效参数与方差矩阵也可近似视为常值，迭代求解（6.1-25）与(6.1-30)或(6.1-34)可得该子区间上等效参数与方差矩阵的值. 求(6.1-25)的方差矩阵宜用 3.8 节中微分李亚普诺夫方程，也可用实模态或复模态叠加法. 而前一子区间上的等效参数与方差矩阵之值可作为后一子区间相应量的初始值.

如果系统在 $t=0$ 时非为静止，则非平稳响应一般将具有非零均值，从而等效参数将同时依赖于方差与平均函数的瞬时值. 需按下一小节方法进行求解.

6.1.6 非零均值情形

以上推导都假定响应均值为零. 但是，非线性函数的非对称性，或激励具有非零均值，都可使响应具有非零均值. 此外，非零初始条件也可使非平稳响应均值不为零. Spanos[10] 曾考虑具有非对称非线性的系统的等效线性化. 此处考虑同时具有非对称非线性、非零均值激励及非零初始条件的情形.

重新考虑(6.1-23)描述的非线性系统，现设 $\boldsymbol{f}(\boldsymbol{Y},\dot{\boldsymbol{Y}})$ 可为非

对称非线性函数. $X(t)$ 可为具有非零均值的平稳或非平稳矢量随机过程

$$X(t)=X_m(t)+\hat{X}(t) \tag{6.1-35}$$

式中 $X_m(t)$ 为确定性函数，$\hat{X}(t)$ 为零均值平稳或非平稳矢量随机过程，初始时刻 $t=0$ 系统的状态为

$$Y(0)=Y_0,\ \dot{Y}(0)=\dot{Y}_0 \tag{6.1-36}$$

在此情形下，响应一般具有非零均值

$$Y(t)=Y_m(t)+\hat{Y}(t) \tag{6.1-37}$$

式中 $Y_m(t)$ 为确定性函数，$\hat{Y}(t)$ 为零均值平稳或非平稳矢量随机过程.

将(6.1-35)与(6.1-37)代入(6.1-23)，可得

$$M\ddot{\hat{Y}}+C\dot{\hat{Y}}+K\hat{Y}+F(\dot{\hat{Y}},\hat{Y};Y_m,\dot{Y}_m,\ddot{Y}_m;X_m)\hat{X}(t) \tag{6.1-38}$$

式中

$$F(\dot{\hat{Y}},\hat{Y};Y_m,\dot{Y}_m,\ddot{Y}_m;X_m)=M\ddot{Y}_m+C\dot{Y}_m+KY_m+\varepsilon f(Y_m+\hat{Y},\dot{Y}_m+\dot{\hat{Y}})-X_m(t) \tag{6.1-39}$$

对(6.1-38)求期望可得

$$M\ddot{Y}_m+C\dot{Y}_m+KY_m+\varepsilon E[f(Y_m+\hat{Y},\dot{Y}_m+\dot{\hat{Y}})]=X_m(t) \tag{6.1-40}$$

(6.1-38) 与 (6.1-40) 是关于 $\hat{Y}$ 与 Y_m 的非线性耦合方程组，(6.1-38)是非线性随机微分方程，可应用统计线性化法；(6.1-40)则是确定性非线性微分方程. 鉴于 $X_m(t)$ 从而 Y_m 通常相对于 $\hat{X}(t)$ 与 $\hat{Y}(t)$ 来说变化较为缓慢，可用迭代法求解.

以如下线性系统近似代替 (6.1-38)

$$M\ddot{\hat{Y}}+(C+C_e)\dot{\hat{Y}}+(K+K_e)\hat{Y}=\hat{X}(t) \tag{6.1-41}$$

(6.1-38)与(6.1-41)的误差矢量为

$$e=F(\dot{\hat{Y}},\hat{Y};Y_m,\dot{Y}_m,\ddot{Y}_m;X_m)-C_e\dot{\hat{Y}}-K_e\hat{Y} \tag{6.1-42}$$

选取 C_e 与 K_e 使 $E[e^Te]$（平稳响应）或 $E[e^Te]$ 在 $[0,\ T]$ 上的平均值(非平稳响应)为最小. 可导出形如(6.1-17)或(6.1-30)确定等效参数的矩阵方程. 若 $\hat{X}(t)$ 为高斯随机过程，则 $\dot{Y}(t)$

亦是.可以证明，在此情形 6.1.2 中定理仍成立，只要 $\boldsymbol{F}$ 函数满足该定理中的条件即可。按以前的推导可得

$$(\boldsymbol{K}_e)_{ij}=E\left[\frac{\partial F_i}{\partial \hat{Y}_j}\right],\ (\boldsymbol{C}_e)_{ij}=E\left[\frac{\partial F_i}{\partial \dot{\hat{Y}}_j}\right] \tag{6.1-43}$$

于是，问题就化为在初始条件（6.1-36）下联立求解（6.1-40），(6.1-41)及(6.1-43)，(6.1-40)可改写成状态方程形式

$$\dot{\boldsymbol{Z}}_m=\boldsymbol{A}_m\dot{\boldsymbol{Z}}_m+\boldsymbol{B}_m \tag{6.1-44}$$

式中

$$\boldsymbol{Z}_m=[\boldsymbol{Y}_m^T,\dot{\boldsymbol{Y}}_m^T]^T$$

$$\boldsymbol{A}_m=\begin{bmatrix}0 & \boldsymbol{I}\\ -\boldsymbol{M}^{-1}\boldsymbol{K} & -\boldsymbol{M}^{-1}\boldsymbol{C}\end{bmatrix} \tag{6.1-45}$$

$$\boldsymbol{B}_m=\begin{bmatrix}\boldsymbol{0} & \boldsymbol{0}\\ \boldsymbol{0} & \boldsymbol{M}^{-1}\{\boldsymbol{X}_m-\varepsilon E[\boldsymbol{f}(\boldsymbol{Y}_m+\hat{\boldsymbol{Y}},\dot{\boldsymbol{Y}}_m+\dot{\boldsymbol{Y}})]\}\end{bmatrix}$$

方程(6.1-44)在初始条件 $\boldsymbol{Z}_m(0)=[\boldsymbol{Y}_0^T,\dot{\boldsymbol{Y}}_0^T]^T$ 下求解.(6.1-41)的方差矩阵可用微分或代数李亚普诺夫方程计算，初始条件为

$$\boldsymbol{P}(0)=\boldsymbol{0}$$

6.1.7 在滞迟系统随机响应预测中的应用

等效线性化法的一个重要而较为成功的应用是预测滞迟系统的随机响应。Caughey[17] 首先在响应为窄带随机过程，响应位移可用具有慢变幅值与相位的余弦表示的假定下，将等效线性化法应用于双线性滞迟系统对白噪声激励的响应分析。Iwan 与 Lutes[18] 通过电子模拟证明，对于均方位移响应来说，基于响应为窄带过程的假设的等效线性化法，只有在屈服后刚度与屈服前刚度之比与 1 相差不大，激励强度很小或很大情形才给出较好的估计，即使在这种情形，响应位移也是明显偏离高斯分布。在屈服后刚度与屈服前刚度之比较小，激励强度为中等时，响应并非窄带随机过程，上述方法给出响应位移的很差估计。

应用等效线性化法于滞迟系统随机响应预测的另一种处理方法[19]，将位移响应表示成一个低频的漂移与一个随机过程之和，对

后一分量所满足的非线性微分方程应用等效线性化法，即用一个当量线性弹性元件代替非弹性的恢复力，用当量粘性阻尼元件表示滞迟能耗，其结果与数字模拟估计相当一致。

等效线性化法在滞迟系统随机响应分析中的最成功应用是由 Wen 与他的学生[20-22]作出的。这种应用乃基于由 Bouc[23] 提出而由 Wen[24] 推广了的辅助微分方程滞迟模型，这种模型的本质可用单自由度系统来说明。总恢复力可表为

$$q(y,\dot{y},t) = g(y,\dot{y}) + cz(t) \tag{6.1-46}$$

式中 g 为非滞迟分量，它是瞬时位移与速度的函数；$cz(t)$ 为滞迟分量，它是 y 与 z 的时间历程的函数，满足如下非线性微分方程。

$$\dot{z} = \frac{1}{\eta}[A\dot{y} - \gamma(\beta|\dot{y}||z|^{n-1} - \beta\dot{y}|z|^{n})] \tag{6.1-47}$$

其中参数 β 与 γ 控制滞迟迴线的形状；A,ν 与 η 支配滞迟的强度与刚度；n 决定从弹性区到塑性区过渡的光滑性。适当地选取这些参数，可给出具有各种能量耗散能力、渐软与渐硬的滞迟系统[24]。例如，近于弹塑性系统的恢复力可表为

$$q(y,\dot{y},t) = \alpha ky + (1-\alpha)kz \tag{6.1-48}$$

式中 k 为屈服前刚度，α 为屈服后刚度与屈服前刚度之比。这种滞迟模型除了具有上述很大的变通性外，还可计及结构由于严重变形以及重复应力循环引起的恢复力的退化。这只要将强度与刚度参数 α,A,η,ν 变成随时间变化，依赖于响应幅值与总滞迟能耗就行。总滞迟能耗是振动中非弹性变形的累积的一个很好度量，它为

$$\varepsilon_T(t) = C\int_0^t z(\tau)\dot{y}(\tau)d\tau \tag{6.1-49}$$

与基于塑性理论的结果[25]及实验研究[26]比较表明，该模型能满意地反映滞迟恢复力的重要特性。该模型的参数可用系统识别方法由实验结果或外场数据确定。

由于大多数真实系统的塑性变形通常都是局部的，集中在某

些部件上，结构在离散化后，只需在这些局部区域或元件上应用上述滞迟模型.

现用单自由度系统例子说明等效线性化法在滞迟系统中的应用. 应用上述滞迟模型，运动微分方程写为

$$\ddot{Y}+2\zeta\omega_0\dot{Y}+\alpha\omega_0^2Y+(1-\alpha)\omega_0^2Z=X(t)/m \qquad \text{(a)}$$

$$\dot{Z}=A\dot{Y}-\gamma|\dot{Y}|Z-\beta\dot{Y}|Z|$$

这里，已令(6.1-47)中 $n=\eta=\nu=1$，并设 $X(t)$ 为零均值平稳或非平稳高斯随机过程.

(a) 的等效线性系统为

$$\ddot{Y}+2\zeta\omega_0\dot{Y}+\alpha\omega_0^2Y+(1-\alpha)\omega_0^2Z=X(t)/m$$

$$\dot{Z}+C_1\dot{Y}+C_2Z=0 \qquad \text{(b)}$$

按(6.1-22)或(6.1-34)，可得等效参数

$$C_1=\sqrt{\frac{2}{\pi}}\left[\beta\frac{E[\dot{Y}Z]}{\sigma_{\dot{Y}}}+\gamma\sigma_Z\right]-A$$

$$C_2=\sqrt{\frac{2}{\pi}}\left[\beta\sigma_{\dot{Y}}+\gamma\frac{E[\dot{Y}Z]}{\sigma_Z}\right] \qquad \text{(c)}$$

类似可得 $n\neq 1$ 时等效参数[20].

若 $X(t)/m$ 为高斯散粒噪声，强度为 $I(t)$，或为白噪声，强度为 $I_0=2\pi S_0$，则按 3.8，由(b)可得如下方差矩阵微分李亚普诺夫方程

$$\dot{\boldsymbol{P}}(t)+\boldsymbol{AP}+\boldsymbol{PA}^T=\boldsymbol{B} \qquad \text{(d)}$$

其中

$$\boldsymbol{P}(t)=E\begin{bmatrix}YY & YZ & Y\dot{Y}\\ ZY & ZZ & Z\dot{Y}\\ \dot{Y}Y & \dot{Y}Z & \dot{Y}\dot{Y}\end{bmatrix}$$

$$\boldsymbol{A}=\begin{bmatrix}0 & 0 & -1\\ 0 & C_2 & C_1\\ \alpha\omega_0^2 & (1-\alpha)\omega_0^2 & 2\zeta\omega_0\end{bmatrix} \qquad \text{(e)}$$

$$
\boldsymbol{B}=\begin{bmatrix} 0 & 0 & 0 \\ 0 & 0 & 0 \\ 0 & 0 & I(t) \end{bmatrix}
$$

对平稳响应，$\dot{\boldsymbol{P}}(t)=0$，(d) 化为代数李亚普诺夫方程。

当 $X(t)/m$ 为过滤高斯散粒噪声或白噪声时，方程 (d) 形式不变。只是 (e) 中各矩阵的维数适当扩大，以包含滤波方程相应的元素。

例如，设强地震地面运动加速度用卡耐-塔基米谱密度(2.8-1)描述[27,28]，状态矢量为 $[Y,Z,Y_g,\dot{Y},\dot{Y}_g]^T$，其中 $Y_g,\dot{Y}_g$ 为滤波器的输出状态，则 (e) 需代之以

$$
A=\begin{bmatrix} 0 & 0 & 0 & -1 & 0 \\ 0 & 0 & 0 & C_1 & 0 \\ 0 & 0 & 0 & 0 & -1 \\ \alpha\omega_0^2 & (1-\alpha)\omega_0^2 & -\omega_g^2 & 2\zeta\omega_0 & -2\zeta_g\omega_g \\ 0 & 0 & \omega_g^2 & 0 & 2\zeta_g\omega_g \end{bmatrix} \tag{f}
$$

$$
B=\begin{bmatrix} 0 & 0 & 0 & 0 & 0 \\ 0 & 0 & 0 & 0 & 0 \\ 0 & 0 & 0 & 0 & 0 \\ 0 & 0 & 0 & 0 & 0 \\ 0 & 0 & 0 & 0 & I(t) \end{bmatrix}
$$

$$
P(t)=E\begin{bmatrix} YY & YZ & YY_g & Y\dot{Y} & Y\dot{Y}_g \\ ZY & ZZ & ZY_g & Z\dot{Y} & Z\dot{Y}_g \\ Y_gY & Y_gZ & Y_gY_g & Y_g\dot{Y} & Y_g\dot{Y}_g \\ \dot{Y}Y & \dot{Y}Z & \dot{Y}Y_g & \dot{Y}\dot{Y} & \dot{Y}\dot{Y}_g \\ \dot{Y}_gY & \dot{Y}_gZ & \dot{Y}_gY_g & \dot{Y}_g\dot{Y} & \dot{Y}_g\dot{Y}_g \end{bmatrix}
$$

迭代求解 (c) 与 (d) 给出系统响应统计量。文[20]给出了按上述方法估计的均方位移响应与相关系数同数字模拟结果的比较，两者颇为一致，上述处理方法已推广于多自由度滞迟系统[22]、

非零均值[29]、强度与刚度退化[21,30]及二维地震地面运动激励[31]等情形。对均方位移与总滞迟能耗等统计量，与数字模拟结果的比较证实上述方法的精度。最近 Pradlwarter 与 Schuëller[32] 通过六层剪切楼房在非平稳激励作用下的例子说明了等效线性化法的精度。对均方速度，精度很好；对均方位移响应，当滞迟效应占优势时，精度不太满意；对位移与速度的概率密度，偏差可相当大；而

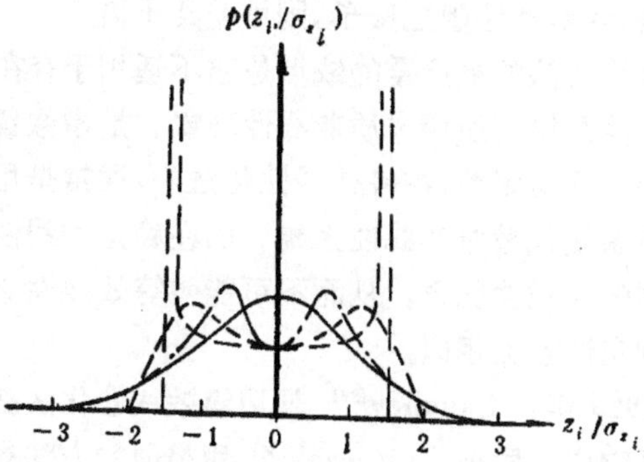

图 6.1-5 辅助滞迟变量的概率密度. ——高斯；————一楼；------三楼；—·—·六楼

辅助的滞迟变量 z 的边缘概率密度则完全是非高斯的，随着楼层降低，概率密度越来越集中于边缘，见图 6.1-5。

6.1.8 等效线性化法的精度与适用性

等效线性化法已被广泛地应用于各种非线性系统，尤其是工程结构系统的随机响应预测。这是因为，一方面该法应用起来比较简便，另一方面，它适用范围较广，无论是单自由度还是多自由度系统，平稳还是非平稳激励都可应用。但在应用该法时，特别是要根据该法的分析结果作出关键性的技术决定时，需对该法的精度与适用性有一个正确的认识。

对用等效线性化法得到的响应统计量的误差，虽曾作出过努力[33,34]，但仍无一般性的理论界限。对具体系统通常都是通过与

精确解或数字模拟结果作比较来确定的. 对均方位移与速度响应，精度一般来说是好的，典型的误差范围是 0—20%，而且该法的精度一般与非线性强弱关系不大，也不管是材料非线性还是几何非线性。然而，通常等效线性化法低估了响应位移与速度的均方值. 因而其结果是偏于不安全的。此外，由于线性化乃基于均方误差最小的原则，除均方响应外的其他响应统计量，如自相关函数，极值等可能是不可靠的。6.1.3 中已指出，对杜芬振子，$P(Y > 3\sigma_Y)$ 可差几百倍；对非线性阻尼振子，则可差几千倍.

等效线性化法的更严重的缺点是它不适用于存在本质非线性现象的非线性系统。所谓本质非线性现象，是指像跳跃、极限环、参激振动等。这是因为，在等效线性化法中，通常是用一个等效的稳定的线性系统代替原非线性系统，而在稳定的线性系统中不可能发生本质的非线性现象，从而不可能使等效线性系统与原非线性系统在响应性态上相似。

早在 1959 年，Caughey[35] 就用等效线性化法研究了范德波振子的随机响应。后来，Piszczek[36] 用类似的方法得到相似的结论，他们都假定响应由谐和分量与随机分量组成，用类似于 6.1.6 中的方法，得到两个相互耦合的非线性微分方程，然后用等效线性化处理这两个方程得到响应统计量。文献[37,38]指出，用这种办法得到的均方位移响应随着激励强度的增大而减小，而随机平均法与数字模拟结果却正相反，此外，用等效线性化法得到的响应位移概率密度也偏离数字模拟的结果，并且，随着激励强度的增大，偏差越来越大，可见，等效线性化法在这种情形不能给出正确的结果。最近，Windrich 等[39]也指出，一般等效线性化法是不适用于存在极限环系统的随机响应预测的。

等效线性化法已被推广应用于随机参激系统[12]. 但必须注意，原系统的静平衡位置可以是稳定或不稳定，但等效线性系统总是稳定的。因此，等效线性化法不能任意用来研究随机参激系统. 第七章中将会看到，随机参激系统的平稳响应一般总是非高斯分布的. 因此，等效线性化法一般是不能应用的。

关于等效线性化法不适用于存在跳跃现象的杜芬振子对窄带随机激励的响应预测问题将之 6.6.1 节中详细叙述。

6.2 等效非线性系统法

6.2.1 引言

等效非线性系统法是等效线性化法的一种推广。该法的基本思想是以某个具有精确稳态解的非线性系统代替给定的非线性系统，使得两方程之差在某种统计或平均意义上为最小。从文献上看，最早应用该方法的是 Lutes[44]，他用一个具有精确稳态解的阻尼依赖于能量的非线性非滞迟系统代替受高斯白噪声外激的滞迟系统，使两方程之差在均方意义上为最小。1974 年，Caughey 在私人通信中将等效非线性微分方程法告诉 Kirk，后者在一篇未公开发表的报告中应用了该方法。直至 1984 年，Caughey 才将他提出的等效非线性微分方程法公开发表[13]。他所处理的是受高斯白噪声外激的线性刚度、非线性阻尼系统，选择等效非线性系统的原则是两方程之差在均方意义上为最小。此后，Henning 与 Roberts[45] 将同时具有非线性刚度与小非线性阻尼的系统的运动方程写成哈密尔顿方程形式，导出相应的 FPK 方程，然后通过对稳态 FPK 方程系数在无阻尼自由振动周期上的适当平均给出具有精确稳态解的等效非线性系统。他们提出了三种平均技巧，其中一种的结果与能量包线随机平均法相同。与此同时，笔者与他的学生为近于非线性保守系统的系统提出了等效非线性系统法[14,15]。在这种方法中，通过对相位的集合平均得到等效系统能量概率密度的 FPK 方程的漂移与扩散系数。该法适用于同时受白噪声外激与参激的近于保守的非线性系统。最近，Cai 与 Lin[46] 又提出了能量耗散平衡方法，该法实质上也是一种等效非线性系统法。

提出等效非线性系统法的基础，是已经找到相当大一类非线性系统(主要是单自由度系统)在白噪声外激与参激下的精确稳态解（见 5.4 节）。在这类系统中，我们可选取一个与给定非线性系统在性态上最为接近的系统代替给定的非线性系统。由于这类具有精确稳态解的系统包含各种类型的系统，例如自激、参激系统，就有可能克服等效线性化法的最严厉的限制，即使原系统存在本质非线性现象时，等效非线性系统方法也能应用。一些例子表明，该方法比等效线性化法更为精确。然而，目前该方法还限于受白噪声激励的单自由度非线性系统的稳态响应，有待于进一步发展。

6.2.2 等效非线性微分方程法

设给定如下含非线性阻尼的系统

$$\ddot{Y} + b(Y, \dot{Y})\mathrm{sgn}(\dot{Y}) + Y = \xi(t) \tag{6.2-1}$$

式中 $\xi(t)$ 是强度为 $2D$ 的物理高斯白噪声，而

$$b(Y, \dot{Y}) = \sum_{i,j}^{N} b_{ij} |Y^i \dot{Y}^j| \tag{6.2-2}$$

以下列非线性阻尼能量依赖系统近似代替 (6.2-1)

$$\ddot{Y} + f(H)\dot{Y} + Y = \xi(t) \tag{6.2-3}$$

并选取

$$f(H) = \sum_{i,j=1}^{N} C_{ij}(2H)^{(i+j-1)/2} = \sum_{i,j=1}^{N} C_{ij}A^{(i+j-1)} \tag{6.2-4}$$

式中

$$2H = Y^2 + \dot{Y}^2 = A^2 \tag{6.2-5}$$

原系统与等效系统之差为

$$e = f(H)\dot{Y} - b(Y, \dot{Y})\mathrm{sgn}(\dot{Y}) \tag{6.2-6}$$

为使(6.2-3)成为(6.2-1)的最佳替代系统，需使

$$E[e^2] = E[\{f(H)\dot{Y} - b(Y, \dot{Y})\mathrm{sgn}(\dot{Y})\}^2] \to \min \tag{6.2-7}$$

由此可得确定系数 C_{ij} 的 N^2 个方程

为导出 C_{ij} 的显式，作变换

$$Y = A\cos\Phi, \quad \dot{Y} = A\sin\Phi \tag{6.2-8}$$

将(6.2-8)代入(6.2-7)，得

$$E[\{f(A^2/2)A\sin\Phi - b(A\cos\Phi, A\sin\Phi) \cdot \mathrm{sgn}(\sin\Phi)\}A^{i+j}\sin\Phi] = 0 \tag{6.2-9}$$

$$i, j = 1, 2, \cdots, N$$

(6.2-9)中的期望运算用到(6.2-3)的精确稳态概率密度．由于A与Φ的概率密度可分离，且Φ在$[0, 2\pi)$上均匀分布，选取

$$C_{ij} = b_{ij} \int_0^{\pi/2} \cos^i \Phi \sin^{j+1} \Phi d\Phi \Big/ \int_0^{\pi/2} \sin^2 \Phi d\Phi$$

$$= \frac{2}{\pi} b_{ij} \Gamma\{(j+2)/2\} \Gamma\{(i+1)/2\} / \Gamma\{(i+j+3)/2\}$$

$$i, j = 1, 2, \cdots, N \qquad (6.2\text{-}10)$$

可使(6.2-9)满足。

确定$f(H)$后，等效能量依赖系统(6.2-3)之精确稳态解

$$p_s(a, \varphi) = C \frac{1}{2\pi} \exp\left(-\frac{1}{D} \int_0^{a^2/2} f(u) du\right) \qquad (6.2\text{-}11)$$

可作为(6.2-1)的近似解，式中$f(u)$由(6.2-4)确定，其中C_{ij}由(6.2-10)确定．常数C则由归一化条件确定。由(6.2-11)中C_{ij}按变换(6.2-8)可得$p(y, \dot{y})$。继之还可得响应的各阶矩。

作为例子，考虑具有速度平方阻尼的非线性振子受白噪声激励

$$\ddot{Y} + b|\dot{Y}|^2 \text{sgn}(\dot{Y}) + Y = \xi(t) \qquad \text{(a)}$$

这是(6.2-1)的特殊情形，其中$b_{02} = b$，其余$b_{ij} = 0$。按(6.2-4)，$f(H) = (2H)^{1/2}$。按(6.2-10)，$C_{02} = 8b/3\pi$。其余$C_{ij} = 0$。于是(a)的等效能量依赖系统为

$$\ddot{Y} + \frac{8b}{3\pi} (2H)^{1/2} \dot{Y} + Y = \xi(t) \qquad \text{(b)}$$

(b)的精确稳态概率密度，即为(a)的近似稳态概率密度为

$$p_s(a) = [3(8b/9\pi D)^{2/3} / \Gamma(2/3)] \exp[-(8b/9\pi D) a^3] \qquad \text{(c)}$$

而均方响应近似为

$$E[Y^2] = E[\dot{Y}^2] = \frac{1}{2} E[A^2] = 0.76566(D/b)^{2/3} \qquad \text{(d)}$$

注意，本例中$p(y, \dot{y})$是非高斯的，并且是不可分离的，本例结果首先由 Kirk 按 Caughey 提议的方法得到。

6.2.3 等效非线性系统法[13]

设给定的非线性随机振动系统的运动方程为

$$\ddot{Y}+f(Y,\dot{Y})=h_k(Y,\dot{Y})\xi_k(t) \qquad (6.2\text{-}12)$$
$$k=1,2,\cdots,m$$

式中 $\xi_k(t)$ 为物理高斯白噪声，均值为零。相关函数

$$E[\xi_k(t)\xi_l(t+\tau)]=2D_{kl}\delta(\tau).$$

(6.2-12)可模型化为斯特拉多诺维奇随机微分方程。仿照 5.7.1，在(6.2-12)加上 Wong-Zakai 修正项，并将 $f(Y,\dot{Y})$ 与修正项之和分成两部分

$$f(Y,\dot{Y})-D_{kl}h_k(Y,\dot{Y})\frac{\partial}{\partial\dot{Y}}h_l(Y,\dot{Y})=u(Y,\dot{Y})+g(Y) \qquad (6.2\text{-}13)$$

其中 u 为所有含 $\dot{Y}$ 的项之和，表示阻尼；$g(Y)$ 为不含 $\dot{Y}$ 之项之和，表示恢复力。

假定(6.2-12)不具有精确平稳解。为求其近似解，考虑如下能量依赖系统

$$\ddot{Y}+C(E)\dot{Y}+g(Y)=h(E)\xi(t) \qquad (6.2\text{-}14)$$

式中 $\xi(t)$ 为单位强度的物理高斯白噪声，

$$E=E(Y,\dot{Y})=\frac{1}{2}\dot{Y}^2+G(Y) \qquad (6.2\text{-}15)$$

为系统(6.2-10)的总能量，其中

$$G(Y)=\int_0^Y g(u)du \qquad (6.2\text{-}16)$$

为势能。按(5.4-67)，(6.2-14)的精确稳态概率密度为

$$p_s(y,\dot{y})=q(e)\Big|_{e=\frac{1}{2}\dot{y}^2+G(y)}$$
$$=Nh^{-1}(e)\exp\left[-2\int_0^e\frac{C(u)}{h^2(u)}du\right]\Bigg|_{e=\frac{1}{2}\dot{y}^2+G(y)} \qquad (6.2\text{-}17)$$

式中 N 为归一化常数。注意，(6.2-17)只依赖于系统的总能量。

令

$$r(Y) = \mathrm{sgn}(Y)\sqrt{2G(Y)} \tag{6.2-18}$$

并作变换

$$\begin{gathered}\dot{Y} = \sqrt{2E}\sin\Phi \\ \Phi \in [0, 2\pi) \\ r(Y) = \sqrt{2E}\cos\Phi\end{gathered} \tag{6.2-19}$$

从而(6.2-14)以 e 与 φ 表示的稳态概率密度为

$$p_s(e, \varphi) = q(e)|J| \tag{6.2-20}$$

其中

$$|J| = \begin{vmatrix} \dfrac{\partial y}{\partial e} & \dfrac{\partial y}{\partial \varphi} \\ \dfrac{\partial \dot{y}}{\partial e} & \dfrac{\partial \dot{y}}{\partial \varphi} \end{vmatrix} = \begin{vmatrix} \dfrac{\cos\varphi}{\sqrt{2e}} \Big/ \dfrac{dr}{dy} & -\sqrt{2e}\sin\varphi \Big/ \dfrac{dr}{dy} \\ \sin\varphi/\sqrt{2e} & \sqrt{2e}\cos\varphi \end{vmatrix}$$

$$= 1 \Big/ \frac{dr}{dy}$$

若

$$g(Y) = |Y|^{\nu}\mathrm{sgn}(Y), \quad \nu > 0 \tag{6.2-21}$$

则

$$p_s(e, \varphi) = \sqrt{2}(1+\nu)^{-\nu/(1+\nu)} e^{(1-\nu)/2(1+\nu)} |\cos\varphi|^{(1-\nu)/(1+\nu)} q(e) \tag{6.2-22}$$

这表明过程 E 与 Φ 在稳态时是相互独立的。由(6.2-22)得

$$p_s(\varphi) = \frac{1}{2\sqrt{\pi}} \left\{ \Gamma\left(\frac{3+\nu}{2(1+\nu)}\right) \Big/ \Gamma\left(\frac{1}{1+\nu}\right) \right\} |\cos\varphi|^{(1-\nu)/(1+\nu)}$$

$$\varphi \in [0, 2\pi) \tag{6.2-23}$$

当 $\nu = 1$ 时，即对线性恢复力，Φ 在 $[0, 2\pi)$ 上均匀分布。

现用一个形如(6.2-14)的系统近似代替给定系统(6.2-12)。通过适当选取 $C(E)$ 与 $h(E)$ 使两方程之差在某种意义上为最小。从而用这个形如(6.2-14)系统之精确稳态解作为(6.2-12)的近似稳态解。这里，选取最佳替代系统（即确定 $C(E)$ 与 $h(E)$）的原则是使两个系统的平均能量包线具有相同的 FPK 方程。

考虑到(6.2-13)，(6.2-12)关于能量包线 E 的 FPK 方程的漂移与扩散系数为

$$a(y,\dot{y}) = -u(y,\dot{y})\dot{y} + D_{kl}h_k(y,\dot{y})h_l(y,\dot{y})$$
$$b(y,\dot{y}) = 2D_{kl}h_k(y,\dot{y})h_l(y,\dot{y})\dot{y}^2 \tag{6.2-24}$$

利用变换(6.2-19)将(6.2-24)变换成 $a^*(e,\varphi)$ 与 $b^*(e,\varphi)$. 然后以 Φ 的概率密度 (6.2-23) 为权对 φ 在 $[0,2\pi)$ 上进行加权平均，得到平均后能量包线的 FPK 方程的漂移与扩散系数

$$\bar{a}(e) = \int_0^{2\pi} a^*(a,\varphi)p_s(\varphi)d\varphi$$
$$\bar{b}(e) = \int_0^{2\pi} b^*(a,\varphi)p_s(\varphi)d\varphi \tag{6.2-25}$$

另一方面，能量依赖系统 (6.2-14) 的能量包线 FPK 方程的漂移与扩散系数为

$$a(e) = -2\lambda eC(e) + \lambda eh(e)\frac{dh}{de} + \frac{1}{2}h^2(e)$$
$$b(e) = 2\lambda eh^2(e) \tag{6.2-26}$$

式中

$$\lambda = \int_0^{2\pi} \sin^2\varphi p_s(\varphi)d\varphi = \frac{\nu+1}{\nu+3} \tag{6.2-27}$$

令(6.2-25)与(6.2-26)中相应的系数相等，得等价能量依赖系统的

$$h(e) = [\bar{b}(e)/2\lambda e]^{1/2}$$
$$C(e) = \left[-\bar{a}(e) + \lambda eh(e)\frac{dh}{de} + \frac{1}{2}h^2(e)\right]\Big/2\lambda e \tag{6.2-28}$$

将(6.2-28)代入(6.2-17)，得(6.2-12)的近似稳态位移与速度的联合概率密度

$$p_s(y,\dot{y}) = Ne^{(\nu-1)/2(\nu+1)}\bar{b}^{-1}(e)$$
$$\times \exp\left[2\int_0^e \frac{\bar{a}(u)}{\bar{b}(u)}du\right]\Bigg|_{e=\frac{1}{2}\dot{y}^2+G(y)} \tag{6.2-29}$$

顺便指出，这里所述的等效非线性系统法与 5.7 中能量包线随机平均法将给出相同的结果. 这是因为平均法中对时间在无阻尼自由振动周期上的平均正好等于此处对 φ 的集合平均. 由平均

法与等效非线性系统法的等价性，可以解释为什么将随机平均法应用于能量依赖系统时可以求得精确稳态解，其原因在于能量依赖系统的等效系统就是它自身。

作为等效非线性系统法的一个应用例子，考虑受白噪声激励的范德波振子，其运动微分方程为

$$\ddot{Y} + \varepsilon^2(-1 + Y^2)\dot{Y} + Y = \varepsilon\xi(t) \tag{a}$$

式中 $\xi(t)$ 是强度为 $2D$ 的物理高斯白噪声。根据 (6.2-25) 与 (6.2-26)，

$$h(E) = \varepsilon^2\left(-1 + \frac{1}{2}E\right)$$

$$C(E) = \varepsilon\sqrt{2}\,D \tag{b}$$

即等效非线性系统为

$$\ddot{Y} + \varepsilon^2\left(-1 + \frac{1}{4}(Y^2 + \dot{Y}^2)\right)\dot{Y} + Y = \varepsilon\xi(t) \tag{c}$$

按(6.2-28)，平稳概率密度为

$$p_s(y,\dot{y}) = \frac{1}{2\pi\sqrt{\pi D}\,\mathrm{erf}\left(-\sqrt{\frac{1}{D}}\right)} \times \exp\left[-\frac{1}{16D}(y^2 + \dot{y}^2 - 4)^2\right] \tag{d}$$

与随机平均法的结果(见 5.6.4)一致。

6.2.4 能量耗散平衡法

设给定的非线性随机振动系统的运动方程为(6.2-12)，它不具有精确的稳态解。仍按(6.2-13)将 $f(Y,\dot{Y})$ 与 Wong-Zakai 修正项之和分成两部分。系统的总能量为(6.2-15)。

为求(6.2-12)的近似平稳解，考虑与(6.2-12)具有相同激励及恢复力 $g(Y)$ 的另一个非线性系统，其运动方程为

$$\ddot{Y} + F(Y,\dot{Y}) = h_k(Y,\dot{Y})\xi_k(t)$$
$$k = 1,2,\cdots,m \tag{6.2-30}$$

设(6.2-30)具有如下精确稳态概率密度

$$p_s(y,\dot{y}) = Ce^{-\phi_0(e)}\Big|_{e=\frac{1}{2}\dot{y}^2+G(y)} \tag{6.2-31}$$

用5.4.5中方法可以证明，为使(6.2-30)具有精确稳态解(6.2-31)，$F(Y,\dot{Y})$ 应具有如下形式

$$F(Y,\dot{Y}) = \dot{Y}D_{kl}h_k(Y,\dot{Y})h_l(Y,\dot{Y})\phi_0'(E)\Big|_{E=\frac{1}{2}\dot{Y}^2+G(Y)} - D_{kl}h_k(Y,\dot{Y})\frac{\partial}{\partial\dot{Y}}h_l(Y,\dot{Y}) + g(Y) \tag{6.2-32}$$

式中 $\phi_0'(E) = d\phi_0/dE$。

考虑用(6.2-30)近似代替(6.2-12)，其间之差

$$\varepsilon = f(Y,\dot{Y}) - F(Y,\dot{Y}) \tag{6.2-33}$$

将(6.2-13)与(6.2-32)代入(6.2-33)得

$$\varepsilon = u(Y,\dot{Y}) - \dot{Y}D_{kl}h_k(Y,\dot{Y})h_l(Y,\dot{Y})\phi_0'(E)\Big|_{E=\frac{1}{2}\dot{Y}^2+G(Y)} + 2D_{kl}h_k(Y,\dot{Y})\frac{\partial}{\partial\dot{Y}}h_l(Y,\dot{Y}) \tag{6.2-34}$$

为求所选取的替代系统为最佳，令两系统平均能量耗散相同

$$E[\dot{Y}\varepsilon] = 0 \tag{6.2-35}$$

即

$$\int_{-\infty}^{\infty}\int_{-\infty}^{\infty} p_s(y,\dot{y})\dot{y}\Big[u(y,\dot{y}) - \dot{y}D_{kl}h_k(y,\dot{y})h_l(y,\dot{y})\phi_0'(e)\Big|_{e=\frac{1}{2}\dot{y}^2+G(y)} + 2D_{kl}h_k(y,\dot{y})\frac{\partial}{\partial\dot{y}}h_l(y,\dot{y})\Big]dyd\dot{y} = 0 \tag{6.2-36}$$

据此可确定 $\phi_0(e)$，进而可按(6.2-32)确定(6.2-30)中的 $F(Y,\dot{Y})$，并同时确定(6.2-30)之稳态解(6.2-31)，它就是(6.2-12)的近似稳态解。

假定 $g(y)$ 存在唯一的零点 $y=y_0$，使得

$$G'(y) = g(y) \begin{array}{l} >0, \ y>y_0 \\ <0, \ y<y_0 \end{array} \tag{6.2-37}$$

再假定对每个 $\rho>0, G(y)=\rho$ 有两个实根 y' 与 y''。(6.2-36)中对 $y, \dot{y}$ 的积分可按(6.2-15)变换成对 y 与 e 的积分

$$\int_0^{\infty} p_s(e)de\int_{y'}^{y''}\Big\{\Big[u + D_{kl}h_k\frac{\partial h_l}{\partial\dot{y}}$$

$$- \dot{y}D_{kl}h_k h_l \phi_0'(e)\Big]\Big|_{\dot{y}=\sqrt{2e-2G(y)}}$$

$$-\Big[u + D_{kl}h_k\frac{\partial h_l}{\partial \dot{y}}$$

$$- \dot{y}D_{kl}h_k h_l \phi_0'(e)\Big]\Big|_{\dot{y}=-\sqrt{2e-2G(y)}}\Big\}dy = 0 \qquad (6.2\text{-}38)$$

鉴于很难由(6.2-38)确定 $\phi_0(e)$，为简化，再假定(6.2-38)中对 y 的积分为零。由此可确定 $\phi'(e)$ 为

$$\phi_0'(e) = \Big[\int_{y'}^{y''}\Big\{\Big[u + D_{kl}h_k\frac{\partial h_l}{\partial \dot{y}}\Big]_{\dot{y}=\sqrt{2e-2G(y)}}$$

$$- \Big[u + D_{kl}h_k\frac{\partial h_l}{\partial \dot{y}}\Big]_{\dot{y}=-\sqrt{2e-2G(y)}}\Big\}dy\Big] \Big/$$

$$\Big[\int_{y'}^{y''}\Big\{[\dot{y}D_{kl}h_k h_l]_{\dot{y}=\sqrt{2e-2G(y)}}$$

$$- [\dot{y}D_{kl}h_k h_l]_{\dot{y}=-\sqrt{2e-2G(y)}}\Big\}dy\Big] \qquad (6.2\text{-}39)$$

从而(6.2-12)的近似稳态概率密度为

$$p_s(y,\dot{y}) = C\exp\Big[-\int_0^e \phi_0(u)du\Big]\Big|_{e=\frac{1}{2}\dot{y}^2+G(y)} \qquad (6.2\text{-}40)$$

只有当 $g(Y)$ 为 Y 的线性函数，或 $G(Y)=|Y|^\nu \operatorname{sgn}(Y)$，$\nu>0$ 为整数时，才有可能由(6.2-39)得封闭形式的解析解。

有趣的是，按此方法得到的稳态概率密度与用5.7中能量包线随机平均法得到的完全相同[115]。事实上，考虑到(5.7-5)与(6.2-13)，(5.7-1)与(6.2-12)实际上是一样的. FPK方程(5.7-13)之稳态解为

$$p_s(e) = C_1 e^{-\phi(e)} \qquad (6.2\text{-}41)$$

其中

$$\phi'(e) = \frac{b'(e) - 2a(e)}{h(e)} \qquad (6.2\text{-}42)$$

式中一撇表示对 e 的导数。按(5.7-20)，位移与速度的稳态概率密度为

$$p_s(y,\dot{y}) = C_2 e^{-\phi_0(e)}\Big|_{e=\frac{1}{2}\dot{y}^2+G(y)} \qquad (6.2\text{-}43)$$

其中

$$\phi_0'(e) = \frac{b'(e) - 2a(e)}{b(e)} + \frac{T'(e)}{T(e)} \qquad (6.2\text{-}44)$$

考虑到(5.7-16)，将(5.7-12)代入(6.2-44)易证

$$\phi_0'(e) = \phi_0(e) \qquad (6.2\text{-}45)$$

因此，能量耗散平衡法与能量包线随机平均法一样，一般只有在阻尼与激励强度较小时才能给出较满意的结果。除非给定系统本身具有精确稳态解。

在纯外激情形，能量耗散平衡方程(6.2-35)可由给定系统与其等效系统之均方误差为最小导出。事实上，此时给定系统(6.2-12)可写成

$$\ddot{Y} + f(Y,\dot{Y}) + g(Y) = \xi(t) \qquad (6.2\text{-}46)$$

其等效系统可表为

$$\ddot{Y} + C(E)\dot{Y} + g(Y) = \xi(t) \qquad (6.2\text{-}47)$$

$\xi(t)$ 为高斯白噪声，强度为 $2D$。按(5.4-67)，(6.2-47)的精确平稳概率密度为

$$p_s(y,\dot{y}) = N\exp\left[-\frac{1}{D}\int_0^e C(u)\,du\right]\Big|_{e=\dot{y}^2/2+G(y)} \qquad (6.2\text{-}48)$$

(6.2-46)与(6.2-47)之差为

$$\varepsilon = f(Y,\dot{Y}) - C(E)\dot{Y} \qquad (6.2\text{-}49)$$

选取 $C(E)$ 使 $E[\varepsilon^2]$ 为最小。由

$$\frac{\partial}{\partial C}E[\varepsilon^2] = 0 \qquad (6.2\text{-}50)$$

即可得(6.2-35)。

在此情形，类似于从(6.2-36)至(6.2-39)的推导给出

$$C(e) = \Big\{\int_{y'}^{y''}[f(y,\sqrt{2e-2G(y)}) - f(y,-\sqrt{2e-2G(y)})]dy\Big\}\Big/$$

$$\left\{2\int_{y'}^{y''}\sqrt{2e-2G(y)}\,dy\right\} \tag{6.2-51}$$

若 $g(Y)$ 具有(6.2-21)之形式，作变换(6.2-19)，(6.2-35)变成

$$\int_0^\infty\int_0^{2\pi}\varepsilon(e,\varphi)\sqrt{2e}\,\sin\varphi p_s(e,\varphi)d\varphi de=0 \tag{6.2-52}$$

其中 $p_s(e,\varphi)$ 具有(6.2-22)之形式，它可写成

$$p_s(e,\varphi)=p_1(e)p_2(\varphi) \tag{6.2-53}$$

由于 $C(e)$ 与 $p_s(e,\varphi)$ 同为未知，难以从(6.2-52)求得 $C(e)$。为简化，对所有 e 值要求对 φ 之积分为零，由此可得

$$C(e)=\frac{\int_0^{2\pi}f_1(e,\varphi)p_2(\varphi)\sin\varphi d\varphi}{\sqrt{2e}\int_0^{2\pi}p_2(\varphi)\sin^2\varphi d\varphi} \tag{6.2-54}$$

当(6.2-21)中 $\nu=1$ 时，$p_2(\varphi)=1/2\pi$，(6.2-54)化为

$$C(e)=\frac{1}{\pi\sqrt{2e}}\int_0^{2\pi}f_1(e,\varphi)\sin\varphi d\varphi \tag{6.2-55}$$

其中 $f_1(e,\varphi)$ 系由 $f(y,\dot{y})$ 按变换(6.2-19)得到。

(6.2-55)可看成6.2.2节中结果的概括与推广，应用起来更为简便。

6.3 矩函数微分方程法与裁断方案

6.3.1 引言

对非线性随机振动问题，如果难以得到响应的概率密度，系统的非线性又是解析的，可用多项式或幂级数表示，那么可通过求解矩函数所满足的微分方程或代数方程（简称矩方程）得到响应矩。矩方程是确定性方程，可直接从所给的运动微分方程经相乘与期望运算得到，如3.7与4.4节所述那样，对受高斯白噪声或滤波高斯白噪声激励的系统，还可经由 FPK 方程或伊藤随机微分方程得到。对随机参激系统，宜先由给定运动微分方程模型化为斯塔拉多诺维奇随机微分方程，然后化为等价的伊藤随机微分方程，最

后导出矩方程。

由于系统的非线性或窄带随机参激，不同阶的矩方程形成无穷的链锁，为求解矩方程，必须将矩方程截断。所谓截断，就是根据一定的假设，将矩方程中高于某阶的矩用等于或低于某阶的矩表示出来，从而形成近似的封闭的矩方程。各种截断方案的早期研究可在有关湍流的文献[47,48]中找到。在控制与振动领域中对各种截断方案的探讨则始于70年代后期[49,50]。在随机振动中已经应用的截断方案主要有高斯截断，累积量截断及非高斯截断三种。

6.3.2 矩函数微分方程的推导

一、由 FPK 方程推导矩函数微分方程

设响应 $\boldsymbol{Y}(t)$ 为 n 维矢量扩散过程，其概率密度 $p(\boldsymbol{y},t)$ 满足如下 FPK 方程

$$\frac{\partial p}{\partial t}=-\sum_{i=1}^{n}\frac{\partial}{\partial y_i}[a_i(\boldsymbol{y},t)p]+\frac{1}{2}\sum_{i,k=1}^{n}\frac{\partial^2}{\partial y_i\partial y_k}[b_{ik}(\boldsymbol{y},t)p] \tag{6.3-1}$$

和初始条件

$$p(\boldsymbol{y},t)=p_0(\boldsymbol{y}),\quad t=t_0 \tag{6.3-2}$$

及边界条件

$$p(\boldsymbol{y},t)=0,\quad a_ip-\frac{1}{2}\sum_{k=1}^{n}\frac{\partial}{\partial y_k}[b_{ik}p]=0$$

$$\sum_{j=1}^{n}|y_j|=\infty \tag{6.3-3}$$

其中漂移系数 a_i 与扩散系数 b_{ik} 都是关于 $\boldsymbol{y}$ 的各分量的解析函数，可展成如下幂级数：

$$a_i(\boldsymbol{y},t)=\sum_{r}a_i^{r_1r_2\cdots r_n}(t)y_1^{r_1}y_2^{r_2}\cdots y_n^{r_n} \tag{6.3-4}$$

$$b_{ik}(\boldsymbol{y},t)=\sum_{r}b_{ik}^{r_1r_2\cdots r_n}(t)y_1^{r_1}y_2^{r_2}\cdots y_n^{r_n} \tag{6.3-5}$$

再设

$$h(\boldsymbol{y})=y_1^{s_1}y_2^{s_2}\cdots y_n^{s_n},\quad s_1+s_2+\cdots+s_n=s \tag{6.3-6}$$

(6.3-1)两边乘以 $h(\boldsymbol{y})$，各项对 $\boldsymbol{y}$ 积分，利用边界条件(6.3-3)并交换微分与期望运算次序，可得 s 阶矩函数微分方程

$$\dot{m}_{s_1s_2\cdots s_n}=\sum_{j=1}^{n}\sum_{r_i}s_j a_j^{r_1r_2\cdots r_n}m_{r_1+s_1,\cdots,r_j+s_j-1,\cdots,r_n+s_n}$$

$$+\frac{1}{2}\sum_{j,k=1}^{n}\sum_{r_i}s_js_kb_{jk}^{r_1r_2\cdots r_n}m_{r_1+s_1,\cdots,r_j+s_j-1,\cdots,r_k+s_k-1,\cdots,r_n+s_n} \tag{6.3-7}$$

式中

$$m_{s_1s_2\cdots s_n}(t)=\int_{R_n}h(\boldsymbol{y})p(\boldsymbol{y},t)d\boldsymbol{y} \tag{6.3-8}$$

初始条件为

$$m_{s_1s_2\cdots s_n}(t_0)=\int_{R_n}h(\boldsymbol{y})p(\boldsymbol{y},t_0)d\boldsymbol{y} \tag{6.3-9}$$

Bogdanoff 与 Kozin[51] 最早用这种方法为一个线性系统从 FPK 方程导出矩方程。

二、由伊藤随机微分方程推导矩函数微分方程

设系统的运动微分方程可化为如下伊藤随机微分方程

$$d\boldsymbol{Y}(t)=\boldsymbol{f}(\boldsymbol{Y},t)dt+\boldsymbol{G}(\boldsymbol{Y},t)d\boldsymbol{W}(t),\quad \boldsymbol{Y}(0)=\boldsymbol{Y}_0 \tag{6.3-10}$$

其中 $\boldsymbol{Y}(t)$ 为 n 维矢量随机过程；$\boldsymbol{W}(t)$为由 m 个独立的单位维纳过程，组成的矢量维纳过程． 利用伊藤微分公式(5.3-46)与期望运算，容易求得任意阶矩函数所满足的微分方程，结果将与(6.3-7)相同．

Cumming[52] 给出了不用伊藤随机微分公式的另一种推导方法．以 δ 表示时间增量 Δt 上的有限前向增量算子，对任意解析函数 $h(\boldsymbol{Y})$，有

$$\delta h=h(\boldsymbol{Y}+\Delta\boldsymbol{Y})-h(\boldsymbol{Y}) \tag{6.3-11}$$

其泰勒展式为

$$\delta h=\sum_{i=1}^{n}\frac{\partial h}{\partial Y_i}\delta Y_i$$

$$+\frac{1}{2}\sum_{j,k=1}^{n}\frac{\partial^2 h}{\partial Y_j\partial Y_k}\delta Y_j\delta Y_k+o(\delta\boldsymbol{Y}\delta\boldsymbol{Y}^T)\quad(6.3\text{-}12)$$

将(6.3-10)代入(6.3-12)，在 $\boldsymbol{Y}(t)=\boldsymbol{y}(t)$ 条件下对(6.3-12)两边求期望，并略去高阶小量，得

$$E[\delta h|]=\sum_{i=1}^{n}E\left[\frac{\partial h}{\partial Y_i}f_i(\boldsymbol{Y},t)\right]\delta t$$

$$+\frac{1}{2}\sum_{j,k=1}^{n}E\left[\frac{\partial^2 h}{\partial Y_j\partial Y_k}(\mathbf{G}\mathbf{G}^T)_{jk}\right]\delta t\qquad(6.3\text{-}13)$$

两边除以 δt，得

$$\frac{dE[h]}{dt}=\sum_{i=1}^{n}E\left[\frac{\partial h}{\partial Y_i}f_i(\boldsymbol{Y},t)\right]$$

$$+\frac{1}{2}\sum_{j,k=1}^{n}E\left[\frac{\partial^2 h}{\partial Y_j\partial Y_k}(\mathbf{GG})_{jk}\right]\quad(6.3\text{-}14)$$

将 $h(\boldsymbol{Y})=Y_1^{s_1}Y_2^{s_2}\cdots Y_n^{s_n}$ 代入(6.3-14)可得形为(6.3-7)的矩方程。而初始条件由 $\boldsymbol{Y}=\boldsymbol{Y}_0$ 代入 $h(\boldsymbol{Y})$ 再求期望得到。

中心矩函数的微分方程可类似地得到，只要令

$$h(\boldsymbol{Y})=(Y_1^0)^{s_1}(Y_2^0)^{s_2}\cdots(Y_n^0)^{s_n}\qquad(6.3\text{-}15)$$

其中

$$Y_i^0=Y_i-E[Y_i]\qquad(6.3\text{-}16)$$

三、累积量函数微分方程的推导

将

$$h(\boldsymbol{Y})=\exp(i\boldsymbol{\theta}^T\boldsymbol{Y})\qquad(6.3\text{-}17)$$

代入(6.3-14)，得特征函数所满足的微分方程

$$\frac{d\varphi(\boldsymbol{\theta},t)}{dt}=iE[h\boldsymbol{\theta}^T\boldsymbol{f}]-\frac{1}{2}E[h\boldsymbol{\theta}^T\boldsymbol{G}\boldsymbol{G}^T\boldsymbol{\theta}]\qquad(6.3\text{-}18)$$

利用对数特征函数与特征函数之间的关系，得对数特征函数所满足的微分方程

$$\frac{d\psi(\theta,t)}{dt}=\Big\{iE[h\boldsymbol{\theta}^T\boldsymbol{f}]$$

$$-\frac{1}{2}E[h\boldsymbol{\theta}^T\boldsymbol{G}\boldsymbol{G}^T\boldsymbol{\theta}]\Big\}\exp\{-\psi(\theta,t)\}\qquad(6.3\text{-}19)$$

s 阶累积量函数的方程由(6.3-19)按下式得到

$$\kappa_{s_1 s_2 \cdots s_n}(t) = (-i)^s \left. \frac{\partial^s \phi(\theta, t)}{\partial \theta_1^{s_1} \partial \theta_2^{s_2} \cdots \partial \theta_n^{s_n}} \right|_{\theta=0} \tag{6.3-20}$$

前三个累积量方程为

$$\begin{aligned}
&\dot{\kappa}_{s_j=1}(t) = E[f_i] \\
&\dot{\kappa}_{\substack{s_j=1\\ s_k=1}}(t) = E[Y_i^0 f_k + Y_k^0 f_j] + E[\beta_{jk}], \quad \beta_{jk} = (GG^T)_{jk} \\
&\dot{\kappa}_{\substack{s_j=1\\ s_k=1\\ s_l=1}}(t) = E[\{Y_k^0 Y_l^0 - \kappa_{\substack{s_k=1\\ s_l=1}}\} f_i + \{Y_j^0 Y_l^0 - \kappa_{\substack{s_j=1\\ s_l=1}}\} f_k \\
&\qquad + \{Y_j^0 Y_k^0 - \kappa_{\substack{s_j=1\\ s_k=1}}\} f_l] + E[Y_j^0 \beta_{kl} + Y_k^0 \beta_{jl} + Y_l^0 \beta_{jk}]
\end{aligned} \tag{6.3-21}$$

初始条件可从原方程的初始条件导出。

相关函数所满足的方程也可用类似方法得到。

6.3.3 矩函数微分方程的几种典型情形

通常遇到的矩方程,可分成下列几种情形.

1. f 与 Y 成正比,G 与 Y 无关。即线性系统受高斯白噪声外激响应,$Y(t)$ 为高斯过程;或 f 与 G 皆正比于 Y,即线性系统受高斯白噪声参激,响应 $Y(t)$ 非为高斯过程。这两种情形,任意阶矩方程各自封闭,即

$$\frac{dm_r}{dt} = \phi(m_r, t) \tag{6.3-22}$$

式中 m_r 为所有 r 阶矩构成的矢量。

2. f 与 G 皆为 Y 的线性函数,即线性系统同时受高斯白噪声外激与参激。响应 $Y(t)$ 非为高斯过程。r 阶矩微分方程中只包含 r 阶与 $r-2$ 阶的矩。即

$$\frac{dm_r}{dt} = \phi(m_{r-2}, m_r, t) \tag{6.3-23}$$

3. f 与(或) G 为 Y 的非线性函数,即非线性系统受高斯白噪声外激与(或)参激;或 f 与 G 为 Y 的线性函数,但激励为滤波高斯白噪声。响应 $Y(t)$ 非为高斯过程。r 阶矩微分方程中同

时包含低于、等于及高于 r 阶的矩。即

$$\frac{dm_r}{dt}=\phi(m_1,\cdots,m_r,\cdots,t) \tag{6.3-24}$$

若 $\boldsymbol{f}$ 与(或) $\boldsymbol{G}$ 为 $\boldsymbol{Y}$ 的多项式，则 (6.3-24) 右边只含有限阶矩。

若 $\boldsymbol{f}$ 与(或) $\boldsymbol{G}$ 为 $\boldsymbol{Y}$ 的无穷级数，则 (6.3-24) 右边包含无限多阶矩。

4. $\boldsymbol{f}$ 与(或) $\boldsymbol{G}$ 对 $\boldsymbol{Y}$ 非为解析，或为间断函数，矩方程将较为复杂。

1，2 两种情形，矩方程是封闭的。情形 3，需要某种截断方案使矩方程封闭。情形 4，宜用非高斯截断方案。

6.3.4 高斯截断

假定响应 $\boldsymbol{Y}(t)$ 为高斯过程，按照高斯过程的高阶矩与一、二阶矩之间的关系式，将高阶矩用一、二阶矩表出，使矩方程在二阶水平上截断，这就是高斯截断方案。高斯截断是最简单又是最常用的截断方案。适用于单个与多个自由度非线性系统受平稳与非平稳随机激励的情况。采用高斯截断方案的矩方程解本质上与基于响应为高斯假设的等效线性化解是等价的。这个等价性已为 Bolotin[53]，Nigam[54] 及 Crandall[114] 指出。现就下面一种较为一般之情形证明其等价性。

考虑拟线性系统(6.1-23)，其中 $\boldsymbol{X}(t)$ 为高斯散粒噪声，其强度矩阵为 $\boldsymbol{I}(t)$。按 6.3.2 中方法，可得如下一、二阶矩函数微分方程

$$\frac{dE[\boldsymbol{Y}]}{dt}=E[\dot{\boldsymbol{Y}}]$$

$$\frac{dE[\dot{\boldsymbol{Y}}]}{dt}=-\boldsymbol{C}E[\dot{\boldsymbol{Y}}]-\boldsymbol{K}E[\boldsymbol{Y}]-\varepsilon E[\boldsymbol{f}(\boldsymbol{Y},\dot{\boldsymbol{Y}})] \tag{6.3-25}$$

$$\frac{dE[\boldsymbol{Y}\boldsymbol{Y}^T]}{dt}=E[\boldsymbol{Y}\dot{\boldsymbol{Y}}^T]+E[\dot{\boldsymbol{Y}}\boldsymbol{Y}^T]$$

$$\frac{dE[Y\dot{Y}^T]}{dt} = E[\dot{Y}\dot{Y}^T] - E[Y\dot{Y}^T]C^T - E[YY^T]K^T$$
$$- \varepsilon E[Yf^T] \quad (6.3\text{-}26)$$
$$\frac{dE[\dot{Y}Y^T]}{dt} = E[Y\dot{Y}^T] - CE[\dot{Y}Y^T] - KE[YY^T]$$
$$- \varepsilon E[fY^T]$$
$$\frac{dE[\dot{Y}\dot{Y}^T]}{dt} = -CE[\dot{Y}\dot{Y}^T] - E[\dot{Y}\dot{Y}^T]C^T - KE[Y\dot{Y}^T]$$
$$- E[\dot{Y}Y^T]K^T - \varepsilon E[f\dot{Y}^T] - \varepsilon E[\dot{Y}f^T] + I(t)$$

若 $f(Y,\dot{Y})$ 是奇函数,且 $Y_0 = \dot{Y}_0 = 0$, 则 $E[Y] = E[\dot{Y}] = 0$, (6.3-26)中一阶矩方程可不考虑.

按高斯截断方案,$(Y,\dot{Y})$ 服从高斯分布.再假定 $f(Y,\dot{Y})$ 满足 6.1.2 中定理所述的条件,则利用(6.1-20),(6.3-27)可改写成

$$\frac{dE[YY^T]}{dt} = E[Y\dot{Y}^T] + E[\dot{Y}Y^T]$$
$$\frac{dE[Y\dot{Y}^T]}{dt} = E[\dot{Y}\dot{Y}^T] - E[Y\dot{Y}]C^T - E[YY^T]K^T$$
$$- \varepsilon E[YY^T]E[\Delta_Y f^T] - \varepsilon E[Y\dot{Y}^T]E[\nabla_{\dot{Y}} f^T] \quad (6.3\text{-}27)$$
$$\frac{dE[\dot{Y}Y^T]}{dt} = E[Y\dot{Y}^T] - CE[\dot{Y}Y^T] - KE[YY^T]$$
$$- \varepsilon E[(\nabla_Y f)^T]E[YY^T] - \varepsilon E[(\nabla_{\dot{Y}} f^T)^T]E[\dot{Y}Y^T]$$
$$\frac{dE[\dot{Y}\dot{Y}^T]}{dt} = -CE[\dot{Y}Y^T] - E[\dot{Y}Y^T]C^T - KE[Y\dot{Y}^T]$$
$$- E[\dot{Y}Y^T]K^T - \varepsilon E[\nabla_Y f^T]^T E[Y\dot{Y}^T]$$
$$- \varepsilon E[\Delta_{\dot{Y}} f^T]E[\dot{Y}\dot{Y}^T] - E[\dot{Y}Y^T]\varepsilon[\nabla_Y f^T]$$
$$- E[\dot{Y}\dot{Y}^T]\varepsilon E[\nabla_{\dot{Y}} f^T] + I(t)$$

利用记号(3.8-18)及公式(6.1-34),考虑到 K_1K_e, C_1C_e 的对称性,(6.3-28)变成

$$\dot{P}_1 = P_2 + P_3$$
$$\dot{P}_2 = P_4 - P_1(K + K_e) - P_2(C + C_e)$$
$$\dot{P}_3 = P_4 - (K + K_e)P_1 - (C + C_e)P_3$$

$$\dot{P}_4 = -(C + C_e)P_4 - P_4(C + C_e) - (K + K_e)P_2 - P_3(K + K_e) + I(t) \qquad (6.3\text{-}28)$$

这与等效线性系统(6.1-25)的方差矩阵的微分李亚普诺夫方程完全一样. 这就证明了高斯截断方案与基于高斯响应假设的等效线性化法的等价性.

高斯截假的矩方程法已被应用于二阶非线性弹性系统[56], 滞迟系统[50], 随时间随机变化的系统[57], 随机参激系统[58]的响应预测, 应用于杜芬与范德波振子在谐和与随机激励下的响应[59,60]及耦合杜芬振子在窄带随机激励下的跳跃现象[61]等.

6.3.5 累积量截断

累积量截断也称拟高斯截断, 是高斯截断的一种推广. 其基本思想是,假定响应过程的某阶以上的累积量函数全部为零,借助于累积量函数与矩函数之间的关系, 将高于某阶的矩用等于与低于该阶的矩表出,从而将矩方程在该阶水平上截断.若令二阶以上的累积量函数全部为零,这等于假设响应为高斯过程,这种累积量截断等价于高斯截断.

为应用累积量截断方案, 需建立累积量函数与矩函数之间的关系. 它们之间的一般关系由对数特征函数与特征函数之间的关系导出. (1.1-29) 中曾给出标量随机过程前三个累积量函数与矩函数的关系, 下面给出的关系既适用于一个标量随机过程的几个不同时刻(时刻可重复), 也适用于在同一时刻上一个矢量随机过程的几个不同分量(分量可重复).

$$E[Y_j] = \kappa_1[Y_j]$$

$$E[Y_jY_k] = \kappa_2[Y_j, Y_k] + \kappa_1[Y_j]\kappa_1[Y_k]$$

$$E[Y_jY_kY_l] = \kappa_3[Y_j, Y_k, Y_l] + 3\{\kappa_1[Y_j]\kappa_2[Y_k, Y_l]\}_s + \kappa_1[Y_j]\kappa_1[Y_k]\kappa_1[Y_l]$$

$$E[Y_jY_kY_lY_m] = \kappa_4[Y_j, Y_k, Y_l, Y_m] + 3\{\kappa_2[Y_j, Y_k]\kappa_2[Y_l, Y_m]\}_s + 4\{\kappa_1[Y_j]\kappa_3[Y_k, Y_l, Y_m]\}_s$$

$$+6\{\kappa_1[Y_j]\kappa_1[Y_k]\kappa_2[Y_lY_m]\}_s$$
$$+\kappa_1[Y_j]\kappa_1[Y_k]\kappa_1[Y_l]\kappa_1[Y_m]$$
(6.3-29)

式中$\{\ \}_s$表示对称运算，即取类似于括号中项的所有可置换项之平均，例如

$$\{\kappa_1[Y_j]\kappa_2[Y_k,Y_l]\}_s=\frac{1}{3}\{\kappa_1[Y_l]\kappa_2[Y_j,Y_k]$$
$$+\kappa_1[Y_j]\kappa_2[Y_k,Y_l]+\kappa_1[Y_k]\kappa_2[Y_j,Y_k]\}$$

值得注意的是，每个对称运算的系数正好等于被平均的项数。

若所有 κ_1 为零，(6.3-30)可简化为

$$\begin{aligned}
E[Y_jY_k]&=\kappa_2[Y_j,Y_k]\\
E[Y_jY_kY_l]&=\kappa_3[Y_j,Y_k,Y_l]\\
E[Y_jY_kY_lY_m]&=\kappa_4[Y_j,Y_k,Y_l,Y_m]\\
&\quad+3\{\kappa_2[Y_j,Y_k]\kappa_2[Y_l,Y_m]\}_s\\
E[Y_jY_kY_lY_mY_n]&=\kappa_5[Y_j,Y_k,Y_l,Y_m,Y_n]\\
&\quad+10\{\kappa_2[Y_j,Y_k]\kappa_3[Y_l,Y_m,Y_n]\}_s\\
E[Y_jY_kY_lY_mY_nY_p]&=\kappa_6[Y_j,Y_k,Y_l,Y_m,Y_n,Y_p]\\
&\quad+15\{\kappa_2[Y_j,Y_k]\kappa_4[Y_l,Y_m,Y_n,Y_p]\}_s\\
&\quad+15\{\kappa_2[Y_j,Y_k]\kappa_2[Y_l,Y_m]\kappa_2[Y_n,Y_p]\}_s\\
&\quad+10\{\kappa_3[Y_j,Y_k,Y_l]\kappa_3[Y_m,Y_n,Y_p]\}_s
\end{aligned}$$
(6.3-30)

下面通过一个具体例子[62]说明累积量截断法的应用。考虑杜芬振子对高斯白噪声的响应，其运动方程为

$$\ddot{Y}+\beta\dot{Y}+[Y+\varepsilon Y^3]=\sqrt{\beta}\,\xi(t)\tag{a}$$

式中 $\xi(t)$ 为高斯白噪声，相关函数为 $2\delta(\tau)$。运用 6.3.2 节中方法可得其前 4 阶矩方程，令 $Y=Y_1$，$\dot{Y}=Y_2$。矩方程依次为

$$\frac{dE[Y_1]}{dt}=E[Y_2]\tag{b}$$

$$\frac{dE[Y_2]}{dt}=-\beta E[Y_2]-E[Y_1]-\varepsilon E[Y_1^3]$$

$$
\begin{aligned}
\frac{dE[Y_1^2]}{dt} &= 2E[Y_1Y_2] \\
\frac{dE[Y_1Y_2]}{dt} &= E[Y_2^2] - \beta E[Y_1Y_2] - E[Y_1^2] - \varepsilon E[Y_1^4] \\
\frac{dE[Y_2^2]}{dt} &= -2\beta E[Y_2^2] - 2E[Y_1Y_2] - 2\varepsilon[Y_1^3Y_2] + 2\beta
\end{aligned}
\tag{c}
$$

$$
\begin{aligned}
\frac{dE[Y_1^3]}{dt} &= 3\,E[Y_1^2Y_2] \\
\frac{dE[Y_1^2Y_2]}{dt} &= 2E[Y_1Y_2^2] - \beta E[Y_1^2Y_2] - E[Y_1^3] - \varepsilon E[Y_1^5] \\
\frac{dE[Y_1Y_2^2]}{dt} &= E[Y_2^3] - 2\beta E[Y_1Y_2^2] - 2E[Y_1^2Y_2] \\
&\quad - 2\varepsilon[Y_1^4Y_2] + 2\beta E[Y_1] \\
\frac{dE[Y_2^3]}{dt} &= -3\beta E[Y_2^3] - 3E[Y_1Y_2^2] - 3\varepsilon E[Y_1^3Y_2^2] \\
&\quad + 6\beta E[Y_2]
\end{aligned}
\tag{d}
$$

$$
\begin{aligned}
\frac{dE[Y_1^4]}{dt} &= 4E[Y_1^3Y_2] \\
\frac{dE[Y_1^3Y_2]}{dt} &= 3E[Y_1^2Y_2^2] - \beta E[Y_1^3Y_2] - E[Y_1^4] \\
&\quad - \varepsilon E[Y_1^6] \\
\frac{dE[Y_1^2Y_2^2]}{dt} &= 2E[Y_1Y_2^3] - 2\beta E[Y_1^2Y_2^2] - 2E[Y_1^3Y_2] \\
&\quad - 2\varepsilon E[Y_1^5Y_2] + 2\beta E[Y_1^2] \\
\frac{dE[Y_1Y_2^3]}{dt} &= E[Y_2^4] - 3\beta E[Y_1Y_2^3] - 3E[Y_1^2Y_2^2] \\
&\quad - 3\varepsilon E[Y_1^4Y_2^2] + 6\beta E[Y_1Y_2] \\
\frac{dE[Y_2^4]}{dt} &= -4\beta E[Y_2^4] - 4E[Y_1Y_2^3] - 4\varepsilon E[Y_1^3Y_2^3] \\
&\quad + 12\beta E[Y_2^2]
\end{aligned}
\tag{e}
$$

对平稳响应，矩的导数全为零. 由 (b) 可知 $E[Y_2]=0$. 同时 $E[Y_1]=0$. 令(6.3-31)中的 $\kappa_n=0, n\geqslant 3$，得

$$E[Y_1^3]=0,\ E[Y_1^4]=3(E[Y_1^2])^2$$
$$E[Y_1^3Y_2]=3E[Y_1^2]E[Y_1Y_2] \tag{f}$$

将 (f) 代入 (c) 得

$$E[Y_1^2]=\frac{-1+\sqrt{1+12\varepsilon}}{6\varepsilon},\ E[Y_2^2]=1,$$
$$E[Y_1Y_2]=0 \tag{g}$$

(g) 中第二、三式是精确的，第一式是近似的。

记 $A=E[Y_1^2]$，令高于四阶累积量为零，得确定 A 之方程

$$30\varepsilon^2A^3+15\varepsilon A^2+(1-12\varepsilon)A-1=0 \tag{h}$$

若令高于六阶以上累积量为零，则 A 之方程为

$$714\varepsilon^3A^4+420\varepsilon^2A^3+(63-336\varepsilon)\varepsilon A^2$$
$$+(1-90\varepsilon)A-(1-30\varepsilon)=0 \tag{i}$$

由此确定的 $E[Y_1^2]$ 与精确解（6.1.3 中（f））的比较见于图 6.3-1。由图可见，随着截断阶数的增高，其解逐渐趋向于精确解。

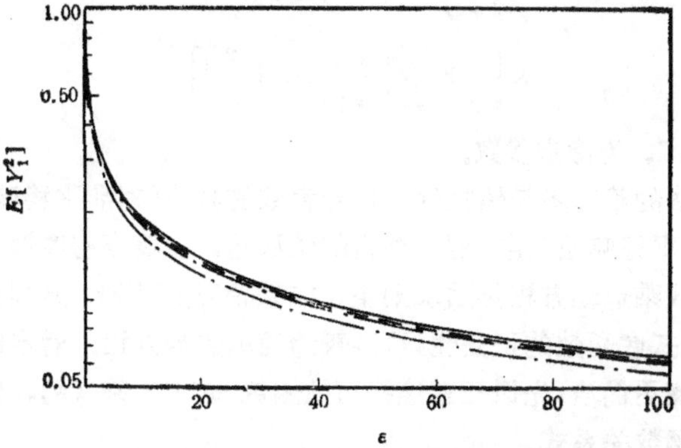

图 6.3-1 杜芬振子对高斯白噪声激励的平稳位移响应方差。—— 精确解；——— 高斯截断；— · — · 忽略四阶以上累积量；---- 忽略六阶以上累积量

累积量截断方案在随机参激系统中的应用在 7.11 节中讨论。

6.3.6 非高斯截断

矩方程的非高斯截断的基本做法是，为非线性系统的响应构

造一个具有待定参数的非高斯概率密度，利用从系统的运动方程或相应的 FPK 方程导出的矩函数关系得到确定概率密度中未知参数的微分或代数方程，求解此方程以确定参数，最后由概率密度给出系统的响应统计量。这种方法最早由 Дащевский 与 Липцер 提出[63]，Crandell[55,64] 曾作过较深入的研究，迄今主要只应用于杜芬型振子的平稳与非平稳响应[65,66]。下面以杜芬振子对白噪声的平稳响应为例，说明该法的具体步骤。

为便于与累积量截断方案作比较，仍以系统 (a) 为例。第一步是构造响应的非高斯概率密度。通常用 1.7.2 中描述的渐近展式表示，只取有限项，且系数为待定。对本例，由于平稳响应的位移与速度独立，且速度为高斯分布，可只给出位移的非高斯概率密度。又由于系统的非线性是对称的，$E[\xi(t)]=0$，从而 $E[Y]=0$。平稳响应的概率密度可取为

$$p(y)=\frac{1}{\sqrt{2\pi}\,\sigma}\exp\left(-\frac{y^2}{2\sigma^2}\right)\times\left[1+\sum_{n=4}^{N}\frac{C_n}{n!}H_n\left(\frac{y}{\sigma}\right)\right] \tag{j}$$

式中 σ, C_n 为待定参数。

该法的第二步是建立确定待定参数的微分(对非平稳响应)或代数(对平稳响应)矩方程。通常的做法是，以概率密度展式中的基底函数乘运动方程然后求期望，或乘相应的 FPK 方程然后积分，鉴于基底函数的正交性，可得较为简单的矩方程。对本例，为使该步骤更简洁，先以任意连续可微函数 $\phi(Y)$ 乘 (a)，以建立一般矩函数关系式。

$$E[\phi(Y)\ddot{Y}]+\beta E[\phi(Y)\dot{Y}]+E[\phi(Y)g(Y)]=\sqrt{\beta}\,E[\phi(Y)\xi(t)] \tag{k}$$

式中 $g(Y)=Y+\varepsilon Y^3$。由于 $\xi(t)$ 是强度为 2 的白噪声。类似于(3.7-19)，有

$$E[\phi(Y)\xi(t)]=0 \tag{l}$$

$$E[\dot{Y}\xi(t)]=\beta^{1/2} \tag{m}$$

又由于Y与 $\dot{Y}$ 独立，均值皆为零，有

$$E[\phi(Y)\dot{Y}] = 0 \tag{n}$$

而

$$\begin{aligned}E[\phi(Y)\ddot{Y}] &= \frac{\partial}{\partial\tau} E[\phi(Y)\dot{Y}(t+\tau)]\big|_{\tau=0} \\ &= \frac{\partial}{\partial\tau} E[\phi(Y(t-\tau))\dot{Y}(t)]\big|_{\tau=0} \\ &= -E\left[\frac{d\phi}{dY}\right]E[\dot{Y}^2]\end{aligned} \tag{o}$$

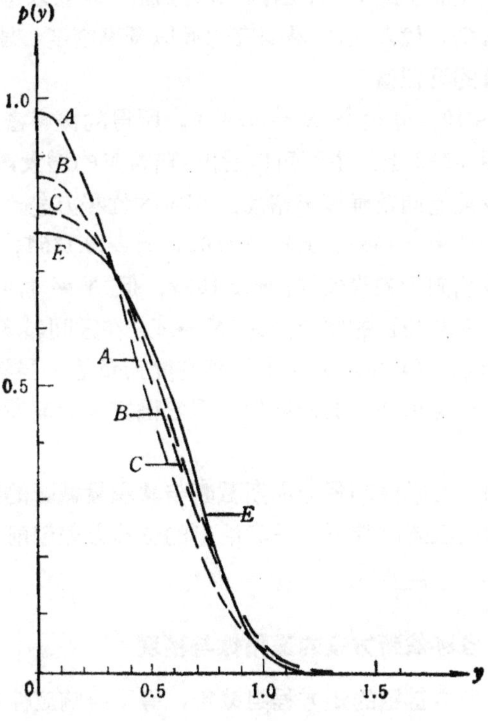

图6.3-2　杜芬振子（$\varepsilon=10$）对高斯白噪声的位移响应概率密度．E 为精确解；A 为高斯截断；B 为两个未知参数的非高斯截断；C 为 3 个未知参数的非高斯截断

以 $\dot{Y}$ 乘 (a) 然后求期望，由于响应的平稳性及 Y 与 $\dot{Y}$ 的独立性，有

$$E[\dot{Y}^2] = \beta^{1/2}E[\dot{Y}\xi(t)] \tag{p}$$

将 (m) 代入 (p)，然后将 (l),(m),(o),(p) 代入 (k)，得

$$E[\psi(Y)g(Y)] = E\left[\frac{d\psi}{dY}\right] \tag{q}$$

这就是所需的一般矩函数关系式。

若令 (j) 中 $N = 6$，概率密度含有 3 个待定参数 σ, C_4, C_6. 为确定它们，在 (q) 中分别令 $\psi(Y) = H_1(Y/\sigma)$，$H_3(Y/\sigma)$，$H_5(Y/\sigma)$，从而得到 3 个矩函数代数方程。联立求解这 3 个矩方程得 σ, C_4, C_6，代入 (j) 得响应的近似概率密度，据此可求其他响应统计量的近似值。

对 $\varepsilon = 10$，分别令 $N = 0, 4, 6$，所得的概率密度与精确解比较示于图 6.3-2 上。由图可以看出，随着 N 的增大，所得概率密度似乎稳步地趋向精确概率密度。相应的位移方差

$$\sigma_0^2 = 0.1667, \quad \sigma_4^2 = 0.1803, \quad \sigma_6^2 = 0.1864, \tag{r}$$

似乎也逐步趋向于精确值 $\sigma_E^2 = 0.1889$，但 $N = 4, 6$ 时，不能完全满足概率密度为正的要求。对 $N = 4$，在区间 $(1.31, \infty)$ 上，对 $N = 6$，在区间 $(1.26, 1.79)$ 上概率密度为负值。虽然其值很小，对大多数工程应用并不引起麻烦，但它确实是非高斯截断方案的一个缺点。

对本例，文献[62]将非高斯截断与累积量截断的结果作了比较。在相同的截断阶数下，后者给出的位移方差较前者给出的稍为精确些。

6.3.7 各种截断方案的适用性与精度

将构成无穷链锁的矩方程组截断，等于给响应性态施加某种约束。因此，一种截断方案的适用性，取决于相应的约束是否从根本上改变了响应的性态。在一种截断方案基本上适用的情况下，它的精度则取决于截断后的矩方程解与原方程解在性态上的接近程

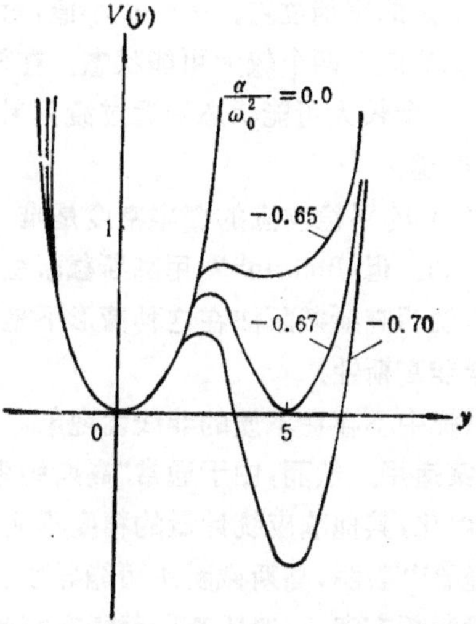

图 6.3-3 具有双稳平衡状态的杜芬振子的势能曲线，$\gamma=0.1\omega_0^2$

度。

高斯截断法的基本假设是响应为高斯分布．已证明它与基于响应为高斯假设等效线性化法等价．因此，可以断定，与等效线性化法一样，该法不适用于存在本质非线性现象的非线性系统．事实上，笔者与他的学生[67,68]已指出，将高斯截断法应用于自激振子的随机响应预测，将导致完全错误的结果．Ariaratnam[69] 也已指出，将高斯截断应用于非线性参激系统，将导致错误的分叉条件．为了说明该法不适宜于用来研究跳跃现象，考虑一个受随机激励的非对称杜芬振子．

$$\ddot{Y}+2\zeta\omega_0\dot{Y}+\omega_0^2(Y-\alpha Y^2+\gamma Y^3)=F(t) \tag{s}$$

(s)是扁壳、扁拱及屈曲梁在法向动态载荷下发生突跳的单模态运动方程．只要适当选取参数 α 与 γ，该振子（$F(t)=0$ 时）具有两个稳定的焦点与一个不稳定的鞍点．这可从图 6.3-3 的势能曲线看出．当 $F(t)$ 为高斯白噪声时，平稳响应概率密度可用 FPK 方程法得到．当振子具有双稳平衡状态时，位移概率密度有两个极大值，对应于两个稳定的平衡位置．一个极小值，对应于不稳定平稳位置，这表明平稳响应有两个较大可能状态．在随机激励下，系统的状态有可能从一个较大可能状态附近过渡到另一个较大可能状态附近，即发生突跳．

由于系统（s）的平稳响应的概率密度是唯一的，均方位移响应显然也是唯一的．但 Bolotin[53] 用高斯截断法求得的均方位移却是多值的，这说明高斯截断法在这种情形下是不适用的．原因在于响应的完全非高斯性．

当非线性系统中不存在本质的非线性现象，响应近似为高斯时，高斯截断方案适用．然而，由于通常"高斯约束"只施加于矩方程，如同等效线性化，其他响应统计量的精度不能保证．例如湍流理论中的应用经验[48]表明，高斯截断法可能导致负的谱密度．

高阶累积量截断方案，一般比高斯截断方案要精确些．Wu 与 Lin[62] 表明，对于受宽带随机激励的对称杜芬振子，随着截断阶次的增高，均方位移响应逐步逼近精确解．Bolotin[53] 表明，对具有双稳状态的杜芬振子，高于四阶的累积量截断给出唯一的均方位移响应值，且其解随截断阶次的增高而趋向于精确解．最近，Sun 与 Hsu[70] 指出，当响应概率密度有多个峰时，低阶累积量截断方案不适用．7.11 节将指出，高阶累积量截断在非线性随机参数系统中并非总能给出满意的结果．

至于非高斯截断方案，除了上面已提到的，在某些响应范围内概率密度可能为负的缺点外，Crandell[55] 还指出，该法的结果在很大程度上取决于非高斯概率密度的形式与用以得到矩方程的相乘函数的选取．不恰当的选取可使所得结果随着截断阶次的增高而变坏，或甚至使矩方程没有实解．

6.4 级数解法

6.4.1 引言

摄动法，或小参数法，是一种级数解法．自 60 年代初 Crandall[71] 将它引入非线性随机振动领域以来，曾在60—70年代被应用于单个与多个自由度的非线性刚度与非线性阻尼的稳态与瞬态随机响应预测[72-80]虽然当系统的非线性与随机激励的强度均很小时，它给出与等效线性化法一样的均方位移响应值，但在较大非线性时精度不如等效线性化法．而且步骤也较等效线性化法为繁．因此，近十多年来该法很少被应用．

在非线性系统理论中，存在几种泛函级数方法，包括沃尔泰拉级数法，维纳-埃尔米特级数法，弗雷谢级数法等．弗雷谢级数与沃尔泰拉级数是泛函泰勒级数，而维纳-埃尔米特级数则是泛函傅立叶级数．它们之间存在一定的关系[81]．近来，一些学者试图将这些方法引入非线性随机振动领域[82-85]．虽然迄今尚未正式建立这些泛函级数法与摄动法之间的关系，但对具体的非线性系统，它们给出基本上相同的结果．此处把它们放在一起叙述，目的在促使人们对它们作进一步研究，以确定它们之间的联系以及各自的优缺点．

6.4.2 摄动法

对拟线性系统，可引入一个小参数 ε，使系统的小非线性项与 ε 成正比，将解表示成 ε 的幂级数，代入原非线性方程，得到一个线性方程的无穷系列．逐步求解此线性方程系列，就得到原非线性系统的近似解，这就是摄动法的基本思想．

考虑如下拟线性系统

$$\mathscr{L}_0 Y(t) + \varepsilon \mathscr{L}_1 Y(t) = X(t),\ Y(0) = Y_0, \dot{Y}(0) = \dot{Y}_0 \tag{6.4-1}$$

式中 $\mathscr{L}_0$ 为线性均方微分算子，$\mathscr{L}_1$为非线性算子．$X(t)$ 与 $Y(t)$ 为 n 维矢量随机过程．$\varepsilon \ll 1$ 为小参数，将(6.4-1)之解表为

$$Y(t) = \sum_{i=0}^{\infty} \varepsilon^i Y_i(t) \tag{6.4-2}$$

将(6.4-2)代入(6.4-1)，并将 $\mathscr{L}_1 Y$ 在 $Y = Y_0$ 处展成泰勒级数

$$\mathscr{L}_1 Y = \mathscr{L}_1 Y_0 + \varepsilon J(\mathscr{L}_1 Y_0 / Y_0) Y_1 + \cdots \tag{6.4-3}$$

式中 $J(\mathscr{L}_1\boldsymbol{Y}_0/\boldsymbol{Y}_0)$ 是雅可比矩阵，再令 ε 的同次幂的系数为零，得如下线性方程系列

$$
\begin{aligned}
&\mathscr{L}_0\boldsymbol{Y}_0=\boldsymbol{X}(t),\ \boldsymbol{Y}_0(0)=\boldsymbol{Y}_0',\dot{\boldsymbol{Y}}_0(0)=\dot{\boldsymbol{Y}}_0'\\
&\mathscr{L}_0\boldsymbol{Y}_1=-\mathscr{L}_1\boldsymbol{Y}_0,\ \boldsymbol{Y}_1(0)=0,\dot{\boldsymbol{Y}}_1(0)=0\\
&\mathscr{L}_0\boldsymbol{Y}_2=-J(\mathscr{L}_1\boldsymbol{Y}_0/\boldsymbol{Y}_0)\boldsymbol{Y}_1,\ \boldsymbol{Y}_2(0)=0,\dot{\boldsymbol{Y}}_2(0)=0\\
&\cdots\cdots\cdots\cdots\cdots\cdots
\end{aligned}
\tag{6.4-4}
$$

(6.4-4)中每一方程右端都用它前面方程之解表示，因此都是已知的。于是，可用第三章中所述方法逐步求解（6.4-4），然后代人(6.4-2)，得(6.4-1)的瞬态或稳态响应统计量．显然，这要求(6.4-1)的退化线性系统是稳定的．

设(6.4-1)的退化线性系统的脉冲响应矩阵为 $\boldsymbol{h}(t)$，$\boldsymbol{X}(t)$ 为平稳随机过程，则(6.4-4)的平稳响应为

$$
\begin{aligned}
&\boldsymbol{Y}_0(t)=\int_{-\infty}^{\infty}\boldsymbol{h}(\tau)\boldsymbol{X}(t-\tau)d\tau\\
&\boldsymbol{Y}_1(t)=-\int_{-\infty}^{\infty}\boldsymbol{h}(\tau)[\mathscr{L}_1\boldsymbol{Y}_0(t-\tau)]d\tau\\
&\boldsymbol{Y}_2(t)=-\int_{-\infty}^{\infty}\boldsymbol{h}(\tau)J(\mathscr{L}_1\boldsymbol{Y}_0/\boldsymbol{Y}_0)\boldsymbol{Y}_1|_{t-\tau}d\tau\\
&\cdots\cdots\cdots\cdots
\end{aligned}
\tag{6.4-5}
$$

由此可得(6.4-1)平稳响应的各种响应统计量。例如，平均矢量为

$$E[\boldsymbol{Y}(t)]=\int_{-\infty}^{\infty}\boldsymbol{h}(\tau)E[\boldsymbol{X}-\varepsilon\mathscr{L}_1\boldsymbol{Y}_0]|_{t-\tau}d\tau+O(\varepsilon^2) \tag{6.4-6}$$

相关矩阵

$$R_{\boldsymbol{Y}}(\tau)=R_{\boldsymbol{Y}_0}(\tau)+\varepsilon[R_{\boldsymbol{Y}_1\boldsymbol{Y}_0}(\tau)+R_{\boldsymbol{Y}_0\boldsymbol{Y}_1}(\tau)]+O(\varepsilon^2) \tag{6.4-7}$$

式中

$$
\begin{aligned}
&R_{\boldsymbol{Y}_0\boldsymbol{Y}_0}(\tau)=\int_{-\infty}^{\infty}\int_{-\infty}^{\infty}\boldsymbol{h}(\tau_1)R_{\boldsymbol{XX}}(\tau+\tau_1-\tau_2)\boldsymbol{h}^T(\tau_2)d\tau_1d\tau_2\\
&R_{\boldsymbol{Y}_1\boldsymbol{Y}_0}(\tau)=\int_{-\infty}^{\infty}\boldsymbol{h}(\tau_1)E[\{\mathscr{L}_1\boldsymbol{Y}_0(t-\tau_1)\}\boldsymbol{Y}_0^T(t+\tau)]d\tau_1\\
&R_{\boldsymbol{Y}_0\boldsymbol{Y}_1}(\tau)=R^T_{\boldsymbol{Y}_1\boldsymbol{Y}_0}(-\tau)
\end{aligned}
\tag{6.4-8}
$$

谱密度矩阵

$$S_{\boldsymbol{Y}}(\omega)=S_{\boldsymbol{Y}_0}(\omega)+2\varepsilon Re S_{\boldsymbol{Y}_1\boldsymbol{Y}_0}(\omega)+O(\varepsilon^2) \tag{6.4-9}$$

式中 $S_{\boldsymbol{Y}_0}(\omega)$ 与 $S_{\boldsymbol{Y}_1\boldsymbol{Y}_0}(\omega)$ 分别是(6.4-8)中 $R_{\boldsymbol{Y}_0}(\tau)$ 与 $R_{\boldsymbol{Y}_1\boldsymbol{Y}_0}(\tau)$ 的傅立叶变换。作为例子，考虑杜芬振子的随机响应，其运动微分方程为

$$\ddot{Y}+2\zeta\omega_0\dot{Y}+\omega_0^2(Y+\varepsilon Y^3)=X(t),\ Y(0)=Y_0$$
$$\dot{Y}(0)=\dot{Y}_0 \tag{a}$$

将 (a) 之解表示成 ε 的幂级数

$$Y(t)=\sum_{i=0}^{\infty}\varepsilon^i Y_i(t) \tag{b}$$

将 (b) 代入 (a)，比较 ε 的同次幂，得如下一系列线性微分方程

$$\begin{aligned}
&\ddot{Y}_0+2\zeta\omega_0\dot{Y}_0+\omega_0^2Y_0=X(t),\ Y_0(0)=Y_0,\ \dot{Y}_0(0)=\dot{Y}_0\\
&\ddot{Y}_1+2\zeta\omega_0\dot{Y}_1+\omega_0^2Y_1=-\omega_0^2Y_0^3,\ Y_1(0)=\dot{Y}_1(0)=0\\
&\ddot{Y}_2+2\zeta\omega_0\dot{Y}_2+\omega_0^2Y_2=-3\omega_0^2Y_0^2Y_1,\ Y_2(0)=\dot{Y}_2(0)=0
\end{aligned} \tag{c}$$

……………………

用 3.2 节中所述方法逐步求解 (c) 可得 (a) 之平稳与非平稳响应统计量。

设 $X(t)$ 是均值为零的平稳随机过程，则 (a) 之平稳响应均值亦为零。相关函数为

$$R_Y(\tau)=R_{Y_0}(\tau)+\varepsilon R_{Y_1Y_0}(\tau)+\varepsilon R_{Y_0Y_1}(\tau)+O(\varepsilon^2) \tag{d}$$

式中

$$\begin{aligned}
&R_{Y_0}(\tau)=\int_{-\infty}^{\infty}\int_{-\infty}^{\infty}h(\tau_1)h(\tau_2)R_X(\tau+\tau_1-\tau_2)d\tau_1d\tau_2\\
&R_{Y_1Y_0}(\tau)=-\omega_0^2\int_{-\infty}^{\infty}h(\tau_1)E[Y_0^3(t-\tau_1)Y_0(t+\tau)]d\tau_1\\
&R_{Y_0Y_1}(\tau)=R_{Y_1Y_0}(-\tau)
\end{aligned} \tag{e}$$

仍要假定 $X(t)$ 是零均值高斯过程，则 $Y_0(t)$ 亦是，于是有

$$E[Y_0^3(t-\tau_1)Y_0(t+\tau)]=3R_{Y_0}(0)R_{Y_0}(\tau+\tau_1) \tag{f}$$

代入 (e) 可得 $R_{Y_1Y_0}(\tau)$。

设 $X(t)$ 为高斯白噪声，则 $R_{Y_0}(\tau)$ 由(3.4-15)确定。此时

$$R_{Y_1Y_0}(0) = -\frac{3}{2}\sigma_{Y_0}^4 \tag{g}$$

从而

$$\sigma_Y^2 = \sigma_{Y_0}^2(1 - 3\varepsilon\sigma_{Y_0}^2) + O(\varepsilon^2) \tag{h}$$

式中 $\sigma_{Y_0}^2 = \pi S_0/2\zeta\omega_0^3$，当 $\varepsilon\sigma_{Y_0}^2 \ll 1$ 时，精确到 ε 的一次幂，(h)与 FPK 方程法及等效线性化法给出的一致。但按照摄动法，对高斯随机过程的响应不再是高斯随机过程。

原则上可用摄动法预测响应统计量到 ε 的任意次幂，为使所得的近似解有效，随机级数（6.4-2）必须在均方或概率意义上收敛，然而迄今尚未建立这种收敛准则。因此，只能通过与精确解或数字模拟结果的比较确定用摄动法所得近似解的有效性。

由于高次近似运算很复杂，实践中常只计算到 ε 的一次幂为止，因此，我们可以不追求级数（6.4-2）的收敛性，而考虑它在 $\varepsilon \to 0$ 时的渐近性，即把（6.4-2）看成一个渐近展式。事实上，高次摄动也只能改善小 ε 时的近似程度。对大的 ε 值，高次摄动可能反而使近似程度变坏[86]。

6.4.3 弗雷谢级数法

Gilbert[87] 提出一个预测非线性系统响应的泛函级数法。在该法中，把微分系统抽象地看成从输入的巴拿赫空间到输出的巴拿赫空间的一个映射 p。将 p 展成适当的抽象级数，通过对此级数的具体解释就得到所需的泛函展式。他选取的抽象级数是弗雷谢幂级数。因此，此处称它为弗雷谢级数法。最近，张江监在他的博士论文[88]中将该法应用于非线性系统的随机响应预测。

记

$$\delta^i p_{v_0}(v) = \left(\frac{d}{d\alpha}\right)^i p(v_0+\alpha v)\Big|_{\alpha=0} \tag{6.4-10}$$

为映射 p 在 v_0 处的 i 阶变分。当 p 在 v_0 的邻域 k 次连续可微时，有

$$p(v_0+v)=p(v_0)+\sum_{i=1}^{k}\frac{1}{i!}\delta^i p_v(v)+R_k(v)\qquad(6.4\text{-}11)$$

式中 $\|R_k(v)\|<\varepsilon\|v\|^k$，只要 $\|v\|<\delta(\varepsilon)$。若 p 是解析的，则有

$$p(v_0+v)=p(v_0)+\sum_{i=1}^{\infty}\frac{1}{i!}\delta^i p_{v_0}(v)\qquad(6.4\text{-}12)$$

以上结果的证明见文献[87]。

设系统的状态方程为

$$\dot{Y}=f(Y,t)+g(Y,t)X(t),\ Y(0)=Y_0\qquad(6.4\text{-}13)$$

其中 $X(t)$ 与 $Y(t)$ 分别为 m 维与 n 维矢量。将(6.4-13)看成一个映射 p，即

$$Y=p(X)(t)\qquad(6.4\text{-}14)$$

定义

$$Z(t,\alpha)=p(\bar{X}+\alpha X)(t)$$

$$Z_i(t,\alpha)=\left(\frac{d}{d\alpha}\right)^i p(\bar{X}+\alpha X)(t)\qquad(6.4\text{-}15)$$

Z 将是下列方程之解

$$\dot{Z}=f(Z,t)+g(Z,t)\bar{X}(t)+g(Z,t)\alpha X(t)$$
$$Z(0,\alpha)=Y_0\qquad(6.4\text{-}16)$$

将(6.4-16)对 α 微分，给出 $Z_i(t,\alpha)$ 的微分方程

$$\dot{Z}_1=\bar{f}^{(1)}[Z_1]+g^{(1)}[Z_1]\alpha X+gX,\ Z_1(0,\alpha)=0$$
$$\dot{Z}_2=\bar{f}^{(1)}[Z_2]+g^{(1)}[Z_2]\alpha X+\bar{f}^{(2)}[Z_1]^2$$
$$+g^{(2)}[Z_1]^2\alpha X+2g^{(1)}[Z_1]X,\ Z_2(0,\alpha)=0\qquad(6.4\text{-}17)$$
$$\cdots\cdots$$

式中 $\bar{f}=f+g\bar{X}$，g 及 f 与 g 的导数在 $(Z(t,\alpha),t)$ 上求值，其中 $Z(t,\alpha)$ 为(6.4-16)之解

定义

$$\dot{Y}_i(t)=\delta^i p\bar{X}(X)(t)\qquad(6.4\text{-}18)$$

在(6.4-16)中令 $\bar{Y}=Z(t,0)$，在(6.4-17)中令 $\dot{Y}_i=Z_i(t,0)$，得到下列 $\bar{Y},Y_i$ 之方程

$$\dot{\bar{Y}}=f(\bar{Y},t)+g(\bar{Y},t)\bar{X}(t),\ \bar{Y}(0)=Y_0$$

$$\dot{Y}_1 = A(\bar{Y},t)Y_1 + B(\bar{Y},t)X(t),\ Y(0) = 0$$
$$\dot{Y}_2 = A(\bar{Y},t)Y_2 + A^2_{1,1}(\bar{Y},t)[Y_1]^2 + \{B^2_1(\bar{Y},t)[Y_1]\}X(t), Y_2(0) = 0 \qquad (6.4-19)$$
$$\cdots\cdots$$

式中

$$A(\bar{Y},t)Y_1 = f^{(1)}(\bar{Y},t)[Y_1] + g^{(1)}(\bar{Y},t)[Y_1]\bar{X}(t)$$
$$B(\bar{Y},t) = g(\bar{Y},t) \qquad (6.4-20)$$
$$A^2_{1,1}(Y,t)[Y_1]^2 = f^{(1)}(\bar{Y},t)[Y_1]^2 + g^{(2)}(\bar{Y},t)[Y_1]^2\bar{X}(t)$$
$$B^2_1(\bar{Y},t)[Y_1] = 2\,g^{(1)}(\bar{Y},t)[Y_1]$$

(6.4-19)中关于 Y_1 的方程是(6.4-13)关于 $\bar{Y}$, $\bar{X}$ 的线性化。注意，Y_i 的方程都是线性的，因此，容易逐步积分求解(6.4-19)。于是，在 f 与 g 都是解析函数之情形，(6.4-13)之解为

$$Y(t) = \bar{Y}(t) + \sum_{i=1}^{\infty} Y_i(t) \qquad (6.4-21)$$

若 $X(t)$ 是随机过程，$Y(t)$ 也是随机过程。由(6.4-21)可得响应统计量。

作为例子，仍考虑 (a)。将它写成状态方程形式

$$\dot{Y}_1 = Y_2 \quad Y_1(0) = 0$$
$$\dot{Y}_2 = -2\zeta\omega_0 Y_2 - \omega_0^2(Y_1 + \varepsilon Y_1^3) + X(t),\ Y_2(0) = 0 \qquad \text{(i)}$$

应用上述方法，注意 $\bar{Y}_1(t) = \bar{Y}_2(t) = \bar{X}(t) = 0$，有

$$\begin{aligned} &\dot{Y}_{11} = Y_{21}, && Y_{11}(0) = 0 \\ &\dot{Y}_{21} = -2\,\zeta\omega_0 Y_{21} - \omega_0^2 Y_{11} + X(t), && Y_{21}(0) = 0 \end{aligned} \qquad \text{(j)}$$

$$\begin{aligned} &\dot{Y}_{13} = Y_{23}, && Y_{13}(0) = 0 \\ &\dot{Y}_{23} = -2\,\zeta\omega_0 Y_{23} - \omega_0^2 Y_{13} - \omega_0^2\varepsilon Y_{11}^3, && Y_{23}(0) = 0 \end{aligned} \qquad \text{(k)}$$

等，显然，(j) 与 (k) 分别同 (c) 中第一、二个方程等价，所不同的是，本方法中 ε 出现在方程 (k) 中，而摄动法中出现在解级数(b)中。

6.4.4 沃尔泰拉级数法

描述系统激励—响应关系有两类方法，一类是隐式方法，即

将响应表示成激励的隐式运算，如微分方程法，另一类是显式方法，即将响应表示成激励的显式运算，如线性系统的卷积积分. 沃尔泰拉级数是非线性系统响应的一种显式表示法，可看成是卷积积分在非线性系统中的一个推广. 沃尔泰拉级数在上一世纪 80 年代作为函数的泰勒级数的推广是由沃尔泰拉提出的，1910 年弗雷谢为此级数奠定了严格的数学基础. 1942 年维纳首先将它应用于非线性系统分析.

一个单激励-单响应时不变非线性系统在时域内的响应可用如下沃尔泰拉级数表示

$$Y(t)=\sum_{n=0}^{\infty}\int_{-\infty}^{\infty}\int_{-\infty}^{\infty}\cdots\int_{-\infty}^{\infty}h_n(\tau_1,\tau_2,\cdots,\tau_n)X(t-\tau_1)\cdot X(t-\tau_2)\cdots X(t-\tau_n)d\tau_1 d\tau_2\cdots d\tau_n \qquad (6.4\text{-}22)$$

式中 h_n 称为 n 阶沃尔泰拉核，它可看成 n 阶脉冲响应函数. 对时变系统，h_n 将显含 t.

n 阶脉冲响应函数 h_n 与 n 阶频率响应函数 H_n 构成傅立叶变换对

$$H_n(\omega_1,\omega_2,\cdots,\omega_n)=\int_{-\infty}^{\infty}\int_{-\infty}^{\infty}\cdots\int_{-\infty}^{\infty}h_n(\tau_1,\tau_2,\cdots,\tau_n)e^{-i\sum_{j=1}^{n}\omega_j\tau_j}d\tau_1 d\tau_2\cdots d\tau_n \qquad (6.4\text{-}23)$$

$$h_n(\tau_1,\tau_2,\cdots,\tau_n)=\frac{1}{(2\pi)^n}\int_{-\infty}^{\infty}\int_{-\infty}^{\infty}\cdots\int_{-\infty}^{\infty}H_n(\omega_1,\omega_2,\cdots,\omega_n)e^{i\sum_{j=1}^{n}\omega_j\tau_j}d\omega_1 d\omega_2\cdots d\omega_n \qquad (6.4\text{-}24)$$

显然，非线性系统的响应也可用频域内的相应级数表示.

沃尔泰拉级数法的关键是由给定的非线性系统求各阶沃尔泰拉核. 描述系统的微分方程已给定时，可用 Carleman 线性化法、变分方程法、增长指数法及谐和激励法等求得[89]. 否则可通过实验用系统识别技术得到. 因为沃尔泰拉级数是无穷级数，只有当它收敛于真正的响应时才有意义，对随机激励，则要求在均方或概率意义上收敛,关于收敛性的研究见文献[89]。

有了系统的沃尔泰拉级数，就可由随机激励的统计量预测响应的统计量。例如,响应的均值为

$$E[Y(t)]=\sum_{n=0}^{\infty}\int_{-\infty}^{\infty}\int_{-\infty}^{\infty}\cdots\int_{-\infty}^{\infty}h_n(\tau_1,\tau_2,\cdots,\tau_n)$$

$$\times R_{XX}^{(n)}(t-\tau_1,t-\tau_2,\cdots,t-\tau_n)d\tau_1 d\tau_2\cdots d\tau_n \quad (6.4\text{-}25)$$

式中 $R_{XX}^{(n)}$ 为激励的 n 阶相关函数。响应的相关函数

$$R_{YY}(t_1,t_2)=\sum_{m,n=0}^{\infty}R_{Y_mY_n}(t_1,t_2) \quad (6.4\text{-}26)$$

式中

$$R_{Y_mY_n}(t_1,t_2)=\int_{-\infty}^{\infty}\int_{-\infty}^{\infty}\cdots\int_{-\infty}^{\infty}h_m(\tau_1,\tau_2,\cdots\tau_m)$$

$$\times h_n(\tau_{m+1},\tau_{m+2},\cdots\tau_{m+n})$$

$$\times R_{XX}^{(m+n)}(t_1-\tau_1,\cdots,t_1-\tau_m;t_2-\tau_{m+1},\cdots,t_2$$

$$-\tau_{m+n})d\tau_1 d\tau_2\cdots d\tau_{m+n} \quad (6.4\text{-}27)$$

为得到平稳响应的谱密度,引入中间变量

$$\hat{R}_{Y_mY_n}(t_1,t_2,\cdots,t_{m+n})=\int_{-\infty}^{\infty}\int_{-\infty}^{\infty}\cdots\int_{-\infty}^{\infty}h_m(\tau_1,\tau_2,\cdots,\tau_m)h_n$$

$$\cdot(\tau_{m+1},\tau_{m+2},\cdots\tau_{m+n})$$

$$R_{XX}^{(m+n)}(t_1-\tau_1,t_2-\tau_2,\cdots,t_{m+n}$$

$$-\tau_{m+n})d\tau_1 d\tau_2\cdots d\tau_{m+n} \quad (6.4\text{-}28)$$

显然有

$$R_{Y_mY_n}(t_1,t_2)$$

$$=\hat{R}_{Y_mY_n}(t_1,t_2,\cdots,t_{m+n})\Big|_{\substack{t_1=t_2=\cdots=t_m=t_1\\ t_{m+1}=t_{m+2}=\cdots=t_{m+n}=t_2}} \quad (6.4\text{-}29)$$

记 $\hat{S}_{Y_mY_n}$ 为与 $\hat{R}_{Y_mY_n}$ 对应的中间变量,显然有

$$\hat{S}_{Y_mY_n}(\omega_1,\omega_2,\cdots,\omega_{m+n})=\frac{1}{(2\pi)^{m+n}}\int_{-\infty}^{\infty}\int_{-\infty}^{\infty}\cdots$$

$$\times\int_{-\infty}^{\infty}\hat{R}_{Y_mY_n}(t_1,t_2,\cdots,t_{m+n})e^{-i\sum_{j=1}^{m+n}\omega_j t_j}dt_1 dt_2\cdots dt_{m+n} \quad (6.4\text{-}30)$$

$$\hat{R}_{Y_mY_n}(t_1,t_2,\cdots,t_{m+n})=\int_{-\infty}^{\infty}\int_{-\infty}^{\infty}\cdots$$

$$\int_{-\infty}^{\infty} \hat{S}_{Y_mY_n} e^{i\sum_{j=1}^{m+n} \omega_j t_j} d\omega_1 d\omega_2 \cdots d\omega_{m+n} \tag{6.4-31}$$

激励的 n 维谱密度

$$S_{XX}^{(n)}(\omega_1,\omega_2,\cdots,\omega_n) = \frac{1}{(2\pi)^n}\int_{-\infty}^{\infty}\int_{-\infty}^{\infty}\cdots$$

$$\int_{-\infty}^{\infty} R_{XX}^{(n)}(t_1,t_2,\cdots,t_n) e^{-i\sum_{j=1}^{n}\omega_j t_j} dt_1 dt_2\cdots dt_n \tag{6.4-32}$$

利用卷积积分的傅立叶变换公式,得

$$\hat{S}_{Y_mY_n}(\omega_1,\omega_2,\cdots,\omega_{m+n}) = H_m(\omega_1,\omega_2,\cdots,\omega_n)H_n \cdot(\omega_{m+1},\omega_{m+2},\cdots,\omega_{m+n})S_{XX}^{(m+n)}(\omega_1,\omega_2,\cdots,\omega_{m+n}) \tag{6.4-33}$$

利用(6.4-29),(6.4-31)及(6.4-33),得响应分量的广义互谱密度

$$\begin{aligned} S_{Y_mY_n}(\omega_1,\omega_2) &= \frac{1}{4\pi^2}\int_{-\infty}^{\infty}\int_{-\infty}^{\infty} R_{Y_mY_n}(t_1,t_2)e^{-i(\omega_2 t_2-\omega_1 t_1)}dt_1dt_2 \\ &= \int_{-\infty}^{\infty}\int_{-\infty}^{\infty}\cdots\int_{-\infty}^{\infty} H_m(\gamma_1,\gamma_2,\cdots,\gamma_m) \\ &\quad \times H_n(\gamma_{m+1},\gamma_{m+2},\cdots,\gamma_{m+n})S_{XX}^{(m+n)}(\gamma_1,\gamma_2,\cdots,\gamma_{m+n}) \\ &\quad \times \delta(\omega_1+\gamma_1+\cdots\gamma_m)\delta(\omega_2-\gamma_{m+1}\cdots-\gamma_{m+n}) \\ &\quad \times d\gamma_1 d\gamma_2\cdots d\gamma_{m+n} \end{aligned} \tag{6.4-34}$$

平稳响应分量的一维互谱密度为

$$\begin{aligned} S_{Y_mY_n}(\omega_2) &= \int_{-\infty}^{\infty} S_{Y_mY_n}(\omega_1,\omega_2)d\omega_1 \\ &= \int_{-\infty}^{\infty}\int_{-\infty}^{\infty}\cdots\int_{-\infty}^{\infty} H_m(\gamma_1,\gamma_2,\cdots,\gamma_m)H_n(\gamma_{m+1},\gamma_{m+2},\cdots\gamma_{m+n}) \\ &\quad \cdot S_{XX}^{(m+n)}(\gamma_1,\gamma_2,\cdots,\gamma_{m+n})\delta(\omega_2-\gamma_{m+1}-\cdots-\gamma_{m+n}) \\ &\quad \cdot d\gamma_1 d\gamma_2\cdots d\gamma_{m+n} \end{aligned} \tag{6.4-35}$$

而平稳响应的自谱密度为

$$S_Y(\omega) = \sum_{m,n=1}^{\infty} S_{Y_mY_n}(\omega) \tag{6.4-36}$$

当激励为平稳高斯过程或高斯白噪声时,上述计算可简化。

作为例子,仍考虑系统 (a) 的平稳响应,先用变分法求系统 (a) 的沃尔泰拉级数。设激励为 $\alpha X(t)$, α 为标量,并令

$$Y(t)=\sum_{n=1}^{\infty}\alpha^n Y_n \tag{l}$$

分别代入（a）之两边，令两边 α 的同次幂的系数相等，假定初始条件为零，得

$$\begin{aligned}&\ddot{Y}_1+2\zeta\omega_0\dot{Y}_1+\omega_0^2Y_1=X(t)\\&\ddot{Y}_2+2\zeta\omega_0\dot{Y}_2+\omega_0^2Y_2=0\\&\ddot{Y}_3+2\zeta\omega_0\dot{Y}_3+\omega_0^2Y_3=-\varepsilon\omega_0^2Y_1^3\\&\cdots\cdots\cdots\cdots\cdots\cdots\end{aligned} \tag{m}$$

求解（m）得

$$\begin{aligned}&Y_1=\int_0^t h_1(t-\tau_1)X(\tau_1)d\tau_1\\&Y_2=0\\&Y_3=-\varepsilon\omega_0^2\int_0^t\int_0^t\int_0^t h_3(t,\tau_1,\tau_2,\tau_3)X(\tau_1)X(\tau_2)X(\tau_3)d\tau_1d\tau_2d\tau_3\end{aligned} \tag{n}$$

式中 $h_1(t)$ 由(3.4-6)或(3.4-7)确定，而

$$h_3(t,\tau_1,\tau_2,\tau_3)=\int_0^t h_1(t-\tau)h_1(\tau-\tau_1)h_1(\tau-\tau_2)h_1(\tau-\tau_3)\cdot u(\tau-\tau_1)u(\tau-\tau_2)u(\tau-\tau_3)d\tau \tag{o}$$

式中 u 为单位阶跃函数。将（n），（o）代入（l），并令 $\alpha=1$，得（a）之沃尔泰拉展式。比较（m）与（c）可知，沃尔泰拉级数法将给出与摄动法一致的结果。

Dalzell[82] 曾将沃尔泰拉级数法应用于一个含非线性惯性、阻尼及刚度的单自由度系统随机响应预测。与数字模拟结果比较表明，在级数只取前三项时，只适用于小非线性。对强非线性，必须包括高阶项。

6.4.5 维纳-埃尔米特级数法

沃尔泰拉级数的一个主要缺点是没有正交性，因而使得相关函数与谱密度都是双重级数，计算量大，而且给用实验方法确定沃

尔泰拉核带来很大的困难。

维纳提出用如下级数表示一个非线性系统对高斯白噪声的响应

$$Y(t)=\sum_{n=0}^{\infty}G_n[k_n,N(t)] \quad (6.4\text{-}37)$$

式中 $N(t)$ 是强度为 A 的高斯白噪声，k_n 为对称的维纳核，G_n 为维纳算子。要求部分响应互相关对所有 τ 满足关系

$$E[G_m[k_m,N(t)]G_n[k_n,N(t+\tau)]]=0,\ m\neq n \quad (6.4\text{-}38)$$

从而响应自相关与谱密度都是单重级数，例如

$$R_{YY}(\tau)=\sum_{n=0}^{\infty}E[G_n[k_n,N(t)]G_n[k_n,N(t+\tau)]] \quad (6.4\text{-}39)$$

根据上述要求，n 阶维纳算子的表达式为[89]

$$G_n[k_n,N(t)]=\sum_{i=0}^{[n/2]}\frac{(-1)^i n!A^i}{2^i(n-2i)!i!}$$
$$\times\int_{-\infty}^{\infty}k_n(\sigma_1,\cdots,\sigma_{n-2i},\tau_1,\tau_1,\cdots,\tau_i,\tau_i)$$
$$\times d\tau_1\cdots d\tau_i N(t-\sigma_1)\cdots N(t-\sigma_{n-2i})d\sigma_1\cdots d\sigma_{n-2i} \quad (6.4\text{-}40)$$

式中 $[n/2]$ 表示 $\leqslant n/2$ 的最大整数。从而(6.4-39)中的每一项为

$$E[G_n[k_n,N(t)]G_n[k_n,N(t+\tau)]]$$
$$=n!A^n\int_{-\infty}^{\infty}k_n(\sigma_1,\cdots,\sigma_n)k_n(\sigma_1+\tau,\cdots,\sigma_n+\tau)d\sigma_1\cdots d\sigma_n \quad (6.4\text{-}41)$$

显然，维纳级数可克服沃尔泰拉级数的缺点。此外，维纳级数适用更大范围的系统。在维纳级数与沃尔泰拉级数都适用时，维纳核与对称的沃尔泰拉级核存在一定的关系[89]。

如果将 (6.4-40) 中的白噪声的乘积代之以维纳-埃尔米特随机多项式(1.7-1)，并相应地改变维纳核，就得到随机过程的维纳-埃尔米特展式(1.7-6)。Jahedi 与 Ahmadi[83]，Orabi 与 Ahmadi[84,85] 曾用这种展式预测杜芬振子对受调剂白噪声的非平稳响

应．其做法是将激励与响应分别用维纳-埃尔米特级数表示，其中激励的核是已知的，响应的核是未知的．将它们代入系统的运动微分方程，就得到确定未知核的积分微分方程．求解这些方程，即可得表示响应的维纳-埃尔米特展式，进而得各种响应统计量．现以系统（a）为例说明．

以 $X^{(i)}$ 与 $Y^{(i)}$ 分别表示激励与响应的 i 阶维纳-埃尔米特核，设激励 $X(t)$ 为受调制的白噪声，则

$$X^{(1)}(t,t_1)=(2\pi S_0)^{1/2}e(t)\delta(t-t_1)$$
$$X^{(i)}(t,t_1,\cdots,t_i)=0,\ i\neq 1 \tag{p}$$

式中 $e(t)$ 为调制函数，关于 $Y^{(1)}(t,t_1)$ 的方程为

$$\ddot{Y}(t,t_1)+2\zeta\omega_0\dot{Y}(t,t_1)+\omega_0^2Y(t,t_1)$$
$$\times\left[1+3\varepsilon\int_0^t Y^2(t,\tau)d\tau\right]=X(t,t_1)$$
$$Y(t_1,t_1)=0,\ \dot{Y}(t_1,t_1)=0 \tag{q}$$

式中为方便而略去上标(1)．由于（q）中的非齐次项正比于 δ 函数．它可代之以齐次方程

$$\ddot{Y}(t,t_1)+2\zeta\omega_0\dot{Y}(t,t_1)+\omega_e^2(t)Y(t,t_1)=0 \tag{r}$$

及非零初始条件

$$Y(t_1,t_1)=0,\ \dot{Y}(t_1,t_1)=(2\pi S_0)^{1/2}e(t_1) \tag{s}$$

（r）中，$\omega_e(t)$ 是时变等效频率

$$\omega_e^2(t)=\omega_0^2[1+3\varepsilon\sigma_Y^2(t)]$$

作变换

$$Y(t,t_1)=e^{-\zeta\omega_0 t}Z(t,t_1) \tag{t}$$

则方程（r）变为

$$\ddot{Z}(t,t_1)+\omega_A^2(t)Z(t,t_1)=0 \tag{u}$$

式中

$$\omega_A^2(t)=\omega_e^2(t)-\zeta^2\omega_0^2 \tag{v}$$

假定 $\omega_e(t)$ 是光滑的时间函数，则近似地有

$$Z(t,t_1)=\frac{C}{\sqrt{\omega_A(t)}}\sin\left(\int_0^t\omega_A(\theta)d\theta+\phi\right) \tag{w}$$

C与ϕ为常数，由初始条件(s)确定从而响应的一阶核为

$$Y(t,t_1)=\begin{cases}(2\pi S_0)^{1/2}e(t_1)\dfrac{e^{-\zeta\omega_0(t-t_1)}}{[\omega_A(t)\omega_A(t_1)]^{1/2}}\sin\int_{t_1}^{t}\omega_A(\theta)d\theta, & 0<\tau\leqslant t\\ 0, & \text{其他}\end{cases} \tag{x}$$

由于 ω_A 通过 σ_Y^2 而依赖于 $Y(t,t_1)$（参考1.7-8），求 $Y(t,t_1)$ 需迭式进行，有了 $Y(t,t_1)$，可得响应的一阶近似响应统计量。

计算结果表明，单项维纳-埃尔米特级数法给出与等效线性化基本一致的结果。

6.5 数字模拟

6.5.1 引言

数字模拟也称随机模拟，统计模拟，或蒙特·卡罗法。在随机振动中，它可看成是利用数字计算机进行随机振动试验的一类方法。该方法的基本思想就是概率论的基本原理，即系统响应的统计特性可从大量响应样本中近似获得，且近似程度随响应样本数的增加而提高。根据这个原理，数字模拟法包括如下三个主要步骤：

1. 根据激励过程或场的统计特性产生激励样本。数字计算机产生的是随机序列。它可看成是连续过程或场的采样；
2. 对每个激励样本数值求解运动微分方程产生响应样本；
3. 从大量响应样本中求取所要的统计信息，如矩、概率密度、谱密度等。

目前，数字模拟已成为随机振动，尤其是非线性随机振动的重要方法之一。首先，该方法原则上适用于任何系统与任何激励，只要能在数字机上进行模拟即可。因此，对现有方法无法处理或极难处理的复杂问题，如强非线性，强参激，严重的材料不均匀等，数字模拟往往是工程中唯一可行的解决办法。其次，数字模拟是检验各种近似方法的适用性与精度的有力工具，因为计算机模拟可

排除外来因素的干扰，所得结果的精度可以比较高．此外，可用该方法获得关于响应量的比较完整的信息．

数字模拟法的主要缺点是成本高，用该法系统地研究一个问题往往需要大量的机时．其次，数字模拟法所得结果的精度带有随机性，是在一定置信概率下的精度．而且结果的统计不确定性误差随样本数N按 $1/\sqrt{N}$ 速率下降．要使结果增加一位有效数字，计算时间要增加上百倍．

本节简要叙述数字模拟的各个步骤，重点在于随机过程与随机场的模拟，尤其是近来发展起来的自回归滑动平均（ARMA）法．需要更深入了解该法的读者，请参阅所引文献．

6.5.2 随机变量的模拟

随机变量的数字模拟就是随机数．计算机中它可用一定的算法产生．由算法实现的随机数称为伪随机数，因为从根本上说它是确定性的，与真随机数有着本质的区别．尽管如此，只要它能通过预定的各种检验，采用伪随机数所得的结果也是可信的[90,91]

用算法产生的随机数应满足以下要求：

1. 所得的随机序列在“统计性质”上应相当近似于相应真随机数的子样；

2. 产生一个随机数的运算应尽量少，即算法应尽量快．

[0,1]上均匀分布的独立随机数 $U(0,1)$ 是最基本的随机数．产生 $U(0,1)$ 的常用算法有乘同余法和混合同余法，它们都是递推算法．例如，混合同余法的递推式为

$$u_{n+1}=au_n+b\ (\mathrm{mod}M)$$

$$v_n=u_n/M \tag{6.5-1}$$

式中 a,b,M 及 u_0 都是正整数．其选取已有一些准则[91]．

由 $U(0,1)$ 可构造出具有其他分布的随机数．常用逆变换法，设 η_k 是 $U(0,1)$ 的子样，容易证明，$\xi_k=F^{-1}(\eta_k)$ 将具有分布 $F(x)$．因此，要从 $U(0,1)$ 构造具有分布 $F(x)$ 的随机变量．只要求得反函数 $F^{-1}(x)$ 即可．当反函数难以得到，或用逆变换

法计算量过大时，可采用组合法，舍选法或其他方法[91]。

由 $U(0,1)$ 产生标准正态分布随机数 $N(0,1)$ 可用下列变换：

$$\zeta_{k+1}=\sqrt{-2\ln\eta_{k+1}}\cos 2\pi\eta_{k+2}$$
$$\zeta_{k+2}=\sqrt{-2\ln\eta_{k+1}}\sin 2\pi\eta_{k+2}$$
$$k=1,2,\cdots \tag{6.5-2}$$

多数计算机带有随机数发生器，可在程序中直接调用，也可自行设计算法产生随机数. 对随机数要进行必要的检验，检验方法可参阅[91].

6.5.3 高斯白噪声的模拟

数字模拟的白噪声只能是具有一定上截止频率的限带白噪声. 但由第三章知，只要在比系统带宽宽得多的频带上具有平坦的谱密度，就可满意地把它当作理想白噪声.

一种简单而有效的模拟高斯白噪声过程的方法是由独立的单位正态随机序列 ξ_k 按图 6.5-1 所示方式连接而成，其中

$$\xi_k=\sqrt{D/\Delta t}\,\zeta_k,\ k=1,2,\cdots \tag{6.5-3}$$

式中 D 为白噪声的强度.

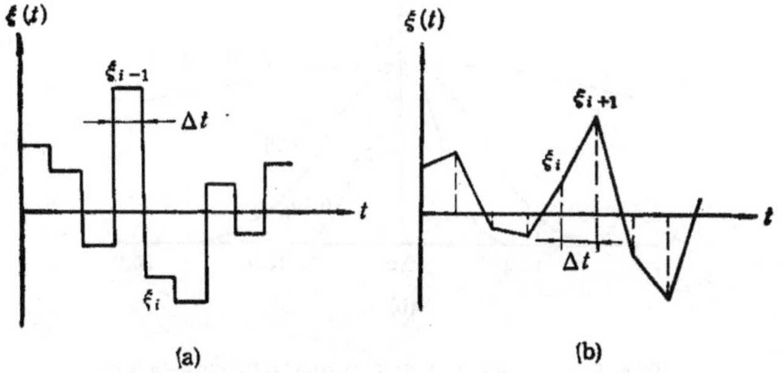

图 6.5-1 高斯白噪声样品的构造. (a) 阶梯方式；(b) 线性方式

由于正态随机数的独立性，当 Δt 很小时，按图 6.5-1 所构成的过程的相关时间很短，从而具有高的上截止频率. 事实上，可导

得按上述两种方式构造的过程的理论谱密度分别为

$$S_a(f) = D\,\frac{\sin^2(\pi\Delta tf)}{\pi\Delta tf} \tag{6.5-4}$$

与

$$S_b(f) = D\,\frac{16\sin^2(\pi\Delta tf) - 4\sin^2(2\pi\Delta tf)}{(2\pi\Delta tf)^4} \tag{6.5-5}$$

图 6.5-2 给出了对应于不同 Δt 的无量纲谱密度 $S(t)/D$ 曲线。

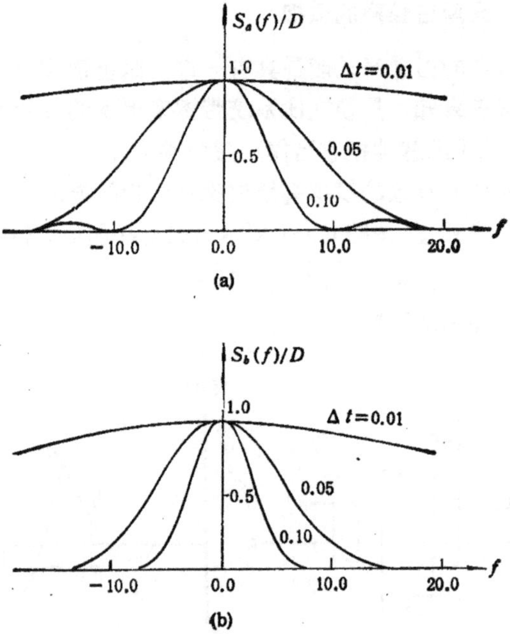

图 6.5-2 按图 6.5-1 方式构造的样本的理论谱密度.
(a) 阶梯方式; (b) 线性方式

为使谱平坦，Δt 应尽可能小，但 Δt 过小，又会使产生给定长度为 T 的样本的计算量过大。因此，Δt 应折衷选取。

6.5.4 具有有理谱密度的平稳随机过程的模拟

若待模拟的是高斯平稳随机过程．其谱密度可用一个有理谱密度逼近，而且 $0\leqslant S(\omega)<\infty$; $S(\omega)=S(-\omega)$; $S(\omega)\to 0$, $\omega\to\pm\infty$，则待模拟的过程可看成是

$$X(t)=\frac{P(D)}{Q(D)}\xi(t) \tag{6.5-6}$$

的稳态解．其中 $\xi(t)$ 是高斯白噪声过程．$E[\xi(t)]=0$,

$$E[\xi(t)\xi(t+\tau)]=2\pi S_0\delta(\tau)$$

$P(D)$ 与 $Q(D)$ 是线性微分算子

$$P(D)=a_n\frac{d^n}{dt^n}+a_{n-1}\frac{d^{n-1}}{dt^{n-1}}+\cdots+a_1\frac{d}{dt}+a_0$$

$$Q(D)=b_m\frac{d^m}{dt^m}+b_{m-1}\frac{d^{n-1}}{dt^{m-1}}+\cdots+b_1\frac{d}{dt}+b_0 \tag{6.5-7}$$

其中 $m>n$. (6.5-6) 理解为先求得

$$Q(D)\phi(t)=\xi(t) \tag{6.5-8}$$

的稳态解 $\phi(t)$，而后求得

$$X(t)=P(D)\phi(t) \tag{6.5-9}$$

用离散线性系统方法为离散相空间法与差分方程法等求解(6.5-8)与(6.5-9)便可得所要模拟的过程． Franklin[92] 详细地介绍了离散相空间法．

上述方法可推广于平稳矢量随机过程的模拟．

6.5.5 模拟随机过程与场的三角级数合成法

模拟标量与矢量随机过程及随机场的一种有效方法是三角级数合成法．该方法的基本思想将随机过程或场表示成大量具有随机相位的正弦或余弦之和．它可看作是随机过程或随机场的谱分解的离散化形式．这种表示法最早是由 Rice[93] 提出的．而用这种方法模拟随机过程与场则是 Shinozuka[94] 在 70 年代初首先提出的．这种方法在[95]中已有较系统的论述，这里只作简略地描

述。

一种常用的合成法模型为

$$X(t)=\sum_{k=1}^{N}A_k\cos(\omega_k t+\Phi_k) \tag{6.5-10}$$

式中N为正整数，Φ_k 为在 $[0,2\pi)$ 中均匀分布的独立随机相位角. 而

$$\omega_k=\omega_l+\left(k-\frac{1}{2}\right)\Delta\omega \tag{6.5-11}$$

是级数中各项的圆频率，$\Delta\omega=(\omega_u-\omega_l)/N$ 为频率间隔，$[\omega_l,\omega_u]$ 是 $S_x(\omega)$ 具有显著值的频率范围.

$$A_k=\sqrt{2S_X(\omega)\Delta\omega} \tag{6.5-12}$$

是级数中各项的幅值，而 $S_X(\omega)$ 是所要模拟的过程的谱密度(目标谱密度).

应用中心极限定理容易证明[95]，在 $N\to\infty$ 时，(6.5-10)接近于高斯平稳随机过程，并且是各态历经的. 它的相关函数与谱密度分别逼近于目标相关函数与谱密度.

上述模型中，A_k 与 ω_k 都是确定性的，只有相位 ϕ_k 是随机的. 因此该模型具有显著的确定性特征. 为提高其随机性，可对幅值 A_k 与频率 ω_k 采取如下随机化措施，即令

$$A_k=\sqrt{2S_X(\omega)\Delta\omega}+a_k \tag{6.5-13}$$

$$\omega_k=\omega_l+\left(k-\frac{1}{2}\right)\Delta\omega+\delta_k \tag{6.5-14}$$

式中 a_k 与 δ_k 是符合某种分布的“小随机变量”样本，所谓“小随机变量”是指其方差较小，而分布类型视随机性要求而定.

三角级数合成模型适用于模拟具有任意形状的谱密度的平稳随机过程，而且所得结果的样本是连续的. 但该模型涉及大量三角函数的运算，而这种运算在计算机上相对来说是很慢的. 为解决这个问题，Shinozuka 等[96]将快速傅立叶变换（FFT）引入合成模型，从而大大地提高了模拟速度. 这可推导如下.

设所要的样本点为 $X(n\Delta t)$，其中 Δt 为采样时间间隔，则

$$X(n\Delta t)=\sum_{k=1}^{N}A_k\cos(\omega_k n\Delta t+\phi_k)$$

$$=\mathrm{Re}\left\{\sum_{k=1}^{N}A_k e^{i\phi_k}e^{i\omega_k n\Delta t}\right\} \tag{6.5-15}$$

取 $N=2^m$，且令 $\omega_l=0$，$\omega_u=2\pi/\Delta t$，$\Delta\omega=\omega_u/N$，$\omega_k=(k-1)\Delta\omega(k=1,2,\cdots,N)$，则

$$X(n\Delta t)=\mathrm{Re}\left\{\sum_{k=1}^{N}A_k e^{i\phi_k}e^{i2\pi(k-1)n/N}\right\}$$

$$=\mathrm{Re}\left\{\sum_{k=0}^{N-1}C_k e^{i2\pi kn/N}\right\}$$

$$=\mathrm{Re}\{\mathrm{DFT}(C_k)\} \tag{6.5-16}$$

式中

$$C_k=A_{k+1}e^{i\phi_{k+1}}=A_{k+1}(\cos\phi_{k+1}+i\sin\phi_{k+1})$$

$$(k=0,1,\cdots,N-1) \tag{6.5-17}$$

DFT 表示离散傅立叶变换. 模拟中，先求 C_k，而后通过 FFT 得到 $X(n\Delta t)$。

三角级数合成法易推广于平稳矢量随机过程与均匀随机场的模拟[97]. 例如，对目标谱密度为 $S_X(k_1,k_2)$ 的二维随机场，其合成模型为

$$X(u_1,u_2)=\sum_{j=1}^{N_2}\sum_{i=1}^{N_1}[2S_X(k_{1i},k_{2j})\Delta k_1\Delta k_2]^{1/2}$$

$$\times\cos(k_{1i}u_1+k_{2j}u_2+\Phi_{1i,2j}) \tag{6.5-18}$$

式中 $\Phi_{1i,2j}$ 是在 $[0,2\pi)$ 上均匀分布的独立随机相位角，

$$k_{1i}=\left(i-\frac{1}{2}\right)\Delta k_1,\quad k_{2j}=\left(j-\frac{1}{2}\right)\Delta k_2$$

$$\Delta k_1=(k_{1u}-k_{1l})/N_1,\ \Delta k_2=(k_{2u}-k_{2l})/N_2 \tag{6.5-19}$$

而 $(\boldsymbol{k}_l,\ \boldsymbol{k}_u)$ 为 $S_X(k_1,k_2)$ 具有显著值的波数平面上的区域。

在用三角级数法模拟矢量随机过程与随机场时也可引入 FFT，只是变换是多重的，计算量与内存量都将迅速增加，对于二

维以上的矢量过程或随机场，变换方法实际上已不可行.

上述方法还可推广于模拟具有渐进谱密度的非平稳随机过程。例如，对标量非平稳过程．只要令(6.5-10)中

$$A_k = A(t, \omega_k)\sqrt{2\, S_X(\omega)\Delta\omega} \qquad (6.5\text{-}12)'$$

其中 $A(t,\omega)$ 为确定性的调制函数，而 $S_X(\omega)$ 为被调制的平稳过程的谱密度．对均匀调制过程，即 $A(t,\omega)=\rho(t)$，与 ω 无关，则可先用(6.5-10)模拟被调制的平稳过程． 然后乘以调制函数.

6.5.6 模拟随机过程与场的 ARMA 方法

ARMA 是自回归滑动平均（Auto-Regressive and Moving Average）之缩写，它是一类特殊的离散线性系统，将现时刻的响应值表示为过去若干时刻的响应与白噪声之值的线性组合．这类系统原先应用于线性预测，70 年代开始应用于随机过程的数字模拟，并在 80 年代得到较系统地发展[98-102]． 它是一种比三角级数合成法更为有效的数字模拟方法，而且数字信号处理理论为它提供了严格的数学基础． 在数字模拟应用中，ARMA 系统相当于一组数字滤波器，它将白噪声变成近似具有目标谱密度或相关函数的离散随机过程或场．由于对 ARMA 数字模拟方法尚未有系统的论述，此处将作较详细的介绍．为便于理解，下面从一般离散线性系统入手.

一、时不变线性离散系统

一个 n 个激励 n 个响应的时不变线性离散系统可表为

$$\boldsymbol{X}_k = \sum_{l=-\infty}^{\infty} \boldsymbol{H}_{k-l}\boldsymbol{F}_l \qquad (6.5\text{-}20)$$

式中 $\boldsymbol{F}_k$ 与 $\boldsymbol{X}_k$ 分别是激励矢量和响应矢量的第 k 个样本，$\boldsymbol{H}_k$ 是 $n\times n$ 系统脉冲响应矩阵的第 k 个样本.

$\boldsymbol{H}_k$ 的 Z 变换即传递矩阵定义为

$$\boldsymbol{H}(Z) = \sum_{k=-\infty}^{\infty} \boldsymbol{H}_k Z^{-k} \qquad (6.5\text{-}21)$$

该级数在复Z平面上收敛。单位圆 $|Z|=1$ 上传递矩阵值给出 H_k 的离散傅立叶变换

$$H(e^{i\omega T})=H(Z)|_{Z=e^{i\omega T}},\quad -\pi\leqslant\omega T\leqslant\pi \tag{6.5-22}$$

采样周期 T 表示矩阵序列 H_k 的两个相继样本之间的时间间隔，由(6.5-20)与(6.5-21)易得

$$X(Z)=H(Z)F(Z) \tag{6.5-23}$$

式中 $X(Z)$, $F(Z)$ 及 $H(Z)$ 分别是 X_k,F_k 及 H_k 的Z变换. (6.5—23)表明,传递矩阵 $H(Z)$ 完全描述了该离散线性系统.

假定激励 F_l 是平稳矢量随机序列，其相关矩阵与谱密度矩阵之间的关系为

$$R_{FF}(l)=E[F_kF_{k+l}^T]=\int_{-\omega_b}^{\omega_b}S_{FF}(\omega)e^{il\omega T}d\omega \tag{6.5-24}$$

$$S_{FF}(\omega)=\frac{1}{2\omega_b}\sum_{l=-\infty}^{\infty}R_{FF}(l)e^{-i\omega T} \tag{6.5-25}$$

式中 ω_b 是截止频率,满足乃奎斯特（Nyquist）关系

$$\omega_b=\frac{\pi}{T} \tag{6.5-26}$$

此时,系统平稳响应 X_k 也是一个平稳矢量随机序列，其谱密度矩阵为

$$S_{XX}(\omega)=H^*(e^{i\omega T})S_{FF}(\omega)H^T(e^{i\omega T}) \tag{6.5-27}$$

注意，谱密度(6.5-25)与(6.5-27)皆为周期函数，周期为 $2\pi/T$ 或 $2\omega_b$.

令 $X(t)$ 是连续时间目标矢量随机过程，X_k 是其等价的离散时间样本，再假定目标谱密度矩阵 $S_{X(t)X(t)}(\omega)$ 的特征值在 $|\omega|\geqslant\omega_b$ 上可忽略不计. 从而不会出现混淆. 换言之，对任意时滞 τ，目标相关矩阵 $R_{X(t)X(t)}(\tau)$ 可以 $R_{XX}(k)$ ($k=0,\pm1,\cdots$) 复原，此处 $R_{XX}(k)$ 是离散过程 X_k 的相关矩阵. 可证,离散过程的周期谱密度矩阵 $S_{XX}(\omega)$ 将满足关系

$$S_{XX}(\omega)=S_{X(t)X(t)}(\omega),\quad -\frac{\pi}{T}\leqslant\omega\leqslant\frac{\pi}{T} \tag{6.5-28}$$

简言之，数字模拟随机过程 $\boldsymbol{X}(t)$，就是选取激励序列 $\boldsymbol{F}_r$ 与传递矩阵 $\boldsymbol{H}(e^{i\omega T})$，使得按照（6.5-27）计算得到的谱密度矩阵在频带（$-\omega_b$，ω_b）上成为给定目标谱密度矩阵的良好近似。

在计算机上可较简单地产生的激励随机序列是离散限带白噪声矢量 $\boldsymbol{\xi}_k$，相应的相关矩阵与谱密度矩阵为

$$\boldsymbol{R}_{\xi\xi}(l) = 2\,\omega_b \boldsymbol{I}_n \delta_{l0} \tag{6.5-29}$$

与

$$\boldsymbol{S}_{\xi\xi}(\omega) = \boldsymbol{I}_n \tag{6.5-30}$$

式中 δ_{ij} 与 $\boldsymbol{I}_n$ 分别是克罗奈克尔 δ 与 $n\times n$ 恒等矩阵。

给定了目标谱密度矩阵或相关矩阵与白噪声矢量，随机过程的数字模拟的主要任务就是选择适当的传递矩阵 $\boldsymbol{H}(e^{i\omega T})$。它可用下面几种方法确定。

二、自回归（AR）系统

m 阶 n 个激励 n 个响应的自回归系统的响应的第 r 个样本 $\boldsymbol{X}_r$ 可由 m 个先前时刻的响应值与同一时刻的激励值按下式算出

$$\boldsymbol{X}_r = -\sum_{k=1}^{m} \hat{\boldsymbol{A}}_k \boldsymbol{X}_{r-k} + \boldsymbol{B}_0 \boldsymbol{\xi}_r \tag{6.5-31}$$

式中 $\hat{\boldsymbol{A}}_k$ 与 $\hat{\boldsymbol{B}}_0$ 为 $n\times n$ 系数矩阵。这个系统的传递矩阵为

$$\boldsymbol{H}(Z) = \left[\boldsymbol{I}_n + \sum_{k=1}^{m} \boldsymbol{A}_k Z^{-k}\right]^{-1} \boldsymbol{B}_0 \tag{6.5-32}$$

数字模拟的 AR 法，就是选取适当的系数矩阵 $\boldsymbol{A}_k$ 与 $\boldsymbol{B}_0$ 使得按(6.5-27)(6.5-30)及(6.5-32)确定的谱密度矩阵 $\boldsymbol{S}_{\hat{X}\hat{X}}(\omega)$成为目标谱密度矩阵 $\boldsymbol{S}_{XX}(\omega)$ 的良好近似。其近似程度可用下列误差度量[103]

$$\varepsilon = \frac{1}{2\omega_b}\int_{-\omega_b}^{\omega_b} \mathrm{tr}[\boldsymbol{H}^{-*}(e^{i\omega T})\boldsymbol{S}_{XX}(\omega)\boldsymbol{H}^{-T}(e^{i\omega T})]d\omega \tag{6.5-33}$$

由 ε 关于 $\boldsymbol{A}_k$ 为最小的条件给出确定 $\hat{\boldsymbol{A}}_k$ 的线性尤尔（Yule)-沃克(Walker)方程组

$$\boldsymbol{R}'_{XX}(l) + \sum_{k=1}^{m} \hat{\boldsymbol{A}}_k \boldsymbol{R}_{XX}(k-l) = 0,\quad l = 1,2,\cdots,m \tag{6.5-34}$$

而系数矩阵 $\acute{B}_0$ 由目标过程与 AR 过程的总能量相等条件得到

$$\acute{B}_0\acute{B}_0^T = \frac{1}{2\omega_b}\left[R_{XX}(0) + \sum_{k=1}^{m}\hat{A}_k R_{XX}(k)\right] \quad (6.5\text{-}35)$$

注意，(6.5-35) 关于 $\acute{B}_0$ 是非线性的．可证存在 $\acute{B}_0$ 的无穷多个解[101]．所有这些解给出相同的谱密度矩阵与相关矩阵．为简单起见，可假定 $\acute{B}_0$ 是下三角的。这样，通过 (6.5-35) 的 Cholesky 分解可方便地算出 $\acute{B}_0$。还可证明[103]，其参数按(6.5-34)与 (6.5-35) 算出的 AR 系统是稳定的．即对有界激励的响应也是有界的。

AR 法的误差为

$$\varepsilon_M = \det(\acute{B}_0\acute{B}_0^T) - \exp\left\{\frac{1}{2\omega_b}\times\int_{-\omega_b}^{\omega_{0b}} \mathrm{tr}[\ln S_{XX}(\omega)]d\omega\right\} \quad (6.5\text{-}36)$$

存在一个有限阶 AR 近似的一个必要条件是目标谱密度矩阵的对数的追迹在 $[-\omega_b, \omega_b]$ 上可积，当这个条件不满足时，要得到一个可靠的 AR 近似是很棘手的．一个例子是海浪，海面高度的 P-M (Pierson-Moskowitz) 谱不满足上述条件．用 AR 法模拟的谱密度在某些频率上起伏很大．但用一个有理谱密度近似代替 P-M 谱后，所得 AR 谱就相当好[104]．

最后指出，让 $\hat{A}_k$ 与 $\acute{B}_0$ 随时间变化，就可用 AR 系统的响应逼近非平稳矢量随机过程． 若以多维矢量 $X_{r,s,\cdots,v}$ 代替 X_r，又可用 AR 系统的响应来近似随机场[92]．

三、滑动平均 (MA) 系统

一个 m 阶 n 个激励 n 个响应的滑动平均系统的响应的第 r 个样本由 m 个先前与 m 个以后的激励值按下式算出

$$X'_r = \sum_{l=-m}^{m} B'_l\,\xi_{r-l} \quad (6.5\text{-}37)$$

该系统的传递矩阵为

$$H'(e^{i\omega T}) = \sum_{l=-m}^{m} B'_l\, e^{-il\omega T} \quad (6.5\text{-}38)$$

而平稳响应谱密度矩阵为

$$S_{X'X'}(\omega)=H^*(e^{i\omega T})H^T(e^{i\omega T}) \tag{6.5-39}$$

用滑动平均系统响应模拟随机过程，必须使 $S_{X'X'}(\omega)$ 十分逼近目标谱密度矩阵 $S_{X(t)X(t)}(\omega)$。假定后者可分解为

$$S_{X(t)X(t)}(\omega)=Q^*(\omega)Q^T(\omega) \tag{6.5-40}$$

则可将 $H(e^{i\omega T})$ 选为 $Q(\omega)$ 的有限傅立叶级数。而相应的模型参数可按下式算出，

$$B'_l=\frac{1}{2\omega_b}\int_{-\omega_b}^{\omega_b}Q(\omega)e^{il\omega T}d\omega \tag{6.5-41}$$

在标量随机过程情形，

$$S_{X(t)X(t)}(\omega)=|Q(\omega)|^2 \tag{6.5-42}$$

$S_{X(t)X(t)}(\omega)$ 的恒正性保证了 $Q(\omega)$ 的存在。(6.5-42) 只规定 $Q(\omega)$ 的幅值，相位是任意的，可取零相位，于是

$$Q(\omega)=\sqrt{S_{X(t)X(t)}(\omega)} \tag{6.5-43}$$

相应的 MA 参数是实的，并满足关系

$$B'_l=B'_{-l} \tag{6.5-44}$$

在矢量随机过程情形，可取 $Q(\omega)$ 为下三角的。这可由谱密度矩阵 $S_{X(t)X(t)}(\omega)$ 的 Cholesky 分解得到。相应的 MA 参数矩阵 B'_l 是实的下三角的。

在标量随机过程情形，也曾提出[105]用单边 MA 模型，即 $B'_l=0,\ l<0$。然而，此时确定 MA 参数的方程是非线性的，只能迭代求解。

四、自回归滑动平均（ARMA）系统

一个 $(p,\ q)$ 阶 n 个激励 n 个响应的自回归滑动平均系统的响应的第 r 个样本可由先前 p 个响应样本与 q 个激励样本按下式算出：

$$X_r=-\sum_{k=1}^{p}A_k\tilde{X}_{r-k}+\sum_{l=0}^{q}B_l\xi_{r-l} \tag{6.5-45}$$

式中 A_k 与 B_k 为 $n\times n$ 实矩阵。容易看出，ARMA 系统是 AR 与 MA 系统的推广。

用 ARMA 系统的响应模拟随机过程的一个优点，是可以用最少数目的参数近似一个目标谱密度矩阵。给定一个目标谱密度矩阵或相关矩阵，通常分两步确定 ARMA 系统的参数 $\boldsymbol{A}_k$ 与 $\boldsymbol{B}_l$。第一步先由目标谱密度矩阵或相关矩阵确定一个无穷(或高)阶 AR 模型,第二步由假定无穷阶 AR 模型与有限阶 ARMA 模型的等价确定 ARMA 的参数。在一维情形，可证明这种等价是存在的,多维情形的等价,以及等价时两模型阶数之间的关系尚未有精确的理论。关于由 AR 模型确定等价的 ARMA 模型,已提出几种办法。

AR 与 ARMA 系统的响应自相关与响应-激励互相关的匹配导致如下确定参数 $\boldsymbol{A}_k$ 与 $\boldsymbol{B}_l$ 的线性方程组[101]:

$$\sum_{k=0}^{p}\boldsymbol{A}_k\boldsymbol{R}_{\hat{x}\hat{x}}(k-i)-\sum_{l=0}^{q}\boldsymbol{B}_l\boldsymbol{R}_{\hat{x}\xi}{}^{T}(i-l)=0$$

$$i=1,2,\cdots,p \tag{6.5-46}$$

$$2\omega_b\boldsymbol{B}_l=\sum_{k=0}^{\min(l,p)}\boldsymbol{A}_k\boldsymbol{R}_{\hat{x}\xi}(k-l)$$

$$l=0,1,\cdots,q \tag{6.5-47}$$

式中 $\boldsymbol{A}_0=\boldsymbol{I}_n$，$\boldsymbol{R}_{\hat{x}\hat{x}}(l)$ 与 $\boldsymbol{R}_{\hat{x}\xi}(l)$ 是第一阶段得到的 AR 模型的响应自相关矩阵与响应-激励互相关矩阵。 其中互相关矩阵可从 AR 模型按下式算出:

$$\boldsymbol{R}_{\hat{x}\xi}(l)=0,\ l>0 \tag{6.5-48}$$

$$\boldsymbol{R}_{\hat{x}\xi}(0)=2\omega_b\hat{\boldsymbol{B}}_0 \tag{6.5-49}$$

$$\boldsymbol{R}_{\hat{x}\xi}(-l)=\sum_{k=1}^{\min(m,l)}\hat{\boldsymbol{A}}_k\boldsymbol{R}_{\hat{x}\xi}(k-l),\quad l>0 \tag{6.5-50}$$

已经证明[102],按上述两步方法得到的 ARMA 系统是稳定的，其误差为

$$\varepsilon=\frac{1}{2\omega_b}\operatorname{tr}\left[\sum_{k=0}^{p}\boldsymbol{A}_k\boldsymbol{R}_{\hat{x}\hat{x}}(k)-\sum_{l=0}^{q}\boldsymbol{B}_l\boldsymbol{R}_{\hat{x}\xi}(-l)\right] \tag{6.5-51}$$

由 AR 与 ARMA 系统的前 $p+q+1$ 个脉冲响应序列样本的匹配导致如下确定参数 $\boldsymbol{A}_k$ 与 $\boldsymbol{B}_l$ 的方程:

$$\sum_{k=0}^{\min(p,l)} A_k R_{\ddot{X}\xi}(k-l) = 2\omega_b B_l,\ l=0,1,\cdots,q \qquad (6.5\text{-}52)$$

$$\sum_{k=0}^{\min(p,l)} A_k R_{\ddot{X}\xi}(k-l) = 0,\ l=q+1,\cdots,q+p \qquad (6.5\text{-}53)$$

其中(6.5-52)与(6.5-47)完全一样,这个事实导致一个结合上述两种匹配的更一般的方法[100]. 所得 ARMA 系统的稳定性也已有较详细的分析.

ARMA 法已成功地应用于大气湍流[106],强风中的湍流[107],海浪[108]以及地震地面运动[109]等主要随机振源的模拟. 也已应用于表示材料性质等随机场的模拟[99].

6.5.7 数字模拟方法的应用

以上所述的是作为激励的随机过程与随机场的模拟. 为确保所模拟过程的统计特性符合预定要求,除了误差分析外,还可对模拟结果进行检验. 例如对一维概率密度,可作模拟结果的概率直方图,然后作 χ^2 拟合程度检验. 对相关函数与谱密度,可用数字方法(如基于 FFT 的周期图法或参数型最大熵法)求得模拟结果的谱密度及相关函数,然后观察其与相应目标值的差异.

有了激励随机过程或场的样本,就可用数值方法求解运动微分方程而得到相应的响应样本. 在求解之前,有必要对系统响应的定性性态预先作一些考察,例如是否存在平稳响应以及趋向于平稳的速度等. 同时,所选用的算法必须是稳定的

在获得大量响应样本后,就可用随机数据分析方法[110-113]求得各种统计量,并作误差分析.

例如,响应的均值 μ_X 可用 N 个响应样本的算术平均来估计

$$\bar{X} = \frac{1}{N}\sum_{i=1}^{N} X_i \qquad (6.5\text{-}54)$$

设 X 的方差存在,则在 N 很大时,由中心极限定理可得

$$P\left[a\sqrt{\frac{D}{N}} < \bar{X} - \mu_X < b\sqrt{\frac{D}{N}}\right] \approx \frac{1}{\sqrt{2\pi}}\int_a^b e^{-u^2/2}du \qquad (6.5\text{-}55)$$

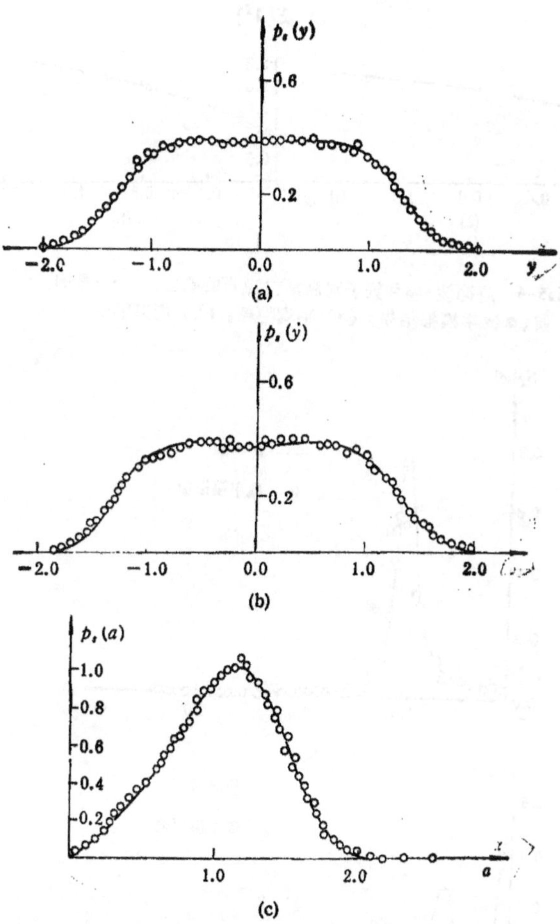

图 6.5-3 范德波-瑞利振子对高斯白噪声的响应概率密度. ——精确解；○数字模拟 (a) 位移；(b) 速度；(c) 幅值

若以 D 的估计

$$\overline{D} = \frac{1}{N-1}\sum_{i=1}^{N}(X_i - \overline{X})^2 \qquad (6.5\text{–}56)$$

近似代替(6.5–55)中的 D，则以 0.99 置信度的误差满足关系

$$\varepsilon_{0.99} = |\overline{X} - \mu_X| < 3\sqrt{\overline{D}/N} \qquad (6.5\text{–}57)$$

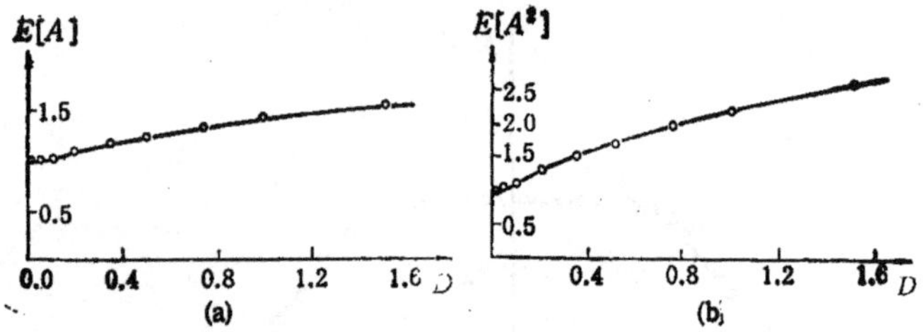

图 6.5-4 范德波-瑞利振子对高斯白噪声的响应. ——精确解; ○ 数字模拟结果. (a) 平均幅值; (b) 均方幅值

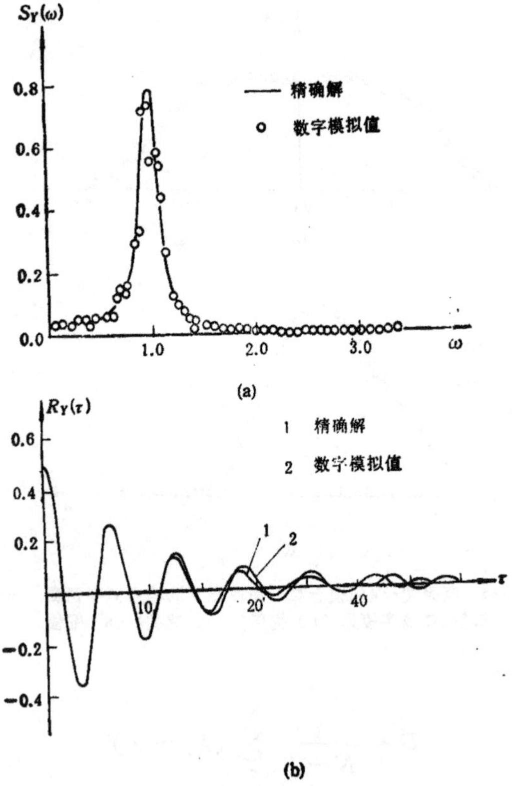

图 6.5-5 线性系统对高斯白噪声的响应. $\zeta = 0.1$, $\omega_\rho = 1$ $2D = 0.2$. (a) 谱密度; (b) 相关函数

以 0.95 的置信度的误差则满足关系

$$\varepsilon_{0.95}=|\bar{X}-\mu_X|<2\sqrt{D/N} \tag{6.5-58}$$

由此可知。数字模拟方法得到结果的统计误差以 $1/\sqrt{N}$ 速度下降。

作为一个例子，用数字模拟方法求解范德波-瑞利振子对白噪声的响应。运动方程为

$$\ddot{Y}+k(-1+Y^2+\dot{Y}^2)\dot{Y}+Y=\sqrt{D}\xi(t) \tag{a}$$

式中 k 与 D 为正常数，$\xi(t)$ 为单位强度高斯白噪声用 FPK 方程法可得其精确平稳响应概率密度

$$p_s(y,\dot{y})=N^{-1}\exp\left\{\frac{k}{D}\left[(y^2+\dot{y}^2)-\frac{1}{2}(y^2+\dot{y}^2)^2\right]\right\} \tag{b}$$

边缘概率密度 $p(y)$ 与 $p(\dot{y})$ 可分别从（b）对 $\dot{y}$ 与 y 积分得到。而幅值的稳态概率密度为

$$p_s(a)=N_1^{-1}a\exp\left[\frac{k}{D}\left(a^2-\frac{1}{2}a^4\right)\right] \tag{c}$$

（b）与（c）中的 N 与 N_1 都是归一化常数

$$N_1=\frac{N}{2\pi}=\sqrt{\frac{\pi b}{8k}}\,\mathrm{exf}\left(-\sqrt{\frac{k}{2D}}\right) \tag{d}$$

而平均幅值 $E[A]$ 与均方幅值 $E[A^2]$ 由（c）积分得到。

模拟白噪声时，令(6.5-3)中 $\Delta t=0.025$，此时谱密度在 0—6 赫内基本平坦。而 6 赫已是系统固有频率的 40 倍。

采用四阶龙格库塔法求解响应。对每组参数 k 与 D 之值，试验样本数为 300。每个样本包含 800 个平稳响应点。按（6.5-57）估计的误差量级为 $O(10^{-2})$。

图6.5-3所示为 $k=0.20$，$D=0.20$ 时概率密度精确解与模拟结果的比较。平均幅值与均方幅值的类似比较见图 6.5-4。

一个线性系统 ζ 对白噪声激励的响应的谱密度与相关函数的类似比较示于图 6.5-5。

6.6 非线性系统对窄带随机激励的响应

迄今，非线性系统随机振动的绝大部分成果都属对宽带随机激励的响应. 然而,实践中,很多情形下激励是窄带随机过程. 例如,近十年来,地震工程中很重视研究主次系统（如建筑物与其内设施)的地震响应. 在串联分析中,若主系统可模型化为在宽带随机激励下的小阻尼单自由度线性系统，则次系统的激励就是窄带随机过程. 而且,与宽带随机激励相比,在窄带随机激励下，系统的非线性效应表现更为突出，尤其在共振区及其邻域. 研究起来也难些,目前尚无很有效的解析方法. 因此,研究非线性系统对窄带随机激励的响应具有重要的理论与实际意义.

在非线性系统对窄带随机激励的响应领域，作过较多研究的是具有硬弹簧特性的杜芬振子,因为在一定的条件下,它的响应呈现出跳跃现象,颇令人感兴趣. 迄今,最有效的研究方法是数字模拟,因为可用该法得到较精确的位移与速度响应的联合概率密度,从而可较精确而完全地描述在共振区及其邻域复杂的响应性态. 这种复杂的响应性态单用均方值，有时甚至连一维概率密度也难以清楚地描述.

下面以杜芬振子与滞迟系统为例说明非线性系统对窄带随机激励的响应的基本特点.

6.6.1 杜芬振子

从非线性振动理论[41]得知,杜芬振子在简谐激励下,当外激频率与系统因有频率之比值在某一范围之内时,响应幅值有三个解,其中最大与最小两个解是稳定的，中间解是不稳定的. 当外激频率逐渐增大或减小时，响应会从一个稳定幅值跳到另一个稳定幅值，这就是杜芬振子在简谐激励下的跳跃现象，1961 年，Lyon 等[40]用等效线性化法得到了硬弹簧杜芬振子在窄带随机激励下均方位移响应多值解，并用这种多值解解释实验中观察到的跳跃现象．在此后 30 年中，许多人继续研究过这个问题，多数仍用等效线性化法[42,116-119]，也有用拟静态法[120-121]，随机平均法[122]，路径积分法[123]及数字模拟[124]．基本结论仍与 Lyon 等[40]相同．最近，作者与他的合作者用数字模拟法详细地研究了这个问题，发现上述对跳跃现象的解释是不正确的，等效线性化法在存在跳跃现象情形是不适用的．

考虑硬弹簧杜芬振子对窄带随机激励的响应，其运动方程为

$$\ddot{Y} + \alpha\dot{Y} + \omega^2 Y + \gamma Y^3 = X(t) \tag{6.6-1}$$

式中 ω 与 α 分别是退化线性振子的固有频率与(半功率)带宽，$\gamma > 0$ 表示硬非线性弹簧刚度．$X(t)$ 是窄带平稳高斯随机过程，它可看作如下线性滤波器对高斯白噪声的响应：

$$\ddot{X} + \beta\dot{X} + \nu^2 X = \nu\sqrt{\beta}\ \xi(t) \tag{6.6-2}$$

式中 ν 与 β 分别是滤波器的中心频率与带宽，$\xi(t)$ 是强度为 $2D$ 的高斯白噪声．按 3.4.3 节，平稳位移响应 $X(t)$ 的中心频率为 ν，噪声带宽为 $\pi\beta/2$，方差 $\sigma_X^2 = D$．当 β 很小时，它是一个窄带平稳高斯随机过程．

按 6.1.3 节，(6.6-1) 的等效线性系统为

$$\ddot{Z} + \alpha\dot{Z} + \omega_e^2 Z = X(t) \tag{6.6-3}$$

式中

$$\omega_e^2 = \omega^2 + 3\gamma\sigma_Z^2 \tag{6.6-4}$$

σ_Z^2 由下式给出

$$\frac{\sigma_Z^2}{\sigma_X^2} = \frac{\alpha\omega_e^2 + \beta\nu^2 + \alpha\beta(\alpha+\beta)}{\alpha\omega_e^2[(\omega_e^2 - \nu^2)^2 + (\alpha+\beta)(\alpha\nu^2 + \beta\omega_e^2)]} \tag{6.6-5}$$

当激励带宽 $\beta \to 0$ 时，(6.6-5) 化为

$$\frac{\sigma_Z^2}{\sigma_X^2} = \frac{1}{(\omega_e^2 - \nu^2)^2 + \alpha^2\nu^2} \tag{6.6-6}$$

上式右边是等效线性系统在简谐激励下响应幅值与激励幅值之比．

将 (6.6-4) 代入 (6.6-5)，可得一个关于 σ_Z^2 的 4 次代数方程．可证，该方程的 4 个根中，一个必是实而负，一个必是实而正，

另两个可为实，可为共轭复数，取决于振子与激励的参数值。一条典型的 σ_Z^2-ν/ω 曲线示于图 6.6-1。由图可见，在某个 ν/ω 值范围内，对应于每个 ν/ω 值，有 3 个 σ_Z^2 值，与杜芬振子在简谐激励下幅频曲线相似。于是人们习惯地将杜芬振子在窄带随机激励下的跳跃现象解释为从一个位移均方值到另一个位移均方值的过渡。

应该指出，这个解释是不正确的。首先，平稳位移均方响应的多值解是不可能的。为此，考虑矢量随机过程 $[Y, \dot{Y}, X, \dot{X}]^T$。由 (6.6-1) 与 (6.6-2) 知，它是一个扩散的马尔柯夫过程，它的平稳概率密度 $p_s = p_s(y, \dot{y}, x, \dot{x})$ 是下列简化 FPK 方程之解

$$
\begin{aligned}
0 = & -\dot{y}\frac{\partial p_s}{\partial y} + \frac{\partial}{\partial \dot{y}}[(\alpha\dot{y} + \omega^2 y + \gamma y^3 - x)p_s] \\
& - \dot{x}\frac{\partial p_s}{\partial x} + \frac{\partial}{\partial \dot{x}}[(\beta\dot{x} + \nu^2 x)p_s] + \beta\nu^2 D\frac{\partial^2 p_s}{\partial \dot{x}^2}
\end{aligned}
\tag{6.6-7}
$$

5.4.2 节中已证，(6.6-7) 之解若存在必唯一。平稳位移响应的均方值可从平稳概率密度积分得到，显然，它也应当是唯一的。

由数字模拟得到的平稳均方位移响应 σ_Y^2 随 ν/ω 的变化，示于图 6.6-1。它的确是唯一的，而且不依赖于初始条件。在等效线性化法给出多值解的 ν/ω 值范围内，σ_Y^2 不同于 3 个 σ_Z^2 值中的

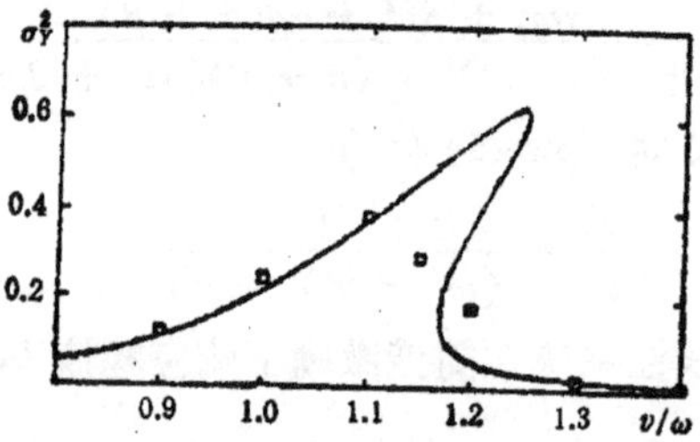

图6.6-1 杜芬振子对窄带平稳高斯过程的平稳位移响应均方值。
$\beta = 0.002, \alpha = 0.1, \gamma = 0.3, D = 0.01$. ——等效线性化法；□数字模拟

任一个. 这就表明，真正的平稳位移响应均方值不可能从等效线性化法给出的三个解中通过稳定性分析挑选出来，然而直至最近还有人企图证明等效线性法给出的三个均方位移响应值中只有一个是稳定而可实现的[118,119].

为说明等效线性化法给出错误结果的原因与正确地解释跳跃现象. 让我们来看用数字模拟得到的平稳位移与速度响应的联合概率密度,图 6.6-2.

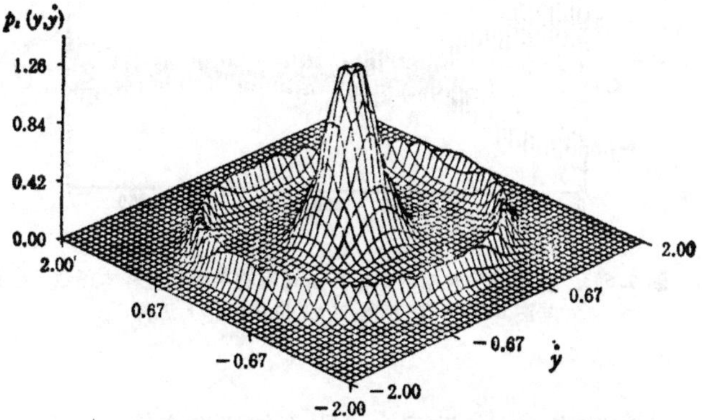

图 6.6-2 杜芬振子对窄带平稳高斯过程的平稳位移与速度响应联合概率密度. $\beta=0.002,\alpha=0.1,\gamma=0.3,\omega=1.0,\nu=1.15,D=0.01$

当 ν/ω 值位于共振区附近某一范围内时，该概率密度由一个位于原点类似于火山的峰与一个围绕它的环形峰组成. 显然，此时响应完全是非高斯的,而按等效线性系统 (6.6-3)，响应应是高斯的. 等效线性化法在这种情形下不适用的原因就在于响应的本质非高斯性. 由图 6.6-2 还可看出，此时响应有两种较大可能运动状态：一种是具有较小幅值的随机振动，对应于联合概率密度的中间峰;另一种是具有较大幅值的随机振动,对应于联合概率密度的环形峰. 当响应以一种较大可能运动状态过渡到另一较大可能运动状态时,就发生了跳跃,见图 6.6-3. 在跳跃中,作为平稳位移响应的集合平均的均方值并未发生变化. 因此，跳跃并非是从一

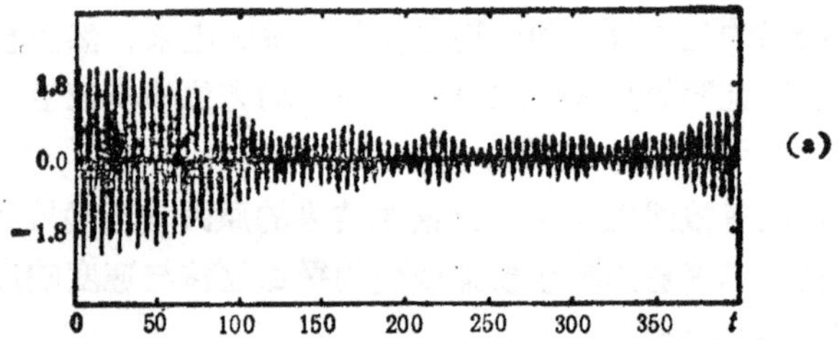

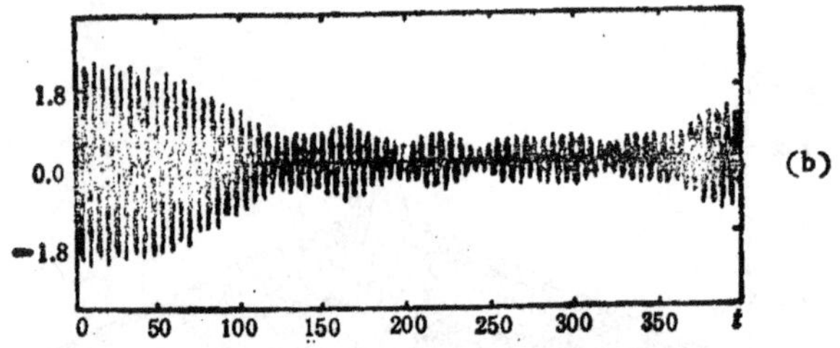

图 6.6-3 杜芬振子对窄带平稳高斯过程的平稳响应样本函数．参数与图 6.6-2 中相同．(a) 位移；(b) 速度

个平稳位移响应均方值到另一个平稳位移均方值的过渡，而是从一种较大可能运动状态到另一种较大可能运动状态的过渡．

在很长时间内，系统响应停留在某一个较大可能运动状态的可能性正比于联合概率密度相应峰下的体积(概率)．两种较大可能运动状态之间的过渡，即跳跃，可当作一个首次通过问题进行研究(见 8.6 节)．在数字模拟中，要得到正确的平稳位移均方值，样本函数必须足够长，使其具有各态历经性．否则，响应样本可能一直停留于一种较大可能状态而不发生跳跃，根据这种样本函数统计得到的均方值并不是真正的平稳响应均方值，而只是一种短时响应均方值．这种短时响应均方值，只是一种较大可能状态的均方值，它将依赖于系统的初始条件．从两个不同的较大可能状态出发，会得到两个不同的均方值，这就是 Fang 与 Dowell[124] 在数字模拟中给出两个均方位移值的原因．可注意的是，这两个位移均方值与等效线性化法给出的两个稳定的均方位移解很接近．这说明等效线性化法可预测杜芬振子对窄带随机激励的响应在不发生跳跃条件下的短时均方响应值．

从图 6.6-3 中还可看出，杜芬振子对窄带随机激励的位移与速度响应是相关的，它们是同时发生跳跃的．这与浅壳在宽带随机压力下的突跳（8.6 节）不同．在后一情形，平稳位移与速度响应是不相关的，只有位移响应发生跳跃，速度响应并不发生跳跃．两者的平稳位移与速度联合概率密度也显著不同．

图 6.6-2与6.6-3 是针对一组系统与激励的参数值得到的．当这些参数值发生变化时，系统的响应状态可能发生质的变化．这里所说质的变化，是指平稳响应的较大可能状态的个数与性质，也就是平稳位移与速度响应的联合概率密度峰的个数、位置及形状．这种随系统与激励的参数的变化系统响应发生质的变化的现象称为随机分叉．例如，当 $\nu/\omega = 0.9$ 而其他参数值与图 6.6-2 中相同时，位移与速度平稳联合概率密度只有一个环形峰，即只有一种最大可能运动状态．当 $\nu/\omega = 1.30$ 而其他参数值与图 6.6-2 相同时，联合概率密度只有一个位于原点的钟形峰，此时响应近于高斯，等效线性化法可给出较精确的平稳位移响应均方值．

比较等效线性化法给出均方位移多值解的频率范围与实际系统存在跳跃的频率范围可知，后者较前者为宽．进一步研究表明，只有当β/α，即激励带宽与响应带宽之比小于某个临界值时才可能发生跳跃，而此临界值又与系统的非线性大小及激励强度有关．

6.6.2 滞迟系统

鉴于许多工程结构在严重载荷作用下都表现出滞迟性态，在过去 30 年中，对滞迟系统的随机响应已进行过许多研究[125]．几乎在所有研究中载荷都模型化为白噪声或宽带过程，此时响应虽非高斯，但都默认位移与速度的联合概率密度是单模态的，即只有一个位于原点的峰，与高斯分布无根本性差别．因此，往往只用一个均方值描述．然而在窄带随机激励情形，尤其在共振区及其邻域，下面将会看到，滞迟系统的响应颇为复杂，是本质非高斯的。与对宽带激励的响应很不相同。

拟静态法是斯塔拉多诺维奇提出，并首先应用于瑞利振子对窄带随机激励的响应预测的[126]。该法的基本思想是将非线性系统对窄带随机激励的响应化为激励与响应之间的幅值与相位的静态(无记忆)非线性变换。该法的适用条件与随机平均法的正好相反，即激励的带宽要比响应带宽小得多，或激励的相关时间要比响应的松弛时间长得多。该法原则上适用于杜芬振子对窄带随机激励的响应，然而在发生跳跃情形所得到的从激励幅值到响应幅值的变换不是一一对应，而是一对三的。因而很难确定响应幅值的概率密度。由于滞迟效应有效地增大响应的带宽，所得的变换也是一一对应的，预期该法将适用于滞迟系统对窄带随机激励响应。下面将首先叙述该法在滞迟系统对窄带随机激励的响应预测中的应用。

考虑单自由度滞迟系统对窄带随机激励的响应。其无量纲运动方程为

$$Y'' + 2\zeta Y' + g(Y, Y') = X(\tau) \tag{6.6-8}$$

式中 $Y = \delta/\Delta, \tau = \omega_0 t, X(\tau) = -U''/\Delta$；$\delta$ 是位移；Δ是屈服位移；ω_0 是屈服前系统的固有频率；U是地面运动位移或主系统的绝对位移；$g(Y, Y')$ 是无量纲恢复力；“′”表示对 τ 的导数。对双线性滞迟系统(图 6.6-4)

$$g(Y, Y') = \begin{cases} Y, \ A \leqslant 1 \\ Y - (1-\alpha)(A-1), \ A-2 \leqslant Y \leqslant A, \\ \qquad Y' < 0, A > 1 \\ \alpha Y - (1-\alpha), -A \leqslant Y \leqslant A-2, \\ \qquad Y' < 0, \ A > 1 \\ Y + (1-\alpha)(A-1), -A \leqslant Y \leqslant 2-A, \\ \qquad Y' > 0, \ A > 1 \\ \alpha Y + (1-\alpha), 2-A \leqslant Y \leqslant A, \\ \qquad Y' > 0, \ A > 1 \end{cases}$$

(6.6-9)

式中 α 是屈服后与屈服前刚度之比；A 是位移幅值。对光滑系统（Bouc-Wen 模型，图 6.6-5），

$$g(Y,Y')=\alpha Y+(1-\alpha)Z \tag{6.6-10}$$

$$Z'=-\gamma|Y'|Z|Z|^{n-1}-\beta Y'|Z|^{n}+A_1Y' \tag{6.6-11}$$

式中 Z 是无量纲滞迟恢复力；β,γ,A_1 及 n 是常参数。(6.6-11)可积分给出 Z 与 Y 之间泛函关系[127]。例如，对 $A_1=n=1$ 及 $\beta\neq\gamma$，

$$Z(Y)=\begin{cases}\dfrac{1}{\gamma-\beta}\left[e^{(\gamma-\beta)(Y-Y_0)}-1\right], & Y_0\leqslant Y\leqslant A,\quad Y'<0\\[2ex] \dfrac{1}{\gamma+\beta}\left[e^{(\gamma+\beta)(Y-Y_0)}-1\right], & -A\leqslant Y\leqslant Y_0,Y'<0\\[2ex] \dfrac{1}{\gamma-\beta}\left[1-e^{-(\gamma-\beta)(Y+Y_0)}\right], & -A\leqslant Y\leqslant -Y_0,Y'>0\\[2ex] \dfrac{1}{\gamma+\beta}\left[1-e^{-(\gamma+\beta)(Y+Y_0)}\right], & -Y_0\leqslant Y\leqslant A,Y'>0\end{cases} \tag{6.6-12}$$

式中 Y_0 可由给定 A 值解方程 $Z(-Y_0)=0(Y'>0)$ 或 $Z(Y_0)=0(Y'<0)$ 唯一地确定。

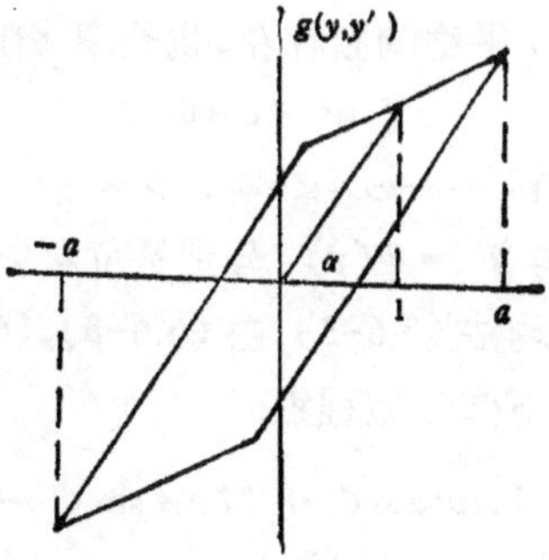

图 6.6-4 双线性滞迟系统恢复力与位移关系曲线

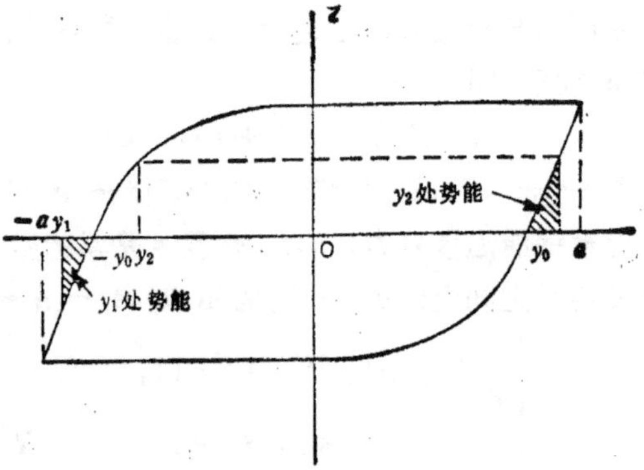

图 6.6-5 光滑滞迟系统（Bouc-Wen 模型）滞迟恢复力与位移关系曲线

假定激励 $X(\tau)$ 窄带平稳高斯随机过程，它可表为

$$X(\tau)=P\cos(\nu\tau+\Theta) \qquad (6.6\text{-}13)$$

式中 $P=P(\tau)$ 与 $\Theta=\Theta(\tau)$ 分别是激励的慢变幅值与相位；ν 是激励的中心频率与 ω_0 之比。由 3.4.7 知，P 与 Θ 分别具有瑞利分布与均匀分布，即

$$p_s(\rho)=\frac{\rho}{\sigma_X^2}\exp\left(-\frac{\rho^2}{2\sigma_X^2}\right),\rho\geqslant 0 \qquad (6.6\text{-}14)$$

$$p_s(\theta)=\frac{1}{2\pi},0\leqslant\theta<2\pi \qquad (6.6\text{-}15)$$

再假定 (6.6-8) 平稳响应存在，也是窄带随机过程，它可表为

$$Y=A\cos\Phi \qquad (6.6\text{-}16)$$

$$Y'=-\nu A\sin\Phi,\ \Phi=\nu\tau+\Psi \qquad (6.6\text{-}17)$$

式中 $A=A(\tau)$ 与 $\Psi=\Psi(\tau)$ 分别是位移响应的慢变幅值与相位。类似于随机平均法 (5.6-3)，由 (6.6-8)，(6.6-13)，(6.6-16)及 (6.6-17) 可导得如下微分方程组：

$$A'=-\frac{1}{\nu}[A\nu^2\cos\Phi+2\zeta\nu A\sin\Phi-g(A\cos\Phi,$$

$$-\nu A\sin\Phi)+P\cos(\nu\tau+\Theta)]\sin\Phi \qquad (6.6\text{-}18)$$

$$\Psi' = -\frac{1}{\nu A}[A\nu^2\cos\Phi + 2\zeta\nu A\sin\Phi - g(A\cos\Phi,$$

$$-\nu A\sin\Phi) + P\cos(\nu\tau + \Theta)]\cos\Phi \qquad (6.6\text{-}19)$$

P,Θ,A,Ψ 为慢变，而Φ为快变，可对Φ在 $[0, 2\pi)$ 上进行平均，以简化(6.6-18)与(6.6-19)，结果为

$$2\nu A' = -2\zeta\nu A + F(A) - P\sin(\Psi - \Theta) \qquad (6.6\text{-}20)$$

$$2\nu A\Psi' = -\nu^2 A + H(A) - P\cos(\Psi - \Theta) \qquad (6.6\text{-}21)$$

式中

$$F(A) = \frac{1}{\pi}\int_0^{2\pi} g(A\cos\Phi, -\nu A\sin\Phi)\sin\Phi d\Phi \qquad (6.6\text{-}22)$$

$$H(A) = \frac{1}{\pi}\int_0^{2\pi} g(A\cos\Phi, -\nu A\sin\Phi)\cos\Phi d\Phi \qquad (6.6\text{-}23)$$

对双线性滞迟系统，将(6.6-9)代入(6.6-22)与(6.6-23)，得

$$F(A) = \begin{cases} 0, & A \leqslant 1 \\ -\frac{4}{\pi A}(1-\alpha)(A-1), & A > 1 \end{cases} \qquad (6.6\text{-}24)$$

$$H(A) = \begin{cases} A, & A \leqslant 1 \\ \frac{A}{\pi}[(1-\alpha)\Phi^* - \alpha\pi - \frac{1}{2}(1-\alpha)\sin 2\Phi^*], & A > 1 \end{cases} \qquad (6.6\text{-}25)$$

式中 $\Phi^* = \cos^{-1}[(A-2)/A]$. 对光滑滞迟系统，将(6.6-12)代入(6.6-22)与(6.6-23)，得

$$F(A) = (1-\alpha)\frac{2}{\pi}\left\{\frac{2(\beta Y_0/A - \gamma)}{\gamma^2 - \beta^2} - \frac{1}{(\gamma-\beta)^2 A}[1 - e^{(\gamma-\beta)(A-Y_0)}] - \frac{1}{(\gamma+\beta)^2 A}[e^{-(\gamma+\beta)(A+Y_0)} - 1]\right\} \qquad (6.6\text{-}26)$$

$$H(A) = \alpha A + (1-\alpha)\frac{2}{\pi}\left\{\frac{1}{\gamma-\beta}\right.$$

$$\times \int_{\pi}^{\Phi^{**}} [1 - e^{-(\gamma-\beta)(A\cos\Phi+Y_0)}] \cos\Phi d\Phi$$

$$+ \frac{1}{\gamma+\beta} \int_{\Phi^{**}}^{2\pi} [1 - e^{-(\gamma+\beta)(A\cos\Phi+Y_0)}] \cos\Phi d\Phi \Bigg\}$$

(6.6-27)

式中 $\Phi^{**} = \cos^{-1}(-Y_0/A)$，且 $\pi \leqslant \Phi^{**} \leqslant 2\pi$。

对平稳响应，可假定(6.6-20)与(6.6-21)中 $A' = \Psi' = 0$，从而化为

$$F(A) - 2\zeta\nu A = P\sin(\Psi - \Theta) \tag{6.6-28}$$

$$H(A) - \nu^2 A = P\cos(\Psi - \Theta) \tag{6.6-29}$$

由此可解出

$$P = \sqrt{[F(A) - 2\zeta\nu A]^2 + [H(A) - \nu^2 A]^2} \tag{6.6-30}$$

$$\Theta = \Psi - \tan^{-1}\frac{F(A) - 2\zeta\nu A}{H(A) - \nu^2 A} \tag{6.6-31}$$

将(6.6-30)与(6.6-31)看成从 P,Θ 到 A,Ψ 一对静态(无记忆)非线性变换，A与Ψ的平稳联合概率密度可按下式得到

$$p_s(a,\psi) = p_s(\rho,\theta)\left|\frac{\partial(\rho,\theta)}{\partial(a,\psi)}\right| \tag{6.6-32}$$

式中 $\partial(\rho,\theta)/\partial(a,\psi)$ 是(6.6-30)与(6.6-31)的雅可比行列式。不难证明，

$$p_s(a) = p_s(\rho)\left|\frac{\partial\rho}{\partial a}\right|, a \geqslant 0 \tag{6.6-33}$$

$$p_s(\psi) = \frac{1}{2\pi}, 0 \leqslant \psi < 2\pi \tag{6.6-34}$$

由变换(6.6-16)与(6.6-17)，可得位移与速度的平稳联合概率密度

$$p_s(y,y') = p_s(a,\Psi)\left|\frac{\partial(a,\psi)}{\partial(y,y')}\right| = \frac{1}{2\pi\nu a} p_s(a)\Big|_{a=\sqrt{y^2+y'^2/\nu^2}}$$

(6.6-35)

由(6.6-35)不难得到位移与速度的平稳边缘概率密度及各阶矩。而系统的绝对加速度

$$Y_a'' = Y'' - X(\tau) = -2\zeta Y' - g(Y,Y') \tag{6.6-36}$$

于是，绝对加速度的平稳概率密度为

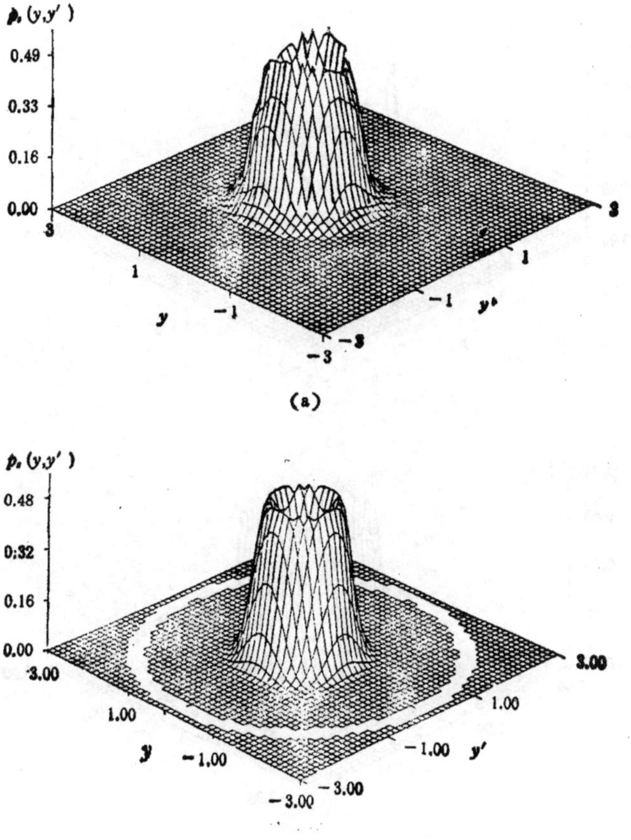

(b)

图 6.6-6 光滑滞迟系统对窄带平稳高斯过程的平稳位移与速度响应联合概率密度. $\alpha=0.05$, $\beta=0.05$, $\gamma=0.95$, $\nu=1.0$, $\zeta=0.01$, $D=0.05$. (a) 数字模拟; (b) 拟静态法

$$
\begin{aligned}
p_s(y_a'') &= \int_{-\infty}^{\infty}\left[p_s(y,y')\Big/\left|\frac{\partial y_a''}{\partial y}\right|\right]dy' \\
&= \int_{-\infty}^{\infty}\left[p_s(y,y')\Big/\left|\frac{\partial y_a''}{\partial y'}\right|\right]dy \qquad (6.6\text{-}37)
\end{aligned}
$$

数值计算与数字模拟结果表明，滞迟系统对窄带随机激励的平稳响应性态主要取决于 ν 与 α 值及系统的类型。类似于简谐激

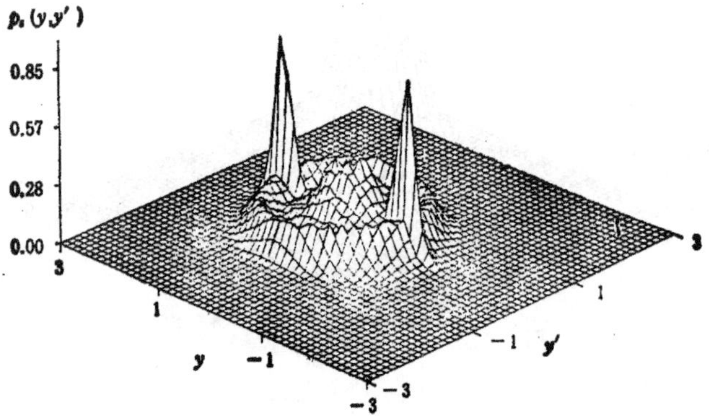

(a)

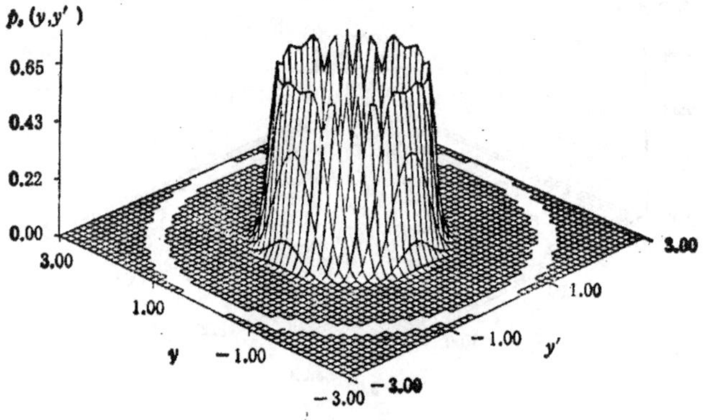

(b)

图 6.6-7 双线性滞迟系统对窄带平稳高斯过程的平稳位移与速度响应联合概率密度. $\alpha = 0.05, \nu = 1.0, \zeta = 0.01, D = 0.05$.
(a) 数字模拟; (b) 拟静态法

励情形，可将 ν 值分成共振区与非共振区，在非共振区，位移、速度、幅值及绝对加速度的概率密度都是单模态的，虽然不一定是高斯的，对强屈服系统（如 $\alpha = 0.05$），位移响应中有明显的零频率漂移分量．在共振区，光滑滞迟系统的平稳位移与速度联合概率密度有一个环形峰(图 6.6-6)，这表明系统的最大可能运动状态类似于一个扩散了的极限环。双线性滞迟系统响应较为复杂，平稳

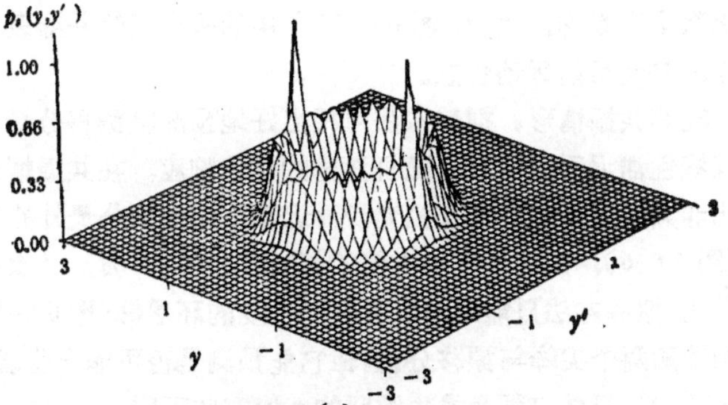

(a)

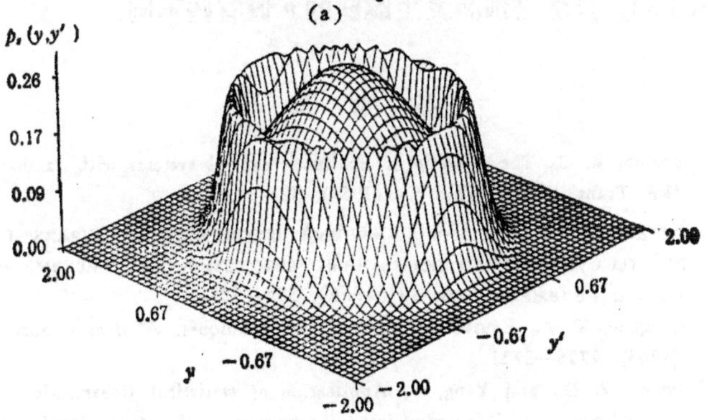

(b)

图 6.6-8　双线性滞迟系统对窄带平稳高斯过程的平稳位移与速度响应联合概率密度．$\alpha=0.05,\zeta=0.01,D=0.05$．(a) 数字模拟，$\nu=0.08$；(b) 拟静态法 $\nu=0.09$

位移与速度的联合概率密度在一个环形峰上还有两个尖峰，位于速度近于零而位移为最大与最小方向（图 6.6-7(a)），这表明响应基本上类似于一个扩散了的极限环，同时在速度近于零而位移为最大与最小状态停留时间较长．更有趣的是，尽管 Caughey[128] 已严格地证明，双线性滞迟系统在简谐激励下不会发生跳跃，然而在窄带随机激励下却是可能的．图 6.6-8(a) 是从数字模拟得到的平稳位移与速度响应的联合概率密度，它与图 6.6-2 类似，表明平稳响应有两种较大可能运动状态，有可能从一种较大可能运动状态过渡到另一种较大可能运动状态，即发生跳跃．这已在响应样本函数中观察到。注意，图 6.6-8(a) 中的两个尖峰并非表示两个独立的较大可能运动状态。

在非共振情形，拟静态法可相当好地预测除漂移分量外光滑与双线性滞迟系统对窄带随机激励的平稳响应。在共振情形，甚至比非共振情形更好地预测光滑滞迟系统除漂移分量外的响应性态(图 6.6-6)。此时速度均方值的相对误差仅 1.5%。对双线性滞迟系统，拟静态法只能预测联合概率密度的环形峰(图 6.6-7(b))，不能预测两个尖峰与漂移分量，但它能预测是否可能发生跳跃(图 6.6-8 (b))，虽然它预测发生跳跃的 ν 值有些不同。

参 考 文 献

[1] Booton, R. C., The analysis of nonlinear control systems with random inputs, IRE Trans. Circuit Theory, 1(1954), 32—34.

[2] Казаков, И. Е. Приближенный вероятностный анализ точности работы существенно нелинейных автоматических систем, *Автоматика и Телемеханика*, 17 (1956), 385—409.

[3] Caughey, T. K., Equivalent linearization techniques, *J. Acoust. Soc. Am.*, 35 (1963), 1706—1711.

[4] Iwan, W. D., and Yang, I., Application of statistical linearization technique to nonlinear multi-degree-of-freedom systems, *J. Appl. Mech.*, 39(1972), 545—550.

[5] Iwan, W. D., A generalization of the method of equivalent linearization, *Int. J. Non-Linear Mech.*, 8(1973), 279—287.

[6] Iwan, W. D., Application of nonlinear analysis techniques, Appl. Mech. Earthquake Engrg., 8(1974),135—162.

[7] Spanos, P. D., and Iwan, W. D., On the existence and uniqueness of solutions generated by equivalent linearization, Int. J. Non-Linear Mech., 13(1978), 71—78.

[8] Iwan, W. D., and Mason, Jr., A. B., Equivalent linearization for systems subjected to non-stationary random excitation, *Int. J. Non-Linear Mech.*, 15 (1980), 71—82.

[9] Atalik, and Utku, S., Stochastic linearization of multi-degree-of-freedom nonlinear systems, *Earthquake Eng. Struc Dyn.*, 4(1976), 411—420.

[10] Spanos, P. D., Formulation of stochastic linearization for symmetric or assymetric M. D. O. F. nonlinear systems, *J. Appl. Mech.*, 47(1980), 209—211.

[11] Apetaur, M., and Opička, F., Linearization of non-linear stochastically excited dynamic systems, *J. Sound Vib.*, 86(1983), 563—585.

[12] Brückner, A., and Lin, Y. K., Generalization of the equivalent linearization

method for nonlinear random vibration problems, *Int. J. Non-Linear Mech.*, 22(1987), 227—235.
[13] Caughey, T. K., On the response of nonlinear oscillators to stochastic excitation, Prob. Eng. Mech., 1(1986), 2—4.
[14] Zhu, W. Q., and Yu, J. S., The equivalent non-linear system method, *J. Sound Vib.*, 129(1989), 385—395.
[15] 朱位秋、余金寿，预测非线性系统随机响应的等效非线性系统法，固体力学学报，10(1989)，1，34—44.
[16] Crandall, S. H., On statistical linearization for nonlinear oscillator, in Problem of the Asymptotic Theory of Nonlinear Oscillators, Academy of Sciences of the Ukrainian SSR, Naukova Dumka, 1977.
[17] 见第五章文献[64].
[18] 见第五章文献[76].
[19] Grossmayer, R. L., Stochastic analysis of elasto-plastic systems, *J. Eng. Mech. Div.*, ASCE 107(1981), 97—116.
[20] 见第五章文献[70].
[21] Baber, T. T., and Wen, Y. K., Random vibration of hysteretic degrading systems, *J. Eng. Mech. Div.*, ASCE, 107(1981), 1069—1087.
[22] Baber, T. T., and Wen, Y. K., Stochastic response of multistory yielding frames, *Earthquake Eng. Struct. Dyn.*, 10(1982), 403—416.
[23] 见第五章文献[68].
[24] 见第五章文献[69].
[25] Powell, G. H., and Chen, D. F. S., 3D beam-column element with generalized plastic hinges, *J. Eng. Mech. Div.*, ASCE, 112(1986).
[26] Otani, S., Cheung, V. W. T., and Lai, S., Reforced concrete columns subjected to biaxial lateral load reversals, Proc. 6th World Conf. Earthquake Eng., New Delhi, India, 1977.
[27] 见第二章文献[27].
[28] 见第二章文献[28].
[29] Baber, T. T., Nonzero mean random vibration of hysteretic systems, *J. Eng. Mech. Div.*, ASCE, 110(1984), 1036—1049.
[30] Baber, T. T., and Noori, M. N., Random vibration of degrading, pinching systems, *J. Eng. Mech. Div.*, ASCE, 111(1985), 1010—1026.
[31] Park, Y. J., Wen, Y. -K., and Ang, A. H. S., Random vibration under bidirectional ground motion, *Earthquake Eng. Struct. Dyn.*, 14(1986), 543—557.
[32] Pradlwarter, H. J., and Schuëller, G. I., Accuracy and limitation of the method of equivalent linearization for hysteretic mult-story structures, 见绪论文献[26].
[33] Коловский, М. З., Об оценке точности решений полученных методом статистической линеаризации, *Автоматика и* Телемеханика, 27(1966), 10, 43—53.
[34] Budgor, A. B., Studies in nonlinear stochastic processes, I. approximate solutions of nonlinear stochastic differential equations by the method of statistical linearizations, *J. Statistical Physics*, 15(1976), 355—374.

[35] Caughey, T. K., Response of van der Pol's oscillator to random excitation, *J. Appl. Mech.*, 26(1959), 345—348.
[36] Piszczek, K., Influence of random disturbances on determined nonlinear vibration, 见绪论文献[23].
[37] 见第五章文献[60].
[38] 见第五章文献[61].
[39] Windrick, H., Müller, P. C., and Popp, K., Approximate analysis of limit cycles in the presence of stochastic excitations, 见绪论文献[26].
[40] Lyon, R., Heckl, M., and Hazelgrove, C. B., Response of hard-spring oscillator to narrow-band excitation, *J. Acoust. Soc. Am.*, 33(1961), 1404—1411.
[41] Den Hartog, J. P., Mechanical Vibration, 4th ed., McGraw-Hill, 1956.
[42] Dimentberg, M. F., Oscillation of a system with a nonlinear cubic characteristic under narrowband excitation, Mechanika Tverdogo Tela, 6(1970), 150—154.
[43] 见第五章文献[36].
[44] Lutes, L. D., Approximate technique for treating random vibration of hysteretic systems, *J. Acoust. Soc. Am.*, 48(1970), 299—306.
[45] Hennig, K., and Roberts, J. B., Average methods for randomly excited nonlinear oscillators, 见绪论文献[28].
[46] Cai, G. Q., and Lin, Y. K., A new approximate solution technique for randomly excited non-linear oscillators, *J. Non-Linear Mech.*, 23(1988), 409—420.
[47] Lee, J., Comparison of closure approximation theories in turbulent mixing, *Physics Fluids*, 9(1966), 363—372.
[48] Beran, M. J., Statistical Continuum Theories, Intersciences, 1968.
[49] Assaf, S. A., and Zirkie, L. D., Approximate analysis of non-linear stochastic systems, *Int. J. Control*, 23(1976), 477—492.
[50] Iyengar, R. N., and Dash, P. K., Study of the random vibration of nonlinear systems by the Gaussian closure technique, *J. Appl. Mech.*, 45(1978), 393—399.
[51] Bogdanoff, J. L., and Kozin, F., Moments of the output of linear random systems, *J. Acoust. Soc. Am.*, 34(1962), 1063—1068.
[52] Cumming, I. G., Derivation of the moments of a continuous stochastic system, *Int. J. Control*, 5(1967), 85—90.
[53] 见绪论文献[18].
[54] 见绪论文献[19].
[55] Crandall, S. H., Non-Gaussian closure techniques for stationary random excitation, *Int. J. Non-Linear Mech.*, 20(1985), 1—8.
[56] Iyengar, R. N., Random vibration of a second order nonlinear elastic system, *J. Sound Vib.*, 40(1975), 155—165.
[57] Iyengar, R. N., and Dash, P. K., Random vibration analysis of stochastic time-varying systems, *J. Sound Vib.*, 45(1976), 69—89.
[58] 见绪论文献[21].
[59] Iyengar, R. N., A nonlinear system under combined periodic and random excitation, *J. Statistical Physics*, 44(1986), 907—920.
[60] Iyengar, R. N., and Manohar, C. S., Van der Pol's oscillations under combined periodic and random excitations, 见绪论文献[26].

[61] Jia, W. Y., and Fang, T., Jump phenomena in coupled Duffing oscillators under random excitation, *J. Acoust. Soc. Am.*, **81**(1987), 961—965.

[62] Wu, W. F., and Lin, Y. K., Cumulant-neglect closure for non-linear oscillators under random parametric and external excitations, *Int. J. Non-Linear Mech.*, 19(1984), 349—362.

[63] 见第一章文献[35].

[64] Crandall, S. H., Non-Gaussian closure for random vibration of non-linear oscillators, *Int. J. Non-linear Mech.*, **15**(1980), 303—313.

[65] 刘强、丁文镜，非线性振动中的非高斯矩方法，力学学报，18(1986)，439—447.

[66] Liu, Q., and Davis, H. G., Application of Non-Gaussian closure to the non-stationary reponse of a Duffing oscillator, *Int. J. Non-Linear Mech.*, **23**(1988), 241—250.

[67] 见第五章文献[60].

[68] 见第五章文献[61].

[69] Ariaratnam, S. T., Bifurcation in nonlinear stochastic systems, in New Approaches to Non-linear Problems in Dynamies, Holmes, P. J., ed., SIAM Publications, 1980.

[70] Sun, J. Q., and Hsu, C. S., Cumulunt-Neglect closure method for asymmetric non-linear systems driven by Gaussian white noise, *J. Sound Vib.*, **135**(1989), 338—345.

[71] Crandall, S. H., Perturbation techniques for random vibrations of nonlinear systems, *J. Acoust. Soc., Am.*, **35**(1963), 1700—1705.

[72] Shimogo, T., Nonlinear Vibration of systems with random loading, *Bull. Japanese Soc. Mech. Eng.*, 6(1963), 44—52.

[73] Shimogo, T, Unsymmetrical non-linear vibrat on of systems with random loading, *Bull. Japanese Soc. Mech. Eng.*, **6**(1963), 53—59.

[74] Crandall, S. H., and Khabbaz, G. R., and Manning, J. E., Random vibration of an oscillator with nonlinear damping, *J. Acoust. Soc. Am.*, **36**(1964) 1330—1334.

[75] Khabbaz, G. R., Power spectral density of the response of a non-linear system to random excitation, *J. Acoust. Soc Am.*, 38(1965), 847—850.

[76] Newland, D. E., Energy sharing in the random vibration of nonlinear coupled modes, *J. Inst. Math. Appl.*, **1**(1965), 199—207.

[77] Tung, C. C., The effects of runway roughness on the dynamic response of airplanes, *J. Sound Vib.*, **5**(1967), 164—172.

[78] Soni, S. R., and Surrendran, K., Transient response of nonlinear systems to stationary random excitation, *J. Appl. Mech.*, 42(1975), 891—893.

[79] Manning, J. E., Response spectra for nonlinear oscillators, *J. Eng. Indus.*, **97**(1975), 1223—1226.

[80] Lyon, R. H., Response of nonlinear string to random excitation, *J. Acoust. Soc. Am.*, **32**(1960), 953—960.

[81] Yasui, S., Stochastic functional Fourier series, Volterra series, and nonlinear systems analysis, *IEEE Trans Automatic Control*, AC-24 (1979), 230—241.

[82] Dalzell, J. F., Estimation of the spectrum of nonlinear ship rolling, the functional series approach, Rep. SIT-DL-76-1894, Davidson Lab., Stevens

[83] Jahedi, A., and Ahmadi, G., Application of Wiener-Hermite expansion to nonstationary random vibration of a Duffing oscillator, *J. Appl. Mech.*, 50 (1983), 436—442.

[84] Orabi, I. I., and Ahmadi, G., Nonstationary response analysis of a Duffing oscillator by the Wiener-Hermite expansion method, *J. Appl. Mech.*, 54 (1987), 434—440.

[85] Orabi, I. I., and Ahmadi, G., A functional series expansion method for response analysis of nonlinear systems subjected to random excitations, *Int. J. Non-Linear Mech.*, 22(1987), 451—465.

[86] Crandall, S. H., Correlations and spectra of nonlinear response, Zagadnienia Drgan Nielinowych, 14(1973), 39—53.

[87] Gilbert, E. G., Functional expansions for the response of nonlinear differential systems, *IEEE Trans. Automatic Control*, AC-22(1977), 909—921

[88] 张江监，非线性路面运行系统随机振动分析，南京航空学院博士论文，1988.

[89] Rugh, W. J., Nonlinear System Theory, The Volterra/Wiener Approch, The Johns Hopkins University Press, 1981.

[90] 见第一章文献[2].

[91] Rubinstein, R. Y., Simulation and the Monte Carlo Method, lohn Wiley & Sons, 1981.

[92] Franklin, J. N., Numerical simulation of stationary and nonstationary Gaussian random processes, *SIAM Review*, 7(1965), 68—80.

[93] 见绪论文献[3].

[94] Shinozuka, M., Digital simulation of random processes and its applications, *J. Sound Vib.*, 25(1972), 111—128.

[95] 见绪论文献[10].

[96] Shinozuka, M., Digital simulation of random processes in engineering mechanics with the aid of FFT technique, in Stochastic Problems in Mechanics, Ariaratnam, S. T., and Leipholtz, H. H. E., eds., University of Waterloo Press, 1974.

[97] Shinozuka, M., Stochastic fields and their digital simulation，见绪论文献[16]

[98] Sumaras, E., Shinozuka, M., and Tsurui, A., ARMA representation of random vector processes, *J. Eng. Mech. Div.*, ASCE, 111(1985), 449—461.

[99] Naganuma, T., Deodatis, G., and Shinozuka, M., ARMA model for twodimensional processes, *J. Eng. Mech. Div., ASCE*, 113(1987), 234—251.

[100] Mignolet, M. P., and Spanos, P. D., ARMA Monte Carlo Simulation in Probabilistic Structural Analysis, Proc. 28th Structures, Structural Dynamics, and Maerials Conference, Monterey, California, April 6—8 1987, part 2B.

[101] Mignolet, M. P., and Spanos, P. D., Recursive simulation of stationary multivariate random processes—part I, *J. Appl. Mech.*, 54(1987), 674—680.

[102] Spanos, P. D., and Mignolet, M. P., Recursive simulation of stationary multivariate random processes-part II, *J. Appl. Mech.*, 54(1987), 681—687.

[103] Hannan, E. J., Muliple Time Series, John Wiley & Sons, 1976.

[104] Spanos, P. D., Filter approaches to wave kinematics approximation, *Appl. Ocean Res.*, 8(1986), 2—7.

[105] Bily, M., and Bukoveczky, J., Digital simulation of environmental processes

with respect to fatigue, *J. Sound Vib.*, **49**(1976), 551—568.

[106] Spanos, P. D., and Schultz, K. P., Numerical synthesis of trivariate velocity realizations of turbulence, *Int. J. Non-Linear Mech.*, **21**(1986), 269—277.

[107] Schiess, J. R., Composite statistical method for modeling wind gusts, *J. Aircraft.* **23**(1986), 131—135.

[108] Spanos, P. D., ARMA algorithms for ocean wave modeling, *J. Energy Resouces Tech.*, **105**(1983), 300—309.

[109] Nau, R. F., Oliver, R. M., and Pister, K. S., Simulation and analyzing artificial nonstationary earthquake ground motions, *Bull. Seism. Soc. Am.*, **72**(1982), 615—636.

[110] 见绪论文献[53].

[111] 见绪论文献[54].

[112] 见绪论文献[55].

[113] 见绪论文献[56].

[114] Crandall, S. H., Heuristic and equivalent linearization techniques for random vibration of nonlinear oscillators, Proc. 8th Int. Conf. Nonlinear Oscillation, 1, 211—226, Academica, Prague, 1979.

[115] 见第五章文献[84].

[116] Richard, K., and Anand, G. V., Non-linear resonance in strings under narrow band random excitation, *J. Sound Vib.*, **86**(1983), 85—98.

[117] Davis, H. G., and Nandlall, D., Phase plane for narrow band random excitation of a Duffing oscillaor, *J. Sound Vib.*, **104**(1986), 277—283.

[118] Iyengar, R. N., Stochastic response and stability of the Duffing oscillator under narrow band excitation, *J. Sound Vib.*, **126**(1988), 255—263.

[119] Iyengar, R. N., Response of nonlinear systems to narrow-band excitation, *Struct. Safety*, **6**(1989), 177—185.

[120] Lennox, W. C., and Kuak, Y. C., Narrow band excitation of a nonlinear osciliator, *J. Appl. Mech.*, **43**(1976), 340—344.

[121] Grigoriu, M., Probabilistic analysis of response of Duffing oscillator to narrow band stationary Gaussian excitation, Proc. First Pand Am. Cong. Appl. Mech., Brizil, 1989.

[122] Davis, H. G., and Liu, Q., The response probability density function of a Duffing oscillator with random narrow band excitation, *J. Sound Vib.*, **139**(1990), 1—8.

[123] Kapitaniak, T., Stochastic response with bifurcations to non-linear Duffing oscillator, *J. Sound Vib.*, **102**(1985), 440—441.

[124] Fang, T., and Dowell, E. H., Numerical simulations of jump phenomena in stable Duffing systems, *Int. J. Non-Linear Mech.*, **22**(1987), 267—274.

[125] 见第五章文献[83].

[126] 见绪论文献[52].

[127] Cai, G. Q., and Lin, Y. K., On randomly excitated hysteretic structures, *J. Appl. Mech.*, **57**(1990), 442—448.

[128] Caughey, T. K., Sinusoidal excitation of a system with bilinear hysteresis, *J. Appl. Mech.*, **27**(1960), 640—644.

第七章 参激随机振动

7.1 引 言

参激振动，通常定义为由振动系统参数（刚度、阻尼、惯性）随时间变化而激起的振动，它也可定义为由依赖于系统响应（位移、速度、加速度）的激励引起的振动。数学上，参激系统用具有时变系数的微分方程描述。当系统参数按一定规律变化时，系统的静平衡位置变成不稳定，任意微小的扰动就会使系统响应发散。系统的非线性则限制响应的继续发散，使系统最终维持着大幅的振动。因此，参激振动本质上是一种非线性振动。

参激振动按参数随时间变化的规律可分为确定性参激振动与随机参激振动。在非线性振动理论中所研究的通常是周期参激振动，特别是谐和参激振动。一个典型例子是悬挂点在铅垂方向运动的单摆，其运动微分方程为

$$\ddot{\theta} + \eta\omega_0\dot{\theta} + \omega_0^2(1 + g^{-1}\ddot{u})\sin\theta = 0 \tag{7.1-1}$$

式中 θ 为偏角；$\omega_0 = (g/l)^{1/2}$ 为小幅摆的固有频率；g 为重力加速度；l 为摆长；η 是耗散因子；$u(t)$ 是悬挂点的位移。

研究参激振动的首要任务是判别参激系统的静平衡位置的稳定性，大多数情形下，可用线性化运动微分方程判别稳定性。例如，对(7.1-1)，可用下列线性方程判别稳定性。

$$\ddot{\theta} + \eta\dot{\theta} + \omega_0^2(1 + g^{-1}\ddot{u})\theta = 0 \tag{7.1-2}$$

当 u 为周期函数时，(7.1-2)称为希尔（Hill）方程；当 $u = a\cos\nu t$ 时，(7.1-2) 称为马休（Mathieu）方程。由非线性振动理论知，在参数 $(\nu, a\nu^2/g)$ 平面上，存在无限多个稳定区与不稳定区，$\eta = 0$ 时．这些不稳定区的顶点交 ν 轴于

$$\nu = 2\omega_0/p, \quad p = 1, 2, \cdots \tag{7.1-3}$$

对一给定系统，判别稳定性的目的是确定参数空间（平面）中稳定区与不稳定区的分界面（线）.

研究参激振动的另一个任务是预测系统的响应.在稳定区内，在无外激励时,系统的响应为零;有外激励时，响应为有限值. 在不稳定区内,只有非线性才能限制响应的幅值.因此，响应分析主要是指用非线性振动理论与方法研究参激系统在不稳定区内的稳态响应.

参数的确定性变化是实际参数变化的一种简化模型，实际系统中的参数变化常具有随机性.因此,研究随机参激振动具有重要的现实意义.

随机参激振动与谐和参激振动有许多相似之处，基本任务也相同,但随机参激振动也有其特殊性. 由于系统的运动是随机的,系统的稳定性也是一种随机稳定性，判别稳定性与预测响应的方法也与确定性情形不同.

与外激随机振动相比,参激随机振动更为复杂.随机外激一般只使系统的平稳状态发生某种程度的扩散，而随机参激可使系统的原来平稳状态变成不稳定,并使系统过渡到新的平稳状态,即使系统的响应发生质的变化. 因此，研究参激随机振动比研究外激随机振动更为重要,也更为困难,理论上也更为不成熟.

本章内容包括两部分，前一部分描述随机稳定性的定义与判别方法，后一部分描述预测参激随机响应的几种方法与参激随机响应的性态.

7.2 随机稳定性定义[1,2]

稳定性是微分方程之解在半无限时间区间上的一种定性性质，它通常是用解关于时间与初始条件这样一些参数的收敛性来定义的. 随机稳定性的定义有很多种，大多是确定性的李亚普诺夫稳定性在随机情形的推广. 因此，在给出随机稳定性的定义之前,宜先简单回顾一下确定性的李亚普诺夫稳定性的定义.

设

$$\dot{\boldsymbol{y}} = \boldsymbol{f}(\boldsymbol{y},t),\ \boldsymbol{y}(t_0) = \boldsymbol{y}_0 \tag{7.2-1}$$

是描述 n 维矢量函数 $\boldsymbol{y}(t)$ 的常微分方程，满足解的存在与唯一性条件，且对所有 $t \geqslant t_0$，$\boldsymbol{f}(0,t) = \boldsymbol{0}$。当 $\boldsymbol{y}_0 = \boldsymbol{0}$ 时，$\boldsymbol{y} = \boldsymbol{0}$ 是 (7.2-1) 之解，称为平凡解或静平衡位置。

李亚普诺夫稳定性　若对任意 $\varepsilon > 0$，存在 $\delta = \delta(\varepsilon, t_0)$，使得当 $\|\boldsymbol{y}_0\| < \delta$ 时，就有

$$\sup_{t \geqslant t_0} \|\boldsymbol{y}(t;\boldsymbol{y}_0,t_0)\| < \varepsilon \tag{7.2-2}$$

则称平衡位置 $\boldsymbol{y} = \boldsymbol{0}$ 是稳定的，上式中，$\sup\limits_{t \geqslant t_0}$ 表示在半无限时间区间 (t_0,∞) 上的上确界；$\|\ \|$ 表示矢量的模，通常是指简单的绝对值

$$\|\boldsymbol{y}\| = \sum_{i=1}^{n} |y_i| \tag{7.2-3}$$

有时也指欧几里德模

$$\|\boldsymbol{y}\| = \left(\sum_{i=1}^{n} y_i^2\right)^{1/2} \tag{7.2-4}$$

李亚普诺夫渐近稳定性　若平衡位置 $\boldsymbol{y} = \boldsymbol{0}$ 是稳定的，且存在 $\delta' > 0$，使得当 $\|\boldsymbol{y}_0\| < \delta'$ 时，就有

$$\lim_{t \to \infty} \|\boldsymbol{y}(t;\boldsymbol{y}_0,t_0)\| = 0 \tag{7.2-5}$$

则称平衡位置 $\boldsymbol{y} = \boldsymbol{0}$ 是渐近稳定的，若对 $\boldsymbol{y}$ 的相空间中所有可能的 $\boldsymbol{y}_0$，(7.2-5)都成立，则称 $\boldsymbol{y} = \boldsymbol{0}$ 是大范围渐近稳定的。对线性常微分方程，解对初值的依赖不重要，渐近稳定也就是大范围渐近稳定。

现考察随机微分方程

$$\dot{\boldsymbol{Y}} = \boldsymbol{f}(\boldsymbol{Y},t) + \boldsymbol{G}(\boldsymbol{Y},t)\boldsymbol{X}(t),\ \boldsymbol{Y}(t_0) = \boldsymbol{Y}_0 \tag{7.2-6}$$

式中 $\boldsymbol{X}(t)$ 与 $\boldsymbol{Y}(t)$ 分别是 m 维与 n 维矢量随机过程。假定满足解的存在与唯一性条件，且对所有 $t \geqslant t_0$，$\boldsymbol{f}(0,t) = \boldsymbol{0}$，$\boldsymbol{G}(0,t) = \boldsymbol{0}$。当 $\boldsymbol{Y}_0 = \boldsymbol{0}$ 时，$\boldsymbol{Y} = \boldsymbol{0}$ 是 (7.2-6) 之平凡解或静平衡位置。

仿照随机变量序列的三种收敛模式，可将上述李亚普诺夫稳

定性定义推广于随机情形.

概率意义上稳定性　若对任意 $\varepsilon, \varepsilon'>0$, 存在 $\delta=\delta(\varepsilon, \varepsilon', t_0)>0$, 使得当 $\|\boldsymbol{Y}_0\|<\delta$ 时, 就有

$$P\{\sup_{t\geqslant t_0}\|\boldsymbol{Y}(t;\boldsymbol{Y}_0,t_0)\|>\varepsilon'\}<\varepsilon \tag{7.2-7}$$

则称平衡位置 $\boldsymbol{Y}=\mathbf{0}$ 是在概率意义上稳定的. (7.2-7) 意为, 对稳定解 $\boldsymbol{Y}=\mathbf{0}$, 总可选取这样的初始扰动, 使得在 $t\geqslant t_0$ 上解与 $\boldsymbol{Y}=\mathbf{0}$ 的偏差的模大于预定值 ε' 的概率小于预先规定值 ε.

概率意义上渐近稳定性　若 $\boldsymbol{Y}=\mathbf{0}$ 是在概率意义上稳定的, 且存在 $\delta'=\delta'(\varepsilon,t_0)>0$, 使得当 $\|\boldsymbol{Y}_0\|<\delta'$ 时, 就有

$$\lim_{T\to\infty} P\{\sup_{t\geqslant T}\|\boldsymbol{Y}(t;\boldsymbol{Y}_0,t_0)\|>\varepsilon\}=0 \tag{7.2-8}$$

则称平衡位置 $\boldsymbol{Y}=\mathbf{0}$ 是在概率意义上渐近稳定的. 若对任意 $\boldsymbol{Y}_0$ (7.2-8) 都成立, 则称 $\boldsymbol{Y}=\mathbf{0}$ 是在概率意义大范围渐近稳定的, 类似于确定性情形, 对线性随机微分方程, 渐定稳定与大范围渐近稳定等价.

几乎肯定稳定性　若对任意 $\varepsilon>0$ 存在 $\delta=\delta(\varepsilon, t_0)>0$, 使得当 $\|\boldsymbol{Y}_0\|<\delta$ 时, 就有

$$P\{\sup_{t\geqslant t_0}\|\boldsymbol{Y}(t;\boldsymbol{Y}_0,t_0)\|>\varepsilon\}=0 \tag{7.2-9}$$

则称平衡位置 $\boldsymbol{Y}=\mathbf{0}$ 是几乎肯定稳定的, 或概率为 1 稳定的. 比较 (7.2-9) 与 (7.2-2) 知, 此时, 对几乎所有的样本函数静平衡位置都是稳定的。比较 (7.2-9) 与 (7.2-7) 知, 几乎肯定稳定就是概率意义上稳定以概率 1 成立.

几乎肯定渐近稳定性　若 $\boldsymbol{Y}=\mathbf{0}$ 是几乎肯定稳定的, 且存在 $\delta'=\delta'(\varepsilon,t_0)>0$, 使得当 $\|\boldsymbol{Y}_0\|<\delta'$ 时, 对任意 ε 有

$$\lim_{T\to\infty} P\{\sup_{t\geqslant T}\|\boldsymbol{Y}(t;\boldsymbol{Y}_0,t_0)\|>\varepsilon\}=0 \tag{7.2-10a}$$

则称平衡位置 $\boldsymbol{Y}=\mathbf{0}$ 是几乎肯定渐近稳定的. 此定义也可等价地表为

$$\lim_{T\to\infty} P\{\sup_{t\geqslant T}\|Y(t;Y_0,t_0)\|=0\}=1 \tag{7.2-10b}$$

若 (7.2-10a) 或 (7.2-10b) 不依赖于 $\boldsymbol{Y}_0$ 而成立。则 $\boldsymbol{Y}=\mathbf{0}$ 是

几乎肯定大范围渐近稳定的.

注意,概率为 1 稳定性是 Kushner[3] 所用术语,按 Khasminskii[1] 的术语称为概率意义上稳定性,而 Arnold[4] 称之为随机稳定性.

p 阶平均意义上稳定性 若对任意 $\varepsilon > 0$, 存在 $\delta = \delta(\varepsilon, t_0) > 0$,使得当 $\|\boldsymbol{Y}_0\| < \delta$ 时,就有

$$E[\sup_{t \geqslant t_0} \|\boldsymbol{Y}(t; \boldsymbol{Y}_0, t_0)\|^p] < \varepsilon \tag{7.2-11}$$

则称平衡位置 $\boldsymbol{Y} = \boldsymbol{0}$ 是在 P 阶平均意义上稳定的.(7.2-11) 中,

$$\|\boldsymbol{Y}\|^p = \sum_{i=1}^{n} |Y_i|^p$$

p 阶平均意义上渐近稳定性 若 $\boldsymbol{Y} = \boldsymbol{0}$ 是在 p 阶平均意义上稳定的,且存在 $\delta' > 0$,使得 $\|\boldsymbol{Y}_0\| < \delta'$ 时,就有

$$\lim_{T \to \infty} E[\sup_{t \geqslant T} \|\boldsymbol{Y}(t; \boldsymbol{Y}_0, t_0)\|^p] = 0 \tag{7.2-12}$$

则称平衡位置 $\boldsymbol{Y} = \boldsymbol{0}$ 是在 p 阶平均意义上渐近稳定的. 若(7.2-12) 不依赖于 $\boldsymbol{Y}_0$ 而成立,则 $\boldsymbol{Y} = \boldsymbol{0}$ 是在 p 阶平均意义大范围渐近稳定的.

以上三种随机稳定性定义所考察的是解过程的样本函数在半无限时间区间 (t_0, ∞) 上的上确界这个随机变量的概率或 p 阶平均. 对不同的样本函数,它的模达到上确界的时刻一般是不同的. 因此,上述三种稳定性常称为样本稳定性.几乎必然稳定性也称为几乎必然样本稳定性.

随机稳定性理论中还有另一类定义,这些定义中所考察的是解过程在同一时刻上的概率或 p 阶平均的上确界.一般说来,这些稳定性定义中的要求比上述样本稳定性定义中的要求低些. 因此常将样本稳定性称为强稳定性,而下面定义的稳定性归于弱稳定性. 但在某些情形下,弱稳定性也意味着强稳定性.

概率稳定性 若对任意 $\varepsilon, \varepsilon' > 0$,存在 $\delta = \delta(\varepsilon, \varepsilon', t) > 0$,使得当 $\|\boldsymbol{Y}_0\| < \delta$ 时,就有

$$\sup_{t \geqslant t_0} P\{\|\boldsymbol{Y}(t; \boldsymbol{Y}_0, t_0)\| > \varepsilon'\} < \varepsilon \tag{7.2-13}$$

则称 $Y=0$ 是概率稳定的．概率稳定性也称弱随机稳定性．类似地可定义概率渐近稳定性．

p 阶平均稳定性　若对任意 $\varepsilon>0$，存在 $\delta=\delta(\varepsilon,t_0)>0$，使得当 $\|Y_0\|<\delta$ 时，就有

$$\sup_{t\geqslant t_0}E[\|Y(t;Y_0,t_0)\|^p]<\varepsilon \tag{7.2-14}$$

则称 $Y=0$ 是 p 阶平均稳定的，类似还可定义 p 阶平均渐近稳定性．

经常考虑的 p 阶稳定性是均值稳定性 $(p=1)$ 与均方稳定性 $(p=2)$．

由于 $E[\|Y\|^p]$ 随 $p(>0)$ 的增大而单调增大，p 阶平均稳定性意味着 $q(<p)$ 阶平均稳定性，此外，根据车贝雪夫不等式，p 阶平均稳定性意味着概率稳定性．

p 阶平均指数稳定性　对 $\alpha,\beta,\varepsilon>0$，若存在 $\delta=\delta(\varepsilon,t_0)>0$，使得 $\|Y_0\|<\delta$ 时，对所有 $t\geqslant t_0$ 有

$$E[\|Y(t;Y_0,t_0)\|^p]\leqslant\beta\|Y_0\|^p\exp[-\alpha(t-t_0)] \tag{7.2-15}$$

则称 $Y=0$ 是 p 阶平均指数稳定的．此外还有几乎肯定指数稳定性[5]．

在工程文献中，除了上述随机稳定性定义外，还广泛应用下述矩稳定性定义．

以

$$m_{jkl\cdots}(t)=E[Y_1^jY_2^kY_3^l\cdots] \tag{7.2-16}$$

表示矢量过程 Y 在同一时刻 t 上的某个 r 阶矩，其中 $r=j+k+l+\cdots$，以 $m_r(t)$ 表示由所有 r 阶矩组成的 r 阶矩矢量

$$m_r(t)=[m_{111\cdots}(t),m_{111\cdots2}(t),\cdots]^T \tag{7.2-17}$$

当矩函数微分方程仅含 r 阶矩时，可定义如下矩稳定性．

r 阶矩稳定性　若对任意 $\varepsilon>0$，存在 $\delta=\delta(\varepsilon,t_0)>0$，使得当 $\|m_r(t_0)\|<\delta$ 时，就有

$$\sup_{t\geqslant t_0}\|m_r(t)\|<\varepsilon \tag{7.2-18}$$

则称 $\boldsymbol{Y}=\mathbf{0}$ 为 r 阶矩稳定的.

r 阶矩渐近稳定性　若 $\boldsymbol{Y}=\mathbf{0}$ 是 r 阶矩稳定的，且存在 $\delta'>0$,使得当 $\|\boldsymbol{m}_r(t_0)\|<\delta'$ 时,就有

$$\lim_{t\to\infty}\|\boldsymbol{m}_r(t)\|=0 \tag{7.2-19}$$

则称 $\boldsymbol{Y}=\mathbf{0}$ 是 r 阶矩渐近稳定的.

由于 $\|E[\boldsymbol{Y}]\|\leqslant E[\|\boldsymbol{Y}\|]$,均值稳定性意味着一阶矩稳定性，反之一般不成立. 而均方稳定性则与二阶矩稳定性等价[4].

当矩函数微分方程同时包含所有等于与低于 r 阶矩时，可以用矢量

$$\boldsymbol{M}_r(t)=[\boldsymbol{m}_1(t),\boldsymbol{m}_2(t),\cdots,\boldsymbol{m}_r(t)]^T \tag{7.2-20}$$

分别代替 (7.2-18) 与 (7.2-19) 中的 $\boldsymbol{m}_r(t)$ 而定义 r 阶矩总和的稳定性与渐近稳定性.

在众多的随机稳定性定义中，以几乎肯定稳定性最合实际需要,因为此时几乎所有的样本轨道都是稳定的,而实践中观察到的正是系统响应的个别样本，而不是响应过程的集合平均. 然而这种稳定性的数学处理较为困难. 在工程文献中，以矩稳定性应用最为广泛. 矩稳定性实质上是一种确定性的稳定性，处理起来较为简单,而且在某些情形下,矩稳定性确实也意味着几乎肯定稳定性，最常用的矩稳定性是二阶矩稳定性.

7.3　随机李亚普诺夫函数法

随机李亚普诺夫函数法是判别随机稳定性的一种主要方法，现有随机稳定性理论中的许多结果都是用此方法得到的[1]. 随机李亚普诺夫函数法是确定性稳定性理论中的李亚普诺夫直接法或第二方法在随机情形的推广. 该法的特点是判别稳定性时不必求解微分方程,而是构造一个李亚普诺夫函数,根据该函数及其导数的符号在平衡位置附近的变化来判别该平衡位置的稳定性. 李亚普诺夫函数是一个类似于能量的函数. 在力学中，当一个系统状

态趋向于平衡位置时，如果系统的能量是减小的，那么该平衡位置就是稳定的．李亚普诺夫直接法可看成这个能量原理的一种推广。

李亚普诺夫函数 $V(\boldsymbol{Y},t)$ 是 $\boldsymbol{Y},t$ 的标量实函数．在域 $(t_0,\infty)\times U_h$ 中单值连续，其中 $U_h=\{\boldsymbol{Y}:\|\boldsymbol{Y}\|<h\}$，$h>0$，且 $V(\boldsymbol{0},t)=0$．若 $V(\boldsymbol{Y},t)$ 在该域中除可能为零外，保持同一符号，则称它为常号函数．此时，若 $V\geqslant 0$，则称为常正函数或半正定函数；若 $V\leqslant 0$，则称它为常负函数或半负定函数．若除原点 $\boldsymbol{Y}=\boldsymbol{0}$ 外，$V(\boldsymbol{Y},t)$ 在该域中其他点上都取同一符号，则称它为定号函数．根据其值之正负，分别称为定正函数与定负函数．若 $V(\boldsymbol{Y},t)$ 在该域中的值是变号的，则称它为变号函数．此外，若对任意 $\varepsilon>0$，可找到 $\delta=\delta(\varepsilon)>0$，使得对任意 $t\geqslant t_0$，当 $\|\boldsymbol{Y}(t)\|<\delta$ 时，便有 $|V(\boldsymbol{Y},t)|<\varepsilon$，则称 $V(\boldsymbol{Y},t)$ 具有无穷小上限。

在随机稳定性理论中，常将随机系统分成两类．一类具有数学白噪声系数，可用伊藤随机微分方程描述．另一类具有物理噪声系数，一般不能用伊藤随机微分方程描述．现有的随机稳定性理论的结果大多属于前一类系统，因此，此处主要介绍用伊藤随机微分方程描述的系统的稳定性的一些基本结果．对具有物理白噪声与宽带噪声情形，将分别用 Wong-Zakai 修正与随机平均法化为具有数学白噪声系数的系统来处理。

考虑用如下伊藤随机微分方程描述的系统

$$dY_j(t)=f_j(\boldsymbol{Y},t)+g_{jl}(\boldsymbol{Y},t)dW_l(t),\ Y_j(t_0)=Y_{j0} \tag{7.3-1}$$

$$j=1,2,\cdots,n;\ l=1,2,\cdots,m$$

式中 $f_j(0,t)=g_{jl}(0,t)=0$．假定 (7.3-1) 满足解的存在与唯一性条件，此时李亚普诺夫函数 $V(\boldsymbol{Y},t)$ 是一个随机函数，根据伊藤随机微分规则，

$$dV(\boldsymbol{Y},t)=\left[\frac{\partial V}{\partial t}+f_j\frac{\partial V}{\partial Y_j}+\frac{1}{2}g_{jl}g_{kl}\frac{\partial^2 V}{\partial Y_j\partial Y_k}\right]dt$$

$$+ g_{jl}\frac{\partial V}{\partial Y_j}dW_l(t)$$

$$= \mathscr{L}V(Y,t)dt + g_{jl}\frac{\partial V}{\partial Y_j}dW_l(t) \tag{7.3-2}$$

式中

$$\mathscr{L} = \frac{\partial}{\partial t} + f_j\frac{\partial}{\partial Y_j} + \frac{1}{2}g_{jl}g_{kl}\frac{\partial^2}{\partial Y_j \partial Y_k} = \frac{\partial}{\partial t} + \mathscr{L}^* \tag{7.3-3}$$

为消去（7.3-2）中的快速变动项，对（7.3-2）两边求条件期望，得

$$\left.\frac{dE[V(\boldsymbol{Y},t)]}{dt}\right|_{Y=y} = LV(\boldsymbol{y},t) \tag{7.3-4}$$

$\mathscr{L}$ 称为微分生成算子，$\mathscr{L}^*$ 为后向扩散算子，L 为与$\mathscr{L}$ 对应的确定性算子，相当于确定性稳定性理论中的微分算子．由于 $\mathscr{L}V$ 与 LV 具有相同的符号，两者常不加区别．

根据 V 与 $\mathscr{L}V$ 在平衡位置附近的符号，可判别随机稳定性，此处摘述几个主要的判别准则，其证明可见 [1,5]．

i） 设在半圆柱域 $[t_0,\infty]\times U_h$ 中存在正定函数 $V(\boldsymbol{Y},t)$，它关于 t 一次连续可微，关于 Y_j 二次连续可微，而且

$$\mathscr{L}V(\boldsymbol{Y},t)\leqslant 0,\ t\geqslant t_0, 0<\|\boldsymbol{Y}\|\leqslant h \tag{7.3-5}$$

则（7.3-1）的平凡解 $\boldsymbol{Y}=\boldsymbol{0}$ 是几乎肯定稳定的．

ii） 除满足 i）中条件外，$V(\boldsymbol{Y},t)$ 具有无穷小上限，且

$$\mathscr{L}V(\boldsymbol{Y},t)<0, t\geqslant t_0, \|\boldsymbol{Y}\|<h \tag{7.3-6}$$

则（7.3-1）的平凡解 $\boldsymbol{Y}=\boldsymbol{0}$ 是几乎肯定渐近稳定的．

iii） 除满足 ii）中条件外，若

$$\inf_{t\geqslant t_0}V(\boldsymbol{Y},t)\to\infty, \|\boldsymbol{Y}\|\to\infty \text{ 时} \tag{7.3-7}$$

式中 $\inf\limits_{t\geqslant t_0}$ 表示 $[t_0,\infty)$ 上的下确界，则（7.3-1）的平凡解 $\boldsymbol{Y}=\boldsymbol{0}$ 是几乎肯定大范围渐近稳定的．

iv） 设在域 $[t_0,\infty)\times\{0<\|\boldsymbol{Y}\|<h\}$ 中存在函数 $V(\boldsymbol{Y},$

t)，关于 t 一次连续可微，关于 Y_j 二次连续可微，若

$$\lim_{\|Y\|\to 0}\ \inf_{t\geqslant t_0} V(Y,t)=\infty \tag{7.3-8}$$

且

$$\sup_{\substack{t\geqslant t_0\\ \varepsilon<\|Y\|<h}} \mathscr{L}V(Y,t)<0,\text{对所有 } 0<\varepsilon<h \tag{7.3-9}$$

则 (7.3-1) 的平凡解 $\boldsymbol{Y}=\boldsymbol{0}$ 是几乎肯定不稳定的. 且对所有初始扰动 $\boldsymbol{Y}_0\in U_h$，有

$$P\{\sup_{t\geqslant t_0}\|\boldsymbol{Y}(t;\boldsymbol{Y}_0,t_0)\|<h\}=0 \tag{7.3-10}$$

v) 若存在一个函数 $V(\boldsymbol{Y},t)$，满足条件

$$k_1\|\boldsymbol{Y}\|^p\leqslant V(\boldsymbol{Y},t)\leqslant k_2\|\boldsymbol{Y}\|^p \tag{7.3-11}$$

$$\mathscr{L}V(\boldsymbol{Y},t)<-k_3\|\boldsymbol{Y}\|^p \tag{7.3-12}$$

式中 k_1,k_2,k_3 为正常数，则 (7.3-1) 的平凡解 $\boldsymbol{Y}=\boldsymbol{0}$ 是 p 阶平均指数稳定的，也是几乎肯定指数稳定的.

对于给定随机系统，只要能找到一个函数 V，使它满足一定条件，即可按上述准则来判别稳定性. 但函数 V 的构造在很大程度上依赖于人们的经验与技巧.

7.4 线性随机系统稳定性

下面较详细考察线性随机系统的稳定性. 这是因为，一方面，非线性随机系统的稳定性问题一般很困难，现有的结果较少，而线性随机系统的稳定性问题相对容易些，现有结果也多些. 另一方面，许多非线性随机系统的稳定性可用其线性化系统来判别.

7.4.1 按一次近似决定稳定性

考虑以伊藤随机微分方程

$$d\boldsymbol{Y}(t)=\boldsymbol{f}(\boldsymbol{Y},t)dt+\sum_{r=1}^{m}\boldsymbol{G}_r(\boldsymbol{Y},t)dW_r(t)\ ,\boldsymbol{Y}(t_0)=\boldsymbol{Y}_0 \tag{7.4-1}$$

描述的随机系统，式中 $Y(t)$ 为 n 维矢量随机过程，$f(0,t)=0$，$G_r(0,t)=0$，且满足解的存在与唯一性条件。再考虑线性随机方程

$$dY(t)=A(t)Ydt+\sum_{r=1}^{m}B_r(t)YdW_r(t),Y(t_0)=Y_0 \tag{7.4-2}$$

其中 Y 为 n 维矢量随机过程，$A(t)$ 与 $B_i(t)$ 为 $n\times n$ 矩阵，其元素为 t 的有界函数。

若（7.4-2）的平凡解是大范围关于 t 一致几乎肯定稳定的，即对任意 $\varepsilon>0$，关于 $s>0$ 一致地有

$$\lim_{\|Y_0\|\to 0}P\{\sup_{t>s}\|Y(t;Y_0,t_0)\|>\varepsilon\}=0 \tag{7.4-3}$$

与

$$\lim_{T\to\infty}\sup_{s>0}P\{\sup_{u>s+T}\|Y(u;Y_0,t_0)\|>\varepsilon\}=0 \tag{7.4-4}$$

并且在点 $Y=0$ 的充分小邻域内对充分小的正常数 k 满足不等式

$$\|f(Y,t)-AY\|+\sum_{r=1}^{m}\|G_r(Y,t)-B_rY\|<k\|Y\| \tag{7.4-5}$$

则（7.4-1）的平凡解是几乎肯定渐近稳定的。

在 A 与 B_r 为常数的情形，若（7.4-2）的平凡解是几乎肯定渐近稳定的，且（7.4-5）满足，则（7.4-1）的平凡解是几乎肯定渐近稳定的。以上结论的证明见 [1,5]。

通常（7.4-2）中的系数矩阵 A 与 B_r 分别是（7.4-1）中 f 与 G_r 对 Y_i 的偏导数构成的矩阵在 $Y=0$ 处之值，即（7.4-2）是（7.4-1）的线性化系统。于是，非线性随机系统的随定性可用其线性化系统来判别。

7.4.2 偶数阶平均指数稳定性

Khasminskii[1] 指出，线性随机系统（7.4-2）偶数 p 阶平均指数稳定的一个必要条件是，对于每个系数为时间的连续有界函

数的正定p次型 $W(\boldsymbol{Y},t)$，存在一个正定p次型 $V(\boldsymbol{Y},t)$，使得

$$\mathscr{L}V=-W \tag{7.4-6}$$

若“对每一个…”代之以“对某个…”，则上述条件也是充分的。

在系数矩阵 $\boldsymbol{A}$ 与 $\boldsymbol{B}_r$ 为常数矩阵时，p次型W与V不显含t。此时可得如下偶数p阶平均指数稳定的代数准则：给定某个正定p次型 $W(\boldsymbol{Y})$，寻求一个正定p次型$V(\boldsymbol{Y})$，使得$\mathscr{L}V=-W$，这可用比较此方程两端多项系数的方法得到一个关于$V(\boldsymbol{Y})$系数的线性方程组。系统p阶平均指数稳定的充要条件是所得之 $V(\boldsymbol{Y})$ 为正定。

顺便指出，对线性系统（7.4-2），p阶平均（$p>0$）指数稳定性意味着几乎肯定渐近稳定性。反之，对自治（常系数）线性系统，几乎肯定渐近稳定性也意味着对足够小p的p阶平均渐近稳定与p阶平均指数稳定性。

作为上述代数准则的一个应用，考虑如下系统的均方指数稳定性

$$\ddot{Y}+[2\zeta+\xi_2(t)]\dot{Y}+[1+\xi_1(t)]Y=0 \tag{a}$$

式中 $\zeta>0$；$\xi_1(t)$ 与 $\xi_2(t)$ 是相互独立的物理高斯白噪声，强度分别为 $2D_1$ 与 $2D_2$。有时称（a）为随机马休-希尔方程。令$Y_1=Y$，$Y_2=\dot{Y}$，（a）可改写成

$$\begin{aligned}\dot{Y}_1&=Y_2\\ \dot{Y}_2&=-[2\zeta+\xi_2(t)]Y_2-[1+\xi_1(t)]Y_1\end{aligned} \tag{b}$$

与（b）等价的伊藤随机微分方程为

$$\begin{aligned}dY_1&=Y_2dt\\ dY_2&=-(Y_1+2\zeta Y_2-D_2Y_2)dt-\sqrt{2D_1}Y_1dW_1(t)\\ &\quad-\sqrt{2D_2}Y_2dW_2(t)\end{aligned} \tag{c}$$

相应的微分生成算子为

$$\mathscr{L}=\frac{\partial}{\partial t}+Y_2\frac{\partial}{\partial Y_1}-(Y_1+2\zeta Y_2-D_2Y_2)\frac{\partial}{\partial Y_2}+D_1Y_1^2\frac{\partial^2}{\partial Y_1^2}+D_2Y_2^2\frac{\partial^2}{\partial Y_2^2} \tag{d}$$

取下列二次型

$$W(\boldsymbol{Y}) = Y_1^2 + Y_2^2 \tag{e}$$

$$V(\boldsymbol{Y}) = C_{11}Y_1^2 + 2C_{12}Y_1Y_2 + C_{22}Y_2^2 \tag{f}$$

式中 C_{11}, C_{12} 及 C_{22} 为待定系数.使系统（a）的平衡位置 $\boldsymbol{Y}=0$ 为均方指数稳定的充要条件为

$$\mathscr{L}V(\boldsymbol{Y}) = -W(\boldsymbol{Y}) \tag{g}$$

将（e）与（f）代入（g),得如下线性代数方程组

$$\begin{aligned} &-2C_{12} + 2D_1C_{22} = -1 \\ &2C_{11} + (2D_2 - 4\zeta)C_{12} - 2C_{22} = 0 \\ &2C_{12} + (4D_2 - 4\zeta)C_{22} = -1 \end{aligned} \tag{h}$$

由此解得

$$\begin{aligned} C_{11} &= \frac{8 - (2D_2 - 4\zeta)(4\zeta + 2D_1 - 4D_2)}{4(4\zeta - 2D_1 - 4D_2)} \\ C_{12} &= \frac{4\zeta + 2D_1 - 4D_2}{2(4\zeta - 2D_1 - 4D_2)} \\ C_{22} &= \frac{2}{4\zeta - 2D_1 - 4D_2} \end{aligned} \tag{i}$$

由 $V(\boldsymbol{Y})$ 的正定性,得

$$D_1 + 2D_2 < 2\zeta \tag{j}$$

这就是系统（a）的平衡位置 $\boldsymbol{Y} = 0$ 的均方指数稳定（均方渐近稳定）的充要条件.

7.4.3 *n* 阶线性随机系统的均方渐近稳定性

下面更详细考察自治线性随机系统稳定性. 首先考虑用如下 n 阶线性随机微分方程描述的系统

$$Y^{(n)} + [b_1 + N_1(t)]Y^{(n-1)} + \cdots + [b_n + N_n(t)]Y = 0 \tag{7.4-7}$$

式中 $N_i(t)$ 为数学高斯白噪声,一般是相关的,即

$$E[N_i(s)N_j(t)] = 2D_{ij}\delta(t - s) \tag{7.4-8}$$

n 个相关的高斯白噪声 $N_i(t)(i = 1, 2, \cdots, n)$ 可用 n^2 个独立

的高斯白噪声的线性组合表示，并令

$$Y_1 = Y, Y_2 = \dot{Y}; \cdots; Y_n = Y^{(n-1)} \tag{7.4-9}$$

则 (7.4-7) 化为下列伊藤随机方程

$$\begin{aligned} dY_1 &= Y_2 dt \\ dY_2 &= Y_3 dt \\ &\cdots\cdots\cdots \\ dY_{n-1} &= Y_n dt \end{aligned} \tag{7.4-10}$$

$$dY_n = -\sum_{i=1}^{n} b_i Y_{n-i+1} dt - \sum_{i,j=1}^{n} \sigma_{ij} Y_{n-i+1} dW_j(t)$$

式中 $[\sigma_{ij}][\sigma_{ji}] = 2[D_{ij}]$。此时微分生成算子为

$$\mathscr{L} = \frac{\partial}{\partial t} + \sum_{i=1}^{n-1} Y_{i+1} \frac{\partial}{\partial Y_i} - \sum_{i=1}^{n} b_i Y_{n-i+1} \frac{\partial}{\partial Y_n} + \sum_{i,j=1}^{n} D_{ij} Y_{n-i+1} Y_{n-j+1} \frac{\partial^2}{\partial Y_n^2} \tag{7.4-11}$$

当所有 $N_i(t) = 0$ 时，(7.4-7) 的平凡解 $Y = 0$ 渐近稳定的充要条件是 $n \times n$ 胡尔威茨 (Hurwitz) 行列式的各主子式大于零，即

$$\Delta_1 = b_1 > 0; \Delta_2 = \begin{vmatrix} b_1 & b_3 \\ 1 & b_2 \end{vmatrix} > 0$$

$$\Delta_3 = \begin{vmatrix} b_1 & b_3 & b_5 \\ 1 & b_2 & b_4 \\ 0 & b_1 & b_3 \end{vmatrix} > 0; \cdots$$

$$\Delta_n = \begin{vmatrix} b_1 & b_3 & b_5 \cdots 0 \\ 1 & b_2 & b_4 \cdots 0 \\ 0 & b_1 & b_3 \cdots 0 \\ \cdots & \cdots & \cdots \\ 0 & \cdots & \cdots b_n \end{vmatrix} > 0 \tag{7.4-12}$$

当 $N_i(t) \neq 0$ 时，系统 (7.4-7) 平衡位置 $Y = 0$ 均方渐近稳定的充要条件为，除满足条件 (7.4-12) 外，还满足

$$\Delta_n > \Delta/2 \tag{7.4-13}$$

其中

$$\Delta = \begin{vmatrix} q_{nn}^{(0)} & q_{nn}^{(1)} & \cdots q_{nn}^{(n-1)} \\ 1 & b_2 & \cdots \ 0 \\ \cdots & \cdots & \cdots \\ 0 & 0 & b_n \end{vmatrix} \tag{7.4-14}$$

即以 $q_{nn}^{(r)}(r=0,1,\cdots,n-1)$ 代替 Δ_n 中的第一行所得之行列式。而

$$q_{nn}^{(n-k+1)} = \sum_{p+q=2(n-k)} 2D_{pq}(-1)^{q+1} \tag{7.4-15}$$

当 $N_i(t)$ 相互独立时,

$$\Delta/2 = \begin{vmatrix} D_{11} & -D_{22} \cdots (-1)^{n-1} D_{n-1,n-1} & & D_{nn} \\ 1 & b_2 \cdots & 0 & 0 \\ 0 & b_1 \cdots\cdots & 0 & 0 \\ \cdots & \cdots & \cdots & \cdots \\ 0 & 0 \cdots\cdots & 0 & b_n \end{vmatrix} \tag{7.4-16}$$

特别,对 $n=2$,均方渐近稳定的充要条件为

$$b_1 > 0; b_2 > 0; b_1 b_2 > (D_{11} b_2 + D_{22}) \tag{7.4-17}$$

例如,对系统 (a), 假定 $\xi_1(t)$ 与 $\xi_2(t)$ 是相关的物理高斯白噪声,加上 Wang-Zakai 修正项后其等价伊藤随机方程为

$$\ddot{Y} + [2\zeta - D_{22} + N_2(t)]\dot{Y} + [1 - D_{12} + N_1(t)]Y = 0 \tag{k}$$

注意,上式 $N_1(t)$ 与 $N_2(t)$ 位置与(7.4-7)中不同。按(7.4-17),系统 (a) 均方渐近稳定的充要条件为

$$D_{22} < 2\zeta; D_{12} < 1; D_{11} < 2(\zeta - D_{22})(1 - D_{12}) \tag{l}$$

当 $\xi_1(t)$ 与 $\xi_2(t)$ 相互独立时,(l) 与 (j) 相同。可见均方指数稳定与均方渐近稳定等价。

7.4.4 几乎肯定渐近稳定性

对于具有物理非白噪声系数的线性系统的几乎肯定样本稳定性,存在一系列的定理[6-11,46,47]。这些定理在不同程度上给出了几

乎肯定渐近稳定的充分条件．对同一个系统，由这些定理得到的稳定区边界各不相同[42]．因此，尚需进一步的发展才能付之应用．

对于用常系数线性齐次伊藤随机微分方程描述的系统，Khasminskii[1] 给出了几乎肯定渐近稳定性的充要条件．Kozin 与 Prodromou[12]，Mitchell 与 Kozin[13] 将该定理应用于二阶线性随机系统．

考虑线性齐次伊藤随机微分方程

$$dY = AY\,dt + \sum_{r=1}^{m} B_r Y\,dW_r(t) \tag{7.4-18}$$

式中 $A = [a_{ij}]$ 与 $B_r = [b_{ijr}]$ 为 $n \times n$ 常数方阵；W_r 为 m 个独立的单位维纳过程；$m < n^2$．与（7.4-18）相应的微分生成算子为

$$\mathscr{L} = \sum_{i,j=1}^{n} a_{ij} Y_j \frac{\partial}{\partial Y_i} + \frac{1}{2}\sum_{i,j=1}^{n} b_{ij}(Y)\frac{\partial^2}{\partial Y_i \partial Y_j} \tag{7.4-19}$$

式中

$$b_{ij}(Y) = \sum_{r=1}^{m}\sum_{k,l=1}^{n} b_{ikr} b_{jlr} Y_k Y_l \tag{7.4-20}$$

作变换

$$\begin{aligned} \Lambda(t) &= Y(t)/\|Y\| \\ \rho &= \log\|Y\| \end{aligned} \tag{7.4-21}$$

式中 $\|\ \ \|$ 表示欧几里德模．变换（7.4-21）将（7.4-18）产生的 n 维矢量扩散过程映射到 n 维球面 S_n 上，所得之过程 $\Lambda(t)$ 也是 n 维矢量扩散过程．

运用伊藤随机微分公式，有

$$d\rho = Q(\Lambda)dt + \sum_{r=1}^{m} \Lambda^T B_r \Lambda\, dW_r(t) \tag{7.4-22}$$

其中漂移系数

$$Q(\Lambda) = \Lambda^T A \Lambda + \frac{1}{2}\operatorname{tr} B - \Lambda^T B \Lambda \tag{7.4-23}$$

式中 $\boldsymbol{B}=[b_{ij}(\boldsymbol{\Lambda})]$.

若对任一 n 维矢量 $\boldsymbol{\alpha}$ 与某个正常数 k，扩散矩阵 $\boldsymbol{B}(\boldsymbol{Y})=[b_{ij}(\boldsymbol{Y})]$ 满足条件

$$\boldsymbol{\alpha}^T\boldsymbol{B}(\boldsymbol{Y})\boldsymbol{\alpha}\geqslant k|\boldsymbol{Y}|^2|\boldsymbol{\alpha}|^2 \tag{7.4-24}$$

则 $\boldsymbol{\Lambda}(t)$ 过程是非奇异的. 此时，$\boldsymbol{\Lambda}$ 在整个球上是各态历经的. 以 $p_s(\boldsymbol{\Lambda})$ 表示 $\boldsymbol{\Lambda}$ 的平稳概率密度，记

$$a=E[Q(\boldsymbol{\Lambda})]=\int_{S_n}Q(\lambda)p(\lambda)d\lambda \tag{7.4-25}$$

则当 $a<0$ 时，系统 (7.4-18) 的解 $\boldsymbol{Y}=\boldsymbol{0}$ 是几乎必然渐近稳定的；若 $a>0$，则在 $P\{\lim\limits_{t\to\infty}\|\boldsymbol{Y}(t;\boldsymbol{Y}_0,t_0)\|\to\infty\}=1$意义上是渐近不稳定的；若 $a=0$ 则既不渐近稳定也不渐近不稳定.

然而对大多数工程问题中出现的随机微分方程，扩散过程 $\boldsymbol{\Lambda}(t)$ 是奇异的，此时可用如下准则. 以

$$\boldsymbol{\Lambda}^{\lambda_0}(t)=\boldsymbol{Y}^{y_0}(t)/\|\boldsymbol{Y}^{y_0}(t)\| \tag{7.4-26}$$

表示 $\boldsymbol{\Lambda}(t)$ 过程对其初值 $\boldsymbol{\lambda}_0=\boldsymbol{\Lambda}^{\lambda_0}(0)=\boldsymbol{y}_0/\|\boldsymbol{y}_0\|$ 的依赖. 若在相空间 E_n 中存在 n 个线性独立的矢量 $\boldsymbol{\lambda}_1,\boldsymbol{\lambda}_2,\cdots,\boldsymbol{\lambda}_n$，使得以概率 1

$$\overline{\lim_{t\to\infty}}\ t^{-1}\int_0^t Q(\boldsymbol{\Lambda}^{\lambda_i}(\tau))d\tau<0,\ i=1,2,\cdots,n \tag{7.4-27}$$

则系统 (7.4-18) 的解 $\boldsymbol{Y}=0$ 是几乎肯定渐近稳定的. 但是，若对 E_n 中任一 $\boldsymbol{\lambda}_0$，有

$$\lim_{t\to\infty}t^{-1}\int_0^t Q(\boldsymbol{\Lambda}^{\lambda_0}(\tau))d\tau>0 \tag{7.4-28}$$

则它在下列意义下是不稳定的：$P\{\lim\limits_{t\to\infty}\|\boldsymbol{Y}^{y_0}(t)\|=\infty\}=1$.

一般说来，准则 (7.4-27) 与 (7.4-28) 应用起来是很困难的. 一种可能的方法是用数字模拟方法产生 (7.4-26) 之解，然后作 (7.4-27) 与 (7.4-28) 左边的时间平均. 此法可用于判定高于二阶的线性随机微分方程几乎肯定稳定区边界.

对二维情形

$$\boldsymbol{\Lambda}(t)=\boldsymbol{Y}(t)/\|\boldsymbol{Y}(t)\|=[Y_1(t)/\|\boldsymbol{Y}(t)\|$$

$$Y_2(t)/\|\boldsymbol{Y}(t)\|] = [\Lambda_1(t), \Lambda_2(t)] \tag{7.4-29}$$

作变换

$$\Lambda_1(t) = \cos\Theta(t),\ \Lambda_2(t) = \sin\Theta(t) \tag{7.4-30}$$

令

$$\boldsymbol{\Lambda}(\Theta) = [\cos\Theta, \sin\Theta] \tag{7.4-31}$$

$$\hat{\boldsymbol{\Lambda}}(\Theta) = -\frac{d\boldsymbol{\Lambda}(\Theta)}{d\Theta} = [\sin\Theta, -\cos\Theta] \tag{7.4-32}$$

$\Theta(t)$ 将是单位圆周上的一维扩散过程，描述它的伊藤随机微分方程为

$$d\Theta = \Phi(\Theta)dt + \Psi(\Theta)dW(t) \tag{7.4-33}$$

其中

$$\Phi(\Theta) = -\hat{\boldsymbol{\Lambda}}^T(\Theta)\boldsymbol{A}\boldsymbol{\Lambda}(\Theta) + \hat{\Lambda}^T(\Theta)\boldsymbol{B}\Lambda(\Theta)\Lambda(\Theta) \tag{7.4-34}$$

$$\Psi^2(\Theta) = \hat{\Lambda}^T(\Theta)\boldsymbol{B}\Lambda(\Theta)\hat{\Lambda}(\Theta) \tag{7.4-35}$$

对应的微分生成算子为

$$\mathscr{L} = \Phi(\Theta)\frac{d}{d\Theta} + \frac{1}{2}\Psi^2(\Theta)\frac{d^2}{d\Theta^2} \tag{7.4-36}$$

当 $\Psi^2(\Theta) \neq 0$ 时，过程 $\Theta(t)$ 非奇异．此时可从与 (7.4-33) 对应的 FPK 方程求得平稳概率密度，按 (7.4-25) 计算 a 值，然后判别稳定性．

过程 $\Theta(t)$ 奇异情形，Ψ^2 的零点 Θ_0 称为相位扩散过程 $\Theta(t)$ 的奇异点．若此时 $\Phi(\Theta_0) \neq 0$，则 Θ_0 称为流动点，过程 $\Theta(t)$ 只能朝一个方向流动，$\Phi(\Theta_0) > 0$ 时向右流动，$\Phi(\Theta_0) < 0$ 时向左流动．若同时有 $\Phi(\Theta_0) = 0$，则 Θ_0 称为套点，此时过程 $\Theta(t)$ 将永远停留在该点上．

在二维情形，最多只能有 4 个奇点，过程 $\Theta(t)$ 的各态历经性质完全由这些奇点的性质决定，并进而决定 $\Theta(t)$ 的各个各态历经分支的平稳概率密度．对不同的各态历经分支，由相应 FPK 方程求出平稳概率密度，再按 (7.4-25) 计算的 a 值判别稳定性．

Mitchell 与 Kozin[13] 将此方法应用于二阶线性随机系统

$$\ddot{Y}+[2\zeta\omega+\xi_2(t)]\dot{Y}+[\omega^2+\xi_1(t)]Y=0 \tag{m}$$

式中 $\xi_1(t)$ 与 $\xi_2(t)$ 为相关的物理高斯白噪声，强度矩阵为

$$\begin{bmatrix}2D_{11} & 2D_{12}\\ 2D_{21} & 2D_{22}\end{bmatrix} \tag{n}$$

其等价的伊藤随机微分方程为

$$\begin{aligned}dY_1&=Y_2dt\\ dY_2&=-[(\omega^2-D_{12})Y_1+(2\zeta\omega-D_{22})Y_2]dt-Y_1dW_1\\ &\quad-Y_2W_2\end{aligned} \tag{o}$$

式中 $W_1(t)$ 与 $W_2(t)$ 为相关的维纳过程，其相关矩阵的元素为

$$E[W_i(t)W_j(s)]=2D_{ij}\min(t,s) \tag{p}$$

此时矩阵

$$\begin{aligned}A&=\begin{bmatrix}0 & 1\\ -(\omega^2-D_{12}) & -(2\zeta\omega-D_{22})\end{bmatrix}\\ B(Y)&=\begin{bmatrix}0 & 0\\ 0 & 2(D_{11}Y_1^2+2D_{12}Y_1Y_2+D_{22}Y_2^2)\end{bmatrix}\end{aligned} \tag{q}$$

Θ 过程的漂移与扩散系数分别为

$$\begin{aligned}\Phi(\Theta)&=-[1+(\omega^2-1-D_{12})\cos^2\Theta+(2\zeta\omega\\ &\quad-D_{22})\cos\Theta\sin\Theta+\sin 2\Theta(D_{11}\cos^2\Theta\\ &\quad+2D_{12}\sin 2\Theta+D_{22}\sin^2\Theta)]\end{aligned} \tag{r}$$

$$\Psi^2(\Theta)=2\cos^2\Theta(D_{11}\cos^2\Theta+D_{12}\sin 2\Theta+D_{22}\sin^2\Theta$$

ρ 过程的漂移系数为

$$\begin{aligned}Q(\Theta)&=-(\omega^2-1-D_{12})\cos\Theta\sin\Theta-(2\zeta\omega\\ &\quad-D_{22})\sin^2\Theta+(1-2\sin^2\Theta)(D_{11}\cos^2\Theta\\ &\quad+D_{12}\sin 2\Theta+D_{22}\sin^2\Theta)\end{aligned} \tag{s}$$

按参数 s,ω^2,D_{11},D_{12} 及 D_{22} 值之不同，奇点可为：两个向左流动点，四个向左流动点，两个向左、两个向右流动点，两个向左流动点与两个套点。作为例子[13]，给出了五组不同参数的几乎肯定渐近稳定区的边界，并与一、二阶矩的渐近稳定边界作了比较。

例如，当$D_{11}=D_{12}=0, \omega=1.0$. 在$D_{22}\sim\zeta$平面上的样本与一、二阶矩稳定区示于图7.4-1上。

作为上述结果的一个推广，Kozin 与 Sugimoto[14] 证明了，对常系数线性伊藤随机微分方程，当过程 $\Lambda(t)$ 在整个 S_n 上各态历经时，几乎肯定样本稳定区的边界是 p 阶平均稳定区的边界在 $p\to 0$ 时的极限，即几乎肯定样本稳定区为满足下列不等式的系统参激值

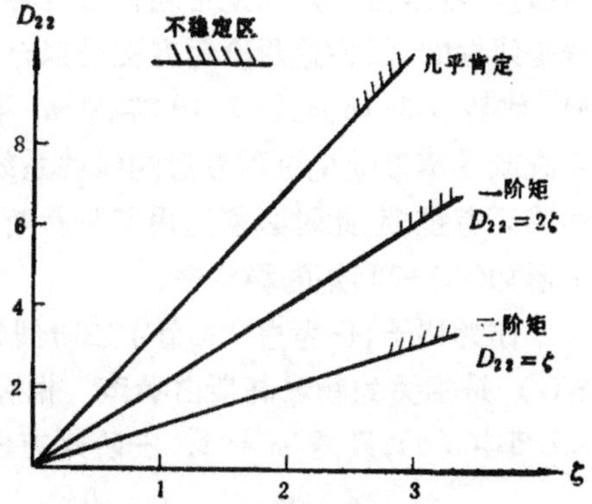

图 7.4-1 几乎肯定不稳定区与一、二阶矩不稳定区 $D_{11}=D_{12}=0, \omega=1.0$

$$\lim_{p\to 0}\frac{1}{pt}\ln E[\|\boldsymbol{Y}(t)\|^p/\|\boldsymbol{Y}_0\|^p]<0 \tag{7.4-37}$$

据此，可用数字模拟方法建立几乎肯定样本稳定区的边界。

前已指出，对随机模型在实际现象中的应用来说，只有几乎肯定样本稳定性才是有意义的。但在几乎肯定样本稳定区内，有些样本解可能衰减得很慢，例如对应于靠近稳定区边界的参数之解，这从实用观点来说可能是不允许的。因此，为使样本解具有一定的衰减率，常需某个较大 p 的 p 阶平均稳定性的约束。

7.5 矩 稳 定 性

先将随机微分方程转化为矩方程，然后按矩稳定性定义用矩方程判别稳定性，这是随机振动中常用的判别稳定性的方法，矩方程本质上是确定性的微分方程，因此，可利用确定性的稳定性判别准则。矩方程可分成三种情形，对受数学白噪声、物理白噪声或宽带随机过程参激的线性系统，各阶矩方程各自封闭而且是线性

的，此时可用（7.2-18）与（7.2-19)矩稳定性定义；对同时受数学白噪声、物理白噪声或宽带随机过程参激与外激的线性系统，矩方程是线性的，但相继两阶矩方程是耦合的．此时可用（7.2-20）中 M_r 代替(7.2-18)与(7.2-19)中的 m_r 稳定性定义；对非线性参激系统或受窄带随机过程参激的线性系统，矩方程是非线性的，而且形成无穷链锁，此时必须运用某种裁断方案将矩方程截断，然后判别形如(7.2-20)矩的稳定性．

作为例子，仍考虑 7.4 节中二阶线性系统（a)．其中 $\xi_1(t)$ 与 $\xi_2(t)$ 是相关的物理高斯白噪声．相应的伊藤随机微分方程形同 7.4 节中（o)，只是 $\omega=1$．一阶矩方程为

$$\frac{d}{dt}\begin{bmatrix}m_{10}\\m_{01}\end{bmatrix}=\begin{bmatrix}0 & 1\\D_{12}-1 & D_{22}-2\zeta\end{bmatrix}\begin{bmatrix}m_{10}\\m_{01}\end{bmatrix}\tag{a}$$

特征方程为

$$\lambda^2+(2\zeta-D_{22})\lambda+(1-D_{12})=0\tag{b}$$

由胡尔威茨准则（7.4-12)，得一阶矩渐近稳定充要条件

$$D_{12}<1,\quad D_{22}<2\zeta\tag{c}$$

对上节（o）式应用伊藤随机微分公式，然后求期望，得二阶矩方程组

$$\frac{d}{dt}\begin{Bmatrix}m_{20}\\m_{11}\\m_{02}\end{Bmatrix}=\begin{bmatrix}0 & 2 & 0\\D_{12}-1 & D_{22}-2\zeta & 1\\2D_{11} & 6D_{12}-1 & 4(D_{22}-\zeta)\end{bmatrix}\begin{Bmatrix}m_{20}\\m_{11}\\m_{02}\end{Bmatrix}\tag{d}$$

其特征方程为

$$\begin{aligned}\lambda^3&+(6\zeta-5D_{22})\lambda^2+[4(D_{22}-2\zeta)(D_{22}-\zeta)\\&-4(2D_{12}-1)]\lambda-4D_{11}+8(D_{12}-1)(D_{22}\\&-\zeta)=0\end{aligned}\tag{e}$$

根据胡尔威茨准则（7.4-12)，只要满足条件（c）及条件

$$D_{11}<2(\zeta-D_{22})(1-D_{12})\tag{f}$$

二阶矩是渐近稳定的．注意，条件（c）加上条件（f）正好就是上节得到的均方渐近稳定的充要条件（l)．可见，均方渐近稳定与二阶矩渐近稳定是等价的．

与 p 阶平均稳定性一样，高阶矩稳定性一般也意味着低阶矩稳定性，换言之，矩稳定条件随矩之阶数增高而变得严厉. 随机振动中，通常考虑的是一、二阶矩稳定性.

7.6 随机平均法在随机系统稳定性判别中的应用

如前所述，现有随机稳定性的基本结果大多属于伊藤随机微分方程，即受数学高斯白噪声参激的系统. 对受物理白噪声参激的情形，前面已指出并通过例子说明，只要加上 Wong-Zakai 修正项，将运动微分方程转变成伊藤随机微分方程，就可应用随机稳定性理论中有关的判别准则. 顺便指出，可以证明，只有比运动微分方程的阶数低一阶的项受到物理白噪声参激时，Wong-Zakai 修正项才不为零. 例如，对单自由度系统，只有阻尼项受物理白噪声参激时，Wong-Zakai 修正项才不为零. 工程系统的随机参激，往往不是白噪声，而是宽带随机过程，或同时有谐和函数与宽带白噪声，或窄带随机过程. 对前两种情形，应用随机平均法可使之化为受数学高斯白噪声或数学高斯白噪声与谐和函数参激的问题，从而可应用随机稳定性的有关理论判定稳定性. 近十多年来，许多工程系统的随机稳定性问题都是采用这种办法处理的[15-20]. 对受窄带随机过程参激之情形，由于矩方程是非线性的，且形成无穷链锁，故往往采用高斯或非高斯截断方案，所得关于系统稳定性条件常常是可疑的. 本章最后一节将详细讨论这个问题.

7.6.1 宽带随机参激

考虑单自由度参激系统，其运动微分方程为

$$\ddot{Y}+\omega_0[2\zeta+\varepsilon F_2(t)]\dot{Y}+\omega_0^2[1+\varepsilon F_1(t)]Y=0 \quad (7.6\text{-}1)$$

式中 $F_1(t)$ 与 $F_2(t)$ 为宽带平稳随机过程；ζ 与 ε^2 为同阶小量. 设 $F_1(t)$ 与 $F_2(t)$ 的相关时间比 $1/\zeta\omega_0$ 小得多，应用 5.6 节中的随机平均法，可得如下平均后的伊藤随机微分方程

$$\begin{aligned} dA&=-\alpha A dt+\gamma^{\frac{1}{2}}A dW_1 \\ d\Theta&=-\eta dt+\delta^{\frac{1}{2}}dW_2 \end{aligned} \quad (7.6\text{-}2)$$

式中 $W_1(t)$ 与 $W_2(t)$ 为独立的单位维纳过程，

$$\alpha = \zeta\omega_0 - \frac{\varepsilon^2\pi\omega_0^2}{8}[2S_2(0) + 3S_2(2\omega_0) + 3S_1(2\omega_0) + 6S_{12}^{(I)}(2\omega_0)]$$

$$\gamma = \frac{\varepsilon^2\pi\omega_0^2}{4}[2S_2(0) + S_2(2\omega_0) + S_1(2\omega_0) + 2S_{12}^{(R)}(2\omega_0)]$$

$$\delta = \frac{\varepsilon^2\pi\omega_0^2}{4}[S_1(2\omega_0) + 2S_1(0) + S_2(2\omega_0)] \tag{7.6-3}$$

$$\eta = \frac{\varepsilon^2\pi\omega_0^2}{4}[2S_{12}^{(R)}(2\omega_0) + S_1(2\omega_0) - S_2(2\omega_0)]$$

$$S_j(\omega) + iS_j(\omega) = \frac{1}{\pi}\int_0^\infty E[F_j(t)F_j(t+\tau)]e^{-i\omega\tau}d\tau$$

$$j = 1,2$$

$$S_{12}^{(R)}(\omega) + iS_{12}^{(I)}(\omega) = \frac{1}{2\pi}\int_{-\infty}^{\infty} E[F_1(t)F_2(t+\tau)e^{-i\omega\tau}d\tau$$

由 (7.6-2) 可知，幅值过程 $A(t)$ 是一维扩散过程。

首先考虑 p 阶平均稳定性，由于

$$\|\boldsymbol{Y}(t)\|^p = [Y^2(t) + \dot{Y}^2(t)/\omega_0^2]^{p/2} \approx A^p(t) \tag{7.6-4}$$

p 阶平均稳定性近似等价于幅值过程的 p 阶矩稳定性。应用伊藤随机微分公式，由 (7.6-2) 第一式可得

$$\dot{M}_p = -p\mu_p M_p \tag{7.6-5}$$

式中

$$M_p = E[A^p(t)]$$

$$\mu_p = \alpha - \frac{p-1}{2}\gamma \tag{7.6-6}$$

于是，(7.6-1) 的平凡解 $\boldsymbol{Y} = \boldsymbol{0}$ 的 p 阶平均渐近稳定的主要条件近似为

$$\mu_p > 0,\ p = 1,2,\cdots \tag{7.6-7}$$

或

$$\zeta > \frac{\varepsilon^2\pi\omega_0}{4}\left\{pS_2(0) + \frac{p+2}{2}[S_2(2\omega_0) + S_1(2\omega_0)\right.$$

$$+ 2s_{12}^{(l)}(2\omega_0)]\} \tag{7.6-8}$$

上式表明，只有参激过程 $F_1(t)$ 与 $F_2(t)$ 在频率 0 与 $2\omega_0$ 上的谱密度值影响 p 阶平均阶渐近稳定性，且稳定性条件随 p 的增大而变得严厉. 对 $p=1,2$，稳定条件分别为

$$\zeta > \frac{\varepsilon^2\pi\omega_0}{8}\{2S_2(0)+3[S_2(2\omega_0)+S_1(2\omega_0)+2S_{12}^{(l)}(2\omega_0)]\} \tag{7.6-9}$$

与

$$\zeta > \frac{\varepsilon^2\pi\omega_0}{2}[S_2(0)+S_2(2\omega_0)+S_1(2\omega_0)+2S_{12}^{(l)}(2\omega_0)] \tag{7.6-10}$$

只有刚度项的随机参激情形的稳定性条件最早由 Stratonovitch 与 Romanovskii[21] 得到，同时有阻尼与刚度随机参激的稳定性条件则由 Ariaratnam 与 Tam[22] 得到.

其次考虑几乎肯定样本稳定性. 由（7.6-2）的第一式得解

$$A(t)=A_0\exp[-\gamma\nu t+\gamma^{\frac{1}{2}}W_1(t)] \tag{7.6-11}$$

式中 $A_0=A(0)$ 为初值，

$$\nu=\frac{1}{2}+\frac{\alpha}{\gamma} \tag{7.6-12}$$

已知在 $t\to\infty$ 时，以概率 $1W_1(t)\sim(t\log\log t)^{\frac{1}{2}}$. 由（7.6-11）可看出，当 $t\to\infty$ 时，$A(t)$ 将以概率 1 趋于零，假如 $\nu>0$，即

$$\zeta > \frac{\varepsilon^2\pi\omega_0}{4}[S_2(2\omega_0)+S_1(2\omega_0)+2S_{12}^{(l)}(2\omega_0)] \tag{7.6-13}$$

考虑到 $\|Y(t)\|\approx A(t)$，（7.6-13）是原系统（7.6-1）的平凡解 $Y=0$ 的几乎肯定渐近稳定的近似条件. 按照（7.4-37），（7.6-13）还可由（7.6-8）令 $p=0$ 得到.

应指出，上述推论是不够严密的. 因为按照 Khasminskii 极限定理，当 $\varepsilon\to0$ 时，(A,Θ) 只在量级为 $0(\varepsilon^{-2})$ 的有限时间区间上弱收敛于原系统的幅值与相位过程. 而要由 $A(t)$ 的几乎肯定稳定性推断原系统的几乎肯定稳定性，必须要求（A,Θ）在无

限时间区间上强收敛于原系统的幅值与相位过程．这个矛盾在用随机平均法判别稳定性时始终会碰到．然而，与用其他方法得到的结果是一致的，这使我们有理由相信这种推断的正当性．在以后的讨论中，我们将不再区别原系统的稳定性与平均系统的稳定性．

还应指出，当（7.6-1）中 $F_1(t)$ 与 $F_2(t)$ 为相关的物理高斯白噪声时，(7.6-9）和（7.6-10）与 7.5 中相应的一、二矩渐近稳定条件不同．原因之一在于应用标准随机平均法时，运用了变换（5.6-21)．这实际上等于假定受扰后的保守系统的固有频率与未扰系统的相同，都是 ω_0．然而，由于 $F_1(t)$ 与 $F_2(t)$ 为相关的物理高斯白噪声，Wong-Zakai 修正项中有一项 $\varepsilon^2\omega_0^3\pi S_{12}Y$，它使受扰后保守系统的固有频率变成 $\omega_0(1-\varepsilon^2\omega_0\pi S_{12})^{\frac{1}{2}}$．这种情形下，最好按 5.7.1 中推导能量包线随机平均方程步骤推导标准随机平均方程．即先给（7.6-1）加上 Wong-Zakai 修正项，化成等价的伊藤随机微分方程

$$
\begin{aligned}
dY_1 &= Y_2 dt \\
dY_2 &= -[\omega_0^2(1-\varepsilon^2\omega_0\pi S_{12})Y_1 + \omega_0(2\zeta - \varepsilon^2\omega_0\pi S_2)Y_2] \\
&\quad + \sigma dW(t)
\end{aligned}
$$

其中

$$
\sigma^2 = \varepsilon^2 2\pi(\omega_0^4 S_1 Y_1^2 + 2\omega_0^3 S_{12} Y_1 Y_2 + \omega_0^2 S_2 Y_2^2)
$$

然后作变换

$$
\begin{aligned}
Y_1 &= A\cos\Phi \\
Y_2 &= -\omega A\sin\Phi
\end{aligned}
$$

式中

$$
\Phi = \omega t + \Theta,\ \omega = \omega_0(1-\varepsilon^2\omega_0\pi S_{12})^{\frac{1}{2}}
$$

最后应用伊藤微分规则（5.3-46）将上述关于 Y_1 与 Y_2 的伊藤随机微分方程变换成 A 与 Θ 的伊藤随机微分方程．以此方程代替(7.6-2)，用本节所述方法判断稳定性．由于本例中恢复力是线性的，标准随机平均法与能量包线随机平均法将给出一致的结果．7.9 中将说明，经这一修正后，随机平均法将给出与 7.5 中一样的

二阶矩稳定条件。

7.6.2 谐和与宽带随机参激

对于这种情形可有两种办法处理稳定性问题。一是先用确定性与随机平均法得到关于幅值与相位的平均后的伊藤随机微分方程，然后用 7.4.4 节中方法研究几乎肯定稳定性。Stratonovitch 与 Romanovski[21]，Dimentberg，Jsikov 及 Model[23] 先后作了这种分析。二是在平均方程基础上研究矩稳定性。Ariaratnam 与 Tam[24] 作了这种分析。现叙述后一研究的结果。

考虑刚度受谐和与宽带随机参激的单自由度系统，其运动微分方程为

$$\ddot{Y}+2\varepsilon^2\zeta\omega_0\dot{Y}+\omega_0^2[1+\varepsilon^2 h\sin\nu t+\varepsilon f(t)]Y=0 \quad (7.6\text{-}14)$$

式中 $f(t)$ 为宽带平稳随机过程；为书写方便阻尼项引入 ε^2。(7.6-14) 是非自治系统，在应用随机平均法时应区别共振情形与非共振情形，各共振区也应分别考察。此处考察基本参数共振区，即 $\nu\approx 2\omega_0$ 之情形。

令

$$\omega_0^2=\nu^2/4+\varepsilon^2\Delta \quad (7.6\text{-}15)$$

其中 $\varepsilon^2\Delta$ 表示解调量。(7.6-14) 可改写成

$$\ddot{Y}+\frac{\nu^2}{4}Y=-\varepsilon^2[2\zeta\omega_0\dot{Y}+(\Delta+\omega_0^2 h\sin\nu t)Y]$$
$$-\varepsilon\omega_0^2 f(t)Y \quad (7.6\text{-}16)$$

引入变换

$$Y=Z_1\cos\frac{\nu}{2}t+Z_2\sin\frac{\nu}{2}t$$

$$\dot{Y}=-\frac{1}{2}Z_1\nu\sin\frac{\nu}{2}t+\frac{1}{2}Z_2\nu\cos\frac{\nu}{2}t \quad (7.6\text{-}17)$$

(7.6-16) 变成

$$\dot{Z}_1=-\varepsilon^2\left[2\zeta\omega_0\left(Z_1\sin^2\frac{\nu}{2}t\right)-\frac{1}{2}Z_2\sin\nu t\right)$$

$$+ \left(\frac{2\Delta}{\nu} + \omega_0 h \sin \nu t \right) \left(\frac{1}{2} Z_1 \sin \nu t + Z_2 \sin^2 \frac{\nu}{2} t \right) \Bigg]$$

$$+ \varepsilon \omega_0 f(t) \left(\frac{1}{2} Z_1 \sin \nu t + Z_2 \sin^2 \frac{\nu}{2} t \right)$$

$$\dot{Z}_2 = \varepsilon^2 \left[2\zeta \omega_0 \left(\frac{1}{2} Z_1 \sin \nu t - Z_2 \cos^2 \frac{\nu}{2} t \right) - \left(\frac{2\Delta}{\nu} \right. \right.$$

$$\left. + \omega_0 h \sin \nu t \right) \left(Z_1 \cos^2 \frac{\nu}{2} t + \frac{1}{2} Z_2 \sin \nu t \right) \Bigg]$$

$$- \varepsilon \omega_0 f(t) \left(Z_1 \cos^2 \frac{\nu}{2} t + \frac{1}{2} Z_2 \sin \nu t \right) \qquad (7.6\text{-}18)$$

(7.6-18) 具有标准微分方程形式. 若 $f(t)$ 的相关时间比 $1/\varepsilon^2 \zeta \omega_0$ 小得多, $[Z_1, Z_2]^T$ 将近似为矢量扩散过程. 应用确定性平均法与标准随机平均法,得如下平均后的伊藤随机微分方程

$$dZ_1 = \varepsilon^2 \left[\omega_0 \left(\frac{h}{4} - \zeta^* \right) Z_1 + \left(\frac{\Delta}{\nu} - a \right) Z_2 \right] dt$$

$$+ \varepsilon [\sigma_{11}(\boldsymbol{Z}) dW_1 + \sigma_{12}(\boldsymbol{Z}) dW_2]$$

$$dZ_2 = \varepsilon^2 \left[-\left(\frac{\Delta}{\nu} - a \right) Z_1 - \omega_0 \left(\frac{h}{4} + \zeta^* \right) Z_2 \right] dt$$

$$+ \varepsilon [\sigma_{21}(\boldsymbol{Z}) dW_1 + \sigma_{22}(\boldsymbol{Z}) dW_2] \qquad (7.6\text{-}19)$$

式中 W_1, W_2 是独立的单位维纳过程,而

$$\zeta^* = \zeta + \frac{\pi \omega_0}{4} [S(0) - S(2\omega_0)], \quad a = \frac{\pi \omega_0^2}{4} \bar{S}(2\omega_0)$$

$$[\sigma \sigma^T]_{11} = \frac{\pi \omega_0^2}{4} S(2\omega_0) Z_1^2 + \frac{\pi \omega_0^2}{4} [2S(0) + S(2\omega_0)] Z_2^2$$

$$(7.6\text{-}20)$$

$$[\sigma \sigma^T]_{12} = [\sigma \sigma^T]_{21} = -\frac{\pi \omega_0^2}{2} S(0) Z_1 Z_2$$

$$[\sigma \sigma^T]_{22} = \frac{\pi \omega_0^2}{4} [2S(0) + S(2\omega_0)] Z_1^2 + \frac{\pi \omega^2}{4} S(2\omega_0) Z_2^2$$

$$S(\omega) - iS(\omega) = \frac{1}{\pi} \int_0^\infty E[f(t) f(t + \tau)] e^{-i\omega \tau} d\tau$$

对（7.6-19）两边求期望，得

$$\frac{d}{dt}\begin{bmatrix} E[Z_1] \\ E[Z_2] \end{bmatrix} = \varepsilon^2 \begin{bmatrix} \omega_0\left(\dfrac{h}{4}-\zeta^*\right) & \dfrac{\Delta}{\nu}-a \\ -\left(\dfrac{\Delta}{\nu}-a\right) & -\omega_0\left(\dfrac{h}{4}+\zeta^*\right) \end{bmatrix} \begin{bmatrix} E[Z_1] \\ E[Z_2] \end{bmatrix}$$

（7.6-21）

应用胡尔威茨准则，得一阶矩渐近稳定的充要条件为

$$\zeta^* > 0,\ \omega_0^2\zeta^{*2} + \left(\frac{\Delta}{\nu} - a\right)^2 > \frac{\omega_0^2 h^2}{16} \qquad (7.6\text{-}22)$$

即

$$\zeta > \frac{\pi\omega_0}{4}\,[S(2\omega_0) - S(0)]$$

$$\varepsilon^2 h < 4\left\{\left[1 - \frac{\nu}{2\omega_0} - \varepsilon^2\frac{\pi\omega_0}{4}\,\bar{S}(2\omega_0)\right]^2 + \varepsilon^4\left[\zeta - \frac{\pi\omega_0}{4}\left(S(2\omega_0) - S(0)\right)\right]^2\right\}^{\frac{1}{2}} \qquad (7.6\text{-}23)$$

在 $f(t)$ 为物理高斯白噪声时，$S(\omega) = S_0, \bar{S}(\omega) = 0$，(7.6-23) 化为

$$\zeta > 0, \varepsilon^2 h < 4\left[\left(1 - \frac{\nu}{2\omega_0}\right)^2 + \varepsilon^4\zeta^2\right]^{\frac{1}{2}} \qquad (7.6\text{-}24)$$

第一式是只有白噪声参激时的一阶矩稳定条件，第二式是只有谐和参激时的稳定条件。

应用伊藤随机微分公式，由（7.6-19）得二阶矩微分方程组

$$\frac{d}{dt}\begin{bmatrix} E[Z_1^2] \\ E[Z_1 Z_2] \\ E[Z_2^2] \end{bmatrix}$$

$$= 2\varepsilon^2 \begin{bmatrix} d-\omega_0(\zeta-3b+c) & \dfrac{\Delta}{\nu}-a & c+b \\ -\dfrac{1}{2}\left(\dfrac{\Delta}{2}-a\right) & -\omega_0(\zeta-2b+2c) & \dfrac{1}{2}\left(\dfrac{\Delta}{\nu}-a\right) \\ c+b & -\left(\dfrac{\Delta}{\nu}-a\right) & -d-\omega_0(\zeta-3b+c) \end{bmatrix}$$

$$\times \begin{bmatrix} E[Z_1^2] \\ E[Z_1 Z_2] \\ E[Z_2^2] \end{bmatrix} \tag{7.6-25}$$

式中

$$b = \frac{\pi \omega_0}{8} S(2\omega_0), c = \frac{\pi \omega_0}{4} S(0), d = \frac{\omega_0 h}{4}$$

应用胡尔威茨准则，得二阶矩稳定条件

$$\zeta > \frac{\pi \omega_0}{2} S(2\omega_0)$$

$$\varepsilon^2 h < 4 \left\{ \left[1 - \frac{\nu}{2\omega_0} - \frac{\varepsilon^2 \pi \omega_0}{4} \bar{S}(2\omega_0) \right]^2 + \varepsilon^4 \left[\zeta + \frac{\pi \omega_0}{4} S(0) - \frac{\pi \omega_0}{4} S(2\omega_0) \right]^2 \right\}^{\frac{1}{2}} \times \left[\frac{4\zeta - 2\pi \omega_0 S(2\omega_0)}{4\zeta + 2\pi \omega_0 S(0) - \pi \omega_0 S(2\omega_0)} \right]^{\frac{1}{2}} \tag{7.6-26}$$

在 $f(t)$ 为物理白噪声时，(7.6-26) 化为

$$\zeta > \frac{\pi \omega_0 S_0}{2}$$

$$\varepsilon^2 h < 4 \left[\left(1 - \frac{\nu}{2\omega_0} \right)^2 + \varepsilon^4 \left(\zeta + \frac{\pi \omega_0 S_0}{4} \right)^2 \right]^{\frac{1}{2}} \times \left[\frac{4\zeta - 2\pi \omega_0 S_0}{4\zeta + \pi \omega_0 S_0} \right]^{\frac{1}{2}} \tag{7.6-27}$$

第一式为只受白噪声参激时的稳定条件，与(7.6-10)一致，比较第二式，由 (7.6-24) 中的第二式知，附加的白噪声参激使原来谐和参激不稳定区提高并同时加宽.

当 $f(t)$ 具有指数型相关函数

$$E[f(t)f(t+\tau)] = \sigma^2 \exp(-\beta|\tau|) \tag{7.6-28}$$

时，

$$S(\omega) = \frac{\sigma^2}{\pi} \frac{\beta}{\beta^2 + \omega^2}, \bar{S}(\omega) = \frac{\sigma^2}{\pi} \frac{\omega}{\beta^2 + \omega^2} \tag{7.6-29}$$

相关时间为 $O(\beta^{-1})$，响应松弛时间为 $O(\varepsilon^{-2})$，随机平均法适用条

件为 $\beta \gg \varepsilon^2$。一阶矩稳定条件为

$$\zeta > -\frac{\sigma^2}{8k(1+k^2)}$$

$$\varepsilon^2 h < 4\left\{\left[1-\frac{\nu}{2\omega_0}-\frac{\varepsilon^2\sigma^2}{8(1+k^2)}\right]^2 + \varepsilon^4\left[\zeta+\frac{\sigma^2}{8k(1+k^2)}\right]^2\right\}^{\frac{1}{2}} \tag{7.6-30}$$

二阶矩稳定条件为

$$\zeta > \frac{\sigma^2 k}{4(1+k^2)}$$

$$\varepsilon^2 h < 4\left\{\left[1-\frac{\nu}{2\omega_0}-\frac{\varepsilon^2\sigma^2}{8(1+k^2)}\right]^2 + \varepsilon^4\left[\zeta+\frac{\sigma^2(2+k^2)}{8k(1+k^2)}\right]^2\right\}^{\frac{1}{2}} \times \left[\frac{8k(1+k^2)\zeta-2\sigma^2k^2}{8k(1+k^2)\zeta+\sigma^2(2+k^2)}\right]^{1/2} \tag{7.6-31}$$

式中 $k=\beta/2\omega_0$。

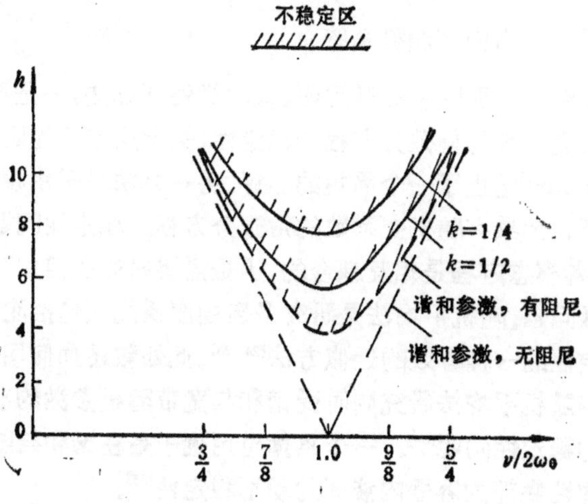

图 7.6-1 一阶矩不稳定区．$\zeta=1.0$，$\sigma^2=2.0$，$\varepsilon^2=0.1$

对固定的 $\zeta,\sigma^2,\varepsilon^2$ 之值,不同的 k 值在参数 $(h,\nu/2\omega_0)$ 平面上的一、二阶矩不稳定区示于图 7.6-1 与 7.6-2 上。由图可见，通过适当选取 σ^2 与 k 值,可使谐和参激下不稳定的系统稳定化。

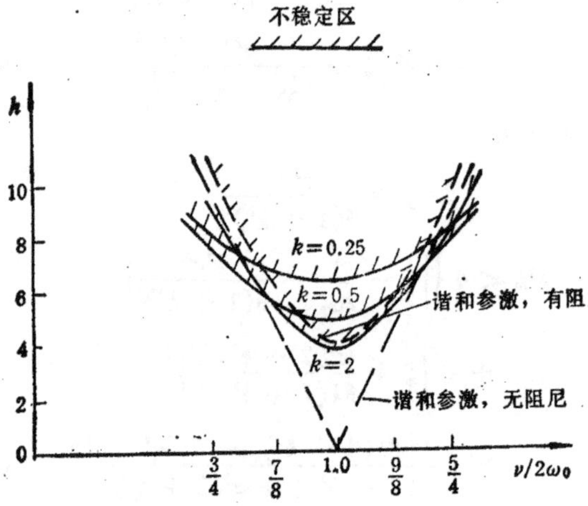

图 7.6-2 二阶矩不稳定区. $\zeta=1.0,\sigma^2=2.0,\varepsilon^2=0.1$

7.6.3 多自由度随机系统

对连续系统受随机参激问题,有两类处理办法,一是直接研究具有随机变系数的偏微分方程的稳定性,关于这方面的研究动向,最近 Kozin[25]给出了一个简短的述评.另一办法是采用模态展式,将原问题化为具有随机变系数的常微分方程的稳定性问题. 一般情形下,各模态方程是相互耦合的,于是需要研究多自由度系统的随机参激问题.随机平均法是研究多自由度系统（包括陀螺系统）随机稳定性的一种有效的近似方法[26-33].此处叙述如何用确定性平均法与随机平均法研究同时受谐和与宽带随机参激的非陀螺线性系统的稳定性问题[34]. 一个具体应用例子是在谐和与随机激励下具有弹性底部的容器内液面的动不稳定性[35].

设系统的运动微分方程为

$$\ddot{Q}_r+\omega_r^2Q_r+2\varepsilon^2\omega_r\sum_s\beta_{rs}\dot{Q}_s+2\omega_r^2[\varepsilon^2h\sin\nu t$$

$$+\varepsilon f(t)]\sum_s k_{rs}Q_s=0$$

$$(r,s=1,2,\cdots,n) \qquad (7.6\text{-}32)$$

式中 Q_r 表示模态位移；ω_r 为固有频率；β_{rs} 为粘性阻尼系数；k_{rs}，h，ν 为常数；ε 为正小参数。与(7.6-14)一样，(7.6-32) 属非自治系统，主要研究它在共振区的性态。

引入无量纲量

$$\tau=\nu t,\ \ \Omega_r=\omega_r/\omega_0,\ \ \nu=\omega_0(1-\varepsilon^2\lambda) \qquad (7.6\text{-}33)$$

$\varepsilon^2\lambda\omega_0$ 表示解调量，(7.6-32) 变成

$$Q_r''+\Omega_r^2Q_r+2\varepsilon^2\sigma\Omega_r^2Q_r+2\varepsilon^2\Omega_r\sum_s\beta_{rs}Q_s'+2\Omega_r^2[\varepsilon^2h\sin\tau$$

$$+\varepsilon f(\tau/\nu)]\sum_s k_{rs}Q_s=0 \qquad (7.6\text{-}34)$$

$$r,s=1,2,\cdots,n$$

其中"$'$"表示对 τ 的导数。

利用变换

$$\left.\begin{aligned}Q_r&=Z_re^{i\Omega_r\tau}+\bar{Z}_re^{-i\Omega_r\tau}\\ Q_r'&=i\Omega_r(Z_re^{i\Omega_r\tau}-\bar{Z}_re^{-i\Omega_r\tau})\end{aligned}\right\}\quad r=1,2,\cdots,n \qquad (7.6\text{-}35)$$

其中"-"表示复共轭，(7.6-34) 可化为下列标准形式微分方程

$$Z_r'=\varepsilon^2\sum_s[b_{rs}Z_se^{-i(\Omega_r-\Omega_s)\tau}-\bar{b}_{rs}\bar{Z}_se^{-i(\Omega_r+\Omega_s)\tau}]$$

$$+[\varepsilon^2h\sin\tau+\varepsilon f(\tau/\nu)]\sum_s p_{rs}[Z_se^{-i(\Omega_r-\Omega_s)\tau}$$

$$+\bar{Z}_se^{-i(\Omega_r+\Omega_s)\tau}]$$

$$r,s=1,2,\cdots,n \qquad (7.6\text{-}36)$$

式中

$$b_{rr}=-\Omega_r(\beta_{rr}-i\lambda),\ b_{rs}=-\Omega_s\beta_{rs},\ p_{rs}=i\Omega_rk_{rs}$$

假定 $\omega_0=|\omega_l\pm\omega_m|$，但不满足关系 $\omega_i\pm\omega_j\pm\omega_k+\omega_l=0$

$(i,j,k,l \leqslant n)$，即发生外共振而无内共振．对（7.6-36）应用确定性平均法与随机平均法，得下列平均后的伊藤随机微分方程

$$dZ_r = \varepsilon^2 \Omega_r[-\beta_{rr}^* + i(A-\gamma_r)]Z_r dt + \varepsilon \sum_{j=1}^{2n} \sigma_{rj} dW_j$$

$$r = 1,2,\cdots,n; r \neq l,m \tag{7.6-37}$$

$$dZ_l = \varepsilon^2 \Omega_l \left[-\beta_{ll}^* + i(\lambda-\gamma_l)Z_l + \frac{1}{2}k_{lm}h^2 \begin{bmatrix} \bar{Z}_m \\ Z_m \end{bmatrix} \right] dt$$

$$+ \varepsilon \sum_{j=1}^{2n} \sigma_{lj} dW_j$$

$$dZ_m = \varepsilon^2 \Omega_m \left[-\beta_{mm}^* + i(\lambda-\gamma_m)Z_m + \frac{1}{2}k_{ml}h^2 \begin{bmatrix} \bar{Z}_l \\ -Z_l \end{bmatrix} \right] dt$$

$$+ \varepsilon \sum_{j=1}^{2n} \sigma_{mj} dW_j$$

式中[:]的上项与下项分别适用于$\omega_0 = \omega_l + \omega_m$与$\omega_0 = |\omega_l - \omega_m|$之情形，

$$\beta_{jj}^* = \beta_{jj} - \pi \sum_{s=1}^{n} \omega_s k_{js} k_{sj} S^-(\omega_j, \omega_s)$$

$$\gamma_j = \pi \sum_{s=1}^{n} \omega_s k_{js} k_{sj} \psi^-(\omega_j, \omega_s)$$

$$S(\omega) = \frac{1}{\pi} \int_0^\infty E[f(t)f(t+u)] \cos \omega u du$$

$$\psi(\omega) = \frac{1}{\pi} \int_0^\infty E[f(t)f(t+u)] \sin \omega u du \tag{7.6-38}$$

$$S^\pm(\omega_r, \omega_s) = S(\omega_r + \omega_s) \pm S(\omega_r - \omega_s)$$

$$\psi^\pm(\omega_r, \omega_s) = \psi(\omega_r + \omega_s) \pm \psi(\omega_r - \omega_s)$$

$$[\sigma\sigma^T]_{rs} = -2\pi[k_{rr}k_{ss}S(0) + k_{rs}k_{sr}S(\omega_r - \omega_s)]\omega_0 \Omega_r \Omega_s Z_r Z_s$$

$$[\sigma\sigma^T]_{r,s+n} = 2\pi[k_{rr}k_{ss}S(0) + k_{rs}k_{sr}S(\omega_r + \omega_s)]\omega_0 \Omega_r \Omega_s Z_r \bar{Z}_s + \delta_{rs} 2\pi \omega_0 \Omega_r^2 \sum_{\substack{j=1 \\ j \neq r}}^{n} k_{rj}^2 S^-(\omega_r, \omega_j) Z_j \bar{Z}_j$$

$$r,s=1,2,\cdots,n$$

式中 δ_{rs} 为克罗奈克尔 δ；$W_j(j=1,2,\cdots,2n)$ 为独立的单位维纳过程。

应用伊藤随机微分公式，可由（7.6-37）得任意阶矩方程组。不同阶数的矩方程之间是不耦合的，对各阶矩方程组分别应用胡尔威茨准则，可得各阶矩稳定的条件。

一阶矩稳定条件，在亚谐共振区（$\omega_0=2\omega_m$）为

$$\beta_{rr}^{*}>0,\ r=1,2,\cdots,n$$

$$(\lambda-\gamma_m)^2>\frac{1}{4}k_{mm}^2h^2-\beta_{mm}^{*2} \tag{7.6-39}$$

在组合共振区（$\omega_0=\omega_l\pm\omega_m,\omega_l>\omega_m$）为

$$\beta_{rr}^{*}>0,\ r=1,2,\cdots,n \tag{7.6-40}$$

$$[\lambda\omega_0-(\gamma_l\omega_l\pm\gamma_m\omega_m)]^2>\frac{(\beta_{ll}^{*}\omega_l\beta_{mm}^{*}\omega_m)^2}{\beta_{ll}^{*}\beta_{mm}^{*}}\left(\pm\frac{k_{lm}k_{ml}h^2}{4}-\beta_{ll}^{*}\beta_{mm}^{*}\right)$$

（7.6-39）与（7.6-40）中前 n 个不等式表示纯随机参激稳定条件，最后一个不等式表示谐和与随机参激稳定条件，当随机部分为高斯白噪声时，最后一式化为纯谐和参激稳定条件。

二阶矩稳定条件表达式较为复杂，对两自由度系统，在亚谐共振区（$\omega_0=2\omega_1$）为

$$\beta_{11}^{**}>0,\ \beta_{22}^{**}>0$$

$$\beta_{11}^{**}\beta_{22}^{**}>\frac{1}{4}\omega_1\omega_2[k_{12}k_{21}S^{+}(\omega_1,\omega_2)]^2 \tag{7.6-41}$$

$$(\lambda-\gamma_1)^2>\frac{(\beta_{11}^{**}+\Delta)\beta_{22}^{**}}{\beta_{11}^{**}\beta_{22}^{**}-\Delta}\left(\frac{1}{4}k_{11}^2h^2\right)-(\beta_{11}^{**}+\Delta_1)^2$$

式中

$$\begin{aligned}\beta_{11}^{**}&=\beta_{11}-2\pi\omega_1k_{11}^2S(2\omega_1)-\pi\omega_2k_{12}k_{21}S^{-}(\omega_1,\omega_2)\\ \beta_{22}^{**}&=\beta_{22}-2\pi\omega_2k_{22}^2S(2\omega_2)-\pi\omega_1k_{12}k_{21}S^{-}(\omega_1,\omega_2)\\ \Delta&=\pi^2\omega_1\omega_2[k_{12}k_{21}S^{+}(\omega_1,\omega_2)]^2\\ \Delta_1&=\pi\omega_1k_{11}^2[2S(0)+S(2\omega_1)]\end{aligned} \tag{7.6-42}$$

(7.6-41) 中前三个不等式表示纯随机参激稳定条件，最后一式为谐和与随机参激稳定条件。在 $k_{12}=k_{21}=0$ 时，条件 (7.6-41) 与单自由度情形相同。对白噪声激励，(7.6-41) 化为

$$\beta_{11}>\alpha_{11},\beta_{22}>\alpha_{22}$$

$$(\beta_{11}-\alpha_{11})(\beta_{22}-\alpha_{22})>\alpha_{12}^2 \tag{7.6-43}$$

$$\lambda^2>\frac{\left(\beta_{11}+\frac{1}{2}\alpha_{11}\right)(\beta_{22}-\alpha_{22})}{(\beta_{11}-\alpha_{11})(\beta_{22}-\alpha_{22})-\alpha_{12}^2}\left(\frac{1}{4}k_{11}^2h^2\right)-\left(\beta_{11}+\frac{1}{2}\alpha_{11}\right)^2$$

式中

$$\alpha_{rs}=2\pi(\omega_r\omega_s)^{1/2}k_{rs}k_{sr}S_0,\quad r,s=1,2$$

计算表明[34,35],附加的白噪声参激使纯谐和参激不稳定区加宽（见图 (7.6-3)),加宽的程度随谱密度 S_0 的增大而提高。

在组合共振区 ($\omega_0=\omega_1\pm\omega_2,\omega_1>\omega_2$)，前三个稳定条件与 (7.6-41) 中的相同，第四个条件改为

$$[\lambda\omega_0-(\omega_1\gamma_1\pm\omega_2\gamma_2)]^2>\frac{(\omega_1\beta_{11}^{**}+\omega_2\beta_{22}^{**})\pm2(\omega_1\omega_2\Delta)^{1/2}}{\beta_{11}^{**}\beta_{22}^{**}-\Delta}$$

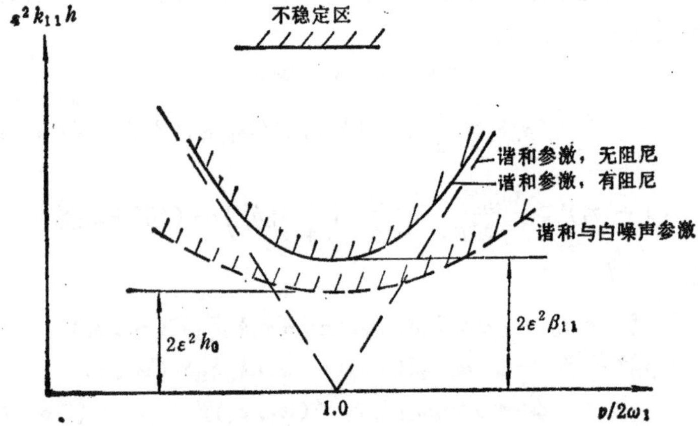

图 7.6-3 附加白噪声参激对不稳定区的影响

$$\times A^{\pm}\left(\pm\frac{1}{4}k_{12}k_{21}h^2\right)-(A^{\pm})^2 \qquad (7.6\text{-}44)$$

式中

$$A^{\pm}=\omega_1\beta_{11}^{**}+\omega_2\beta_{22}^{**}+\pi[\omega_1^2k_{11}^2S(2\omega_1)+\omega_2^2k_{22}^2S(2\omega_2)]$$
$$+\pi[\omega_1k_{11}\pm\omega_2k_{22}]^2S(0)\pm2\pi\omega_1\omega_2k_{11}k_{21}S(\omega_1\mp\omega_2)$$

对白噪声参激，(7.6-44) 变成

$$(\lambda\omega_0)^2>\frac{\omega_1(\beta_{11}-\alpha_{11})+\omega_2(\beta_{22}-\alpha_{22})\pm2(\omega_1\omega_2)^{1/2}\alpha_{12}}{(\beta_{11}-\alpha_{11})(\beta_{22}-\alpha_{22})-\alpha_{12}^2}$$
$$\times A^{\pm}\left(\pm\frac{1}{4}k_{12}k_{21}h^2\right)-(A^{\pm})^2$$

此时

$$A^{\pm}=\omega_1\beta_{11}+\omega_2\beta_{22}\pm2\pi\omega_1\omega_2(k_{11}k_{22}+k_{12}k_{21})S_0$$
$$=\omega_1\beta_{11}+\omega_2\beta_{22}\pm(\omega_1\omega_2)^{1/2}[(\alpha_{11}\alpha_{22})^{1/2}+\alpha_{12}]$$

7.7 随机参激系统平稳响应的精确解

本章前几节讨论随机参激系统的稳定性，从本节开始依次用 FPK 方程法、随机平均法、等效非线性系统法及矩方程法考察随机参激系统的平稳响应.

5.4 节中曾给出几类非线性随机振动系统的精确稳态解，并指出，利用等价随机系统的概念，还可得到更大量非线性随机振动系统的精确稳态解. 6.2 节还指出，等效非线性系统法实质上是用一个近似等价的具有精确稳态解的非线性随机系统代替给定的非线性随机系统，以前者之解作为后者的近似解. 可见，更详细地考察具有精确稳态解的非线性随机系统具有重要的意义. 本节通过一个具体的例子较详细地讨论具有精确稳态解的非线性随机系统.

考虑用下列微分方程描述的非线性随机系统

$$\ddot{Y}+[2\zeta+\eta(Y^2+\dot{Y}^2)^r]\dot{Y}+Y=Y\xi_1(t)$$
$$+\dot{Y}\xi_2(t)+\xi_3(t) \qquad (7.7\text{-}1)$$

式中 ζ,η,r 为常数，$\xi_j(t)(j=1,2,3)$ 为独立的物理高斯白噪声，其强度为 $2D_j$。当 $D_1=D_2$ 时，(7.7-1) 与下列系统具有相同的 FPK 方程

$$\ddot{Y}+[2\zeta+\eta(2H)^r]\dot{Y}+Y=\sqrt{2H}\,\xi_1(t)+\xi_3(t) \quad (7.7\text{-}2)$$

式中 $H=(\dot{Y}^2+Y^2)/2$。(7.7-2) 是一个能量依赖系统，是 (5.4-56) 之特殊情形。按 (5.4-67)，(7.7-2) 之精确平稳解为

$$p_s(y,\dot{y})=C(2HD_1+D_3)^{-1/2}\times\exp\left[-\int_0^H\frac{2\zeta+\eta(2u)^r}{2D_1u+D_3}du\right]\Bigg|_{H=\frac{1}{2}(\dot{y}^2+y^2)} \quad (7.7\text{-}3)$$

式中 C 为归一化常数．解 (7.7-3) 存在且唯一，如果它是可归一化的。下面分几种情形讨论此解的性质。

首先考察线性情形 ($\eta=0$)。此时解 (7.7-3) 化为

$$p_s(y,\dot{y})=C(y^2+\dot{y}^2+k_1)^{-\mu} \quad (7.7\text{-}4)$$

式中

$$k_1=\frac{D_3}{D_1},\ \mu=\frac{1}{2}+\frac{\zeta}{D_1} \quad (7.7\text{-}5)$$

(7.7-4) 可归一化的条件是 $\mu>1$，即

$$2\zeta>D_1 \quad (7.7\text{-}6)$$

这也是 (7.7-1) 的平凡解 $\boldsymbol{Y}=\mathbf{0}$ 在概率意义上稳定的条件，考虑到 $\xi_1(t)$ 与 $\xi_2(t)$ 是具有相同强度的独立的物理高斯白噪声，(7.7-6) 与 (7.6-13) 一致，因此，(7.7-6) 也是 (7.7-1) 的平凡解 $\boldsymbol{Y}=\mathbf{0}$ 的几乎肯定渐近稳定的条件。当 $\mu<1$ 时，(7.7-4) 不可归一化，(7.7-1) 的平凡解 $\boldsymbol{Y}=\mathbf{0}$ 在概率意义上（或几乎肯定）不稳定，几乎所有样本解无限发散。$\mu=1$ 对应于稳定性边界。注意，随机外激励不影响系统的稳定性。

当线性系统受纯随机参激而稳定时 ($\eta=0,D_3=0,\mu>1$)，(7.7-4) 在 $y=\dot{y}=0$ 处为非可积奇异，$p(y,\dot{y})$ 退化为 $\delta(y,\dot{y})$。这意味着系统的状态无振荡地保持在平稳位置 $\boldsymbol{Y}=\mathbf{0}$ 上。

当线性系统同时受随机参激与外激时 ($\eta=0,\ \mu>1,D_3\neq0$)，可求得 (7.7-4) 中的归一化常数

$$C = (\mu - 1)k_1^{(\mu-1)}/\pi \tag{7.7-7}$$

这表明，平稳响应服从幂律分布而非高斯分布．只有当 $D_1 \to 0$，即外激相对于参激占优势时，利用极限关系

$$\lim_{\nu \to 0}(1 + \nu x)^{-1/\nu} = \exp(-x) \tag{7.7-8}$$

可证，(7.7-4) 趋向于高斯分布。

由 (7.7-4) 与 (7.7-7) 可得线性系统平稳位移响应的概率密度

$$p_s(y) = \frac{k_1^{\mu-1}\Gamma(\mu - 1/2)}{\sqrt{\pi}\,\Gamma(\mu - 1)}(k_1 + y^2)^{-(\mu-1/2)} \tag{7.7-9}$$

由此可见，响应位移也服从幂律分布而非高斯分布，除非 $D_1 \to 0$．由(7.7-9) 可得响应位移的偶数阶矩

$$\begin{aligned} E[Y^{2n}] &= k_1^n\Gamma(n + 1/2)\Gamma(\mu - n - 1)/[\sqrt{\pi}\,\Gamma(\mu - 1)] \\ &= \frac{k_1^n \cdot 1 \cdot 3 \quad 5 \cdots (2n - 1)}{2^n(\mu - 2)(\mu - 3)\cdots(\mu - n - 1)} \end{aligned} \tag{7.7-10}$$

$2n$阶矩 存在的条件，即 (7.7-1) 平凡解 $Y = \dot{Y} = 0$ $2n$ 阶矩稳定的条件为 $\mu > n + 1$。显然，随着矩阶次的提高，稳定条件变得严厉．概率意义上（或几乎肯定）的稳定条件是 $2n$ 阶矩稳定条件在 $n \to 0$ 时的极限．此与 (7.4-37) 一致。

其次考察非线性情形 ($\eta \neq 0$)。当 r 为正整数时，完成 (7.7-3) 中的积分得

$$\begin{aligned} p_s(y, \dot{y}) = {} & C(y^2 + \dot{y}^2 + k_1)^{[-\mu+(-1)^{(r+1)}k_1^r k_2]} \\ & \times \exp\left[-\sum_{s=1}^{r}\frac{(-1)^{(r-s)}k_1^{(r-s)}k_2}{s}(y^2 + \dot{y}^2)^s\right] \end{aligned} \tag{7.7-11}$$

当 $r = n + 1/2$，n 为正整数时，则为

$$\begin{aligned} p_s(y, \dot{y}) = {} & C(y^2 + \dot{y}^2 + k_1)^{-\mu} \\ & \times \exp\left\{-\sum_{s=0}^{n}\frac{(-1)^s Z k_1^s k_2}{(2n - 2s + 1)}(y^2 + \dot{y}^2)^{(n-s+1/2)}\right. \\ & \left. + (-1)^n k_1^r k_2 \operatorname{tg}^{-1}[(y^2 + \dot{y}^2)^{1/2}/k_1^{1/2}]\right\} \end{aligned} \tag{7.7-12}$$

式中 $k_2 = \eta/2D_1$。当 $r = 1$ 时，(7.7-11) 化为 Dimentberg[36] 之

解，此时归一化常数 $C = k_2^{(k_1k_2-\mu+1)}e^{-k_1k_2}/\Gamma(k_1k_2-\mu+1,\ k_1k_2)$. 关于这一情形的更详细讨论见 7.11 节。

在纯参激情形（$k_1=0$），(7.7-11) 与 (7.7-12) 都化为

$$p_s(y,\dot{y}) = C(y^2+\dot{y}^2)^{-\mu}\exp\left[-\frac{k_2}{r}(y^2+\dot{y}^2)^r\right] \tag{7.7-13}$$

在 $\mu>1$ 时，(7.7-13) 退化为 $\delta(y,\dot{y})$，即系统状态无振荡地保持在平衡位置 $Y=0$ 上。

当 r 非为正整数或正整数之半时，虽然不能完成 (7.7-3) 中的积分，但平稳概率密度具有类似于(7.7-11)—(7.7-13)的性质。可见，只要 $\eta, r>0$，平稳响应在概率意义上总是有界的，即使 $\mu<1$，即平衡位置 $Y=0$ 由于随机参激而不稳定时，或 $\mu<1$ 与 $\zeta<0$，即平衡位置 $Y=0$ 由于随机参激与自激而不稳定时也是如此。换言之，非线性阻尼可限制由于随机参激与（或）自激引起的响应的发散。注意，(7.7-11) —(7.7-13) 在 $\zeta<0$ 时也有效。

从 (7.7-11)—(7.7-13) 可知，非线性系统对随机参激或同时具有随机参激与外激的平稳响应一般是非高斯的。只有在 $r=1$ 与 $k_1k_2-\mu=0$ 之特殊情形，响应才是高斯的。

从 (7.7-11)—(7.7-13) 还可求得平稳响应位移或速度的边缘概率密度与各阶矩。从 (7.7-4)，(7.7-11)—(7.7-13) 还可看出，虽然平稳响应的位移与速度是不相关的，但它们并不独立。

一个随机系统平稳响应的最突出的性质是平稳概率密度的极大值个数与位置。概率密度的极大值对应于系统的最大可能状态。在随机激励强度趋向于零时，它过渡到确定性系统的稳态。(7.7-3) 可方便地用来确定平稳概率密度的极大值。例如，当 $\zeta<0$，$\eta>0$ 时，在圆周 $\dot{y}^2+y^2=k^2$ 上概率密度取极大值，k^2 值取决于系统参数与激励强度值。这表明系统平稳响应的最大可能状态是一个极限环。关于这一情形的例子将在 7.10 节中给出。

7.8 用标准随机平均法预测随机参激响应

标准随机平均法已被广泛用于预测线性系统与含非线性阻尼的系统对宽带随机参激的响应. Roberts[37] 给出了含线性加幂律形式非线性阻尼的系统对随机刚度参激与外激的平稳响应概率密度. Brouwers[38] 给出了类似系统对随机刚度参激的瞬态响应的样本解与概率解 Dimentberg[45] 则给出了谐和参激与随机外激以及谐和与随机参激等情形的平稳响应. 下面讨论含非线性阻尼的系统对宽带随机参激与外激的平稳响应.

考虑用下列运动微分方程描述的随机系统

$$\ddot{Y} + \varepsilon^2 h(Y, \dot{Y}) + \omega_0^2[1 + \varepsilon F_1(t)] = \varepsilon F_2(t) \tag{7.8-1}$$

式中 $F_1(t)$与$F_2(t)$为宽带平稳随机过程，假定它们的相关时间比响应松驰时间小得多.应用标准随机平均法,可得如下平均后方程

$$dA = \left[H_1(A) + \frac{3}{2}\alpha A + \frac{\beta}{2A}\right]dt + (\beta + \alpha A^2)^{1/2} dW_1$$

$$d\Theta = [H_2(A) + \eta]dt + \left(\frac{B}{A^2} + \alpha + \delta\right)^{1/2} dW_2 \tag{7.8-2}$$

式中 W_1 与 W_2 为独立的单位维纳过程,而

$$H_1(A) = \frac{\varepsilon^2}{2\pi\omega_0}\int_0^{2\pi} h(A\cos\Phi, -A\omega_0\sin\Phi)\sin\Phi d\Phi$$

$$H_2(A) = \frac{\varepsilon^2}{2\pi\omega_0 A}\int_0^{2\pi} h(A\cos\Phi, -A\omega_0\sin\Phi)\cos\Phi d\Phi$$

$$\alpha = \varepsilon^2\pi\omega_0^2 S_1(2\omega_0)/4, \beta = \varepsilon^2\pi S_2(\omega_0)/\omega_0^2$$

$$\eta = \frac{\varepsilon^2\omega_0^2}{4}\int_0^{\infty} R_1(\tau)\sin 2\omega_0\tau d\tau, \delta = \varepsilon^2\pi S_1(0)/2 \tag{7.8-3}$$

$R_1(\tau)$ 与 $S_1(\omega)$ 分别为 $F_1(t)$ 的相关函数与谱密度，$S_2(\omega)$ 为 $F_2(t)$ 的谱密度. 由 (7.8-2) 知,$A(t)$ 是一维扩散过程，其转移概率密度 $p(a,t|a_0)$ 满足下列 FPK 方程:

$$\frac{\partial p}{\partial t} = -\frac{\partial}{\partial a}\left\{\left[H_1(a) + \frac{3}{2}\alpha a + \frac{\beta}{2a}\right]p\right\}$$

$$+\frac{1}{2}\frac{\partial^2}{\partial a^2}[(\beta+\alpha a^2)p] \tag{7.8-4}$$

(7.8-4) 的平稳解为

$$p_s(a)=C\exp\left[\int_0^a\frac{2H_1(u)+\alpha u+\beta/u}{\alpha u^2+\beta}du\right] \tag{7.8-5}$$

下面讨论几种特殊情形的平稳响应.

一、**线性阻尼**

令

$$\varepsilon^2 h(Y,\dot{Y})=2\zeta\omega_0\dot{Y} \tag{7.8-6}$$

则按 (7.8-3) 第一式算出

$$H_1(a)=-\zeta\omega_0 a \tag{7.8-7}$$

代入 (7.8-5) 并完成积分,得

$$p_s(a)=\frac{2\alpha\lambda\beta^\lambda a}{(\beta+\alpha a^2)^{1+\lambda}} \tag{7.8-8}$$

式中

$$\lambda=(\zeta\omega_0-\alpha)/\alpha \tag{7.8-9}$$

平稳解 (7.8-8) 存在的条件是 $\lambda>0$,即

$$\zeta>\varepsilon^2\pi\omega_0 S_1(2\omega_0)/4 \tag{7.8-10}$$

这也是系统 (7.8-1) 的平衡位置 $Y=0$ 在概率意义上稳定的近似条件。它与 (7.6-13) 一致。这再次说明随机外激励不影响系统稳定性。

由 (7.8-8) 可得响应幅值的 n 阶矩

$$E[A^n]=\frac{\lambda\beta^{n/2}\Gamma(1+n/2)\Gamma(\lambda-n/2)}{\alpha^{n/2}\Gamma(\lambda+1)} \tag{7.8-11}$$

n 阶矩存在条件,即系统 (7.8-1) 平衡位置 $Y=0$ n 阶平均稳定的近似条件是 $\lambda>n/2$,即

$$\zeta>\frac{(1+n/2)}{4}\varepsilon^2\pi\omega_0 S_1(2\omega_0) \tag{7.8-12}$$

此与 (7.6-8) 一致. 可见随机外激励也不影响系统 n 阶平均稳定性。当 $n=0$ 时,(7.8-12) 化为概率意义上稳定的近似条件

(7.8-10). 根据 (7.4-37), (7.8-10) 也是系统 (7.8-1) 平衡位置 $Y=0$ 几乎肯定样本稳定的近似条件。从 (7.8-12) 还可看出，随着矩阶数的提高，稳定条件变得越来越严厉。

注意，按 (7.8-8)，响应幅值一般不服从瑞利分布。但利用极限关系 (7.7-8) 可证，当 $\alpha\to 0$ 时，(7.8-8) 具有瑞利形式

$$p_s(a)=\frac{a}{\sigma_Y^2}\exp\left[-\frac{a^2}{2\sigma_Y^2}\right] \tag{7.8-13}$$

式中

$$\sigma_Y^2=\frac{\beta}{2\zeta\omega_0}=\frac{\pi S_2(\omega_0)}{2\zeta\omega_0^3} \tag{7.8-14}$$

(7.8-13) 是线性系统只有随机外激时的响应幅值分布。可以想见，随着随机参激谱密度的增大，稳态响应幅值将越来越偏离瑞利分布。

按 (5.6-54)，可由 (7.8-8) 得平稳响应的位移与速度的联合分布

$$p_s(y,\dot{y})=\frac{1}{\pi\omega_0}\frac{\alpha\lambda\beta^\lambda}{[\beta+\alpha(y^2+\dot{y}^2/\omega_0^2)]^{1+\lambda}} \tag{7.8-15}$$

由此可见，线性系统对随机参激与外激的平稳响应一般为非高斯分布。同样可证，只有当 $\alpha\to 0$ 时才趋向于高斯分布。

由 (7.8-15) 对 $\dot{y}$ 积分可得平稳位移响应的边缘分布

$$p_s(y)=\frac{\alpha^{1/2}\lambda\beta^\lambda\Gamma(\lambda+1/2)}{\pi^{1/2}\Gamma(\lambda+1)(\beta+\alpha y^2)^{1/2+\lambda}} \tag{7.8-16}$$

$\alpha\to 0$ 时，(7.8-16) 趋向于高斯分布。由 (7.8-16) 可得响应位移的 n 阶矩

$$E[Y^n]=\begin{cases}\dfrac{\lambda\beta^{n/2}\Gamma[(1+n)/2]\Gamma(\lambda-n/2)}{\alpha^{n/2}\pi^{1/2}\Gamma(\lambda+1)}, & \text{偶数 } n\\[2ex] 0, & \text{奇数 } n\end{cases} \tag{7.8-17}$$

n 阶矩存在的条件是

$$\lambda>n/2 \tag{7.8-18}$$

这与响应幅值的 n 阶矩存在条件 (7.8-12) 相同。

二、线性加平方阻尼

设

$$\varepsilon^2 h(Y,\dot{Y}) = 2\zeta\omega_0\dot{Y} + \rho\dot{Y}|\dot{Y}| \tag{7.8-19}$$

式中 ρ 为二次阻尼系数. 常假定流动阻尼具有（7.8-19）的形式，将（7.8-19）代入（7.8-3）得

$$H_1(a) = -\omega_0 a\left[\zeta + \frac{4}{3\pi}\rho a\right] \tag{7.8-20}$$

将（7.8-20）代入（7.8-5），积分得

$$p_s(a) = \frac{Ca}{(\beta + \alpha a^2)^{1+\lambda}} \times \exp\left\{-\frac{1}{\nu}\left[a - (\beta/2)^{1/2}\tan^{-1}(\alpha/\beta)^{1/2}a\right]\right\} \tag{7.8-21}$$

式中 C 为归一化常数；$\nu = 3\pi\alpha/8\rho\omega_0$。

在纯参激情形（$\beta = 0$），（7.8-21）化为

$$p_s(a) = \frac{C}{\alpha^{1+\lambda}a^{1+2\lambda}}\exp\left[-\frac{\alpha}{\nu}\right] \tag{7.8-22}$$

式中 $C = \nu^{2\lambda}\alpha^{1+\lambda}/\Gamma(-2\lambda)$。（7.8-22）的存在条件是 $\lambda < 0$，即当（7.8-1）的平衡位置 $Y = 0$ 在概率意义上不稳定时；$\lambda > 0$ 时，（7.8-22）退化为 $\delta(a)$。而 $a = 0$ 是非可积奇异点。其意为系统状态无振荡地保持在平衡位置 $Y = 0$ 上，由此可知，决定系统稳定性的只是阻尼的线性部分；阻尼的非线性部分只在系统的平衡位置 $Y = 0$ 不稳定时限制响应幅值的增长。

由（7.8-22）可得响应幅值的 n 阶矩

$$E[A^n] = \begin{cases} \nu^n \dfrac{\Gamma(n-2\lambda)}{\Gamma(-2\lambda)}, & \lambda < 0 \\ 0, & \lambda > 0 \end{cases} \tag{7.8-23}$$

按（5.6-54），从（7 8-22）可得平稳响应位移与速度的联合概率密度

$$p_s(y,\dot{y}) = \frac{\nu^{2\lambda}}{2\pi\omega_0\Gamma(-2\lambda)(y^2 + \dot{y}^2/\omega_0^2)^{1+\lambda}}$$

$$\times \exp\left\{-\left[\frac{y^2+\dot{y}^2/\omega_0^2}{\nu}\right]^{1/2}\right\} \qquad (7.8\text{-}24)$$

(7.8-24) 适用于 $\lambda<0$；$\lambda>0$ 时 $p_s(y,\dot{y})\to\delta(y,\dot{y})$。由 (7.8-22) 或 (7.8-24) 可知，响应为非高斯的。

由 (7.8-24) 可计算平稳响应位移或速度的边缘概率密度及各阶矩。例如，位移方差

$$\sigma_Y^2=\lambda(2\lambda-1)\nu^2 \qquad (\lambda<0) \qquad (7.8\text{-}25)$$

当 $a\to 0$ 时，(7.8-21) 化为

$$p_s(a)=\frac{Ca}{\beta}\exp\left[-\frac{\zeta\omega_0 a^2}{\beta}-\frac{8\rho\omega_0 a^3}{9\pi\beta}\right] \qquad (7.8\text{-}26)$$

此式为纯随机外激时平稳响应幅值概率密度。无平方阻尼($\rho=0$)时，它为瑞利分布。

在同时有随机参激与外激时，可由 (7.8-21) 得平稳响应的位移与速度的联合分布、边缘分布及各阶矩，但其中所涉及的积分难以完成，只能依赖数值积分。

三、线性加立方阻尼

此时

$$\varepsilon^2 h(Y,\dot{Y})=2\zeta\omega_0\dot{Y}+\eta\dot{Y}^3/\omega_0 \qquad (7.8\text{-}27)$$

相应地

$$H_1(a)=-\omega_0 a\left(\zeta+\frac{3\eta a^2}{8}\right) \qquad (7.8\text{-}28)$$

而平稳响应幅值概率密度

$$p_s(a)=\frac{Ca}{(\beta+\alpha a^2)^{\Lambda}}\exp\left(-\frac{a^2}{\xi}\right) \qquad (7.8\text{-}29)$$

式中

$$C=\frac{2\alpha^{\Lambda}\xi^{\Lambda-1}\exp(-\beta/\alpha\xi)}{\Gamma(1-\Lambda,\beta/\alpha\xi)}$$

$$\xi=8\alpha/3\eta\omega_0,\quad \Lambda=\frac{\omega_0}{\alpha}\left(\zeta-\frac{\beta}{\xi}\right) \qquad (7.8\text{-}30)$$

注意，当 $\Lambda=0$ 时，(7.8-29)具有瑞利形式。这再次说明，在一定

的参数组合下，非线性系统对随机参激与外激的响应可为高斯分布。

由（7.8-29）可得平稳响应位移与速度的联合分布、边缘分布及各阶矩，例如位移方差为

$$\sigma_Y^2 = \frac{C\xi^{(\zeta-\Lambda)/2}}{4}\left(\frac{\beta}{\alpha}\right)^{(1-\Lambda)/2}\exp\left(\frac{\beta}{\alpha\xi}\right)W_{-1-\Lambda/2,[2-\Lambda(\beta-\alpha\xi)]/2} \quad (7.8\text{-}31)$$

式中 $W_{\mu,\lambda} = W_{\mu,\lambda}(\xi)$ 为惠特克（Whittaker）函数． 还可根据(7.8-29)对各种情形下（7.8-1）的响应态进行讨论．

7.9 用能量包线随机平均法预测随机参激响应

标准随机平均法只能用来研究阻尼非线性对随机参激响应的影响．而能量包线随机平均法原则上可用来研究各种形式非线性对随机参激响应的效应．笔者[39]曾用此法研究了一类非线性系统对随机参激与外激的平稳响应，讨论了各种非线性因素对参激不稳定系统的限幅效应．此处以一个较简单例子来说明．

考察用下列运动方程描述的非线性随机系统[56]

$$\ddot{Y} + \alpha\dot{Y} + \beta Y^2\dot{Y} + \gamma\dot{Y}^3 + Y = Y\xi_1(t) + \dot{Y}\xi_2(t) + \xi_3(t) \quad (7.9\text{-}1)$$

假定(7.9-1)中 $\xi_1(t)$, $\xi_2(t)$ 及 $\xi_3(t)$ 是相关的物理高斯白噪声，则 Wong-Zakai 修正项有三项，即 $D_{12}Y + D_{22}\dot{Y} + D_{23}$．第二项改变未扰系统的阻尼，第一、三项则改变未扰系统的恢复力，从而改变了保守系统能量包线的表达式．此时，需按 5.7.1 中给出的步骤推导能量包线随机平均方程．与（7.9-1）等价的伊藤随机微分方程为（5.7-2)，其中

$$m(Y_1, Y_2) = -\varepsilon^2 \tilde{f}(Y_1, Y_2) - \tilde{g}(Y_1) \quad (7.9\text{-}2a)$$

$$\sigma^2(Y_1, Y_2) = 2D_{11}Y_1^2 + 4D_{12}Y_1Y_2 + 2D_{22}Y_2^2 + 4D_{23}Y_2 + 2D_{33} + 4D_{13}Y_1 \quad (7.9\text{-}2b)$$

而

$$\varepsilon^2\tilde{f}(Y_1, Y_2) = (\alpha - D_{22})Y_2 + \beta Y_1^2 Y_2 + \gamma Y_2^3 \quad (7.9\text{-}3a)$$

$$\tilde{g}(Y_1) = (1 - D_{12})Y_1 - D_{23} \tag{7.9-3b}$$

系统的能量包线为

$$E = \frac{1}{2}Y_2^2 + \frac{1}{2}(1 - D_{12})(Y_1 - y_{10})^2 \tag{7.9-4}$$

其中 $y_{10} = D_{23}/(1 - D_{12})$。

能量包线随机平均方程为 (5.7-11),其中

$$\begin{aligned} U(E) = &-(\alpha - D_{22})E - \beta E\left[y_{10}^2 + \frac{E}{2(1 - D_{12})}\right] \\ &- \frac{3}{2}\gamma E^2 + D_{11}\left(y_{10}^2 + \frac{E}{1 - D_{12}}\right) + D_{22}E \\ &+ D_{33}E + 2D_{13}y_{10} \end{aligned} \tag{7.9-5a}$$

$$\begin{aligned} V^2(E) = &\,2D_{11}E\left[y_{10}^2 + \frac{E}{2(1 - D_{12})}\right] + 3D_{22}E^2 + 2D_{33}E \\ &+ 4D_{13}y_{10}E \end{aligned} \tag{7.9-5b}$$

$$T(E) = 2\pi/\sqrt{1 - D_{12}} \tag{7.9-5c}$$

由解平稳 FPK 方程 (5.7-13) 可得平稳响应能量包线概率密度

$$\begin{aligned} p_s(e) = &\,C\{2(1 - D_{12})(D_{11}y_{10}^2 + 2D_{13}y_{10} + D_{33}) + [D_{11} \\ &+ 3D_{22}(1 - D_{12})]e\}^{\sigma} \\ &\times \exp\left[-\frac{\beta + 3\gamma(1 - D_{12})}{D_{11} + 3D_{22}(1 - D_{12})}e\right] \end{aligned} \tag{7.9-6}$$

式中

$$\begin{aligned} \sigma = &\,\frac{2(1 - D_{12})(D_{11}y_{10}^2 + 2D_{13}y_{10} + D_{33})[\beta + 3\gamma(1 - D_{12})]}{[D_{11} + 3D_{22}(1 - D_{12})]^2} \\ &- \frac{2(1 - D_{12})(\alpha + D_{22} + \beta y_{10}^2)}{D_{11} + 3D_{22}(1 - D_{22})} \end{aligned} \tag{7.9-7}$$

按 (5.7-20),平稳位移与速度响应的联合概率密度为

$$\begin{aligned} p_s(y, \dot{y}) = &\,C_1(1 - D_{12})^{1/2}\{4(1 - D_{12})(D_{11}y_{10}^2 + 2D_{13}y_{10} \\ &+ D_{33}) + [D_{11} + 3D_{22}(1 - D_{12})][\dot{y}^2 \\ &+ (1 - D_{12})(y - y_{10})^2]\}^{\sigma} \\ &\times \exp\left\{-\frac{\beta + 3\gamma(1 - D_{12})}{2[D_{11} + 3D_{22}(1 - D_{12})]}\right. \\ &\left.\times[\dot{y}^2 + (1 - D_{12})(y - y_{10})^2]\right\}. \end{aligned} \tag{7.9-8}$$

由(7.9-6)与(7.9-8)知，只要非线性阻尼存在，即 $\beta>0$ 与 $\gamma>0$，平稳响应总存在。

当 $\beta=\gamma=0$ 时，(7.9-8) 化为

$$p_s(y,\dot{y})=C_2\{1+\nu[\dot{y}^2+(1-D_{12})(y-y_{10})^2]\}^{-\delta} \quad (7.9\text{-}9)$$

式中

$$\nu=\frac{D_{11}+3D_{22}(1-D_{12})}{4(1-D_{12})(D_{11}y_{10}^2+2D_{13}y_{10}+D_{33})} \quad (7.9\text{-}10)$$

$$\delta=\frac{2(1-D_{12})(\alpha+D_{22})}{D_{11}+3D_{22}(1-D_{12})}$$

由 (7.9-9) 可得一、二阶矩

$$E[Y]=\frac{D_{23}}{1-D_{12}},\quad E[\dot{Y}]=0$$

$$E[Y^2]=\frac{D_{11}y_{10}^2+2D_{13}y_{10}+D_{33}}{(\alpha-2D_{22})(1-D_{12})-D_{11}}+y_{10}^2,E[Y\dot{Y}]=0$$

(7.9-11)

$$E[\dot{Y}^2]=\frac{(1-D_{12})(D_{11}y_{10}^2+2D_{13}y_{10}+D_{33})}{(\alpha-2D_{22})(1-D_{12})-D_{11}}$$

由二阶矩的非负、有限性，得

$$D_{12}<1,2D_{22}+\frac{D_{11}}{1-D_{12}}<\alpha \quad (7.9\text{-}12)$$

此与 7.5 中二阶矩稳定性条件一致。

作为能量包线随机平均法在非线性系统随机参激响应预测中的应用的再一个例子，考察上端有集中质量 m，下端固定于地面的无质量滞迟柱在水平与垂直地震地面运动激励下的响应[56]。其无量纲化运动微分方程为

$$Y''+Z\zeta Y'+[\alpha-K_1-K_2\xi_2(\tau)]Y$$
$$+(1-\alpha)Z(Y,Y')=\xi_1(\tau) \quad (7.9\text{-}13)$$

式中 $Y=\delta/\delta_e,\tau=\omega_0 t,\xi_1=U_g''/\delta_e,\xi_2=V_g''/\delta_e,K_1=mg/P_{Cr}$，$K_2=m\omega_0^2/P_{Cr}$，$\delta$ 是质量 m 的侧向位移；δ_e 是特征长度；P_{Cr} 是柱的静态屈曲载荷；U_g 与 V_g 分别是水平与垂直地面位移，它

们是统计相关的；ζ 是粘性阻尼系数；α 是屈服后与屈服前刚度之比；ω_0 是 $\alpha=1$ 时柱的基本频率；一撇表示对 τ 的导数；Z 是恢复力的滞迟分量，用下列一阶微分方程（Bouc-Wen 模型）描述

$$Z'=-\gamma|Y'|Z|Z|^{n-1}-\beta Y^1|Z|^n+AY' \tag{7.9-14}$$

式中 A,n,β 及 γ 为常数。从(7.9-13)可看出，水平地震起外激作用，而垂直地震起参激作用。

(7.9-14) 可积分给出 Z 与 Y 之间的泛函关系[57]。例如，$A=n=1,\beta=\gamma=0.5$ 时，对 $Y'\geqslant 0$，

$$Z(Y)=\begin{cases}Y+Y_0, & -a\leqslant Y\leqslant -Y_0\\ 1-e^{-(Y+Y_0)}, & -Y_0\leqslant Y\leqslant a\end{cases} \tag{7.9-15}$$

式中 a 是 Y 的幅值，Y_0 由 $Z(-Y_0)=0$ 确定。$Y'\leqslant 0$ 上 Z 与 Y 的关系由对原点的对称性确定。系统的势能由两部分组成，一部分在线性弹簧中，另一部分在滞迟元件中。对 $A=n=1,\beta=\gamma=0.5$ 及 $Y'\geqslant 0$，势能表达式为[56]

$$G(Y)=\begin{cases}\frac{1}{2}(\alpha-K_1)Y^2+\frac{1}{2}(1-\alpha)(Y+Y_0)^2\\ \qquad\qquad -a\leqslant Y\leqslant -Y_0\\ \frac{1}{2}(\alpha-K_1)Y^2+\frac{1}{2}\\ \quad(1-\alpha)[1-e^{-(Y+Y_0)}]^2, -Y_0\leqslant Y\leqslant a\end{cases} \tag{7.9-16}$$

类似地，可写出 $Y'\leqslant 0$ 上 $G(Y)$ 表达式。

对 (7.9-13) 应用能量包线随机平均法，可得 FPK 方程(5.7-13)，其中

$$\begin{aligned} a(e) &= -2\zeta\frac{\phi}{\phi'}-\frac{A_r}{\phi'}+D_{11}+K_vD_{22}\frac{\phi'}{\phi'}\\ b(e) &= 2D_{11}\frac{\phi}{\phi'}+2K_v^2D_{22}\frac{\phi}{\phi'} \end{aligned} \tag{7.9-17}$$

$$\phi=\phi(e)=2\int_{-a}^{a}\sqrt{2e-2G(y)}\,dy$$

$$\phi' = \frac{\partial \phi}{de} = 2\int_{-a}^{a} \frac{dy}{\sqrt{2e - 2G(y)}} = T(e)$$

$$\phi = \psi(e) = 2\int_{-a}^{a} y^2\sqrt{2e - 2G(y)}\,dy \qquad (7.9\text{-}18)$$

$$\psi' = \frac{d\psi}{de} = 2\int_{-a}^{a} \frac{y^2 dy}{\sqrt{2e - 2G(y)}}$$

$$A_r = (1-\alpha)[4y_0 - (a - y_0)^2]$$

$2D_{11}$ 与 $2D_{22}$ 分别是 ξ_1 与 ξ_2 的强度；A_r 表示滞迟恢复力在一周中消耗的能量，其值等于滞迟回线的面积。此时，FPK 方程(5.7-13)之平稳解为

$$p_s(e) = CT(e)\exp\left\{-\int_0^e \frac{2\zeta\phi(e') + A_r(e')}{D_{11}\phi(e') + K_2^2 D_{22}\psi(e')}de'\right\} \qquad (7.9\text{-}19)$$

按(5.7-20)，位移与速度的平稳联合概率密度为

$$p_s(y, y') = C\exp\left\{-\int_0^e \frac{2\zeta\phi(e') + A_r(e')}{D_{11}\phi(e') + K_2^2 D_{22}\psi(e')}de'\right\}\Bigg|_{e=y'^2/2+G(y)} \qquad (7.92\text{-}20)$$

由此可得位移与速度的各种统计量，其中均方位移为

$$E[Y^2] = C\int_0^\infty \exp\left\{-\int_0^e \frac{2\zeta\phi(e') + A_r(e')}{D_{11}\phi(e') + K_2^2 D_{22}\psi(e')}de'\right\} \times \psi'(e)de \qquad (7.9\text{-}21)$$

式中 C 由 $p_s(e)$ 的归一化条件确定。用数值方法求解能量包线的 FPK 方程，还可得瞬态响应的概率分布与统计量。数值计算结果表明，对 $\alpha \geqslant 0.2$，理论与数字模拟结果很吻合[56]。

7.10 用等效非线性系统法预测随机参激响应

与能量包线随机平均法一样，等效非线性系统法可用来研究

各种非线性因素对随机参激响应的效应，下面通过自激系统对随机参激的响应来说明[40]。

首先考虑范德波-杜芬型振子对刚度随机参激的响应，其运动微分方程为

$$\ddot{Y}+\varepsilon(-1+Y^2)\dot{Y}+|Y|^{\nu}\mathrm{sgn}(Y)=Y\xi_1(t) \quad (7.10\text{-}1)$$

式中 ν 为正常数；$\xi_1(t)$ 为物理高斯白噪声，强度为 $2D_1$，与 ε 为同阶小量。对 (7.10-1) 应用 6.2.3 中的等效非线性系统法，对不同的 ν 可得不同的等效非线性系统。

$\nu=1$ 时，等效能量依赖非线性系统为

$$\ddot{Y}+\varepsilon\left(-1-\frac{D_1}{4\varepsilon}+\frac{1}{2}E\right)\dot{Y}+Y=(D_1E)^{1/2}\xi(t) \quad (7.10\text{-}2)$$

式中 $\xi(t)$ 为单位强度物理高斯白噪声。根据 (6.2-29)，得平稳响应位移与速度联合概率密度

$$p_s(y,\dot{y})=Ce^{2\varepsilon/D_1}\exp\left(-\frac{\varepsilon}{D_1}e\right)\bigg|_{e=\frac{1}{2}\dot{y}^2+\frac{1}{2}y^2} \quad (7.10\text{-}3)$$

式中 C 为归一化常数，

$$C^{-1}=4\pi\left(\frac{2D_1}{\varepsilon}\right)^{2\varepsilon/D_1}\Gamma\left(\frac{2\varepsilon}{D_1}\right) \quad (7.10\text{-}4)$$

C 为有限值。可见 $p_s(y,\dot{y})$ 恒可归一化，即总存在平稳响应 (7.10-3)。也说明 (7.10-1) 的平衡位置 $Y=0$ 在概率意义上总是不稳定的。平稳响应为非高斯分布。

按变换 $e=\frac{1}{2}(\dot{y}^2+y^2)=\frac{1}{2}a^2$，可由 (7.10-3) 得平稳响应幅值概率密度

$$p_s(a)=C_1a^{(1+4\varepsilon/D_1)}\exp\left(-\frac{\varepsilon}{2D_1}a^2\right) \quad (7.10\text{-}5)$$

式中 $C_1^{-1}=C^{-1}/2\pi$。进而可得幅值的各阶矩

$$E[A^n]=\left(\frac{2D_1}{\varepsilon}\right)^{n/2}\Gamma(n/2+1+2\varepsilon/D_1)/\Gamma(1+2\varepsilon/D_1) \quad (7.10\text{-}6)$$

对所有 n，$E[A^n]$ 存在，并随 n 的增大而增大。$n=2$ 时，

$$E[A^2] = 4 + \frac{2D_1}{\varepsilon} \tag{7.10-7}$$

它随着随机参激强度 $2D_1$ 的增大而线性地增长.

由求（7.10-3）中 $p_s(y,\dot{y})$ 的极大值知，平稳响应是一个扩散了的极限环. 此极限环的轨迹方程为

$$y^2 + \dot{y}^2 = 4 \tag{7.10-8}$$

这与范德波振子本身的极限环重合.

平稳响应位移与速度的边缘概率密度可由（7.10-3）用数值积分得到.

与数字模拟结果比较表明，当 D_1/ε 较小时，等效非线性系统法给出相当精确的结果. 当 D_1/ε 较大时，等效非线性系统法低估了响应. 图 7.10-1 上给出了一组位移、速度、幅值的概率密度、平均幅值及均方幅值的比较.

$\nu = 3$ 时，与（7.10-1）等效的能量依赖非线性系统为

$$\ddot{Y} + [\varepsilon(-1 + k_1 E^{1/2}) + k_2 E^{-1/2}]\dot{Y} + Y^3 = k_3 E^{1/4}\xi(t) \tag{7.10-9}$$

式中

$$k_1 = \frac{24}{5}\frac{\Gamma^2(3/4)}{\Gamma^2(1/4)},\ k_2 = -\frac{6}{5}D_1\frac{\Gamma^2(3/4)}{\Gamma^2(1/4)}$$
$$k_3 = 4\sqrt{\frac{3}{5}D_1}\ \frac{\Gamma(3/4)}{\Gamma(1/4)} \tag{7.10-10}$$

平稳响应位移与速度的联合概率密度为

$$p_s(y,\dot{y}) = C\exp\left[\frac{\varepsilon}{D_1}\left(\frac{10}{24}\frac{\Gamma^2(1/4)}{\Gamma^2(3/4)}e^{1/2} - e\right)\right]\Bigg|_{e=\frac{1}{2}\dot{y}^2+\frac{1}{4}y^4} \tag{7.10-11}$$

由此积分可得位移及速度的边缘概率密度与各阶矩，经变换也可得能量 E 与相位 Φ 的概率密度

$$p_s(e) = C_1 e^{-1/4}\exp\left[\frac{\varepsilon}{D_1}\left(\frac{10}{24}\frac{\Gamma^2(1/4)}{\Gamma^2(3/4)}e^{1/2} - e\right)\right] \tag{7.10-12}$$

$$p_s(\phi) = \frac{1}{2\sqrt{\pi}}\frac{\Gamma(3/4)}{\Gamma(1/4)}|\cos\phi|^{-1/2},\ \phi\in[0,2\pi) \tag{7.10-13}$$

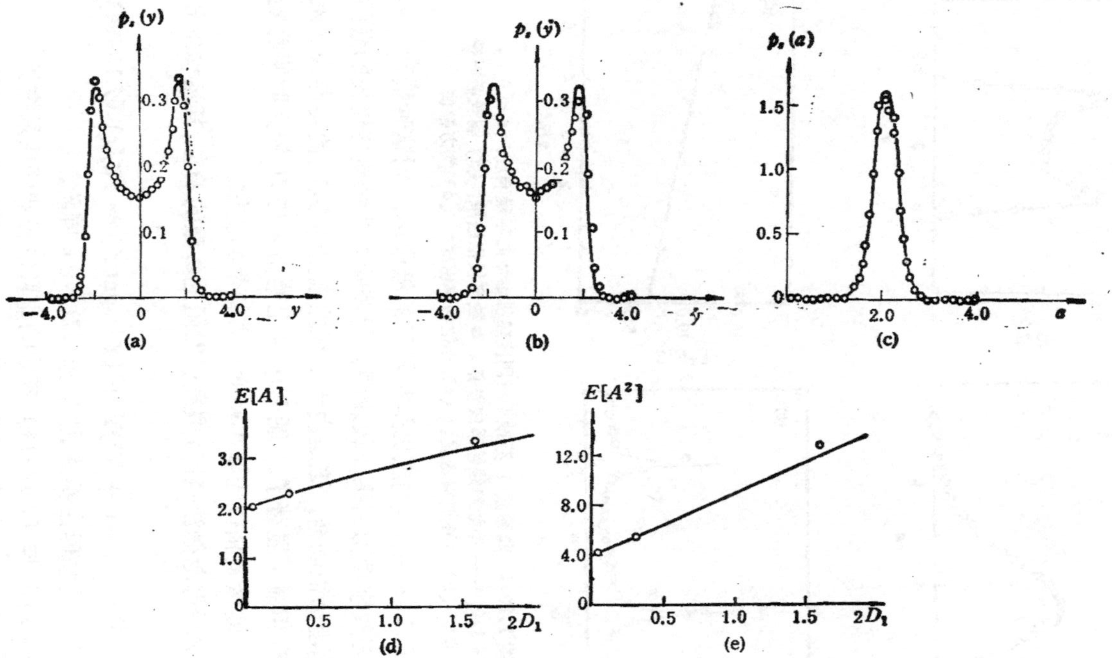

图 7.10-1　范德波振子对刚度随机参激的平稳响应. $\varepsilon = 0.2, 2D_1 = 0.05$. ——理论解；○数字模拟结果；
（a）位移概率密度；（b）速度概率密度；（c）幅值概率密度；（d）平均幅值；（e）均方幅值

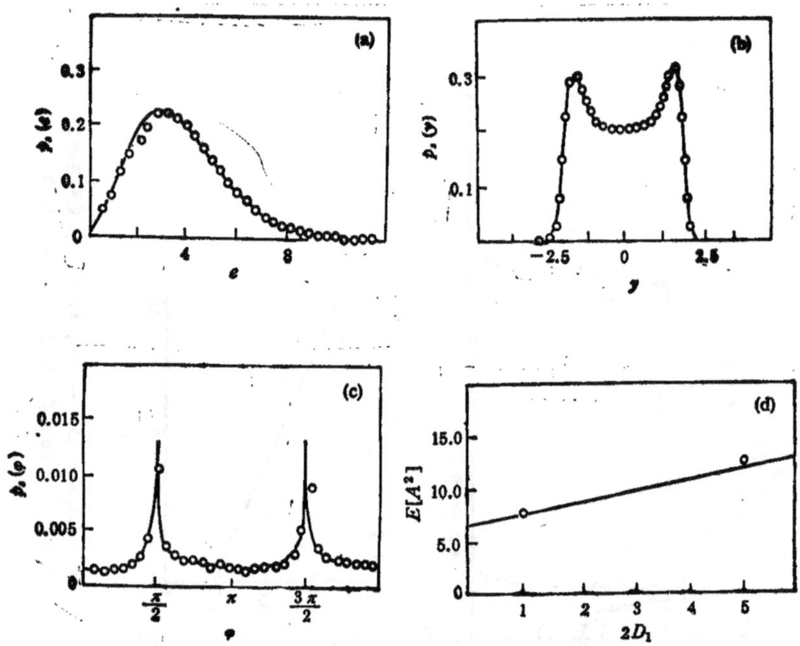

图 7.10-2 范德波-杜芬振子对刚度随机参激的平稳响应. $\varepsilon=0.5$, $2D_1=1.0$. ——等效非线性系统法解；●数字模拟结果.（a）能量概率密度；（b）位移概率密度；（c）相位概率密度；（d）均方幅值

由（7.10-11）可知，响应仍是扩散了的极限环. 对这种情形，解析结果与数字模拟结果比较表明，对较强的非线性与较强的激励强度，两者仍很吻合. 这是由于非线性刚度的存在，使得非线性阻尼的效应相对不显著了. 图 7.10-2 上给出 ε 与 D_1 较大时平稳响应位移、能量及相位的概率密度均方幅值的比较.

其次考虑范德波-杜芬型振子对阻尼参激的响应，其运动微分方程为

$$\ddot{Y}+\varepsilon(-1+Y^2)\dot{Y}+|Y|^{\nu}\mathrm{sgn}(Y)=\dot{Y}\xi_2(t) \quad (7.10\text{-}14)$$

式中 $\xi_2(t)$ 为物理白噪声，强度为 $2D_2$，与 ε 同阶.

$\nu=1$ 时，与（7.10-14）等效的能量依赖非线性系统为

$$\ddot{Y}+\varepsilon\left(-1+\frac{D_2}{4\varepsilon}+\frac{1}{2}E\right)\dot{Y}+Y=(3D_2E)^{1/2}\xi(t) \quad (7.10\text{-}15)$$

平稳响应的位移与速度联合概率密度为

$$p_s(y,\dot{y}) = C e^{2(\frac{\varepsilon}{D_2}-1)/3} \exp\left(-\frac{\varepsilon}{3D_2} e\right)\Big|_{e=\frac{1}{2}(\dot{y}^2+y^2)} \quad (7.10\text{-}16)$$

式中

$$C^{-1} = \pi\left(\frac{6D_2}{2}\right)^{(1+\frac{2\varepsilon}{D_2})/3} \Gamma[(1+2\varepsilon/D_2)/3] \quad (7.10\text{-}17)$$

平稳响应幅值概率密度为

$$p_s(a) = C_1 a^{(\frac{4\varepsilon}{D_2}-1)/3} \exp\left(-\frac{\varepsilon}{6D_2} a^2\right) \quad (7.10\text{-}18)$$

式中

$$C_1^{-1} = C^{-1}/2\pi \quad (7.10\text{-}19)$$

均方幅值为

$$E[A^2] = 4 + \frac{2D_2}{\varepsilon} \quad (7.10\text{-}20)$$

(7.10-16) 中的 $p_s(y,\dot{y})$ 在下列条件下达极大值

$$y^2 + \dot{y}^2 = 4\left(1 - \frac{D_2}{\varepsilon}\right) \quad (7.10\text{-}21)$$

这表明，当 $D_2 < \varepsilon$ 时，范德波振子对阻尼参激的平稳响应也是扩散了的极限环。此极限环轨迹由 (7.10-21) 确定。随 D_2 增大，极限环缩小。当 $D_2 > \varepsilon$ 时，响应不再是扩散了的极限环，相当于阻尼参激抑制了自激，这与范德波振子刚度参激的平稳响应有显著的差别。

对 $\nu = 3$ 情形可进行类似讨论。可以想见，此情形与 $\nu = 1$ 情形类似，只是由于非线性刚度的存在，非线性阻尼效应相对不显著了。等效非线性系统法也适用于更大范围的 ε 与 D_2 值。

7.11 用矩方程法预测随机参激响应

矩方程法常被用于研究随机参激系统的稳定性与响应[41,42]，尤其当参数激励为窄带随机过程，或系统为多自由度非线性时. 此时矩方程形成无穷链锁，必须运用某种截断方案。矩方程截断，实质上给系统的响应施加了某种约束. 在某些参数范围内，这种约

束的引入并不改变响应的性态，所得结果基本可信；在另一些参数范围内，这种约束可能使矩方程的解完全偏离真正的解，从而导致错误的结果。Ariaratnam[43] 曾指出用高斯截断法得到的均方分叉条件是错误的。最近，Sun 与 Hsu[44] 指出，累积量截断法只适用于某些参数范围，而不适用于另一些参数范围。现用一个具体例子说明上述论断。

考虑系统 (7.7-1) $r=1$ 之情形

$$\ddot{Y}+[2\zeta+\eta(Y^2+\dot{Y}^2)]\dot{Y}+Y=Y\xi_1(t)+\dot{Y}\xi_2(t)+\xi_3(t) \tag{7.11-1}$$

其平稳响应位移与速度联合概率密度由 (7.7-11) 令 $r=1$ 得

$$p_s(y,\dot{y})=C(y^2+\dot{y}^2+k_1)^{(-\mu+k_1k_2)}\exp[-k_2(y^2+\dot{y}^2)] \tag{7.11-2}$$

相应的幅值概率密度为

$$p_s(a)=C2\pi(a^2+k_1)^{(-\mu+k_1k_2)}a\exp(-k_2a^2) \tag{7.11-3}$$

均方位移为

$$E[Y^2]=\frac{1}{2}E[a^2]=\frac{1}{2}\pi C\times\int_0^\infty(r+k_1)^{(-\mu+k_1k_2)}r\exp(-k_2r)dr \tag{7.11-4}$$

式中

$$C^{-1}=\pi\int_0^\infty(r+k_1)^{(-\mu+k_1k_2)}\exp(-k_2r)dr \tag{7.11-5}$$

在 $k_2>0, k_1\neq 0$，即非线性系统同时受随机参激与外激时，对任意 μ 值，各阶矩均存在，无分叉之可能。

当 $k_2>0, k_1=0$，即非线性系统只受随机参激时，平稳响应均方位移为

$$E[Y^2]=\frac{1}{2}\pi C_1\int_0^\infty r^{(1-\mu)}\exp(-k_2r)dr \tag{7.11-6}$$

式中

$$C_1^{-1}=\pi\int_0^\infty r^{-\mu}\exp(-k_2r)dr \tag{7.11-7}$$

(7.11-6) 存在条件为 $\mu<1$。$\mu>1$ 时系统状态无振荡地保持在平衡位置 $Y=\dot{Y}=0$ 上（见 7.7 节），完成(7.11-6)中积分得

$$E[Y^2]=\begin{cases}0, & \mu>1\\ 0, & \mu=1\\ (1-\mu)/2k_2, & \mu<1\end{cases} \tag{7.11-8}$$

因此，$\mu=1$，即 $D_1=2\zeta$ 是均方位移响应分叉的条件．注意，μ 从 1 开始减小时，$E[Y^2]$ 从零开始增大，即均方位移响应不发生跳跃。

以上为精确结果，现用矩方程法求解 $E[Y^2]$。(7.9-1)平稳响应的前四阶矩方程为

$$\begin{cases}m_{01}=0\\ (D_2-2\zeta)m_{01}-m_{10}-\eta m_{21}-\eta m_{03}=0\end{cases} \tag{7.11-9}$$

$$\begin{cases}m_{11}=0\\ m_{02}-m_{20}+(D_2-2\zeta)m_{11}-\eta m_{31}-\eta m_{13}=0\\ (4D_2-4\zeta)m_{02}-2\eta m_{22}-2\eta m_{04}-2m_{11}+2D_1m_{20}+2D_3=0\end{cases} \tag{7.11-10}$$

$$\begin{cases}m_{21}=0\\ 2m_{12}+(D_2-2\zeta)m_{21}-\eta m_{41}-\eta m_{23}-m_{30}=0\\ m_{03}+(4D_2-4\zeta)m_{12}-2\eta m_{32}-2\eta m_{14}-2m_{21}+2D_1m_{30}+2D_3m_{10}=0\\ (9D_2-6\zeta)m_{03}-3\eta m_{23}-3\eta m_{05}-3m_{12}+6D_1m_{21}+6D_3m_{01}=0\end{cases} \tag{7.11-11}$$

$$\begin{cases}m_{31}=0\\ 3m_{22}+(D_2-2\zeta)m_{31}-\eta m_{51}-\eta m_{33}-m_{40}=0\\ 2m_{13}+(4D_2-4\zeta)m_{22}-2\eta m_{42}-2\eta m_{24}+2D_1m_{40}+2D_3m_{20}=0\\ m_{04}+(9D_2-6\zeta)m_{13}-3\eta m_{33}-3\eta m_{15}-3m_{22}+6D_1m_{31}+6D_3m_{11}=0\\ (16D_2-8\zeta)m_{04}-4\eta m_{24}-4\eta m_{06}-4m_{13}+12D_1m_{22}+12D_3m_{02}=0\end{cases} \tag{7.11-12}$$

$D_3=0$，即纯随机参激时，高斯截断法给出

$$E[Y^2]=m_{20}=\begin{cases}0, & \mu>2\\ 0, & \mu=2\\ (2-\mu)/4k_2 & \mu<2\end{cases} \tag{7.11-13}$$

可见，均方位移响应不发生跳跃，但分叉条件为 $\mu=2$，即 $D_1=2\zeta/3$，这说明高斯截断法不能给出正确的均方分叉（稳定）条件，

与 Ariaratnam[43] 的结论一致。

忽略 4 阶以上累积量的截断方案给出了纯随机参激情形下平稳位移响应的二个分支，其中较合理分支（均方位移响应随激励强度增大而增大）为

$$
E[Y^2]=m_{20}=\begin{cases}0, & \mu>\dfrac{6}{11}\\ 0.2727/k_2, & \mu=\dfrac{6}{11}\\ \dfrac{18(2-\mu)+\sqrt{324(2-\mu)^2+192(2-\mu)(\mu-3)}}{96k_2}, & \mu<\dfrac{6}{11}\end{cases}\tag{7.11-14}
$$

在 $\delta=6/11$ 处 $E[Y^2]$ 发生跳跃. 以上结果示于图 7.11-1 上. 图中参数

$$
R=1/(2\mu-1)=D_1/2\zeta\tag{7.11-15}
$$

它表示参激强度与阻尼系数之比，用 R 表示的分叉条件，精确解为 $R=1$，高斯截断法为 $R=1/3$，$R=11$ 是忽略 4 阶以上累积量截断方案给出的 $E[Y^2]$ 跳跃的条件. 由图可见，高斯截断方案给出的均方位移误差始终相当大，对 $R>11$，忽略 4 阶以上累积量截断方案给出较好的近似，但对 $1<R<11$ 给出错误的解.

进一步分析表明[44]，在忽略 4 阶以上累积量情形，各阶矩之间成线性关系，而按累积量截断方案，各阶矩之间应成非线性关系. 这是忽略 4 阶以上累积量截断方案给出的解偏离精确解的原因.

在同时有随机参激与外激情形，精确的均方位移响应可按 (7.11-4) 计算. 忽略 4 阶以上累积量截断方案给出的均方位移响应为下列方程之正实根

$$
\begin{aligned}96(k_2m_{20})^3-36(2-\mu)(k_2m_{20})^2-[14k_1k_2+2(2\\-\mu)(\mu-3)](k_2m_{20})-(\mu-3)k_1k_2=0\end{aligned}\tag{7.11-16}
$$

同时还需满足约束条件

$$
k_2m_{20}\geqslant(3-\mu)/18\tag{7.11-17}
$$

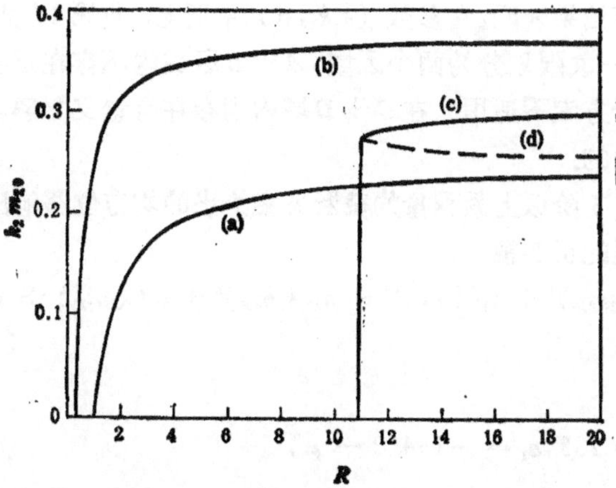

图 7.11-1　纯参激情形平稳位移响应均方值.（a）精确解；（b）高斯截断解；（c）忽略 4 阶以上累积量截断方案给出的合理分支;（d）忽略 4 阶以上累积量截断方案给出的不合理分支

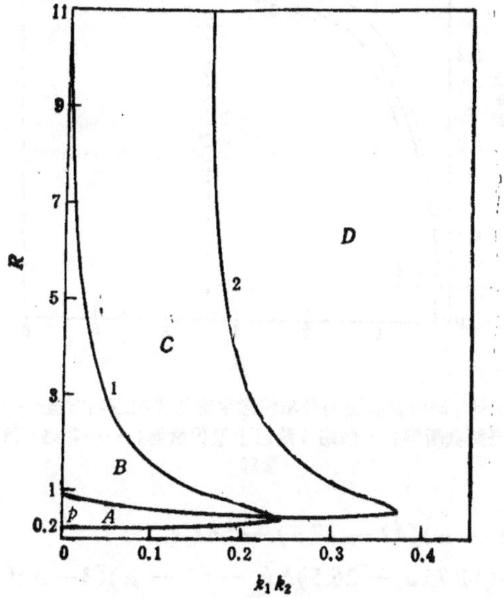

图 7.11-2　忽略 4 阶（1）与 6 阶（2）以上累积量截断方案适用与不适用的参数域

详细计算结果表明，在参数 (k_1k_2, R) 平面上，曲线 1（见图 7.11-1）将第一象限划分为两个区域，$A+B$ 区域内不存在正实解，即这种截断方案不适用。在 $C+D$ 域内则存在有意义之解，此解往往是多值的。

忽略 6 阶以上累积量的截断方案给出的均方位移响应为下列 4 次方程的正实根

$$a_0(k_2m_{20})^4 + a_1(k_2m_{20})^3 + a_2(k_2m_{20})^2 + a_3(k_2m_{20}) + a_4 = 0 \tag{7.11-18}$$

式中

$$a_0 = 288, a_1 = -144(2-\mu)$$

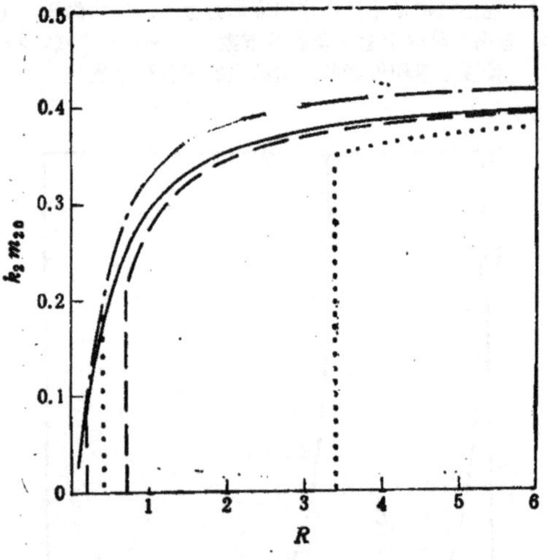

图 7.11-3　同时有参激与外激情形平稳位移响应均方值——精确解；—·—·高斯截断解；---忽略 4 阶以上累积量解；……忽略 6 阶以上累积量解

$$a_2 = (2-\mu)(42-17\mu) - 56k_1k_2$$

$$a_3 = -(11.75\mu - 26.5)k_1k_2 - (2-\mu)(3-\mu)(4-\mu)/4 \tag{7.11-19}$$

$$a_4 = [15k_1k_2 - (3-\mu)(4-\mu)]k_1k_2/8$$

在图 7.11-2 上，曲线 2 将参数平面分成两个区域，$B+C$ 域中无正实根，$A+D$ 域中有多个正实根，需从中选出最接近正确解的分支.

总之，各种截断方案都不能给出正确的分叉条件. 而且，在它们都适用的参数范围内，忽略 6 阶以上累积量截断方案给出的均方位移响应也不一定比忽略 4 阶以上累积量截断方案给出的好些. 一个例子见图 7.11-3，其中 $k_1k_2=0.2$. 因此，一般地说，在应用各种截断方案预测非线性系统对随机参激与（或）外激的响应时，应用实验或数字模拟结果证实.

7.12 随机分叉

所谓分叉，是指一个动态系统随着某个参数的变化它的定性性质（稳定性、拓扑结构）发生变化. 所谓随机分叉，则是指由参数的随机扰动引起的动态系统定性性质的变化. 随机分叉是一个近几年来才开始研究的新课题. 目前主要研究几乎肯定稳定性随机扰动强度的变化而发生的变化. 本节主要通过两个典型的例子说明随机 Pitchfork 分叉与随机 Hopf 分叉[48].

考虑一个依赖于参数的自治非线性系统，其运动方程为

$$\dot{\boldsymbol{y}}=\boldsymbol{F}(\boldsymbol{y},\gamma),\ \boldsymbol{F}(\boldsymbol{0},\gamma)=\boldsymbol{0} \tag{7.12-1}$$

其中 γ 是一个参数. 以 $\boldsymbol{A}(\gamma)$ 表示雅可比矩阵 $[\partial F_i/\partial y_j]_{y=0}$. (7.12-1) 在 $\boldsymbol{y}=\boldsymbol{0}$ 邻域的线性化系统方程为

$$\dot{\boldsymbol{y}}=\boldsymbol{A}(\gamma)\boldsymbol{y} \tag{7.12-2}$$

而对应的特征值问题方程为

$$(\boldsymbol{A}(\gamma)-\mu)\hat{\boldsymbol{y}}=0 \tag{7.12-3}$$

设特征值与特征矢量分别为 μ_k 与 $\hat{\boldsymbol{y}}_k(k=1,2,\cdots,n)$，则 (7.12-2) 之解形为

$$\boldsymbol{y}(t)=\sum_{k=1}^{n}C_k\hat{\boldsymbol{y}}_ke^{\mu_kt} \tag{7.12-4}$$

其中 C_k 由初始条件确定．特征值可为实数、纯虚数或复数，一般可表为

$$\mu_k = \lambda_k + i\omega_k, k = 1, 2, \cdots, n \tag{7.12-5}$$

考虑从 $\boldsymbol{y}_0$ 出发的一个解 $\boldsymbol{y} = \boldsymbol{y}(t, \boldsymbol{y}_0)$。若 $\boldsymbol{y}_0 \propto \hat{\boldsymbol{y}}_k$，则 $\boldsymbol{y}(t, \boldsymbol{y}_0) \propto e^{(\lambda_k + i\omega_k)t}$。随 $t \to \infty$，$\frac{1}{t}\ln|\boldsymbol{y}(t, \boldsymbol{y}_0)| \to \lambda_k$。一般地，定义

$$\lambda(\boldsymbol{y}_0) = \lim_{t \to \infty} \frac{1}{t} \ln|\boldsymbol{y}(t, \boldsymbol{y}_0)| \tag{7.12-6}$$

为李亚普诺夫指数。它表示解的指数增长率．显然 $\lambda(\hat{\boldsymbol{y}}_k) = \lambda_k$，即为第 k 个特征值的实部．

考虑特征值以及（7.12-1）与（7.12-2）的平凡解的性质随参数 γ 的变化可能发生的变化．设开始时 $\lambda_k < 0 (k = 1, 2, \cdots, n)$，系统（7.12-2）从而（7.12-1）的平凡解稳定．随着 γ 的增大，有两种变化的可能性．一是一对具有最大实部的复共轭特征值在 μ 平面上穿过虚轴，即 $\gamma = \gamma_c$ 时，这对共轭特征值实部为零，虚部不为零．且实部随参数 γ 的增大而增大．另一种可能性是最大的实特征沿实轴向右移动．在 $\gamma = \gamma_c$ 时为零，$\gamma > \gamma_c$ 时为正．这两种情形下，从 $\gamma = \gamma_c$ 开始，(7.12-1) 与 (7.12-2) 的平凡解变成不稳定．第一种情形称为 Hopf 分叉，或动态分叉，第二种情形称为 Pitchfork 分叉，或静态分叉．从 $\gamma < \gamma_c$ 到 $\gamma > \gamma_c$，非线性系统（7.12-1）从平凡解变成非零的稳态解（存在的话），后者称为分叉解．γ_c 称为分叉点．显然，分叉点就是最大李亚普诺夫指数变成零的参数值．

现考虑随机扰动对分叉及分叉解的影响．设非线性随机系统运动方程为

$$\dot{\boldsymbol{Y}} = \boldsymbol{f}(\boldsymbol{Y}, \gamma, \xi(t)),\ \boldsymbol{f}(\boldsymbol{0}, \gamma, \xi(t)) = \boldsymbol{0} \tag{7.12-7}$$

其中 $\xi(t)$ 是一个零均值各态历经随机过程．(7.12-7) 的线性化方程为

$$\dot{\boldsymbol{Y}} = \boldsymbol{A}(\gamma, \xi(t))\boldsymbol{Y} \tag{7.12-8}$$

设 $\boldsymbol{Y}(0)=\boldsymbol{Y}_0$ 为与 $\xi(t)$ 独立的随机矢量. 类似于(7.12-6), 定义

$$\lambda(\boldsymbol{Y}_0)=\lim_{t\to\infty}\frac{1}{t}\ln|\boldsymbol{Y}(t,\boldsymbol{Y}_0)| \tag{7.12-9}$$

为随机李亚普诺夫指数或李亚普诺夫指数. 它一般为随机变量. 按照 Oseledec[49] 倍增各态历经定理, 假定 $\xi(t)$ 是各态历经随机过程, $E[\|A(\xi(0))\|]<\infty$, 则存在 r 个实数 $\lambda_1,\lambda_2,\cdots,\lambda_r$, r 个整数 $d_1,d_2,\cdots,d_r$ (为 λ 的重数) 及 r 个随机子空间 $E_1,E_2,\cdots,E_r$, 使得对几乎所有的随机初矢量 $\boldsymbol{Y}_0$, 有: (i) $\lambda(\boldsymbol{Y}_0)\in\{\lambda_1,\lambda_2,\cdots,\lambda_r\}$; (ii) $d_k=\dim E_k$, 即子空间 E_k 的维数, $E_1\oplus E_2\oplus\cdots\oplus E_r=\mathbb{R}^n$; (iii) $\lambda_k=\lim\limits_{t\to\pm\infty}\frac{1}{t}\ln|\boldsymbol{Y}(t,\boldsymbol{Y}_0)|$, 只要 $\boldsymbol{Y}_0\in E_k\backslash\{0\}$, 即 $\boldsymbol{Y}_0$ 在除原点外的子空间 E_k 中; (iv) $d_1\lambda_1+d_2\lambda_2+\cdots+d_r\lambda_r=\mathrm{tr}E[A(\xi(0))]$. $\lambda_k(k=1,2,\cdots,r)$ 表示解的平均指数增长率. 若所有 λ_k 为负, (7.12-7) 与 (7.12-8) 的平凡解几乎肯定稳定 (以概率 1 稳定); 若 $\lambda_{\max}>0$, 则平凡解几乎肯定不稳定. 从而 $\lambda_{\max}(\gamma)=0$ 给出分叉点 $\gamma=\gamma_c$.

由上可知, 确定随机分叉, 关键在于计算最大李亚普诺夫指数. 而 7.4.4 中叙述的 Khasminskii 关于几乎肯定渐近稳定的判别条件 (7.4-25) 正是计算线性伊藤随机微分方程 (7.4-18) 的最大李亚普诺夫指数的公式. 下面通过两个典型例子来说明.

随机 Pitchfork 分叉 考虑如下非线性随机系统, 其运动方程为

$$\ddot{Y}+2\beta\dot{Y}-[\gamma+\sigma\xi(t)]Y+\alpha Y^3=0,\alpha,\beta>0 \tag{7.12-10}$$

式中 γ 为分叉参数, $\xi(t)$ 是具有单位强度的高斯白噪声. $\sigma=0$ 时, $\gamma=0$ 是 (7.12-10) 的平凡解 $Y=\dot{Y}=0$ 的 Pitchfork 分叉点.

为研究随机扰动对分叉的影响, 需求 (7.12-10) 的线性化系统

$$\ddot{Y}+2\beta\dot{Y}-[\gamma+\sigma\xi(t)]Y=0 \tag{7.12-11}$$

的最大李亚普诺夫指数. 为此, 作变换

$$Z = Y\exp(\beta t) \tag{7.12-12}$$

(7.12-11) 变成

$$\ddot{Z} + [\gamma_0 + \sigma\xi(t)]Z = 0 \tag{7.12-13}$$

式中 $\gamma_0 = -\gamma - \beta^2$. (7.12-13) 可模型化为如下伊藤随机微分方程

$$\begin{aligned} dZ_1 &= Z_2 dt \\ dZ_2 &= -\gamma_0 Z_1 dt - \sigma Z_1 dW(t) \end{aligned} \tag{7.12-14}$$

(7.12-11) 的李亚普诺夫指数 λ_Y 与 (7.12-14) 的李亚普诺夫指数 λ_Z 之间关系为 $\lambda_Y = -\beta + \lambda_Z$.

Arnold, Papanicolaou 及 Wihstutz[50], Pardoux 与 Wihstutz[51] 曾用奇异摄动法求 (7.12-14) 的最大李亚普诺夫指数.对有限的 γ_0,他们得到 λ_Z 的如下渐近表达式

$$\lambda_Z = \frac{\sigma^2}{8\gamma_0},\ \gamma_0 > 0 \tag{7.12-15a}$$

$$\lambda_Z = \sqrt{-\gamma_0} + \frac{\sigma^2}{8\gamma_0},\ \gamma_0 < 0 \tag{7.12-15b}$$

(7.12-15a) 首先由 Stratonovitch[52]用随机平均法得到. Wedig[53]也曾研究过 (7.12-14) 的最大李亚普诺夫指数,并得到类似的结果.

最近,Ariaratnam 与 Xie[47] 用 Khasminskii[54] 的方法计算了 $\gamma_0 = 0$ 邻域 (7.12-14) 的最大李亚普诺夫指数. 当 $\sigma \to 0$ 时,其渐近值为

$$\lambda_Z = \frac{\sigma^2}{2(1+\sqrt{\gamma_0})^2},\ \gamma_0 > 0 \tag{7.12-16a}$$

$$\lambda_Z = \sqrt{-\gamma_0} + \frac{\sigma^2(1+\gamma_0)}{2(1-\gamma_0)^2},\ \gamma_0 < 0 \tag{7.12-16b}$$

$\gamma_0 = 0$ 时的精确值为

$$\lambda_Z = \frac{1.5^{1/3}\pi}{\sqrt{3}\,[\Gamma(1/3)]^2}\sigma^{2/3} = 0.28931\sigma^{2/3} \tag{7.12-17}$$

由 (7.12-15)—(7.12-17) 知，当 $\gamma_0 \geqslant 0$ 时，随机扰动使系统非稳定化；当 $\gamma_0 < 0$ 时，对小的 $|\gamma_0|$，随机扰动使系统非稳定化，而对有限的 $|\gamma_0|$ 值，随机扰动反使系统稳定化。

再考虑 (7.12-10) 的分叉解．显然，在分叉前，平凡解几乎肯定稳定，响应的概率密度为 $y = \dot{y} = 0$ 处的 δ 函数．为得到分叉后之解，可应用能量包线随机平均法．$\gamma = 0$ 时，可得如下能量包线概率密度

$$p(e) = Ce^{-1/4}e^{-B\sqrt{e}} \tag{7.12-18}$$

其中

$$B = \frac{5[\Gamma(1/4)]^4}{6\pi^2}\frac{\beta\alpha^{1/2}}{\sigma^2}, C = \left(\frac{B^3}{\pi}\right)^{1/2} \tag{7.12-19}$$

此时，位移与速度的联合概率密度在原点处有最大值．$\gamma \neq 0$ 时，不能得到响应概率密度的解析表达式．但应用能量包线随机平均法后可用数值积分得到．值得注意的是，在 $\gamma > 0$ 情形，分叉后 (7.12-10) 的位移与速度联合概率密度曲面有两个峰，分别在 $(-\sqrt{2\gamma/\alpha}, 0)$ 与 $(\sqrt{2\gamma/\alpha}, 0)$ 上方，有一个谷，在 (0,0) 上方．而 $\gamma \leqslant 0$ 时则只有 (0,0) 上方一个峰。

随机 Hopf 分叉 考虑用下列运动方程描述的非线性随机系统

$$\ddot{Y} + [\beta + \sigma\xi(t)]\dot{Y} + Y = f(Y, \dot{Y}) \tag{7.12-20}$$

式中 $\xi(t)$ 仍为单位强度高斯白噪声．$\sigma = 0$ 时，β 从正变负，(7.12-20) 发生 Hopf 分叉．(7.12-20) 的线性化方程为

$$\ddot{Y} + [\beta + \sigma\xi(t)]\dot{Y} + Y = 0 \tag{7.12-21}$$

它可模型化为如下伊藤随机微分方程

$$\begin{aligned} dY_1 &= Y_2 dt \\ dY_2 &= -[Y_1 + (\beta - \sigma^2/2)Y_2]dt - \sigma Y_2 dW(t) \end{aligned} \tag{7.12-22}$$

应用 Khasminskii 方法，Ariaratnam 与 Xie[48]得到 $\sigma \to 0$ 时 (7.12-22) 的最大李亚普诺夫指数的如下渐近值：

$$\lambda = -\frac{\beta}{2} + \frac{1}{8}\sigma^2 \tag{7.12-23}$$

与 Khasminskii[1] 得到的相同．(7.12-23) 表明随机扰动使系统非稳定化．

在分叉前，(7.12-20)与(7.12-21) 的平凡解几乎肯定稳定，响应位移与速度联合概率密度是在原点处的一个 δ 函数．分叉后，(7.12-20) 的响应位移与速度联合概率密度可用标准随机平均法得到，概率密度曲面的形状取决于非线性函数 $f(Y, \dot{Y})$ 的形式．[48]中给出幅值概率密度曲线的几个例子．

迄今，只能得到单自由度随机系统的最大李亚普诺夫指数，并讨论它的随机分叉．应用 Papanicolaou 与 Kohler[55] 的随机中心流形定理，将有可能求得耦合的多自由度随机系统的最大李亚普诺夫指数，并讨论相应的随机分叉问题．

参 考 文 献

[1] 见绪论文献[59].

[2] Kozin, F., A survey of stability of stochastic systems. *Automatica*, 5(1969), 95—112.

[3] Kushner, H. J., Stochastic Stability and Control, Academic press, 1967.

[4] 见绪论文献[58].

[5] 胡宣达，随机微分方程稳定性理论，南京大学出版社，1986.

[6] Kozin, F., On almost sure stability of linear systems with random coefficients, *J. Math. Phys.*, 42(1963), 59—67.

[7] Caughey, T. K., and Gray, Jr., A. H., On the almost sure stability of linear dynamic systems with stochastic coefficients, *J. Appl. Mech.*, 32(1965), 365—372.

[8] Infante, E. F., On the stability of some linear non-autonomous random systems, *J. Appl. Mech.*, 35(1968), 7—12.

[9] Kozin, F., and Milstead, R. M., The stability of a moving elastic strip subjected to random parametric excitation, *J. Appl. Mech.*, 46(1979), 404—410.

[10] Kozin, F., and Wu, C. M., On the stability of linear stochastic differential equations, *J. Appl. Mech.*, 40(1973), 87—92.

[11] Ariaratnam, S. T., and Xie, W. C., Stochastic sample stability of oscillatory systems, *J. Appl. Mech.*, 55(1988), 458—460.

[12] Kozin, F., and Prodromou, S., Necessary and sufficient conditions for almost sure sample stability of linear Ito equations, *SIAM J. Appl. Math.*, 21(1971), 413—424.

[13] Mitchell, R. R., and Kozin, F., Sample stability of second order linear differential equations with wide band noise coefficients, *SIAM J. Appl. Math.*, 27(1974), 571—605.

[14] Kozin, F., and Sugimoto, S., Relations between sample and moment stability for linear stochastic differential equations, Proc. Conf. Stochastic Differential Equations and Applications, Academic Press, 1977.

[15] 见绪论文献[44].

[16] 见绪论文献[45].

[17] 见绪论文献[46].

[18] Bucher, C. G., and Lin, Y. K., Stochastic stability of bridges considering coupled modes, *J. Eng. Mech. Div.*, ASCE, 114(1988), 2055—2071.

[19] Bucher, C. G., and Lin, Y. K., Stochastic stability of bridges considering coupled modes: II, *J. Eng. Mech. Div.*, ASCE, 115(1989), 384—400.

[20] Bucher, C. G., and Lin, Y. K., Effect of spanwize correlation of turbulence field on the motion stability of long-span bridges, *J. Fluid Struct.*, 2(1988), 437—451.

[21] Stratonovitch, R. L., and Romanovskii, Yu. M., Parametric effect of a random force on linear and nonlinear oscillatory systems, in Non-Linear Translations of Stochastic Processes, Kuznetsov, P. T., Stratonovitch, R. L., and Tikhonov, V. I., eds., pergman, 1965.

[22] Ariaratnam, S. T., and Tam, D. S. F., Random vibration and stability of a linear parametrically excited oscillator, *ZAMM*, 59(1979), 79—84.

[23] Dimentberg, M. F., Isikov, N. E., and Model, R., Vibration of a System with Cubic-non-linear damping and simultaneons periodic and ranolom parametric excitation, *Mech. Solids*, 16(1981), 19—21.

[24] Ariaratnam, S. T., and Tam, D. S. F., Parametric random excitation of a damped Mathieu oscillator, ZAMM, 56(1976), 449—452.

[25] Kozin, F., Stability of flexible structures with random parameters, 见绪论文献[29].

[26] Ariaratnam, S. T., Stability of structures under stochastic disturbances, Proc. IUTAM Symposium on Instability of Continuous Systems, Leipholz, H., ed., Springer, 1971.

[27] Ariaratnam S. T., Stability of mechanical systems under stochastic parametric excitation, Proc. IUTAM Symposium on Stability of Stochastic Dynamical Systems, Curtain, R. F., ed., Springer, 1972.

[28] Ariaratnam, S. T., and Srikantaiah, T. K., Parametric instabilities in elastic structures under stochastic loading, *J. Struct. Mech.*, 6(1978), 349—365

[29] Sri Namachchivaya, N., and Ariaratnam, S. T., Stochastic stability of a gyropendulum under random vertical support excitation, *J. Sound Vib.*, 119 (1987), 363—373.

[30] Sri Namachchivaya, N., and Ariaratnam, S. T., Stochastically perturbed Hopf bifurcation, *Int. J. Non-Linear Mech.*, 22(1987), 363—372.

[31] Nemat-Nasser, S., On stability under non-conservative loads, in Elastic Stability under Non-Conservative Loads, Leipholz, H. H. E., ed., University of Waterloo,

1972.
[32] Dimentberg, M. F., Response of systems with randomly varying parameters to external excitation, 见绪论文献[24].
[33] Dimentberg, M. F., Methods of moments in problems of dynamics of systems with randomly varying parameters, *J. Appl. Math. Mech.*, 46(1983), 161—166.
[34] Ariaratnam, S. T., and Tam, D. S. F., Moment stability of coupled linear systems under combined harmonic and stochastic excitation, 见绪论文献[23].
[35] Zhu, W. Q., and Huang, T. C., Dynamic instability of liquid free surface in a container with elastic bottom under combined harmonic and stochastic longitudinal excitation, 见绪论文献[27].
[36] Dimentberg, M. F., An exact solution to a certain non-linear random vibration problem, *Int. J. Non-Linear Mech.*, 17(1982), 231—236.
[37] Roberts, J. B., Effect of parametric excitation on ship rolling motion in random waves, *J. Ship Res.*, 26(1982), 246—253.
[38] Brouwers, J. J. H., Stability of a non-linearly damped second-order system with randomly fluctuating restoring coefficient, *Int. J. Non-Linear Mech.*, 21(1986), 1—13.
[39] 见第五章文献[41].
[40] 见第六章文献[14].
[41] 见绪论文献[18].
[42] 见绪论文献[21].
[43] 见第六章文献[69].
[44] Sun, J. Q., and Hsu, C. S., Cumulant-neglect closure method for nonlinear systems under random excitations, *J. Appl. Mech.*, 54(1987), 649—655
[45] 见绪论文献[20].
[46] Ariaratnam, S. T., and Ly, B. L., Almost-sure stability of some linear stochastic systems, *J. Appl. Mech.*, 56(1989), 175—178.
[47] Ariaratnam, S. T., and Xie, W. C., Effect of correlation on the almost-sure asymptotic stability of second-order linear stochastic systems, *J. Appl. Mech.*, 56(1989), 685—690.
[48] Ariaratnam, S. T., and Xie, W. C., Stochastic bifurcation in engineering mechanics, Proc. 47 Session, Int. Statistical Institute, Paris, 1989, Book 3.
[49] Oseledec, V. I., A multiplicative ergodic theorem, Lyapunoy characteristic numbers for dynamical ystems, *Trans. Moscow Math. Soc.*, 19(1968), 197—231.
[50] Arnold, L., Papanicolaou, G., and Wihstutz, V., Asymptotic analysis of the Lyapunov exponent and rotation number of the random oscillator and applications, *SIAM J. Appl. Math.*, 46(1986), 427—450.
[51] Pardoux, E., and Wihstutz, V., Lyapunov exponent and ratation number of two-dimensional linear stochastic systems with small diffusion, *SIAM J. Appl. Math.*, 48(1988), 442—457.
[52] 见绪论文献[52].
[53] Wedig, W., Lyapunov exponent of stochastic systems and related bifurcation problems, European Mechanics Colloquiam: Nonlinear Applied Dynamics, Univ. of Stuttgart, Stuttgart, FRG. 1987.

[54] Khasminskii, R. Z., Necessary and Sufficient conditions for the asymptotic stability of linear stochastic systems, *Theory Prob. Appl.*, **12**(1967), 144—147.
[55] Papanicolaou, G. C., and Kohler, W., Asymptotic analysis of deterministic and stochastic equation with rapid varying components, *Comm. Math. Phys.*, **46** (1976), 217—232.
[56] 见第五章文献[84].
[57] 见第六章文献[127].

第八章　随机振动系统的可靠性

8.1　引　　言

第三至第七章给出了预测线性与非线性系统随机响应的主要方法与基本结果．随机响应统计量的主要用途是据以判定所设计或正在运行的系统是否能正常运行或是否安全．许多情况下，常常根据响应的均方根值凭经验来判断振动的严重性．然而，更合理的做法是，根据一定的损坏模型，导出系统的可靠性的概率度量．研究随机振动的最终目的，正是为了改善机械或结构系统的可靠性．

系统完成它的功能的能力的完全或部分丧失称为损坏．损坏大致可分成两类，一类与使用性有关，例如，系统的振动程度并不足以构成安全问题，但可使系统不能正常运转．另一类则与安全有关，例如结构振动应力过高而导致断裂．损坏可能由于初始缺陷发展的结果，也可能由于系统在运行中损伤的累积或不可逆变化的结果．由于初始缺陷的分布，系统运行的条件，以及系统与周围环境的相互作用一般都是随机的，损坏是一种随机现象．

系统的品质与系统的状态之间通常可用一个算子相联系．以 $\boldsymbol{Z}$ 表示品质矢量，$\boldsymbol{Y}$ 表示状态矢量．则有

$$\boldsymbol{Z}=M\boldsymbol{Y} \tag{8.1-1}$$

式中 M 为某种算子．例如，$\boldsymbol{Z}$ 为某点应力，$\boldsymbol{Y}$ 为某点位移，M 是一个微分算子．M 也可以是恒等算子．

从系统的性能或安全观点看来是允许的品质的集合形成品质空间中一个允许区或安全区 Ω，假定 Ω 是一个开集，Ω 的边界对应于极限状态，这个边界常称为极限曲面，并记以 Γ，$\boldsymbol{Z}\in\Omega$ 意味着系统的品质参数保持在规定的容限内．矢量 $\boldsymbol{Z}$ 首次在外法线方

向穿越性能曲面就相应于系统的损坏。这种损坏称为首次穿越损坏。

振动系统的可靠性的最常用的度量是可靠性函数，它定义为系统在时间区间 $[0,t]$ 内无损坏地运行的概率，即

$$R(t)=P\{\boldsymbol{Z}(\tau)\in\Omega;\tau\in[0,t]\} \tag{8.1-2}$$

除可靠性函数外，尚有下列一些可靠性的度量，这些度量皆可由可靠性函数导出。

1. 损坏概率 $Q(t)$。它定义为在时间区间 $[0,t]$ 内至少出现一次损坏的概率，其与可靠性函数之间的关系为

$$Q(t)=1-R(t) \tag{8.1-3}$$

2. 首次穿越损坏时间（即寿命）的概率密度 $p(T)$

$$p(T)=-R'(t)|_{t=T} \tag{8.1-4}$$

由此可导出平均寿命

$$E[T]=\int_0^\infty Tp(T)dT=\int_0^\infty R(T)dT \tag{8.1-5}$$

与寿命的方差

$$\begin{aligned}\sigma_T^2&=\int_0^\infty\{T-E[T]\}^2p(T)dT\\&=2\int_0^\infty TR(T)dT-\{E[T]\}^2\end{aligned} \tag{8.1-6}$$

3. 损坏率或危险函数 $h(t)$。$h(t)\Delta t$ 是系统在 $[0,t]$ 内无损坏的条件下而在 $[t,t+\Delta t]$ 内损坏的概率。由

$$R(t+\Delta t)=R(t)-R(t)h(t)\Delta t$$

得损坏率与可靠性函数之间的关系

$$h(t)=-R'(t)/R(t) \tag{8.1-7}$$

或

$$R(t)=R_0\exp\left(-\int_{t_0}^t h(t)dt\right) \tag{8.1-8}$$

$R_0=R(t_0)$ 是可靠性函数之初值。

对大量生产的机械或结构系统，上述可靠性度量可作统计解释。对单一系统，如巨型结构，统计解释失去意义。但即使在这

种情形下，可靠性度量仍是系统性能或安全的重要特征，它可用于比较不同工程方案的优劣，也可用于系统的优化.

基于可靠性的系统设计，就是要使所设计的系统在规定的寿命期内可靠性函数之值大于或等于额定值，即

$$R(t) \geqslant R^*(t), \quad t \in [0, T^*] \tag{8.1-9}$$

通常可靠性函数 $R(t)$ 是单调递减函数，因此，上式可代之以

$$R(T^*) \geqslant R^*(T^*) \tag{8.1-10}$$

基于可靠性的系统最优设计则是在满足一定可靠性要求及其他要求的条件下使系统的某个性能指标为最优.

随机振动系统的可靠性以复杂的形式依赖于动态系统的特性，激励的性质及大小，安全区的构造及系统的初始状态，要估计可靠性，必需先弄清损坏模式. 随机振动中研究的损坏模式主要有两种：首次穿越损坏与疲劳损坏.

属首次穿越损坏的有，如脆性材料的断裂、屈曲、突跳等. 首次穿越损坏是最简单的损坏模式，但相应的可靠性问题仍是十分困难的. 至今唯一的精确解是 Rice 提出的形式级数解[1-3]. 对具有实际意义的工程系统，尚未得到封闭形式的精确解析解，只有具有许多不同复杂程度与精度的近似解. 近似解法主要有两类. 一类乃基于不同形式的独立穿越假定，本书中称为泊松模型及其修正. 用这类方法能得到结果的，本质上只限于受高斯随机激励的线性系统，特别是单自由度线性系统. 这类方法比较简单，但误差较大. 另一类乃基于品质矢量为时齐扩散过程的假定，称为扩散过程模型. 这类方法可用于线性与非线性系统，但激励必须为白噪声，至少为宽带过程. 这类方法较为精确，但较复杂.

疲劳破坏机理较为复杂，虽然人们对疲劳破坏的定性性质已有一定的了解，但至今仍不可能根据基本的物理定律进行疲劳分析，而只能在大量试验数据基础上应用累积损伤假设或断裂力学中的经验公式对疲劳可靠性与寿命作出估计. 应指出，疲劳破坏也可化为首次穿越损坏问题来处理.

本章给出随机振动系统可靠性估计的主要方法与基本结果.

最后概述基于可靠性的随机振动系统优化问题的一般提法与基本解法。

8.2 随机过程及其包络线的二级统计量

在基于泊松损坏模型的可靠性估计中，常用到随机过程及其包络线过程的一些统计量，如期望穿阈率，极值分布等。这些统计量在响应预测中通常是不给出的。为以后叙述方便，有时称它们为二级统计量。本节集中讨论这些统计量。

8.2.1 期望穿阈率

随机过程的期望穿阈率与峰的概率密度的结果最早由 Rice[1] 给出。此处用 Middleton[4] 提出的数学上更为完美的方法推导同一结果。

设 $Y(t)$ 是一个连续时间连续状态随机过程，它至少一次均方可微，我们要计算在时间区间 $[t_1, t_2]$ 内 $Y(t)$ 向上或向下穿越

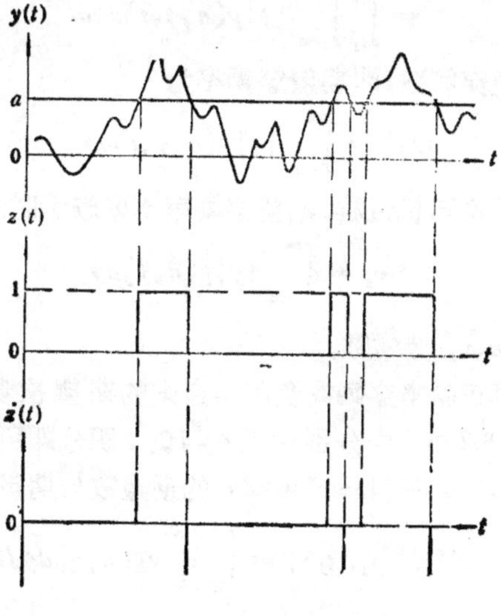

图 8.2-1 随机过程 $Y(t)$ 与相应的过程 $Z(t)$ 与 $\dot{Z}(t)$ 的典型样本函数

阈 a 的期望次数. 为此,按下式构造一个 0-1 过程 $Z(t)$

$$Z(t)=u[Y(t)-a] \tag{8.2-1}$$

式中 $u[\cdot]$ 为单位阶跃函数, $Z(t)$ 的形式导数为

$$\dot{Z}(t)=\dot{Y}(t)\delta[Y(t)-a] \tag{8.2-2}$$

式中 $\delta(t)$ 为狄拉克 δ 函数, 注意, 作为 t 的函数, 它有 $1/\dot{Y}(t)$ 的量纲. 以上三个随机过程的典型样本函数如图 8.2-1 所示. $\dot{Z}(t)$ 的样本函数由单位脉冲组成, 一个向上的脉冲对应于 $Y(t)$ 一次以正斜率穿越阈 a, 一个向下的脉冲对应于 $Y(t)$ 一次以负斜率穿越阈 a. 若以随机变量 $N_a(t_1, t_2)$ 表示在时间区间 $[t_1, t_2]$ 内 $Y(t)$ 穿越阈 a 的次数,则

$$N_a(t_1,t_2)=\int_{t_1}^{t_2}|\dot{Y}(t)|\delta[Y(t)-a]dt \tag{8.2-3}$$

期望穿阈次数为

$$\begin{aligned}E[N_a(t_1,t_2)]&=\int_{t_1}^{t_2}E[|\dot{Y}(t)|\delta[Y(t)-a]]dt\\&=\int_{t_1}^{t_2}\int_{-\infty}^{\infty}\int_{-\infty}^{\infty}|\dot{y}|\delta(y-a)p(y,\dot{y},t)dyd\dot{y}dt\\&=\int_{t_1}^{t_2}\int_{-\infty}^{\infty}|\dot{y}|p(a,\dot{y},t)d\dot{y}dt\end{aligned} \tag{8.2-4}$$

单位时间期望穿阈数,即期望穿阈率为

$$\nu_a(t)=\int_{-\infty}^{\infty}|\dot{y}|p(a,\dot{y},t)d\dot{y} \tag{8.2-5}$$

若 $Y(t)$ 为平稳随机过程,期望穿阈率不依赖于时间 t,则

$$\nu_a=\int_{-\infty}^{\infty}|\dot{y}|p(a,\dot{y})d\dot{y} \tag{8.2-6}$$

对一给定的 a, ν_a 为常数.

若只计算正斜率穿阈或负斜率穿阈的期望次数, 则只要在 (8.2-4) 至 (8.2-6) 中分别对正 $\dot{y}$ 与负 $\dot{y}$ 积分即可. 例如, 平稳随机过程 $Y(t)$ 以正斜率穿越阈 a 的期望数与期望率分别为

$$E[N_a^+(t_1, t_2)]=\int_{t_1}^{t_2}\int_0^{\infty}\dot{y}p(a,\dot{y})d\dot{y}dt \tag{8.2-7}$$

与

$$\nu_a^+ = \int_0^\infty \dot{y} p(a, \dot{y}) d\dot{y} \tag{8.2-8}$$

对平稳随机过程，$p(y, \dot{y})$ 必是 $\dot{y}$ 的偶函数。一个正斜率的穿阈一般必然伴随着一个负斜率的穿阈。从而有

$$\nu_a^+ = \nu_a^- = \frac{1}{2}\nu_a \tag{8.2-9}$$

对零均值平稳高斯随机过程

$$p(y, \dot{y}) = \frac{1}{2\pi\sigma_Y\sigma_{\dot{Y}}} \exp\left\{-\left(\frac{y^2}{2\sigma_Y^2} + \frac{\dot{y}^2}{2\sigma_{\dot{Y}}^2}\right)\right\} \tag{8.2-10}$$

从而正、负斜率的期望穿阈率为

$$\nu_a^+ = \nu_a^- = \frac{1}{2\pi}\frac{\sigma_{\dot{Y}}}{\sigma_Y} \exp\left(-\frac{a^2}{2\sigma_Y^2}\right) \tag{8.2-11}$$

在 $a = 0$ 处，ν_a^+ 达最大值。此即为正或负斜率的期望穿零率

$$\begin{aligned}\max_{-\infty<a<\infty} \nu_a^+ &= \nu_0^+ = \nu_0^- = \frac{1}{2\pi}\frac{\sigma_{\dot{Y}}}{\sigma_Y} \\ &= \frac{1}{2\pi}\left\{\int_{-\infty}^{\infty} \omega^2 S_Y(\omega) d\omega \Big/ \int_{-\infty}^{\infty} S_Y(\omega) d\omega\right\}^{1/2} \\ &= \frac{1}{2\pi}\left(\frac{\lambda_2}{\lambda_0}\right)^{1/2} = \frac{1}{2\pi}\left(\frac{-R_Y''(0)}{R_Y(0)}\right)^{1/2}\end{aligned} \tag{8.2-12}$$

式中 λ_0 与 λ_2 为零阶与二阶谱矩，从而

$$\nu_a^+/\nu_0^+ = \exp(-a^2/2\sigma_Y^2) \tag{8.2-13}$$

对于窄带平稳随机过程，每次以正斜率穿零就意味着一个整“周”的概率很大。于是可得该过程的期望频率 f_e 或 ω_e

$$\omega_e = 2\pi f_e = 2\pi\nu_0^+ \tag{8.2-14}$$

对零均值窄带高斯平稳随机过程

$$\omega_e = (\lambda_2/\lambda_0)^{1/2} = \sigma_{\dot{Y}}/\sigma_Y \tag{8.2-15}$$

以上结果可作如下推广。对均值为 μ_Y 的平稳高斯随机过程，(8.2-11) 应代之以

$$\nu_a^+ = \frac{1}{2\pi}\frac{\sigma_{\dot{Y}}}{\sigma_Y} \exp\left(-\frac{(a-\mu_Y)^2}{2\sigma_Y^2}\right] \tag{8.2-16}$$

对非平稳高斯随机过程，

$$\nu_a^+(t)=\frac{\sigma_{\dot{Y}}}{2\pi\sigma_Y}\left\{\sqrt{1-\rho^2}\ \exp\left[-\frac{1}{1-\rho^2}\frac{a^{*2}}{2\sigma_Y^2}\right]\right.$$
$$\left.+\sqrt{2\pi}\frac{\rho a^*}{\sigma_Y}\exp\left(-\frac{a^{*2}}{2\sigma_Y^2}\right)\Phi\left(\frac{\rho}{\sqrt{1-\rho^2}}\frac{a^*}{\sigma_Y}\right)\right\}$$

(8.2-17)

式中 $a^*=a-E[Y(t)]$；$\rho=\rho(t)$ 为 $Y(t)$ 与 $\dot{Y}(t)$ 的相关系数；$\Phi(\cdot)$ 是标准正态分布函数．对任意矢量随机过程 $\boldsymbol{Y}(t)$，

$$\nu_\Gamma^+(t)=\int_\Gamma d\Gamma\int_0^\infty \dot{y}_n p(\boldsymbol{Y}_\Gamma,\dot{y}_n,t)\dot{y}_n \qquad (8.2\text{-}18)$$

式中 $\dot{y}_n(t)=\boldsymbol{n}^T\dot{\boldsymbol{y}}$，$\boldsymbol{n}$ 是极限曲面 Γ 的单位外法线矢量．对平稳矢量高斯随机过程，(8.2-18) 中对 $\dot{Z}$ 的积分可用显式表出[5]．

由上可知，对任一标量或矢量随机过程，只要已知该过程与其导数过程的联合概率密度，就可求得期望穿阈率．对线性振动系统，只要激励为高斯随机过程，原则上总可得到它的瞬态或稳态响应的期望穿阈率．对受高斯白噪声激励的非线性振动系统，凡有精确平稳解的，也都可求得平稳响应的期望穿阈率，对不存在精确解的系统，可用某种近似方法得到近似的期望穿阈率．但应注意，用等效线性化法或其等价的高斯截断法得到的期望穿阈率往往是不可靠的．下面用 6.1.3 中的两个例子来说明．

对受高斯白噪声激励的杜芬振子（6.1.3 中 (a)），精确的平稳正斜率期望穿阈率为

$$\nu_a^+=\frac{\sqrt{\varepsilon}\ \omega_0\sigma_{Y_0}}{\sqrt{\pi}\ K_{1/4}[1/8\varepsilon\sigma_{Y_0}^2]}\exp\left(\frac{1}{8\varepsilon\sigma_{Y_0}^2}\right)$$
$$\times\exp\left[-\frac{(a^{2/2}+\varepsilon a^{4/4})}{\sigma_{Y_0}^2}\right] \qquad (a)$$

而等效线性化法给出的近似期望穿阈率为

$$\nu_a^+=\frac{1}{2\pi}\frac{\sigma_{\dot{Y}_0}}{\sigma_Y^{\prime}}\exp\left(-\frac{a^2}{2\sigma_Y^{\prime 2}}\right) \qquad (b)$$

其中 $\sigma_Y^{\prime}$ 由 6.1.3 中 (i) 确定．两者之差取决于阈值 a、激励强度 $\sigma_{Y_0}^2$ 及非线性 ε．对小与大阈值，统计线性化法高估了 ν_a^+，例

如，$\sigma_{Y_0}=2.0, \varepsilon=1.0$ 时，高估 ν_0^+ 约 30%；$\sigma_{Y_0}=3.0, \varepsilon=1.0$，高估 $\nu_{3\sigma_{Y_0}}^+$ 若干倍．对中等阈值，统计线性化低估了 ν_a^+．详见图 8.2-2。

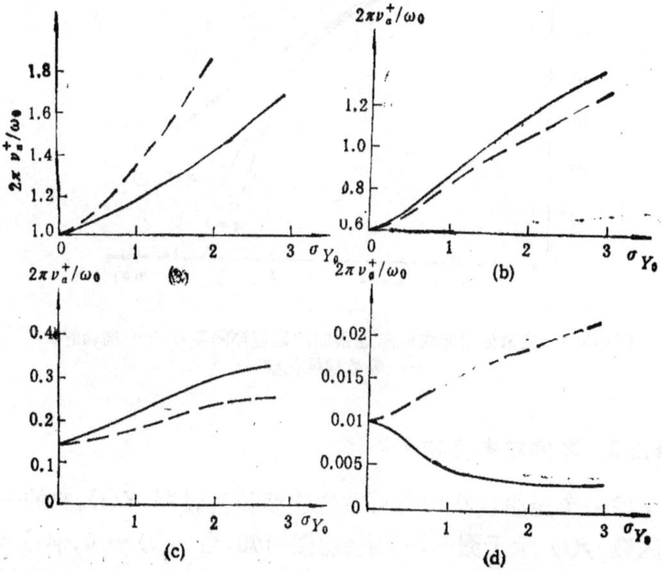

图 8.2-2 杜芬振子的期望穿阈率．$\varepsilon=0.5$——精确解----等效线性化解
(a) $a=0$； (b) $a=\sigma'_Y$； (c) $a=2\sigma'_Y$； (d) $a=3\sigma'_Y$

对受高斯白噪声激励的能量依赖非线性阻尼系统，精确的平稳正斜率穿阈率为

$$\nu_a^+=\frac{1}{2\pi}-C\int_0^{a^2/2}\exp[-\beta t^{(\alpha+1)}/(\alpha+1)\pi S_0]dt \qquad \text{(c)}$$

式中

$$C=[(\alpha+1)/2\pi\Gamma(\alpha+1)][\beta/(\alpha+1)\pi S_0]^{1/(\alpha+1)} \qquad \text{(d)}$$

等效线性化法给出的 ν_a^+ 表达式形如 (b)，只是其中 $\sigma_{\dot{Y}_0}/\sigma'_Y$ 应代之以 $\sigma'_{\dot{Y}}/\sigma'_Y=1, \sigma''^2_Y$ 则由 6.1.3 中 (r) 式给出。当 $\alpha>0$ 时，两者之差别与杜芬振子情形类似。例如，$\alpha=2$，$a=3\sigma_{Y_0}$ 时，等效线性化法给出的 ν_a^+ 值为精确值的 15 倍多。详见图 8.2-3。

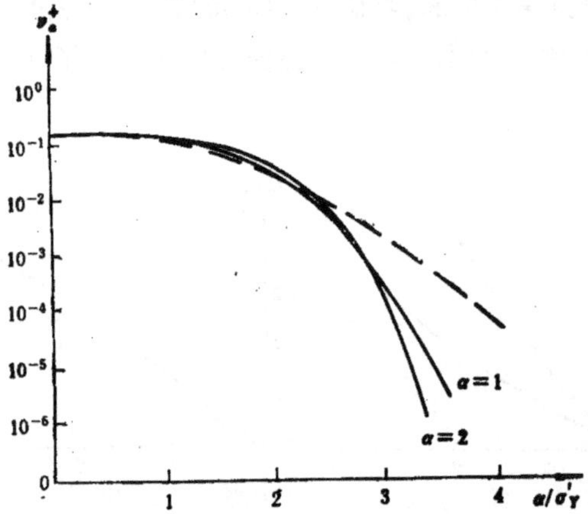

图 8.2-3 能量依赖非线性阻尼系统的期望穿阈率. ——精确解;
----等效线性化解

8.2.2 峰的概率分布

考虑一个至少两次均方可微的连续随机过程 $Y(t)$,它的一个样本函数 $y(t)$ 示于图 8.2-4 上.由图可知,当 $\dot{y}(t)=0$, $\ddot{y}(t)<0$ 时出现一个 $y(t)$ 的峰(极大值),而当 $\dot{y}(t)=0$, $\ddot{y}(t)>0$ 时出现一个谷(极小值).因此,样本函数在一给定时间区间内的峰与谷的总数就等于 $\dot{y}(t)$ 在同一时间区间内的穿零数.

为计算随机过程的峰数,定义一个 0-1 过程

$$Z(t)=u[\dot{Y}(t)] \tag{8.2-19}$$

其形式导数为

$$\dot{Z}(t)=\ddot{Y}(t)\delta[\dot{Y}(t)]$$

注意,$\delta[\dot{Y}(t)]$ 的量纲为 $1/\ddot{Y}(t)$, $Z(t)$ 与 $\dot{Z}(t)$ 的典型样本函数示于图 8.2-4 上,不难看出,在 $y(t)$ 的峰处 $\dot{Z}(t)$ 是一个向下的单位脉冲,在 $y(t)$ 的谷处 $\dot{Z}(t)$ 是一个向上的单位脉冲.因此,随机过程 $Y(t)$ 在时间区间 $[t_1,t_2]$内峰与谷的总数为

$$\int_{t_1}^{t_2}|\ddot{Y}(t)|\delta[\dot{Y}(t)]dt \tag{8.2-20}$$

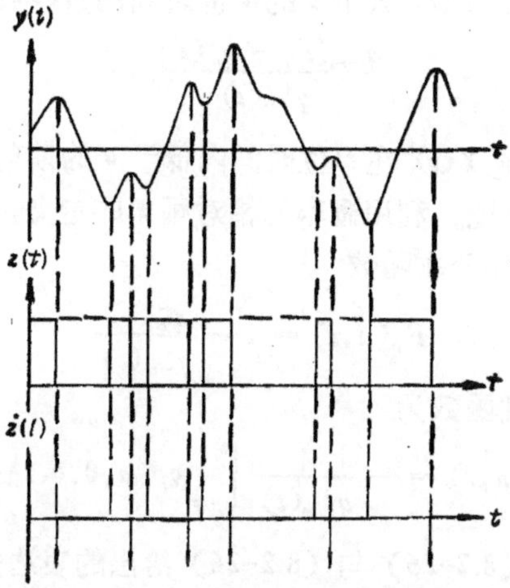

图 8.2-4 随机过程 $Y(t)$ 与相应过程 $Z(t)$ 及 $\dot{Z}(t)$ 的典型样本函数

类似地，在 $[t_1,t_2]$ 内随机过程 $Y(t)$ 大于一给定值 a 的峰与谷总数为

$$M_a(t_1,t_2)=\int_{t_1}^{t_2}|\ddot{Y}(t)|\delta[\dot{Y}(t)]u[Y(t)-a]dt \quad (8.2\text{-}21)$$

(8.2-20) 式所表示的即为 $M_{-\infty}(t_1,t_2)$。

在 $[t_1,t_2]$ 内随机过程 $Y(t)$ 大于 a 的期望峰与谷总数为

$$\begin{aligned}E[M_a(t_1,t_2)]&=\int_{t_1}^{t_2}\iiint_{-\infty}^{\infty}|\ddot{y}(t)|\delta[\dot{y}(t)]u[y(t)\\&\quad-a]p(y,\dot{y},\ddot{y},t)dyd\dot{y}d\ddot{y}dt\\&=\int_{t_1}^{t_2}dt\int_{-\infty}^{\infty}d\ddot{y}\int_a^{\infty}|\ddot{y}|p(y,0,\ddot{y},t)dy \quad (8.2\text{-}22)\end{aligned}$$

在时间区间 $[t_1,t_2]$ 内随机过程大于 a 的期望峰数为

$$E[M_a^+(t_1,t_2)]=-\int_{t_1}^{t_2}dt\int_{-\infty}^{0}d\ddot{y}\int_a^{\infty}\ddot{y}p(y,0,\ddot{y},t)dy \quad (8.2\text{-}23)$$

显然

$$q_a^+(t)=-\int_{-\infty}^{0}d\ddot{y}\int_a^{\infty}\ddot{y}p(y,0,\ddot{y},t)dy \quad (8.2\text{-}24)$$

就表示随机过程 $Y(t)$ 大于 a 的单位时间期望峰数。而量

$$\frac{q^+_{-\infty}(t)-q^+_a(t)}{q^+_{-\infty}(t)}$$

给出了随机过程 $Y(t)$ 在单位时间内低于 a 的期望峰数对单位时间期望峰总数之比。利用概率的相对频率的定义，可得随机过程 $Y(t)$ 的峰的概率分布函数

$$F_p(a,t)=1-\frac{q^+_a(t)}{q^+_{-\infty}(t)} \tag{8.2-25'}$$

而峰的概率密度函数为

$$p_p(a,t)=-\frac{1}{q^+_{-\infty}(t)}\int_{-\infty}^{0}\ddot{y}\,p(a,0,\ddot{y},t)\,d\ddot{y} \tag{8.2-26}$$

严格地说，(8.2-25) 与 (8.2-26) 给出的表达式是不正确的，因为此处用了期望之比，而不是比之期望。但正确的峰的分布与密度函数很难得到。

对平稳随机过程，q^+_a，$F_p(a)$ 及 $p_p(a)$ 均不依赖于时间。

现设 $Y(t)$ 为一个零均值的平稳高斯随机过程，联合概率密度

$$p(y,0,\ddot{y})=\frac{1}{(2\pi)^{3/2}|\Lambda|^{1/2}}\times\exp\left[-\frac{1}{2|\Lambda|}\left(\sigma_{\dot Y}^2\sigma_{\ddot Y}^2y^2+2\sigma_{\dot Y}^4y\ddot{y}+\sigma_Y^2\sigma_{\dot Y}^2\ddot{y}^2\right)\right] \tag{8.2-27}$$

其中协方差矩阵 Λ 为

$$\Lambda=\begin{bmatrix}\sigma_Y^2 & 0 & -\sigma_{\dot Y}^2\\ 0 & \sigma_{\dot Y}^2 & 0\\ -\sigma_{\dot Y}^2 & 0 & \sigma_{\ddot Y}^2\end{bmatrix} \tag{8.2-28}$$

将 (8.2-27) 代入 (8.2-24)，得大于 a 的单位时间期望峰数

$$q^+_a=(2\pi)^{-3/2}(\sigma_Y\sigma_{\dot Y})^{-2}\int_a^{\infty}\Big\{|\Lambda|^{-1/2}\exp\left[-\frac{1}{2|\Lambda|}\sigma_{\dot Y}^2\sigma_{\ddot Y}^2y^2\right]+(\pi/2)^{1/2}(\sigma_{\dot Y}^3y/\sigma_Y)\exp(-y^2/2\sigma_Y^2)\times\left[1+\mathrm{erf}\left(\sigma_{\dot Y}^3y/\sqrt{2}\,\sigma_Y|\Lambda|^{1/2}\right)\right]\Big\}dy \tag{8.2-29}$$

式中 $\mathrm{erf}(x)=(2/\sqrt{\pi})\int_0^x \exp(-u^2)du$ 为误差函数。(8.2-29)中的积分求值一般是困难的，但单位时间期望峰总值 $q_{-\infty}^{+}$ 易求得为

$$q_{-\infty}^{+}=\frac{1}{2\pi}\sigma_{\ddot{Y}}/\sigma_{\dot{Y}} \tag{8.2-30}$$

因为 $Y(t)$ 取极大值与 $\dot{Y}(t)$ 的以负斜率穿零等价，所以(8.2-30)还可以 $\dot{Y}(t)$ 取代 $Y(t)$ 而从 (8.2-12) 得到。

将 (8.2-27) 代入 (8.2-26) 积分得到峰的概率密度

$$p_p(a)=\frac{\varepsilon}{(2\pi)^{1/2}\sigma_Y}\exp\left(-\frac{a^2}{2\sigma_Y^2\varepsilon^2}\right)+\frac{(1-\varepsilon^2)^{1/2}a}{2\sigma_Y^2}\exp\left(-\frac{a^2}{2\sigma_Y^2}\right)\left[1+\mathrm{erf}\frac{(1-\varepsilon^2)^{1/2}a}{\sqrt{2}\,\varepsilon\sigma_Y}\right] \tag{8.2-31}$$

式中 ε 为带宽参数，由 (1.4-31) 确定。当 $Y(t)$ 为窄带过程时，其极限情形为 $\varepsilon\to 0$，峰的概率密度为

$$p_p(a)=\frac{a}{\sigma_Y^2}\exp(-a^2/2\sigma_Y^2) \tag{8.2-32}$$

可知它为瑞利分布。

当 $Y(t)$ 为宽带随机过程时，其极限情形为 $\varepsilon\to 1$。此时两个相继的正斜率穿零之间将出现许多极大值。在一个主要是低频振动上叠加上高频小幅振动时就会出现这种情况。随机过程 $Y(t)$ 在所有时间上都是一个局部的峰，从而峰的概率密度就趋向于 $Y(t)$ 本身的概率密度。事实上，在(8.2-31) 中令 $\varepsilon=1$，得

$$p_p(a)=\frac{1}{\sqrt{2\pi}\cdot\sigma_Y}\exp(-a^2/2\sigma_Y^2) \tag{8.2-33}$$

它为高斯分布。

当平稳高斯随机过程 $Y(t)$ 的 ε 值在 0 与 1 之间时，极大值的分布既非瑞利，也非高斯。图 8.2-5 给出了不同 ε 值的峰的概率密度曲线。

由上可知，要得到随机过程峰的一维概率密度，需知该过程与

其一阶、二阶导数过程的联合概率密度. 显然,除了线性振动系统对高斯激励的响应外,一般是不可能得到的. 但对窄带随机响应,

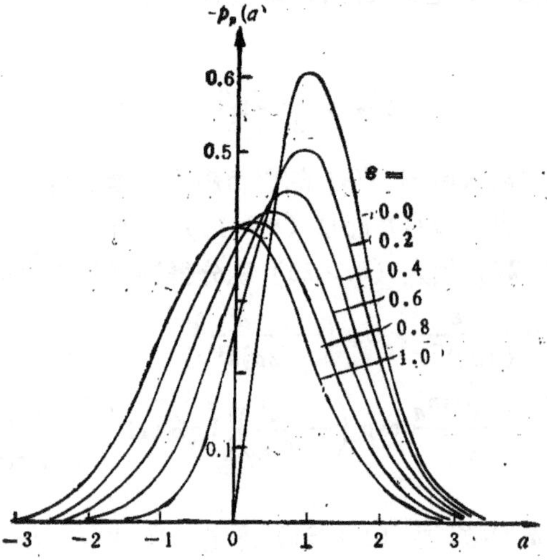

图 8.2-5 不同带宽(ε 值)随机过程的峰的概率密度 $p_p(a)(\sigma_Y=1)$

q_a^+ 与 $q_{-\infty}^+$ 可分别近似代之以 $\nu_+(a)$ 与 $\nu_+(0)$. 这样,只要有精确平稳解就可按下式求得峰的近似一维概率密度.

$$p_p(a)=-\frac{1}{\nu_+(0)}\frac{d\nu_+(a)}{da} \tag{8.2-34}$$

但要注意,非线性系统随机响应的带宽,不仅取决于系统的阻尼,还取决于非线性刚度及激励的强度.

例如,对受高斯白噪声激励的弱非线性刚度系统

$$\ddot{Y}+2\zeta\omega_0\dot{Y}+\omega_0^2(Y+\varepsilon g(Y))=\xi(t)$$

平稳位移响应的峰的概率密度为

$$p_p(a)=\frac{1}{\sigma_{Y_0}^2}[a+\varepsilon g(a)]\exp\left\{-\frac{1}{\sigma_{Y_0}^2}\left[\frac{a^2}{2}+\varepsilon G(a)\right]\right\} \tag{8.2-35}$$

式中 $\sigma_{Y_0}^2=\pi S_0/2\zeta\omega_0^3$, $G(a)=\int_0^a g(u)du$. $\varepsilon=0$ 时上式化为瑞

利分布。上式只适用于 ε 与 $\sigma^2_{Y_0}$ 较小时，否则响应将不是窄带过程。

8.2.3 包络线及其统计量

一个随机过程的包络线是由该过程派生出来的另一个随机过程。存在多种包络线的定义，其中常用的有三种。一是 3.4.7 中引用的 Rice[1] 定义，是用与给定过程以角速度 ω_0 旋转的两个正交分量过程定义的。二是 Dugundji[6] 定义，他用给定过程与其希尔伯特（Hilbert）变换定义包络线。后来 Cramer 与 Leadbetter[7] 从另一角度重新定义了这种包络线。这种定义已被推广于非平稳随机过程[8,9]。三是 Crandall 与 Mark[10] 定义，他们用给定过程与其导数过程定义包络线。后来，Crandall[11] 与 Caughey[12] 推广了这种包络线定义，使之适合于非线性系统响应过程。Dugundji[6] 指出，Rice 定义同他的定义是等价的，Langley[13] 则再次证明了 Rice 定义与 Dugundji 定义的等价。本节叙述第二、三种包络线的定义与统计量。

先考虑第二种包络线定义。设 $Y(t)$ 是一个零均值平稳随机过程，它的希尔伯特变换为

$$\hat{Y}(t)=\frac{1}{\pi}\int_{-\infty}^{\infty}\frac{Y(\tau)}{t-\tau}d\tau \tag{8.2-36}$$

希尔伯特变换把 $\cos\omega t$ 变换成 $\sin\omega t$，把 $\sin\omega t$ 变换成 $-\cos\omega t$，即使相位滞后 $\pi/2$。因此，若

$$Y(t)=\int_{-\infty}^{\infty}e^{i\omega t}dZ_Y(\omega) \tag{8.2-37}$$

则

$$\hat{Y}(t)=-i\int_{-\infty}^{\infty}e^{i\omega t}\mathrm{sgn}(\omega)dZ_Y(\omega) \tag{8.2-38}$$

由此可证

$$\sigma^2_Y=\sigma^2_{\hat{Y}} \tag{8.2-39}$$

$$R_{Y\hat{Y}}(0)=0 \tag{8.2-40}$$

即 $\hat{Y}(t)$ 是与 $Y(t)$ 具有相同方差并且正交的随机过程。

让 $Y(t)$ 与 $\hat{Y}(t)$ 构成一个复随机过程

$$Z(t) = Y(t) + i\hat{Y}(t) \tag{8.2-41}$$

则其幅值与相位

$$A(t) = \sqrt{Y^2 + \hat{Y}^2},\ \Theta(t) = \tan^{-1}(\hat{Y}/Y) \tag{8.2-42}$$

分别称为随机过程 $Y(t)$ 的包络线与相位过程. 反之,

$$Y(t) = A(t)\cos\Theta(t) \tag{8.2-43}$$

由此可知, $A(t)$是非负的,且$|Y(t)| \leqslant |A(t)|$. 还有,由(8.2-43)两边对时间求导得

$$\frac{dY(t)}{dt} = \frac{dA(t)}{dt}\cos\Theta(t) - A(t)\frac{d\Theta(t)}{dt}\sin\Theta(t) \tag{8.2-44}$$

可见, $\Theta(t) = 0$ 或 π 时, $|Y(t)| = A(t)$, $|dY/dt| = |dA/dt|$. 这说明,在这些点上,包络线与原随机过程相切. 但一般地说, 切点不一定在原过程 $Y(t)$ 的峰上. 为说明这点, 假定 $Y(t)$ 是平稳高斯过程,可证条件均值与方差[13]

$$E[\hat{Y}|\dot{Y} = \dot{y}] = -(\lambda_1/\lambda_2)\dot{y},\ \mathrm{var}[\hat{Y}|\dot{Y}] = \lambda_0 q^2 \tag{8.2-45}$$

式中 λ_i 为 $Y(t)$ 之谱矩. 带宽参数 q 由 (1.4-30) 确定. 由 (8.2-45) 知, 当 $\dot{y} = 0$ 时, $\hat{Y}$ 的均值为零, 但其方差取决于 q 值. 对窄带过程, q 很小, $\hat{Y}$ 的方差近似为零, 这说明随机过程 $Y(t)$ 在其峰的紧邻处与上述包络线相切. 对宽带随机过程, 切点与峰可相距较远.

为得到包络线的统计量,设 $Y(t)$ 是零均值平稳高斯过程. 此时, $Y, \hat{Y}, \dot{Y}, \dot{\hat{Y}}$ 构成高斯矢量过程 $\boldsymbol{Y} = [Y, \hat{Y}, \dot{Y}, \dot{\hat{Y}}]^T$, 它的概率密度为

$$p(\boldsymbol{y}) = (1/4\pi^2|A|^{1/2})\exp\left(-\frac{1}{2}\boldsymbol{y}^T\boldsymbol{A}^{-1}\boldsymbol{y}\right) \tag{8.2-46}$$

式中

$$\boldsymbol{A} = \begin{bmatrix} \lambda_0 & 0 & 0 & \lambda_1 \\ 0 & \lambda_0 & -\lambda_1 & 0 \\ 0 & -\lambda_1 & \lambda_2 & 0 \\ \lambda_1 & 0 & 0 & \lambda_2 \end{bmatrix} \tag{8.2-47}$$

于是联合概率密度

$$p(a,\dot{a},\theta,\dot{\theta}) = p(\boldsymbol{y})|J| \tag{8.2-48}$$

式中 $J = [\alpha(y,\dot{y},\hat{y},\dot{\hat{y}})/\alpha(a,\dot{a},\theta,\dot{\theta})]$ 为雅可比矩阵。由 (8.2-42) 求得 $|J| = a^2$。最后可得

$$p(a,\dot{a},\theta,\dot{\theta}) = \frac{a^2}{4\pi^2\lambda_0\lambda_2 q^2}\exp\left\{-\frac{1}{2}\left[\left(\frac{a^2}{\lambda_0}\right) + \left(\frac{1}{q^2\lambda_2}\right)\left(\dot{a}^2 + a^2\left[\dot{\theta} - \frac{\lambda_1}{\lambda_0}\right]^2\right)\right]\right\} \tag{8.2-49}$$

(8.2-49) 对 θ 与 $\dot{\theta}$ 积分得

$$p_e(a,\dot{a}) = (a/\sqrt{2\pi\lambda_2}\,q\lambda_0)\exp\left\{-\frac{1}{2}[(a^2/\lambda_0) + (\dot{a}^2/q^2\lambda_2)]\right\} \tag{8.2-50}$$

(8.2-50) 对 $\dot{a}$ 积分可得 $p_e(a)$，它与 (3.4-74) 同。同理可证，$p(\theta)$ 与 (3.4-75) 同。

将 (8.2-50) 代入 (8.2-8) 得包络线的正斜率期望穿阈率

$$\begin{aligned}(n_a^+)_D &= (qa\sqrt{\lambda_2}/\sqrt{2\pi}\lambda_0)\exp(-a^2/2\lambda_0) \\ &= (qa\sigma_{\dot{Y}}/\sqrt{2\pi}\sigma_Y^2)\exp(-a^2/2\sigma_Y^2)\end{aligned} \tag{8.2-51}$$

$Y(t)$ 的期望穿阈率与其包络线的期望穿阈率之比

$$2\nu_a^+/(n_a^+)_D = 2\sigma_Y/(\sqrt{2\pi}qa) \tag{8.2-52}$$

被 Lyon[14] 定义为群的尺寸，它用来描述窄带随机过程阈以上的一段包络线构成的一个波群内含有的随机过程的波数的平均值。

现考虑第三种包络线定义。由 $Y(t)$ 及其导数过程 $\dot{Y}(t)/\omega_c$ 组成的复随机过程的幅值与相位

$$A(t) = \sqrt{Y^2 + (\dot{Y}/\omega_c)^2},\ \Theta(t) = \tan^{-1}(\dot{Y}/\omega_c Y) \tag{8.2-53}$$

分别称为随机过程 $Y(t)$ 的包络线与相位过程。(8.2-53) 中 ω_c 是某个常数频率，可取为平均频率 $\omega_1 = \lambda_1/\lambda_0$ 或正斜率期望穿零频率 $\omega_0 = \sqrt{\lambda_2/\lambda_0}$。在后一情形，按 (8.2-53) 与 (8.2-42) 定义的包络线将具有相同的均方值。因此，此处取 $\omega_c = \omega_D$。

按定义

$$Y(t)=A(t)\cos\Theta(t),\ \dot{Y}(t)/\omega_0=A(t)\sin\Theta(t) \tag{8.2-54}$$

对 (8.2-54) 求导,得

$$\begin{aligned}\dot{Y}(t)&=\dot{A}\cos\Theta(t)-A\dot{\Theta}\sin\Theta\\ \ddot{Y}/\omega_0&=\dot{A}\sin\Theta+A\dot{\Theta}\cos\Theta\end{aligned} \tag{8.2-55}$$

由此可得

$$\dot{\Theta}=-\omega_0+(\dot{A}/A)\cos\Theta \tag{8.2-56}$$

据此,可消去 (8.2-54) 与 (8.2-55) 中的 $\dot{\Theta}$,得

$$\begin{aligned}&Y=A\cos\Theta,\ \dot{Y}/\omega_0=A\sin\Theta\\ &\ddot{Y}/\omega_0=\dot{A}(\sin\Theta+\cot\Theta\cos\Theta)-A\omega_0\cos\Theta\end{aligned} \tag{8.2-57}$$

由 (8.2-54) 与 (8.2-55) 知,当 $\Theta=0$,或 π 时,$Y=A$,$\dot{Y}=\dot{A}=0$。这说明随机过程在其峰上与包络线相切.

若 $Y(t)$ 是零均值高斯随机过程,则 $\boldsymbol{Y}=[Y,\dot{Y}/\omega_0,\ddot{Y}/\omega_0]^T$ 为高斯矢量随机过程,其概率密度

$$p(\boldsymbol{y})=[1/(2\pi)^{3/2}|\boldsymbol{\Lambda}|^{1/2}]\exp\left\{-\frac{1}{2}\boldsymbol{y}^T\boldsymbol{\Lambda}^{-1}\boldsymbol{y}\right\} \tag{8.2-58}$$

其中

$$\boldsymbol{\Lambda}=\begin{bmatrix}\lambda_0 & 0 & -\lambda_2/\omega_0\\ 0 & \lambda_2/\omega_0^2 & 0\\ -\lambda_2/\omega_0 & 0 & \lambda_4/\omega_0^2\end{bmatrix} \tag{8.2-59}$$

利用变换 (8.2-57),可得

$$p(a,\dot{a},\theta)=\frac{a|\csc\theta|}{(2\pi)^{3/2}\lambda_0\delta\varepsilon}\times\exp\left\{-\left[\left(\frac{a^2}{2\lambda_0}\right)+\frac{\dot{a}^2\csc^2\theta}{2\delta^2\varepsilon^2}\right]\right\} \tag{8.2-60}$$

式中 $\delta^2=\lambda_4\lambda_0/\lambda_2$,$\varepsilon$ 由 (1.4-31) 定义. (8.2-60) 对 θ 积分得 $p_e(a,\dot{a})$。可以证明,只有当 $Y(t)$ 的带宽趋于零时,由此得到的 $p_e(a,\dot{a})$ 才与 (8.2-50) 一致. (8.2-60) 对 $\dot{a}$ 积分可知,A 具有瑞利分布,Θ 在 $[0,2\pi)$ 内均匀分布,A 与 Θ 独立,与前二种定义

的包络线相同．由（8.2-60）可得包络线的正斜率期望穿阈率

$$(n_a^+)_{c-M}=[4/(2\pi)^{3/2}]\sqrt{\lambda_4/\lambda_2}\,\varepsilon(a/\sqrt{\lambda_0})\exp(-a^2/2\lambda_0) \tag{8.2-61}$$

注意，(8.2-61) 中的参数与 (8.2-51) 中的有所不同．两者之比

$$(n_a^+)_{c-M}/(n_a^+)_D=(2/\pi)(\varepsilon/q\sqrt{1-\varepsilon^2}) \tag{8.2-62}$$

与 a 无关，只取决于带宽．当带宽趋于零时，两者有相同的量级．

在 (8.2-61) 中用到 λ_4．但在有些情形下，如线性系统对白噪声的位移响应，λ_4 为无穷大．为使 λ_4 为有限值，可截断响应谱密度，或用等价矩形谱密度代替响应谱密度（见 3.4.3）．

由 (8.2-53)，有

$$A^2=Y^2+(\dot{Y}/\omega_0)^2 \tag{8.2-63}$$

如果 $Y(t)$是线性系统的响应过程，(8.2-63) 右边正比于系统的总能量．因此，A 是全部系统能量转变为势能时的位移值．为使包络线的这种定义适用于任意线性与非线性系统，可对上述 Crandall 与 Mark 的定义作如下的推广．以 $H(Y,Z)$ 记系统的广义能量，其中 $Z=\dot{Y}^2/2$，$Y(t)$ 为零均值随机过程．包络线 $A(t)$ 由下式定义，

$$H(A,0)=H(Y,Z) \tag{8.2-64}$$

例如，对非线性刚度系统，(8.2-64) 变成

$$G(A)=G(Y)+\frac{1}{2}\dot{Y}^2 \tag{8.2-65}$$

式中 $G(Y)=\int_0^Y g(u)du$，$g(y)$ 为非线性恢复力．

若已知位移与速度的联合概率密度 $p(y,\dot{y})$，可证包络线的一维概率密度为

$$p_e(a)=p(a,0)H_y(a,0)T(a)/H_z(a,0) \tag{8.2-66}$$

式中

$$T(a)=4\int_0^a\frac{dy}{\dot{y}(a,y)} \tag{8.2-67}$$

为系统的周期；$\dot{y}(a,y)$ 是 (8.2-64) 对 $\dot{y}$ 之解．例如，杜芬振子

对高斯白噪声的位移响应，

$$p_e(a)=\frac{4\sigma_{Y_0}F(k,\pi/2)}{2\sqrt{2\pi}\sqrt{1+\varepsilon a^2}\int_0^\infty \exp\left(-\frac{y^2}{2\sigma_{Y_0}^2}-\frac{\varepsilon y^4}{4\sigma_{Y_0}^2}\right)dy}p_p(a) \tag{8.2-68}$$

式中 $p_p(a)$ 由 (8.2-35) 中令 $g(Y)=Y^3$ 给出；$F(k,\pi/2)$ 为第一类椭圆积分，$k=[\varepsilon a^2/(2+2\varepsilon a^2)]^{1/2}$.

8.3 首次穿越损坏的泊松过程模型及其修正

8.3.1 问题的提法

首次穿越损坏的泊松过程模型以及对它的各种修正的主要结果都是针对受高斯白噪声激励的单自由度线性系统得到的. 这里给出这种情形首次穿越损坏问题的提法.

考虑在高斯白噪声激励下的单自由度稳定线性振动系统，其运动方程为

$$\ddot{Y}+2\zeta\omega_0\dot{Y}+\omega_0^2Y=\xi(t) \tag{8.3-1}$$

初始条件分为两种情形[15]，一是从静止开始，即

$$Y(0)=\dot{Y}(0)=0 \tag{8.3-2}$$

另一是从平稳状态开始，即系统的初始状态以 (8.3-1) 的平稳响应概率密度描述.

文献中研究较多的是下列三种情形首次穿越损坏问题[15]. 在第一种情形中，认为损坏是由于响应位移 Y 之值首次超过某一正值 b 而发生，在此情形，安全域（允许域）为 $y<b$，其边界为 $y=b$，常称为单壁或 B 型壁，b 称为壁高. 问题在于得到响应 Y 首次穿越壁高 $y=b$ 的时间 T 的概率分布. 这种情形常称为单壁问题. 第二种情形与第一种情形相似，只是允许域改为 $|y|<b$，其边界为双壁或 D 型壁 $y=\pm b$，相应的问题称为双壁问题. 第三种情形认为，损坏是由于响应包络线

$$A=\sqrt{Y^2+\dot{Y}^2/\omega_0^2} \tag{8.3-3}$$

之值首次超过 b 而发生，因此安全域为圆内 $A<b$，其边界是以 b 为半径之圆周，常称为圆壁或E型壁.问题是确定响应包络线首次取值 $A>b$ 之时间 T 的概率分布。这种问题常称为圆壁问题.

在相平面上，上述三种情形的安全域、非安全域及其边界示于图 8.3-1 上。响应样本的轨迹是顺时针向的随机螺旋线。问题在于确定随机轨迹首次从安全域穿出壁 B,D 或 E 之时间 T 的概率分布或相应的可靠性函数.

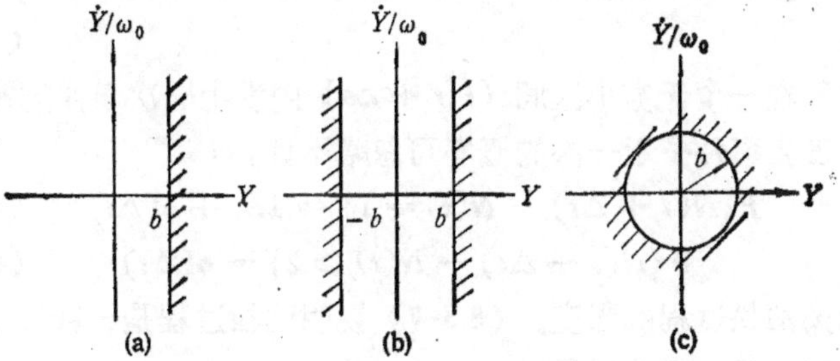

图 8.3-1 单自由度振动系统的安全域（允许域）

8.3.2 泊松过程

作为研究泊松过程损坏模型的预备，先考虑泊松随机过程.令 $N(t)$ 表示在半闭区间（0, t] 内某一事件发生的次数的随机变量。如果存在概率函数系列

$$F(n,t)=P\{N(t)=n\}$$
$$F(n_1,t_1;n_2,t_2)=P\{N(t_1)=n_1\cap N(t_2)=n_2\}$$
$$\cdots\cdots\cdots\cdots \tag{8.3-4}$$

则 $N(t)$ 就是一个计数过程。它是一个连续参数离散状态的随机过程。概率函数系列（8.3-4）完全描述了这种过程。此处选取半闭区间是为了把 $t=0$ 时刻可能发生的事件当作计数过程开始以前之事件，从而简化分析.

一个计数过程 $N(t)$，如果满足下列条件，就称为具有平稳增量的泊松过程.

1. $N(t)$ 具有独立增量，即对互不重叠的两个时间区间 $(t_1,t_2]$ 与 $(t_3,t_4]$ 有

$$P\{[N(t_2)-N(t_1)=n]\,|\,[N(t_4)-N(t_3)=m]\}$$
$$=P\{N(t_2)-N(t_1)=n\} \qquad (8.3\text{-}5)$$

其意为，一个事件发生之后，过程的性质保持不变。对将来事件的发生没有影响；

2. $N(t)$ 具有平稳增量。即对每个 a，有

$$P\{N(t_2)-N(t_1)=n\}=P\{N(t_2+a)-N(t_1+a)=n\} \qquad (8.3\text{-}6)$$

3. 在一个无穷小区间 $(t,t+\Delta t]$ 内发生一次事件的概率为 λdt，发生事件多于一次的概率可忽略不计，即

$$P\{N(t+\Delta t)-N(t)=1\}=\lambda dt+o(\Delta t) \qquad (8.3\text{-}7)$$

$$P\{N(t+\Delta t)-N(t)\geqslant 2\}=o(\Delta t) \qquad (8.3\text{-}8)$$

λ 称为泊松过程的强度。(8.3-7) 说明泊松过程是一种样本函数不连续的马尔柯夫过程。

如果只有条件 1 与 3 被满足，就称该计数过程为具有非平稳增量的泊松过程。此时 λ 为 t 之非负函数。如果只有条件 1 被满足，则称该计数过程为广义泊松过程。

下面证明，对具有平稳增量的泊松过程，概率函数为

$$F(n,t)=e^{-\lambda t}\frac{(\lambda t)^n}{n!} \qquad (8.3\text{-}9)$$

意即，对固定时间 t，泊松过程服从参数为 λt 的泊松分布。

首先注意，事件 $N(t+dt)=n$ 是下列两个相互排斥的事件之并：

$$N(t)=n \text{ 且 } N(t+\Delta t)-N(t)=0;$$
$$N(t)=n-1 \text{ 且 } N(t+\Delta t)-N(t)=1$$

由于增量的独立性

$$F(n,t+\Delta t)=F(n,t)F(0,\Delta t)+F(n-1,t)F(1,\Delta t) \qquad (8.3\text{-}10)$$

由 (8.3-7) 与 (8.3-8)

$$F(1,\Delta t)=\lambda\Delta t \tag{8.3-11}$$

$$F(0,\Delta t)=1-\lambda\Delta t \tag{8.3-12}$$

(8.3-11) 与 (8.3-12) 代入 (8.3-10),得

$$\frac{F(n,t+\Delta t)-F(n,t)}{\Delta t}=\lambda\{F(n-1,t)-F(n,t)\} \tag{8.3-13}$$

取 $\Delta t\to 0$ 的极限,得支配概率函数 $F(n,t)$ 的微分方程

$$\frac{\partial}{\partial t}F(n,t)+\lambda F(n,t)=\lambda F(n-1,t) \tag{8.3-14}$$

若已知 $F(n-1,t)$, 即可从 (8.3-14) 解出 $F(n,t)$。(8.3-14) 的一般解为

$$F(n,t)e^{\lambda t}=\int\lambda F(n-1,t)e^{\lambda t}dt+C_n \tag{8.3-15}$$

式中 C_n 为积分常数。(8.3-15) 可用来迭代计算 $F(n,t)$。

令 $n=0$,注意 $F(-1,t)=0$,于是

$$F(0,t)=C_0e^{-\lambda t} \tag{8.3-16}$$

由于计数从 $t=0$ 之后才开始,从而有

$$F(0,0)=1 \tag{8.3-17}$$

即 $t=0$ 时事件肯定不会发生。利用初始条件 (8.3-17) 可确定 (8.3-16) 中常数 $C_0=1$。最后得

$$F(0,t)=e^{-\lambda t} \tag{8.3-18}$$

将 (8.3-18) 代入 (8.3-15),积分得

$$F(1,t)e^{\lambda t}=\lambda t+C_1 \tag{8.3-19}$$

注意

$$F(1,0)=0 \tag{8.3-20}$$

由此确定 $C_1=0$。从而

$$F(1,t)=\lambda te^{-\lambda t} \tag{8.3-21}$$

如此继续或用数学归纳法可证 (8.3-9)。

类似地可证,具有非平稳增量的泊松过程的概率函数为

$$F(n,t)=\frac{1}{n!}\left[\int_0^t\lambda(\tau)d\tau\right]^n\exp\left[-\int_0^t\lambda(\tau)d\tau\right] \tag{8.3-22}$$

8.3.3 泊松模型

考虑双壁问题，为便于研究，设想一个人为的情形，即假定系统损坏之后可马上修复．于是在一个时间区间内损坏的次数刚好是响应 Y 以正斜率穿越 b 的次数与以负斜率穿越 $-b$ 的次数之和．由于平稳随机过程从统计意义上说是对称分布的，它就等于以正斜率穿越 b 的次数的两倍．假定这种损坏的发生是独立的，以 $N(t)$ 表示在时间间隔 $(0, t]$ 内发生的损坏次数，显然它是一个具有平稳增量的泊松过程．按 8.3.2 之结果，在 $(0,t]$ 内不损坏的概率，即可靠性函数为

$$R(t)=F(0,t)=\exp(-\lambda t) \tag{8.3-23}$$

式中

$$\lambda=2\nu_b^+ \tag{8.3-24}$$

为损坏率，按 (8.1-3) 在 $(0,t]$ 内首次穿越损坏的概率为

$$Q(t)=1-R(t)=1-\exp(-\lambda t) \tag{8.3-25}$$

按 (8.1-4)，首次穿越损坏的时间 T 的概率密度为

$$p(T)=-R'(T)=\lambda\exp(-\lambda T) \tag{8.3-26}$$

按 (8.1-5) 与 (8.1-6)，首次穿越损坏的时间的均值与方差分别为

$$E[T]=\frac{1}{\lambda} \tag{8.3-27}$$

与

$$\sigma_T^2=\frac{1}{\lambda^2} \tag{8.3-28}$$

上述结果最早是由 Coleman[16] 应用 Rice[1] 期望穿阈率的结果与独立穿壁假定得到的．它适用于任何零均值平稳随机过程．对 (8.3-1) 的平稳响应，ν_b^+ 由 (8.2-11) 确定，其中 σ_Y^2 与 $\sigma_{\dot{Y}}^2$ 则由 (3.4-22) 确定．对非线性系统的平稳响应，只要可求得其精确概率密度，从而代入(8.2-8)可得到正斜率期望穿越率 ν_a^+的，都可按 (8.3-23)—(8.3-28) 得到关于系统首次穿越损坏问题的完

全解答．应注意，用等效线性化法或高斯截断法得到的近似期望穿阈率可能会导致很大的误差（见 8.2.1）．对单壁问题，只要以 $\lambda=\nu_b^+$ 代替 $2\nu_b^+$，上述结果也完全适用．

对非平稳随机过程，独立穿越的假定导致损坏次数将是具有非平稳增量的泊松过程，应用（8.3-22），可得系统的可靠性函数

$$R(t)=\exp\left[-\int_0^t \lambda(\tau)d\tau\right] \tag{8.3-28}$$

式中

$$\lambda(t)=\begin{cases}2\nu_b^+(t), & \text{对双壁问题} \\ \nu_b^+(t), & \text{对单壁问题}\end{cases} \tag{8.3-29}$$

而 $\nu_b^+(t)$ 是该非平稳随机过程的正斜率期望穿阈率．对（8.3-1）的非平稳响应，$\nu_b^+(t)$ 由（8.2-17）确定．其他系统可靠性变量可按（8.1-3）—（8.1-7）由（8.3-28）得到．

上述结果还可推广于矢量随机过程，或多自由度系统的随机响应，只要使用相应的期望穿阈率（8.2-18）即可．

总之，在穿壁构成泊松过程的假定下，可得单壁与双壁问题完整的解析解．Cramer[17] 已经严格证明，这种解在壁高 $b\to\infty$ 时是渐近正确的．但对实践中感兴趣的壁高，应用上述结果会带来误差，误差的大小在很大程度上依赖于随机过程的带宽．数字模拟结果表明，对宽带过程，误差偏于非保守[18]，对窄带过程，误差则偏于保守[15]，这主要是由于，对宽带过程，泊松假定没有计及过程实际花费在非安全域内的时间，而对窄带随机过程，穿壁实际上不是独立的，而是倾向于成群地发生．针对这两方面的误差原因，曾提出多种对泊松损坏模型的修正[19]．

数字模拟结果还表明，首次穿越损坏时间的概率密度的前期部分，大大地取决于初始条件的类型，而后期部分趋向于指数衰减函数，见图 8.3-2．从首次穿越损坏问题的精确的形式级数解[2,3]与扩散过程损坏模型的解析解（见下节）也都可以导出，在 t 很大时，首次穿越损坏时间的概率密度具有如下指数函数形式：

$$p(T)=A\alpha e^{-\alpha T} \tag{8.3-30}$$

式中 α 称为首次穿越密度的极限衰减率，实际上它是极限损坏率.对泊松模型，$A=1$，$\alpha=2\nu_b^+$（双壁问题）或 ν_b^+（单壁问题）。各种修正理论主要是对 α 值提出修正.

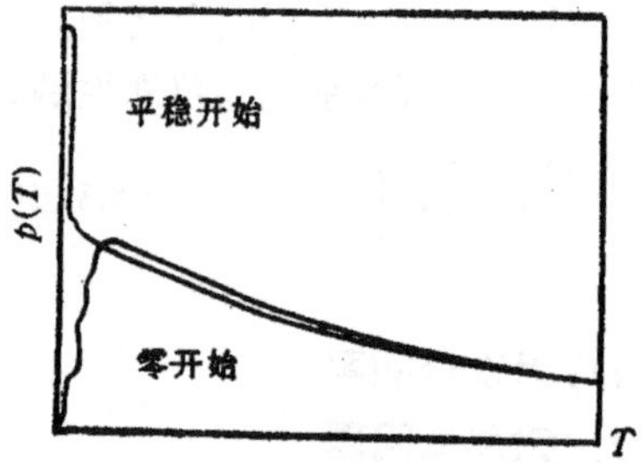

图 8.3-2 首次穿越损坏概率密度.初始阶段取决于初始条件，以后趋向于指数衰减

8.3.4 对泊松过程模型的各种修正

由于窄带过程的穿阈不是独立的，而倾向于成群地出现，Lin[20] 提出以包络线 $A(t)$ 的独立穿越假定代替过程本身的独立穿越假定，即以独立的 E 穿越代替独立的 D 穿越以改善对极限衰减率的估计。对平稳随机过程，假定 E 穿越构成一个具有独立增量的泊松过程，导致极限衰减率

$$\alpha=n_b^+ \tag{8.3-31}$$

按 Rice 或 Dugundji 包络线定义，n_b^+ 由（8.2-51）确定.

这种修正是否能改善泊松模型，取决于 D 穿越与 E 穿越之间的关系。在 qb/σ_Y 较小时，即响应过程带宽窄，或壁不高时，伴随着一次 E 穿越，往往有一次或数次 D 穿越，即 $n_b^+<2\nu_b^+$，上述修正将是对泊松模型的改善。但若 qb/σ_Y 较大，即响应过程较宽或壁很高时，E 穿越不一定伴随着 D 穿越，即 $n_b^+>2\nu_b^+$，从而可导致比泊松模型更为保守的对极限衰减率的估计.

Vanmarcke[21,22] 计及了包络线花费在壁高 b 以上的时间，并考虑到并非所有 E 穿越伴随着 D 穿越的事实，对独立 E 穿越提出了修正.

考虑一个平稳随机过程的包络线，当它低于 b 时记为状态 0，当它高于 b 时记为状态 1。以 T_0 与 T_1 分别表示包络线在状态 0 与 1 上的持续时间。他假定相继的 T_0 与 T_1 为独立的随机变

量. 这个假定使得这两个过程为马尔柯夫过程. 因此, 这个假定常称为两态马尔柯夫假定. 显然

$$E[T_0+T_1]=\frac{1}{n_b^+} \tag{8.3-32}$$

假定包络线服从瑞利分布,有

$$\frac{E[T_1]}{E[T_0+T_1]}=\int_b^\infty \frac{a}{\sigma_Y^2}\exp(-a^2/2\sigma_Y^2)da=\exp(-b^2/2\sigma_Y^2)=\frac{\nu_b^+}{\nu_0^+} \tag{8.3-33}$$

从而

$$E[T_1]=\frac{1}{n_b^+}\frac{\nu_b^+}{\nu_0^+} \tag{8.3-34}$$

$$E[T_0]=\frac{1}{n_b^+}\left(1-\frac{\nu_b^+}{\nu_0^+}\right)$$

再假定 T_0 服从指数分布,具有均值 $E[T_0]=\alpha^{-1}$,由此可定

$$\alpha=n_b^+\left(1-\frac{\nu_b^+}{\nu_0^+}\right)^{-1} \tag{8.3-35}$$

假定 $t=0$ 时响应服从平稳分布, 则 $t=0$ 时处于安全域内的概率为

$$\frac{E[T_0]}{E[T_0+T_1]}=\left(1-\frac{\nu_b^+}{\nu_0^+}\right)=A \tag{8.3-36}$$

(8.3-35) 与 (8.3-36) 是在两态马尔柯夫假定下对极限衰减率 α 与可靠性函数初值 A 的估计. 注意 $b\to\infty$ 时, $A\to 1$.

对极限衰减率的上述估计对首次 E 穿越是合适的. 为导出对首次 D 穿越的相应估计,必须考察 E 穿越与 D 穿越之间的关系. 以 ρ_D 表示紧接 E 穿越之后半周内不跟随出现 D 穿越的那部分 E 穿越所占的比例. 若 $T_1\geqslant(2\nu_0^+)^{-1}$, 则 D 穿越是必然的. 若 $T_1<(2\nu_0^+)^{-1}$, 则在时间 t_1 内出现 D 穿越的概率为 $t_1/(2\nu_0^+)^{-1}=2\nu_0^+t_1$. 于是

$$\rho_D=\int_0^{(2\nu_0^+)^{-1}}(1-2\nu_0^+t_1)p(t_1)dt_1 \tag{8.3-37}$$

式中 $p(t_1)$ 是 T_1 的概率密度函数. 为方便计. 假定 T_1 服从均值为 $E[T_1]$ 的指数分布,则

$$\rho_D = 1 - \frac{2\nu_b^+}{n_b^+}[1 - \exp(-n_b^+/2\nu_b^+)] \qquad (8.3\text{-}38)$$

$1-\rho_D$ 为E穿越之后紧接着出现D穿越那部分E穿越所占的比例。以 $1-\rho_D$ 乘（8.3-35）中的 n_b^+，得进一步修正的对极限衰减率的估计

$$\alpha = 2\nu_b^+ \frac{1 - \exp(-n_b^+/2\nu_b^+)}{1 - \nu_b^+/\nu_0^+} \qquad (8.3\text{-}39)$$

注意，按（8.2-52），当 $b\to\infty$时，$n_b^+/2\nu_b^+\to\infty$，而按（8.2-13），$\nu_b^+/\nu_0^+\to 0$，因此，$\alpha\to 2\nu_b^+$，同时（8.3-36）中之 $A\to 1$。所以，Vanmarcke 的修正结果在 $b\to\infty$时是渐近地正确的。

就 $\zeta=0.01$ 情形（8.3-1）的响应的D穿越的极限衰减率，Crandall[19] 曾对多种近似理论结果与数字模拟、电子模拟及概率扩散结果作了比较，见图 8.3-3。由图可知，对窄带随机过程，(8.3-31）与（8.3-39）的确改善了泊松模型。但都在不同程度上偏于保守。随着 $b/\sigma_Y\to\infty$，上述修正也都显示出 $\alpha\to 2\nu_b^+$ 的趋向。

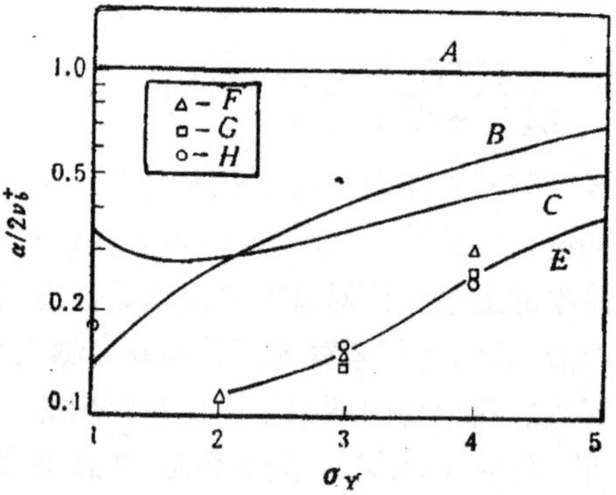

图 8.3-3 单自由度线性系统（$\zeta=0.01$）D 穿越的极限衰减率
A——独立D穿越假定；B——独立E穿越假定；C——Vanmarcke 两态马尔柯夫假定；E——Mark 的连续状态离散时间马尔柯夫过程；F——数字模拟；G——电子模拟；H——概率扩散

（8.3-39）容易推广于具有渐进谱密度的非平稳随机过程[8]。利用（8.3-34），(8.3-35）可改写为

$$\alpha = \frac{\nu_b^+/\nu_0^+}{E[T_1]}(1-\nu_b^+/\nu_0^+)^{-1} \tag{8.3-40}$$

根据数字模拟结果,Mason 与 Iwau[23] 假定 T_1 近似服从下列分布:

$$p(t_1) = \frac{1}{C} t_1^{\gamma} e^{-\beta t_1} \tag{8.3-41}$$

式中 γ,β 为参数,C 为归一化常数,由此可得

$$E[T_1] = -\frac{1}{\nu_0^+ \ln p^*} \tag{8.3-42}$$

式中

$$p^* = \lim \frac{p_{T_1}\left(\frac{n+1}{2\nu_0}\right)}{p_{T_1}\left(\frac{n}{2\nu_0}\right)} \tag{8.3-43}$$

将 (8.3-42) 代入 (8.3-40),得极限衰减率

$$\alpha = -\nu_b^+(1-\nu_b^+/\nu_0^+)^{-1}\ln p^* \tag{8.3-44}$$

他们用 (8.3-1) 的转移概率密度算出

$$p^* = \frac{1}{\operatorname{erf}(b/\sqrt{2}\,\sigma_Y)}\left\{\frac{1}{2}\left[1-\frac{\sqrt{2}\,b/\sigma_Y}{\sqrt{\pi(1-c^2)}}\right][\operatorname{erf}(y_1) - \operatorname{erf}(y_2)] + \frac{c}{\pi\sqrt{1-c^2}}(e^{-y_2^2}-e^{-y_1^2}) + \operatorname{erf}(y_1)\right\} \tag{8.3-45}$$

式中

$$y_1 = \frac{1}{c}\left[\frac{b}{\sqrt{2}\,\sigma_Y} + \frac{1}{2}\sqrt{\pi(1-c^2)}\right]$$

$$y_2 = \max\left[\frac{b}{\sqrt{2}\,\sigma_Y},\ \frac{1}{c}\left(\frac{b}{\sqrt{2}\,\sigma_Y} - \frac{1}{2}\sqrt{\pi(1-c^2)}\right)\right]$$

$$c = \exp(-\pi\zeta/\sqrt{1-\xi^2})$$

在 $\zeta = 0.01$ 与 0.04 情形,与数字模拟结果比较表明,对较低的壁高,(8.3-44) 比 (8.3-39) 较少保守。

在一波群中所包含的连续的D穿越或B穿越的平均数称为平均群尺寸，记以$\langle cs\rangle$. 注意，$\langle cs\rangle$ 对D穿越与B穿越其值是不同的。对D穿越，$E[T_1]=\langle cs\rangle/2\nu_0^+$，代入 (8.3-40)，得

$$\alpha=\frac{2\nu_b^+}{\langle cs\rangle}(1-\nu_b^+/\nu_0^+)^{-1} \tag{8.3-46}$$

因此，有了平均群尺寸，就可按 (8.3-46) 估计极限衰减率. 最近，Langley[24] 提出用随机过程的相关函数计算平均群尺寸的公式，避免了以前计算群尺寸[25,26] 中的数值积分. 对 (8.3-1) 的响应，他给出的D穿越的平均群尺寸公式是

$$\langle cs\rangle=1+2\sum_{n=1}^{N_c}\left\{1-\Phi\left[\frac{b}{\sigma_Y}(1-e^{-\pi\zeta n})/\right.\right.$$

$$\left.\left.(1-e^{-2\pi\zeta n})^{1/2}\right]\right\} \tag{8.3-47}$$

与数字模拟及扩散过程模型结果比较表明，(8.3-46) 对窄带 ($q=0.015$) 及中等带宽 ($q=0.5$) 的随机响应均相当精确.

$b\to\infty$时，$\langle cs\rangle\to 1$，因此，(8.3-46) 也是渐近精确的.

8.4 首次穿越损坏的扩散过程模型

8.4.1 问题的一般提法

设系统的品质为n维时齐扩散过程，初始时刻$t=0$时品质为$\boldsymbol{z}_0$，$t>0$ 上品质的进化由转移概率密度 $p(\boldsymbol{z},t|\boldsymbol{z}_0)$ 描述. 作为 $\boldsymbol{z},t$ 的函数，$p(\boldsymbol{z},t|\boldsymbol{z}_0)$ 由下列 FPK 方程支配

$$\frac{\partial p}{\partial t}=L_z p \tag{8.4-1}$$

式中

$$L_z=-\frac{\partial}{\partial z_j}[a_j(\boldsymbol{z})p]+\frac{1}{2}\frac{\partial^2}{\partial z_j\partial z_k}[b_{jk}(\boldsymbol{z})p]$$

$$j,k=1,2,\cdots,n \tag{8.4-2}$$

a_j 与 b_{jk} 分别为漂移系数与扩散系数. 初始条件为

$$p=\delta(\boldsymbol{z}-\boldsymbol{z}_0),\quad t=0 \tag{8.4-3}$$

作为 z_0 的函数，$p(z, t|z_0)$ 满足下列后向柯尔莫哥洛夫方程：

$$\frac{\partial p}{\partial t} = L^*_{z_0} p \tag{8.4-4}$$

式中

$$L^*_{z_0} = a_j(z_0)\frac{\partial}{\partial z_{0j}} + \frac{1}{2} b_{j,k}(z_0)\frac{\partial^2}{\partial z_{0j}\partial z_{0k}} \tag{8.4-5}$$

$$j,k = 1,2,\cdots,n$$

$p(z, t|z_0)$ 还应满足适当的边界条件，例如自然边界条件。此外，它还满足形如（5.2-30）的切普曼-柯尔莫哥洛夫积分方程。

我们的问题是要确定系统的品质首次穿越安全域边界的时间的概率分布，为此引入条件可靠性函数 $R(t|z_0)$，它是下列随机事件之概率：$t = 0$ 时系统的品质处于安全域内，在时间区间 $[0,t]$ 内一次也不越出安全域的边界 Γ，即

$$R(t|z_0) = p\{z(\tau)\in\Omega;\tau\in(0,t]|z(0) = z_0\in\Omega\} \tag{8.4-6}$$

有了此条件可靠性函数，就可按（8.1-3）—（8.1-7）得到系统可靠性的其他度量。

为导出条件可靠性函数 $R(t|z_0)$ 应满足的微分方程，引入条件转移概率密度 $q(z,t|z_0)$，它是品质矢量过程 $z(t)$ 中，$t = 0$ 时处于安全域内，在 $(0,t]$ 内仍停留在安全域内的那些样本函数的转移概率密度。显然，它也满足 FPK 方程（8.4-1）

$$\frac{\partial q}{\partial t} = L_z q \tag{8.4-7}$$

以及初始条件（8.4-3），即

$$q = \delta(z - z_0),\ t = 0 \tag{8.4-8}$$

但它具有与 $p(z,t|z_0)$ 不同的边界条件，即

$$q(z,t|z_0) = 0, z\in\Gamma, t > 0 \tag{8.4-9}$$

（8.4-9）意为，一旦品质矢量 $z(t)$ 到达安全域的边界，就越出边界而不返回安全域内，或者说，就被边界吸收。因此，Γ 为吸收壁。条件转移概率密度 $q(z, t|z_0)$ 也满足后向柯尔莫哥洛夫方程（8.4-4），即

$$\frac{\partial q}{\partial t}=L_{z_0}^{*}q \tag{8.4-10}$$

及条件（8.4-8）．相应的边界条件则为

$$q(\boldsymbol{z},t|\boldsymbol{z}_0)=0,\ \ \boldsymbol{z}_0\in\Gamma,t>0 \tag{8.4-11}$$

此外，条件转移概率密度 $q(\boldsymbol{z},t|\boldsymbol{z}_0)$ 还满足切普曼-柯尔莫哥洛夫积分方程

$$q(\boldsymbol{z},t|\boldsymbol{z}_0)=\int_\Omega q(\boldsymbol{z},t-t'|\boldsymbol{z}',t')q(\boldsymbol{z}',t'|\boldsymbol{z}_0)d\boldsymbol{z}' \tag{8.4-12}$$

显然，**条件可靠性函数即为条件转移概率密度在安全域上的积分**，即

$$R(t|\boldsymbol{z}_0)=\int_\Omega q(\boldsymbol{z},t|\boldsymbol{z}_0)d\boldsymbol{z} \tag{8.4-13}$$

（8.4-10）两边对 $\boldsymbol{z}$ 在Ω上积分，就得到条件可靠性函数所满足的后向柯尔莫哥洛夫方程

$$\frac{\partial R}{\partial t}=L_{z_0}^{*}R \tag{8.4-14}$$

R所应满足的边界条件由（8.4-11）在Ω上对 $\boldsymbol{z}$ 积分得到

$$R(t|\boldsymbol{z}_0)=0,\boldsymbol{z}_0\in\Gamma,\ t>0 \tag{8.4-15}$$

显然，对R来说，Γ也是吸收壁，而初始条件由（8.4-8）在Ω上对 $\boldsymbol{z}$ 积分得到

$$R(t|\boldsymbol{z}_0)=1,\boldsymbol{z}_0\in\Omega,\ t=0 \tag{8.4-16}$$

其意为，$t=t_0$ 时系统肯定处于安全域内．

于是我们可以先求解积分方程（8.4-12）或在相应的边界与初始条件下求解 FPK 方程（8.4-7）或后向柯尔莫哥洛夫方程（8.4-10），得到条件转移概率密度 $q(\boldsymbol{z}_1,t|\boldsymbol{z}_0)$，然后按（8.4-13）求得条件可靠性函数 $R(t|\boldsymbol{z}_0)$；也可以在适当的边界与初始条件下直接求解后向柯尔莫哥洛夫方程（8.4-14）得到条件可靠性函数 $R(t|\boldsymbol{z}_0)$ 最后，若初始条件是不确定的，则可按下式求得无条件可靠性函数

$$R(t)=\int_\Omega R(t|\boldsymbol{z}_0)\,p(\boldsymbol{z}_0)d\boldsymbol{z}_0 \tag{8.4-17}$$

式中 $p(z_0)$ 为 $t=0$ 时品质向量 z_0 的概率密度。

求解上述各方程都是很困难的。计算首次穿越损坏的时间的矩相对来说容易一些。由（8.1-4）知，首次穿越损坏时间的条件概率密度为

$$p(T|z_0)=-\left.\frac{\partial R(t|z_0)}{\partial t}\right|_{t=T} \tag{8.4-18}$$

首次穿越损坏的时间的第 k 阶条件矩定义为

$$T_k(z_0)=\int_0^\infty T^k p(T|z_0)dT \tag{8.4-19}$$

对（8.4-19）进行分部积分得

$$T_k(z_0)=k\int_0^\infty T^{k-1}R(T|z_0)dT \tag{8.4-20}$$

首次穿越损坏时间无条件 k 阶矩则为

$$T_k=\int_\Omega T_k(z_0)p(z_0)dz_0 \tag{8.4-21}$$

（8.4-14）两边同乘以 kT^{k-1}，然后对 T 从 0 到 ∞ 逐项积分，并考虑到（8.4-19）与（8.4-20），得首次穿越损坏的时间的条件矩所应满足的微分方程

$$L^*_{z_0}T_k=-kT_{k-1}\quad k=1,2,\cdots \tag{8.4-22}$$

由（8.4-19）知，$T_0=1$。T_k 在安全域内应有界、连续、两次可微。当扩散系数矩阵 $B=[b_{ij}]$ 为非退化时，(8.4-22) 为椭圆型偏微分方程，否则为抛物型偏微分方程。根据（8.4-15）与（8.4-20），方程（8.4-22）的边界条件应为

$$T_k(z_0)=0\quad z_0\in\Gamma, k=1,2,\cdots \tag{8.4-23}$$

方程（8.4-22）称为广义庞德辽金方程或广义庞德辽金-维特方程。

工程中最感兴趣的是首次穿越损坏时间的条件均值 $T_1(z_0)$，它满足下列庞德辽金方程

$$L^*_{z_0}T_1(z_0)=-1 \tag{8.4-24}$$

此方程首先在［27］中针对一维情形得到。

8.4.2 单自由度系统情形问题的提法

鉴于数学上的困难，除了极少数特殊情形外，迄今按扩散过程模型研究过的首次穿越损坏时间都是针对单自由度振动系统的. 因此，这里给出这种情形问题的具体提法.

考虑在高斯白噪声激励下的单自由度线性或非线性系统，其运动方程为

$$\ddot{Y}+f(Y,\dot{Y})=\xi(t) \tag{8.4-25}$$

式中 $\xi(t)$ 是高斯白噪声，其强度为 $2D$.

通常考虑的品质矢量即为状态矢量 $[Y,\dot{Y}]^T$，它是二维时齐扩散过程. 条件转移概率密度 $q(y,\dot{y},t|y_0,\dot{y}_0)$ 满足 FPK 方程 (8.4-7) 与后向柯尔莫哥洛夫方程 (8.4-10)，其中算子 L_x 与 $L^*_{x_0}$ 应分别代之以

$$L_y=\frac{\partial}{\partial\dot{y}}f(y,\dot{y})-\dot{y}\frac{\partial}{\partial y}+D\frac{\partial^2}{\partial\dot{y}^2} \tag{8.4-26}$$

与

$$L^*_{y_0}=-f(y_0,\dot{y}_0)\frac{\partial}{\partial\dot{y}_0}+\dot{y}_0\frac{\partial}{\partial y_0}+D\frac{\partial^2}{\partial\dot{y}_0^2} \tag{8.4-27}$$

品质空间即为相平面 $(Y,\dot{Y})$. 三种安全域如图 8.3-1 所示，其中 ω_0 是 (8.4-25) 线性化无阻尼系统固有频率. $t=0$ 时，假定品质矢量 $[y_0,\dot{y}_0]^T$ 在安全域内. 由于相平面上响应样本的轨迹是顺时针向的随机螺旋线，在单壁情形，状态矢量从安全域越出只能在壁 $y=b,\dot{y}>0$ 上发生. 只有从非安全域到安全域的相轨迹才能穿越壁 $y=b,\dot{y}<0$. 于是，根据条件转移概率密度的定义，有

$$q=0,\ y=b,\quad \dot{y}<0 \tag{8.4-28}$$

这是条件转移概率密度 $q(y,\dot{y},t|y_0,\dot{y}_0)$ 所满足的 FPK 方程 (8.4-7) 的边界条件，类似地，对双壁与圆壁问题，(8.4-7) 的边界条件分别为

$$q=0,\quad \begin{array}{l} y=b,\ \dot{y}<0 \\ y=-b,\dot{y}>0 \end{array} \tag{8.4-29}$$

与
$$q=0,\ y^2+\dot{y}^2/\omega_0^2=b^2 \tag{8.4-30}$$
条件转移概率密度 q 被看作 $y_0, \dot{y}_0, t_0$ 的函数时，相轨迹的运动方向将正好与上述情形相反。因此，q 所满足的后向柯尔莫哥洛夫方程（8.4-10）的边界条件，在单壁、双壁及圆壁情形分别为
$$q=0,\ y_0=b, \dot{y}_0>0 \tag{8.4-31}$$
$$\begin{aligned} q=0,\ y_0&=b,\ \dot{y}_0>0 \\ y_0&=-b, \dot{y}_0<0 \end{aligned} \tag{8.4-32}$$
及
$$q=0,\ y_0^2+\dot{y}_0^2/\omega_0^2=b^2 \tag{8.4-33}$$
由此可推出条件可靠性函数 $R(t|y_0,\ \dot{y}_0)$ 所满足的后向柯尔莫哥洛夫方程（8.4-14）的边界条件，单壁情形为
$$R(t|y_0,\dot{y}_0)=0,\ y_0=b, \dot{y}_0>0 \tag{8.4-34}$$
双壁情形为
$$R(t|y_0,\dot{y}_0)=0,\ \begin{aligned} y_0&=b,\ \dot{y}_0>0 \\ y_0&=-b, \dot{y}_0<0 \end{aligned} \tag{8.4-35}$$
圆壁情形为
$$R(t|y_0,\dot{y}_0)=0,\ y_0^2+\dot{y}_0^2/\omega_0^2=b^2 \tag{8.4-36}$$
在单壁与双壁情形，还可补充一个边界条件
$$R(t|y_0,\dot{y}_0)\to 0,\ |\dot{y}_0|\to\infty \tag{8.4-37}$$
其意为，当速度为无穷大时，首次穿越损坏必将在任意时间区间内发生。此外，三种情形都还有一个初始条件
$$R(0|y_0,\dot{y}_0)=1, y_0,\ \dot{y}_0\in\Omega \tag{8.4-38}$$
Yang 与 Shinozuka 已证[30]，对每一种壁，上述边界条件导致一个良态的边初值问题。

首次穿越损坏时间的条件矩所满足的广义庞德辽金方程的边界条件也可类似地导得。例如，在双壁情形，它为
$$\begin{aligned} T_n(b,\dot{y}_0)&=0,\ \dot{y}_0>0 \\ T_n(-b,\dot{y}_0)&=0, \dot{y}_0<0 \\ T_n(y_0,\dot{y}_0)&\to 0, |\dot{y}_0|\to\infty \end{aligned} \tag{8.4-39}$$
这些条件也使广义庞德辽金方程成为一个良态边值问题。

8.4.3 解析解

虽然上述首次穿越损坏的扩散过程模型是良态的数学问题，然而迄今只在一些非常特殊的情形才得到精确的解析解。例如，(8.4-25) 中惯性力项可忽略不计，或恢复力为零，响应为一维扩散过程时，这种情形的首次穿越损坏问题的解相对来说容易得到[31,32]. 下面给出一维庞德辽金方程的精确解析解。这些解以后经常用到。

设庞德辽金一维方程形为

$$[b(y)/2](d^2T_1/dy)+a(y)(dT_1/dy)=-1 \qquad (8.4-40)$$

直接积分 (8.4-40) 即可得解。其解取决于边界条件。设安全域为区间 (C_1,C_2),并记

$$\phi(y)=\exp\left\{\int_{C_1}^{y}[Za(y')/b(y')]dy'\right\} \qquad (8.4-41)$$

则

$$T_1(y)=2\int_{y}^{C_2}\frac{du}{\phi(u)}\int_{C_1}^{u}\frac{\phi(v)}{b(v)}dv, \quad \begin{array}{l}C_1\text{ 为反射壁}\\ C_2\text{ 为吸收壁}\end{array} \qquad (8.4-42)$$

$$T_1(y)=2\int_{C_1}^{y}\frac{du}{\phi(u)}\int_{u}^{C_2}\frac{\phi(v)}{b(v)}dv, \quad \begin{array}{l}C_1\text{ 为吸收壁}\\ C_2\text{ 为反射壁}\end{array} \qquad (8.4-43)$$

$$T_1(y)=2\left[\left(\int_{C_1}^{y}\frac{du}{\phi(u)}\int_{y}^{C_2}\frac{du'}{\phi(u')}\int_{C_1}^{u'}\frac{\phi(v)}{b(v)}dv\right.\right.$$
$$\left.\left.-\left(\int_{y}^{C_2}\frac{du}{\phi(u)}\right)\int_{C_1}^{y}\frac{du'}{\phi(u')}\int_{C_1}^{u'}\frac{\phi(v)}{b(v)}dv\right]\right/\int_{C_1}^{C_2}\frac{du}{\phi(u)}$$

$$C_1,C_2\text{ 皆为吸收壁} \qquad (8.4-44)$$

在响应为二维扩散过程情况，已得到首次穿越损坏时间均值精确解的有随机加速的自由质点的双壁问题[33]. 但这个解在随机振动中没有什么用处。一个比较有用的精确解是由 Kozin[34] 利用Dynkin[35] 的一个结果得到。现推导如下。

设 $h(z)$ 是一个标量函数，以 $h(z)$ 乘 (8.4-1) 的两边，并在整个品质空间 R_n 中积分

$$\int_{R_n} h(z)\frac{\partial p}{\partial t}dz = \int_{R_n} h(z)L_z p dz$$

假定（8.4-1）满足自然边界条件，积分得

$$\frac{d}{dt}E[h(Z(t))] = E[L_Z^* h(Z(t))] \quad (8.4\text{-}45)$$

式中 L_Z^* 为后向算子，形同（8.4-5），但以 Z 代替 z_0。(8.4-45) 对时间积分，得

$$E[h(Z(t))] - E[h(Z(t_0))] = E\left[\int_{t_0}^{t} L_Z^* h(Z(s))ds\right] \quad (8.4\text{-}46)$$

上式对任意时间，包括随机时间 t 都成立，只要 $E[t] < \infty$. 现取 $t_0 = 0$，t 为首次穿越损坏时间 T. 并假定能找到一个函数 $h(Z)$，使得 $L_Z^* h(Z) \equiv C$，C 为常数，则首次穿越损坏时间均值为

$$T_1 = \{E[h(Z(T_1))] - E[h(Z(0))]\}/C \quad (8.4\text{-}47)$$

作为一个应用例子，考虑一个无阻尼振子，例如（8.4-25）中 $f(Y, \dot{Y}) = g(Y)$ 之情形。取 h 为该振子的总能量

$$h(y,\dot{y}) = \frac{1}{2}\dot{y}^2 + \int_0^y g(u)du = E \quad (8.4\text{-}48)$$

由于

$$L_y^* h(y,\dot{y}) = \left[-g(y)\frac{\partial}{\partial \dot{y}} + \dot{y}\frac{\partial}{\partial y} + D\frac{\partial^2}{\partial \dot{y}^2}\right]h(y,\dot{y}) = D$$

若系统初始总能量为 E_0，安全域的边界是总能量 E 为常数的曲线，例如线性振子的圆壁问题，且 $E_0 < E$，则按（8.4-47），有

$$T_1 = (E - E_0)/D \quad (8.4\text{-}49)$$

显然，只要安全域的边界是系统总能量为常数的曲面，上述结果可推广于受高斯白噪声激励的多自由度无阻尼振动系统.

作为上述结果的另一个推广，考虑含有粘性阻尼的振子，即设（8.4-25）中 $f(Y,\dot{Y}) = 2\zeta\omega_0\dot{Y} + g(Y)$，类似推导给出

$$T_1 = (E - E_0)\Big/\left\{D - \frac{2\zeta\omega_0}{T_1}E\left[\int_0^T \dot{Y}^2(S)dS\right]\right\} \quad (8.4\text{-}50)$$

式中 $E[\dot{Y}^2(S)]$ 是速度的瞬时方均方值，若 $E - E_0$ 足够大，从而

T_1 比响应的松弛时间长得多，$E[\dot{Y}^2(S)]$ 可近似地代之以稳态值 $E[\dot{Y}^2]$，从而近似地有

$$T_1 \approx (E - E_0)/\{D - 2\zeta\omega_0 E[\dot{Y}^2]\} \qquad (8.4\text{-}51)$$

由于这种情形的稳态概率密度是已知的，$E[\dot{Y}^2]$ 可精确地得到.

应该指出，尽管（8.4-46）是精确的，但将它应用于首次穿越损坏问题时，系统的品质矢量是被限制在安全区 Ω 内的。因此，严格地说，应从（8.4-7）出发推导。但在边界条件（8.4-9）下将得不到（8.4-47）。从这个意义上说，（8.4-47）实际上也是近似的。安全域越大，T_1 越长，结果将越精确。

当安全域为有限封闭域时，首次穿越损坏问题的近似解析解可用迦辽金法得到。例如，对庞德辽金方程（8.4-24）可假定其解具有截断级数形式

$$T_1(\boldsymbol{z}_0) = \sum_{r=1}^{m} T_1^{(r)}\phi_r(\boldsymbol{z}_0) \qquad (8.4\text{-}52)$$

式中 ϕ_r 是 Ω 内完备的函数集，满足边界条件(8.4-23)，将(8.4-52)代入（8.4-24），可得一组确定常数 $T_1^{(r)}$ 的线性代数方程。解出 $T_1^{(r)}$ 并代入（8.4-52)，即可得 $T_1(\boldsymbol{z}_0)$ 之近似解。这种方法也可应用于（8.4-22）及（8.4-14）。只是对（8.4-14）需解一组关于系数的常微分方程。

Bolotin[36] 曾将此法用于一维问题。结果表明，只要适当选取 ϕ_r，近似解随 m 相当快地收敛于精确解。Sahay 与 Lennox[37] 曾用此法估计单自由度线性振子圆壁问题首次穿越损坏时间的前10阶矩，他们将相平面用极坐标表示，所得结果只与初始状态的径向坐标有关。这与（8.4-49）一致。

8.4.4 数值解

已用来求解首次穿越损坏问题的数值方法包括概率扩散法，广义胞变换法，有限元法及有限差分法等。概率扩散法首先由 Crandall 等[15]提出并应用于受高斯白噪声激励的线性振子的首次穿越损坏时间概率与极限衰减率的估计。广义胞变换法则由 Sun

与 Hsu[38] 应用于估计受高斯白噪声激励的范德波振子与杜芬振子的首次穿越概率．这两种方法的基本思想相同，只是在后一方法中，概率扩散的计算在数学上更为正式．因此，可将后者看成是前者的一种推广．

考虑二维情形的切普曼-柯尔莫哥洛夫积分方程（8.4-12）．将时间离散化，假定首次穿越损坏只在等间隔的离散时刻 $t_i=i\Delta t$ 上发生，在这些时刻上，（8.4-12）可表为

$$q(y,\dot{y},t\,|\,y_0,\dot{y}_0)=\iint_{\Omega}q(y,\dot{y},\Delta t\,|\,y',\dot{y}')q(y',\dot{y}',t-\Delta t\,|\,y_0,\dot{y}_0)dy'd\dot{y}' \tag{8.4-53}$$

考虑到 Δt 时间很短，可以用无条件转移概率密度 $p(y,\dot{y},\Delta t\,|\,y',\dot{y}')$ 近似代替（8.4-53）中的条件转移概率密度 $q(y,\dot{y},\Delta t\,|\,y',\dot{y}')$，从而（8.4-53）变成

$$q(y,\dot{y},t\,|\,y_0,\dot{y}_0)=\iint_{\Omega}p(y,\dot{y},\Delta t\,|\,y',\dot{y}')q(y',\dot{y}',t-\Delta t\,|\,y_0,\dot{y}_0)dy'd\dot{y}' \tag{8.4-54}$$

对高斯白噪声激励下的时不变稳定线性系统，无条件转移概率密度由（5.4-14）确定，对非线性系统，可用数字模拟或其他数值方法得到．于是可用（8.4-54）逐步计算条件转移概率密度，然后按（8.4-13）估计条件可靠性函数．

在计算中，将相平面分成许多矩形的状态胞，并将每一胞内的概率密度集中成为位于该胞中心的概率质量．基本的运算单元将 $t=n\Delta t$ 时刻上一个胞内的概率质量扩散到 $t+\Delta t=(n+1)\Delta t$ 时刻上与该胞相邻的许多胞上去，在广义胞变换法中，这种运算用如下矩阵方程表示：

$$\boldsymbol{p}(n+1)=\boldsymbol{p}\boldsymbol{P}(n) \tag{8.4-55}$$

式中 $\boldsymbol{p}(n)$ 是 t 时刻上的概率质量矢量，$\boldsymbol{P}$ 是从 t 到 $t+\Delta t$ 的一步转移矩阵，其元素为

$$P_{ij}=\iint_{c_j}p(y,\dot{y},\Delta t\,|\,y_i,\dot{y}_i)dyd\dot{y} \tag{8.4-56}$$

c_i 是第 i 个胞的面积，设初始概率质量集中在 $(y_0, \dot{y}_0)$，随着时间的增长，概率分布不断向外扩散，扩散过程中心乃沿有阻尼的自由振动相轨迹前进。在每一步的末了，凡扩散出安全域的概率质量计为“损失”，不再进入其后的扩散过程。离散时刻上的条件可靠性为安全域内各胞概率质量之和

$$R(n)=\sum_{c_i\in\Omega}p_i(n) \tag{8.4-57}$$

n 很大时，条件可靠性函数具有如下指数形式：

$$R(n)=Ae^{-\alpha n\Delta t} \tag{8.4-58}$$

相应的极限衰减率 α 及 A 值则可按下式估计

$$\alpha=\lim_{n\to\infty}\frac{1}{\Delta t}\frac{R(n)}{R(n+1)},\ A=\lim_{n\to\infty}\frac{R^{n+1}(n)}{R^n(n+1)} \tag{8.4-59}$$

上述方法的精度主要取决于胞的大小与时间步长。通常矩形胞边长为 $0.1\sigma_Y$ 与 $(0.1\text{-}0.25)\sigma_{\dot{Y}}$，时间步长为 $T/8$，T 为无阻尼自由振动周期。精度也依赖于壁高，当 $b/\sigma_Y\leqslant 3$ 时，其误差与数字模拟误差为同量级。$b/\sigma_Y=4$ 时误差达 25% 左右[38]。计算量与数字模拟同量级。

上述方法适用于封闭的安全域，对单壁与双壁问题，可引入人工边界使安全域封闭。选取人工壁的原则是使得越出人工边界的概率比越出实际边界的概率小若干数量级。

Bergman 与他的合作者[39-44] 已将彼得洛夫-迦辽金有限元法应用于求 (8.4-14) 与 (8.4-22) 的数值解。对随机加速自由质点，所得结果与解析解很一致。起初该法限于线性振子与低壁高，后来壁高扩展到 $5\sigma_Y$。并已推广到非线性振子，包括杜芬振子，非线性阻尼振子，滞迟振子等。

首次穿越损坏时间的均值 T_1 对初始状态一般不敏感，但在安全域的边界附近变化较快，这意味着在边界附近需较多的单元。所需总单元数按壁高的平方增加，而计算成本则按壁高的 4 次幂增加。

8.5 随机平均法在首次穿越损坏问题中的应用

无论用解析方法还是用数值方法求解受白噪声激励的单自由度振动系统的首次穿越损坏问题，其困难主要来源于扩散过程的二维性质。随机平均法在首次穿越损坏问题中所起的作用，正是将二维扩散过程简化为一维扩散过程，从而使问题的难度大大地降低。近十多年来在首次穿越损坏问题中的主要进展。就是由于应用了随机平均法。本节叙述随机平均法在首次穿越损坏问题中的应用及其结果。

8.5.1 圆壁问题条件可靠性函数的解析解

首先考虑受宽带随机外激的具有小的线性或非线性阻尼的单自由度振动系统（5.6-20）。已知幅值 $A(t)$ 是近似一维时齐扩散过程。其转移概率密度由 FPK 方程（5.6-38）支配。

由此可推出条件可靠性函数 $R(t|a_0)$ 所满足的后向柯尔莫哥洛夫方程

$$\frac{\partial R}{\partial t}=\varepsilon^2\left[-\frac{F(a_0)}{\omega_0}+\frac{\pi S(\omega_0)}{2a_0\omega_0^2}\right]\frac{\partial R}{\partial a_0}+\varepsilon^2\frac{\pi S(\omega_0)}{2\omega_0^2}\frac{\partial^2 R}{\partial a_0^2} \tag{8.5-1}$$

初始条件为

$$R(0|a_0)=1,\ 0\leqslant a_0<b \tag{8.5-2}$$

边界条件为

$$R(t|b)=0 \tag{8.5-3}$$

$$R(t|0)=\text{有限} \tag{8.5-4}$$

式中 b 为壁高。边界条件（8.5-4）是必要的，它表明 $a_0=0$ 是反射壁，这是由于 a_0 不可能取负值。

边初值问题（8.5-1）—(8.5-4) 只有在线性阻尼情形已得到精确解析解。此时

$$\varepsilon^2 f(Y,\dot{Y}) = 2\zeta\omega_0\dot{Y} \tag{8.5-5}$$

$$\varepsilon^2 F(a_0) = \zeta\omega_0^2 a_0 \tag{8.5-6}$$

引入无量纲幅值

$$\bar{a}_0 = \frac{a_0}{\sigma_Y} \tag{8.5-7}$$

式中 $\sigma_Y = [\varepsilon^2\pi S(\omega_0)/2\zeta\omega_0^3]^{1/2}$ 为平稳响应 $Y(t)$ 之标准差. 条件可靠性函数 $R(t|\bar{a}_0)$ 所满足的后向柯尔莫哥洛夫方程变成

$$\frac{\partial R}{\partial t} = \zeta\omega_0\left\{-\left[\left(\bar{a}_0 - \frac{1}{\bar{a}_0}\right)\frac{\partial R}{\partial \bar{a}_0}\right] + \frac{\partial^2 R}{\partial \bar{a}_0^2}\right\} \tag{8.5-8}$$

相应地,条件 (8.5-2) 与 (8.5-3) 中之 b 应换成无量纲壁高

$$\bar{b} = b/\sigma_Y$$

现用分离变量法求解 (8.5-8). 令

$$R(t|\bar{a}_0) = \Phi(\bar{a}_0)T(t) \tag{8.5-9}$$

将 (8.5-9) 代入 (8.5-8), 得

$$\frac{1}{\zeta\omega_0}\frac{1}{T}\frac{dT}{dt} = \frac{-\left(\bar{a}_0 - \frac{1}{\bar{a}_0}\right)\frac{d\Phi}{d\bar{a}_0} + \frac{d^2\Phi}{d\bar{a}_0^2}}{\Phi} = -2\lambda \tag{8.5-10}$$

式中 λ 为常数. 方程 (8.5-10) 连同边界条件 (8.5-3) 与 (8.5-4) 导致如下边值问题:

$$E\frac{d^2\Phi(E)}{dE} + (1-E)\frac{d\Phi(E)}{dE} + \lambda\Phi(E) = 0 \tag{8.5-11}$$

$$\Phi(0) = 有限 \tag{8.5-12}$$

$$\Phi(\bar{b}^2/2) = 0 \tag{8.5-13}$$

式中 $E = \bar{a}_0^2/2$ 为系统初始时刻总能量. (8.5-11) 称为库默尔微分方程,可改写成

$$\frac{d}{dE}\left(Ee^{-E}\frac{d\Phi}{dE}\right) + \lambda e^{-E}\Phi = 0 \tag{8.5-14}$$

它连同边界条件 (8.5-12) 与 (8.5-13) 构成古典的 Sturm-Liouville 问题. 可证它具有下列性质:

1. 存在一系列离散特征值 $\lambda_{i,\bar{b}}$, $i=1,2,\cdots$,其中 $\lambda_{i,\bar{b}}>0$,且

随 $i \to \infty, \lambda_{i,\bar{b}} \to \infty$;

2. 对两个无量纲壁高 $\bar{b}_1$ 与 $\bar{b}_2$，若 $\bar{b}_1 < \bar{b}_2$，则 $\lambda_{i,\bar{b}_1} > \lambda_{i,\bar{b}_2}$;

3. 特征函数 $\Phi_{i,\bar{b}}(E, \lambda_{i,\bar{b}})(i = 1, 2, \cdots)$ 以权函数 e^{-E} 在区间 $\left[0, \frac{1}{2}\bar{b}^2\right]$ 上正交，即

$$\int_0^{\bar{b}^2/2} \Phi_{i,\bar{b}} \Phi_{j,\bar{b}} e^{-E} dE = 0, \quad i \neq j \tag{8.5-15}$$

满足方程（8.5-14）与边界条件（8.5-12）的唯一解是合流超几何函数或库默尔函数[45]

$$\Phi(E, \lambda) = M(-\lambda, 1, E) = \sum_{k=0}^{\infty} g_k E^k \tag{8.5-16}$$

式中

$$g_{k+1} = \frac{k - \lambda}{(k+1)^2} g_k, k = 0, 1, \cdots \tag{8.5-17}$$

$g_0 = 1$. $M(-\lambda, 1, E)$ 也记以 ${}_1F_1(-\lambda; 1; E)$. 显然，$M(-\lambda, 1, E)$ 还必须满足边界条件（8.5-13）. 由此确定特征值 $\lambda_{i,\bar{b}}$ 与特征函数 $\Phi_{i,\bar{b}}$，即 $\lambda_{i,\bar{b}}$ 是 $M(-\lambda, 1, \bar{b}^2/2) = 0$ 之根，而 $\Phi_{i,\bar{b}} = M(-\lambda_{i,b}, b/2)$. 最后，条件可靠性函数表为

$$R(t \mid \bar{a}_0) = \sum_{i=1}^{\infty} L_{i,\bar{b}} \Phi_{i,\bar{b}}(\bar{a}_0^2/2, \lambda_{i,\bar{b}}) e^{-2\zeta\omega_0\lambda_{i,\bar{b}}t} \tag{8.5-18}$$

式中 $L_{i,\bar{b}}$ 为常系数，由初始条件（8.5-2）确定. 利用正交性（8.5-15），得

$$L_{i,\bar{b}} = \frac{\int_0^{\bar{b}^2/2} \Phi_{i,\bar{b}} e^{-E} dE}{\int_0^{\bar{b}^2/2} \Phi_{i,\bar{b}}^2 e^{-E} dE} \tag{8.5-19}$$

解（8.5-18）最先是由 Helmstrom[46] 应用 Siegert[31] 提出的方法得到的. 其后，Rosenblueth 与 Bustamente[47] 以及 Gray[48] 用不同的方法得到同一解. 此解已被 Spanos 与 Solomos[49] 推广于突加平稳激励情形.

Lennox 与 Fraser[50] 指出，已有的表格不足以求 $\lambda_{i,b}$ 之值.

他们对 $\bar{b}=1,2,3$ 用数值方法得到了前 9 个特征值．其后，Spanos[51,52] 讨论了计算 $\lambda_{i,\bar{b}}$，$\Phi_{i,\bar{b}}$ 及 $L_{i,\bar{b}}$ 的有效算法．并对一系列 $\bar{b}$ 值给出了它们的值的图表．考察所得 $\lambda_{i,\bar{b}}$ 值之后发现，对所有的 $\bar{b}$ 值，$\lambda_{1,\bar{b}}/\lambda_{2,\bar{b}}<1/5$，并随 $\bar{b}$ 值的增大，此比值减小．当 $\bar{b}=5$ 时，$\lambda_{1,5}/\lambda_{2,5}<10^{-4}$．这一性质连同特征值 $\lambda_{i,\bar{b}}$ 随 i 增大而增大的性质，成为解（8.5—18）可用其第一项来近似的基础，具体地说，对适当长的时间 t，$\exp(-2\zeta\omega_0\lambda_{1,\bar{b}}t)<0.32$，而（8.5-18）中所有 $i>1$ 的项至少比 $\exp(-2\zeta\omega_0\lambda_{1,\bar{b}}t)$ 小 100 倍．于是，(8.5-18)中可只取第一项．再由初始条件(8.5-2)可得 $L_{1,\bar{b}}\Phi_{1,\bar{b}}=1$．于是有

$$R(t|a_0)\approx e^{-\alpha t} \tag{8.5-20}$$

式中 $\alpha=2\zeta\omega_0\lambda_{1,\bar{b}}$ 为极限衰减率． 上述结论与数字模拟结果(8.3-30)一致．

Ariaratnam 与 Tam[53] 已将上述结果推广到同时受随机参激与外激的线性系统．其运动微分方程形为

$$\ddot{Y}+\omega_0[2\zeta+\varepsilon F_2(t)]\dot{Y}+\omega_0^2[1+\varepsilon F_1(t)]Y=\varepsilon F_3(t) \tag{8.5-21}$$

式中 $F_1(t)$，$F_2(t)$ 及 $F_3(t)$ 为零均值宽带平稳随机过程． 响应幅值 $A(t)$ 为近似一维扩散过程，可用下列 FPK 方程描述．

$$\frac{\partial p}{\partial t}=-\frac{\partial}{\partial a}\left[\left(-\alpha a+\frac{\beta}{2a}\right)p\right]+\frac{1}{2}\frac{\partial^2}{\partial a^2}[(\gamma a^2+\beta)p] \tag{8.5-22}$$

式中 α 与 γ 由（7.6-3）确定，β 由（7.8-3）确定．

引入无量纲幅值过程

$$A'(t)=\left(\frac{\gamma}{\beta}\right)^{1/2}A(t) \tag{8.5-23}$$

则条件可靠性函数 $R(t|a_0')$ 满足如下后向柯尔莫哥洛夫方程：

$$\frac{\partial R}{\partial t}=-\left(\alpha a_0'-\frac{\gamma}{2a_0'}\right)\frac{\partial R}{\partial a_0'}+\frac{1}{2}\gamma(1+a_0'^2)\frac{\partial^2 R}{\partial a_0'^2} \tag{8.5-24}$$

初始条件与边界条件形同（8.5-2)—(8.5-4)．

寻求如下形式之解：

$$R(t|a_0') = W(\lambda, a_0')e^{-\lambda\gamma t} \tag{8.5-25}$$

代入（8.5-24）得知W满足方程

$$\frac{1}{2}(1+a_0'^2)\frac{d^2W}{da_0'^2} - \left(\frac{\alpha}{\gamma}a_0' - \frac{1}{2a_0'}\right)\frac{dW}{da_0'} + \lambda W = 0 \tag{8.5-26}$$

它是超几何微分方程，其解为

$$W(\lambda, a_0') = \begin{cases} {}_2F_1\{c(\lambda), d(\lambda); 1; -a_0'^2\}, a_0' \leqslant 1 \\ \dfrac{\Gamma(c-d)}{\Gamma(\alpha)\Gamma(c-1)} a_0'^{-2c} {}_2F_1\{c, c; 1-d+c; -a_0'^2) \\ \quad + \dfrac{\Gamma(d-c)}{\Gamma(c)\Gamma(d-1)} a_0'^{-2d} {}_2F_1\{d, d; 1-c+d; \\ \quad -a_0'^2), a_0' > 1 \end{cases} \tag{8.5-27}$$

式中 ${}_2F_1$ 为高斯超几何级数，或超几何函数；参数 c 与 d 为

$$c(\lambda) = -\nu + (\nu^2 - 2\lambda)^{1/2}, d(\lambda) = -\nu - (\nu^2 - 2\lambda)^{1/2} \tag{8.5-28}$$

其中 ν 由（7.6-12）确定，而 $\lambda = \lambda_{i,b'}$ 为下列方程之根：

$$W(\lambda, b') = 0 \tag{8.5-29}$$

式中 $b' = (\gamma/\beta)^{1/2}b$。于是条件可靠性函数解为

$$R(t|a_0') = \sum_{i=1}^{\infty} c_{i,b'} W(\lambda_{i,b'}, a_0') e^{-\lambda_{i,b'},\gamma t} \tag{8.5-30}$$

其中常数 $c_{i,b'}$ 由初始条件确定，即

$$c_{i,b'} = \frac{\int_0^{b'} a'(1+a'^2)^{\nu-1} W(\lambda_{i,b'}, a')da'}{\int_0^{b'} 2(1+a'^2)^{\nu-1} W^2(\lambda_{i,b'}, a')da'} \tag{8.5-31}$$

Roberts[54] 已将解（8.5-18）推广到宽带随机激励下具有线性阻尼与幂律恢复力的振子的总能量首次穿越损坏问题。其运动微分方程为

$$\ddot{Y} + 2\zeta\omega_0\dot{Y} + k|Y|^\nu \text{sgn}(Y) = \varepsilon F(t) \tag{8.5-32}$$

式中k与 ν 为常数；$F(t)$ 为宽带随机过程，谱密度为 S_0，按 5.7.2，能量包线 $E(t)$ 近似为一维扩散过程。由（5.7-22）与（5.7-25），支配能量包线的转移概率密度 $p = p(e, t|e_0)$ 的 FPK 方程为

$$\frac{\partial p}{\partial t}=\frac{\partial}{\partial e}\left\{[2\zeta\omega_0\alpha e-\varepsilon^2\pi S_0]p\right\}+\varepsilon^2\pi S_0\frac{\partial^2}{\partial e^2}[\alpha e p]$$
(8.5-33)

引入无量纲能量 $Z(t)=E(t)/k\sigma^{\nu+1}$ 与无量纲时间 $\tau=2\zeta\omega_0 t$，条件可靠性函数 $R(\tau|z_0)$ 将满足如下后向柯尔莫哥洛夫方程：

$$\frac{\partial R}{\partial \tau}=-(\alpha z_0-\gamma)\frac{\partial R}{\partial z_0}+\alpha\gamma z_0\frac{\partial^2 R}{\partial z_0^2} \tag{8.5-34}$$

式中 α 与 γ 分别由（5.7-26）与（5.7-28）确定。

按包络线定义（8.2-64），能量 $E(t)$ 与幅值 $A(t)$ 之间的关系为

$$E(t)=\frac{1}{2}\dot{Y}^2+\frac{k}{\nu+1}Y^{\nu+1}=\frac{k}{\nu+1}A^{\nu+1}(t) \tag{8.5-35}$$

可知，若 $A(t)$ 之壁为 b，则 $Z(t)$ 之壁为

$$\mu=\frac{1}{\nu+1}\left(\frac{b}{\sigma_\nu}\right)^{\nu+1} \tag{8.5-36}$$

因此，(8.5-34) 的边界条件为

$$R(\tau|\mu)=0 \tag{8.5-37}$$

$$R(\tau|0)=\text{有限} \tag{8.5-38}$$

初始条件为

$$R(0|z_0)=1,\quad 0\leqslant z_0<\mu \tag{8.5-39}$$

用导致解（8.5-18）类似的方法得

$$R(\tau|z_0)=\sum_{i=1}^{\infty}D_{i,\mu}M\left(-\frac{\lambda_{i,\mu}}{\alpha},\frac{1}{\alpha},\frac{z_0}{\gamma}\right)e^{-\lambda_{i,\mu}\tau} \tag{8.5-40}$$

式中常数 $D_{i,\mu}$ 由初始条件（8.5-39）确定。鉴于合流超几何函数 $M\left(-\frac{\lambda}{\alpha},\frac{1}{\alpha},\frac{z_0}{\gamma}\right)$ 在区间 $(0,\mu]$ 上关于 $e^{-Z_0/\gamma}z_0^{(1/\alpha-1)}$ 的正交性，

$$D_{i,\mu}=\frac{\int_0^\mu e^{-z/\gamma}z^{(1/\alpha-1)}M\left(-\frac{\lambda_{i,\mu}}{\alpha},\frac{1}{\alpha},\frac{z}{\gamma}\right)dz}{\int_0^\mu e^{-z/\gamma}z^{(1/\alpha-1)}M^2\left(-\frac{\lambda_{i,\mu}}{\alpha},\frac{1}{\alpha},\frac{z}{\gamma}\right)dz} \tag{8.5-41}$$

而特征值 $\lambda_{i,\mu}$ 为下列方程之根

$$M\left(-\frac{\lambda}{\alpha},\ \frac{1}{\alpha},\ \frac{\mu}{\gamma}\right)=0 \tag{8.5-42}$$

若令 $\nu=1$,(8.5-40) 化为 (8.5-18)。

8.5.2 圆壁问题首次穿越损坏时间的矩的解析解

将已求得的条件可靠性函数 (8.5-18),(8.5-30) 或 (8.5-40) 代入 (8.4-20), 即可求得 8.5.1 中所研究的三种情形的首次穿越损坏时间的任意阶矩

$$T_k(\bar{a}_0)=\sum_{i=1}^{\infty}\frac{L_{i,b}\Phi_{i,b}(\bar{a}_0^2/2,\ \lambda_{i,b})k!}{(2\zeta\omega_0\lambda_{i,b})^k},k=1,2,\cdots \tag{8.5-43}$$

$$T_k(a_0')=\sum_{i=1}^{\infty}\frac{C_{i,b'}W(\lambda_{i,b'},\ a_0')k!}{(\gamma\lambda_{i,b'})^k},k=1,2,\cdots \tag{8.5-44}$$

$$T_k(z_0)=\sum_{i=1}^{\infty}\frac{D_{i,\mu}M(-\lambda_{i,\mu}/\alpha,1/\alpha,z_0/\gamma)k!}{(2\zeta\omega_0\lambda_{i,\mu})^k},k=1,2,\cdots \tag{8.5-45}$$

由于超几何函数的数表有限,实际计算时只能取前几项。

若不存在条件可靠性函数之解，或者只要求首次穿越损坏时间之矩，则它们可直接从求解广义庞德辽金方程得到。对受宽带随机外激与(或)参激的单自由度拟线性系统，幅值包线 $A(t)$ 为一维扩散过程,此时广义庞德辽金方程具有如下形式:

$$\frac{1}{2}B(a_0)\frac{d^2T_k}{da_0^2}+A(a_0)\frac{dT_k}{da_0}=-nT_{k-1},k=1,2,\cdots \tag{8.5-46}$$

式中 A 与 B 分别为漂移与扩散系数,边界条件为

$$T(0)=\text{有限} \tag{8.5-47}$$

$$T(b)=0 \tag{8.5-48}$$

可按下列公式依次求首次穿越损坏时间的各阶矩

$$T_k(a_0)=2k\int_{a_0}^{b}du\int_0^u\left\{\frac{T_{k-1}(v)}{B(u)}\right.$$

$$\times \exp\left[-2\int_v^u \frac{A(w)}{B(w)}dw\right]dv \tag{8.5-49}$$

$$k=1,2,\cdots$$

对受宽带随机外激的线性系统，与（8.5-8）相应的广义庞德辽金方程为

$$\frac{d^2T_k}{d\bar{a}_0^2}-\left(\bar{a}_0-\frac{1}{\bar{a}_0}\right)\frac{dT_k}{d\bar{a}_0}=-\frac{1}{\zeta\omega_0}kT_{k-1},k=1,2,\cdots \tag{8.5-50}$$

Ariaratnam 与 Pi[55] 得到的首次穿越损坏时间的均值与方差为

$$T_1(\bar{a}_0)=\frac{1}{2\zeta\omega_0}[\bar{E}_i(\bar{b}^2/2)-\bar{E}_i(\bar{a}_0^2/2)-\ln(\bar{b}^2/\bar{a}_0^2)] \tag{8.5-51}$$

$$\mathrm{Var}(T|\bar{a}_0)=\frac{1}{\zeta^2\omega_0^2}\sum_{n=1}^{\infty}\int_{\bar{a}_0/2}^{\bar{b}/2}\frac{(u/\sqrt{2})^{4n-1}\exp(u^2/2)\,du}{\sqrt{2}\,n(2n)!} \tag{8.5-52}$$

在 $\bar{a}_0=0$ 时则为

$$T_1(0)=\frac{1}{2\zeta\omega_0}[\bar{E}_i(\bar{b}^2/2)-\ln(\bar{b}^2/2)-\gamma] \tag{8.5-53}$$

$$\mathrm{Var}(T|0)=\frac{1}{\zeta^2\omega_0^2}\sum_{n=1}^{\infty}\int_0^{\bar{b}/2}\frac{(4n-1)\exp(u^2/2)}{\sqrt{2}\,n(2n)!}du \tag{8.5-54}$$

式中

$$\bar{E}_i(x)=-\int_{-x}^{\infty}\exp(-u)\frac{du}{u},x>0 \tag{8.5-55}$$

为积分指数函数。（8.5-53）中 γ 为欧拉常数。（8.5-51）最早由 Helstrom[46] 得到，Gray[48] 曾用其他方法给出类似于（8.5-51）与（8.5-52）之结果，还给出了部分数表。Lennox[56] 则得到了（8.5-50）的高阶矩精确解析解(8.5-43)。

可以证明在无阻尼时

$$T_1(a_0)=\frac{\omega_0^2}{2\pi S(\omega_0)}(b^2-a_0^2) \tag{8.5-56}$$

这与精确解（8.4-49）一致。

对同时受宽带随机参激与外激的线性振子（8.5-21），广义庞德辽金方程为

$$\frac{1}{2}\gamma(1+a_0'^2)\frac{d^2T_k}{da_0'^2}-\left(\alpha a_0'-\frac{\gamma}{2a_0'}\right)\frac{dT_k}{da_0'}=-kT_{k-1}$$

$$k=1,2,\cdots \tag{8.5-57}$$

Ariaratnam 与 Tam[53] 得到的首次穿越损坏时间的均值为

$$T_1(a_0')=\frac{1}{\gamma\nu}\int_{a_0'}^{b'}\left[\frac{(1+u^2)^\nu-1}{u}\right]du,\nu>0 \tag{8.5-58}$$

或

$$T_1(a_0')=\frac{1}{\gamma}\int_{a_0'}^{b'}\frac{\ln(1+u^2)}{u}du,\nu=0 \tag{8.5-59}$$

式中 ν 由（7.6-12）确定。

对近于非线性保守系统的单自由度系统（5.7-1），广义庞德辽金方程形为

$$\frac{1}{2}b(e_0)\frac{d^2T_k}{de_0^2}+a(e_0)\frac{dT_k}{de_0}=-kT_{k-1},k=1,2\cdots \tag{8.5-60}$$

漂移系数 $a(e_0)$ 与扩散系数 $b(e_0)$ 分别按（5.7-16）确定。边界条件为

$$T_k(0)=\text{有限} \tag{8.5-61}$$

$$T_k(h)=0 \tag{8.5-62}$$

式中 $h=G(b)$。首次穿越损坏时间的矩可按下式依次计算：

$$T_k(e_0)=2k\int_{e_0}^{h}du\int_0^u\left\{\frac{T_{k-1}(v)}{b(v)}\right.$$

$$\left.\times\exp\left[-2\int_v^u\frac{a(w)}{b(w)}dw\right]\right\}dv \tag{8.5-63}$$

当（5.7-1）只有线性阻尼，即 $\varepsilon^2 f(Y,\dot{Y})=2\zeta\omega_0\dot{Y}$，并只有一个外激励，即 $h_1=1,h_k=0,k=2,3,\cdots,m$，且 $\varepsilon X_1(t)$ 是强度为 $2D$ 的白噪声时，（8.5-63）化为

$$T_k(e_0)=\frac{k}{D}\int_{e_0}^{h}\left[\int_0^u\frac{T_{k-1}(v)T(v)}{\exp(2\zeta\omega_0 v/D}dv\right]\frac{\exp(2\zeta\omega_0 u/D)}{S(u)}du$$

$$k=1,2,\cdots \tag{8.5-64}$$

式中

$$S(e_0)\doteq\int_R\pm\sqrt{2(e_0-G(y)}dy$$

$$T(e_0)=\int_R\pm\{\sqrt{2[e_0-G(y)]}\}^{-1}dy \tag{8.5-65}$$

当 $\zeta=0$ 时，

$$T_1(e_0)=(h-e_0)/D \tag{8.5-66}$$

此与（8.4-49）一致。

8.5.3 圆壁问题的半解析解与数值解

当给定系统与 8.5.1 中研究的具有精确解的三种系统之一只有小的差别时，可用迦辽金方法求相应条件可靠性函数所满足的后向柯尔莫哥洛夫方程的近似解析解。例如，当（5.6-20）具有小非线性阻尼时，可假定无量纲化后的（8.5-1）具有如下形式的解：

$$R(t|\bar{a}_0)=\sum_{i=1}^{m}L_{i,b}\Phi_{i,b}C_i(t) \tag{8.5-67}$$

式中 $\Phi_{i,b}$ 与 $L_{i,b}$ 分别由（8.5-16）与（8.5-19）确定；$C_i(t)$ 是时间 t 的未知函数。用迦辽金方法可得到一组确定 $C_i(t)$ 的线性微分方程，然后用标准的矩阵特征值问题方法求解。当（8.5-21）附加小非线性阻尼时，可用类似的方法，只是（8.5-67）中的 $L_{i,b}$ 与 $\Phi_{i,b}$ 应分别代之以 $C_{i,b'}$ 与 $W(\lambda_{i,b'},a_0')$。当（8.5-32）附加有小非线性阻尼时，（8.5-67）中的 $L_{i,b}$ 与 $\Phi_{i,b}$ 应分别代之以 $D_{i,\mu}$ 与 $M(-\lambda_{i,\mu}/\alpha,1/\alpha,z_0/\gamma)$。

用迦辽金方法得到的结果将随项数 m 的增加而逐步改善，Spanos[57] 曾将此法应用于范德波振子，与相应数字模拟结果比较表明，对中等程度非线性，取 5—10 项已足够。Spanos 与 Solomos[58] 还将此法应用于受具有渐进谱的非平稳激励的小阻尼线性振子。对一个受调制的平稳过程激励的例子给出了数值结果，与

数字模拟比较表明，误差可在工程允许范围内，而计算效率则比数字模拟高上千倍

迦辽金方法也可用于求解上述各种情形的广义庞德辽金方程．对具有小非线性阻尼的系统，广义庞德辽金方程也不难用数值方法求解．对线性加平方阻尼的（5.6-20），Roberts[59] 得到了均值 $T_1(a_0)$．

最近，Roberts[60] 用隐式差分法求解了非线性振子能量包线的条件转移概率密度．只要引进适当的吸收与反射边界条件．可用此法求首次穿越损坏概率．

8.5.4 单壁与双壁问题之解

对单壁与双壁问题，由随机平均法导出的单自由度系统的幅值包线或能量包线的近似一维扩散过程性质也可用来简化条件可靠性函数的计算，只是此时将应用切普曼-柯尔莫哥洛夫积分方程，边界条件也需作一些改动．

对具有小阻尼的线性恢复力振子的单壁问题，由图 8.5-1(a) 可看出，当幅值包线 $A(t)=b\sec\Theta t$ 时发生损坏．这个较复杂的边界条件可用图 8.5-1(b) 中较简单的条件近似代之．在这里，原壁 PA 与 PB 被折叠放在水平轴上，分别变成 PA' 与 PB'，称为 B' 壁．当阻尼为小时，相平面上的轨迹将近似于圆周，轨迹交 PA' 而不交 PA 或反之的概率可忽略不计．对 B' 壁，$\theta(t)=2n\pi$ 时发生损坏，相应的时间近似为 $t=2n\pi/\omega_0$．因此，对幅值包线 $A(t)$，可用图 8.5-1(c) 中之壁合理地近似．这等价于用离散时间包线代替连续时间包线．对离散时间包线，可导出一个类似于 (8.4-54) 的积分方程[62]

$$q(a,t_{n+1}|a_0)=\int_0^b p(a,\Delta t|a')q(a',t_n|a_0)da' \qquad (8.5\text{-}68)$$

式中 $p(a,t|a_0)$ 是 $A(t)$ 的无条件转移概率密度；$\Delta t=2\pi/\omega_0$．

若 $p(a,\Delta t|a_0)$ 已知，(8.5-68) 可用来由规定的初始条件逐步求出条件转移概率密度 $q(a,t|a_0)$．进而按下式求条件可靠性

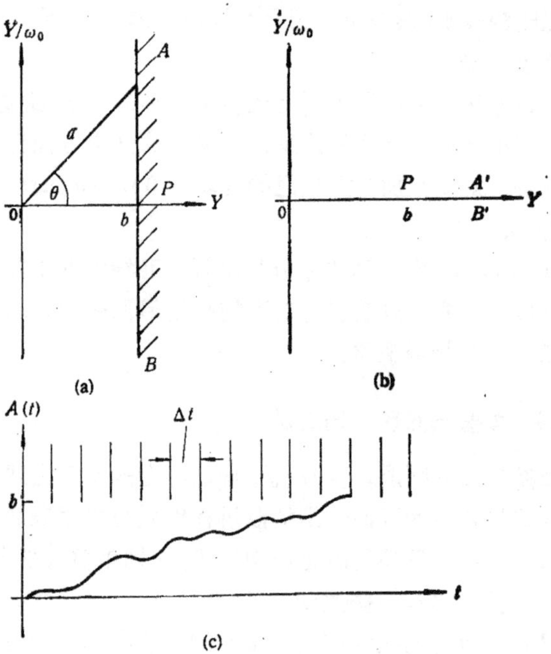

图 8.5-1

函数

$$R(t_n|a_0) = \int_0^b q(a, t_n|a_0)da \tag{8.5-69}$$

对双壁问题，上述方法仍适用，只是取 $\Delta t = \pi/\omega_0$。上述方法由 Roberts[62] 提出。对 (8.5-68)，可应用分离变量法，设

$$q(a, t_n) = \phi(a)\psi(t_n) \tag{8.5-70}$$

代入 (8.5-68)，得

$$\phi(a) = \lambda\int_0^b \phi(a')p(a, \Delta t|a')da' \tag{8.5-71}$$

式中

$$\lambda = \psi(t_n)/\psi(t_{n+1}) \tag{8.5-72}$$

从而 (8.5-68) 的一般解为

$$q(a, t_n|a_0) = \sum_{i=1}^{\infty}\phi_i(a)e^{-\gamma_i t_n} \tag{8.5-73}$$

式中

$$\gamma_i = \frac{1}{\Delta t}\ln\lambda_i \tag{8.5-74}$$

λ_i 为积分方程（8.5-71）的第 i 个特征值，$\phi_i(a)$ 为相应的特征函数。

对非线性振子，积分方程（8.5-71）的特征值问题没有解析解。然而，当首次穿越损坏时间的均值很大时，(8.5-73) 中首项占优势，从而 $R(t|a_0)\to e^{-\alpha t}$，而且当 $b\to\infty$，极限衰减率 α 趋于期望穿域率 ν_b^+（单壁问题）或 $2\nu_b^+$（双壁问题）。

对线性振子，Mark[61] 曾得到（8.5-71）特征值的近似解析解，据此，他得到极限衰减率

$$\alpha = \nu\,\mathrm{erf}\left\{\left[\frac{\bar{b}^2}{2}\tanh(\mu\pi\zeta)\right]^{1/2}\right\} \tag{8.5-75}$$

式中 $\bar{b}=b/\sigma_Y$；对单壁问题，$\nu=\nu_b^+$，$\mu=1$，对双壁问题，$\nu=2\nu_b^+$，$\mu=1/2$。这一表达式给出了正确的渐近解，即 $b\to\infty$ 时，$\alpha/\nu\to 1$。且与模拟结果很吻合，见图 8.3-3。

对受宽带平稳随机激励的线性振子，无条件转移概率密度可由（5.6-45）并令其中 $t_0=0$ 得到

$$p(a,\Delta t|a') = \frac{a}{\beta}\exp\left\{-\frac{a^2+a'^2e^{-2\zeta\omega_0\Delta t}}{2\beta}\right\} \times I_0\left\{\frac{aa'e^{-\zeta\omega_0\Delta t}}{\beta}\right\} \tag{8.5-76}$$

式中

$$\beta=\sigma_Y^2[1-e^{-2\zeta\omega_0\Delta t}] \tag{8.5-77}$$

于是可用（8.5-68）求条件转移概率密度的数值解。Roberts[62] 进行了计算。Lutes 等[63] 将 Roberts 的计算结果同 Mark 的结果（8.5-75）及 Vanmarcke 的结果（8.3-35）作了比较，结果表明，Roberts 的计算结果与数字模拟结果相符最好，他们根据 Roberts 的计算结果，提出了下列极限衰减率的经验公式

$$\alpha=\nu\left\{1-1.075\left[\bar{b}\exp\left(-\frac{\bar{b}}{2}\right)\right]^w\right\} \tag{8.5-78}$$

式中

$$w = 0.2364 + 28.14q^2 \tag{8.5-79}$$

而 q 为响应过程带宽的度量

$$q^2 = 1 - (1-\zeta^2)^{-1}\left[1 - \frac{1}{\pi}\tan^{-1}\left\{\frac{2\zeta(1-\zeta^2)^{1/2}}{1-2\zeta^2}\right\}\right]^2 \tag{8.5-80}$$

对小 ξ，可以下式近似

$$q^2 \sim \frac{4}{\pi}\zeta(1-1.1\zeta) \tag{8.5-81}$$

对非线性阻尼振子，可用随机步行比拟计算 $p(a,\Delta t|a')$，然后按（8.5-68）计算 $q(a,t_{n+1}|a_0)$[64]。

对非线性恢复力振子，需用能量包线代替幅值包线，（8.5-68）应代之以

$$q(e,t_{n+1}|e_0) = \int_0^h p(e,\Delta t|e')q(e',t_n|e_0)de' \tag{8.5-82}$$

式中 h 为与 b 对应的能量壁高．而条件可靠性函数按下式得到：

$$R(t_n|e_0) = \int_0^h q(e,t_n|e_0)de \tag{8.5-83}$$

式中 Δt 应选为响应幅值为 b 时的无阻尼固有周期的 μ 倍．对单壁，$\mu = 1$，对双壁，$\mu = 1/2$．可证，当壁高很大时，极限衰减率 α 将趋于期望穿阈率[59,65]．

对线性阻尼与幂律非线性恢复力振子，已知无条件转移概率密度的精确解析解（5.7-29）．对其他非线性振子，可用随机步行比拟计算 $p(e,\Delta t|e')$．于是（8.5-82）与（8.5-83）可用来数字求值 $R(t_n|e_0)$．

8.6 非线性系统在随机扰动下的状态过渡

在机械与结构工程中，存在许多强非线性动态系统，在这些系统中，可能存在多种稳定与不稳定的运动状态，而从系统的性能或安全角度来说，只有其中一种稳定的运动是允许的．由于不可避免的随机干扰，初始在允许的稳定区内运动的系统，有可能越出该

允许区而过渡到非允许区. 这种运动状态的首次过渡常常意味着故障或损坏. 因此,设计者必须考虑到这种过渡的可能性,并设法使这种过渡的概率达到最小. 为便于理解,下面看两个例子.

第一个例子是船舶在不规则海浪上的滚转运动. 对许多船舶来说,滚转运动的固有频率与海浪能量的优势频率同量级,而且船舶滚转时的水动阻尼较小, 即使在不太严重的海浪上也可能发生大幅的滚转运动. 因此, 船舶设计师历来很重视预测船舶的滚转运动幅度. 一般来说, 船舶的滚转运动常与其他运动如纵摇或偏航运动相耦合. 但有两种特殊情形可认为滚转运动是非耦合的. 其中一种情形就是船舶在低速前进或系留状态时遇有单方向的随机柱形波. 此时一个简单而合理的运动模型是

$$I\ddot{\Phi} + f(\dot{\Phi}) + k_1\Phi - k_2\Phi^3 = F(t) \qquad (8.6\text{-}1)$$

式中 I 为船舶滚转惯性矩; Φ 为滚转角; $f(\dot{\Phi})$ 为水动阻尼力矩; $k_1\Phi - k_2\Phi^3$ 为恢复力矩; $F(t)$ 为随机激励力矩.

无阻尼与随机波力时, 系统 (8.6-1) 有两种可能的运动状态: 对小幅滚转角, 是稳定的无阻尼振动; 对大幅滚转角, 是不稳定的运动. 这可用图 8.6-1 上的相平面轨迹说明. 在相平面上, 这两种运动状态以一分界线隔开.

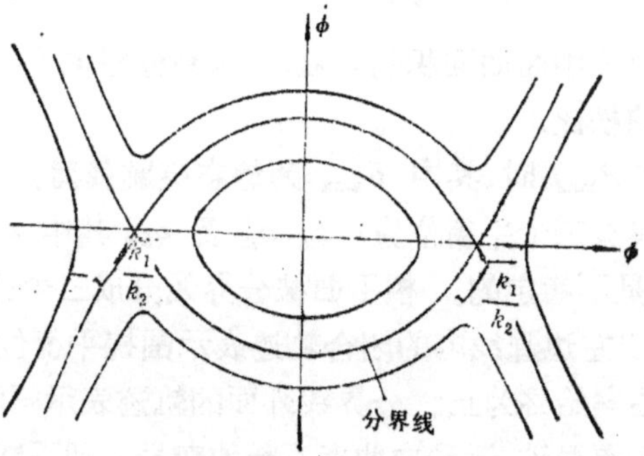

图 8.6-1　系统 (8.6-1) 无阻尼自由振动的相轨迹

设船舶初始是静止的. 在小阻尼与随机波力矩的作用下, 船舶开始作滚转运动. 经过一定时间后, 滚转运动可能超过以分界

线表示的临界状态而导致事故。问题是要估计首次超越临界状态的时间的概率或可靠性。Roberts[66] 曾用能量包线随机平均法计算首次穿越时间的均值。

第二个例子是浅曲结构在随机压力下的突跳，浅曲结构，如浅拱、浅壳及屈曲梁，在横向随机载荷作用下可能发生突跳，而结构则可能在首次发生突跳时损坏。例如，厚度为h，半径为 R，宽度为b，曲率参数为 $k = b^2/Rh$ 的柱壳受到幅值为$F(t)$的均布压力作用。其中 $F(t)$ 是均值为 F_0 的平稳随机过程。假定壳足够扁平，其挠度分布可用基本振型表示，最最大挠度可用下列微分方程描述[67]：

$$\ddot{q} + 2\zeta\omega_0\dot{q} + \omega_0^2(q + d_1q^2 + d_0q^3 - 4F_0/\pi mh) = 4G(t)/\pi mh \tag{8.6-2}$$

式中

$$\omega_0^2 = \frac{2Eh^3c_1}{b^4m(1-\nu^2)},\ d_1 = -\frac{3}{2}\frac{\pi k_1}{c_1}$$
$$d_2 = \frac{1}{8}\frac{\pi^4}{c_1}, \zeta = \frac{\varepsilon}{m} \tag{8.6-3}$$
$$c_1 = \frac{4k^2}{\pi^2} + \frac{\pi^4}{24},\ G(t) = F(t) - F_0$$

m是壳体每单位中曲面面积的质量；ε 为粘性阻尼系数；E 与 ν 为弹性模量与泊松比。

当 $F_0 < F_{\max}$ 时，其中 $F_{\max}$ 为静态突跳载荷，无阻尼壳体的自由运动具有三个平衡位置：q_A，q_B 及 q_C，其中 q_A 与 q_C 是稳定的，q_B 是不稳定的。相平面被分界线分成三个区域，见图8.6-2。分界线左边迴线内的闭合轨迹表示围挠平衡位置 q_A 的振动，运动中曲率始终为正。分界线外面的轨迹表示同时围绕三个平衡位置的大幅振动，运动中曲率不断地变号，即不断发生突跳。分界线右边迴线内的轨迹表示绕平衡位置 q_C 的振动，壳体曲率为负，它是壳体突跳后的状态。

在小阻尼与随机压力作用下，初始在平衡位置q_A附近的壳体，经过一段时间后，有可能发生突跳．问题在于估计首次发生突跳时间的概率．文献[67]曾用数字模拟方法计算首次发生突跳的时间的概率密度与均值．

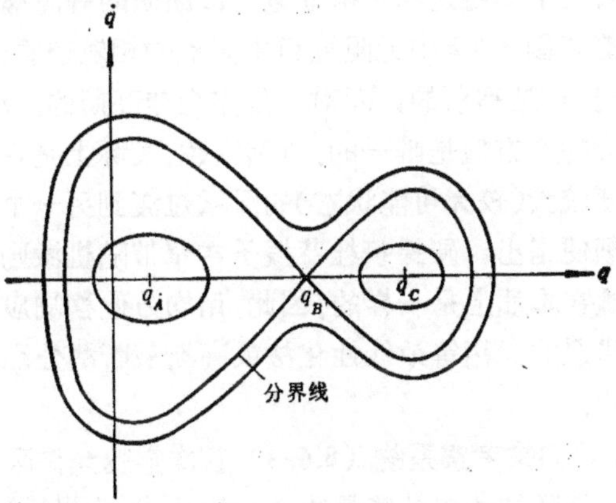

图 8.6-2 系统(8.6-2)无阻尼自由振动的相轨迹

屈曲梁在横向随机载荷作用下将具有类似的性态．描述附加挠度的基本模态幅值的运动方程形同(8.6-2)[68]．因此，将同样存在突跳问题．

所有上述以及诸如此类的问题，可用下列微分方程描述：

$$\ddot{Y}+2\zeta\omega_0\dot{Y}+g(Y)=X(t) \tag{8.6-4}$$

为使问题容易求解，此处假定阻尼是线性的；$g(Y)$ 为非线性恢复力，它有两个或两个以上的零点，它们对应于阻尼自由振动的平衡位置；$X(t)$ 为宽带平稳随机过程．

当 $X(t)$ 是强度为 $2D$ 的高斯白噪声时，有可能确定(8.6-4)的平稳响应．当 $Y\to\infty$ 时，若 $g(Y)<0$，例如(8.6-1)，则(8.6-4)的平稳响应不存在；若 $g(Y)>0$，例如(8.6-2)，则(8.6-4)的平稳响应存在．用 FPK 方程法易得其稳态概率密度（见(5.4-71)）

$$p(y,\dot{y})=C\exp\left\{-\frac{\zeta\omega_0}{D}[\dot{y}^2+2G(y)]\right\} \tag{8.6-5}$$

式中 $G(y)=\int_0^y g(u)du$；C为归一化常数．

为了进一步理解突跳的性质，考察（8.6-2）在 $G(t)$ 为高斯白噪声时的平稳概率密度。该概率密度曲面形如图 6.3-4。它是一个马鞍形曲面，有两个峰，分别对应于稳定的平衡位置 q_A 与 q_C，鞍点对应于不稳定的平衡位置。该曲面的等高线在 $(q,\dot{q})$平面上的投影与图 8.6.2 中无阻尼自由振动的相轨迹重合。显然，此概率密度对 $\dot{y}$ 是高斯的，而对 y 是完全非高斯的。尽管如此，平稳位移响应的均方值是唯一的。所谓突跳，实际上是系统状态从一个概率密度较大(较大可能状态)的区域过渡到另一个概率密度较大区域。顺便指出，硬弹簧杜芬振子在窄带随机激励下的跳跃与这里的突跳在本质上是一样的。因此，用均方位移响应的多值性解释突跳是错误的，用等效线性化法或高斯截断法处理突跳问题也是不合适的。

现在，我们来考察系统（8.6-4）首次穿越允许区的边界问题。由于允许区的边界是能量为常数的曲线(分界线)。这个问题属于圆壁问题。当 $X(t)$ 为宽带平稳随机过程，谱密度可近似为常数 S_0 时，宜用能量包线随机平均法。

作变换

$$E=\frac{1}{2}\dot{Y}^2+G(Y) \tag{8.6-6}$$

及

$$E_1=(E-E_0)/E_b \tag{8.6-7}$$

式中 E_0 为允许区内平衡位置上系统的能量；E_b 是允许区边界上的能量与 E_0 之差。应用 5.7.1 中方法，可得如下支配转移概率密度 $p=p(e_1,t|e_{10})$ 的 FPK 方程

$$\frac{\partial p}{\partial t}=-\frac{\partial}{\partial e_1}[a(e_1)p]+\frac{1}{2}\frac{\partial^2}{\partial e_1^2}[b(e_1)p] \tag{8.6-8}$$

式中

$$\begin{aligned}
a(e_1)&=[\pi S_0-2\zeta\omega_0 S(e_1)/T(e_1)]/e_b\\
b(e_1)&=2\pi S_0 S(e_1)/[T(e_1)e_b^2]\\
S(e_1)&=\int_R \pm\sqrt{2[e_0+e_be_1-G(y)]}\,dy
\end{aligned} \tag{8.6-9}$$

$$T(e_1)=\int_R \frac{dy}{\pm\sqrt{2[e_0+e_b e_1-G(y)]}}$$

积分域R为满足不等式 $G(y)\leqslant e_0+e_b e_1$ 之全部 y 值．e_{10} 是系统初始时刻 $t=0$ 之无量纲能量．

以 $R(t|e_{10})$ 记条件可靠性函数，它满足如下后向柯尔莫哥洛夫方程

$$\frac{\partial R}{\partial t}=a(e_{10})\frac{\partial R}{\partial e_{10}}+\frac{1}{2}b(e_{10})\frac{\partial^2 R}{\partial e_{10}^2} \tag{8.6-10}$$

以及初始条件

$$R(0|e_{10})=1,\ e_{10}<1 \tag{8.6-11}$$

与边界条件

$$R(t|1)=0,\ t>0 \tag{8.6-12}$$

$$R(t|0)=\text{有限},t\geqslant 0 \tag{8.6-13}$$

为满足（8.6-13)，必须考察（8.6-10）在 $e_{10}\to 0$ 时的性质．例如，若 $E_0=0$，则 $e_{10}\to 0$ 时 $b(e_{10})\to 0$，为保证 $R(t|0)$ 有限，须有

$$\frac{\partial R}{\partial t}=a(e_{10})\frac{\partial R}{\partial e_{10}},\ e_{10}=0 \tag{8.6-14}$$

从而（8.6-14）可代替条件（8.6-13)．

类似地，可写出首次穿越允许区边界的时间的矩所满足的广义庞德辽金方程

$$\frac{1}{2}b(e_{10})\frac{d^2T_k}{de_{10}^2}+a(e_{10})\frac{dT_k}{de_{10}}=-kT_{k-1},k=1,2,\cdots \tag{8.6-15}$$

其中 $T_0=1$，及边界条件

$$T_k(1)=0,k=1,2,\cdots \tag{8.6-16}$$

$$T_k(0)=\text{有限},k=1,2,\cdots \tag{8.6-17}$$

类似于（8.6-14)，在 $E_0=0$ 时，条件（8.6-17）可代之以

$$\frac{dT_k}{de_{10}}=-kT_{k-1}/a(e_{10}),e_{10}=0,k=1,2,\cdots \tag{8.6-18}$$

类似于（8.5-64），各阶矩可用下列积分表达式逐步求得

$$T_k(e_{10}) = \frac{k e_b^2}{\pi S_0} \int_{e_{10}}^{1} \left[\int_0^u \frac{T_{k-1}(v) T(v)}{\exp(2\zeta\omega_0 e_{10} v / \pi S_0)} dv \right] \times \frac{\exp(2\zeta\omega_0 e_b v / \pi S_0)}{S(u)} du \quad k = 1, 2, \cdots \tag{8.6-19}$$

注意 $T_0 = 1$，在 $\zeta = 0$ 时，

$$T_1(e_{10}) = \frac{e_b}{\pi S_0}(1 - e_{10}) \tag{8.6-20}$$

若（8.6-4）的平稳响应存在，T_1 还可近似地用（8.4-51）估计，其中（$E - E_0$）应代之以 $e_b(1 - e_{10})$，$E[\dot{Y}^2]$ 可由（8.6-5）算出。据（8.6-20）与（8.4-51）可讨论各种参数对首次穿越时间均值的影响。

方程（8.6-10）之瞬态解析解至今未找到，可用 Crank-Nicolson 型隐式差分法求解. 该法的优点是，对任意时间步长都是稳定的，与随机步行比拟相比，可用较大的步长，从而节省机时.

将条件可靠性函数 $R(t|e_{10})$ 的定义域划分成如图 8.6-3 所示的差分网格，其中 e_{10} 之下标已省略。$i = 0$ 是反射壁，$i = N$ 是吸收壁。记

$$R_{ij} = R(j\delta t | i\delta e), a_i = a(i\delta e), b_i = b(i\delta e) \tag{8.6-21}$$

（8.6-10）的隐式差分方程为

$$\frac{R_{i,j+1} - R_{i,j}}{\delta t} = \frac{a_i}{2}\left[\frac{R_{i+1,j+1} - R_{i-1,j+1}}{2\delta e} + \frac{R_{i+1,j} - R_{i-1,j}}{2\delta e}\right] + \frac{b_i}{4}\left[\frac{R_{i+1,j+1} - 2R_{i,j+1} + R_{i-1,j+1}}{(\delta e)^2} + \frac{R_{i+1,j} - 2R_{i,j} + R_{i-1,j}}{(\delta e)^2}\right]$$

$$i = 1, 2, \cdots, N-1; j = 0, 1, 2, \cdots \tag{8.6-22}$$

将 $j+1$ 时刻上的量放在方程左边，j 时刻上的量放在方程右边，然后省去下标 $j+1$ 与 j，（8.6-22）变成

$$-\alpha_i R_{i-1} + \beta_i R_i - \gamma_i R_{i+1} = \delta_i \tag{8.6-23}$$

式中

$$\alpha_i = -\frac{s}{4}a_i + \frac{r}{4}b_i,\ \beta_i = 1 + \frac{r}{2}b_i$$

$$\gamma_i = \frac{s}{4}a_i + \frac{r}{4}b_i,\ \delta_i = \alpha_i R_{i-1} + \eta_i R_i + \gamma_i R_{i+1} \quad (8.6\text{-}24)$$

$$\eta_i = 1 - \frac{r}{2}b_i, s = \delta t/\delta e, r = \delta e/(\delta e)^2$$

相应地，边界条件（8.6-12）与（8.6-14）的差分方程分别为

$$R_{N,j} = 0 \quad (8.6\text{-}25)$$

与

$$\frac{R_{0,j+1} - R_{0,j}}{\delta t} = a_0\left[\frac{R_{1,j+1} - R_{0,j+1}}{2\delta e} + \frac{R_{1,j} + R_{0,j}}{2\delta e}\right] \quad (8.6\text{-}26)$$

初始条件（8.6-11）的差分方程为

$$R_{k,0} = 1 \quad (8.6\text{-}27)$$

式中 $k = e_{10}/\delta e$.

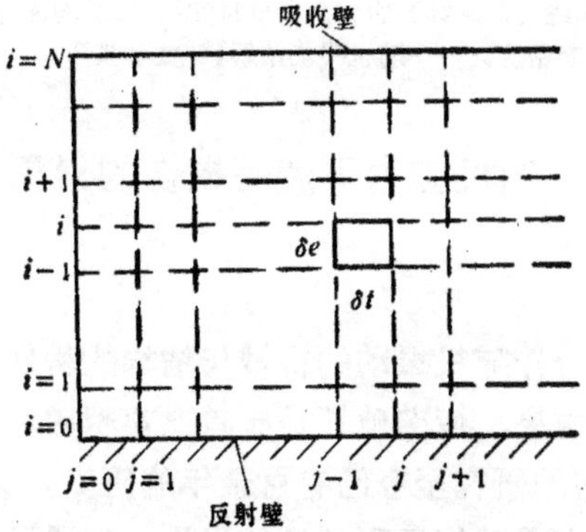

图 8.6-3 有限差分法的矩形网格

方程（8.6-23），除第一个方程外，具有三对角形式，可用追赶法结合边界条件与初始条件求解。

曾按上述方法计算下述系统的首次穿越时间的概率密度与均值：

$$Y'' + \beta_0 Y' + Y - \alpha Y^2 + \gamma Y^3 = \xi(\tau) \qquad (8.6\text{-}28)$$

式中 Y 为无量纲位移；τ 为无量纲时间；“$'$”表示对 τ 的导数；$\alpha = 1.0$；$\gamma = 0.16$；$\beta = 0.02$；系统初始状态为 (0,0)；$\xi(\tau)$ 为高斯白噪声，谱密度 $S_0 = 0.5$. 计算结果与数字模拟结果示于图 8.6-4 上。由图可见，两者甚为吻合。

[69] 中还给出了 (8.6-4) 在大阻尼情形下首次穿越问题的处理方法与数值结果。

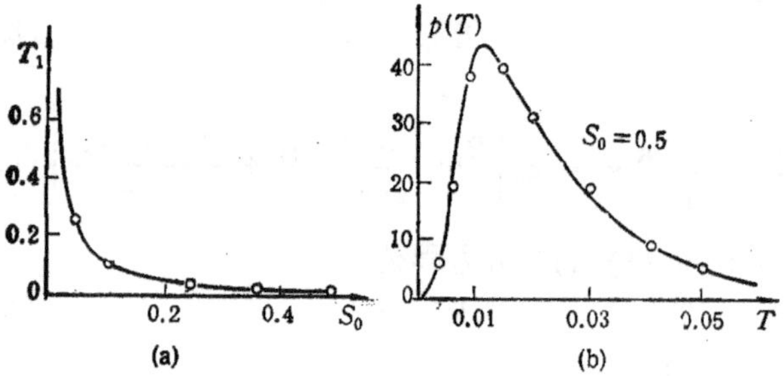

图 8.6-4 系统 (8.6-28) 的首次穿越时间的 (a) 均值与 (b) 概率密度. ——随机平均法解；○ 数字模拟

8.7 随机应力下疲劳损伤的累积

8.7.1 引言

相当大一部分作随机振动的机械与结构的构件的破坏是由于疲劳损伤累积的结果。疲劳破坏是比首次穿越破坏复杂得多的破坏机理。对疲劳的研究至今已有百余年的历史，文献不计其数。对金属试件在交变载荷作用下裂纹的发生、扩展及最后断裂已有一般性的了解。但今天人们关于疲劳的知识尚不足以仅仅根据基本的物理定律来分析与预测疲劳寿命，而只能根据实验数据与对疲劳现象的宏观理解，应用现象学的模型估计疲劳寿命与可靠性。

疲劳是一种复杂的随机现象。众所周知，即使在同样的实验条件下，相同的试件在相同的确定性载荷历程作用下，疲劳寿命仍有很大的分散性。在实际使用条件下，许多不确定的因素影响着疲劳破坏，因而疲劳寿命的分散性就更大。因此，原则上必须运用概率或随机模型对疲劳寿命与可靠性进行分析与估计。

目前，疲劳寿命的估计方法大致可分成两大类，一类基于疲劳损伤的累积理论，另一类基于断裂力学方法，每一类都有许多模型，确定性的与概率或随机的。本书只叙述在随机应力作用下构件疲劳寿命与可靠性估计的较新方法[101]。

8.7.2 疲劳损伤累积的随机模型

疲劳损伤累积的现象学模型的用处，是根据疲劳试验数据预计在随机载荷作用下具有随机疲劳强度的构件的疲劳寿命与可靠性。在随机振动理论中，通常是根据中心极限定理与 Miner 损伤累积规则导出在随机应力历程作用下构件的疲劳损伤与寿命的统计量[70-72]。显然，这只是渐近正确的。这里，我们应用随机平均原理，提出一个具有随机疲劳强度的构件或结构在随机载荷作用下疲劳损伤累积的随机模型。

在累积损伤的现象学模型中，疲劳损伤通常是用一个非负、可加的时间函数度量的。损伤的增长率取决于给定时刻的损伤，应力水平及疲劳强度。对一个构件，或结构上一个疲劳临界部位，累积疲劳损伤可用一个标量函数$D(t)$描述，它满足如下微分方程：

$$\frac{dD}{dt}=f(D,X,r) \tag{8.7-1}$$

式中 $X=X(t)$ 为应力过程；r 表示疲劳强度。函数 f 的具体形式可根据疲劳试验数据或 S-N 关系确定。一般情形下，$X(t)$ 是随机过程，r 是与 $X(t)$ 独立的随机变量。从而疲劳损伤 $D(t)$ 也是一个随机过程。此外，若 $X(t)$ 是平稳的，则 $D(t)$ 也是平稳的。

假设疲劳损伤累积过程与应力过程相比为足够慢，即应力过程的相关时间与平均疲劳寿命相比足够短（此假设对高周疲劳显

然是成立的)，根据 Stratonovitch-Khasminskii 极限定理[73-74]，当 r 为常数时，$D(t)$ 将近似为一维时齐扩散过程. 其转移概率密度 $p(d,t|d_0;r)$ 由下列 FPK 方程支配:

$$\frac{\partial p}{\partial t}=-\frac{\partial}{\partial d}[m(d,r)p]+\frac{1}{2}\frac{\partial^2}{\partial d^2}[\sigma^2(d,r)p] \qquad (8.7-2)$$

式中 m 与 σ^2 分别为漂移与扩散系数. 按照随机平均法，它们可由下式确定:

$$m(d,r)=E[f]+\int_{-\infty}^{0}\mathrm{Cov}\left[\left.\frac{\partial f}{\partial D}\right|_t, f_{t+\tau}\right]d\tau \qquad (8.7-3)$$

$$\sigma^2(d,r)=\int_{-\infty}^{\infty}\mathrm{Cov}[f_t,f_{t+\tau}]d\tau \qquad (8.7-4)$$

其中 $f_t=f[D(t),X(t),r]$；$f_{t+\tau}=f[D(t),X(t+\tau),r]$. 求解方程(8.7-2)可得累积疲劳损伤的条件概率密度，并由此得累积疲劳损伤的条件均值与方差.

以 d_0 与 d_{cr} 分别表示疲劳损伤的初值与临界值，假定它们都是确定性的. 考虑到 $D(t)$ 的非减性，疲劳的条件可靠性函数可按下式得到:

$$R(t|d_0;r)=\int_{d_0}^{d_{cr}}p(u,t|d_0;r)du \qquad (8.7-5)$$

疲劳寿命的条件概率密度函数则为

$$p(T|d_0;r)=-\left.\frac{\partial R}{\partial t}\right|_{t=T} \qquad (8.7-6)$$

由此可得疲劳寿命的条件均值与方差

$$m_T(d_0;r)=\int_{0}^{\infty}Tp(T|d_0;r)dT \qquad (8.7-7)$$

$$\sigma_T^2(d_0;r)=\int_{0}^{\infty}(T-m_T)^2p(T|d_0;r)dT \qquad (8.7-8)$$

假定构件的疲劳强度 r 的概率密度为 $p(r)$，则累积疲劳损伤与疲劳寿命的无条件统计量可按全概率公式得到[75,76]. 例如，d_0 为常数时，无条件疲劳可靠性函数为

$$R(t|d_0)=\int_{-\infty}^{\infty}R(t|d_0;r)p(r)dr \qquad (8.7-9)$$

疲劳寿命的无条件概率密度为

$$p(T|d_0)=\int_{-\infty}^{\infty}p(T|d_0;r)p(r)dr \tag{8.7-10}$$

相应地，疲劳寿命的均值与方差为

$$m_T(d_0)=\int_{-\infty}^{\infty}m_T(d_0;r)p(r)dr \tag{8.7-11}$$

$$\sigma_T^2(d_0)=\int_{-\infty}^{\infty}\sigma_T^2(d_0;r)p(r)dr \tag{8.7-12}$$

若构件疲劳损伤的初值与临界值也是不确定的，它们服从一定的概率分布，则还可进一步对 (8.7-9)—(8.7-12) 进行概率加权平均，从而得到疲劳寿命与可靠性的无条件统计量.

上述疲劳损伤累积的随机模型可作多种推广. 例如，设构件在寿命期内受到 n 个平稳随机应力的相继作用，可分别对每一个应力过程求疲劳损伤的条件转移概率密度，将它们依次相乘并积分，可得任意两个时刻之间的疲劳损伤的条件转移概率密度. 当应力为拟平稳随机过程，或疲劳强度由于使用中的退化而为慢变过程时，可用适当的参数的概率密度来表征，然后用概率加权的方法处理[75,76]. 又如，结构在运行过程中，常对结构作周期性检查，若发现有损伤严重的部件，将予以修复或更换，从而改变了疲劳损伤的概率分布. 这种损伤分布的变更可作为下一阶段疲劳损伤累积的初始条件结合到上述理论中去.

若结构上有 n 个疲劳临界部位，或结构含 n 个疲劳敏感元件，它们一般是相关的，可用一个 n 维疲劳损伤矢量 $\boldsymbol{D}$ 描述. 相应地，(8.7-1) 变成

$$\frac{d\boldsymbol{D}}{dt}=f(\boldsymbol{D},\boldsymbol{X},\boldsymbol{r}) \tag{8.7-13}$$

式中 $\boldsymbol{X}=\boldsymbol{X}(t)$ 为矢量应力过程; $\boldsymbol{r}$ 为疲劳强度矢量. 只要 $\boldsymbol{D}(t)$ 相对于 $\boldsymbol{X}(t)$ 是慢变的，原则上可用随机平均法得到累积疲劳损伤与疲劳寿命在各种条件下的统计量.

8.7.3 累积疲劳损伤与疲劳寿命的条件统计量

上述模型原则上适用于金属与非金属构件的高周疲劳。现推导金属与钢筋混凝土构件在平稳高斯应力过程作用下累积疲劳损伤、可靠性函数及疲劳寿命的条件统计量。

迄今，金属构件的大多数疲劳数据是从等应力幅疲劳试验中获得的。在相同的其他条件下，以不同的应力幅值对相同的试件重复试验多次，由此建立 S-N 关系，其中 S 为应力幅，N 为以周数表示的疲劳寿命。这种关系可用下列古典模型表征，在有持久极限情形，

$$N_S = \begin{cases} N_{Se}(S_e/S)^{\beta}, & S \geqslant S_e \\ \infty, & S < S_e \end{cases} \tag{8.7-14}$$

在无持久极限情形，

$$N_S = (S_u/S)^{\beta} \tag{8.7-15}$$

式中 S_e 为疲劳极限，N_{Se} 为相应的疲劳寿命；S_u 为极限强度；β 为 S-N 曲线斜率。

疲劳数据通常很分散，尤其对高周疲劳。方程（8.7-14）与（8.7-15）描述的是数据的平均趋势。数据的散布性可通过令 S_e 或S_u或同时令 S_e 与 β 或 S_u 与 β 为只取正值的随机变量来描述。它们通常具有双参数韦布勒（Weibull）分布、对数正态分布或截断正态分布。

按帕姆格兰（Palmgren）-米纳(Miner）假设，疲劳损伤的累积是线性的，由于应力幅为 S 的 Δn_S 周应力作用而产生的疲劳损伤增量为 $\Delta D=\Delta n_S/N_S$。因此，疲劳损伤的增长率为

$$\frac{dD}{dn_S} = \frac{1}{N_S} \tag{8.7-16}$$

当应力为随机过程时，n_s 代表幅值为 S 的应力峰数。假定单位时间应力峰的期望数为 $q^{+}_{-\infty}(t)$，则

$$\frac{dD}{dt} = q^{+}_{-\infty}(t)\ \frac{dD}{dn_S} = \frac{q^{+}_{-\infty}(t)}{N_S} \tag{8.7-17}$$

对平稳应力过程，$q_{-\infty}^{+}$ 为常数。对窄带应力过程，$q_{-\infty}^{+}$ 可以期望周数代之。从而疲劳损伤增长率为

$$\frac{dD}{dt}=\frac{f_e}{N_S} \tag{8.7-18}$$

在有持久极限情形，(8.7-18) 变成

$$\frac{dD}{dt}=\begin{cases}\dfrac{f_e}{N_{Se}}\left(\dfrac{S}{S_e}\right)^{\beta}, & S\geqslant S_e\\ 0, & S<S_e\end{cases} \tag{8.7-19}$$

对高周疲劳，(8.7-19) 右边是一个小量，从而 $D(t)$ 为慢变过程。根据随机平均原理，在 S_e 为常数时，$D(t)$ 近似为一维时齐扩散过程，其条件转移概率密度 $p=p(d,t|d_0;S_e)$ 满足下列 FPK 方程

$$\frac{\partial p}{\partial t}=-m(S_e)\frac{\partial p}{\partial d}+\frac{1}{2}\sigma^2(S_e)\frac{\partial^2 p}{\partial d^2} \tag{8.7-20}$$

其中漂移与扩散系数按 (8.7-3) 与 (8.7-4) 确定为

$$m(S_e)=\frac{f_e}{N_{S_e}S_e{}^{\beta}}E[S^{\beta}] \tag{8.7-21}$$

$$\sigma^2(S_e)=\left(\frac{f_e}{N_{S_e}S_e\beta}\right)^2\int_{-\infty}^{\infty}C_{S^{\beta}}(\tau)d\tau \tag{8.7-22}$$

式中 $C_{S^{\beta}}(\tau)$ 是 $S^{\beta}(t)$ 的协方差函数。m 与 σ^2 分别表示损伤增长率的均值与方差。

对窄带平稳高斯应力过程 $X(t)$，应力峰服从瑞利分布

$$p(S)=\frac{S}{\sigma_X^2}\exp\left(-\frac{S^2}{2\sigma_X^2}\right) \tag{8.7-23}$$

式中 σ_X^2 为应力过程的方差。利用 (8.7-23)，(8.7-21) 变成

$$m(S_e)=\frac{2^{\beta/2}\Gamma(1+\beta/2,S_e^2/2\sigma_X^2)}{T_0}\left(\frac{\sigma_X}{S_e}\right)^{\beta} \tag{8.7-24}$$

式中 $T_0=N_{Se}/f_e$；$\Gamma(m,n)$ 为不完全伽玛函数。

为得到 $C_{S^{\beta}}(\tau)$，需知应力峰的二维概率密度，不幸的是，它尚未找到。但对窄带平稳高斯应力过程，它可用应力过程的包络线

的二维概率密度代替。按（3.4-81），后者为

$$p(S_1,S_2;\tau)=\frac{S_1S_2}{\sigma_X^4[1-\rho^2(\tau)]}\exp\left\{-\frac{S_1^2+S_2^2}{2\sigma_X^2[1-\rho^2(\tau)]}\right\}\times I_0\left\{\frac{S_1S_2\rho(\tau)}{\sigma_X^2[1-\rho^2(\tau)]}\right\} \tag{8.7-25}$$

式中 $\rho^2(\tau)=[r^2(\tau)+s^2(\tau)]/\sigma_X^4$，而由（3.4-60）与（3.4-65），

$$\begin{aligned} r(\tau)&=R_{I_c}(\tau)=2\int_0^\infty S_X(\omega)\cos(\omega-\omega_0)\tau d\tau \\ s(\tau)&=R_{I_CI_S}(\tau)=2\int_0^\infty S_X(\omega)\sin(\omega-\omega_0)\tau d\tau \end{aligned} \tag{8.7-26}$$

其中 $s_X(\omega)$ 是应力过程的谱密度。利用下列关系式[77]

$$\frac{(uvw)^{-\alpha/2}}{1-w}\exp\left[-w\frac{u+v}{1-w}\right]I_\alpha\left[\frac{2(uvw)^{1/2}}{1-w}\right]=\sum_{n=0}^\infty n!\frac{L_n^\alpha(u)L_n^\alpha(v)}{\Gamma(n+\alpha+1)}w^n \tag{8.7-27}$$

（8.7-25）可改写成

$$p(S_1S_2;\tau)=\frac{S_1S_2}{\sigma_X^4}\exp\left(-\frac{S_1^2+S_2^2}{2\sigma_X^2}\right)\sum_{n=0}^\infty\rho^{2n}(\tau)L_n^0\left(\frac{S_1}{2\sigma_X}\right)\times L_n^0\left(\frac{S_2}{2\sigma_X}\right) \tag{8.7-28}$$

式中 L_n^0 为 n 次幂零阶拉盖尔（Laguerre）多项式。

利用（8.7-28）可得

$$C_{S^\beta}(\tau)=\sigma_X^{2\beta}\sum_{n=1}^\infty C_n^2\rho^{2n}(\tau) \tag{8.7-29}$$

式中

$$C_n=2^{\beta/2}\sum_{k=0}^n\frac{(-1)^kn!}{(k!)^2(n-k)!}\Gamma(1+k+\beta/2,S_e^2/2\sigma_X^2) \tag{8.7-30}$$

将（8.7-29）代入（8.7-22），积分得

$$\sigma^2(S_e)=\frac{1}{T_0^2}\left(\frac{\sigma_X}{S_e}\right)^{2\beta}\sum_{n=1}^\infty C_n^2\tau_n \tag{8.7-31}$$

式中

$$\tau_n = 2\int_0^{\infty} \rho^{2n}(\tau) d\tau \tag{8.7-32}$$

在初始条件

$$p(d,t|d_0;S_e) = \delta(d-d_0), t=0 \tag{8.7-33}$$

下,FPK 方程（8.7-20）之解为

$$p(d,\ t|d_0;S_e) = \frac{1}{\sqrt{2\pi t}\,\sigma(S_e)} \exp\left\{-\frac{[d-d_0-m(S_e)t]^2}{2\sigma^2(S_e)t}\right\} \tag{8.7-34}$$

解（8.7-34）的一个缺陷是，$d<d_0$ 之概率不为零．这违背疲劳损伤的非减性,这个缺陷在初始阶段较为严重，但较长时间后,例如对高周疲劳问题感兴趣的时间,其影响可忽略不计,作为一种补偿,可用下列截断正态分布代替（8.7-34）

$$p(d,t|d_0;S_e) = \frac{1}{\sqrt{2\pi t}\,\sigma(S_e)\Phi[m(S_e)\sqrt{t}/\sigma(S_e)]} \times \exp\left\{-\frac{[d-d_0-m(S_e)t]^2}{2\sigma^2(S_e)t}\right\}, d>d_0 \tag{8.7-35}$$

式中Φ为标准正态分布函数．当 $m_D(S_e)\sqrt{t} \gg \sigma_D(S_e)$ 时，它趋向于1．虽然（8.7-35）不是 FPK 方程（8.7-20）之解，却与数字模拟结果很吻合．因此，下面将用（8.7-35）估计累积疲劳损伤的条件概率密度．

由（8.7-35）可得累积疲劳损伤的条件均值与方差

$$m_D(d_0;S_e) = d_0 + m(S_e)t + \frac{\sigma(S_e)\sqrt{t}}{\sqrt{2\pi}\,\Phi[m(S_e)\sqrt{t}/\sigma(S_e)]} \times \exp\left\{-\frac{[m(S_e)t]^2}{2\sigma^2(S_e)t}\right\} \tag{8.7-36}$$

$$\sigma_D^2(d_0;S_e) = \sigma^2(S_e)t + \frac{[d_0+m(S_e)t]\sigma(S_e)\sqrt{t}}{\sqrt{2\pi}\,\Phi[m(S_e)\sqrt{t}/\sigma(S_e)]} \times \exp\left\{-\frac{[m(S_e)t]^2}{2\sigma^2(S_e)t}\right\} \tag{8.7-37}$$

假定在累积疲劳损伤 $D(t)$ 达到临界值 d_{cr} 时发生疲劳破坏，那么，按（8.7-5），条件疲劳可靠性函数为

$$R(t|d_0;S_e)=1-\Phi\left[\frac{m(S_e)t+d_0-d_{cr}}{\sigma(S_e)\sqrt{t}}\right]\Big/\Phi\left[\frac{m(S_e)\sqrt{t}}{\sigma(S_e)}\right] \tag{8.7-38}$$

按照（8.7-6），疲劳寿命的条件概率密度为

$$\begin{aligned}p(T|d_0;S_e)=&\frac{d_{cr}-d_0+m(S_e)T}{2T\sqrt{2\pi T}\,\sigma(S_e)\Phi[m(S_e)\sqrt{t}/\sigma(S_e)]}\\&\times\exp\left\{-\frac{[m(S_e)t+d_0-d_{cr}]^2}{2\sigma^2(S_e)T}\right\}\\&-\frac{m(S_e)\Phi\{[m(S_e)T+d_0-d_{cr}]/\sigma(S_e)\sqrt{T}\}}{2\sqrt{2\pi T}\,\sigma(S_e)\Phi^2[m(S_e)\sqrt{T}/\sigma(S_e)]}\\&\times\exp\left\{-\frac{m^2(S_e)T}{2\sigma^2(S_e)}\right\}\end{aligned} \tag{8.7-39}$$

按（8.7-7）与（8.7-8）可分别得疲劳寿命的条件均值与方差。

通常设 $d_0=0, d_{cr}=1$。在 $m(S_e)\sqrt{t}\gg\sigma(S_e)$ 时，（8.7-35）—（8.7-39）依次化为

$$p(d,t|S_e)\approx\frac{1}{\sqrt{2\pi t}\,\sigma(S_e)}\exp\left\{-\frac{[d-m(S_e)t]^2}{2\sigma^2(S_e)t}\right\} \tag{8.7-40}$$

$$m_D(S_e)\approx m(S_e)t \tag{8.7-41}$$

$$\sigma_D^2(S_e)\approx\sigma^2(S_e)t \tag{8.7-42}$$

$$R(t|S_e)\approx 1-\Phi\{[m(S_e)t-1]/\sigma(S_e)\sqrt{t}\} \tag{8.7-43}$$

$$p(T|S_e)\approx\frac{1+m(S_e)T}{2T\sqrt{2\pi T}\,\sigma(S_e)}\exp\left\{-\frac{[m(S_e)T-1]^2}{2\sigma^2(S_e)T}\right\} \tag{8.7-44}$$

相应地，疲劳寿命的条件均值与方差为

$$m_T(S_e)\approx\left[1+\frac{\sigma^2(S_e)}{2m(S_e)}\right]\Big/m(S_e) \tag{8.7-45}$$

$$\sigma_T^2(S_e)\approx\left[\frac{\sigma^2(S_e)}{m(S_e)}+\frac{5}{4}\frac{\sigma^4(S_e)}{m^2(S_e)}\right]\Big/m^2(S_e) \tag{8.7-46}$$

上述渐近结果与 Bolotin[71] 根据中心极限定理得到的结果基本一致。

当 S-N 关系用(8.7-15)描述时，表达式(8.7-34)—(8.7-46)仍有效，只是其中 $m(S_e)$ 与 $\sigma^2(S_e)$ 应分别代之以

$$m(S_u) = 2^{\beta/2} f_e \Gamma(1+\beta/2)\left(\frac{\sigma_X}{S_u}\right)^{\beta} \tag{8.7-47}$$

与

$$\sigma^2(S_u) = 2^{\beta} f_e^2 \left(\frac{\sigma_X}{S_u}\right)^{2\beta} \sum_{n=1}^{\infty} C_n'^2 \tau_n \tag{8.7-48}$$

其中

$$C_n' = \sum_{k=0}^{n} \frac{(-1)^k n!}{(k!)^2 (n-k)!} \Gamma(1+k+\beta/2) \tag{8.7-49}$$

对钢筋混凝土构件，疲劳损伤的增长率为[72]

$$\frac{dD}{dt} = f_s e^{-\gamma(S-S_0)} \tag{8.7-50}$$

式中 γ 与 S_0 为材料常数. 由类似的推导也可得表达式(8.7-34)—(8.7-46)，只是其中 $m(S_e)$ 与 $\sigma^2(S_e)$ 应分别代之以

$$m(S_0) = \frac{f_e}{2} e^{(\gamma S_0 + \gamma^2 \sigma_X^2/2)} \left[e^{\gamma^2 \sigma_X^2/2} - \frac{\gamma \sigma_X}{\sqrt{2}} \Gamma(1/2, \gamma^2 \sigma_X^2/2) \right] \tag{8.7-51}$$

与

$$\sigma^2(S_0) = f_e^2 e^{(2\gamma S_0 + \gamma^2 \sigma_X^2)} \sum_{n=1}^{\infty} C_n''^2 \tau_n \tag{8.7-52}$$

式中

$$C_n'' = \sum_{k=0}^{n} \frac{(-1)^k n!}{(k!)^2 (n-k)!} d_k \tag{8.7-53}$$

$$d_k = \sum_{i=0}^{2k+1} (-1)^i \binom{2k+1}{i} \left(\frac{\gamma \sigma_X}{\sqrt{2}}\right)^i \Gamma(1+k-i/2, \gamma^2 \sigma_X^2/2)$$

对宽带平稳高斯随机应力，由于缺乏有关应力峰的二维概率分布信息，目前尚无法得到类似结果. 作为权宜之计，可应用

Wisching 与 Light[78] 基于雨流计数法提出的经验修正公式

$$D = \lambda(\varepsilon,\beta)D_{NB} \tag{8.7-54}$$

式中 D_{NB} 为按等效窄带应力过程计算的损伤，其中 f_e 取为实际应力过程的正斜率期望穿越率；D 为实际疲劳损伤；$\lambda(\varepsilon,\beta)$ 为修正因子。

$$\begin{aligned} &\lambda(\varepsilon,\beta) = a + (1-a)(1-\varepsilon)^b \\ &a = 0.926 - 0.033\beta,\ b = 1.59\beta - 2.32 \end{aligned} \tag{8.7-55}$$

ε 为带宽因子，见 (1.4-31)。

将上述理论应用于文献 [70] (3.6 节) 中的例子，结果表明，理论结果与数字模拟结果颇为一致。本理论与文献 [70] 给出相同的平均损伤，但本理论预测的损伤方差仅约为文 [70] 给出值之三分之二。

8.8 随机应力下疲劳裂纹的扩展

从断裂力学观点看来，一个构件在动态载荷作用下的疲劳损伤可用主要裂纹的尺寸(表面裂纹的深度或穿透裂纹的半长)来度量，而构件的疲劳破坏是由于主要裂纹扩展到某个临界值的结果。许多情形下，形成可见裂纹的时间只占整个构件疲劳寿命的很少一部分，在另一些情形下，加工制造过程(如焊接)难免会使构件具有初始裂纹。所有这些情形下，研究宏观裂纹的扩展规律对疲劳临界结构的寿命预测与疲劳设计具有重要的意义。

已提出多个在等幅重复加载下疲劳裂纹扩展的确定性模型。在线弹性力学范围内，其一般形式为[79,80]

$$\frac{da}{dn} = f(a,\Delta k, k, R) \tag{8.8-1}$$

式中 a 为裂纹尺寸；n 为载荷循环次数；k 是应力强度因子；Δk 是应力强度因子范围；R 是应力比；f 是非负函数。一般认为应力强度因子范围 Δk 的效应是主要的。描述裂纹扩展最简单而常用的方程是著名的帕瑞斯 (Paris)-埃岛干(Erdogan) 公式[81]

$$\frac{da}{dn}=\alpha(\Delta k)^{\beta} \tag{8.8-2}$$

式中α与β为材料常数,而

$$\Delta k=\Delta x\sqrt{\pi a}\eta(a) \tag{8.8-3}$$

Δx 是应力范围; $\eta(a)$ 是非负函数, 取决于构件与裂纹的几何形状与尺寸.

给定一个初始裂纹，上述确定性断裂模型描述唯一的裂纹扩展时间历程.然而,经验表明,即使在控制得很好的实验室条件下,等幅重复应力下同样试件的疲劳裂纹的扩展也呈现出相当大的不确定性[95]. 这通常归咎于构件材料微观结构的不均匀性与裂纹尖端残余应力的不确定性引起的材料抗裂特性的不确定性[1)].

为计及材料抗裂特性的不确定性，近十来年中已提出多个在等幅重复加载下疲劳裂纹扩展的随机模型[102]. 其中一类模型是将(8.8-1)右端表达式中某些参数,例如(8.8-2)中的c与m,看成随机变量[82,93]，而大多数随机模型则是由确定性裂纹扩展模型经随机化得到[84,96,103,104]. 所谓随机化,即在(8.8-1)或(8.8-2)右端乘以一个非负的随机变量或随机过程，这些随机变量或随机过程的统计特性从裂纹扩展实验记录估计得到.

为计及随机应力的效应，Sobczyk[83] 建议用一个等价的应力强度因子范围,例如应力强度因子范围的均方根值,代替确定性裂纹扩展模型中的应力强度因子范围. 然而,最近实验结果表明[98],这个等价循环载荷模型不能描述观察到的疲劳裂纹性态. Tsurui与 Ishikawa[99] 推导了一个广义 FPK 方程，描述裂纹尺寸分布随时间的变化. 基于中心极限定理,Bolotin[97] 推导了估计随机载荷下疲劳裂纹扩展的渐近表达式，这种表达式只在裂纹增长率为裂纹尺寸与随机载荷的可分离函数时才有效，其结果也只是渐近正确的. Tanaka 与 Tsurui[100] 给出了平稳随机载荷下疲劳可靠

1）按微观断裂理论,裂纹扩展是由外力与原子热运动引起的原子键断裂的结果. 由于原子热运动的随机性,均匀材料裂纹扩展是一个扩散过程[107]. 这里,这种扩散性包含在材料抗裂特性的不确定性之中.

性的估计。此处我们应用随机平均原理导出具有随机材料抗裂特性的构件在平稳随机载荷作用下疲劳裂纹尺寸与疲劳寿命的概率密度及可靠性。

忽略(8.8-1)中次要因素，并注意(8.8-3)，(8.8-1)成为

$$\frac{da}{dn}=g(a,\Delta x) \qquad (8.8\text{-}4)$$

为计及材料的随机抗裂性，将(8.8-4)随机化，得

$$\frac{dA}{dt}=\mu g(A,\Delta x)Y(t) \qquad (8.8\text{-}5)$$

式中 μ 为单位时间载荷循环次数；$Y(t)$ 是一个随机过程。根据实验观察，可假定 $Y(t)$ 是一个具有长的相关时间的平稳随机过程。当相关时间趋于无限长时，它退化为一个随机变量。

现设想应力是一个与 $Y(t)$ 独立的随机过程 $X(t)$。假定此时(8.8-5)仍成立，μ 是单位时间 $X(t)$ 的极大值平均个数，而 ΔX 是由局部极大值与其相邻极小值之差的绝对值形成的平稳随机序列

$$\Delta X(t)=|X(t_1)-X(t_2)|,t_1\leqslant t\leqslant t_2 \qquad (8.8\text{-}6)$$

t_2-t_1 是两相邻极值的时差。(8.8-5)变成

$$\frac{dA}{dt}=\mu g[A(t),\Delta X(t)]Y(t) \qquad (8.8\text{-}7)$$

由于通常应力范围过程 $\Delta X(t)$ 的相关时间比构件的寿命小得多，可假定 $A(t)$ 是一个慢变随机过程。按照 Stratonovitch-Khasminskii 极限定理[73,74]，$A(t)$ 近似为扩散马尔柯夫过程。应用随机平均法于(8.8-7)，可得如下 FPK 方程

$$\frac{\partial p}{\partial t}=-\frac{\partial}{\partial a}[m(a)p]+\frac{1}{2}\frac{\partial^2}{\partial a^2}[\sigma^2(a)p] \qquad (8.8\text{-}8)$$

其中

$$m(a)=\mu E[g]E[Y]+\mu^2\int_{-\infty}^{0}\mathrm{Cov}\left(\frac{\partial g}{\partial A}\Big|_t,g_{t+\tau}\right)$$

$$\times\mathrm{Cov}[Y(t),Y(t+\tau)]d\tau \qquad (8.8\text{-}9)$$

$$\sigma^2(a) = \mu^2 \int_{-\infty}^{\infty} \mathrm{Cov}(g_t, g_{t+\tau})\mathrm{Cov}[Y(t), Y(t+\tau)]d\tau$$

(8.8-10)

$p = p(a, t | a_0, t_0)$ 是 $A(t)$ 的转移概率密度；$g_t = g[A(t), \Delta X(t)]$，$g_{t+\tau} = g[A(t), \Delta X(t+\tau)]$. (8.8-8) 在下列初始条件下求解

$$p(a, t | a_0, t_0) = \delta(a - a_0), t = t_0 \quad (8.8\text{-}11)$$

鉴于 $A(t)$ 是一个非减过程，条件可靠性函数可由 $p(a, t | a_0, t_0)$ 按下式求得

$$R(t, a_{cy} | a_0, t_0) = \int_{a_0}^{a_{cr}} p(u, t | a_0, t_0) du \quad (8.8\text{-}12)$$

式中 a_{CY} 是临界裂纹尺寸. 疲劳寿命的条件概率密度、均值及方差可由 $R(t, a_{CY} | a_0, t_0)$ 分别按 (8.1-4) 至 (8.1-6) 求得. 而无条件统计量则可由相应条件统计量对 $a_0 m$ 概率密度 $p(a_0)$ 的加权平均得到，例如，

$$R(t, a_{CY}) = \int R(t, a_{CY} | a_0, t_0) p(a_0) da_0 \quad (8.8\text{-}13)$$

应用本理论的第一步是确定 FPK 方程 (8.8-8) 中的漂移系数 $m(a)$ 与扩散系数 $\sigma^2(a)$. $Y(t)$ 的均值与方差由随机材料抗裂特性模型规定. 为计算 $E[g]$ 与 $\mathrm{Cov}(g_t, g_{t+\tau})$ 需平稳随机序列 $\Delta X(t)$ 的一、二维概率密度. 然而至今只得到当 $X(t)$ 为平稳高斯随机过程时近似的 $\Delta X(t)$ 的一维概率密度[105]. 因此，下面进一步的推导限于 $X(t)$ 为平稳窄带高斯随机过程之情形. 此时，$\Delta X(t)$ 可用 $X(t)$ 的包络成过程 $S(t)$ 的两倍近似代替. 后一过程的一、二维概率密度已由 Rice[1] 给出.

为确定起见，假定可应用随机化的帕瑞斯-埃岛干公式

$$\frac{dA}{dt} = \mu\alpha (\Delta K)^{\beta} Y(t) \quad (8.8\text{-}14)$$

$$\Delta K = 2S(t)\sqrt{\pi A}\, \eta(A) \quad (8.8\text{-}15)$$

(8.8-14) 与 (8.8-15) 可改写成

$$\frac{dA}{dt}=\gamma Q\ (A)\ S^{\beta}Y(t) \qquad (8.8\text{-}16)$$

$$\gamma=\mu\alpha(2\sqrt{\pi}\ )^{\beta}$$

$$Q(A)=[\eta(A)\sqrt{A}\ ]^{\beta} \qquad (8.8\text{-}17)$$

注意 γ 是正常数，$Q(A)$是非负函数。

为简化求解 FPK 方程，引入下列变换

$$Z[A(t)]=\int_{a_0}^{A}\frac{du}{Q\ (u)} \qquad (8.8\text{-}18)$$

$Z[A(t)]$ 是单调依赖于 $A(t)$ 的随机过程．(8.8-16)化为

$$\frac{dZ}{dt}=\gamma S^{\beta}Y(t) \qquad (8.8\text{-}19)$$

注意 (8.8-19) 右边与 Z 无关．

窄带平稳高斯应力过程的包络线的一、二维概率密度分别由 (8.7-23) (8.7-28) 给出．按 (8.8-9) 与 (8.8-10) 可求得

$$m=\gamma 2^{\beta/2}\Gamma(1+\beta/2)E[Y]\sigma_X^{\beta} \qquad (8.8\text{-}20)$$

$$\sigma^2=\gamma^2E[Y^2]\sigma_X^{2\beta}\sum_{n=1}^{\infty}c_n^2\tau_n \qquad (8.8\text{-}21)$$

式中

$$c_n=2^{\beta/2}\sum_{k=0}^{n}\frac{(-1)^k n!}{(n-k)!\,(k!)^2}\Gamma(1+k,\ \beta/2) \qquad (8.8\text{-}22)$$

$$\tau_n=2\int_0^{\infty}\rho_Y(\tau)\rho^{2n}(\tau)\,d\tau \qquad (8.8\text{-}23)$$

$\rho_Y(\tau)$ 与 $\rho(\tau)$ 分别是 $Y(t)$ 与 $S(t)$ 的相关系数函数．注意，m 与 σ^2 为常数．相应的 FPK 方程为

$$\frac{\partial p}{\partial t}=-m\frac{\partial p}{\partial z}+\frac{1}{2}\sigma^2\frac{\partial^2 p}{\partial z^2} \qquad (8.8\text{-}24)$$

其解为

$$p(z,t\,|\,0,t_0)=\frac{1}{\sqrt{2\pi(t-t_0)}\,\sigma}\ \exp\left\{-\frac{[z-m(t-t_0)]^2}{2\sigma^2(t-t_0)}\right\}$$

(8.8-25)

按 (8.8-18)，疲劳尺寸的转移概率密度为

$$p(a,t|a_0,t_0)=\frac{1}{Q(a)}p(z,t|0,t_0)|_{z=\int_{a_0}^{a}du/Q(u)} \tag{8.8-26}$$

例如，若 $\eta(a)=1$，则

$$p(a,t|a_0,t_0)=$$

$$\begin{cases}\dfrac{1}{\sqrt{2\pi(t-t_0)}\sigma a^{\beta/2}} \\ \quad\times\exp\left\{-\dfrac{[(a^{(1-\beta/2)}-a_0^{(1-\beta/2)})/(1-\beta/2)-m(t-t_0)]^2}{2\sigma^2(t-t_0)}\right\},\beta\neq 2 \\ \dfrac{1}{\sqrt{2\pi(t-t_0)}\sigma a}\exp\left\{-\dfrac{[\ln(a/a_0)-m(t-t_0)]^2}{2\sigma^2(t-t_0)}\right\},\beta=2\end{cases} \tag{8.8-27}$$

考虑到 (8.8-26) 中 $a<a_0$ 的概率可能不为零的不合理性，与 (8.7-35) 类似，宜将 (8.8-26) 改成

$$p(a,t|a_0,t_0)=\frac{1}{Q(a)\Phi[m\sqrt{t-t_0}/\sigma]} \times p(z,t|0,t_0)|_{z=\int_{a_0}^{a}du/Q(u)} \tag{8.8-28}$$

由此可按 (8.8-12)，(8.1-4)至 (8.1-6) 分别得到条件可靠性函数，疲劳寿命的条件概率密度、均值及方差.

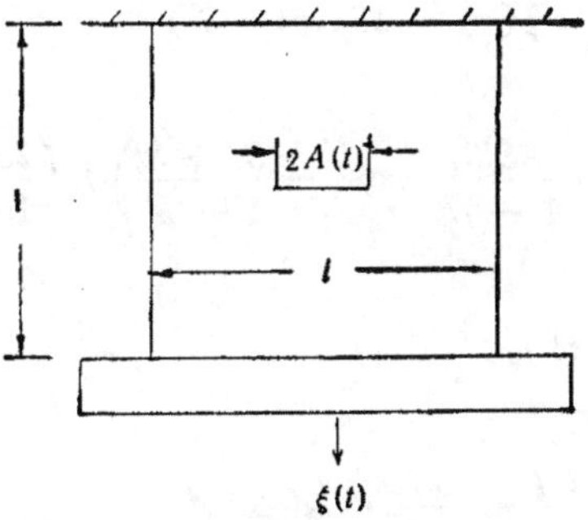

图 8.8-1　具有长为 $2a_0$ 初始裂纹方板受宽带随机载荷 $\xi(t)$ 作用

作为一个例子，考虑图 8.8-1 所示均匀、各向同性、无质量、含有长为 $2a_0$ 的中心裂纹的方板，它支持刚硬质量 M，该质量在与裂纹垂直方向受到单边谱密度为 G 的宽带高斯随机载荷作用。要求疲劳裂纹尺寸的转移概率密度与可靠性函数。

以 $Y(t)$, $2A(t)$ 及 $\theta[A(t)]$ 分别表示 t 时刻质量 M 的位移，裂纹长度及板的刚度，运动方程为

$$M\ddot{X} + c\dot{X} + \theta(A)X = \xi(t) \tag{a}$$

式中 c 是系统时不变阻尼系数，刚度 $\theta(a)$ 可用下列多项式近似[106]

$$\begin{aligned}\theta(a)/\theta(0) = 1 - 1.708u^2 + 3.081u^4 - 7.036u^6 \\ + 8.928u^8 - 4.266u^{10}\end{aligned} \tag{b}$$

其中 $u = 2a/l$. 假定板中应力与质量 M 的位移成正比，则 (a) 也可看成应力过程的运动方程，只要适应调整 $\xi(t)$ 的比尺. 在小阻尼假定下，$X(t)$ 是一个窄带拟平稳高斯随机过程，具有慢变中心频率 $\omega(A) = \sqrt{\theta(A)/M}$ 与慢变方差 $\sigma^2(A) = \pi G/2c\vartheta(A)$. 以 $\bar{S}(t)$ 表示 $X(t)$ 的包络线过程，令 $S(t) = \bar{S}(t)/[\sqrt{2}\sigma(A)]$. 应用标准随机平均法可证，$S(t)$ 是一个扩散马尔柯夫过程，满足下列伊藤随机微分方程，

$$dS(t) = -\lambda\left(S - \frac{1}{2S}\right)dt + \sqrt{\lambda}\, dW(t) \tag{c}$$

式中 $\lambda = c/2M$. $S(t)$ 的一、二维概率密度分别为

$$p(s) = 2S\exp(-S^2) \tag{d}$$

与

$$p(S_1, S_2; \tau) = \frac{4S_1S_2}{1-\rho^2}\exp\left(-\frac{S_1^2 + S_2^2}{1-\rho^2}\right)I_0\left(\frac{2S_1S_2\rho}{1-\rho^2}\right) \tag{e}$$

式中 $\rho = \exp(-\lambda|\tau|)$.

裂纹扩展方程为

$$\frac{dA}{dt} = \frac{\omega(A)}{2\pi}\alpha(\Delta k)^\beta \tag{f}$$

式中

$$\Delta k = 2\sqrt{\frac{\pi G\theta(A)}{c}}h(A)S \tag{g}$$

$h(a)$ 是对应于单位应力与裂纹长度 $2a$ 的应力强度因子范围，它可用下式近似[106]

$$h(a) = \sqrt{u}\,(0.467 - 0.514u + 0.960u^2 - 1.421u^3 + 0.782u^4) \tag{h}$$

注意，(f) 中未计及材料随机抗裂特性．但必要时可计及．

(f) 可改写成

$$\frac{dA}{dt} = \gamma\theta(A)S^\beta \tag{i}$$

式中

$$\gamma = \frac{\alpha}{2\pi}(2\sqrt{\pi G/c})^\beta, \tag{j}$$

$$Q(A) = \omega(A)[h(A)\sqrt{\theta(A)}]^\beta$$

(i) 与 (8.8-16) 相同，只是 $Y(t)=1$．按 (8.8-28)，疲劳裂纹尺寸的转移概率密度为

$$p(a, t|a_0) = \frac{1}{\sqrt{2\pi t}Q(a)\sigma\Phi[m\sqrt{t}/\sigma]} \times \exp\left\{-\frac{\left[\int_{a_0}^{a}\frac{du}{Q(u)} - mt\right]^2}{2\sigma^2 t}\right\} \tag{k}$$

式中

$$m = \gamma\Gamma(1+\beta/2)$$

$$\sigma^2 = \gamma^2\sum_{n=1}^{\infty} c_n^2\tau_n \tag{l}$$

$$c_n = \sum_{k=1}^{n}\frac{(-1)^k n!}{(n-k)!(k!)^2}\Gamma(1+k+\beta/2)$$

$$\tau_n = 2\int_0^\infty \rho^{2n}(\tau)\,d\tau$$

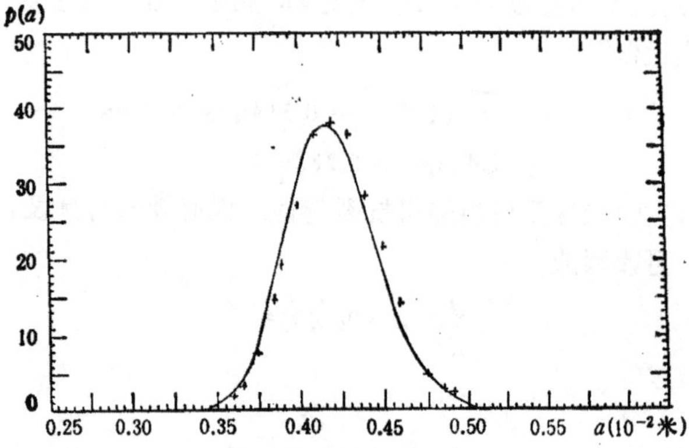

图8.8-2　裂纹尺寸概率密度，$G = 2.057\times10^{-3}$ 牛顿^2 · 秒，$T' = 500$

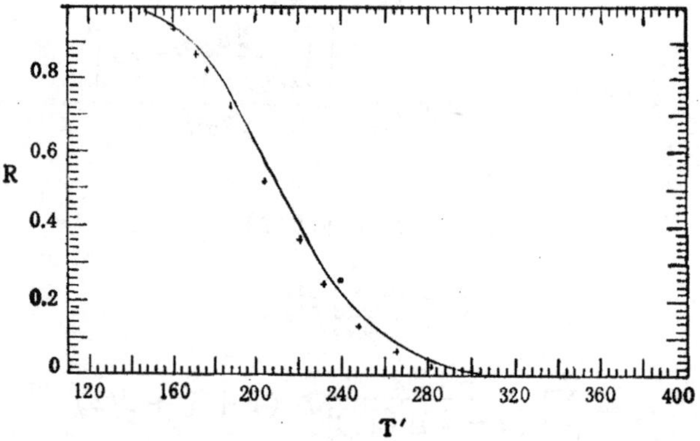

图 8.8-3　可靠性函数．$a_{cr} = 0.00508$ 米，$G = 2.057\times10^{-3}$牛顿^2 · 秒

再按(8.8-12),可靠性函数为

$$R(t,\ a_{CY}|a_0)=1-\Phi\left[\frac{mt-z_{CY}}{\sigma\sqrt{t}}\right]/\Phi[m\sqrt{t}/\sigma]\quad (\mathrm{m})$$

式中 $z_{CY}=\int_{a_0}^{a_{CY}} du/Q(u)$.

曾就下列数据进行了数值计算与数字模拟: $l=0.0254$ 米 $M=5.3575$ 公斤; $c=375.165$ 公斤/秒; h(板厚)$=0.00254$米; $2a_0=0.00254$ 米 E(杨氏模量)$=7.301\times10^7$牛 顿/米^2; $\alpha=0.66\times10^{-6}$; $\beta=2.25$. 裂纹概率密度与可靠性函数分别示于图8.8-2与8.8-3,图中 $T'=\omega(a_0)t/2\pi$. 由图可见理论与模拟结果很吻合.

最后应说明的是,在上述推导中未计及由于应力的随机性引起的裂纹扩展的放慢与加速效应.

8.9 基于可靠性的随机振动系统的优化

优化是工程设计的最高目标. 最优设计就是确定一组设计变量,使得在一定的约束条件下系统性能的某一测度为最优,例如效用最高,成本最低或重量最轻. 所谓基于可靠性的系统优化,是指以可靠性要求作为基本的约束条件的优化. 迄今所作的基于可靠性优化的研究大多属受静态载荷作用的系统. 在随机动态载荷作用下系统的最优设计则讨论较少. Nigorm[89]给出了设计变量为确定性矢量情形优化问题的一般提法与解法. Rao[90] 则陈述了设计变量为随机矢量情形的优化问题的提法.

8.9.1 问题的提法

首先考虑设计变量为确定性矢量情形. 以 $\boldsymbol{D}$ 表示设计矢量. 基于可靠性的随机振动系统的优化问题的一般提法如下:

寻求最优设计矢量 $\boldsymbol{D}^*$. 使得目标函数

$$W(\boldsymbol{D})\tag{8.9-1}$$

在下列约束条件下为最小:

1. 可靠性约束

$$P\left\{\sum_{h=1}^{l}[g_{hk}(\boldsymbol{Y}(\boldsymbol{D},\boldsymbol{u},t))\geqslant Y_{hk}]\right\}=p_k \qquad (8.9\text{-}2)$$

$$0\leqslant t\leqslant T,\ \boldsymbol{u}\in U,\ k=1,2,\cdots,m_1$$

2. 矩约束

$$E[g_k(\boldsymbol{Y}(\boldsymbol{D},\boldsymbol{u},t))]\leqslant\alpha_k \qquad (8.9\text{-}3)$$

$$0\leqslant t\leqslant T,\ \boldsymbol{u}\in U,\ k=m_1+1,\cdots,m_2$$

3. 动态约束

$$g_k\{\boldsymbol{Y}(\boldsymbol{D},\boldsymbol{u},t)\}\leqslant\alpha_k \qquad (8.9\text{-}4)$$

$$0\leqslant t\leqslant T,\ \boldsymbol{u}\in U,\ k=m_2+1,\cdots,m_3$$

4. 静态约束

$$g_k(\boldsymbol{D})\leqslant\alpha_k,\ k=m_3+1,\cdots,m_4 \qquad (8.9\text{-}5)$$

5. 特征值约束

$$\lambda_k^L\leqslant\lambda_k(\boldsymbol{D})\leqslant\lambda_k^U,\quad k=m_4+1,\cdots,n \qquad (8.9\text{-}6)$$

上述各式中，t 为时间；$\boldsymbol{u}$ 为空间坐标；g_{hk} 是响应矢量随机场的函数，Y_{hk} 是确定性或随机的限制；P_k 是规定的第 k 个模式中的“破坏”概率；α_k 为规定的约束；λ_k^U 与 λ_k^L 分别是系统特征值的上下界.

(8.9-2)—(8.9-4) 表示施加于系统响应上的概率性与确定性约束．它们必须对 $[0, T]$ 上的每一时刻与域 U 中的每一点都满足．考虑到系统的可实现性，必须对系统与元件的尺寸、重量等施加限制，这些限制包含在 (8.9-5) 中，不等式 (8.9-6) 是对系统特征值(包括固有频率、屈服载荷、颤振速度等)施加的上、下限．在动态系统设计中，对固有频率的限制特别重要，因为通过适当的限制可避免由于共振引起的大幅响应．在随机振动情形，将固有频率限制在激励谱密度曲线的扁平部分，就可作局部白噪声假定，从而简化响应计算．

由于加工、制造过程不可避免的误差，某些待定元件的尺寸将是随机变量．此外，系统的某些非设计参数，如材料常数，可为随机变量或慢变随机过程. 系统的静动态性质将同时依赖于这些随机的设计与非设计参数. 在这种情形下，设计矢量应扩大以包括随机的非设计参数. 目标函数 (8.9-1) 与确定性约束 (8.9-4)—(8.9-6) 中所含的随机的设计与非设计变量,应代之以它们的均值或均值与协方差的某种组合[90].

8.9.2 基本解法

上述基于可靠性的随机振动系统的优化是一个很困难的问题. 主要困难在于可靠性约束 (8.9-2) 要求确定一般是相关的，而且依赖于空间坐标与时间的多个事件的联合概率分布. 目前处理上述优化问题的基本办法是，设法消去约束 (8.9-2)—(8.9-4) 之左边对空间坐标与时间的依赖,使之化为下列非线性规划问题: 寻求最优设计矢量 $\boldsymbol{D}^*$,使得在约束

$$g_k(\boldsymbol{D}) \leqslant \alpha_k, \quad k = 1,2,\cdots,n \tag{8.9-7}$$

下,目标函数 (8.9-1) 为最小.

记事件

$$E_{hk} = \{g_{hk}[\boldsymbol{Y}(\boldsymbol{D},\boldsymbol{u},t)] \geqslant Y_{hk}\} \tag{8.9-8}$$
$$\boldsymbol{u} \in U, \quad 0 \leqslant t \leqslant T$$

约束 (8.9-2) 可表为

$$P\left[\bigcup_{h=1}^{l} E_{hk}\right] \leqslant p_k, \quad k = 1,2,\cdots, m_1 \tag{8.9-9}$$

E_{hk} 表示系统的第 h 个元件以第 k 个损坏模式损坏这一事件. 若只考虑该元件在这种损坏模式中的一个最危险部位,则 $\boldsymbol{u}$ 可代之以确定的坐标值. 同时,考虑到损坏概率是时间 t 的非减函数,最大的损坏概率在 $t=T$ 时刻出现,于是可令

$$P\{E_{hk}\} = q_{hk}(\boldsymbol{D},T) \tag{8.9-10}$$

为精确地确定 (8.9-9) 左边联合事件的概率，需知这些事件的联合概率分布,并涉及多重积分的计算. 在大多数实际问题中，这种联合概率分布是没有的,即使有,多重积分的求值也是十分艰巨的任务. 不过，可以根据这些事件之间的相关性，建立下列关

系[93,94]：

1. 若 E_{hk} 是相互排斥的，则

$$P\left\{\bigcup_{h=1}^{l} E_{hk}\right\}=\sum_{h=1}^{n} q_{hk}(\boldsymbol{D},T)=g_k(\boldsymbol{D}) \quad (8.9\text{-}11)$$

2. 若 E_{hk} 是完全相关的，则

$$P\left\{\bigcup_{h=1}^{l} E_{hk}\right\}=\max_{h}\{q_{hk}(\boldsymbol{D},T)\}=g_k(\boldsymbol{D}) \quad (8.9\text{-}12)$$

3. 若 E_{hk} 是部分相关的，则

$$P\left\{\bigcup_{h=1}^{l} E_{hk}\right\}\leqslant a_h^*(\boldsymbol{D})q_{hk}(\boldsymbol{D}\cdot T)=g_k(\boldsymbol{D}) \quad (8.9\text{-}13)$$

式中

$$a_h^*=\min_{j=1}^{h=1}(a_{hj}),a_{hj}=P\{E_{jk}|E_{hk}\},j=1,2,\cdots,h-1 \quad (8.9\text{-}14)$$

$\bar{E}_{jk}$ 为 E_{jk} 之补．显然，

$$\max_{h}\{q_{hk}(\boldsymbol{D},T)\}\leqslant P\left\{\bigcup_{h=1}^{l} E_{hk}\right\}\leqslant\sum_{n=1}^{l} a_h^* q_{hk}(\boldsymbol{D},T)$$
$$\leqslant\sum_{h=1}^{l} q_{hk}(\boldsymbol{D},T) \quad (8.9\text{-}15)$$

于是，通过不等式（8.9-15），约束（8.9-2）左边可用 $q_{hk}(D,T)$ 表示，从而消去约束对空间坐标与时间的依赖．

在具体执行中，需确定 $q_{hk}(\boldsymbol{D},T)$，它是第 h 个元件的临界部位上在第 k 个损坏模式中 T 时刻上的损坏概率．随机振动系统的主要损坏模式是首次穿越损坏与疲劳破坏．此外，还有由于响应（例如加速度）花费在某阈值以上的时间所占百分比超过某临界值导致的损坏，本章前几节已表明，首次穿越损坏问题的精确解尚未找到，但有一些近似解法可资利用．在大多数实际问题中，损坏是稀少事件，可用泊松过程模型或其修正，从而可得到首次穿越损坏概率的封闭形式解析解．此外，许多情形下，随机平均法可给出良好的近似解析解．对疲劳问题，上两节中也已给出基于损伤累积

理论与断裂力学方法的疲劳寿命与可靠性的解析表达式．至于响应花费在某阈值以上的时间所占百分比，在各态历经假定下，可用响应超过此阈值的概率代之．

为消去约束（8.9-3）与（8.9-4）左边对空间坐标与时间的依赖，它们可代之以在 $0 \leqslant t \leqslant T$ 与 $\boldsymbol{u} \in U$ 上的上确界，即

$$g_k(\boldsymbol{D}) = \sup_{(t,\boldsymbol{u})}\{E[g_k(\boldsymbol{Y}(\boldsymbol{D},\boldsymbol{u},t))]\}, k = m_1 + 1, \cdots, m_2 \tag{8.9-16}$$

与

$$g_k(\boldsymbol{D}) = \sup_{(t,\boldsymbol{u})}\{g_k(\boldsymbol{Y}(\boldsymbol{D},\boldsymbol{u},t))\}, \ k = m_2 + 1, \cdots, m_3 \tag{8.9-17}$$

至此，已将基于可靠性的随机振动优化问题化为标准的非线性规划问题．

求解标准非线性规划问题的方法有几种[91]．方法的选择取决于问题的性质与各人的爱好，罚函数法是最常用的一种．该方法将标准的非线性规划问题转化为一系列无约束最小问题．罚函数的一般形式为

$$\phi = W(\boldsymbol{D}) + r\sum_k G_k(g_k(\boldsymbol{D})) \tag{8.9-18}$$

式中 G_k 是 g_k 的某个函数；r 为正常数，称为罚参数．上式右边第二项称为罚项．若对罚参数的一系列值 $r_k(k = 1, 2, \cdots)$ 求解（8.9-18）的最小问题，其解可收敛于标准的非线性规划问题之解．因此，罚函数法也称为序列非约束最小化技术．

对不等式约束罚函数法可分为内部与外部两类．在内部罚函数法中，常取 $G_k = -1/g_k(\boldsymbol{D})$，或 $G_k = -\ln(g_k(\boldsymbol{D}))$．而罚参数满足关系 $r_{k+1} < r_k$．罚函数序列最小化的迭代步骤可见［91］．

作为一个简单的例子，考虑车轫悬挂系统的最优设计[92]．图 8.9-1 表示车轫沿道路恒速行驶的单自由度模型．$Y(t)$ 表示质量 $\boldsymbol{m}$ 的绝对位移．$X(t)$ 是路面不平度激励，它是零均值随机过程．设计矢量为 $\boldsymbol{D}^T = [\omega_0, \ \zeta]$，其中 ω_0 为固有频率，ζ 为阻尼比．

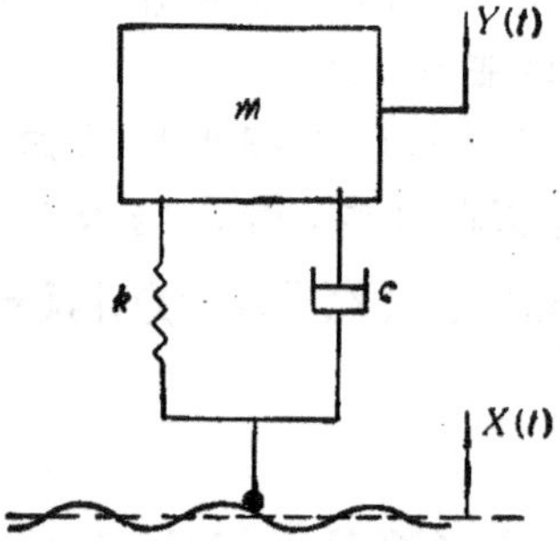

图 8.9-1　车辆的单自由度模型

目标函数是质量 m 绝对加速度的最大平稳值 $E[\ddot{Y}_{\max}(\boldsymbol{D})]$。最优设计问题提为：寻求 $\boldsymbol{D}^*$ 使目标函数在下列约束条件下为最小：

1. 相对位移的可靠性约束

$$P\{|Y(t)-X(t)|\geqslant d_0\}\leqslant p_1, 0\leqslant t\leqslant T \tag{a}$$

2. 相对位移的矩约束

$$\{E[|Y(t)-X(t)|^2]\}^{1/2}\leqslant 0.3d_0 \tag{b}$$

3. 对阻尼的静态约束

$$\zeta^L\leqslant\zeta\leqslant\zeta^U \tag{c}$$

4. 对固有频率的约束

$$\omega^L\leqslant\omega\leqslant\omega^U \tag{d}$$

式中 d_0 是相对位移的安全阈值；p_1 为规定的破坏概率上限。约束（c）与（d）旨在使所得的设计变量之值为可实现。

假定激励过程的谱密度为

$$S_X(\omega)=S_0\frac{\omega_r^2}{\omega^2},\ \omega^L<|\omega|<\omega^U \tag{e}$$

式中 S_0 为比例因子；ω_r 为参考频率。各参数值取为

$$\omega^L=0.1\omega_r,\ \omega^U=1000\omega_r,\ T=600/\omega_r,\ p_1=0.001 \tag{f}$$

约束（a）与（b）表明，相对位移安全阈值为方差的三倍多。因此，可按泊松过程模型计算首次穿越损坏概率。在平稳响应情

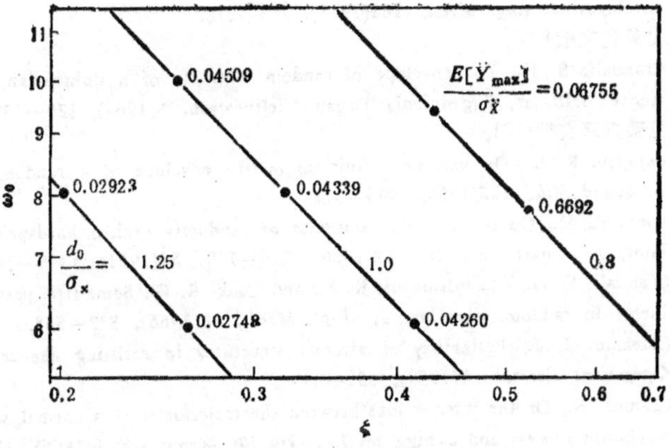

图 8.9-2 ω_0 与 ξ 的最优组合

形，(a) 左边可以 T 代 t，(b) 左边为常值。于是上述最优设计问题可化为标准规划问题。采用序列非约束最小技术连同混合的内外罚函数，对不同的 d_0，可给出 ω 与 ξ 的最优组合，如图 8.9-2 所示。例如，$d_0=\sigma_x$ 时，$\omega_0^*=10$ 弧度/秒，$\zeta^*=0.25$。此时 $E[\ddot{Y}_{max}]=0.04509\sigma_{\ddot{x}}$。

参 考 文 献

[1] 见绪论文献[3].

[2] Roberts, J. B., An approach to the first-passage problem in random vibration, *J. Sound Vib.*, 8(1968), 301—328.

[3] Roberts, J. B., Probability of first-passage failure for nonstationary random vibration, *J. Appl. Mech.*, 42(1975), 716—720.

[4] Middleton, D., An Introduction to Statistical Communication Theory, McGraw-Hill, 1960.

[5] Shinozuka, M., Kako, T., and Tsurui, A., Random vibration analysis in finite element formulation, 见绪论文献[28].

[6] Dugundji, J., Envelopes and pre-envelopes of real wave forms, IRE *Trans. Information Theory*, *IT*-4(1958), 53—57.

[7] Cramer, H., and Leadbetter, M. R., Stationary and Related Stochastic Processes, John Wiley, 1967.

[8] Yang, J. N., Nonstationary envelope process and first excursion probability, *J. Struct. Mech.*, 1(1972), 231—248.

[9] Krenk, S., Madsen, H. Q., and Madsen, P. H., Stationary and transient response

envelopes, *J. Eng. Mech.,* **109**(1983), 263—278.
[10] 见绪论文献[7].
[11] Crandall, S. H., The envelope of random vibration of a lightly-damped non linear oscillator, Zagadnienia Drgan Nielinowych, 5(1964), 120—130.
[12] 见第五章文献[17].
[13] Langley, R. S., On various definitions of the envelope of a random pricess, *J. Sound Vib.,* **105**(1986), 503—512.
[14] Lyon, R. H., On the vibration statistics of randomly excited hardspring oscillator, *J. Acoust. Soc. Am.,* **32**(1960), 716—719; **33**(1961), 1395—1403
[15] Crandall, S. H., Chandiramani, K. L., and Cook, R. G., Some first-passage problems in random vibration, *J. Appl. Mech.,* **33**(1966), 532—538.
[16] Coleman, J. J., Reliability of aircraft structures in resisting chance failure, *Operations Reserch.,* **7**(1959), 639—645.
[17] Cramer, H., On the intersections between the trajectories of a normal staticnary stochastic process and a high level, *Arkiv für Matematik,* **6**(1966), 337—349.
[18] Ditlevsen, O., Extremes and first passage times with applications in civil engineering, Doctoral Thesis, Technical University of Denmark, Copenhagen, 1971.
[19] Crandall, S. H., First crossing probabilities of the linear oscillator, *J. Sound vib.,* **12**(1970), 285—299.
[20] 见绪论文献[17].
[21] Vanmarcke, E. H., On the distribution of the first passage time for normal stationary random processes, *J. Appl. Mech.,* 42(1975), 215—220.
[22] Vanmarcke, E. H., Properties of spectral moments with application to random vibration, *J. Eng. Mech. Div.,* ASCE, **98**(1972), 425—446.
[23] Mason, Jr., A. B., and Iwan, W. D., An approach to the first passage problem in random vibration, *J. Appl. Mech.,* 50(1983), 641—646.
[24] Langley, R. S., A first passage approximation for normal stationary random processes, *J. Sound Vib.,* 122(1988), 261—275.
[25] Racicot, R. L., and Moses, F., A first passage approximation in random vibration, *J. Appl. Mech.,* **38**(1971), 143—147.
[26] Yang, J. N., and Shinozuka, M., On the first excursion probability in stationary narrow-band random vibration, **38**(1971), 1017—1022.
[27] Андронов, А. А., Понтрягин, Л. С., Витт, А. А., О статистических рассмотрении динамических систем, *ЖЭТФ,* **3**(1933), 3. См. Также Андронов, А. А. Собрание Трудов, М. АН СССР, 1956.
[28] 见绪论文献[18].
[29] 见绪论文献[51].
[30] Yang, J. N., and Shinozuka, M., First passage time problem, *J. Acoust. Soc. Am.,* **47**(1970), 393—394.
[31] Siegert, A. J. F., On the first passage time probability problem, *Phys. Revs.,* **81** (1951), 617—623.
[32] Cox, D. R., and Miller, H. D., The Theory of Stochastic Processes, Chapman and Hall, 1965.

[33] Franklin, J. N., and Rodemich, E. R., Numerical analysis of an elliptic parabolic partial differential equation, *SIAM J. Num. Anal.*, 5(1968), 680—716.

[34] Kozin, F., First passage times-some results, Proc. Int. Workshop on Stochastic Struct. Mech., Rep. 1—83, Universitat Innsbruck, 1983.

[35] Dynkin, E. B., Markov Processes, Vols. 1 and 2, Springer-Verlag, 1965.

[36] Bolotin, B. B., Statistical aspect in the theory of structural stability, Proc. Int. Conf. Dyn. Stab. Struct., Pergman Press, 1965.

[37] Sahay, B., and Lennox, W., Moments of the first-passage time for a narrow-band process, *J. Sound Vib.*, 32(1974), 449—458.

[38] Sun, J. Q., and Hsu, C. S., First-passage time probability of non-linear stochastic systems by generalized cell mapping method, *J. Sound Vib.*, 124(1988), 233—248.

[39] Bergman, L. A., and Heinrich, J. C., Solution of the Pontriagin-Vitt equation for the moments of time to first passage of the randomly accelerated particle by the finite element method, *Int. J. Num. Meth. Eng.*, 14(1980), 1408—1412.

[40] Bergman, L. A., and Heinrich, J. C., On the moments of time to firsts passage of the linear oscillator, *Earthquake Eng. Struct. Dyn.*, 9(1981), 197—204.

[41] Bergman, L. A., and Heinrich, J. C., Petrov-Galerkin finite element solution for the first passage probability and moments of first passage time of the randomly accelerated free particle, *Comp. Meth. Appl. Mech. Eng.*, 27(1981), 345—362.

[42] Bergman, L. A., and Heinrich, J. C., On the reliability of the linear oscillator and systems of coupled oscillators, *Int. J. Num. Meth. Eng.*, 18(1982), 1271—1295, 1982.

[43] Bergman, L. A., and Spencer, Jr., B. F., First passage time for several non-linear oscillators, Proc. ASCE Spec. Conf., Probab. Mech. Struct. Reliab., 1984.

[44] Spencer, Jr., B. F., Reliability of Excited Hysteretic Structures, Lecture Notes in Engineering 21, Springer-Verlag.

[45] Abramovitz, M., and Stegun, J., Handbook of Mathematical Functions with Formulas, Graphs, and Mathematical Tables, Dover, 1965.

[46] Helstrom, C. W., Two notes on a Markoff envelope process, IRE *Trans Information Theory*, IT-5(1959), 139—140.

[47] Rosenblueth, E., and Bustamente, J., Distribution of structural response to earthquakes, *J. Eng. Mech. Div.*, ASCE, 88(1962), 75—105.

[48] Gray, A. H., First-passage time in a random vibrational system, *J. Appl. Mech.*, 33(1966), 187—191.

[49] Spanos, P. D., and Solomos, G. P., Barrier crossing due to transiet excitation, *J. Eng. Mech. Div.*, ASCE, 110(1984), 20—36.

[50] Lennox, W. C., and Fraser, D. A., On the first-passage distribution for the envelope of a narrow-band stochastic process, *J. Appl. Mech.*, 41(1974), 793—797.

[51] Spanos, P. D., Numerics for Common first-passage problems, *J. Eng. Mech.*

Div., ASCE, 108(1982), 864—881.

[52] Spanos, P. D., On the computation of the confluent hypergeometric function at densely spaced points, *J. Appl. Mech.*, 47(1980), 683—685.

[53] 见第七章文献[22].

[54] Roberts, J. B., First passage probability for nonlinear oscillators, *J. Eng. Mech. Div.*, ASCE, 102(1976), 851—866.

[55] Ariaratnam, S. T., and Pi, H. N., On the first-passage time for envelope crossing for a Linear oscillator, *Int. J. Control.*, 18(1973), 89—96.

[56] Lennox, W., First-passage time for envelope crossing for a linear oscillator, *Int. J. Control.*, 21(1975), 879—880.

[57] Spanos, P. D., Survival probability of non-linear oscillators subjected to broad-band random disturbances, *Int. J. Non-Linear Mech.*, 17(1982), 303—317.

[58] Spanos, P. D., and Solomos, G. P., Barrier crossing due to transient excitation, *J. Eng. Mech.*, 110(1984), 20—36.

[59] Roberts, J. B., Probability of first passage failure for lightly damped oscillators, 见绪论文献[23].

[60] 见第五章文献[31].

[61] Mark, W. D., On false-alarm probabilities of filtered noise, Proc. IEEE, 54(1966), 316—317.

[62] Roberts, J. B., First passage time for the envelope of a randomly excited linear oscillator, *J. Sound Vib.*, 46(1976), 1—14.

[63] Lutes, L. D., Chen, Y. T., and Tzuang, S., First passage approximation for simple oscillator, *J. Eng. Mech. Div., ASCE*, 106(1980), 1111—1124.

[64] 见第五章文献[54].

[65] Roberts, J. B., First passage time for oscillators with nonlinear restoring forces, *J. Sound Vib.*, 56(1978), 71—86.

[66] 见第五章文献[44].

[67] Pi, H. N., Ariaratnam, S. T., and Lennox, W. C., First-passage time for the snap-through of a shell-type structure, *J. Sound Vib.*, 14(1971), 375—384.

[68] Seide, P., Snap-through of initially buckled beams under uniform random pressure, 见绪论文献[28].

[69] Zhu, W. Q., and Lei, Y., First passage time for state transition of randomly excited systems, Proc. 47 Session of Int. Statis. Inst., 1989.

[70] 见绪论文献[7].

[71] 见绪论文献[18].

[72] Schuëller, G. I., and Bucher, C. G., Nonlinear damping and its effects on the reliability estimates of structural systems, 见绪论文献[28].

[73] 见绪论文献[52].

[74] 见第五章文献[37].

[75] Zhu, W. Q., A method for estimating reliability of structures subject to quasi-stationary and (or) quasi-homogeneous Gaussian random excitations, Proc. 4th ICOSSAR, vol. 1, 1985.

[76] 朱位秋，拟平稳高斯随机载荷作用下结构的可靠性估计，应用力学学报，3

(1986),3,51—58.

[77] Gradshteyn, I. S., and Ryzhik, I. M., Table of Integrals, Series, and Products, Academic Press, 1980.

[78] Wisching, P. H., and Light, M. C., Probability based fatigue design criteria for ocean structures, PRAC Project 15, Final Rep. Am. Petroleum Inst., 1979.

[79] Miller, M. S., and Gallagher, J. P., An analysis of several fatigue crack growth rate descriptions, ASTM-STP 738(1981), 205—251.

[80] Hoeppner, D. W., and Krupp, W. E., Prediction of component life by application of fatigue crack knowledge, *Eng. Fract. Mech.*, 6(1974) 47—70.

[81] Paris, P. C., and Erdogan, F., A critical analysis of crack propagation laws, *J. Bas. Eng. Ser.*, D89(1963), 528—534.

[82] Provan, W., ed., Probabilistic Fracture Mechanics and Reliability, Martinus Nijhoff Publishers, 1987.

[83] Sobczyk, K., Modelling of random fatigue crack growth, *Eng. Fract. Mech.*, 24(1986), 609—623.

[84] Lin, Y. K., and Yang, J. N., A stochastic theory of fatigue crack propagation, *AIAA J.*, 23(1985), 117—124.

[85] 见绪论文献[19].

[86] Yao, J. T. P., et al., Stochastic fatigue, fracture and damage analysis, *Structural Safety*, 3(1986), 231—268.

[87] Newby, M. J., Markov models for fatigue crack growth, *Eng. Fract Mech.*, 27(1987), 477—482.

[88] Bogdanoff, J. L., and Kozin, F., Probabilistic Models of Cumulative Damage, John Wiley & Sons, 1985.

[89] Nigam, N. C., Optimum design of systems operating in random vibration environment, 见绪论文献[28].

[90] Rao, S. S., Reliability-based optimization under random vibration environment, *Comp. & Struct.*, 14(1981), 345—355.

[91] Fiacco, A. V., and McCormick, G. P., Nonlinear Programming: Sequential Unconstrained Minimization Technique, John Wiley, 1968.

[92] Dahlberg, T., Parametric optimization of a 1-DOF vehicle travelling on a randomly profiled road, *J. Sound Vib.*, 55(1977), 245—253.

[93] Ang, A. H.-S., and Amin, M., Reliability of structures and structural systems, *J. Eng. Mech. Div.*, ASCE, 94(1968), 671—691.

[94] Vanmarcke, E. H., Matrix formulation of reliability analysis and reliability based design, National Symp. Comp. Struct. Anal. and Design, George Washington University, 1972.

[95] Virkler, D. A., Hillberry, B. M., and Goel, P. K., The statistical nature of fatigue crack propagation, *J. Eng. Mater. Technol.*, 101(1979), 148—153

[96] Oritiz, K., and Kiremidjian, A. S., Stochastic modeling of fatigue crack growth, *Eng. Fract. Mech.*, 29(1988), 317—334.

[97] Bolotin, V. V., Prediction of Service Life for Mechanics and Structures, ASME Press, New York, 1989.

[98] Alawi, H., Fatigue crack growth prediction under random and sequence loading, *J. Eng. Mater. Technol.*, 111(1989), 338—344.

[99] Tsurui, A., and Ishikawa, H., Application of the Fokker-Planck equation to a stochastic fatigue crack growth model, *Structural Safety*, 4(1986), 15—29.

[100] Tanaka, H., and Tsutui, A., Reliability degradation of structural components in the process of fatigue crack propagation under stationary random loading, *Eng. Fract. Mech.*, 27(1987), 501—516.

[101] Zhu, W. Q., and Lei, Y., A Stochactic theory of Cumulative fatigue damage, Acta Mechanica Solida Sinica, 4(1991), 1—14.

[102] Kozin, F., and Bogdanoff, J. L., Recent thought on probabilistic fatigue crack growth, *Appl. Mech. Rev.*, 42(11) (1989), S121—S127.

[103] Yang, J. N., Salivar, G. C., and Annis, C. G, Statistical modeling of fatigue crack growth in a nickel-supalloy, *Eng. Fract. Mech.*, 18(1983), 257—270.

[104] Spencer, Jr. B. F., and Tang, J., Stochastic approach to medeling fatigne crack growth, AIAA J., 27(1989), 1628—1635.

[105] Rice, J. R. Beer, F. P., and Paris, P. C., On the prediction of some random loading characteristics relavant to fatigue, in Acoustical fatigue in Aerospace structure, Trapp, W. J., and Forney, O. M. eds. Syracuse University Press, 1965.

[106] Grigoriu, M., Reliability of degrading dynamic systems, *Struct. Safety*, 8(1990), 345—351.

[107] Krausz, A. S., and Krausz, K., Fracture Kinetics of Crack Growth, Kluwer Academic Press, 1988.